江海食脉

【南通烹饪文化今古谈】

JIANG HAI SHI MAI

巫乃宗 著

苏州大学出版社
Soochow University Press

图书在版编目（CIP）数据

江海食脉 / 巫乃宗著. — 苏州 ： 苏州大学出版社，2017.8

（江海文化丛书 / 姜光斗主编）

ISBN 978-7-5672-2193-2

Ⅰ. ①江… Ⅱ. ①巫… Ⅲ. ①烹饪—文化—南通 Ⅳ. ①TS972.11

中国版本图书馆CIP数据核字（2017）第 190301 号

书　　名 江海食脉

著　　者 巫乃宗

责任编辑 薛华强

出版发行 苏州大学出版社

（苏州市十梓街1号　215006）

印　　刷 南通超力彩色印刷有限公司

开　　本 787×1092　1/16

印　　张 30.25

字　　数 663千

版　　次 2017年8月第1版

2017年8月第1次印刷

书　　号 ISBN　978-7-5672-2193-2

定　　价 108.00 元

苏州大学出版社营销部　电话：0512-65225020

苏州大学出版社网址　http://www.sudapress.com

作者简介

巫乃宗画像
娄家骏教授速写

巫乃宗，男，1934年生，江苏南通人。中学高级教师，曾任南通市烹饪摄影美容技校、南通市商校、南通市商业技工学校、南通市商业职工中专校长，南通市饮服专业国家职业技能鉴定所所长，江苏省餐饮业技术总监。编著的《烹调技术》一书，1973年被作为全国商校烹饪专业通用教材蓝本。曾担任《中国烹饪研究》《美食》杂志编撰、常务编委，《中国名菜谱》《中国小吃》（江苏风味）总纂。先后参加编写了《中国烹饪辞典》《中国烹饪大百科全书》《中国江苏名菜大典》等，主编《南通名菜选录》，参与“江海南通概览丛书”的编纂，为《美食篇》主笔。退休后，被聘为扬州大学旅游烹饪学院南通分部主任，被授予“江苏省烹饪理论杰出贡献奖”“全国餐饮特殊贡献奖”。2017年5月，被中国烹饪协会授予“中国餐饮30年功勋人物奖”。

“江海文化丛书”总序

李　炎

由南通市江海文化研究会编纂的“江海文化丛书”（以下简称“丛书”），从2007年启动，2010年开始分批出版，兀兀穷年，终有所获。思前想后，感慨良多。

我想，作为公开出版物，这套“丛书”面向的不仅是南通的读者，必然还会有国内其他地区甚至国外的读者。因此，简要地介绍南通市及江海文化的情况，显得十分必要，这样便于了解南通的市情及其江海文化形成的自然环境、社会条件和历史过程；同时，出版这套“丛书”的指导思想、选题原则和编写体例，一定也是广大读者所关心的，因此，介绍有关背景情况，将有助于阅读和使用这套“丛书”。

南通市位于江苏省中东部，濒江（长江）临海（黄海），三面环水，形同半岛；背靠苏北腹地，隔江与上海、苏州相望。南通以其独特的区位优势及人文特点，被列为我国最早对外开放的14个沿海港口城市之一。

南通市所处的这块冲积平原，是由于泥沙的沉积和潮汐的推动而由西北向东南逐步形成的，俗称江海平原，是一片古老而又年轻的土地。境内的海安县沙岗乡青墩新石器文化遗址告诉我们，距今5 600年左右，就有先民在此生息繁衍；而境内启东市的成陆历史仅300多年，设县治不过80余年。在漫长的历史过程中，这里有沧海桑田的变化，有八方移民的杂处；有四季分明、雨水充沛的“天时”，有产盐、植棉的“地利”，更有一代代先民和谐共存、自强不息的“人和”。19世纪末20世纪初，这里成为我国实现早期现代化的重要城市。晚清状元张謇办实业、办教育、办慈善，以先进的理念规划、建设、经营城市，南通走出了一条与我国近代商埠城市和曾被列强所占据的城市迥然不同的发展道路，被誉为“中国近代第一城”。

南通于五代后周显德五年（958）筑城设州治，名通州。北宋时一度（1023—1033）

改称崇州，又称崇川。辛亥革命后废州立县，称南通县。1949年2月，改县为市，市、县分治。1983年，南通地区与南通市合并，实行市管县新体制至今。目前，南通市下辖海安、如东二县，如皋、海门、启东三市，崇川、港闸、通州三区和国家级经济技术开发区；占地8 001平方公里，常住人口约770万，流动人口约100万。据国家权威部门统计，南通目前的总体实力在全国大中城市（不含台、港、澳地区）中排第26位，在全国地级市中排第8位。多年来，由于各级党委、政府的领导及全市人民的努力，南通获得了“全国文明城市”、“国家历史文化名城”、“全国综合治理先进城市”、“国家卫生城市”、“国家环保模范城市”、“国家园林城市”等称号，并有“纺织之乡”、“建筑之乡”、“教育之乡”、“体育之乡”、“长寿之乡”、“文博之乡”等美誉。

江海文化是南通市独具特色的地域文化，上下五千年，南北交融，东西结合，具有丰富的历史内涵和深邃的人文精神。同其他地域文化一样，江海文化的形成，不外乎两种主要因素，一是自然环境，二是社会结构。但她与其他地域文化不尽相同之处是：由于南通地区的成陆经过漫长的岁月和不同阶段，因此移民的构成呈现多元性和长期性；客观上又反映了文化来源的多样性以及相互交融的复杂性，因而使得江海文化成为一种动态的存在，是“变”与“不变”的复合体。“变”的表征是时间的流逝，“不变”的表征是空间的凝固；“变”是组成江海文化的各种文化“基因”融合后的发展，“不变”是原有文化“基因”的长期共存和特立独行。对这些特征，这些传统，需要全面认识，因势利导，也需要充分研究和择优继承，从而系统科学地架构起这一地域文化的体系。

正因为江海文化依存于独特的地理、自然环境，蕴含着自身的历史人文内涵，因而她总会通过一定的“载体”体现出来。按照联合国教科文组织的分类，“文化遗产”可分为四类：即自然遗产、文化遗产、自然与文化遗产、非物质文化遗产。而历史文化人物、历史文化事件、历史文化遗址、历史文化艺术等，又是这四类中常见的例证。譬如，我们说南通历代人文荟萃、名贤辈出，可以随口道出骆宾王、范仲淹、王安石、文天祥、郑板桥等历代名人在南通留下的不朽篇章和轶闻逸事；可以随即数出三国名臣吕岱，宋代大儒胡瑗，明代名医陈实功、文学大家冒襄、戏剧泰斗李渔、曲艺祖师柳敬亭，清代扬州八怪之一的李方膺等南通先贤的生平业绩；进入近代，大家对张謇、范伯子、白雅雨、韩紫石等一大批南通优秀儿女更是耳熟能详；至于说现当代的南通籍革命家、科学家、文学家、艺术家以及各行各业的优秀人才，也是不胜枚举。在他们身上，都承载着江海文化的优秀传统和人文精神。同样，对历史文化的其他类型也都是认识南通和江海文化的亮点与切入口。

本着“文化为现实服务，而我们的现实是一个长久的现实，因此不能急功近利”的原则，南通市江海文化研究会在成立之初，就将“丛书”的编纂作为自身的一项重要任务。

我们试图通过对江海文化的深入研究，将其中一部分能反映江海文化特征，反映其优秀传统及人文精神的内容和成果，系统整理、编纂出版“江海文化丛书”。这套“丛书”将为南通市政治、经济、社会全面和谐发展提供有力的文化支撑，为将南通建成文化大市和强市夯实基础，同时也为“让南通走向世界，让世界了解南通”做出贡献。

“丛书”的编纂正按照纵向和横向两个方向逐步展开。

纵向——即将不同时代南通江海文化发展史上的重要遗址（迹）、重大事件、重要团体、重要人物、重要成果经过精选，确定选题，每一种写一方面具体内容，编纂成册；

横向——即从江海文化中提取物质文化或非物质文化的精华，如“地理变迁”、“自然风貌”、“特色物产”、“历代移民”、“民俗风情”、“方言俚语”、“文物名胜”、“民居建筑”、“文学艺术”等，分门别类，进行归纳，每一种写一方面的内容，形成系列。

我们力求使这套“丛书”的体例结构基本统一，行文风格大体一致，每册字数基本相当，做到图文并茂，兼有史料性、学术性和可读性。先拿出一个框架设想，通过广泛征求意见，确定选题，再通过自我推荐或选题招标，明确作者和写作要求，不刻意强调总体同时完成，而是成熟一批出版一批，经过若干年努力，基本完成“丛书”的编纂出版计划。有条件时，还可不断补充新的选题。在此基础上，最终完成《南通江海文化通史》《南通江海文化学》等系列著作。

通过编纂“丛书”，我有四点较深的体会：

一是有系统深入的研究基础。我们从这套“丛书”，看到了每一单项内容研究的最新成果，作者都是具有学术素养的资料收集者和研究者；以学术成果支撑“丛书”的编纂，增强了它的科学性和可信度。

二是关键在广大会员的参与。选题的确定，不能光靠研究会领导，发动会员广泛参与、双向互动至关重要。这样不仅能体现选题的多样性，而且由于作者大多出自会员，他们最清楚自己的研究成果及写作能力，充分调动其积极性，可以提高作品的质量及成书的效率。

三是离不开各个方面的支持。这包括出版经费的筹措和出版机构的运作。由于事先我们主动向上级领导汇报，向有关部门宣传，使出版“丛书”的重要性及迫切性得到认可，基本经费得到保证；与此同时，“丛书”的出版得到苏州大学出版社的支持，出版社从领导到编辑，高度重视和大力配合；印刷单位全力以赴，不厌其烦。这大大提高了出版的质量，缩短了出版周期。在此，由衷地向他们表示谢意和敬意！

四是有利于提升研究会的水平。正如有的同志所说，编纂出版“丛书”，虽然有难度，很辛苦，但我们这代人不去做，再过10年、20年，就更没有人去做，就更难做了。我们活在世上，总要做些虽然难但应该做的事，总要为后人留下些有益的精神财富。在这种精神的支撑下，我深信研究会定能不辱使命，把“丛书”的编纂以及其他各项工作做得更好。

研究会的同仁嘱我在“丛书”出版之际写几句话。有感而发，写了以上想法，作为序言。

2010年9月

（作者系南通市江海文化研究会会长、“江海文化丛书”编委会主任）

百姓食为天　乡情著新篇（代序）

单晓鸣

巫乃宗先生是从事烹饪文化研究的老前辈。20世纪60年代初，刚入厨门的他看到烹饪教学沿用“师带徒”“一菜一教”的滞后方法，便提出了“授人以鱼”不如“授之以渔”的理念，纾解了厨师成材不易的瓶颈；20世纪70年代初，他有感于当时国内烹饪教材基础课文的缺失，编著了《烹调技术》，成为全国现代烹饪通用教材的蓝本；20世纪80年代初，他筚路蓝缕创办了南通有史以来第一所烹饪专业学校，为全省培养了8000多名首批高中级烹饪骨干，学生中不乏有成为烹饪大、中专院校校长、教授、高级讲师及国宾馆和大型饭店总经理、总厨等业内的栋梁。近年来虽年迈多病，但仍然守望在他最用心的事业中，汲深研几，孜孜以求，笔耕不辍。

《江海食脉——南通烹饪文化今古谈》，洋洋六十万言，滔滔数千味道，涵盖了江海六千年的沧桑，丰富了地方文化宝库；疏浚了人间烟火脉络；昭示了江海千年食俗的万种风情。博古融今，品味阐养，蔚为大观。拳拳赤子之心，汩汩乡情乡音，溢于言表，这是他奉献给读者的一本南通烹饪文化面面观的大成之作。我有幸能先睹为快，在此不妨谈谈我的“读后感”。

作者多维度、立体式地记录了南通古今烹饪文化，既有纵向的穿越古今的历史视野；又有以江海平原为中心，旁通海内外的横向广阔维度；同时又有世代南通老百姓生命深处的“家乡味”和相关的家乡人文情怀。内涵广博，天时、地利、人和兼备。这部书绝非一般的“食谱词典”，而是有文化“兴味”、审美“趣味”和诗情“韵味”的别样的“南通地方志”，体现了作者文化意识的渗透力度和诠释力度。正如巫老书中所显示的，“菜中有诗、菜中有画、菜中有典、菜中有道，有通古今之变的文化情味”“有乡韵乡愁的家乡情结和美感享受”，他是真正把烹饪作为一种博大精深的文化来研究、来深耕的。

在“溯江海烹饪历史”中，作者将南通烹饪文化贯穿古今：起源于远古，形成于秦汉，发展于唐宋，兴盛于明清，繁荣于民初，昌盛于现代，以烹饪文化的连续性为链条，贯穿历史，接衔南通文史研究上的断层，填补了空白。

巫老先生重视青墩遗址所提供的“烹饪实物”和相关资料，认为青墩出土的八卦符号和大量的烹饪实物，具有内在的关系。他从字源学角度出发，以“烹饪义”来译解《周易》，从中证得先民“以食为天”的烹饪情结是千古不易的文化渊薮，得出《周易》是一部“古代中国烹饪哲学史诗”的新解。这说明了巫老治学有敢于思考的独创精神。

在“说古今南通菜肴”中，作者选介了百种具有南通土特产风味的优质烹饪原料，从用料配方、制法流程、技术关键等方面介绍了300多个菜点；对每种原料的烹饪应用，通过述及烹法、刀法、调味、配料，提示了可做数千种菜点的方式方法，让读者既有“葫芦”可依，又有“骏骥”可索，具有可操作性，亦有举一反三、触类旁通的启发和借鉴之用。可谓殚精竭虑，煞费苦心。

在“数家乡民风食俗”中，作者挖掘、收集、整理了饮食民俗、时令食俗、人生履俗、摊担市声、饮食词汇等五个方面，具体生动，颇接地气和人气。这些都是旧时南通老百姓实际生活经历的约定俗成和乡规民约，浓郁的乡土风情，绵厚的地域文化，典型的时令食品，读来令人倍感亲切，有遇“异代知己”之感。

在“忆通城名厨老店”中，作者介绍了十位德艺双馨的已故名厨，和过去深受民众信任并对其品种有忠诚度的名牌老店、食摊。这是一份十分珍贵的南通烹饪文化遗产，它不仅记叙了南通烹饪的部分历史和南通老味道，还是当今烹饪继往开来，学习传统德艺的路标，对新厨求知、老店操业都是最好的历史课本。

巫老对西方文化对中华文明的冲击和破坏，对现今险象丛生的食品安全问题，对传统烹饪技艺的失传忧心忡忡。他大声疾呼：“民以何食为天？”中华民族食文化复兴大旗需要众擎高举。

习近平总书记最近对中华优秀传统文化的传承发展做出“创造性转化，创新性发展”的指示。巫老对“两创”方针已做了大胆尝试，其严谨治学的精神，十分难能可贵。

《江海食脉——南通烹饪文化今古谈》，是巫老对烹饪文化执着研究的结果，也是他对弘扬江海文化做出的又一重要贡献。本书正式出版之际，5月7日又传来喜讯，中国烹饪协会30周年庆，授予巫老“中国餐饮30年功勋人物奖”，确实可喜可贺。

借此机会，我也衷心祝愿巫乃宗老先生健康长寿，合家安康，万事如意。愿巫老的这本美及味蕾、慰及祖先、惠及今人、荫及后世的“食脉”之树永绿，于世增芳。

2017年5月25日

（作者系中共南通市委常委、南通市政府常务副市长、市行政学院院长）

目　录

百姓食为天　乡情著新篇(代序) …… 1

引　子 …… 1

第一章　溯江海烹饪历史 …… 5

第二章　说古今南通菜肴 …… 23

一、江海的馈赠——洄游鱼鲜 …… 25

1、春馔妙物·刀鱼 …… 27

2、揭秘鳗鱼之魔 …… 36

3、尴尬的河鲀 …… 41

4、怀恋鲥鱼 …… 49

5、鲈鲈之辩 …… 54

6、多子凤尾鱼 …… 61

7、善跳的肉棍子·鲻鱼 …… 63

8、整体性美食·银鱼 …… 67

9、熟悉而又陌生鲲的虎鱼 …… 72
10、水中活化石·鲟鱼 …… 76
二、慷慨的大海——咸水水产 …… 84
1、状元与黄鱼 …… 85
2、"大头"梅童鱼 …… 92
3、藏在深闺人未识的鮸鱼 …… 93
4、"好"吃的带鱼 …… 96
5、鲳鱼化蝶 …… 101
6、似鲥鳓鱼 …… 102
7、软骨头巨无霸·鲨鱼 …… 105
8、不"比目"的比目鱼 …… 109
9、会飞的乌贼 …… 113
10、水产瑰宝·海蜇 …… 121
11、天下第一鲜 …… 134
12、醉倒人的竹蛏 …… 142
13、蛤蜊与西施舌 …… 146
14、群蚶争鲜 …… 148
15、贝中珍品——杩壳·仰厣·海蚌 …… 151
16、要有嘴舌功夫才能享受到的美味·泥螺 …… 152
17、尾巴最好吃的香螺 …… 154
18、动植物的混合体·海葵 …… 155
19、海虾知多少 …… 156
20、海蟹之王·梭子蟹 …… 166
21、非鱼之鲍 …… 176
22、美味、养生、食疗奇珍·海参 …… 178

23、鱼翅传奇 …… 181
24、能衣能食的鱼皮 …… 190
25、鱼骨·鱼肠·鱼信·鱼鳃 …… 195
三、江河的恩赐——淡水水产 …… 197
1、桃花流水鳜鱼肥 …… 197
2、鮰鱼味美胜河鲀 …… 200
3、趋吉图腾话鲫鱼 …… 204
4、淡水名鱼说鳊鱼 …… 209
5、青草鲢鳙四大家 …… 211
6、喜看鲤鱼跳龙门 …… 219
7、长鱼入馔味绵长 …… 221
8、最美不过是螃蟹 …… 226
9、虾螺蚬蚌滋味长 …… 232
四、土地的奉献 …… 245
（一）畜兽家禽 …… 245
（二）蔬果野菜 …… 273
（三）居家菜蔬 …… 274
（四）美美相乘 …… 287
（五）素斋素筵 …… 294
（六）点心拾萃 …… 302

第三章　数家乡民风食俗 …… 345
一、南通的饮食习俗 …… 347
二、南通的时令食俗 …… 356
三、南通的人生履俗 …… 375

四、南通的摊担市声 …………………………………395
五、南通的饮食词汇 …………………………………399

第四章　忆通城名厨老店 ……………………………………411
一、名厨世家 ……………………………………………413
二、专业名厨……………………………………………416
三、百年老店……………………………………………437
四、点心小吃店 …………………………………………446
五、卤菜摊店 ……………………………………………453
六、茶食老店 ……………………………………………456
七、酱园旧号 ……………………………………………462

跋………………………………………………………………465
后记……………………………………………………………467

引 子

光阴荏苒，不知不觉南通烹饪历史已走过了六千载波澜壮阔的如歌岁月。

“南通味道”，不仅在菜点本身，更在于它所依凭的文化。最能打动食者味蕾的不仅是因为它们是“好吃的”，更由于它们是“好想的”。

南通“炒文蛤”——“天下第一鲜”，古之贡品，今之珍贝，从古至今倾倒过众多帝王将相、文人墨客，感慨惊赞之余，诗咏文赋，不绝于史，蜚声回荡。由此可见，“天下第一鲜”已不单单是食品的符号，更是一种文化现象了。“如东烩竹蛏”，独领千年风骚。时任新四军代军长的陈毅元帅抗日战争时期在如东县栟茶镇尝到竹蛏美味时，惊叹：“啥子菜，这么好吃？”新中国成立后，他还将如东竹蛏推荐给毛泽东等党和国家领导人，大家食后都觉绝佳，说“陈毅搞来的这个东西好鲜美”。“扒鲜鱼翅”，是唐朝南通卖渔湾的厨师所创。中国人吃鱼翅在南宋时才偶见记载。南通人把鱼鳍中的无味细软骨，吃成了中国“四大美味”“海味八珍”，弄得外国人也垂涎三尺，吃出了世界著名的“美味珍肴”。鱼皮，在宋代之前仅用于建筑、衣物和装饰材料，南通人却在唐朝就把它搬上了餐桌，成为“绝味珍品”。烹制鲜鱼皮、鲜鱼唇、鲜鱼翅，一直是南通名厨的绝技。刀鱼，数长江南通段最腴美。南通“无刺刀鱼全席”，被誉为中国顶端厨艺。“清蒸鲥鱼”“凤尾鱼”罐头，曾远销海内外，久负盛誉。“蛙式黄鱼”“蝴蝶鲳鱼”，被烹饪界赞为“出神入化之作”。美国从事烹饪教育20多年的施纳尔卡夫人说：“这形美、味美、安全的菜肴，实为罕见，真是奇迹。中国烹饪真是博大精深。”海安中洋集团养殖的“低毒河豚鱼”获唯一国家“地理标志”。用鲈鱼烹制的“清烩鲈鱼片”“软溜软玉”，独领鲈馔风骚1400年。用鮰鱼鼻、鳔烹制的“蟹粉鹿头银肚”，成了“华夏独秀”。宋代创造的南通“酥鲫鱼”，登上了开国大典的国宴餐桌。董小宛遗韵“灌蟹鱼圆汤”，被朱镕基总理誉为“天下第一汤”。“海底松炖银肺”“炸玉瑝”“芙蓉蜇皮”“虾仁珊瑚”，成为炒、炸、烩、炖海蜇的传世经典。原江苏省委书记江渭清曾品尝过南通的“蟹粉海底松”等海鲜菜，20多年后，他在省烹饪协会理事会上称：“南通菜是江苏味道最好的。江苏菜系中，要加上‘南通江海风味’才算完整、到位。”南通“狼山鸡”的极致美味，“使世界认识了南通和狼山”。“淡菜皱纹肉”“香酥盐水蹄”“虎皮赛参”“鱼香肉圆”等，成为我国猪肉菜品中的绝唱。“烤方”，将新石器时代南通（青墩遗址）先人们不加任何调料的最原始的烹饪，植入当代美食之林，被誉为古风遗韵之“绝招”，成为一个可贯通古今烹饪的时光隧道。“炒和菜”，是南通先民在抗倭斗争中即兴创造的美馔，一直成为南通餐桌上必不可少、雅俗共赏的“和美”象征。“蟹粉养汤烧卖”乃中华一绝，至今外地无人能仿制、克隆。“米粉饼”是六千年前南通古人智慧的技艺传承。它不只是一个点心，还是南通的一种文化标记。“王树秋馄饨”获三项吉尼斯之最、尤里卡世界博览会国际特别金奖、国际荣誉联合评选委员会等授予的“民族贡献”荣誉称号，王树秋被美国爱迪生发明中心聘为顾问而誉满天下……

可见，味中有道，道中含美，美甲天下。

有悠久历史才有浓郁的烹饪积淀，南通地处“江之唇”“海之口”，江海深情相吻相拥，生出了8001平方公里的江海平原。它的南部有一部沧桑变迁史，是我国地史年龄最轻的小弟弟；它的北部是地史年龄六千年的老大哥。南通“人间烟火”悠悠六千年。青墩出土的大量实物表明：南通是中国烹饪的发祥地之一。

可见，南通的烹饪历史源远流长，久甲天下。

美食的优劣，从某种意义上说取决于当地的物产。南通拥有200多公里的海岸线，滩涂面积160万亩。吕四渔场面积达3万平方公里，是中国著名四大渔场、世界九大渔场之一；“中国海鲜之乡”如东县有“鲜城”的美称；洋口港是国家中心渔港，有海产品1093种。其中名贵海鲜50余种，文蛤、海蜇、紫菜、河豚以及狼山鸡均为国家地理标志产品。南通长江岸线220公里，河网纵横，湖泊池塘星罗棋布，独得江海之惠，尽享鱼虾之富。江海平原土地肥沃，气候温和，物产富饶，旱涝保收。单海门一市（县）就有海门山羊、三黄草鸡、香沙芋等获准为国家地理标志产品，可谓“江海大地禽畜旺，千里平原果蔬香”。

可见，南通烹饪资源和食材富甲天下。

深厚的文化底蕴，是烹饪源头的活水，烹饪是时代流变和文化渊源的印迹。南通青墩遗址出土的各种实物，在某种意义上改写了中国烹饪文化源于中原的观念，表明南通亦是中国烹饪文化的滥觞之地。清末状元、实业家张謇先生打造的与“近代第一城”相伴生的近代南通烹饪文化和晚清教育家尤瑜先生撰著的中国第一部《烹饪教科书》，对中国烹饪文化的发展起到重要的推动作用。

“通古今之变，究天食之际”，南通烹饪文化亦可以说蕴甲天下。

在人类社会历史上，古老和现代是连在一起的；辉煌的古代文明必将孕育璀璨的现代文明。人们关注历史，了解过去，是为更好地振兴发展那些早就璀璨过的地方。

——中国科学院 孟凡人

第一章

溯江海烹饪历史

掬起江海烹饪历史潮汐和远传厚积的人文情怀，
梳理出在舌尖上穿越古今南通味道的食脉；
让江海烹饪的古化石和南通历史的味道来昭示：
南通烹饪历史文化源远流长厚重辉煌。

南通地处长江三角洲，滨江临海，水网密布，气候温暖，物产丰富，占尽天时地利，有崇川福地之誉。

南通的烹饪历史文化不仅体现在博大精深的烹饪技艺和品种繁多的特色菜点上，还与出土的烹饪遗存、历代碑文、烹饪著述以及相关史书、医书、农书、文学、书画等，共同构织出一幅幅烹饪文化的生动画卷，也是了解和研究南通历史文明的独特视域和宝贵财富。

南通的烹饪起源于远古，形成于秦汉，发展于隋唐两宋，兴盛于明清，繁荣于清末民初，昌盛于当代。

青墩人有了种植畜养的恒定食材，有了用水烹调的湿加热陶器。

起源于远古

20世纪70年代初，南通海安青墩发现了6000年前新石器时代约2万平方米的地下遗址，试挖了515平方米的探方（占整个遗址的2.5%，约一个足球场的1/14），出土了大量的远古烹饪遗存。其中有许多是其他地方新石器时代文化遗存阙如或无以比肩的“惊世瑰宝”。

（1）种植的水生粳稻、芡实、菱角和陆生“葥”等粮食，标志着青墩人已用初步“种植”取代了“采集”。

（2）出土了4700多具以麋鹿为主体及家犬、家猪、家牛的遗骸（9.4具/1平方米），地下还有30多厘米厚的淡水贝壳和鱼骨堆积层，标志着青墩人已用庞大的“饲养”部分地取代了“渔猎”。

炭化稻

炭化芡实

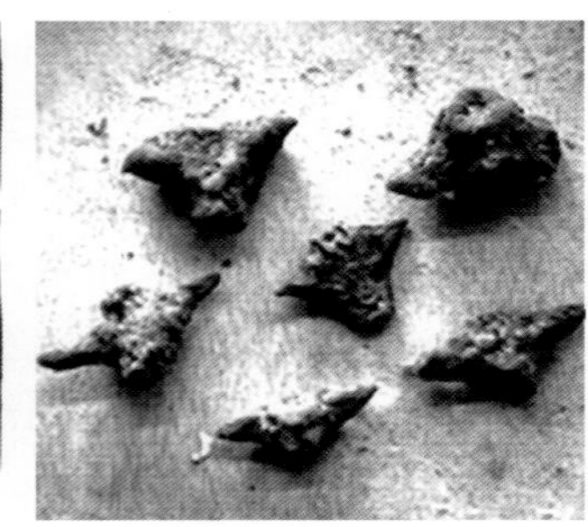

炭化菱角

陶鼎

陶匜

陶豆（五等分圆）

陶高足杯

红陶鬶

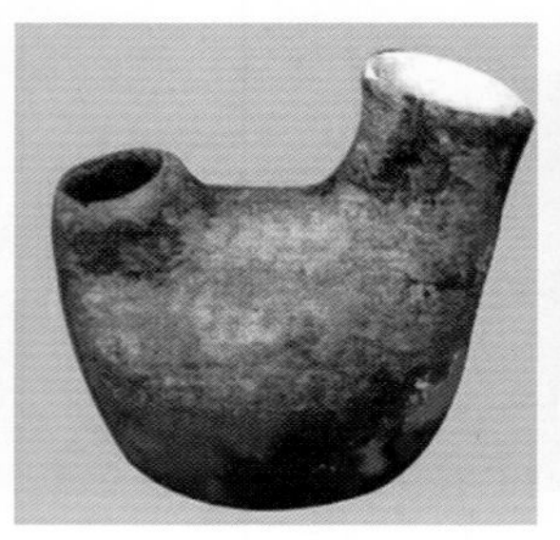

二流鸭形壶

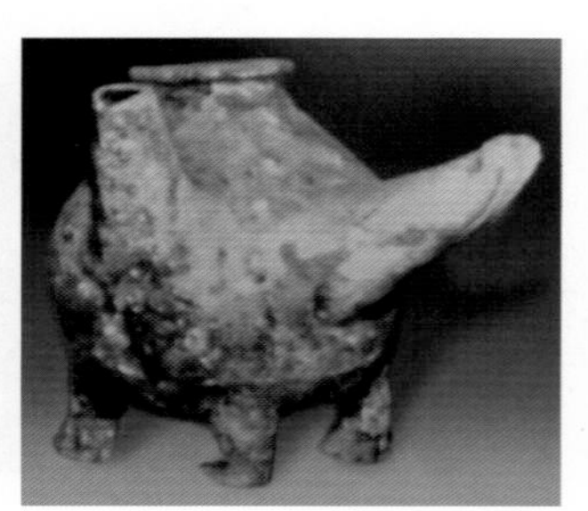

陶盉

（3）大量陶制炊、餐具。如10种不同形态的陶鼎30只（5.8平方米就有1只），显示青墩人发明的食物“湿加热”技术的成熟和普及程度。又如袋足红陶鬶、二流壶和灰陶高足杯陶盉等温酒、调酒、饮酒具，表明青墩人在6000年前就发明了酿造米酒的技艺。在青墩出土的陶器中，最令人瞩目的是一个“模型器”——带柄穿孔陶斧。

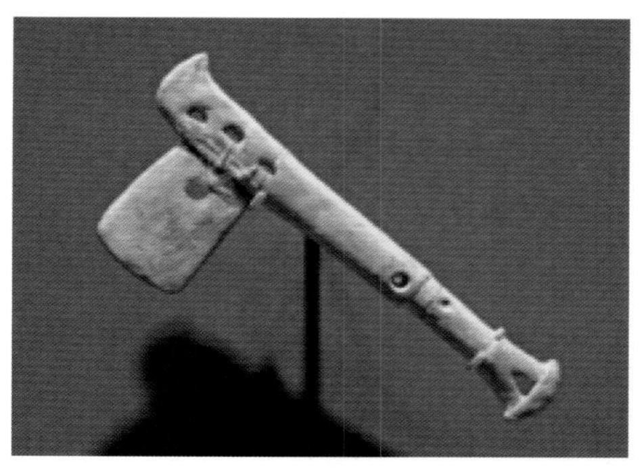
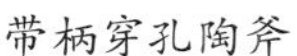
带柄穿孔陶斧

干栏式建筑

（4）出土了长江北岸唯一的“干栏式”建筑，标志着青墩人烹制食物和就膳有了稳固安全的场所。

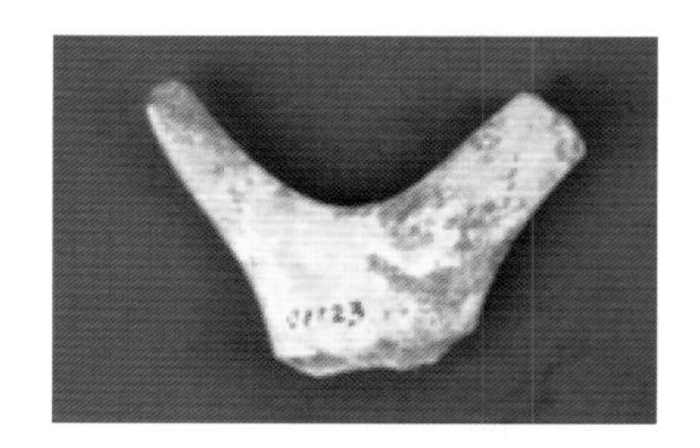
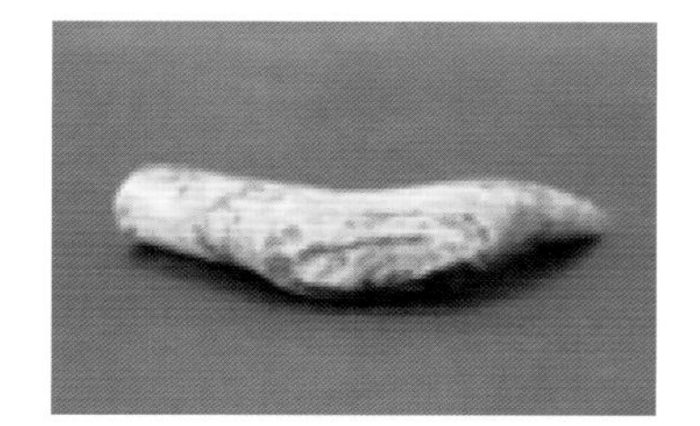
世界上最早的狩猎武器——回旋镖

（5）青墩出土了六枚回旋镖（飞去来器），这是目前已知的全球远古时代最先进的狩猎工具。还出土了前有“倒钩”后有“勒口”的骨质鱼镖，和骨镞、骨凿、骨耜、骨匕首、骨搬指、骨匙、骨针等生产、生活用的骨角器。骨匕首、骨匙、骨针的出土，可以证明青墩人民远古就发明了取代用手抓食的食具，为远古食具提供了研究资料。

（6）青墩出土了大量陶、石、骨制的纺轮和种植的苎麻,表明已经用麻纺线织布、织网。

（7）青墩出土了在骨角上刻有“八卦”的画痕。经古代史专家、古文字学家张政烺，台湾地区学者、易学家孙振声，南京大学考古学博士生导师张之恒，南通大学文学院历史学教授钱健，故宫博物院原副院长、著名文字学家唐兰，美学家吴功正等，从不同的学科领域出发，研究认定青墩出土的骨角上的刻划，是最早的“八卦符号”（数码），是中国取代“结绳记事”的“始创文字”。“青墩文化在中国文明起源和形成中，起着其他新石器文化所不能取代的作用。它（青墩）代表了当时中国文化最先进水平，居于最前沿的地位，整个华夏文明在海安青墩这片土地上，升起了一抹晨曦和曙光。”

《周易》是一部以“八卦”为基本符号，阐发生命哲理的著作，实际上是以烹饪为思想和生命源头，阐发“人类文明起源于熟食”，文化因烹饪而生，烹饪因文化而长的结构关系。《周易》是一部中国“烹饪哲学史诗”的经典著作。学界公认南通是“八卦符号”的出处，是易学的发源地。

（8）青墩还出土了远古人保留火种的“灰坑”和火烧土上的芦苇痕迹。从上述烹任遗存中可以折射出50余万年前远古烹饪历史的发展全貌。从烹饪的诞生期（用火）到烹饪的萌芽期（火烹、石烹、包烹），再到烹饪的形成期（有了恒定的食物来源，有了可以蒸煮的陶制炊具和固定的烹饪、就膳场所），表明远古的青墩人已经从采集、狩猎，没有稳定的食物来源，进步到农业种植、驯养动物，有了恒定食物，可以定时定餐进食；在烹法上形成干湿加热并用的格局，构成了最初的烹饪工艺流程，完成了烹饪从萌芽期向形成期的跃迁。

青墩遗存为中国文字萌芽和中国烹饪形成提供了客观确凿的证据，将中国江淮东部的历史推前了3000年，将南通的纪年史、文明史、烹饪文化史推前了5000年，将江苏烹饪文化史、中国酿造米酒史推前了3000年。

青墩遗址是"全国重点文物保护单位"，我们对青墩遗存的认识还处于"朦胧"阶段。青墩文物的发现和研究空间还未真正展开，更远未穷尽其可能性。南京、南通、海安博物馆仓库里还沉睡着大量尘封的原始物件有待整理、研究和披露；大量文物被填埋和散失，更多青墩烹饪文化的奥秘和辉煌正期待我们去发掘。

发展于唐宋

2000年前，如皋与胡逗洲两地相连，形成了一个马蹄形的海湾——卖鱼湾。

据考古发现，初唐贞观年间（627—649），在开挖通海河港时挖出了一方石碣，据说，上有"凤凰所栖，乃是宝地，石港新开，幸福万代"的偈语。唐太宗李世民想亲临宝地巡视，并寻东南海鲜之美味，就钦派尉迟恭之子尉迟宝林来石港监造"行宫"。尉迟宝林在石港监造行宫有十来年时间，地方官员要求厨师食谱天天不同，品种餐餐有异。石港厨师做尽了当时名菜，搜尽了民间土菜，将盐民的"盐焐鸡""盐焗虾"，渔民的"跳文蛤""炝蛏鼻""泥螺""蟹鲊""腌蟛蜞""炒烧海蜇"，农民的"炒和菜""荷包扁豆炒蟹粉""野鸡丝""蘘荷炒毛豆"，居民的"金山藏玉斧""醋椒桂花鱼""扣鸡""淡菜皱纹肉""香酥肴蹄""灌蟹鱼圆"等都搬上了餐桌，还是不能达到"菜谱天天不同，餐餐要变花样"的要求。精明智慧的石港厨师另辟蹊径，在废弃的烹饪下脚料中开发新食源，创制新品种。将鱼肠做成"烧卷菜"，鱼睾丸做成"溜鱼白"，鱼肝做成"烧秃肺"，鱼皮做成"烧龙衣"，鱼软骨做成"明骨烩双丁"。还将鱼骨熬成胶汁，冷却后成为晶莹透明的"鱼脆"，做冷菜和甜品；将废弃的鮰鱼头、鱼鳔烧成"鹿头银肚"，成为华夏独秀。将当时制革、做衣裳和建筑材料的鱼皮也搬上了餐桌，成为绝味珍品。中国人吃鱼翅到宋朝才偶见记载。石港厨师将鱼鳍中的无味软骨做成了"扒鲜翅"，吃成中国的"四大美味""海珍八味"，弄得外国人也跟着吃，吃成了世界美味珍肴；把鲨鱼吃成了濒危物种……南通古代烹饪技术的发

渡海亭碑

祥地石港堪为“蛮真海错”滥觞之地。

在宋朝，散于居民、盐民、渔民、移民中的风味菜点，经过留优汰劣，逐步进入菜馆，植入筵席。在专业厨师的反复烹制中赋予技术含量，提高了味质和精致度。如盐焗鸡，从煮盐锅里移入砂锅后，通过整鸡出骨加馅，外包网油、荷叶的盐焗技术，派生出“八宝虾蟆鸡”“鸡包鱼翅”等品种。又如在船上汆制的鳊虾转入厨房后派生出“白灼虾”“盐焗蟹”“酥鲫鱼”等。酥鲫鱼曾被周总理作为开国大典的冷菜。蟹粉鲜鱼皮、扒鲜翅、鲜奶鲜鱼唇、蟹黄养汤烧卖等制作技术，至今其他地方无法复制，使南通独领风骚成千年。范仲淹在石港周边筑海堰堤围栏海水，保护南通渔盐佳境，保护发展了“鲥珍”“鲀鲜”“刀肥”“鲈美”等范公最爱，后人将海堰堤尊称为“范公堤”。

二贤亭

李 渔

《闲情偶寄》

无独有偶，宋末民族英雄文天祥在南宋德祐二年（1276）闰三月十八日逃离敌营，拟坐船渡海南归。因船搁浅，在石港候潮一天两夜，写下了《石港》《卖鱼湾》《即事》三首诗，把石港丰富的鱼、盐资源融入石港美景。写诗抒情明志，不禁悲国伤怀，感慨万千。石港范文二贤祠、范公堤、渡海亭等名胜古迹，折射出南通烹饪文化的熠熠光辉！

兴盛于明清

明清时代的李渔、陈实功、冒辟疆、柳敬亭、李方膺、胡长龄、金榜、徐缙等，都是名魁天下的南通文化名贤，是南通烹饪文化的知音和阐扬者，对南通烹饪事业的发展起到了独特的文化推动和弘扬作用。

明末清初戏曲家、美学家、传奇作家、美食家李渔（1610—1680）撰写的《闲情偶寄·饮馔部》，极力阐发日常膳食中民间饮食的美学意蕴。李渔的饮馔之道、治膳原则，可以用24个字来概括：“重蔬食，崇俭约，尚真味，主清淡，忌油腻，讲洁美，慎杀生，求食益。”三百多年前李渔就强调“绿色”，注重生态平衡，以及自然和合理合度的饮食。真是一方水土养一方美食思想。

清代金榜所著《海曲拾遗》的食品部分，将南通每月每季的应时菜点及其制法、起源，以及民风食俗和传说作了详尽的描述。

清代王渔洋在《池北偶谈》的馔饮篇中，将南通的典型食品与南通风俗相融合，读来倍感亲切。

清代徐缙撰写的《崇川咫闻录》中，记载了不少南通名菜点，如“董糖”“董肉”等。

明末如皋名士冒辟疆爱妾董小宛，多才多艺，曾亲手调制许多珍味美馔。冒辟疆在《梅影庵忆语》中对此曾有详细记载。董小宛会烧菜、制作花露、腌制腊味，还会制作糖果糕点。她制作的“董糖”“董肉”“鸡包鱼肚”成了当时文人墨客的美食美谈。

董糖

董肉

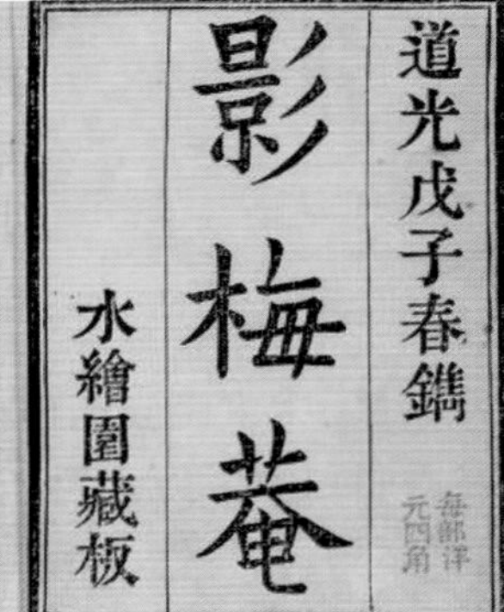

《影梅庵忆语》

繁荣于民初

清末状元张謇，这位从阡陌田间走出通州，又回到通州创业的“农家子弟”，一直视“民以食为天”为己任，用心血、汗水和智慧，力挽中国烹饪衰退之势，重塑了世界“烹饪王国”的丰碑。

张謇

在清政府濒临危亡，全国餐饮惨淡萧条之际，张謇回到南通围海造田、开拓食源、开辟海疆渔场……1906年，张謇在米兰世博会上第一次向世界宣示了神圣的中国海洋主权（包括南海渔权）。他开发海洋机械捕捞技术，开掘水产资源，开启食品工业，开创世界上最新模式的宾馆，使南通餐饮市场空前繁荣，全国20多个省市的厨师蜂拥而来开店、求职，使中国烹饪技艺得以在南通大交流、大融合、大升华。张謇破天荒开办女师，是把烹饪教育引进学校的第一人。晚清教育家尤瑜先生撰著了中国第一部《烹饪教科书》，对于中国烹饪教育的启动和文化的发展，堪为革命性的大推动、大突进，重塑了美食中国——世界烹饪王国的新丰碑。

昌盛于现代

范姚蕴素

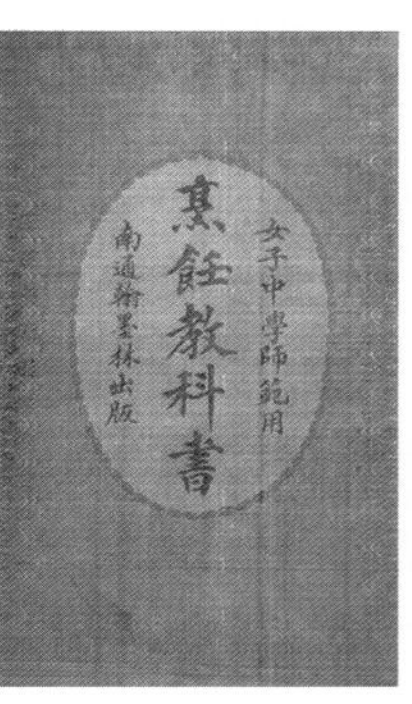

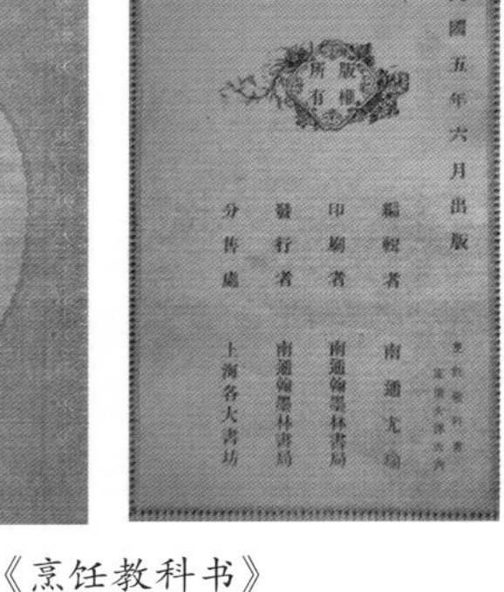

《烹饪教科书》

尤 瑜

南通俱乐部

新中国成立后，由于受自然灾害和“十年动乱”等影响，餐饮市场曾不断萎缩。1952年全市有746个餐饮网点，1978年只剩下66个，仅为1952年的8.8%。

1984年南通成为首批十四个沿海开放城市之一后，南通餐饮走出了一条跨越式发展之路。

1985年以前，南通餐饮网点有446个，都是矮旧平房小店。2015年有25000个网点，都是高楼大厦的大店。餐饮营业收入1985年为7888万元，2015年为2356497万元，增加299倍（比全国的134倍还高出2.23倍），年均增长20.9倍（也高于全国水平）。行业规模、经济效益、企业水平、社会地位影响以及拉动经济、社会就业等方面都发生了深刻的变化，尤其在发展模式上有了革命性举措。

文峰集团以饭店为基础，拓展其他行业，全国连锁，成为年营业额200亿~300亿元的超大型集团。

中洋集团将“美无度，祸无涯”的河鲀，经科研繁殖成控毒河鲀，以年1000万尾的存池量远销海内外。中洋公司以集科研、养殖、加工、烹调、销售一条龙的产业集团新模式，驰誉华夏。

品尚豆捞（火锅）集团建立的中央厨房，为全国21个省59个市257家连锁店加工原料、调配料，天天配送到店，成为中国餐饮业的夺目旗帜，2015年进入中国火锅50强，列第9名，2016年进入中国餐饮百强企业，列第13名，2017年又获“中国餐饮30年优秀企业奖”。

以上三个企业，以各自的实践为烹饪工业化、产业化、连锁化和规模化的南通餐饮发展模式，探出了新路。

新中国成立后，南通市商业局、饮食服务公司为保住南通味道曾做出过不懈的努力。南通从1960年起就开始办烹饪培训班，编培训教材，为一市六县培养了一批烹饪骨干。1966 年建立南通市商业学校，招收烹饪专业学生，并自编烹饪专业教科书，后成为全国通用教材。1983年南通建立饮食服务行业技术培训中心，后改为南通市烹饪摄影美容技术学校，同时建立饮服技术考核站，后经劳动部授牌改称“中国烹饪国家职业技能鉴定所”，负责江苏全省的餐饮职业技能鉴定工作。上述两所机构建立以来，为江苏省和南通市培训了8000 多中高级烹饪人才，日后大多成为省内外烹饪业界的栋梁。后来不少大中专学校都开办烹饪专业，培训烹饪人才，毕业生都十分抢手，有的还跨洋过海，施展才干。

为了保住南通味道，南通餐饮人相继组织过烹饪技艺大赛、技术交流和传统名优品种比武。1984年7月举办的一市六县名师做传统菜点的比赛，历时3天，把南通的传统名特优品种几乎和盘托出。1989年5月13日至17日，饮服公司优选了22家饭店，推出了8大类120个名特优小吃，在市文化宫举办了“名特优风味小吃品尝汇展”，引起轰动，5天内人流如潮，食客达15万人次。这样的活动以后几乎每年都要举办。2014年，由中共南通市委宣传部和商务、卫生、旅游等部门联合主办的“三鲜街”杯南通“十佳”名菜（点）评选活动，将南通美食推上更高一个层次，产生了更为广泛的影响。

如今的南通餐饮市场生机盎然，欣欣向荣。除传统烹饪技艺不断创新发展外，全国各大菜系也被纷纷引进而大放异彩。市民随时随处都可以大快朵颐、大饱口福。

南通的文化名贤是南通烹饪文化的知味、知音和阐扬者。南通味道不能不留在他们笔下的字里行间，焕发着耀眼的光彩。

乡愁是生长在血脉里、难以被割裂的文化根脉，中华民族坚守了几千年的诚信、勤俭、向善、感恩，是文化记忆的价值原点。说到底，乡愁是记忆中家乡那山、那水，抑或家乡的一棵树、一口井，是传承久远的家谱家风，而最念念不忘的是家乡美食的飘香……

在对南通味道非常执着坚守的部分书画家、作家、诗人、学者的书画诗赋和文章里，充满了对南通味道的颂扬和怀恋之情。远去了的才被怀恋，稀少了才觉得珍贵，距离产生美。这些美文体现了深刻的思想，折射出南通人的哲学思想、审美态度和风俗习惯，我们可以在精神上享受到南通的美味、美思、美韵、美食观。

赵　丹

中国著名电影界先驱、人民艺术家赵丹（1915—1980），生前一直念念不忘南通的狼山鸡、如东的“文蛤”以及绿玉镶边的大白菜和黑菜等的“保质保种”。每当遇到南通老乡，都千叮咛万嘱咐，对南通这些名品做好护育工作，万万不能让它们在追求“西化”“时尚”或在“全国一盘棋”或“典型美食”的“时潮”中退化和变种。在他看来，“菜种”便是“物种”“语种”；南通菜点要让它是真正的南通地方的，而不是掺杂外地的；南通菜肴要让外地人吃了后“神往”南通人的生活。

王个簃

国画大师王个簃（1897—1988），南通海门人，吴昌硕衣钵传人。其艺术熔诗书画印于一炉，驰誉海内外。历任新华艺专、中华艺术大学，东吴大学、昌明艺专、上海美专等高等艺术院校教授、国画系主任，上海中国画院院长、西泠印社副社长等职。其画作中绘制过大量他所喜爱的刀鱼、鳜鱼、白菜、柿子、豆麦、莲藕、茄子等烹饪原料。1926年王个簃30岁时，友人钱浩斋从南通托人带上数尾刀鱼给王个簃。王个簃喜出望外，与其师吴昌硕煮酒共餐，随即兴发挥毫作一筐刀鱼图，笔墨简练，形神兼备，并在上双款题跋，一横一纵，自然得体，款曰：“通州钱浩斋赠刀鱼数贯与缶翁煮酒共啖，作此遣兴，丙寅，个簃贤。”再题七言绝句一首：“大江之委正月天，有鱼游刃味至鲜。子舆不云鱼我欲，对兹合馋三尺涎。”1932年，此画在英国伦敦、法国巴黎展览获奖。时隔28年的1954年，王个簃对此图又作长跋记之。

著名中国画家、联合国教科文组织特别顾问范曾（1938—　），南通市人，自小尝“家山秀色”长大，对南通传统小吃、名菜佳肴了如指掌，情有独钟，及至现今，虽游艺天下，足迹海内外，尽尝天下佳肴美味，但每每谈及美食艺术，仍“不改初衷”，视“天下名菜，唯我（江苏名菜）独秀”。1989 年秋，笔者在北京总纂《中国名菜谱·江苏风味》期间专访范曾先生，征询他对江苏菜肴的宝贵意见。范先生

范 曾

虽百事缠身，异常忙碌，但却“闻味起舞”，拨冗抽身，与笔者兴致勃勃地大侃他的“美食观”。范先生分别对四川菜的“辣味”、广东菜系的“生脆”、山东菜系的“五辛”、安徽菜系的“重油厚芡”等一一比较评点之后，认为江苏菜系难能可贵的特色为“清雅”，突出原料的清新滋味，去掉不良气味，适当增加美味。这无疑是范先生融“艺”“食”为“一炉”而发表的真知灼见。他当即欣然为《中国名菜谱江苏风味》题写了“家山秀色、清雅风味”八个大字。

南通艺术界前辈、曾任市美术研究会会长的邱丰先生，于庚申年戏作了一幅蘑菇刀鱼图，其学弟（邱丰是范曾父母亲的学生）范曾先生看后非常喜爱，便在画上落款：“风味最是家乡好。邱丰兄所作刀鱼蘑菇图，有陈淳笔趣，余甚爱之。”这是南通书画界师兄弟对南通味道珠联璧合的联袂之作。

高冠华

著名书画艺术家、美术教育家、中国书画社原社长、中国花鸟画家、中央美院教授高冠华（1915—1999），南通人，曾长期在南通生活、创作，对南通菜肴自有一番与生俱来的情结——可谓“一方美食养一方画家”。高先生不仅为南通各饭店、酒店作画甚多，且“谈食论艺”也留下了许多“高见”。“民以食为天”“食色性也”“虽有佳肴，不食不知其味”是他的“口头禅”。他说，中国画论中的“味”范畴源于“美食”；汉字“美”，“从大从羊”是其明证：没有哪个画家的“画味”或“画风”不与他的美食经验—家乡菜肴之美感不相干……我的画中有家乡菜肴的“秀色”和“营养”，我反思并认同过这种“根源关系”。高先生曾自评他的艺术高峰期是在南通逗留期间“为最”。

1981年，笔者在北京总纂《中国小吃·江苏风味》时，“缘想”之中觉得高先生为此书封面作画最为适宜，随即在中央美院高先生住处找到了他并如愿以偿。高先生为《中国小吃》所作的封面画以“江苏蟹黄包子”为题材，洋溢着对家乡小吃的满心欣赏。在我们看来，这也是中国花卉画与“中国小吃”在美学意义上的完美结合、水乳交融。

顾乐夫

顾乐夫(1938—),南通人,现定居美国,学者、世界著名画家,长期在南通生活,对家乡烹饪美食技艺、品种、风味、口感等地方特色和形成机制皆有深到的审美体认。顾先生对家乡名点菜肴的美学赞赏和诗性评价颇多,尤其是近年来,于"中外比较"中高度肯定了家乡菜肴的地方本色性、原创性、本味性。他强调,烹饪文化的地方特色性,从哲理上说,源头在于"境域构成性",这样有源有根的美食或美味才有生命力。他认为,南通地方性美食与南通方言一样,具有深层的同构关系,绝对需要以"文化多元"观加以保护和发扬。

南通的文人墨客创作了大量赞美南通美食的诗文,现撷其一二赏析。

采鲜行

缪文功[1]

吾乡滨海富珍错,佳味登盘殊不恶。
春初早韭甫抽芽,笑指灌蒲同俶落。
一肩蜒户送蛏鲜,迟晓踏沙健双踏。
入市今朝价格平,庖丁乍见争欢跃。
代之蜃蛤步路来,肥美也甘资晏乐。
谷雨朝朝天气清,黄花鱼上声阁阁。

清盐直云江以南，一网千金括中囊。
近从筠篮压担挑，厨下磨刀闻霍霍。
春风市罢勒鱼来，南园竹笋新抽箨。
群族繁滋夏益多，虾海如烟风满壑。
更有名鱼号马鲛，糕糖夜夜禽言作。
入口方知透骨酥，余沥风教空糟粕。
菖蒲抽绿届端阳，缕缕黄鱼和羹臛。
细鳞灿烂真如金，忙煞厨娘银刀斫。
秋高蛏美复如春，别有海刀供宾酢。
涉冬笑说秋不归，朵颐仍是占鲞鹤。
小鲜尤在梅首烹，四时均得盛杯勺。
我生本非饕餮人，到此居然难俭约。
君不见精卫衔石不肯休，填满将毋恼海若。
及其未及填满时，酌酒击鲜聊笑谑。

[1] 缪文功，清末庠生，如东栟茶人，原江苏省南通中学校长。

清代南通《渔湾[1]竹枝词》和《崇川竹枝词》唱出南通几百种时令美味和民风食俗：

渔湾竹枝词

（清）周应雷

野雉婆子味相宜，食味烹调各有时；
莫美团脐[2]霜后好，菜花黄有好蟛蜞。

[1] “渔湾”即南通石港镇，古名“卖渔湾”。
[2] 团脐即雌河蟹。

渔湾竹枝词

（清）周应雷

钉头粉囷用场多，荤蔬筵中各配它；
更有家常肴嗄饭，黄沙出得好泥螺。

渔湾竹枝词

（清）黄金魁

吹风燕子虎头鲨，黄蟹青蛏又对虾；
本港挑鲜鱼担满，江刀不及海刀多。

渔湾竹枝词

（清）黄金魁

糕上飘摇插纸旗，黄花酿酒醉斜晖；

苏家堰里团脐蟹，一到重阳分外肥。

渔湾竹枝词

（清）姜灵熙

河鱼哪敌海鱼多，本港海鲜胜比它；

假取鱼名人不少，买鱼卖笑市婆娑。

渔湾竹枝词

（清）冯大本

人询玉斧与金钩[1]，见惯何曾着意求；

欲向蓼滩翻蟹谱，盖场风味属蝤蛑[2]。

[1] 玉斧即文蛤；金钩指虾米。

[2] 蝤蛑（yóu móu），锯缘青蟹，即梭子蟹。

崇川竹枝词

（清）李 琪

鲥鱼[1]八馔石首鲜，蚕豆登盘笋似拳；

正时江乡好风味，阿侬不吝笥[2]中钱。

[1]《崇川咫闻录》载：“鲥鱼以出有时而名。江北自任港至四方沙交夏出。秦邑沿江一带较多。”又载：“石首鱼，鱼小者。为春来尤小者，曰梅首、梅童。”

[2] 笥（sì），一种盛钱物的竹器。

崇川竹枝词

（清）姜长卿

过了春灯[1]二月初，家家野祭荐新蔬；

时鲜若待清明节[2]，不买刀鱼买面鱼[3]。

[1] 春灯，春夜之灯，亦指元宵花灯。

[2] 通俗祭扫自正月直至清明乃已。

[3] 面鱼形似面条，三月间有之。

崇川竹枝词

（清）李琪

白小天然二寸鱼，黄泥口[1]里网张初；
松江鲈脍滦河鲫，比似侬家总不如。

[1] 通城北有“黄泥口”，出银鱼最美。

崇川竹枝词

（清）李琪

牡蛎作墙蠔作山，紫螯黄蚬满鱼湾；
莲房结子菱又熟，遮莫月明柔橹还。

崇川竹枝词

（清）李琪

两尾鲜鱼六六鳞[1]，连朝馈岁遍朋亲；
有时小婢携蛮榼，一半花糕半手巾[2]。

[1] 六六鳞，鲤鱼的别称。其背脊中鳞一道，每片鳞上均有黑点，大小皆三十六鳞，故称。
[2] 手巾，糕名。

崇川竹枝词

（清）姜长卿

菜花天气捉螃蜞，小蒜蔫酸唤卖时[1]；
野雀无名罗格椴，春风啼近社东西。

[1] 菜花黄时螃蜞最肥美；小蒜即野蒜，比大蒜小；蔫酸即苜蓿，又叫草头，南通叫黄花儿。

崇川竹枝词

（清）姜长卿

冷饤[1]搓成金缕丝，新蚕豆子恰相宜；
杜园竹笋珠儿菌，正是花开芍药时。

[1] 元麦二月熟糯，赶青捋取，微砂硙为寸缕，谓之冷饤。

崇川竹枝词

（清）姜长卿

谷雨开洋遥网市，鳓鱼打得满船装[1]；
进鲜百尾须头信，未献君王哪敢尝。

[1] 遥网船以谷雨时放洋，只打鳓鱼鲞。明初渔人顾原六献鳓鱼百尾于太祖，问如何味，对以“不敢尝”。后进鱼必赐一尾。

海门竹枝词初稿

黄 贤

韭笋清腴味最甘，菜花黄酒[1]碧醰醰；

村家那得餐鱼肉，多把盐齑做两坛。

[1] 乡人以菜花开时酿酒名菜花黄，藏久色碧。

十二月鱼鲜

（民歌）

万里黄海水连天，我家住在黄海边。

一年四季十二月，月月鱼儿离水鲜。

正月里龙头鱼儿来报喜，二月里刀鱼正当时。

三月里黄花鱼上了市，口吃鲜鱼心上喜。

四月里鰳鱼大眼白，五月里马鲛来当家。

六月里鲦鱼肥又大，捕鱼人我笑哈哈。

七金八鲽[1]九箭头，十月里来鲻鱼像“铁头”。

十一月带鱼白如银，十二月鲈鱼最出名。

[1] 金，即黄鱼；鲽，即比目鱼。

江海平原乃南通人民深爱的热土，在她的发展过程中创造出数不胜数的佳肴美点，汇成一部历史、现实、人文世俗交响辉映的南通文史华章。

第二章

说古今南通菜肴

与发现一颗新星相比，发现一款新菜肴对于人类的幸福更有好处。

——让·安泰尔姆·布里亚–萨瓦兰（19世纪法国美食家）

烹调之事地各异宜，家各异法……虽然治法各殊，治理则一。

烹饪曰精、曰洁而已，精则适口而无失饪之嫌，洁则养生而无甘毒之诮。

——摘自1916年南通女师《烹饪教科书》范姚蕴素·叙（序）

以江海食材为经，以烹调技法为纬，织饪出在舌尖上穿越古今的南通味道。让烹者有“葫芦”可依，给专业研究者有骏骥可索，经饪出繁星点点、璀璨的江海佳肴。

一、江海的馈赠

——洄游鱼鲜

海产鱼类到江河水域洄游有三种：（1）生殖洄游；（2）生长洄游；（3）觅食洄游。人们把这些洄游的咸水鱼类列入江鲜、河鲜鱼类，其实是混淆了咸、淡水产的界限。本书特在本章中专设广盐性“洄游鱼类”一节，以正本清源。

广盐性洄游鱼得天地之精华，受江海之洗礼，独占味道鲜美之鳌头。

南通是长江与黄海、东海交汇之处，洄游鱼鲜品种之多、质量之佳，为华夏之魁。

张謇先生所作《春江鱼汛歌》，将南通春季的四种洄游鱼之特点和鱼汛，作了生动描写。

春江鱼汛歌

张 謇

刀鱼性爱须，鲥鱼性爱鳞。
遇物触所爱，饮忍忘其身。
桃花上巳[1]江流新，横江千舠会渔人。

[1] 上巳(sì)节，农历三月初三，俗称三月三，汉民族传统节日。

大网密栌阑渚津，将迎鱼性使伏驯。
得鱼多少疑有神，昨日卜珓今日市。
开舱各数几何尾，换酒囊钱日有喜，安排更待河鲀起。
河鲀善嗔嗔腹鼓，鼓乃浮波翻白雨。
渔人布网如布阵，掩取一部[1]复一部。
美能杀人人欲之，吴亡犹说西施乳。
子鱼[2]最小最后生，朱门筵俎几无名。
荒江野店堆盘盎，下酒家家充午饷。

洄游鱼鲜十枝花（洄游鱼俚谣）

迎春花开万象新，江城刀汛万吨银[3]；
菜花烂漫在仲春，鳗鱼滋补赛人参；
桃花开在众花前，拼死才懂河鲀鲜；
垂柳轻舞杨花飞，买鲜拎得鲥鱼归；
国色天香牡丹王，鲈鱼作羹赛蟹黄；
千树万树梨花开，凤鲚籽美胀满怀；
兰花幽幽香味长，肉棍鲻鱼美不让；
倒挂金钟似彩灯，紫菜银鱼养生羹；
八月桂花遍地香，虾虎正肥赛羊汤；
耐霜菊花赋秋色，鲟是水中活化石。

紫琅捕刀图

[1] 一部，为三尾河豚。
[2] 子鱼即鲻鱼。
[3] 万吨银：指南通刀鱼最高年产量达600万斤。

1.春馔妙物·刀鱼

长江刀鱼

“昨日刀鱼入市鲜，匆匆先上长官筵。如何顿得非常价，江上春寒过往年。”这是张謇在宣统二年（1910）所作《与金沧江同在退翁榭食鱼七绝三首》中的一首。诗中记述了与朝鲜诗人金沧江共尝刀鱼之时，儒商也不忘借助美食珍味来烘托儒雅的情景和气氛。

刀鱼，是长江著名的“三鲜”（专指洄游的刀鱼、鲥鱼、河鲀鱼三种鱼类）之一。阳春三月，正是刀鱼的旺汛季节。“河豚来看灯，刀鱼来踏青。”南通农谚形象地说明了这两种鱼的游弋季节习性。

刀鱼历史悠久，名称众多。《山海经》称刀鱼为“鮆”“鱴刀”；《说文》称其为“刀鱼”；《魏武食制》称其为“望鱼”；《异物志》称其为“鳢鱼”。有趣的是宋人在《清异录》上说：其腹鳞呈三角形，尖利易卡喉咙，称之为“骨鲠卿”；“貌则清臞，材极俊美”；称刀鱼为“白圭夫子”。古籍上的刀鱼名称有20余个，不在此一一列举。实际上刀鱼的几种别名均是以其形状“如剂物裂篾之刀”（李时珍《本草纲目》语）而得名的。

刀鱼为脊索动物门，硬骨鱼纲，鲱形目，鳀科，鲚属。刀鱼的体背与头稍带银白色，侧体和腹部均为银灰色。一般的刀鱼体长相当于体宽的六倍半，八倍于头长，狭而侧薄，颇似尖刀；游速比燕子还要快，故有“刀鱼似箭”之说。

刀鱼为鲚属中个体最大者。南通民谚称：“刀鱼不登斤，鲥鱼不买两。”鱼龄3～4年的刀鱼一般体长23～35厘米，体重在2.5～4市两，最大的可达5市两。2013年，渔民王浩斌在南通江面上捕获了一尾重7.6市两的刀鱼。2015年南通江面又捕获一尾9.2两重、身长45厘米、史无前例的“刀鱼王”，被一神秘买家以15000元买走。

刀鱼属洄游鱼类，平时栖息在近海，每年二三月入江河作生殖洄游——产籽。产籽后再洄游入海，幼鱼次年入海。中国沿海，长江、黄河、钱塘江、辽河、海河等地均产，以长江最多。长江刀鱼可溯游到洞庭湖，城陵矶以上就少见了。刀鱼是长江下游的主要经济鱼类，南通又是刀鱼产量最多的地方，最高产量的年份年产达600多万斤。

刀鱼鱼汛早期以雄鱼居多，个大体肥，肌肉内含脂肪达15.8%～30%，后期以雌鱼居多，个体逐渐变小，产籽后的鱼体更加瘦弱，肌肉内所含脂肪仅为9.19%。渔民称：“回头刀鱼，没吃头。”

南通是万里长江入海之处，有崇明岛与狼山为屏障。南通江面形成了港深、水流平静、浮游生物多的良好自然生态环境，成为刀鱼洄游长江觅食、产籽的理想之地。由于刀鱼刚由海溯江，精力消耗不多，故南通水域的刀鱼体肥，其质在长江下游诸地首屈一指。在20世纪90年代以前，每届春汛，大江南北下游各地的江阴、靖江、泰州、扬州、镇江、南京的渔船纷纷云集南通江面，紫琅山麓，渔帆云集，桅樯成林，大家都来截捕肥

曹 操

李 渔

美体大的刀鱼，场景蔚为壮观。20世纪90年代以后，因大家都知道的原因，刀鱼资源锐减，壮观场景已不复再现。

据《直省志书》载：刀鱼最爱其鬣（指刀鱼的胸鳍，前六根，鳍条延长，游离成丝状，末端可达臀鳍起点）。渔人用丝网稍微挂住刀鱼的鬣，刀鱼就伏而不动，举网即可捕获。苏东坡诗中有“恣看收网出银刀”，便证实了以上说法。如果刀鱼在收网时乱蹦乱跳，那便是“收网飞银刀”了。

“春有刀鲚夏有鲥鲥，秋有蟹鸭冬有野蔬。”刀鱼滋感丰腴，肉极细嫩，味道纯正而无比鲜美。古人对刀鱼曾有种种咏叹。东汉杨孚在所撰《异物志》上说：刀鱼肉中细骨如毛，云是鳢鸟所化。有人认为是“异苑蝴蝶复作鮆”。三国时，曹操品尝了刀鱼后，赐名“望鱼”。宋代刘宰有诗云：“肩耸乍惊雷，腮红新出水，芼以姜桂椒，未熟香浮鼻。河豚愧有毒，江鲈惭寡味。”元代诗人王逢作的脍炙人口的《江边竹枝词》云：“社酒吹香新燕飞，游入裙幄占湾矶。如刀江鲚白盈尺，不独河豚天下稀。”陶朱公《养鱼经》记载：“鱼身狭长薄而首大，长者盈尺，其形如刀，俗呼刀鲚。”出生成长在南通的李渔对刀鱼更有深刻的体认，谓刀鱼为“春馔妙物”且“食鲥鱼及鲟鳇鱼有厌时，鲚则愈嚼愈甘，至果腹而不能释手”。

美食顾问二毛（牟真理）

2014年5月，《舌尖上的中国》系列纪录片美食顾问二毛（本名牟真理，当代诗人、作家、美食家、餐厅老板）第一次来南通作美食采风。《江海晚报》记者朱丛笑问他：“南通什么菜好吃？”二毛毫不犹豫地说：“长江刀鱼。”他说，北京刀鱼是从南通等地运过去的，经过漫长的运输过程和长时间的冰镇，鲜味大打折扣。他在北京曾多次吃过刀鱼。最厌恶的一点是，不只肉质很松，且肉刺黏合，仅靠舌头很难将其分离。在南通吃刀鱼，用嘴轻轻一吮一抿，肉和刺很快便分开来。二毛还说：“这再一次证明他以前提过的一个观点——真正的美食在当地。在北京和在南通吃到的刀鱼肯定不是一个味道！南通有中国最好的海鲜和江鲜。”

清代，扬州谚语“宁去累世宅，不弃鮆鱼额”，说是宁可丢弃祖上的房子也不愿放弃刀鱼头。这种夸张的说法足以证明刀鱼味美极不寻常。无独有偶，南通民谚说：“刀鱼鼻子刀鱼嘴，活肉味美无法比。”南通人吃刀鱼比扬州人还要精明。宴席上鱼，民间有“鱼不献脊”的习俗（指只能将鱼腹对着特客）。唯独上刀鱼，鼻子要对着特客，以表示尊重，这种风俗已经传承了百年。

刀鱼味美，美在脂丰。脂丰形成了刀鱼鲜香、腴嫩，味极珍美的特色。南通民间有“刀鱼不过清明，鲥鱼不过端午”之说。谓刀鱼清明之后骨刺变硬，风味变差。其实风味变差的重要原因是脂肪丢失，鱼体羸弱所致。3两以上的江刀、海刀，都是优质刀鱼。

中国烹饪应用刀鱼的历史久远，早在《尔雅》中已见记载；三国时曹操喜食刀鱼，见于《魏武食制》；北魏《齐民要术》有“干鲚鱼酱法”；唐代杨晔《膳夫经手录》指出鲚鱼为脍颇佳；宋代《吴氏中馈录》中有“炙鱼”二法记载；《随园食单》记有蒸煎刀鱼二法；清《调鼎集》搜集的刀鱼菜品就有煎鲚鱼、鲚鱼圆、炸鲚鱼、印鲚鱼、鲚鱼饼、鲚鱼配虾圆、鲚鱼汤、鲚鱼豆腐、熏（鲚）鱼等，还有制“鲚鱼油”法。

刀鱼入馔可整形烹制，也可切割解体加工成块、条、丁、片乃至剁茸，广泛应用于冷菜、热炒、大菜、汤羹、面点、小吃。做冷盘可卤、炸、烹、烤、糟、酱、泥、松等；做热菜可蒸、烧、氽、浸、烩、扒、炸、熘、爆、炒、煎等。只要厨者得法，皆成美味珍馐。

南通是中国刀鱼的主产区。南通人民在实践中对刀鱼品质的鉴别、烹制，积累了丰富的经验。第一，刀鱼产于何地？什么水域？是江刀、海刀、湖刀还是河刀？是什么时段的刀鱼？一般都能鉴别。以致捕于南通何地段的刀鱼都会有选择性地运用。俗话说“选了好食材，才能做好菜”。第二，经过上千年对刀鱼烹制实践的摸索、研究、改进、创造、传承，烹饪技艺臻于炉火纯青，为千方百计彰显出刀鱼本身的真味，厨师们形成了烹调刀鱼的两条共识：① 加热时要保住鱼体内的水和油；② 调味料和配料以清淡为主，方能凸显刀鱼独特的香腴鲜美。

南通厨师对“皮里锋芒肉里匀，精工搜剔在全身”的刀鱼出骨技术，被烹饪界誉为“绝顶”。

刀鱼虽肥嫩鲜美，但骨刺较多，为扬肉质鲜美之长，避小刺繁多之弊，能将刀鱼脊背刺和小刺全部剔净的厨师已凤毛麟角，即使有也只能做一两个菜品。南通厨师独创的无刺刀鱼全席——四冷碟，四热炒，四大菜，一汤菜，一甜菜，两点心，共16个品种，个个精美无刺，款款口味不同，只只烹法各异，样样口感有别。

20世纪80年代南通中华园、新华饭店都挂牌对外供应，随到随吃。南通厨师烹制无骨刀鱼的绝技，使中外烹饪界望尘莫及，中国各大权威烹典都把它作为“中国烹饪文化精髓技艺的瑰宝”收录。可惜的是，由于生态环境的恶化——污染和滥捕，给刀鱼的生存带来了灭顶之灾。

如今南通所捕长江刀鱼的数量实在太少，船一靠码头，鱼瞬间就被买者席卷一空。有的早就被渔老板订购，根本到不了市场。2016年3月24日，南通媒体记者跟随苏通渔26604下水捕捞江刀。下午3时潮来了，开始撒网。6个渔民分工协作，等到潮落收网，只捕到一尾刀鱼。更为沮丧的是，扬中的渔船在江上捕了几天，竟只捕到1条刀鱼。这也着实难为了中央电视台四套《走遍中国》节目组，他们还在船上跟拍呢！结果是无功而返。

据刀鱼商反映，南通平均每天每船大概只能捕到六七条刀鱼，而下游的崇明每天却能捕到3000多斤！他们哪来的这么多刀鱼？原来，他们从海边开始便布起密密麻麻的渔网迷魂阵。海里的刀鱼要进入长江可谓是杀机重重。渔民们是把船开进了大海，回来再把船停靠在崇明岛码头，将海刀充作江刀在出售。其实很多地方的“长江刀鱼”不是从江里捕来的，而是用汽车长途贩运来的！南通的水产老板丁余英说，南通市场上的刀鱼基本上都是从常州批发市场进的货，除了从常州、江阴、靖江运来的所谓“江刀”外，大都是浙江、福建、崇明的“海刀”，不仅不名副其实，还屡曝天价：2010年400~500元/斤；2011年800~1000元/斤；2012年6800~8000元/斤；2013年1300~1500元/斤；2014年5000~6000元/斤。（南通江刀渔民售价为100~500/斤，海刀售价一斤从几十元至一二百元）刀鱼的价格天差地别，还以出水地细分为崇明刀、江阴刀或靖江刀，一地一价。要提醒大家的是，刀鱼之美，美在脂。三两以上的刀鱼，不管是江刀还是海刀，都一样的美！有人说，刀鱼越往上游，水越淡，鱼也就越鲜美，其实这是没有常识的传言！刀鱼味差的只有两种情况：①没有入海的较小的刀鱼；②产卵后脂肪只剩1/3的回海刀鱼。

农业部将上海、江苏、安徽命名为长江刀鲚国家级水产种质资源保护区。自2007年起，农业部又对长江下游两省一市的刀鲚特许捕捞证核发数量，逐步进行削减。可刀鲚持续衰退的趋势并未得到明显改观，相反，正在步长江鲥鱼走向覆灭的后尘。据资料显示，长江刀鱼产量1973年为3750吨，2002年以后的年产不足百吨，2014年仅为43.3吨。而长江中上游地区的化工企业大量不达标的排污难以根治，也是长江刀鱼减产的重要原因。

南通当代文化人士——辞赋家李钊子对长江刀鱼离我们越来越远的不争事实，在《刀鱼赋》中发出了无奈的叹息和呼吁：“呜呼，年复一年，周而复始。延续种群，自不濒危。人却造孽，放生妖魔。天不蔚蓝，水不至清。江河含羞，生灵倦怠。人不当怜，必及自己。当期振奋，努力图治。”

这一“努力图治”之梦，正是国人之梦，党和政府之梦。梦想实现之日：春汛之时，南通江面上渔船云集、帆樯成林的壮观场景将再现；南通年产刀鱼600万斤将再次成为现实。届时，天下饕民皆煮酒啖鲚，齐歌《刀鱼赋》。

下面介绍几味用刀鱼做原料的南通菜。

[红烧刀鱼]

红烧刀鱼

红烧是人们食用刀鱼最普遍的烹调方法。江苏、上海的一般家庭做刀鱼都采用此法。一般家庭的做法是：将洗净的刀鱼下锅，煎成两面黄后起锅备用；锅中留少量油，下葱姜煸出香味，放入精夹肥的鲜猪肉片、水发香菇片、笋片炒透，烹入料酒，放入酱油、糖、味精、盐等作料，再放入少量鸡汤；将煎好的刀鱼下锅，烧沸后移至中火慢煨，转旺火收汁（有人家还要勾稀芡），装盘。

菜馆的做法也各有千秋。最早有人是将刀鱼炸成两面黄；或将锅烧热，不放油，将刀鱼贴在锅上煎出刀鱼体内的油；也有用油将刀鱼两面煎，后来逐渐改成只煎一面。红烧刀鱼的配料一般是熟火腿片、水发香菇片、笋片这“老三样”。后来有人将火腿片改成猪板油丁或猪肥膘肉丁，用油量也逐渐增多。

南通是刀鱼的主产地，刀鱼多，也烧得多。20世纪60年代，南通开了一爿中华园高级（高价）菜馆，几乎集中了全市的名厨。刚开始，烧刀鱼是“马塘的锣鼓——各打各”，其实也是体现了多元化。后来发现张謇在1921年从上海请来担任俱乐部主厨的淮扬名厨刘明余做红烧刀鱼时不用鸡清汤，只用水；不用其他配料，只用板油丁，还不放味精。他是将洗净的刀鱼放入油中只煎一面，再把煎过的一面翻身朝上，放入姜、葱、油丁，加水烧沸，再上中火，最后移至旺火上，放入熟猪油收汁即成。经反复品尝，大家总结出刘明余的红烧刀鱼之所以腴嫩鲜香，本味特别浓郁可口的原因是，保住了鱼体内的水和油；而不加味浓的调料和配料，才能彰显刀鱼独特的美味。

原料：

刀鱼2条（约重400克）；猪板油丁 50克，绍酒 25克，酱油 30克，精盐 0.5克，白糖5克，葱白段 5克，生姜片 5克，熟猪油 80克。

制法：

① 将刀鱼刮鳞，去腮、鳍，从肛门处横划一小口（割断鱼肠），用竹筷从腮口伸入腹内，绞出内脏；洗去血污，斩去尾尖，将刀鱼头朝上挂三五分钟，使鱼体内的血水从断尾处淋出。用洁布吸去鱼体上的水，在鱼身的一面用1克酱油抹匀。

② 炒锅置中火上烧热，舀入熟猪油40克，放入刀鱼（抹酱油的一面朝下）煎至淡黄色；将鱼翻身，放入葱白、姜片、猪油丁，加绍酒、酱油、白糖、盐、清水，淹没鱼身；移至旺火上烧至六成熟时加入熟猪油40克；移至中火烧2分钟后移至旺火，晃动炒锅，待卤汁收稠，起锅盛入盘中即可。

[清蒸刀鱼]

清蒸刀鱼是江苏名菜。南通厨师清蒸菜的功夫独到，将清蒸刀鱼的色、味、质，推向了极致。

清蒸刀鱼

刀鱼之美，美在鱼肉内所含脂肪丰富，脂多便增加了刀鱼的肥、嫩、香。烹制刀鱼不仅要保护鱼体的脂肪不溢出体外，还要另加脂肪渗入鱼体，才能使刀鱼味更臻完美。清蒸，在汽水饱和的环境下，鱼体不会失脂失水，但在蒸气中的液体（鱼汤）达不到沸点，液态平静，汤和鱼的对流减弱，而在加热的过程中又无法调味，鱼腥味也不易蒸发掉。南通厨师能“隐恶扬善”，把所有问题都巧妙地一一解决，为江苏名菜增彩增辉。2014年6月，“清蒸刀鱼”被评为“南通市十佳名菜”。

原料：

刀鱼2条（约重400克）；猪网油 80克，绍酒 25克，精盐 4克，白糖 0.5克，葱结2.5克，姜片 2.5克，姜葱盐酒汁100克，熟猪油 40克，白胡椒粉0.5克。

制法：

① 初步加工方法同“红烧刀鱼”。

② 将沥尽血水的刀鱼抹上姜葱盐酒汁，腌渍10分钟后，放入沸水中略烫（去腥），放入盘中；加入熟猪油、绍酒、盐、糖、放少许清水，在鱼体上覆盖猪网油，放上葱结、姜片，上笼，蒸熟后取出。拣去姜、葱，揭去残留的网油经络，将鱼汤先盛入碗中，兑准咸淡，撒上白胡椒粉后浇在鱼身上。带醋碟、姜末上桌。

［**水油浸刀鱼**］

水油浸烹鱼法，是南通市烹饪技校高级烹饪技师钱焕清在油浸烹鱼法基础上改进而成。

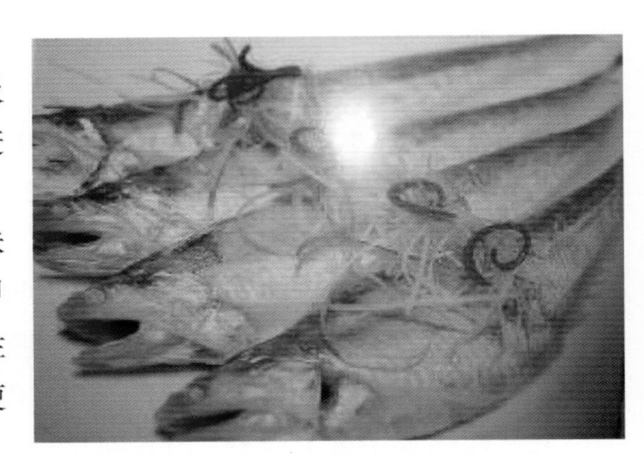

水油浸刀鱼

鱼用油浸或清蒸烹调，鱼肉虽嫩，但腥味难除，入味欠佳。水油浸，是利用腥味（三甲胺等）能溶于水并被水蒸气蒸发的理化特性和水油在加热中的对流及味的渗透作用，使制品能均匀地吸收部分调味品而入味的原理，而使制品在色、香、味、质等方面更臻完美。

水油浸刀鱼能使刀鱼在低温的油水中始终呈饱和状态，鱼体不失水又不失油，故刀鱼呈丰满如鲜的体态，鱼肉鲜嫩腴美异常。装盘后，先在鱼身上浇上调味卤，再在姜葱丝上浇上热油，吱吱有声，香气四溢，观其色形，嗅其鲜香，闻其声响，令人食欲大振，是一款色、香、味、形、声俱佳的珍馐。

原料：

刀鱼2条（约重400克）；绍酒100克，啤酒500克，精盐6克，姜片10克，姜丝3克，葱段10克，葱丝2克，水淀粉25克，芝麻油25克，色拉油500克。

制法：

① 洗涤加工方法同“红烧刀鱼”。

② 将刀鱼放入盘中，用绍酒、精盐3.5克，姜片、葱段腌渍15分钟左右，拣去姜葱，再将鱼用干净的布吸干水分。

③ 锅置旺火上，舀入清水1000克，啤酒500克烧沸；舀入色拉油，使其油水温度保持在90℃左右（似沸非沸）；将刀鱼放入，在微火上（非沸状）浸泡10分钟左右，至鱼身上浮。

④ 将刀鱼盛起装在盘子里；另取炒锅置旺火上，舀入浸泡鱼的原汤25克，加绍酒25克、精盐2.5克、味精适量烧沸，用水淀粉勾芡，制成稀卤浇在鱼身上；再在鱼身上放姜丝、葱段，将烧热的芝麻油浇在姜葱丝上即成。

椒盐刀鱼

［椒盐刀鱼］

椒盐刀鱼又名脆皮刀鱼，是刀鱼成熟后出骨的制品。成菜色泽恰似"金裹玉"，入口外酥脆，内软嫩，干香浓郁；嚼之腴香鲜美，沁人心脾，是刀鱼菜品中另具风韵之佳肴。

原料：刀鱼2条（约重400克）；绍酒10克，精盐3克，姜葱汁10克，鸡蛋2只，面粉80克，生粉20克，熟猪油5克，芝麻油5克，葱花、花椒盐少许，色拉油1000克（实耗75克）。

制法：

① 将刀鱼去鳞、去头尾、腮，用竹筷将内脏绞出，冲洗干净待用。

② 将刀鱼两面均匀地剞上花刀，改成2.5厘米左右的段，用精盐、料酒、姜、葱汁浸渍一下，捞起后用干毛巾吸去水分，再拖上用鸡蛋、面粉、生粉、清水、熟猪油调制的糊，放入五至六成热的油锅中，炸至外表起壳后捞起，趁热逐一抽去脊骨。

③ 待油温升至六七成热时，将抽去脊骨的刀鱼段复炸一下，捞出沥油。

④ 将锅中的油倒入盛器内。原锅上火，舀入芝麻油，投入葱花，刀鱼段上洒上花椒盐颠翻几下，出锅装盘即可。

［芙蓉刀鱼片］

南通人在正月里宴请亲朋好友，刀鱼是待客的最佳美味菜肴。"皮里锋芒肉里匀，精工搜剔在全身"是清词人林芝痴在《邗上三百吟》中对去骨刀鱼的赞叹。

"芙蓉刀鱼片"是驰名大江南北的"南通无刺刀鱼全席"中的一款菜品。此菜鲜美、嫩滑，绝无刺鲠之虑。

芙蓉刀鱼片

原料：

刀鱼两条约350克；水发香菇25克，豆苗25克，鸡蛋清3枚，姜葱汁水125克，精盐3克，味精1克，湿淀粉25克，鸡清汤75克，绍酒10克，色拉油1000克（实耗50克），芝麻油5克。

制法：

① 将刀鱼去鳞、去腮、去内脏，斩去鱼头洗净，从鱼背脊处用刀沿着脊骨两侧剖

开，去掉脊骨，将鱼皮朝下平放在砧板上，用刀背轻捶鱼肉，使细刺粘在鱼皮上。刀面沾水刮下两面的鱼肉。

② 将去骨刺的刀鱼肉斩成茸放入碗中，徐徐加入姜、葱汁水（边加入边搅拌），随即加入2克精盐、味精，顺着一个方向搅拌至稠厚上劲，再将3个蛋清分次加入鱼茸内，用竹筷轻轻地顺着一个方向搅拌均匀，最后加入湿淀粉20克。

③ 取干净炒锅上火烧热打滑后，舀入色拉油1000克，烧至二成热，用手勺逐一将鱼茸糊划呈柳叶片放入油锅"焐养"至鱼片浮起时用漏勺捞起，沥去油待用。

④ 将锅中的油倒出，略留少许油，烧热，将香菇片、豆苗投入，煸炒一下，烹入料酒，加入鸡清汤烧沸，用湿淀粉勾芡，放入鱼片，淋上芝麻油，颠翻几下出锅装盘即可。

［原汤刀鱼圆］

烹饪界有句行话：厨师本事老或嫩，看他的鱼圆做得余不余、嫩不嫩。鱼圆传统的质量标准是：下了汤里是圆球；放在碟子里是饼馍；搛在筷儿上是弯葫芦，要求嫩而有劲。而能达到要求的厨师已经是凤毛麟角。现在有的厨师做刀鱼圆时还掺入白条鱼肉。为继承、弘扬传统技艺，特将刀鱼圆的制法介绍如下：

原汤刀鱼圆

原料：刀鱼750克；姜葱汁水125克，鸡蛋清1只，精盐25克，熟猪油25克，湿淀粉15克，料酒 5克，芝麻油少许，葱4根，姜一小块，白胡椒少许，香菜叶12瓣。

制法：

① 将刀鱼去鳞、去腮、去内脏洗净，鱼去骨、去皮，取净鱼肉（去骨具体方法见［芙蓉刀鱼片］），放在砧板上斩成茸，待用。

② 将姜葱汁水缓缓倒入鱼茸中，用竹筷顺着一个方向搅拌（大量生产可用手搅拌）呈稀粥状，加入精盐后仍继续顺着一个方向搅拌至稠厚上劲，蛋清用竹筷搅拌起泡后（筷儿插入不倒），投入鱼茸加入湿淀粉，还继续顺着一个方向搅拌均匀后待用。

③ 取干净锅一只，舀入1000克清水，用手将刀鱼茸挤成葡萄大小的圆子，下入锅内，然后上火加热至鱼圆成熟，捞出投入清水中待用。

④ 取干净锅一只，上火烧热，舀入熟猪油，投入葱结、姜块，放入鱼头脊骨煸炒一下，投入开水1000克，上旺火烧沸至汤汁浓白，用汤筛过滤，去掉鱼骨姜葱，取鱼骨汤650克。

⑤ 取干净锅一只舀入鱼骨汤，烧沸后投入料酒，放入白胡椒粉、精盐，投入刀鱼圆，烧沸；盛入汤碗内，淋上芝麻油，将香菜叶瓣放在汤面上即成。

除上述菜品之外，南通还有醋熘刀鱼、煎刀鱼饼、灌汤刀鱼圆等传统菜肴，以及三色划炒刀鱼片、炒刀鱼丝、吐司刀鱼、琵琶刀鱼、拔丝刀鱼等创新菜肴。其中“芙蓉刀鱼”的鱼形完整，头尾俱全，加上发蛋蒸透，撒上火腿末、芫荽叶后，白中影红，鱼肉鲜嫩；“灌汤刀鱼圆”用鱼骨浓汤烹制，汤浴浮球，入口即化；“三色划炒鱼片”，红、白、黄三色相间，配上豆苗围边，色彩悦目；“拔丝刀鱼”片内夹有甜洗沙、芝麻，香甜微脆，牵丝不断，腴甜不腻。

现将南通已故名厨李铭义、刘树森1983年发表在《中国烹饪》杂志上的遗作《无刺刀鱼全席烹制手札》摘录于后，可使读者对“南通无刺刀鱼全席”有更深的了解。

刀鱼虽肉肥味美，但其骨刺较多，食之感觉不便。因此我俩近年来创制了多种无刺刀鱼全席，自问世以来，深受品尝者赞赏。现择其中一个席的组合菜点介绍如下：

无刺刀鱼全席

无刺刀鱼全席菜单品名分类如下

六 碗 八 盘（两式点心）

类别	菜名	口味	色泽	烹法	主要用料	特点
冷盘	火腿刀鱼	咸鲜	熟火腿色	烘	刀鱼鱼茸、精火腿末	形如火腿，鱼味腊香
	油鸡刀鱼	咸鲜	黄白相间	蒸	刀鱼茸糊、熟母鸡皮、熟鸡脯肉	形似油鸡，皮肥肉鲜
	油爆刀鱼	甜酸	酱红	烹	刀鱼四条	甜中带酸，酥脆鲜美
	卤蛋刀鱼	卤香	金黄	卤	鸡蛋整壳、刀鱼茸糊、蛋黄	造型似蛋，卤汁芳香
热炒菜	芙蓉刀鱼片	咸鲜	玉白	滑炒	刀鱼茸糊、香菇片、豆苗、番茄片	三色对衬，滑嫩柔软
	古钱刀鱼	咸鲜	黑白相衬	蒸	小朵香菇、刀鱼鱼茸、虾米	形同古钱，香菇风味
	荔枝刀鱼	酸甜	微红	醋熘	刀鱼、茄汁	状似荔枝，甜中微酸
	脆皮刀鱼	椒香	淡黄	干炸	刀鱼、鸡蛋、椒盐	鱼酥皮脆，椒香爽口
大菜	肚吞刀鱼	咸鲜	黄白相间	烩	黄鱼肚、刀鱼茸糊、鸡、火腿片、笋片、绿菜头	外黄内白，肚绵肉嫩
	裹烧刀鱼	干香	棕红	酥炸	刀鱼、鸡蛋、茶米屑	酥松鲜肥，香脆可口
	双边刀鱼	咸鲜	乳白	蒸	笋片、香菇片、火腿片、芫荽（香菜）叶、大刀鱼	鱼形完整，肉嫩味美
	刀鱼豆腐羹	咸鲜	微红	烩	豆腐、刀鱼	鱼鲜腐香，原汁原味
	嵌仁鱼球汤	咸鲜	玉白	汆	火腿片、虾仁、木耳、刀鱼鱼茸、肥膘、菜头	汤浴浮球，入口即化
点心	兰花刀鱼饺	咸鲜	玉白	蒸	刀鱼鱼茸、精面粉	状似兰花，鱼香油润
	梅花鱼烧卖	咸鲜	淡黄	蒸	刀鱼鱼茸、鸡蛋	形如梅花，馅心鱼鲜
甜菜	拔丝夹沙刀鱼	甜香	米黄	拔丝	刀鱼、鸡蛋、豆沙、芝麻	香甜酥脆，牵丝连绵

创制无刺刀鱼全席必须掌握好选料、烹法、风味等关键因素：

（1）制作无刺刀鱼全席的选料

主料刀鱼每席需量16斤，要选刚出水的当潮鲜品。在辅料配置上需选取当令时鲜配料，在调味品方面，要选取优质上品，通过精工细作，才能达到色香味形俱佳的要求。

（2）制作无刺刀鱼全席的烹法

根据各种菜肴的类型，必须用各种烹调方法形成各自的特色。

冷盘类，要使用烘、蒸、卤、烹等不同的烹调方法。以“卤蛋刀鱼”的操作为例：将鱼茸糊做成“蛋白”“蛋黄”，分别投入鸡蛋壳内，蒸熟剥壳再下油锅炸成金黄色，投入卤锅卤制而成。成品装盘切成龙船块，形同卤鸡蛋无异，却具有刀鱼和卤香风味。

热炒类要考虑到炒、蒸、溜、炸等不同的烹调方法。以“芙蓉刀鱼片”的操作为例：选取串和上劲的鱼茸糊，用热锅温油，取手勺片入锅内至熟，色泽玉白，状似芙蓉，片呈柳叶形，滑嫩可口。

大菜类要用烩、蒸、炸、氽、拔丝等不同的烹调方法。以“肚吞刀鱼”为例：取用黄鱼肚（炸透泡水）内嵌刀鱼茸糊，烹制后肚黄鱼白，肚绵鱼嫩。而制作“双边刀鱼”在整条刀鱼去骨刿取鱼肉时需手巧心细，要用镊子拔尽鱼皮上的每根鱼刺，不可留存一根细骨，同时不能碰破鱼皮。制作时再用原刀鱼的鱼头、鱼尾和鱼皮，使鱼有头有尾，鱼形完整。我国酒席的规则很多，自古就有“鸡不献头，鸭不献尾，鱼不献脊”之说。上筵席的鱼一般是肚子朝着特客，以示尊重；但南通的刀鱼是例外，是刀鱼鼻子对着特客，因为刀鱼鼻子和嘴的味道极美。

（3）制作无刺刀鱼全席的风味

整条刀鱼刿下鱼肉后的鱼头骨、肚档、鱼皮等不可丢弃，要将其浸水洗净，取干净锅放猪油烧热，投姜结略炸，倒入鱼头骨，放入骨汤烧沸，制成乳白浓汤，过筛待用。在烹制刀鱼成品时取用这特制的汤，才能保持刀鱼的原汁原味。

（4）制作无刺刀鱼全席的要领

刀鱼净肉刿下洗净后斩茸时，砧板要刮净，最好在砧板上铺一块生猪脊皮，将鱼肉放在皮面上斩能防止沾屑；把熟猪肥膘和生河虾仁（每斤鱼肉投放肥膘二两、虾仁二两）及少量蛋清一齐斩，能促使鱼茸肥美鲜嫩。串茸糊时，先要备好浸渍的姜葱水，要搅和上劲，分厚糊、稀糊两种待用。冷盘“卤蛋刀鱼”要取厚糊，烹制后能凝固有力。而制作“鱼球汤”则要取稀糊，烹制后才能软嫩上浮，入口即化。

2、揭秘鳗鱼之“魔”

鳗鱼，南通人叫它“魔鱼”。为了这个“魔”字，促使笔者对鳗鱼的秘密身世，进行了一番深入细致的查究。南通人把鳗鱼叫“魔鱼”，是有其道理的。因为这种在地球上存活了几千万年的生物，人们对它的基本了解也才不过短短几十年。鳗鱼如若没有高明的魔法，能把自己的身世隐瞒几千万年？鳗鱼的老家在哪里？你要是以为江河是它的

鳗鱼

家那就错了。全世界的科学家寻找了几百年，直到1991年才在菲律宾和马里亚纳群岛中间的深海里找到了它产卵的地方，也就是它的家。鳗鱼苗（幼体）不能用人工繁殖来培育，这是因为它有着很特别的生活史，很难在人工环境下来模拟。鳗鱼在陆地上淡水的江河里生长，到秋天性成熟后便洄游到海洋中的产卵地去产卵。这与鲥鱼、刀鱼、鳟鱼、鲑鱼"溯河"洄游性的生活模式完全相反，被称为"降河洄游性"。更奇怪的是，鳗鱼一生只产一次卵，产卵后母鱼就死亡了。所以说，鳗鱼只有父亲，没有母亲，也就更谈不上祖母和外祖母了。

鳗鱼的出生地，也是它的归宿地。有人认为居住的地方才是家。而鳗鱼从小到大，虽住在淡水里，但淡水河川充其量只能称为它的"寄居"或"侨居"之地，人到老还要"落叶归根"呢！

鳗鱼既无母亲，却能在地球上存活几千万年，而且生生不息，鳗族昌盛，鱼丁兴旺，其中的秘密在哪里呢？原来鳗鱼的性别是由后天环境决定的，是受环境因子和密度控制的。当族群数量少时，雌鱼的比例会增加，族群数量多时则减少，而整体比例有利于族群的增加。当密度高、食物不足时，鳗鱼"女士"可以变成"先生"；反之"先生"就会变成"女士"。在台湾地区的河川中，由于鳗鱼数量很少，所以大多数是母鱼。鳗鱼的变性，既不能集体变，也不能乱变、瞎变，而是要有规矩地变。如果大家都变成了"先生"，衮衮诸公能生儿育女吗？如果大家都变成了窈窕淑"鱼"，哪来精子繁衍后代？这个规矩就是"受环境因子和密度的控制"。那为什么有的鱼能变，有的鱼却不能变？要变的鱼又是怎么挑选出来的？又有怎样的选拔标准呢？这其中的奥秘，尚待人们去探索，或是已经探索清楚了，只是笔者还没有探究清楚而已。

孙悟空有72变那是神话传说，鳗鱼有7.2变却是真本事。鳗鱼不仅能变性别，还能变体型、体色、体液，能变得你认不出它的"庐山真面目"。鳗鱼的生活史分为六个不同的发育阶段，为了适应不同环境，不同阶段的体型及体色都有很大的改变。① 位于深海的产卵地，母亲已经去世，幼鱼体型根本不像父母，其体液也与父母相异，却与海水相同，故遭遗弃，随洋流漂泊。② 在大洋随洋流作长距离漂游时，为便于随波逐流，身体变成薄如柳叶的"柳叶鳗"。③ 在接近沿岸水域时，为减少阻力，以脱离强劲洋流，身体又变成了流线型、透明的"玻璃鳗"。④ 在进入河口水域时开始出现黑色素，变成了"鳗线"，这也是养殖业鳗苗的捕捉来源。⑤ 在河川的成长期间，腹部呈现黄色，被称作"黄鳗"。⑥ 在成熟时，鱼身转变成类似深海鱼的银白色，同时眼睛变大，胸鳍加宽，称作"银鳗"，以适应洄游至深海产卵。这就是加上了变性的鳗鱼7变。那么0.2变是指什么呢？原来鳗鱼是有鳞的，只是它把鳞藏在了皮下，使你误认为它是"无鳞鱼"。

鳗鱼的“隐鳞术”笔者把它算作0.2变。

鳗鱼的变术虽不及孙悟空的十分之一、九分之一，但它变术之多，恐怕是生物界之冠。“火眼金睛”的南通人用一个“魔”字，道破了鳗鱼一生魔变的无穷伎俩，准确地揭示出鳗鱼的本质。

若要更深入透彻地揭开鳗鱼的秘密，我们不妨设制一个鳗鱼的履历表，让鳗鱼自己来填。笔者参照人类履历表的栏目试了一试。

第一项“姓名”：它可以填“鳗鱼”，又可以填“鳗鲡”，随它的便。

第二项“曾用名”：它的曾用名颇多，于是将这一项的格子放大了30倍，谁知还是挤挤轧轧地写了鲡、白鳝、白鳗、河鳗、蛇鱼、菩萨鱼、七星鱼、猧狗鱼、鳗鲡、青鳝、风馒、日本鳗等32个。

第三项“种族”：脊索动物门，辐鳍鱼纲，鳗鲡目，鳗鲡亚目。

第四项“性别”：这一项该不该设，弄得人家好尴尬，填“雌雄同体”，还是“亦男亦女”，或是“变性鱼”？都不恰当。因为有的“先生”一生都是男子汉；有的“女士”，终身都是女儿身。

第五项“籍贯”：这一项我们不必为它担心，它填的是“海洋深处”。

第六项“出生地”：同上。

第七项“家庭住址”：江河湖海。

第八项“特长”：你猜它填的是什么？是长途游泳、精通变术、掘洞挖穴。

第九项“性格”：它填的是凶猛、好斗、好动、贪食。它倒是实话实说，一点都不隐恶扬善。

第十项“生活习性”：喜欢在清洁、无污染的水域栖身，昼伏夜出，趋光性强；喜流水，喜温暖，喜穴居。

第十一项“社会关系”：叔叔4个，即日本鳗、鲈鳗、西里波斯鳗、短鳍鳗。它们又生了18个堂兄妹，还有一个远房的堂弟叫海鳗。

第十二项“贡献和缺陷”。贡献有六：① 吃口极美。人们说它“肉质细糯软嫩，甘腴爽滑，且富含胶质、脂肪，若火候适当，吃口极美”。② 最优良蛋白质的供给者。因为它不仅具有人类自身不能合成的8种必要的氨基酸，还含有一种很稀有的西河洛克蛋白，对人具有良好的强精壮肾的功效。因为它含有最“牛”的优质蛋白质，是年轻夫妇、中老年人的保健食品。③ 含有“脑黄金”、磷脂等好脂肪。它所含的磷脂，为人类脑细胞不可缺少的营养素，也是人们血管里胆固醇的“清道夫”。另外，它的脂肪中还含有被俗称为“脑黄金”的DHA及EPA（深海鱼油成分，DHA为二十二碳六烯酸，EPA为二十碳五烯酸），含量比其他海鲜、肉类均高，而DHA和EPA被证实有预防心血管疾病的重要作用。④ 是维生素A和维生素E最多的携带者。它所含的维生素A和维生素E，含量分别是普通鱼类的60倍和9倍。其中维生素A为牛肉的100倍、猪肉的300倍以上。丰富的维生素A、维生素E，对于预防视力退化、保护肝脏、恢复精力有很大益处。其他维生素如维生素B1、维生素B2含量同样很丰富。⑤ 最完美的钙源。它是被国内外科学家一致公认的“理想的天然生物钙源”“人类钙质的天然供给者”。它的脊椎骨钙磷比例接近2∶1，与母乳天然吻合，是国际公认的钙质吸收最佳比例，所含钙质的生物利用率极高。而“鳗钙”正是以它的骨粉、低聚糖、维生素D、奶粉为主要原料制成的保健食品，具有补钙的保健功能，对于预防骨质疏松症也有一定的效果。而正因为是天然生物钙，所以安全容易吸收。特别是添加了异麦芽低聚糖，对人体肠道内有益细菌双歧杆菌有极佳的增强效果，可以调节肠胃功能。⑥ 可以吃的化妆品。它的皮和肉有着丰富的胶原蛋白，可以养颜美容，延缓衰老，被人们称为“可以吃的化妆品”。它是人类最理想的、最佳的滋补食品，有“水下人参”的美誉。但缺陷有二：① 维生素C缺乏，可用果蔬来补充。②体表黏液有毒。人们排除黏液的方法很简单：手中握盐，从头到尾连续捋抹3次，就将黏液除尽了。

第十三项“建议和诉求”：野生鳗鱼，本来资源丰富，但近十几年来数量锐减。它们幼小的鱼苗刚到海边，准备进入淡水区时，早就有人布下了天罗地网，千方百计地要捕捉。这样长期破坏性的滥捕，淡水里的野生鳗鱼会越来越少，现在已经少得可怜。试问，没有了鳗苗，用什么来养殖？千万不能做这种“杀鸡取卵”的笨事呀！

鳗鱼肉质细糯软嫩，甘腴爽滑，且富有胶质、脂肪，只要火候适当，吃口极美。虽然各种烹调方法都适用于鳗鱼，但要达到“吃口极美”，笔者认为烹饪应以清蒸、清炖、红炖、红扒、红焖、煨煮等长时间加热的方法为好。如：成菜后的“清蒸鳗鱼”，其味清鲜，肉质极细；“清炖鳗鱼”肉质肥糯，酥香细腻，嫩鲜柔滑，汤清味醇；“红烧鳗鱼”色泽金红明亮，鳗肉酥透，咸中带甜，肥浓粘唇；“黄焖鳗鱼”色泽棕黄油亮，皮肥肉嫩，汁浓如胶，鲜美醇香，堪称“吃口极美”。

鳗鱼也可以剔骨后批片、切丝（要顺纹而切，使其肉质保持爽韧），用于炒、溜、炸、烹、煎等旺火速成烹法，滋味亦佳。如做“油泡鳗球”，应在鱼肉的一面先剞上十字花刀，再改切成三角形块，这样才能卷缩成球状，也利于烧熟。鳗鱼也可以取肉斩茸，制作鱼圆、鱼糕、鱼香肠等，或作馅料。鳗鱼茸具有色泽洁白、肉质细嫩、黏性强、吸水性大等优点。若做烤鳗，又是另具风味的烹法。

有“水中人参”之誉的鳗鱼，除营养丰富外，还具有降血脂、抗动脉粥样硬化、抑制血小板凝聚、降血压、防癌抗癌、明目、美容等作用。中医认为，其味甘性平，入肝肾经，具有补虚羸、祛风湿、杀虫等功效，可治虚劳骨蒸、风湿痹痛、脚气、风疹、小儿疳积、妇女崩漏、肠风、痔漏、疮疡等症。

鳗鱼不仅是美味食品，还是治病的良药，这一宝贵的资源应当得到保护。政府应当尽快立法禁止滥捕。只有这样，鳗鱼资源才能源远流长，造福万代。

［红烧鳗鱼］

清代《随园食单》对“红煨鳗”一菜起锅有“三病宜戒”：“一皮有皱纹，皮便不酥；一肉散碗中，箸夹不起；一早下盐豉，入口不化。大抵红煨者以干为贵，使卤味收入鳗肉中。”

从上述要求中可以看出，先辈烹制鳗鱼的技艺已甚精到。而如今烧鳗鱼，最令厨师们头疼的事就是：不是将皮烧皱，就是将皮烧破。为此，笔者还特地请“清风居”中国高级烹调技师沈文华写了篇《红烧鳗鱼》的菜谱，以飨读者。他对鳗鱼红烧如何不皱皮、不破皮，怎样达到“吃口极美”，写得很清楚。2014年6月，“红烧鳗鱼”被评为“南通市十佳古典名菜”。

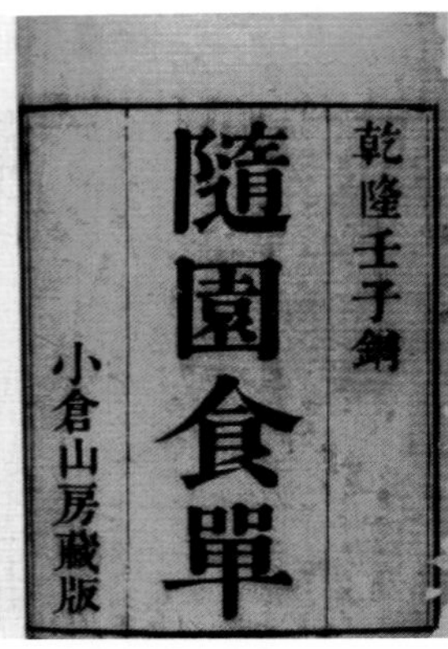
乾隆壬子鐫
隨園食單
小倉山房藏版

随园食单

原料：河鳗600克，蒜瓣20个；老抽5克，精盐5克，色拉油100克，料酒20克，白糖20克，味精1克，姜片3片，葱结1个。

制法：

① 将河鳗宰杀洗净，静置2小时，剁成寸段。

② 炒锅上火，注入清水烧开，将鳗鱼段焯水，捞出，洗净鱼段上的黏液，待用。

③ 炒锅上火，锅打滑，倒入色拉油75克，待油温恰到火候，放入姜片、葱结，倒入鳗鱼段，略翻；烹入料酒，依次加入净水500克，老抽5克，精盐5克，蒜瓣20个，糖20克，旺火烧开，盖上锅盖，烧至汤汁略有稠浓改中小火，焖40分钟（要保持锅中一定的沸腾），中途要分两次将25克色拉油淋入。待鱼肉酥烂、脱骨，形态仍要保持完好，放入味精，收浓汤汁即成。

红烧鳗鱼

特点：色泽红润，鱼肉肥嫩，鲜美味浓。

［**烤鳗**］

黄海之滨的江苏如东，所产鳗鱼量多质优，是我国鳗鱼苗、鳗鱼的出口基地。“如东烤鳗”以向日本出口为主，南通名厨戴建清烤制的鳗鱼，咸鲜香甜，色香味俱佳，受到中外宾客的赞美。

原料：

鳗鱼一条（600~700克）；鳗鱼烤料汁，甜面酱250克，黄酒50克，味精10克，砂糖90克，麦芽糖40克，绍酒20克；大葱2根20克，柠檬、生姜各10克，姜、葱末各15克。

烤　鳗

制法：

① 将鳗鱼洗净黏液，从背部开刀，去骨，吹干，去头尾；将姜葱末绍酒把鳗鱼肉腌制30分钟，用四根钢针在鱼肉上等距离横穿四针（防止烤时鳗鱼卷缩）。

② 将大葱、鳗鱼骨在烤炉上烤至金黄色。

③ 将黄酒、砂糖、麦芽糖等调料放入锅中，加水500克，上火加热至沸腾。把大葱和鳗鱼骨投入锅中，再加热10分钟左右，投入甜面酱，熬匀稠，即成鳗鱼烤料汁。

④ 将初步加工好的鳗鱼放入烤炉（最好的明火炉）中烧烤（烤箱温度：上180℃，下150℃）。鳗鱼烤干后，用刷子蘸烤料汁在鱼身上来回刷遍，放入烤箱中再烤，至烤料汁烤干，取出鱼再刷烤料汁，放入烤箱再烤，如此反复三四次，见鱼身烤成金黄色后改切装盘，配以柠檬角、红姜丝佐食。

3、尴尬的河鲀

河 鲀

河鲀，这一“美无度，祸无涯”的奇特生灵，不知是它把人们弄得很尴尬，还是人们把它弄尴尬了，真是说不清来道不明。

拿名字来说。它本来是脊索动物门，辐鳍鱼纲，鲀形目，鲀科，东方鲀属；但人们却把它叫作哺乳动物的“豚”——江猪。叫这样的名字怎能不尴尬？

人们为什么这样对待它？笔者想从辞书里找答案。于是一口气连查了《康熙字典》《辞源》《辞海》《汉语大词典》《现代汉语词典》《新华词典》等六本辞书，它们均把河鲀的正名写成“河豚”。《现代汉语词典》在“河豚”的条目下还附了一句话：也叫鲀。不知道是这些文字专家们的糊涂，还是我们被弄糊涂了。

再从有关的古籍中查找“河豚”的出处。河鲀鱼的异名繁多，古时称“肺鱼”，另有气泡鱼、吹肚鱼、乖鱼、鸡抱、龟鱼、街鱼、蜡头、艇鲅鱼等名称。查了50个异名，只有《事物异名录》将它称为“豚鱼”。这里虽有个“豚”字，但意思明明白白：它是鱼，不是猪。其他49个异名没有出现一个“豚”字。再从地方名称上找，收集了14个异名，只有广西的4个异名花龟鱼、气鼓子、西廷巴、东方豚中出现了一个“豚”字。

近代为什么要把“鲀”改成“豚”呢？有人说它长得丑，胖胖的有点像猪。“豚”的解释是小猪，也可能是给它取的绰号吧！20世纪90年代，“全国自然科学名词审定委员会”在审定生物名词时，对“河豚毒素”作出了这样的反映：“‘河豚’与‘河鲀’进化悬殊，分类阶元不同，是隶属于不同纲目的两种动物，前者为哺乳类淡水豚科，属鲸目；后者属辐鳍鱼纲，鲀形目，鲀科。‘豚’和‘鲀’读音相同，但差异甚大。把迥然不同的两种动物混称，是混淆了动物的分类界限。”

幸好辞书里没有说得清楚的事情，在百度百科里找到了答案：河豚，人们一般指肉质鲜美但有剧毒的一种鱼类。当作鱼类理解时，应做“河鲀”。而“河豚”则为哺乳纲淡水豚科动物的统称，如白鳍豚等。河鲀外形似河豚，但现代动物分类学将二者划分为不同纲的水生动物。有人说，江浙一带俗称其“河豚”。“豚”“鲀”同音；但是“河豚”的标准名称应该是河鲀。

苏州有道名菜叫“鲃肺汤”，据说是用鲃鱼的肝和鱼肉切成片做成的汤。其实根本不是用的鲃鱼，而是指幼体在10～12厘米以下、性腺尚未成熟、通体无毒的小河鲀鱼。大家都知道鱼是用鳃呼吸的，哪来的“肺”？鱼是没有肺的，只有少数厨师把青鱼肝叫作“秃肺”，所以苏州人也把河鲀鱼的肝叫“肺”，这还好理解。但河鲀鱼怎么会叫成鲃鱼的呢？鲃鱼与河鲀鱼完全是两码事。鲃鱼，有时也被叫作巴鱼，属硬骨鱼纲，鲤科。20世纪80年代笔者总纂《中国名菜谱》（江苏风味）时曾对“鲃肺汤”进行过考证。原来河鲀鱼的幼体学名叫斑鱼；《石林诗话》中称其为“斑子”；《闲情偶寄》中叫其“燕子鱼”；江苏有的地方则把它写成“斑肝鱼”。因为河鲀鱼身上长满了斑点，南通人把河鲀的斑点与鼓气特征准确地概括为“斑鼓鱼”，河鲀鱼干叫“斑干鱼”，这种叫法基本立得住脚。把“鼓”或“干”写成“肝”，恐怕是笔误。江苏各地以及上海都将河鲀鱼的肝、肋和肉烧成的汤叫“斑肝汤”，也有叫作“斑肺汤”，是当地的应时菜。而叫它“鲃肺汤”则纯属以讹传讹。事情是这样的：

1929年中秋佳节，国民党元老于右任在游览太湖赏桂花的归途中，特地到木渎石家饭店来品尝斑肺汤。于右任吃得很高兴，还即兴赋诗一首：“老桂花开天下香，看花走遍太湖旁；归舟木渎尤堪记，多谢石家鲃肺汤。”因为苏州话“斑”“鲃”同音，于先生便把“斑”写成了“鲃”，后来菜名便以诗相传，遂闻于世。当时为诗中的这个“鲃”字，有人在报纸上写文章讽刺于先生不辨“斑”“鲃”，因而引起一场笔墨官司。于右任写诗写出了尴尬。谁知报纸上争来争去，却把“斑肝汤”的名声越炒越大，最终成为名扬大江南北的珍馐。长久以来，不但“斑肝汤”为“鲃肺汤”所取代，而且此汤成为人们争相而食的佳肴。在以后出版的《中国名菜谱》《中华饮食文库》《中国烹饪词典》《中国烹饪大百科全书》中，均对“鲃肺汤”作了特别的说明和注解。这是河鲀鱼给编写烹饪著作的人带来的麻烦和尴尬。

于右任

于老先生的“斑”“鲃”之误引出的麻烦还远远没有结束。当今的一些水产户将养殖的河鲀改名换姓说成是“鲃鱼”，还谎称鲃鱼不是河鲀，鲃鱼无毒，其味远比河鲀鲜美来招揽顾客。更尴尬的是南通有些大饭店的厨师也跟着说谎，以致误导了某些媒体的记者，于是也误导了读者和观众。

要说吃河鲀的尴尬事就更多了。

河鲀肉质鲜美，自古以来就有“不吃河鲀不知天下之味”的说法；但河鲀有毒。根据记载，早在距今4000多年前的大禹治水时代，长江下游沿岸的人们就品尝过河鲀，知道它有大毒了。先秦《山海经》中就有“河鲀名钸鱼，食之杀人”的记载，并有吴人说它的血有毒，肝脏吃下去舌头就发麻，鱼籽吃下去肚子发胀，眼睛吃下去就看不见东西了的记述。有趣的是古今中外的人们从来没有放弃这一“味胜山珍，毒超砒霜”的尤物，这个集极美与极恶于一身的鱼，古代的人们对它既熟悉又陌生，也招来许多文人骚客作词咏诗赋文，在拼死吃、慎吃、吃之杀人这三派间各抒胸臆，争论不休。

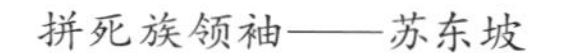

拼死族领袖——苏东坡

反吃派代表——梅尧臣

慎吃提倡者——李时珍

西晋文学家陆云在《与车茂安书》中提到“……炙鳖鯸（河鲀）……真东海之俊味，肴膳之至妙也”。北宋景祐五年（1038），著名诗人梅尧臣在范仲淹席上，当同僚们绘声绘色地讲述河鲀时，忍不住即兴作诗：“春州生荻芽，春岸飞杨花。河鲀当是时，贵不数鱼虾……皆言美无度，谁谓死如麻？”《宋人轶事汇编》引《禾儿编》中记有这样一个故事：北宋元丰七年（1084）春，有常州善厨妇请东坡食鲀，以邀其夸。然先生埋头而食，无有他顾。厨妇尴尬失望之际，东坡忽置箸大吼：“也胜一死！”李时珍在《本草纲目》中指出：“河鲀有大毒，而云无毒者何也？味虽珍美，修治失法，食之杀人。厚生者，宜远之。”由此看来，苏东坡是“拼死”族的族长；梅尧臣认为“食之杀人”，是“反对吃”派的代表；而李时珍则是“慎吃”的倡导者。

南通人吃河鲀也多有尴尬。

按本地风俗，吃河鲀鱼是不请自到，不约自来。主家只说今天烧河鲀鱼，去与不去完全自己决定，绝不会邀请。在吃的地方，桌子上摆好了一大把筷儿，要吃自己拿，板凳也是自己搬。这些约定俗成的规矩说穿了，就是怕万一吃出了事负不起责任。如若不懂这些规矩相反倒就有点儿尴尬了。

20世纪60年代，城中菜市场有专门烧好的河鲀鱼卖，“大海航行靠舵手”的碗一碗一条，一条一斤，卖一块钱。朱荀夫妻二人都在菜市场水产组工作，也都是烧河鲀鱼的好手。一天中午朱荀的妻子回家吃饭，见桌上有初炸的河鲀鱼肝，就拣了几块点点饥。没有想到当时就中了毒，送到医院抢救都没有用。哎，烧了大半辈子河鲀鱼，供无数人享用都未曾出事，而自己却被河鲀鱼毒杀——尴尬呀！

新中国成立前，姚港有个以推小车为生的人家，因为穷不聊生想自杀，便煮了一锅不去眼睛、不去血、不去籽的河鲀鱼。想想全家人马上都要死了，这小车还有何用，于是就劈劈碎塞进了锅膛当了柴火。这小车是用檀木做的，非常耐烧。等小车化成了灰烬，全家人饱餐了河鲀鱼后便坐在那里等死。谁知道等了两天还没有死。而养家糊口的小车却化成了灰烬——尴尬！

1916年农历2月25日，张詧（张謇三哥）请其亲家、南通商会会长刘一山赴宴。席间刘一山因食河鲀中毒不幸身亡。张謇在刘一山灵前挥泪写下“毅豹均死，臧谷均亡，但从兹荻笋芦芽，岁岁吊君成节侯；群纪有交，朱陈有戚，正不仅新蒲细柳，悠悠我里叹才难”，以表哀挽。但毕竟是因请食河鲀中毒而死，张謇、张詧都万分尴尬。

河鲀鱼种类很多，全球有43种，南通有17种。所有种类的河鲀鱼都含有“河鲀毒素”。河鲀毒素是自然界中所发现的毒性最大的神经毒素之一，其毒性比剧毒的氰化钠还要高1250多倍，0.5mg即可致人于死命。河鲀最毒的部分是卵巢、肝脏，其次是肾脏、血液、眼、鳃和皮肤。河鲀毒性的大小，与它的生殖周期也有关系。晚春初夏怀卵的河鲀毒性最大。这种毒素能使人神经麻痹、呕吐、四肢发冷、呼吸停止。河鲀的肌肉和精巢一般无毒；但如果鱼死较久，内脏中的毒素会渗入肌肉，仍不可小视。需要特别注意的是，有些品种的河鲀鱼全身都带剧毒，如铅点东方鲀和豹纹东方鲀、虫纹东方鲀、星点东方鲀、双斑东方鲀等。尤其是产卵期的铅点东方鲀和豹纹东方鲀毒性最强，浑身都含剧毒、猛毒（包括肌肉、精巢），而肝脏、卵巢为甚。1条350克的成鱼，其内脏毒性可使11人致死。

我国现行的卫生法规对河鲀鱼是禁食的，并禁止流入市场；但尴尬的是禁而不止。大家还是偷偷摸摸地躲着吃，虽然年年有人死，但还是年年有人吃，而且“拼死吃河鲀”的队伍愈来愈壮大，以致河鲀鱼还一度供不应求。于是，有看好河鲀鱼市场需求的人便开始养殖河鲀鱼。他们根据对河鲀鱼成长过程的研究发现，河鲀鱼之所以屡屡和“毒物”沾边，其原因是河鲀鱼在海里的那段时间，将一些海藻等浮游生物的毒素吸入了身体。而每年四五月交配后，在长江淡水区产下的河鲀鱼卵是“出生清白”的。等它再次洄游时，既是河鲀性成熟最旺盛之时，其味道鲜美，又恰恰是经过了海底时代的“洗礼”，毒性最强之时。如果彻底改变洄游通道进行人工养殖，投放专用饵料来改变河鲀的“胃口”，生长环境不同了，河鲀也就不再和“毒物”画等号，更严谨的说法是“控毒河鲀”。其毒性已经降低到每克有毒组织的毒素含量低于2.2微克，这与传统河鲀毒素含量要以1000微克为单位计算，算是不折不扣的“低毒”了。

南通海安中洋集团养殖的家化暗纹东方鲀就是这种低毒河鲀，也是获得唯一国家地理标志的南通长江河鲀（养殖）。现在中洋河鲀已通过安全、健康有序的渠道奉献到老百姓的餐桌上，让天下人都能安全地品尝到这一美味。中洋集团养殖河鲀鱼达1000万尾/年，每天有三四吨河鲀鱼销往韩国、日本以及国内其他城市。

河鲀肌肉洁白如雪，肉味腴美，鲜嫩可口，含蛋白质甚高，营养丰富。亚洲的日本、朝鲜及中国人均极喜爱吃河鲀。凡品尝过的人都赞美道：“不吃河鲀，不知鱼味。”食用河鲀鱼，除品尝其鲜美外，还有降低血压，治腰腿酸软，恢复精力等功能。但是河鲀毒性极大，如烹调不当，食后往往中毒，甚至危及性命。

吃河鲀鱼的尴尬太多，到底应怎样吃便成为一门学问。笔者个人认为：养殖的河鲀鱼可以吃，但也要注意安全。经测毒试验，有些养殖河鲀虽有微毒，但只要煮熟了吃就没有问题；养殖河鲀的肝能使小白鼠中毒，因此必须经过油炸和鱼一道煮后食用。鉴于上述情况，因此建议：①不要生吃（刺生）养殖河鲀；②不能吃一些猎奇的品种，如烧鲀眼、河鲀籽、鳍、骨等。千万不要去做猎奇者的试验品和牺牲品。

野生河鲀还是不要吃为好。因为：① 现在烧河鲀鱼的厨师，部分人员经过培训，并持有证书；但办学单位有些是不具备办学资质的一些协会组织甚至企业，培训内容大多数只教宰杀、洗涤和烹饪的加工方法。培训也是纸上谈兵，没有实践，也没有见到实物。对河鲀鱼品种及对猛毒河鲀鱼不一定能够鉴别。② 河鲀毒素在鱼体中的分布存在较大的差异，即使是同一水域、同一季节、同一性别、同等大小、同一批次捕获的同一品种，毒性的大小也相差上千倍！这就是民间所说的，同一锅鱼，同一桌人吃，有人中毒死亡，有人却安然无恙的原因。野生河鲀鱼味虽美，但风险太大，还是不吃为妙。

我们的祖先烹调河鲀的技艺是血汗和智慧的结晶。中国人历来有敢于烹食有毒河鲀的习惯，并且积累了非常宝贵的经验。据史籍记载，食河鲀之风盛行于宋代。

苏东坡在《物类相感志》中云：“凡煮河豚，同荆芥同煮五七沸，换水则无毒。”李时珍在《本草集解》中还提到宋人严有翼在《艺苑雌黄》中所说解决轻度中毒之办法：“河鲀，水族之奇味，世传其杀人，余守丹阳、宣城，见土人户户食之。但用菘菜、蒌蒿、荻芽三物煮之，亦未见死者。”明朝黄省曾在所著《养鱼经》中说：“凡烹调（河鲀）也,腹之子、目之睛、脊之血，必尽弃之……俱不可食。凡洗宜极尽，煮宜极熟，治之不中度。不熟，则毒于人。”清代李渔在《三风十衍记》中详细记载了古代烹制河鲀的全过程：“隔年取上黄豆数斗，拣纯以及酱黑者之……乃煮烂，用淮麦面拌作酱黄，六月中入洁白盐，合酱稀少，作罩，晒之烈日中。酱熟入瓮，覆之瓮盆，用灰封固，名豚酱……其治河豚也,先令人至澄江,舟载江水数缸,凡漂洗及作汁等水,皆用江水为之……割去眼，抉出腹中子，刳其脊血，洗净。用银簪脚细剔肪上血丝尽净，封其肉，取皮全具。置沸汤煮熟，取出，纳之木板上，用镊细箝其芒刺，无遗留。然后切皮作方块，同肉及肪和骨，猪油炒之，随用去年所合酱，入锅烹之。启镬时，必张盖其上，蔽烟尘也。用纸丁蘸汁燃之则熟，否则未熟。每烹必多，每食必尽，则卒无害。”可以看出，古先民食用河鲀鱼大多数不会中毒，关键就在于宰杀、洗涤和烹饪方法的科学与恰当。

从上述四则古人的记载中可以看出能去河鲀鱼毒的古法有五：① 用菘菜、蒌蒿、荻芽三物同煮，可去河鲀毒；② 洗极净，要去籽、去眼、去脊血、剔血丝等；③ 煮极熟，反复加热，先煮后油炒，然后烹，或经七沸后去汤再煮；④ 要油多，用纸蘸汁能点燃则熟；⑤ 防烟尘，严禁黑灰混入其中。

洗极净，是去除河鲀毒素最重要的手段。割去眼，挟出腹籽（内脏），刳其脊血，剔尽血丝，江水数缸，反复漂洗。既详细又科学，很有应用价值。

煮极熟，是去除河鲀残毒的重要步骤。河鲀的残留毒素在煮沸的过程中能得以减少和破坏。河鲀毒素对热、日晒和盐腌都很稳定，一般的烹调方法很难去掉毒素。经试验，河鲀毒素在220℃以上可以分解。卵巢毒素煮沸2小时后能失去一半毒素；100℃加热4小时，在115℃加热3小时，在200℃以上加热10分钟，能将毒素全部破坏。这也证明了苏东坡所说"同荆芥同煮五七沸，换水则无毒"极其正确。

油要多，用纸丁蘸汁燃之，是判断熟与非熟的标准。

古人对河鲀的烹调很有讲究，在没有任何检测手段和分析仪器的时代，对河鲀的宰杀、洗涤、烹调竟有如此深刻的认识，并总结出一套去毒的方法，留下了最科学、最宝贵的技术财富，实在是一个了不起的贡献。

随着科技的进步，人们对河鲀鱼的认识也在逐步提高。尴尬的是这些知识并没有得到普及。热衷于搞"新潮"和"时尚"的厨师，把养殖控毒河鲀与野生河鲀混为一谈，于是刺身（生食）、滑炒、炭烤、生煎、清蒸、浓汤、油炸、烹、爆、氽、烫……各种烹法都搬了出来，从中式烹饪发展到日本料理以致还运用了西菜的技法，如：天妇罗河鲀、法式煎河鲀排、沙拉河鲀，还有燕窝河鲀、中华河鲀全席、西式酌尚河鲀席，甚至把河鲀鱼籽、眼睛、鱼鳍、鱼骨等下脚废料和最毒的部位都做成了"华美"的菜肴，以显示其技艺的高超。江阴、靖江、扬中等地的河鲀烹饪高手也不甘落后，先后研制出100多道河鲀鱼菜肴。这些菜做工华丽，撩人眼球，但不太注重人们的味觉需求。而最危险的是忽视了河鲀有猛毒这一基本常识，丧失了警惕。人们"拼死吃河鲀"，是为了尝河鲀本身的鲜美味道，不是拼死来吃调味品和花色花样的，更不会拼死来做牺牲品。俗话说："淹死的都是会水的人。"对这种显而易见的存在危险，应当引起有关部门的高度警觉。

启东烤鸭馆的老板黄炳文，对古今中外的河鲀鱼去毒和烹饪有着较深的研究，也编写过富有创见的《河鲀烹调师必读》的培训教材，言真意切，字字珠玑。因为他没有一个大师、教授、专家的头衔，所以没能得到相关部门的重视。

看来，要想让人们安全享用河鲀美食还任重而道远。

下面介绍耿厨大酒店烹饪技师耿志炎积近20年之烹制河鲀鱼的方法，供烹者参考。

[红烧河鲀]

原料：

养殖控毒河鲀鱼4条约1200克；熟猪油250克，生姜50克，葱50克，啤酒1000克，老抽酱油 25克，精盐 8克，白糖30克，味精1克。

制法：

① 对河鲀鱼品种、养殖单位、控毒情况（随鱼材料）进行检验。

红烧河鲀

② 宰杀（背部宰杀）前，用流水冲洗鱼体，去除体表污物和黏液。宰杀时鱼头向内，从背的中央沿脊骨上侧向头尾二方向剖开，头部剖至颌骨，尾部剖至肛门以下，不得剖破内脏。摘除全部内脏和肛门口的筋状物质，直至肛门口的肌肉和外皮暴露。然后左转90度，用刀根在脊背处斩三刀：第一刀切断头颅和眼眶；第二刀切开头颅骨与锁骨、脊背连接处；第三刀切断脾脏下方的脊骨，然后倒转90度，切去已斩断的锁骨和头颅骨，再在脊背上每隔3～4厘米切一刀，以切断脊骨为好。

③ 摘除内脏：鱼体剖开后立即摘除肝、胃肠、脾、胆、卵巢（精巢）。鱼体脊骨处理完毕后，立即摘除眼睛、腮、心脏、肾脏（心脏在鱼头部，肾脏在鱼鳃后），并彻底检查是否有内脏残留，若有立即清除。废弃物随手装进塑料袋，放入废物箱并上锁。

④ 初洗：把自来水龙头开至中等水量，边冲洗边检查是否有内脏残留物和血筋（脊骨内有时也存在粗血筋），并撕去脊骨两侧及腹部的血筋。反转鱼身，洗净表皮及黏液，检查鱼口腔和表皮是否有附着物。如发现有，必须全部清除。遇到有破皮的还应检查是否夹有寄生虫、血筋等异物。废弃物随手装进塑料袋，放入废物箱并上锁。

⑤ 流水精洗：更换一位操作者，按初洗的方法重新清洗一遍，直至肉眼观察已无任何一点内脏和细小的血筋为止。

⑥ 专人检验和检测：把精洗完毕的河鲀鱼交给专职的检验人员检验，并对河鲀鱼的品种再鉴别，完全合格后再转入下道工序。

⑦ 浸泡和冷藏：将检验合格的河鲀鱼放入干净的盆内，加入清洁水至河鲀鱼淹没。浸泡20分钟左右，中途要翻身，更换清洁水。清水浸泡以后，最好再将鱼放入2%浓度的碳酸氢钠中浸泡去毒。如当市用不完，应将鱼盆用保鲜膜密封后放入4℃±2℃的冷藏箱中，冷藏时间不得超过72小时。若72小时不能用完，则应放入—18℃以下冷冻处理。冷冻后的河鲀鱼只能一次解冻。

⑧ 加热烹制：烹制前对加工好的河鲀鱼要再进行一次检验，以防串货。

炒锅洗净、加热，放入熟猪油，将鱼肝下油锅，熬炸至金黄色，待猪油澄清后，将鱼肝捞出。锅中放入姜葱，炸出香味，将河鲀鱼整齐地排放于锅中，放入酱油、糖、盐，后放入啤酒，再放炸过的鱼肝，作料要与鱼平，若不够可加水；旺火烧沸后改用中火烧40分钟，放入鱼皮，待软绵后再烧12～15分钟，放入味精，移至旺火，收汁后即成。

注意事项：

① 油不能少放。

② 鱼肝熬炸一定要等油由浑变清后才能起锅。

③ 加热时间不能减少。

［白汁河鲀］

白汁河鲀即白烧河鲀鱼，操作与红烧河鲀鱼的相同。不同之处在于不放酱油，增加盐的用量（4条鱼放15克盐）。白汁河鲀收汁时可加50克熟猪油，让油乳化成汤。其特点是汤汁滴下要成珠状。

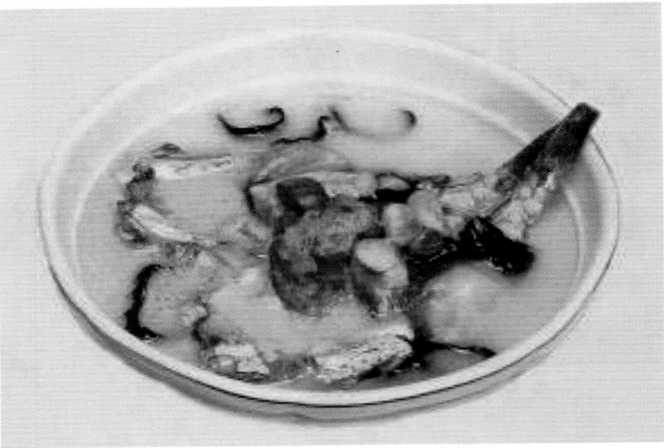
白汁河鲀

［大汤河鲀］

大汤河鲀与白汁河鲀烹制方法相同，不同之处在于①汤多；②不放鱼肝。符合标准的汤应滴下成珠。上桌时可淋点麻油，撒些香菜末，味道更美。切记不可撒胡椒粉，以免造成食者误会。

大汤河鲀

［河鲀鱼干烧肉］

“河鲀鱼干烧肉”是南通的一道特色家常菜。河鲀鱼干南通的老人家一直叫它“斑鼓鱼干”。这样东西以前平时没有，是要到年关的时候才有人挑着担子上街卖；再说经济条件也不允许，所以说它是属于过年才有得吃的东西。吃过这道菜的都晓得，河鲀鱼干是韧纠纠的，嚼起来满嘴干香；肉的味道是咸鲜又带点儿甘甜，是到口消炀，香糯可口。

河鲀鱼干可是用野生海河鲀鱼消毒晒干后做的，记好了，一定要买正规厂家生产的。吃河鲀鱼干中毒的事件已经发生不止一次了。不要本来是想吃个美味，弄到后来吃出了事反而不划算，也犯不着。“河鲀鱼干烧肉”是以河鲀鱼干为主、猪肉为辅一起红烧。肉也一定要是精夹肥的五花肉才有味道。

河鲀鱼干烧肉

先要把河鲀鱼干提前用凉水泡，一定要洗干净，然后切小块子。把五花肉切成炬块，先用开水焯，再用冷水洗干净。锅里放少许植物油，下葱姜蒜爆出香味，放入五花肉，等煎出油，就可以倒入酒酱作料，放入河鲀鱼干，翻炒上色以后，加水盖过肉面。用大火煮开以后再转小火焖大约40分钟到一个钟头，等五花肉软烂以后再用大火稍微收一下汤汁，放点儿葱花；尝尝咸淡，不够再加点盐，翻搅一遍以后关火，起锅。

4、怀恋鲥鱼

鲥 鱼

中国古代有四大美鱼：洛水（后为黄河）鲤鱼，伊水鲂鱼，松江鲈鱼，长江鲥鱼。此四者，美不在貌而在其味。

北魏时期，都城洛阳已有“洛鲤伊鲂，贵如牛羊”的说法；西晋文学家张翰“莼鲈之思”的故事更是早已为人所熟知；而鲥鱼则早在汉代就已成为美味珍馐。东汉名士严光(子陵) 少时曾与刘秀同游学。刘秀后来做了东汉的开国皇帝，严子陵不愿出仕，遂更名隐居，“披羊裘钓泽中”。刘秀再三盛礼相邀，授谏议大夫，他以难舍鲥鱼美味为由拒绝了光武帝刘秀的入仕之召，仍“不屈，乃耕于富春山”。新中国成立之初，柳亚子曾用“安得南征驰捷报，分湖便是子陵滩”的诗句给毛泽东表述心意；毛泽东则劝他不要学严子陵归隐，回赠“莫道昆明池水浅，观鱼胜过富春江”，就是用的这个典故。

难舍鲥鱼美味的严子陵

浙江桐庐城南的富春山麓有严子陵钓台，当地别称鲥鱼为“子陵鱼”。富春江鲥鱼以唇有朱点者为上品，民间传说是严子陵用朱笔点过的。足见鲥鱼的魅力。

鲥鱼是河海洄游性鱼类，平时生活在海中，每年4～6月群体溯江河作生殖洄游。产卵后回归海中。长江、钱塘江、闽江、珠江等水系均产，外国亦产，有些国家叫它“五月鱼”。

鲥鱼形秀而扁，色白如银，清人谢墉有诗云：“网得西施国色真，诗云南国有佳人。朝潮拍岸鳞浮玉，夜月寒光尾掉银。长恨黄梅催盛夏，难寻白雪继阳春。维其时矣文无赘，旨酒端宜式燕宾。”此诗极言鲥鱼之美，把它比作绝色佳人西施，说它可作席上的珍馐。

鲥鱼最为娇嫩，据说捕鱼人一旦触及鱼的鳞片，它就立即不动了。所以宋代大文学家苏轼称其为“惜鳞鱼”“南国绝色之佳”。从明代万历年间起，鲥鱼成为贡品，进入了紫禁皇城。至清代康熙年间，鲥鱼已被列为“满汉全席”中的重要菜肴。

鲥鱼的可食时间很短，一般“小满”到“芒种”期间是旺汛，到六月下旬就基本结束。

长江鲥鱼的味道极其鲜美，尝过此味的永难忘怀。王宇明先生在所著《衣胞之地》中称：“鲥鱼带鳞烧又肥、又鲜、又嫩，世上好像没有比它再好吃的东西了！”此话说出了老饕们的心声。

皇帝吃过了长江鲥鱼，鲥鱼就成了皇帝日思夜想的“御膳”珍肴。李时珍在《本草纲目》中指出，鲥鱼“今江中皆有，江东独盛，应天府（今南京）以充御贡”。宋代梅尧臣有《时鱼诗》：“四月时鱼逴浪花，渔舟出没浪为家。甘肥不入罟师口，一把铜钱趁浆牙。”时鱼即鲥鱼，因其出入有时，“年年初夏则出，余月不复有也，故名”。鲥鱼平日待在海中，每年夏季才进入江河到淡水中产卵。

王安石在《后元丰行》也提到过鲥鱼：“……鲥鱼出网蔽江渚，荻笋肥甘胜牛乳。百钱可得斗酒许，虽非社日常闻鼓。吴儿踏歌女起舞，但道快乐无所苦……”《后元丰行》是王安石被迫辞去宰相之职后，闲居在家时所写的新法改革成绩备览，因此自然要把最露脸的事列进去。明乎此，也就了解了鲥鱼与众不同的地位。

梅、王之诗，一为悯民，一为自矜，不过是拿着鲥鱼说事，而真正写出鲥鱼之美、把鲥鱼抬得很高的，还是东坡先生在镇江焦山品尝鲥鱼时，赞美镇江香醋和江南鲥鱼的诗:“芽姜紫醋炙鲥鱼，雪碗擎来二尺余；尚有桃花春气在，此中风味胜莼鲈。”不过，对于这一评价，后人也有不认同的，明代陆容所著《菽园杂记》中便指出：“时鱼尤吴人所珍，而江西人以为瘟鱼，不食。”

鲥鱼成为新贵之后，产鱼之地便跟着倒了霉。明清两代都曾把鲥鱼列为贡品，要用快船（明代）快马从江南送至北京。据史料记载：1863年，康熙皇帝为了品尝长江鲥鱼，要各地“每三十里立一塘，竖起旗杆，日则悬旌，夜则悬灯，通计备马三千余匹，夫数千人。东省山路崎岖，臣见州县各官督率人夫，运木治桥，劖（凿）石治路，昼夜奔忙，惟恐一时马蹶，致干重谴。且天气炎热，鲥性不能久延……凡此三千里当地孔道之官民，实有昼夜恐惧不宁者”（转引自陶文台《中国烹饪史略》）。宫中一道菜，民间万人劳，真是无可否认的事实！

中国古代的“特快专递”有两种：一是唐明皇李隆基为博杨贵妃千金一笑从岭南飞驰传送荔枝（“一骑红尘妃子笑，无人知是荔枝来”）；二是明清时江南地区向北京进贡江南鲥鱼。明代何景明（大复山人）有诗云：“五月鲥鱼已至燕，荔枝芦桔未应先。赐鲜遍及中官弟，荐熟谁开寝庙筵。白日风尘驰驿路，炎天冰雪护江船。银鳞细骨堪怜汝，玉箸金盘敢望传。”鲥鱼是比荔枝还要娇贵且费事的贡品。仅仅为了满足皇帝尝鲜的欲望,长江下游的鲥鱼就这样劳民伤财地被火速转运到远在燕山脚下的京都——毕竟，那是一个还没有汽车、火车、飞机的时代呀！

清初吴嘉纪有《打鲥鱼》诗：“打鲥鱼，供上用，船头密网犹未下，官长已备驿马送。樱桃入市笋味好，今岁鲥鱼偏不早。观者倏忽颜色欢，玉鳞跃出江中澜。天边举匕久相迟，冰填箬护付飞骑。君不见金台铁瓮路三千，却限时辰二十二。”金台指北京，铁瓮为今之镇江。由此可见，当时认为鲥鱼便是镇江所产。直到今天，尽管鲥鱼产区早已东移，但人们的认知法往往是“先入为主”，选用的长江鲥鱼仍要标明“镇江鲥鱼”。

镇江到北京路程近三千里，要骑马在二十二个时辰即四十四小时赶到，鲥贡于是成了苦差事。为了赶在桃花盛开之际在皇宫里举行“鲥鱼盛会”，常常是“三千里路不三日，知毙几人马几匹？马伤人死何足论，只求好鱼呈至尊。”不过，由于路途迢迢，即便是马伤人死，劳民伤财，进贡的鲥鱼到京后十之八九也已变味。据说清宫中一元老到江南公干，品尝过新鲜鲥鱼后坚决不承认此为鲥鱼：“模样倒是差不多，差就差在没有宫中鲥鱼的那股味！”

就是这变质的鲥鱼，居然进贡宫中达二百多年。明朝亡了，大清皇帝还要接着吃，也算是一怪事。这期间，未必没有个把皇上厌烦了变质鲥鱼，有过停止进贡的想法；只是考虑到方方面面的影响，还是由它去吧！直到康熙二十二年，当时的山东按察司参议张能麟大着胆子写了一道《代请停供鲥鱼疏》，列举了鲥贡给百姓和地方官员带来的种种灾难，并且挑明了说：皇上你吃的还是变了质的鱼！康熙这才下定决心永免进贡。

许多时候，制度一旦建立，尽管很荒唐，仍会沿着既有轨道运行，非强大外力难以改变。变质鲥鱼进贡了二百年便是一例。

在清朝前期，南通鱼贩子得到的第一条鲥鱼，一定是要送给狼山镇的总兵吃；第二条是要送给通州的知府吃；下面再有也是要送给有权有势的人家，才可以拿到所谓的赏金，这说明了鲥鱼的名贵。

全国鲥鱼的主产区在长江下游。长江鲥鱼的70%在江苏，其中南通占江苏产量的40%。据统计，1974年长江鲥鱼年产量曾达到157.7万公斤，1986年年产量只有1.2万公斤，1996年以后，长江里已经找不到鲥鱼了。1988年，鲥鱼被列为中国国家重点保护野生动物名录的第一级保护物种，但还是没有保得住鲥鱼在长江覆灭的命运。

20世纪六七十年代，南通的鲥鱼很多。那时物资紧张，大多数食品是凭票供应，唯独鲥鱼不要票证，菜市场敞开供应，家家饭店都有卖。南通罐头食品厂大量生产“清蒸鲥鱼”罐头，除供应北京、天津、上海等大城市外，还外销到中国香港、日本、新加坡、美国等地。南通鲥鱼蜚声中外，素负盛誉。

鲥鱼在20世纪六十年代每斤0.56元，80年代每斤0.85元，开片分段零卖的每斤0.89元。菜市场卖分段的居多，只有送礼的才买整条鱼。一条鲥鱼总在3~4斤重，大的有5斤以上。当时中华园菜馆、南通饭店、新华饭店，每天总要用上十来条鲥鱼，一条鲥鱼一剖两爿，每爿再分三段可以做六份菜。饭店里二斤一条还能做四份菜，要是二斤以下的鲥鱼就不要了，一斤左右的鲥鱼基本上看不到。南通有句俗语“鲥鱼不买两，刀鱼不登斤”。当时吃鲥鱼的人虽比吃普通鱼（当时带鱼0.33/斤；刀鱼0.54/斤）的少，但吃鲥鱼也相当普遍，从菜市场买一段回家煮煮也只花几角钱，即使到菜馆里买一份也不过一块钱左右。

到20世纪80年代后期，随着鲥鱼捕获量的下降，罐头厂先停止了鲥鱼罐头的生产，菜市场也不见了鲥鱼的身影。要吃鲥鱼必须到水产站批条子，幸好饭店里还有供应。到20世纪90年代后期就根本找不到一条鲥鱼了。正如民间顺口溜所说：“七十年代不稀奇，八十年代少来稀，九十年代全灭迹。”

哎！长江鲥鱼呀，你无奈、无情地消失，留给我们的不仅是遗憾，更是那久久不能忘怀的眷恋。李钊子《鲥鱼赋》的《跋》中说道：

往昔四极废五洲裂。遂出娲神补天，而利苍生。青山绿水，养我万物，而今生态重污，不可言状。三鲜至美，已然濒危……人类当珍，不可作贱。毁却万物，即毁自己。循规发展，宇宙公理。还我蓝天，复我清水。切记切记，子孙永志。

还我蓝天，复我清水，救我鲥鱼，再现"野"味。我们相信，再过若干年，又能看到人们拎着"银鳞、翠叶、红腮"的鲥鱼，重现于通城的景象。

下面介绍南通厨师烹制鲥鱼的几种方法。

［**清蒸鲥鱼**］

鲥鱼每100克约含蛋白质16.9克，脂肪17克。鲥鱼不仅鱼肉内富含脂肪，连鱼鳞也富含脂肪，故烹制时一般都不刮鳞，唯独做"粉蒸鲥鱼"时是刮鳞而蒸。高明的厨师将刮下的鳞还放在鱼上粉蒸，使腴美之味渗入米粉，待上桌时再将鱼鳞除去。

清蒸鲥鱼

清蒸鲥鱼是江苏名菜。南通厨师精益求精，使"清蒸鲥鱼"的技艺和味道达到了双超越。

原料：

开片鲥鱼一段（约重350克），猪网油150克，猪板油丁30克，春笋片40克，火腿片20克，水发香菇1只，香菜2棵；生姜2克，葱结1.6克，姜葱酒汁120克，绍酒20克，精盐5克，糖5克，熟猪油50克，白胡椒粉0.25克。

制法：

① 将鲥鱼洗净，不去鳞，刮净腹内黑衣，放入沸水中略烫去腥；捞出后用洁布吸干鱼体水分，用盐1.5克，兑入姜葱酒汁30克抹在鱼体上，腌制入味。猪网油用温水洗净，用90克姜葱酒汁浸渍。

② 取鱼盘一只，用1.5克生姜拍松与1.2克香葱垫入盘底，放上鲥鱼，将绍酒、熟猪油、糖、盐3.5克加适量清水调匀后浇在鱼体上，再将火腿片、笋片排列在鱼上，香菇放当中，将猪板油丁均匀放置在鱼体上，盖上猪油网，上面再放姜片0.5克，葱0.4克，上笼用旺火蒸约20分钟后取出。此时，猪网油已经融化。拣去姜葱，揭去未化的猪网油经络，汤汁滗入小碗中，加白胡椒粉调和浇在鱼身上，放上香菜，上桌随带姜末醋碟，蘸食。

特点：

鲥鱼肉质细嫩，肥美腴香，味道极鲜。鱼身银光灿灿，配以火腿、笋片、香菇后，红、黄、黑，色调和谐悦目，给鲥鱼增色添彩。

［红烧鲥鱼］

红烧鲥鱼

红烧鲥鱼是最普遍、最广泛的一种烹饪方法。虽然叫红烧，但因各地的生活习惯和口味使然，以致烧法、口味各不相同。加热方法有先炸后烧，也有先煎后烧，更有直接烧的。再如调味方法，北方多用五香，也有的地方重辛辣或重糖、重醋、重酒。

南通调味是重油、重酒，以保鱼体脂肪不渗出，只渗入；尽量保持鱼体间质水不渗出，使腴嫩鲜香的鲥鱼本味得到充分的彰显。

原料：

开片鲥鱼一段（约重350克），猪板油丁50克，笋片30克，水发香菇20克；葱10克，生姜15克，酱油30克，精盐1克，白糖5克，绍酒100克，酒酿30克，熟猪油100克。

制法：

将鲥鱼洗净，刷净腹内黑衣，不去鳞，用洁布吸干鱼体水分。锅置旺火上烧热，舀入熟猪油65克，烧至五成热；在鱼鳞上抹遍稀水粉浆，随即将鱼鳞朝下入锅，煎至鱼鳞隆起呈金黄色后将鱼翻身，加入酱油、盐、糖、酒酿、绍酒、猪板油丁、姜、葱、笋片、香菇，如汤汁不够，则舀入清水，直至淹平鱼身。烧沸后移至中火，约烧15分钟后，加入熟猪油35克，上旺火收稠汤汁，起锅盛入盘中即成。

特点：

鱼肥腴润，鱼肉软嫩入味，是春末夏初之最佳玉食。

［八珍鲥鱼］

八珍鲥鱼

该菜是将干贝、鱼翅、海参、火腿丁、香菇等各种鲜味原料与鲥鱼一起烹制，充分发挥了味的相乘作用，使得八珍料各美其美，美美与共。此菜往往作为筵席的珍贵主菜。

原料：

鲥鱼中段600克，干贝15克，水发鱼翅50克，水发香菇50克，水发海参50克，火腿丁15克，鞭笋15克，熟鸡丁15克，鸭肫15克；猪板油丁 50克，葱结5克，姜片5克，盐5克，绍酒50克，糖10克，鸡油50克，味精2克。

制法：

① 将鲥鱼中段不去鳞洗净，刮掉腹内黑膜，用绍酒25克、盐2克，浸渍1小时后洗净，入沸水稍烫去腥。

② 将水发鱼翅撕成小条，将干贝撕碎，水发香菇、海参、鸭肫、鞭笋切成丁，然后分别出水。

③ 取鱼盘一只，放上鱼、葱、姜、酒、盐、糖、鲜汤，然后分别一堆堆放上各种丁（注意颜色搭配），把鸡油淋在各种丁和鱼的间隙中，上笼蒸熟后取出。拣去姜葱，滗出汤汁，下锅加味精调味后再淋在鱼体上。鱼体四周围上香菜即成。

[叉烧鲥鱼]

叉烧鲥鱼是众多鲥鱼烹调方法中风味较为特殊的一种方法。该菜品外香里嫩，色泽微黄有光泽，鱼肉鲜香无比，馅心味美诱人，回味无穷。

叉烧鲥鱼

原料：鲥鱼一条约1000克，猪网油300克，京冬菜75克，猪肉丝75克，干荷叶2张；绍酒25克，精盐5克，糖10克，葱段15克，姜葱丝各15克，姜葱汁125克，葱椒盐10克，干淀粉30克，鸡蛋2个，芝麻油50克，熟猪油25克。

制法：

① 将鲥鱼洗洁去腮，不刮鳞，剖脊去内脏洗净，在脊背上剞几刀（不能剞破腹部），用洁布吸去鱼体内外的水分，然后用绍酒、姜葱汁、精盐擦遍鱼全身内外，浸渍1小时。

② 猪网油温水洗净，用姜葱汁100克浸渍；将京冬菜拣去杂物洗净；将鸡蛋磕入碗内，加葱椒盐、干淀粉，搅拌均匀成蛋浆。

③ 将锅置旺火上，舀入熟猪油，烧至六成热时先投入姜葱丝略煸，后放入肉丝煸炒，再放入京冬菜、笋丝，加入绍酒5克、精盐1.5克及糖、味精同炒熟成馅，晾凉。

④ 将晾凉的馅从鲥鱼背脊处填入鱼腹。把猪油网摊平，用洁布吸去水分，涂满蛋液，放上鱼，将其包好。把泡软的干荷叶摊平，放上葱段、姜片，再放上鲥鱼，包好。

⑤ 取铁丝络夹一只，放进鲥鱼。将铁夹码好上二齿，叉入炉子烘烤。要四面轮番烘烤，使其受热均匀，直烤至浓郁香气四溢。用钎子戳向鱼体，能穿透鱼体即成。食时，放入盘中，剥开荷叶，除去网油经络，淋上芝麻油，供食。

5、鲈鲈之辨

江上往来人，但爱鲈鱼美。
君看一叶舟，出没风波里。
——（宋）范仲淹

鲈鱼是近岸浅海中下水层的鱼类，属脊索动物门，硬骨鱼纲，鲈形目，真鲈科动物，喜栖于河口咸淡水交界处，也能进入江河生活在淡水中。性凶猛，主食小鱼小虾，中国沿海均有分布，鱼汛为夏秋两季。鲈鱼又称花鲈、花寨、海鲈鱼、鲈子、真鲈、鲈花……清代曹寅称它为鲈豸，《清异录》称其为"红文生""卢清臣""橙齑录事"等。鲈鱼体长而侧扁，背侧及背鳍棘上散布着很多黑斑点，口大而倾斜，下颌突出吻尖，鳞片细小。鲈鱼生长迅速，一般体重1.5~2.5公斤，大者可达15公斤以上。鲈鱼肉质地雪白软嫩，清香鲜美且无腥味，是中国常见食用鱼的上品。

巨无霸与小麻虾

鲈鱼自古入馔，有些文献记述与鲉形目、杜父鱼科的"松江鲈鱼"相混淆。其实，"鲈鱼"与"松江鲈鱼"不比不知道，一比吓一跳。民谚说它俩"一个大如栗子，一个细若菜籽；一个是巨无霸，一个是小麻虾"。

"松江鲈鱼"是一种体长7~12厘米的无鳞小鱼。因鱼鳃膜上有两条橙色斜条纹，恰似四片腮片外露，又称"四腮鲈鱼"，其实它只有两个腮片。因上海松江秀野桥下所产最为知名，故叫"松江鲈鱼"。其实从渤海沿岸直至福建厦门都有分布，因鱼体太小，不受人们重视。江苏省镇江、南通和浙江、福建的一些地方叫其为"烂腮"。"松江鲈鱼"的出名，其实是得益于文人学士的赞美和一些神奇的传说。

葛洪在《神仙传》上记有"松江好鲈鱼，味异它处"。民间还有吕洞宾朱砂点四鳃的传说。传说八仙中的吕洞宾，一次下凡到松江秀野桥旁的饭馆喝酒，一盘塘鳢鱼，他吃

莼鲈之思的张翰
出仕报国乎？消极避世乎？

得津津有味，但总觉得腥味太重，肉质太粗。他问店主这叫何鱼？店主如实告诉了他。他还要见见活鱼。店主便从后厨用盘子托了6条活鱼来。吕洞宾一看此鱼好生丑陋，一时兴起，便要来了一支毛笔和一碟朱砂，饱蘸笔端，在鱼的两颊上描了条纹，又在两鳃的鳃孔前各画两个红色鳃状。他将鱼买下后，放生在秀野桥下。这6条被放生的塘鳢鱼竟变成了四鳃鲈鱼，成为鲈鱼的最早祖先。《三国演义》中左慈戏曹操之"宫中钓鲈"，以及西晋八王之乱时出仕洛阳的吴郡张翰以思念家乡的鲈鱼、莼菜为借口，远离洛阳是非之地的传说和典故，都是说的松江鲈鱼。以致后来"莼鲈之思"，成为文人们借以表达自己出仕报国和消极避世两种矛盾心理时常用的典故。松江鲈鱼小虽小，但其味不输真鲈，更是它出名的原因。

随着松江鲈鱼的声誉鹊起，人们渐渐将鲈鱼与松江鲈鱼混为一谈，把两种鱼画上了等号。就拿隋唐名菜"金齑玉脍"来说吧。唐·颜师古《大业拾遗记·吴馔》中载："收鲈鱼三尺以下者作干脍，浸渍讫，布裹沥水令尽，散置盘中，取香柔花叶，相间细切，和脍拨令调匀。"此段文字是说，吴郡献给隋炀帝的贡品中，有一种鲈鱼的干脍，在清水里泡发后，用布包裹沥尽水分，松散地装在盘子里，无论外观和口味都类似新鲜鲈脍。将切过的香柔花叶，拌和在生鱼片里，再装饰上香柔花穗，就是号称"东南佳味"的"金齑玉脍"。因其味鲜美异常，鱼肉洁白如玉，齑料色泽金黄，故隋炀帝连声赞曰："金齑玉脍！"笔者认为，这做"玉脍"的鲈鱼显然不是松江鲈鱼。"金齑玉脍"不管用什么鱼做，也不大可能用松江鲈鱼！因为它太小，不易出骨取肉，晾干后更谈不上切丝、切片了。但为什么后人都把"金齑玉脍"说成是用松江鲈鱼作脍的呢？可能与盛唐史官刘悚著所撰《隋唐嘉话》的记载，"吴郡献松江鲈，炀帝曰：'所谓金齑玉脍，东南佳味也'"有关。因为史官说是松江鲈鱼，所以才会以讹传讹。

隋唐以后，唐代孟诜《食疗本草》中谓鲈鱼"作脍尤佳""多食宜人，作鲊益良，暴干甚秀美"。一目了然，说的是鲈鱼，而不是松江鲈鱼。宋代苏轼《赤壁赋》中有江上获鲈之记；北宋著名文学家范仲淹所作诗文中也写得明明白白："江上往来人，但爱鲈鱼美。君看一叶舟，出没风波里。"苏东坡和范仲淹的文中都说鲈鱼是从大江中捕获，而不是在小河里捉得的丑陋的松江鲈。南宋吴自牧《梦粱录》所记市中有鲈鱼脍、撺鲈鱼清羹等，都是写的鲈鱼。元代诗人王日辉更有食鲈诗："……日移颊重出，鳞纤雪争光。背华点玳瑁，或圆或斜方。一脊无乱骨，食免刺鲠防。肉腻胜海蓟，味佳掩河鲂。灯前不放箸，愈啖味愈长……"把鲈鱼的美味特征勾画得简直叫人垂涎，也清清楚楚地说出了鲈鱼的特征。清初饮食文献《食宪鸿秘》中亦有"吴郡八九月霜下时，收鲈三尺以下，劈作脍"的记载。

事实上自晋以后，古人已将“鲈鱼”与“松江鲈鱼”辨别清楚。后人对古人有文字考证的“鲈鲈之说”也早就作出了定论。为什么现在又有人把两种鱼混为一谈，甚至还有意识地把“鲈鱼”说成是“松江鲈鱼”呢？是为了抬高身价，还是要假冒鲈鱼成名？要么是受了“莼鲈之思”的文化影响，或者是根本就不知道有两种不同之鲈鱼？其缘由让人难辨。

地处长江入海处南通盛产的鲈鱼，长达1米，肉色晶莹洁白，肉质细腻，鲜嫩异常。肉细而不烂，嫩而不腐，柔润甘腴，且价廉物美，是水产原料中首选之佳品，也是菜品最多的鱼类之一。

鲈鱼鲜品最宜清蒸，即使蒸过了火，仍鲜香如故，肉质也不老、不柴。南通民间清蒸鲈鱼喜用“麻鲜”，也就是将洗净的鲈鱼用少量盐擦遍全身后，入冰箱速冻。吃时拿出来解冻，略微浸泡（保留一点微咸味）后洗净，加调配料后清蒸。“麻鲜”后的鲈鱼肉变得润滋滋、软绵绵，有一定的弹性，没有了鲜鲈鱼肉的𥹬（南通话念“舍”）散、松嫩，变得愈嚼愈香。红烧鲈鱼是家常菜。南通人喜欢用雪里蕻咸菜斩成细末，炒出香味后与鲈鱼红烧，使味变得更加辛香鲜美，可口宜人。

下面介绍三款出新的隋唐古菜和一款改变造型的传统菜。这四款菜，可使人们在品尝菜肴的同时，品尝出历史的味道、现代的味道，回忆的味道、乡土的味道——南通的味道，体现出文化入口，胃纳韵味，舌品古今，心存乡恋的南通烹饪文化的旨归。

清烩鲈鱼片

［清烩鲈鱼片］

“清烩鲈鱼片”作为江苏鲈鱼名馔的代表，创制于何时，古籍中无从查考。南通石港民间的说法是：这个菜是在唐朝初年，石港地方官员为拍尉迟宝林的马屁，逼厨子做没有骨刺的鱼而来。初一听，还以为是无稽之谈。唐朝初年还没有南通，又哪来的石港？尉迟宝林又怎么会跑到还未曾出现的“石港”来？后经考证，此传说还真有历史根据。

“石港”在隋代叫“石渚”，是一个滨海的渔村，有个叫“卖鱼湾”的海产品集散地。初唐贞观年间（627—648），随着海岸线渐渐东移，人们在这里开河港，冲盐碱，变荒滩为良田。民间传说，开垦之时在泥沙中挖出一方石碣，上有“凤凰所栖，乃是宝地；石港新开，幸福万代”的偈语。这消息传到了唐太宗李世民的耳朵里。唐太宗想亲临宝地巡视，于是就派尉迟恭之子尉迟宝林先期到石港来建造“行宫”。唐太宗不知何故一直没有成行。一直到唐懿宗咸通六年（865）才把这座行宫改成了广慧寺。从前广慧寺大殿右侧墙壁上就有“尉迟宝林监工”几个字，碑文还记载了这座建筑的兴建过程。尉迟宝林在石港监造行宫有十来年时间，一日三餐，食谱天天不同，顿顿不重复，再加上京

尉迟宝林

官、地方官往返频繁，宴请、叙事共餐，这可急坏了石港的地方官员，也忙坏了石港的厨子。好在石港有得天独厚的咸淡水产和优质的畜禽和蔬菜，原料丰富，竟逼出了一个南通古代烹饪技术的发祥地。直至现在，石港当地的民间说唱中仍自豪地保留着“隋唐古菜肴，根源在石港”的唱词。

南通市已故特一级烹调师李铭义擅制鲈馔。“清烩鲈鱼片”是他的拿手菜之一。此菜原汁原味，鱼片滑嫩腴美，色白如雪，汤汁浓醇似乳，清淡爽口。以香醋蘸食，其味更佳。该菜被编入《中国名菜谱》《中国烹饪辞典》《中国烹饪大百科全书》；1995年入编《中华饮食文库·中国菜肴大典》(海鲜水产卷)；1999年被评为江苏名菜；2014年6月，被评为“南通市十佳古典名菜”。

原料：

鲈鱼肉（去骨刺）400克，荸荠片50克，水发木耳25克，鸡蛋清1枚，香菜叶10片，韭黄段50克；绍酒50克，精盐5克，葱末0.5克，姜末1克，白胡椒粉1克，水淀粉40克，鲈鱼骨浓汤250克，芝麻油10克，色拉油500克（约耗100克），香醋50克。

制法：

① 将鱼肉片成长约5厘米、宽约2.7厘米、厚约0.7厘米的片，放入碗中，加鸡蛋清，精盐2.5克、水淀粉20克搅拌上劲。

② 锅置旺火上烧热，舀入色拉油，烧至四成热，放入鱼片，用铁勺轻轻拨散，至鱼片呈乳白色，倒入漏勺沥去油。

③ 原锅留底油（75克）仍置旺火上，放入葱末、姜末炸香后，再放入韭黄段、荸荠片、木耳，舀入鲈鱼骨浓汤，加绍酒、精盐（2.5克）烧沸，撇去浮沫，倒入鱼片再烧沸。然后用水淀粉（20克）勾芡，淋入芝麻油，起锅盛入盘内，撒上白胡椒粉，放上香菜叶即成。上桌时，配有香醋蘸食。

[**软溜软玉**]

鲈鱼肉白如霜雪，是任何鱼所不及，民间则形容它为“软玉”。为彰显其白，南通厨师做鲈鱼馔除红烧、黄焖外，其余烹法均不放有颜色的调味品。鲈鱼味香鲜，无腥气，为凸显其味，配料往往不与鲈鱼同锅加热。“软溜软玉”体现了南通厨师秉承石港初唐烹制无刺鱼的传统烹饪方法。

软溜软玉

原料：

洗净鲈鱼中段600克，西兰花800克，黑木耳10克；熟猪油30克，色拉油500克，麻油30克，精盐7克，白色米酒100克，啤酒500克，味精1克，白糖10克，白醋20克，姜片10克，葱白10克，洋葱50克，蒜瓣10克，湿淀粉50克，白胡椒粉1克，鸡清汤250克。

制法：

① 将鲈鱼中段出净骨刺和鱼皮，改切成约10×6厘米的块，放入容器，倒入白米酒75克、盐3克及姜片、葱白，腌制，15分钟左右拣去葱姜待用。

② 锅置旺火上烧热，放入洋葱丝、蒜瓣（拍松），加色拉油500克，熬出葱蒜味，将油盛入容器。

③ 锅置旺火上，加入清水500克，啤酒500克，烧沸后倒入熬过葱蒜的油，温度保持在90℃左右（似沸非沸），再将鱼块放入，改用小火（使锅内汤不到沸点）浸制10分钟左右，待鱼块上浮后盛起鱼块。

④ 汤锅留置火上，放入西兰花、水发木耳，烧沸后焖3分钟，将西兰花、木耳盛入容器内，加盐2克，味精0.5克，糖5克，麻油10克，拌和入味。选10朵西兰花作围，其余放盘中作为衬底，放上鱼块，再将木耳摆放在四周。

⑤ 锅置火上烧热，放入熟猪油20克，舀入鸡清汤250克，加盐2克，味精0.5克，白糖5克烧沸后倒入白米酒25克。用湿淀粉勾芡。用白醋20克，麻油20克制成调味汁，浇在鱼块、西兰花、木耳上，在鱼块上撒上胡椒粉即成。

此菜鱼块雪白，玉色溶溶；西兰花碧绿，翠色灿灿，荤素搭配合理，保健养生，滋味软嫩腴香，咸鲜中略带酸甜，微有辛辣，是一款悦目、爽口、喜胃、沁脾的佳肴。

［新金齑玉脍］

多少年来，各地厨师根据自己的理解，纷纷仿制史书中记载的“金齑玉脍”，但都经不起推敲。“踏破铁鞋无觅处，得来全不费工夫”，南通食之街大酒店殷红军师傅制作的“双色双味鲈鱼”，恰是笔者心目中的“金齑玉脍”。正如辛弃疾《青玉案·元夕》词中所云：“众里寻他千百度，蓦然回首，那人却在，灯火阑珊处。”

新金齑玉脍

原料：

鲈鱼1000克，金桔皮10克，生姜50克，蛋松10克，豌豆苗200克，鸡蛋2枚；番茄酱50克，料酒20克，糖100克，精盐5克，味精2克，香醋50克，白醋10克，湿淀粉500克，色拉油1000克（实耗50克），熟猪油25克，麻油20克。

制法：

① 将鲈鱼刮鳞去腮，剖腹去内脏后洗净。将头尾斩下，取中段，出骨去皮，切成鱼

丝；用一枚鸡蛋清，加湿淀粉10克、盐1克上浆，抓上劲；鱼头尾用生姜、葱、盐、酒腌制待用；金桔皮切成细末，生姜切细丝（用清水浸泡），豌豆苗摘除老梗，洗净（泡水）。

② 锅置火上，倒入色拉油500克，烧至五成热下豌豆苗清炸，泡沫变少后起锅，撒上少许盐和味精，成豆苗松。

③ 锅置火上烧热打滑，倒入500克未用过的色拉油，烧至三四成热，将鱼丝投入划散；待鱼丝变白后，将鱼丝连油倒入漏勺，沥油。

④ 锅仍置火上，放入熟猪油，将生姜丝、桔皮末下锅煸炒，放入盐2克，糖10克，料酒少许，炒匀后放入蛋松、鱼丝，烹入白醋，淋入芝麻油，炒匀，盛起装入鱼盘中央，撒上胡椒粉，四周围上豌豆苗松。

⑤ 锅置火上烧热，倒入900克色拉油，将鱼头、尾在稀释的湿淀粉中挂糊。油温达七成热时，投入鱼头尾，炸至金黄色捞起；锅中油继续加温，至七成热时将炸过的头尾再重炸一遍，把头尾连油倒入漏勺沥油后，将头尾分摆在鱼丝的两端。

⑥ 锅置火上烧热，投入25克色拉油，放入姜葱炸香后，投入番茄酱及糖90克、盐2克，加清水，使番茄汁呈稀卤。湿淀粉稀释后勾芡，烹入香醋，加入25克色拉油搅匀，趁热浇在鱼头尾上即成。

此菜鱼丝璨银，蛋松、姜丝、桔皮闪金，豆苗松烁碧，色彩悦目。鱼丝鲜嫩，蛋松柔绵，姜丝微脆，豆苗松香；头尾外酥里嫩，给人诗意般口感。味道咸鲜，腴香酸甜，姜辛桔香在舌尖上协奏出美妙的和谐乐章。此菜如不加鱼头尾，是一道古韵新味的冷盘；加上头尾，则成了一款色、香、味、形、声、气俱佳的热菜。

［国色天香］

“国色天香”是用长江鲈鱼巧施刀工，把鱼片制成栩栩如生的朵朵牡丹花，点放蟹黄做花芯，上蒸笼蒸制后取出。再将青椒修成牡丹叶，香菇用鸡汤煨制，修成牡丹枝干而成“牡丹鲈鱼”。成菜蟹汁味美，鱼片鲜嫩，造型逼真，色形俱美。此菜被收入《中国江苏名菜大典》。

国色天香

原料：

鲈鱼2500克，蟹黄25克，青椒300克，水发香菇100克，鸡蛋清50克；鸡清汤150克，盐3克，味精5克，蟹油30克，淀粉，猪油30克。

制法：

① 将鲈鱼洗净取肉，批切成鱼片，浆好待用。

② 取10只醋碟，抹上猪油，将鱼片做成牡丹花状，点蟹黄做花心，连碟上笼蒸8分钟取出；将青椒修成牡丹叶；将香菇用鸡汤煨一下，修成牡丹枝条。

③ 锅置火上，放蟹油、鸡汤烧沸，调味，勾芡，浇在牡丹鱼上，放上牡丹叶、枝条即成。

6、多子凤尾鱼

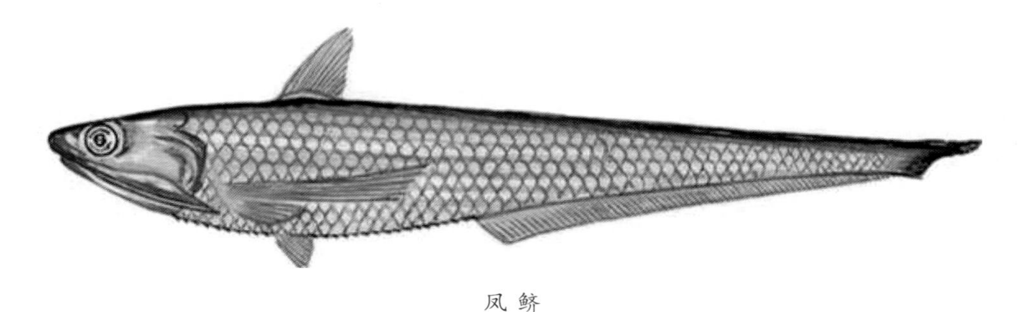

凤鲚

凤尾子何多？原为观音送！

南通民间流传着一则“送子观音与凤尾鱼”的故事。

神话传法，上古之时，海中有四脚大鱼叫鳌，力大无比，背负着蓬莱山在海中游弋。共工氏怒触不周山，天柱折，地维绝；女娲断鳌四足，以立地之四极。鳌失去足后，经常在海里兴风作浪，引发地震和海啸，搅得天翻地覆，令海上船舶、陆上人畜常遭覆灭之灾。

救苦救难的观世音菩萨正驾云南巡，遇见鳌鱼翻身。为杜绝后患，她降下祥云，将鳌鱼收服，并踩于脚下，叫它永世不得翻身。于是天下太平。老百姓感念观音菩萨降服鳌鱼的大恩大德，就给观音殿送了一大匾，上书“南海慈航”四个大字。

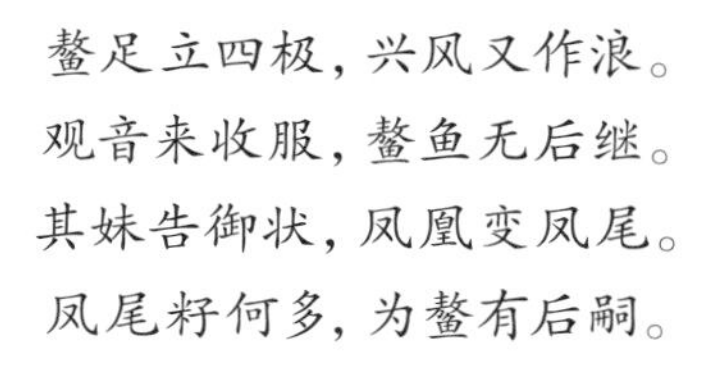

鳌足立四极，兴风又作浪。
观音来收服，鳌鱼无后继。
其妹告御状，凤凰变凤尾。
凤尾籽何多，为鳌有后嗣。

鳌鱼的妹妹凤尾鱼，本来叫凤凰鱼。这种鱼当时体型很大，不仅能翔游海里，还能直飞九天。凤凰鱼眼见哥哥被观音菩萨踩在脚下，面临断子绝孙、后继无"鱼"的困境，于是便直飞天庭向玉皇大帝诉求。玉帝下旨：鳌鱼涂炭生灵，罪不容赦。为鳌后继有鱼，将其妹妹凤凰鱼变成不能飞翔的小鱼，请送子观音赐子予她。从此，凤凰鱼便失去翅膀，变成了三寸小鱼。万众皆称玉帝圣明。凤凰鱼变成无翅有尾的小鱼后，改名"凤尾鱼"。大慈大悲的观音给她赐的子还特别多，后人称其"子鱼"。据说皇后称"凤"的由来便出自于此。

凤尾鱼属脊索动物门，辐鳍鱼纲，鲱形目，鳉鱼科（卵胎生），鲚属，亚属凤鲚，俗称黄鲚、凤尾鱼、子鲚、烤子鱼，体型较小，体长且侧扁，向后渐细，颇像一把刀。形体与刀鱼相似，但臀鳍较短，体呈淡黄色；头短，吻短，圆突；口大，下位。其吻端和各鳍条均呈淡黄色，鳍边缘黑色。凤尾鱼体形修长，有着非常漂亮的尾巴，有些雄鱼撇尾向上，有蓝黑色小圆斑，像孔雀的尾翎，故凤尾鱼亦是原产于南美洲的花鳉科观赏鱼类"孔雀鱼"的俗称。凤尾鱼雌雄鱼的体型和色彩差别较大，雄鱼身体瘦小，体长4～5厘米；雌鱼身体较粗壮，体长可达7厘米左右。

凤尾鱼是一种洄游性小型鱼类，平时多栖息于外海，每年春末夏初则成群由海入江，在中下游的淡水入口处作产卵洄游，产期在4～8月。我国沿海各大江河口附近均有分布，以天津海河、长江中下游、珠江口为最多，以长江中下游清明前的凤尾鱼品质最好。南通是长江凤尾鱼的主要产区。

许多南通人把子鲚鱼的"鲚"念歪了音，念成了"子切鱼"，而且一直歪念到现在。查《辞海》，刀鱼叫"刀鲚"，通州志书上也早就把刀鱼称为"刀鲚"了。子鲚鱼叫"凤鲚"，它的身子比刀鱼要小，样子倒是差不多。要说不同，子鲚鱼都是母的，因为有一肚子的鱼籽所以才叫子鲚鱼；而肚子瘪的公鱼，南通人则叫它"风浪头"。

凤尾鱼因其个体较小，不易使骨肉分离，一般都是整条鱼连骨食用。多采用炸后投入清调味卤（不勾芡）烹制而成。调味卤可鲜咸，可酸甜，可五香，根据各人口味来调制。

鲜凤尾鱼每100克约含蛋白质10.9克，脂肪2.2克，碳水化合物4.2克，磷226毫克，钙126毫克，并含有其他肉类少有的磷酸。中医理论认为，凤尾鱼味甘、性温，归脾、肝经，可以补气虚、健脾胃、活血。如用于炖汤，有较好的通乳作用。药理研究发现，凤尾鱼所含之锌，能使血中抗感染淋巴细胞增加，临床也证实有益于人体对化疗的耐受力。适宜体弱气虚，营养不良者食用；适宜儿童食用；但凡湿热内盛，或患有疥疮瘙痒之人忌食；病人忌食。（《食物本草》："有湿病疮疥勿食。"）

［烹子鱼］

南通江面所捕之凤鲚，满腹孕卵，肉薄子丰，故称"子鱼"。凤鲚肉、卵均鲜美异常，为名贵经济鱼类。南通罐头厂生产的名牌产品凤尾鱼罐头，曾在全国质量评比中获第一名，畅销港、澳、美国等地。这种罐头鱼体孕子饱满，大小均匀，排列整齐，色泽光亮，香气扑鼻，营养丰富，为佐餐佳品。

风鲚可采用多种方法烹饪，而“烹”法尤能突出其美味。“烹子鱼”1990年被收入《中国名菜谱》(江苏风味)；1992年被收入《中国烹饪辞典》；1995年入编《中华饮食文库·中国菜肴大典》(海鲜水产卷)；2010年被收入《中国江苏名菜大典》；2014年6月，被评为“南通市十佳古典名菜”。

烹子鱼

原料：

风鲚鱼800克；绍酒100克，酱油25克，精盐10克，香醋25克，白糖50克，葱结25克，葱末10克，姜片25克，丁香0.2克，大茴香0.2克，肉桂0.3克，芝麻油10克，花生油1000克（实耗50克）。

制法：

① 将风鲚鱼去头、鳞、内脏，洗净沥干，加入姜片、葱结、绍酒（50克）、精盐，浸渍一小时，再洗净，将鱼整齐地放在竹筛上晾干。

② 锅置旺火上烧热，舀入花生油，烧至七成热时投入风鲚鱼，炸至金黄色捞起。待锅中油温升高后，再投入已炸过的风鲚鱼，重油一次，使之骨肉皆酥，捞起。

③ 另取锅置火上，舀入花生油25克，投入姜末、葱末、丁香、大茴香、肉桂略炸，加入绍酒50克及酱油、白糖和适量清水，烧至稠浓。将炸好的风鲚鱼放入锅内，颠翻炒锅，烹入香醋，淋入芝麻油，晾透后再改刀装盘。

成菜后，风鲚色泽灿若黄金，酥香鲜美，微透酸甜；肉骨皆酥，骨、肉、子同食，无须吐刺；食后齿颊留香，是一道味美、色美的佐酒佳肴。

7、善跳的肉棍子·鲻鱼

南通滨江临海，江鲜海鲜不胜枚举。在众多的水产品中，有一种肉体圆厚，肉质细嫩洁白，又特别肥美的鲻鱼，被大家誉为“肉棍子”。

鲻鱼是浅海中上层广盐性、洄游性鱼类，在咸淡水中皆能正常生活。喜欢生活于浅海、内湾或河口水域，一般4龄鱼体重2~3公斤以上性腺成熟，便游向外海浅滩或岛屿周围产卵繁殖。鲻鱼广泛分布于世界各地的热带、亚热带以及温带的海中，其适应温度为3~35℃。全世界的鲻鱼品种有70多种，我国沿海地区有20种。因其生长迅速、食性广、疾病少、生命力强，成为我国东南沿海养殖对象之一。

鲻鱼为脊索动物门，辐鳍鱼纲，鲻形目，鲻科，鲻属。体较长，前部近圆筒形，后部侧扁；口小，呈人字形；眼大；背鳍两个，尾鳍叉形；体青灰色，腹部颜色较浅。《晋书》上叫它“乌鲻”；南宋胡铨《经筵玉音问答》上称其“子鱼”；明《陶庵梦忆》里叫它“鲻”；台湾地区叫它“乌鱼”“乌仔鱼”；福建叫它“海鲐”；辽宁叫它“鲮鱼”；日

接涨捞网谣

鲻鱼潮头跃，
虾虎推浪跑
追潮海鲜多蹦跃，
接涨张网把鱼捞
敢跟潮赛跑，
敢与浪跳高
惊涛骇浪显身手，
弄潮健儿知多少

本叫它“鲻”；除此之外，还有乌支、九棍、葵龙、田鱼、乌头、乌鲻、脂鱼、白眼、丁鱼、黑耳鲻等名。

鲻鱼是世界性名贵水产，不仅味道鲜美，而且营养丰富，三千多年前就是王公贵族们的高级食品。《葛洪神仙传》曰：仙人介象，字元则，会稽人，有诸方术。吴主闻之，征象到武昌，甚敬贵之，称为介君……吴主共论鲙鱼（先秦前时鱼生的称谓）何者最美，象曰：“鲻鱼为上。”孙权叹息道，鲻鱼出在东海，可望而不可即。宋·陈鹄《耆归续闻》中记有：孙权遣方士取鯔鱼作脍，人皆不解“鯔鱼”，作“图”音读。靖康元年，余以事至合流镇，见人壁间有唐明皇御注《道德经》：终日行而不离鯔重。辎字偏旁作“啚”，乃悟“鯔”为“鲻”也。南宋《经筵玉音问答》中所记御食有“蝴蝶醋子鱼”。蔡襄曾将子鱼送前辈老友，每次不过数尾，可见当时甚珍视之。宋代范正敏在《遁斋闲览·证误》中就有“蒲阳通应子鱼名著天下”的描写。

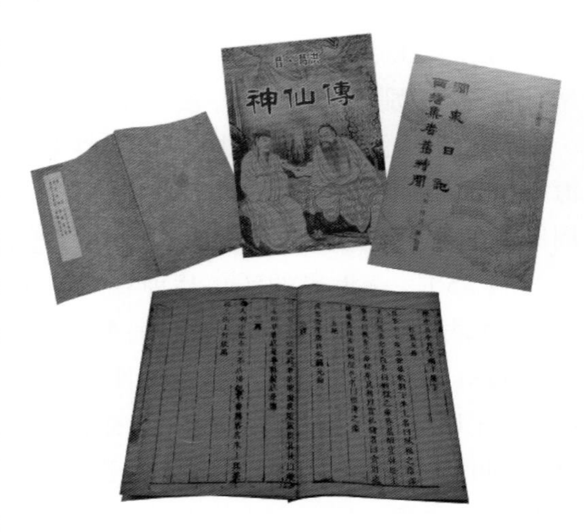

宋人笔记集《鹤林玉露》里有这么一个小故事：南宋权相秦桧夫人到宫内朝见，皇太后说：“最近子鱼大的很少。”秦夫人说：“我家里倒有，明天呈奉一百条来给太后。”回家后告知了丈夫。秦桧急了：这可糟了！皇太后吃不到好鱼，自己家里却随随便便就拿出一百条来，皇帝知道了会怎么想？第二天，秦桧叫人送了一百条青鱼进宫去。皇太后哈哈大笑，说道："我早说这秦老太婆是乡下人，没见过世面，果然如此。青鱼和子鱼形状虽相似，味道可大不相同。"

秦桧深通做官之道，所以能一直得到宋高宗的信任。但这个故事也透露出另外一条信息：南宋时期，子鱼是皇家权贵肴中珍品。那么，子鱼又是什么鱼？读了宋代其他文人作品，这才知道，原来它是宋代皇家最喜欢吃的海鱼，早在北宋中期就已天下闻名。也就是说在一千多年前，子鱼排名第一。宋代文人太平老人《袖中锦》一书列举北宋号称天下第一的商品，其中就有兴化军子鱼。它与江阴县河鲀、端砚、洛阳花、浙漆、契丹鞍、夏国剑等都是当时重要贡品。这也就是说，子鱼与河鲀是当时中国人最看好的两种海鱼。子鱼是梭鲻的一种，又称乌鱼。李时珍在《本草纲目》中对乌鱼是这样记载："生东海，状如青鱼，长者尺余，其子满腹，有黄脂、美味。"

子鱼品种多，沿海都有出产，但宋代人认为，唯有兴化军（今福建莆田）捕的最好吃。宋人庄绰《鸡肋编》卷中有云："兴化军莆田县去城三十里，有通应侯庙，江水在其下，亦曰通应。地名迎仙，水极深缓，海潮之来亦至庙所，故其江水咸淡得中。子鱼出其间者，味最珍美，上下数十里，鱼味即异，颇难多得。故通应子鱼，名传天下。""通应子鱼"又称"通印子鱼"，在北宋时期已经惊动京师公卿。王安石送章子厚诗有"长鱼俎上通三印，新茗斋中试一旗"。美食家苏东坡曾多次写诗题咏，如在《走笔谢品行甫惠子鱼》中咏道："卧沙细肪吾方厌，通印长鱼谁肯分。好事东平贵公子，贵人不与与苏君"；在《送牛尾狸与徐使君》中有"通印子鱼犹带骨，披绵黄雀漫多脂"（"披绵黄雀"说的是古人眼中的另一佳肴）的诗句。

子鱼如此出名，因此成了当时较重的馈赠礼物。苏东坡的朋友送来子鱼是"贵人不与与苏君"。送鱼的时候可能正是老苏被罢官之时，东坡当然是格外领情。古代中国没有广告，一个地方产品要想出名，最有效的推介载体是文人墨客的诗文。汉唐时代，中原文人大多没能尝到海鲜，因此当时也就只能由黄河鲤鱼、松江鲈鱼抢尽风头。子鱼排名天下第一，当然少不了有文人为它造势。这里面，蔡君谟的作用可能很大。以后，王安石、苏东坡、黄庭坚的诗歌题咏，影响更大。这种影响一直延续到南宋时期。到元明以后，影响才慢慢变小。

清代王士雄在《随息居饮食谱》中云："鲻鱼甘平……腹中有肉结，俗呼算盘子，与肠脏皆肥美可口，子亦鲜软，异于它鱼。"宋代《开宝本草》中说"鲻鱼食泥，与百药无忌"。海南万宁东山岭所产"后安鲻鱼"，被列为"东山四绝"之一。

鲻鱼活泼善跳，脾性较急躁，当捕捞离水后容易死亡，难以做到活鱼运输。冰冻保鲜要在4～6个小时以内，才能保持鲻鱼鲜活时的体色和鲜味，也不会带有"土腥味"（养殖鲻鱼）。

鲻鱼烹调应用范围很广，宜用烧、煮、焖、炖、蒸、氽，亦可炸、溜、煎、烹、烤、熏，肉可切片、条、丁、丝、米粒，制脍斩茸，制饼、丸、煲粥等。鲻鱼子是驰名中外的名贵海珍，为世界三大美食之一，也是台湾地区西南沿海的特产。"鲻鱼子"形似中国的"墨"，日本称其为"唐墨"；台湾地区则称它"乌鱼子"。"乌鱼子"一直是台湾地区最贵重的渔获之一。每年冬至前后十天，成熟的鲻鱼便从大陆南下，到温暖的台湾地区西南部海域产卵。渔民捕获后取出其子，经盐渍4～5小时，板压脱水，再经风吹日晒，鱼子的外形便厚实、饱满，色泽橙黄、通透。鲻鱼子的吃法很多，炙烤最能发挥其天然原味。炙烤前要先洒上米酒。炙烤的时间很重要，差上几秒钟，口感会大相迥异。烤至两面黄时，香气四溢，入口无比细腻、绵密、软糯。

笔者幼年家住石港（古“卖鱼湾”），海鲻、江鲻、河鲻，经年不断。小时候经常看到大人在捕鲻、钓鲻。鲻鱼在河里喜栖息在有沙泥的河段，故捕钓者均要选择有“沙”的河滩，才会收获甚丰。而不知此情的新手，往往会扑空。石港乡间婚丧喜庆的宴请，亲友来往小酌以及家常菜中均会首选价廉物美的鲻鱼。鲻鱼胃上的“幽门盲囊”特别发达，大小、形状如“算盘珠儿”的一块紫肉是由环形平滑肌组成，口感如鸡肫，韧而有嚼头，而且越嚼越香。现在有人把它当废料扔掉，实在是可惜。

现在到饭店里去吃鲻鱼，不是碰到有土腥味的，就是有不正常的鲜美之味，或是鱼肉异常腐嫩的口感。经查访，不正常的鲜美之味，是厨师放了“墨鱼精”甚至滴了“一点香”；近乎松腐的嫩鱼肉是放了“嫩肉粉”，很难吃到本真朴实的那种滋味了。

随着生态环境的改善，科技的进步和监管事业的加强，养殖技术已经得到了不断提高，去掉养殖鲻鱼不良的土腥味，已经不再是难题。只要对饲料、水质、鱼的密度严格控制，捕捞后的保鲜方法得当，严禁使用有害的食品添加剂，鲻鱼那鲜美的滋味不仅会重回人们的心中，你还能吃出许多儿时的趣忆，追梦似水的年华。

瘤儿菜烧鲻鱼

［瘤儿菜烧鲻鱼］

瘤儿菜是叶芥菜的变种，因其在叶与柄间长成与乒乓球大小的球瘤而得名。由于新鲜的瘤芥含有硫代葡萄糖甙，鲜食有冲辣辛螯之气味，须经腌制加工去之，方宜食用，其味比雪里蕻更为辛香脆嫩，是南通独有的品种。

南通盛产鲻鱼、每逢深冬，脂膏满腹的鲻鱼大量上市，腹部鳞片白而有光。届时，各家鱼馆各显神通，有烧、蒸、煎、溜的，也有烤、熏或出肉做脍的，还有出肉制丸的。南通有家“忘不了鱼馆”，则选用瘤儿咸菜与鲻鱼同烧，成菜乃半汤半菜。汤辛香，鱼肉鲜嫩，瘤儿菜香，呈咸鲜微酸辣之独特风味。汤菜俱美，诱人食欲。

原料：

鲜江鲻鱼一条750克，瘤儿咸菜400克；姜片30克，洋葱丝20克，香葱15克，大蒜瓣15克，白糖30克，豆瓣酱30克，料酒25克，熟猪油100克，鸡精3克，鲜骨汤15克，泡椒3个，小山椒6个，花椒5克，香菜5克，胡椒粉3克，芝麻油10克。

制法：

① 鲻鱼刮鳞剖腹，去腮、内脏洗净。瘤儿咸菜去柄取瘤、叶，将瘤切成片与菜叶一同洗净后挤去水分。泡椒切成1厘米的长段。

② 锅上火，倒入熟猪油25克，放入洋葱丝、泡椒段、花椒略炸，再放入豆瓣酱、小山椒煸炒松酥后，投入瘤儿咸菜炒出香味后盛起。

③ 锅再上火，倒入熟猪油75克，放入姜片、香葱、蒜瓣略炸至香，放入鲻鱼略煎两面后，烹入料酒，放入白糖、盐和炒好的瘤儿咸菜，加骨鲜汤用大火烧开，改中火，盖上锅盖烧焖，待锅内汤汁浓白时放入鸡精、香醋，再烧片刻即可盛入盘中，放入香菜，撒上胡椒粉，淋上芝麻油即成。

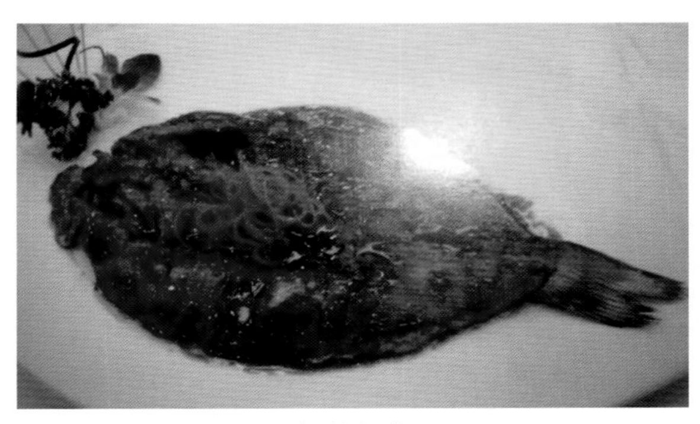

锅塌鲻鱼

［锅塌鲻鱼］

原料：

鲻鱼一条（约重1000克）；鸡蛋清1只，绍酒15克，精盐10克，酱油15克，绵白糖10克，糖色5克，葱末10克，姜末10克，蒜瓣末15克，鸡清汤25克，湿淀粉20克，芝麻油50克，熟猪油25克，色拉油1000克（约耗100克）。

制法：

① 将鲻鱼刮鳞、去腮、鳍，沿脊背从头到尾剖开（腹部相连，成双头双尾状）。去内脏，剔去脊骨和胸刺，洗净。在鱼肉面剞上十字形刀花，将鸡蛋黄打入碗中，加精盐、湿淀粉（10克）搅匀后，抹在鱼肉面上。

② 锅置火上烧热，舀入色拉油，烧至六成热时将鱼肉面朝下放入，炸至金黄色后倒入漏勺沥油。

③ 锅置火上烧热，舀入熟猪油，放入姜葱末、蒜瓣末，炸出香味。舀入鸡清汤，加绍酒、酱油、白糖、糖色烧沸，放入炸好的鱼肉，盖上锅盖，约烧2分钟，用湿淀粉调稀勾芡，沿锅边淋入芝麻油，晃锅翻身（鱼肉朝上），起锅装盘即成。

特点：

一鱼两爿，无骨刺，色呈酱红，光亮，鲜香酥嫩。

8、整体性美食·银鱼

银鱼，又叫鲙残鱼。相传“吴王阖闾江行，食鱼鲙，弃其残余于水，化为此鱼”（《博物志》）。因为银鱼身体细长，与面条相似，故俗称“面条鱼”；南通有人则把银鱼叫“面鱼”。传说是中国唯一有庙享的面点师、抗倭英雄曹顶，把做水面时的零碎面头倒入河里以后，面头儿随即成活并游动起来。因为是面头经神点化而成的鱼，所以把它叫做了“面鱼”。

宝塔倒影水不波　霜头雪尾网来多

抗倭是英雄　银鱼面头种

“王字河心水不波，霜头雪尾网来多。渔人不惜终宵苦，卧醒时闻打桨歌。”这是张謇在宣统二年（1910）所作《与金沧江同在退翁榭食鱼七绝三首》诗中的一首。记述了与朝鲜诗人金沧江共尝银鱼，在品味美食之时不忘普通老百姓的辛劳和贫苦的情景，表达出对下层民众的怜悯和关怀。

《崇川竹枝词》封面

南通光孝塔边的濠河中，常见成群银鱼随着涨潮江水游弋，故南通人又称其“塔影鱼”。清代南通诗人李琪认为，南通银鱼要比松江鲈鱼、滦河鲫鱼的味道更美。他在《崇川竹枝词》里有这样的描述：“白小天然二寸鱼，黄泥口里网张初，松江鲈脍滦河鲫，比似侬家总不如。”据《崇川咫闻录·无物录》载：“银鱼，一名小白。身圆如银，两目细黑，长一两寸。出州城北濠河滨。桃花水涨，人结细丝网张得之。甚鲜美。”黄泥口指的是光孝塔北对河的原黄泥口子桥（现濠北路新乐桥）畔。清朝南通学者姜长卿在他所著《崇川竹枝词》中说：“白小鱼儿二寸多，银条拨词起春波；扣舷处处声相和，都泊城东宝塔河。”他所说的宝塔河指的是城东南文峰塔旁的南濠河。而据《崇川咫闻录·物产录》载：“塔影河在州北濠河岸里许，宝峰庄西南。每至夕阳返照，城中光孝塔影层层现于水中，产银鱼盛则乡场中选者必多。”二位诗人描述的地段虽不尽相同，但无论是塔影河还是宝塔河，都是南通的护城河；而塔影鱼也正是濠河里的银鱼！

银鱼喜欢在水草丛生、水温较高的湖水中产卵，产卵方法叫“破娘生”。还有一个民间传说。

从前，水晶宫龙王身边有一对童男童女，男的叫银果，女的叫银花。一日，龙王派他俩到人间查看生物生长情况。在人间，他俩看到人们过着美满幸福的生活，十分羡慕。以后，俩人感情日益深厚，于是结为夫妻，过着男耕女织，相敬相爱的自由生活，再也不愿回水晶宫了。

龙王知道后，认为银果、银花违犯令条，罪不能容，便派水兵水将将它俩捉拿问罪，并将银果、银花逐出水晶宫，变为全身透明的小鱼。从此，银果、银花只能在浅水处游动。不久银花有了身孕，游动缓慢。银果紧随银花从不远游，并为银花寻找食物。不料这又被龙王知道了，龙王大怒，即刻传旨，不许出生。银果、银花一听，悲痛万分，相互流泪不止。银果说：“这不是要让我们断子绝孙吗？”银花说：“我们已是夫妻，怎能没有儿女，我决意破肚而死。这样能保全后代繁衍。”说罢，银花便游向碎石，破腹产卵而死。银果一见银花死去，也安置好卵子，很快死去。这是神话，不足为信。但银鱼的生命只有一年确为事实。所以，渔民们捕获的银鱼，不论大小，都是当年的鱼。

中国唐朝就有食用银鱼的记载。北宋诗人张子野曾用“春后银鱼霜下鲈”来赞美银鱼；明代食用银鱼日趋常见。《本草纲目》有载：“大者长四五寸，身圆如箸，洁白如银，无鳞。若已鲙之鱼，但目有两黑点尔。彼人尤重小者，曝干以货四方。清明前有子，食之甚美；清明后子出而瘦，但可作鲊腊耳。”清康熙年间，银鱼被列为贡品。

人们食用银鱼都不斩头、不去尾、不去骨、不剪鳍、不刮鳞、也不去内脏，是完全、彻底、干干净净地把整条银鱼一点也不剩地统统吃光的。奇妙的是，既没有鲠刺，又没有残渣，更没有不良的腥异味，就连苦胆也不苦，反而觉得味道异常鲜美。

银鱼属银鱼科，银鱼属，是多种半透明鱼类的统称，古称王余(《尔雅》郭璞注)、蛤残鱼(《尔雅翼》)、银条鱼(《日用本草》)、面条鱼(《黄渤海鱼类调查报告》)、大银鱼(《鱼类分类学》)，又名冰鱼、玻璃鱼，具有从海洋到江河洄游的习性。

银鱼因其又白又小，故又称“白小”。唐代大诗人杜甫曾有《白小》诗说：“白小群分命，天然二寸鱼。细微沾水族，风俗当园蔬。人肆银花乱，倾箱雪片虚。生成犹舍卵，尽其义何如。”这首写得很概括，很形象。这种叫“白小”的鱼与其他银鱼品种如“面条”“绣花针”不同。它体长6厘米左右，农历九月出水，小而剔

杜甫像

透，洁白晶莹，纤柔圆嫩，浑体透明，品质上乘。银鱼肉质细嫩，味道鲜美。而“绣花针”肥度不够，干瘪味淡；“面条”肉老筋硬，入口不适。

“白小”名何来？

“诗圣”命名哉！

银鱼是极富钙质的鱼类，它以“补肺清金、滋阴补虚”的功效成为水中珍品；被营养学界认为是属于“整体性食物”，营养完全，利于人体增进免疫功能和长寿。

银鱼肉质细腻，鲜嫩爽口。用炒、炸、蒸、熘、烹、汆、烤、烧等方法，可烹制出多种美味的肴馔，唯以炒、炸方法最佳。调味以咸鲜、椒盐、糖醋、酸辣味为多，咖喱味亦可，唯以咸鲜味更能突出银鱼清鲜之本味。银鱼去头尾，可斩茸制糊，切丝做馅包春卷、馄饨味道亦佳。银鱼鲜食最美，不用开膛洗理，用水漂一漂洗净即可烹调。用它和鸡蛋一起下锅旺火炒，可做成名菜“银鱼炒蛋”。据载，20世纪60年代毛泽东主席到合肥，招待他老人家的一道名菜就是：银鱼蒸蛋。常见吃法有：银鱼炒鸡蛋、银鱼炒韭菜、银鱼烧豆腐、银鱼包饺子和汆汤等。若加鸡蛋、虾米、元宵面等调成银鱼糊，再过油做成冰银鱼，色味俱佳，清香适口，宽中健胃。银鱼除供鲜食也可制成鱼干。鱼干泡软后作馔风味亦佳，还可制成罐头品和作为多种菜肴的佐料。

［**烩银鱼炒蛋**］

“烩银鱼炒蛋”为家常菜，由于各地生活习惯不同，烹法也各有千秋，现将南通烹法介绍如下：

原料：

银鱼100克，鸡蛋3只，韭芽50克，木耳10克；熟猪油90克，芝麻油10克，姜末5克，葱末6克，盐3克，料酒150克，酱油25克，糖5克，味精1克，白胡椒粉0.3克，白汤100克。

烩银鱼炒蛋

制法：

① 银鱼摘去头尾，用洁水洗干净，沥干水分；鸡蛋去壳、打散，加葱末3克和盐1克调和；韭芽洗净切段；木耳洗净开水泡过后沥干。

② 炒锅置火上，放入熟猪油10克，下韭芽，放盐0.5克，煸炒至刚熟盛起。

③ 炒锅烧热打滑后，放入熟猪油30克，姜、葱末各3克，煸炒出香味；下银鱼煸炒几下，烹酒5克，盛起倒入蛋液内搅和。

④ 炒锅仍置火上，放熟猪油50克烧热，倒入银鱼蛋液。待蛋液涨发，一边煎，一边用手掀揚，使蛋成饼状。一面煎黄后再煎另一面，煎熟后用铁勺将蛋饼划成九块。加入料酒、酱油、盐（15克）、糖、味精、白汤，放入木耳，加盖焖烧2～3分钟。揭盖后倒入韭芽，在旺火上收紧汤汁，淋入芝麻油，出锅装盘，撒上白胡椒粉即成。

此菜色泽金黄，鱼白肉嫩，肥腴鲜香，微带辛辣。

椒盐银鱼排

［椒盐银鱼排］

“椒盐银鱼排”是炸银鱼菜品中颇受食客欢迎的美馔。南通厨师匠心别具，将银鱼做成排，在20世纪六七十年代的筵席热菜中常用此菜。

原料：

银鱼800克，鸡蛋3只，面粉150克，面包粉150克；盐4克，味精1.5克，白胡椒粉1克，椒盐2克，豌豆苗200克，菜籽油1000克（实耗100克）。

制法：

① 银鱼洗净，沥去水分，用牙签从头部穿过；将6～8条银鱼串联成排，撒上椒盐、胡椒粉、味精，粘上面粉、蛋糊，放到面包粉中，使两面都粘满面包粉，揿拢揿紧。

② 将整豆苗摘拣干净，下五成油锅炸成豆苗松，撒味精和盐，装盘。

③ 炒锅上火，放入菜油烧至六成热，投入鱼排，炸成金黄色，待浮起后捞出。将穿牙签的鱼头部分切掉，放在豆苗松上，撒上椒盐即成。

成菜，鱼排金黄，豆苗碧绿，色彩悦目，滋味脆嫩，满口鲜香。

紫菜银鱼羹

［紫菜银鱼羹］

紫菜生于浅海潮间带沙石上，以孢子繁殖，种类繁多，中国约有70多种，如东为全国最大的优质条斑紫菜养殖基地，产量占全国紫菜产量的40%，在中国和亚洲地区首屈一指。条斑紫菜是紫菜中质量佼佼者，其片薄，大小均匀，入口味鲜不咸，具有特有清香，质嫩体轻，无杂质，享誉中外。

紫菜可防止动脉硬化和心肌梗死，溶解血栓，降血压、降胆固醇，防止记忆衰退，治疗甲状腺机能减退，防衰老等。尤其是紫菜中维生素C的含量是卷心菜的60倍，是防治胃溃疡、贫血的理想食品，对尼古丁有较强解毒作用，具有增强人体免疫功能、抗癌等功效，因此紫菜又被称作“长寿菜”“维生素宝库”。

国际营养学界一致公认，银鱼是增进免疫功能的长寿食品。紫菜银鱼羹是以南通原生态的两种土产配成的佳肴，堪为菜中养生延龄的至珍。

原料：

如东产条斑紫菜20克，洗净银鱼100克；鸡鲜汤750克，淀粉50克，嫩姜丝20克，香葱末10克，精盐4克，鸡精3克，香菜叶2克，芝麻油10克，绍酒25克，白胡椒粉0.5克。

制法：

① 将淀粉用少量清水调匀成水淀粉。

② 锅上火，倒入鲜鸡汤，再放入嫩姜丝、精盐、紫菜，搅匀；待锅内沸滚，烹绍酒，淋入水淀粉（边淋，边顺时针搅动，使之均匀），再放入银鱼；至锅沸时放鸡精，撒香葱末、胡椒粉，淋芝麻油即成。

成菜，银鱼鲜嫩，紫菜清香；滑腴爽口，宽中健胃。口味咸鲜微香辣。

9、熟悉而又陌生的鰕虎鱼

你知道鰕虎鱼吗？渔民回答："不知道"，卖鱼的也说"不晓得"，普通百姓就更加茫然了。遍布全世界的鰕虎鱼，很多人竟然不知道。奇怪！

鰕虎鱼

鰕虎鱼的"鰕"字与"虾"同，只是这个"鰕"字现在已经不大使用了，即使繁写也是傍虫字旁，不傍鱼字旁，难怪大多数人与它面生，更谈不上请教它的尊姓大名。然而，鰕虎鱼还是坚持用这个"鰕"字，你说怪不怪？

在菜市场的鱼摊儿上，笔者发现了鰕虎鱼，便请问卖鱼人这叫什么鱼？卖鱼人答："猪尾巴鱼，又叫沙尖鱼。"卖鱼人很奇怪地问："这个鱼你不认识？"笔者说："它的学名叫'鰕虎鱼'。"卖鱼人说，"从来没有听说过这个怪名字，海边上倒是有人叫它'推浪鱼'的！"

鰕虎鱼属鲈形目鰕鱼亚目，为食肉性小型鱼类。遍布全世界，尤以热带为多，主要为海鱼。鰕虎鱼是除外洋以外而分布在全世界各水域中的鱼类，通常分布于多礁或泥滩地带的浅海区，也有生活在内陆的淤泥中。多数种类的鰕虎鱼在其腹部有一对腹鳍，愈合起来会成为吸盘状，借此可以附着在岩石上面，而避免被水冲走。鰕虎鱼以其形状独特、善于跳跃而为人们所喜爱，它的个体较小，体长仅40～80毫米。它有一个阔而大的口，一双大眼睛，背上有两个发达的背鳍，腹面的腹鳍前移到胸部，并能左右愈合成吸盘。身体体色较暗，上有多条横跨背部的黑色斑纹，并散布着许多黑色小斑点，体色极为美丽，样子颇可爱。

塘鳢鱼

鰕虎鱼本亚目中还包括了塘鳢科的"睡鱼"——塘鳢鱼（南通叫"虎头鲨"）和弹涂鱼科的弹涂鱼（南通叫"跳跳鱼"）。

3～5厘米长的鰕虎鱼幼鱼，称为栉鰕虎鱼。江西九江县沙河地处庐山脚下，所产栉鰕虎鱼因其形状特殊，味鲜美，别具风味，与庐山同享盛名，故得名“庐山石鱼”。湖北阳新县富水河的栉鰕虎鱼因其捕捞季节在春末夏初、百花盛开之时，故称为“春鱼”。而安徽东至县张溪一带以其在麦收时节捕捞，且形同麦子，故称之“麦鱼”。安徽泾县传说：远在晋朝时期，有一位名叫“琴高”的隐士，来到怪石嵯峨的狮子石洞中炼丹，丹渣弃入溪水之中，便化成了“虎头蛇尾”的小鱼，自那以后，每到午夜，淙淙流水中就有了铮铮的琴声。后来，人们便把这条溪取名“琴溪”，溪中小鱼也得名为“琴鱼”。诗人梅尧臣等均以诗咏之；众多古籍均以文赞之。梅尧臣诗云：“古有琴高者，跨鲤上青天，小鳞随水至，三月满江船……”这也说明了北宋时琴鱼的名贵，产量之可观。梅尧臣的好友欧阳修对琴鱼也十分喜爱。他在诗中说：“琴高一去不复见，神仙虽有亦何为。溪鳞佳味自可爱，何必虚名务好奇。”把琴鱼看得比神仙还可贵。琴鱼虽是鱼类，味道十分鲜美，却

弹涂鱼

庐山石鱼

安徽琴鱼

湖北春鱼

梅尧臣

欧阳修

伯牙抚琴图

很少作为菜肴烹制，而是以饮茶精品著名。

石鱼、春鱼、麦鱼、琴鱼这四种栉鰕虎鱼，体型虽小但名气很大，自古以来均被列为贡品，故也统称为“贡鱼”。

栉鰕虎鱼是整体性鱼类，无须去鳞、鳍，剖腹去内脏，清洗干净后即可食用。大部分是将鱼洗净晾干或烘干后以鱼干销售。笔者在20世纪80年代去庐山开会，还特地买了一袋“石鱼干”（庐山以三石即石鱼、石鸡、石耳，闻名天下）。回来后泡软烹食，确是名不虚传的美味——鲜美中透出特殊的清香，做汤做菜皆佳。

被南通人称之为“趋浪鱼”“猪尾巴鱼”“沙尖”,海边上人叫它“推浪鱼”“推沙鱼”的，学名叫“黄鳍刺鰕虎鱼”，是鰕虎鱼中体型最大的，一般重150~300克，最大者可达1000克。分布于中国、朝鲜、日本、俄罗斯等地沿海，是食肉性双向洄游鱼类。黄鳍刺鰕虎鱼大头尖尾，常常栖息在泥质和砂质底部，沿着海湾沿岸、河口，有时会上溯到河川；喜欢独居，昼伏夜出，以觅小鱼、虾、蟹及无脊椎动物为食。

黄鳍刺鰕虎鱼是荷兰动物学家特明克与德国鸟类学家施莱格尔在1845年用希腊语命名，有“荆棘”及“驹”，又有“黄色”和“手”的意思。鰕虎鱼的名字虽然诞生已经169年，但这舶来的名字在中国却鲜为人知。20世纪80年代，江苏省在召开编撰《中国名菜谱·江苏风味》筹备会时，全体编写人员，竟没有一个人知道它的名称。大家普遍称它“推浪鱼”，连云港称其“沙光鱼”，盐城称其“鯮鱼”“推浪鱼”，南通则叫它“趋浪鱼”“猪尾巴鱼”。

黄鳍刺鰕虎鱼在中国古籍《尔雅》中叫“鲨鮀”；《临海水土异物》中叫“吹沙”；《本草纲目》中称其为“沙沟鱼”“沙鰛”“呵浪鱼”；《事物异名》里叫它“石鮀”“重唇龠”“新妇臂”；《医林纂要》中叫它“沙竹”，只有在明末姚可成所著的《食物本草》中称之为“鰕虎鱼”。

我国古代已经食用鰕虎鱼，《尔雅》《临海水土异物志》中就有记载。江苏省连云港市对鰕虎鱼非常珍视，当地有“十月沙光赛羊汤”的民谚。连云港、盐城都把鰕虎鱼制品写入了《中国名菜谱》江苏风味。

黄鳍刺鰕虎鱼肉厚少刺，细嫩肥润，有独特的清香气味；富含优质蛋白质、脂肪、矿物质、维生素、碳水化合物等，有暖中益气、补肾壮阳等作用。

鰕虎鱼经常规加工洗涤后，即可进行刀工处理。可整形，略施刀花，令其美观；也可割切解体，加工成段、块、条、片、丁等形态。既可作主料单独成菜，也是良好的配料。

鰕虎鱼最宜清蒸、红烧、炸煎，白煮、汆汤、烩羹亦佳;干烧、红焖、炒食、煎炸也可。

清蒸鰕虎鱼，鱼肉洁白如凝脂，细腻爽滑，清鲜宜人；红烧鰕虎鱼，鱼体丰腴晶亮，嫩软醇香；白煮鰕虎鱼，肉如脂膏，汤汁似乳，肉质酥嫩，入口即化，鲜美凌驾于鲫鱼；鰕虎鱼汆汤，鱼肉细嫩，其味极鲜，清利爽口；鰕虎鱼烩羹，其滋味醇浓，腴滑丰厚；炒食鰕虎鱼，柔润软嫩，色泽洁白，滋感适口，视感雅洁，别具特色。鰕虎鱼肝亦为清心明目的养生美味。烹调鰕虎鱼宜口味清淡，以突出其自身固有之本味。

砂锅鰕虎鱼

[砂锅鰕虎鱼]

“十月鰕虎赛羊汤”，冬季是鰕虎鱼最肥美之时。砂锅鰕虎鱼，是南通人冬令首选的滋补养生珍馐。

原料：

鰕虎鱼6条（约600克），淮山药300克，绍酒50克，葱15克，姜15克，精盐5克，味精3克，胡椒粉3克，猪筒骨汤2000克，豆油或猪油50克，芝麻油10克，香菜5克。

制法：

① 将鰕虎鱼宰杀洗净，留鱼肝，将鱼头切断；锅置火上，放入猪油20克烧热后放进生姜8克、葱8克煸出香味；将鱼下锅，加入猪筒骨汤与鱼先熬制浓汤。

② 将鱼头出水。山药切滚刀块出水备用。

③ 锅上火，放入30克豆油、生姜7克、葱7克，放入鱼头、鱼肝，略煎。

④ 备砂锅一只，用山药、姜葱各5克垫底，放入鱼体、鱼头、鱼肝，舀进浓汤，加盖；上火煨沸后放入绍酒、精盐，加盖沸腾后改用小火煨10分钟；加味精、芝麻油，撒上胡椒粉、放上香菜，连砂锅上桌。

特点：

汤汁浓白，鱼肉鲜嫩；山药酥软，腴香粘唇；汤菜俱佳，滋补养生。

椒盐鰕虎鱼

[椒盐鰕虎鱼]

鰕虎鱼肉腐嫩鲜美，干炸后鱼肉干香且有一定的咬嚼劲，更能凸显鰕虎鱼的美味。现将功德林大酒店的做法介绍如下：

原料：

鰕虎鱼4条（约800克），干淀粉100克，绍酒50克，姜10克，葱10克，盐3克，味精3克，胡椒粉3克，五香粉2克，精盐3克，红辣椒末20克，洋葱末20克，蒲芹末20克，色拉油1000克（实耗50克）。

制法：

① 将鰕虎鱼洗净去头，批成瓦块大片，用洁布吸干水分，放入盆中加姜、葱、绍酒，腌制半小时后滗出汤汁，撒入味精、胡椒粉、五香粉拌和，拍上干淀粉。

② 锅置火上烧热，放入色拉油，待七成热时投入瓦块鱼，炸至浮起、鱼块起壳后用漏勺捞出，待油温再升高至七成热时，再投入瓦块鱼复炸一遍后捞起装盘，撒上椒盐。

③ 炒锅上火，放少许油，将红辣椒末、洋葱末、蒲芹末下锅，煸炒调味后淋上芝麻

油作为浇头，放在瓦块鱼上即成。

特点：干香、椒香、咸香、辛香、鲜香、腴香、葱香七香齐汇，美不胜收。

［**干烧鲲虎鱼**］

“干烧”，是在红烧的基础上把汤汁烧干，渗入原料内，只剩下明油的一种烧法。干烧与红烧的区别不仅是有汤无汤之分。干烧还要加用肉末酱、菜末等做成的“哨子”（盖浇）在主料上，以增加菜品的复合美味。

干烧鲲虎鱼

原料：

黄鳍刺鲲虎鱼10条（约2000克）；熟笋丁60克，肉末100克，甜包瓜末80克，熟豌豆60克；洋葱末50克，大蒜头40克，姜末20克，姜片5克，葱末20克，葱段5克，尖头椒2只，豆瓣酱30克，酱油40克，白糖30克，绍酒60克，味精3克，盐3克，猪油320克（实耗100克），芝麻油20克。

制法：

① 将鲲虎鱼洗净，用洁布吸干水分放入盘中，加入葱段、姜片及酱油15克、绍酒15克，浸渍3分钟。

② 将锅置旺火上，舀入猪油200克，烧至七成热后放入鱼，煎至两面呈黄色后倒入漏勺。

③ 锅再置旺火上，舀入猪油100克，烧至五成热时，放入洋葱末、辣椒，煸出香味；放入豆瓣酱炒至酥松后放入姜葱末、大蒜头略炒，再下肉末炒至变色后，投入甜包瓜末、笋末、青豌豆略炒；放上鱼，加绍酒45克、酱油25克及白糖、盐，加入水与鱼齐平。

④ 旺火烧沸，加锅盖，改小火焖10分钟揭盖，放入20克猪油；旋再改用大火，放味精，收稠滋汁，不断晃动锅子，快速淋芝麻油，离火装盘（也可分盘成各客），将哨子盖在鱼体上即可。

干烧鲲虎鱼具有色泽红亮、皮酥肉嫩、味浓腴美、微有辛香、滋汁紧裹、鲜美不腻之特点。

10、水中活化石·鲟鱼

鲟鱼，是世界上现有鱼类中体型大、寿命长、最原始的种类之一，迄今已有两亿多年的历史，被称为“水中活化石”。鲟类最早出现于2亿3千万年前的早三叠世。古鲟的化石出现在中生代白垩纪，距今约一亿四千万年。目前地球上尚有鲟（鳇）鱼26种，分布于北美7种，欧洲12种，亚洲11种，我国有8种，长江有中华鲟、达氏鲟、白鲟3种，简介

鲟 鱼

中华鲟（长江鱼王 海中生长）

如下：

（1）中华鲟为脊索动物门、辐鳍鱼纲、鲟形目、鲟科、鲟属，古称大腊子，别名鳇鲟、大癞子、黄鲟、着甲、腊子、覃龙、鳇鱼、鲟鲨等。公元前一千多年的周代，中华鲟被称作王鲔鱼。

中华鲟体呈纺锤形，头较尖，头顶骨片裸露。吻扁平，似犁状，并微上翘。胸腹平直，尾细长。眼小，鼻孔大，口大，腮孔大。身上有五行纵列菱形骨板，背部一行较大；各行骨板之间皮肤裸露，光滑。背鳍靠尾部，歪形，上页发达。肠管构造奇特，内有7~8个漏斗状螺旋瓣。头背青灰色或灰褐色，腹部灰白，各鳍灰色。

中华鲟是一种大型溯河洄游性鱼类，最大捕获个体重达562.5公斤。民间有“千斤腊子（中华鲟）万斤象（白鲟）”的说法。中华鲟平时栖息于沿海大陆架海域。待雄鱼9~18龄、雌鱼14~26龄（体重50~120公斤，身长170~230厘米）性成熟时，每年9~11月间溯江河至产卵场产卵。幼鱼降海十余年后待性成熟时溯河。

成年的中华鲟体大而重，雄体一般重68~106千克，雌体130~250千克；最大体长3米以上，体重可达500~600千克，被称作“长江鱼王”。中华鲟产卵量很大，一条母鲟一次可产百万粒鱼籽，但是成活率不高，最后成鱼的为少数。

中华鲟主要分布于中国长江流域，此外在辽河、黄河、淮河、钱塘江、珠江等水域也有发现。20世纪70年代以后，由于拦河筑坝，阻碍了中华鲟的洄游通道，加之水质污染和有害渔具的滥用，现中华鲟自然资源日益减少。1988年被列为国家一级保护动物，具有很高的科研、药用和观赏价值。

中华鲟产卵场主要分布于长江干流和金沙江下段，由于葛洲坝枢纽的阻隔，不能溯游到上游产卵的中华鲟，在紧接葛洲坝下游的宜昌长航船厂至万寿桥附近约7公里的江段上形成了新的产卵场，面积大约有3.3公顷。为了补偿葛洲坝工程对中华鲟产生的不利影响，成立了宜昌中华鲟研究所，从1983年起每年向长江流放人工繁殖的幼鲟。由于培育技术和养殖规模的限制，每年只能培育出长度8~10厘米、重3~5克的幼鲟1万尾左右。中华鲟的产卵期在10月中旬至11月上旬。当三峡工程建成运行后，10月份水库将大量蓄水，水库的水位将提高到175米，使下泄流量显著减少。10月的平均流量从建坝前的18980立方米/秒减少到11090立方米/秒，减少了41%，这将使本来就不大的中华鲟宜昌产卵场的面积进一步缩小，使中华鲟的自然繁殖受到更为不利的影响。

1973年6月21日联合国在美国首府华盛顿签署了《濒临绝种野生动植物国际贸易公约》(CITES)，世称《华盛顿公约》。该条约于1975年7月1日正式生效。至1995年2月底共计有128个缔约国。中国于1980年12月25日加入了这个公约，并于1981年4月8日对中国正式生效。1998年4月1日，华盛顿公约将全世界野生鲟认定为濒危绝种的保护动物。长江水系的中华鲟被列为国家一级保护野生动物。

(2)达氏鲟的外形与中华鲟相似，但成鱼体长较短，体重较轻，颜色较深。达氏鲟为纯淡水鱼，生活在长江上游，以宜昌至宜宾段为多。近年来资源衰竭严重，同样被列为国家一级保护野生动物。

体型很大的淡水鱼——达氏鲟

另外，有一种同为淡水鱼类，但从不游入海里的鱼叫达氏鳇。达氏鳇的体形较大，是淡水鱼类中体形最大的一种淡水水域的种群。主要分布于黑龙江及与其较大支流相连的湖泊，尤其以黑龙江中游为最多；其次是分布于乌苏里江和松花江下游等水域，嫩江下游也偶有发现。此鱼的左右鳃膜相互连接，是与鲟鱼不同点，也是鳇鱼和鲟鱼的分类依据之一。

水中大熊猫，浑身都是宝——白鲟

(3)白鲟，属于鲟形目匙吻鲟科白鲟属的一种，因体色较浅而得名。中国古代称之为鲔，被叫作中华匙吻鲟，另名中国剑鱼、琴鱼、朝剑鱼。体长，呈梭形，前部稍平扁，中段粗壮，后部略侧扁。上下颌均具尖细的齿。吻呈剑状，特别延长(其长为眼后头长的1.5~1.8倍)，状如象鼻，又俗称为象鱼。前端狭而平扁，基部阔且肥厚。体无骨板状大硬鳞。尾鳍歪形，上叶长于下叶，并有8个棱形鳞板。尾鳍上缘有一列棘状鳞，背部浅紫灰色，腹部及各鳍略呈白粉色。

白鲟生长于长江干流下层，偶入沿江大湖，是否出海尚不清楚。初次性成熟体长一般2米左右，重30~50公斤，总体大于中华鲟类。据记载，50多年前在南京曾捕获一尾7米长重数千斤的个体，是迄今为止世界淡水鱼类身体长度的最高纪录。由于生态环境恶化，白鲟分布区逐渐缩小，数量逐年减少，个体越来越小。为国家一级保护野生动物。若不采取有效措施加以保护，用不了几年它可能永远消失。

白鲟，长江原年产2.5万公斤左右，20世纪后期资源锐减，如今白鲟濒危状况已不

《说文解字等》等古籍

亚于大熊猫，所以它有“水中大熊猫”之称。国务院环境保护委员会先后与1983年、1988年两次将其列为国家一类保护动物，严禁捕捞。人工繁殖研究正在进行之中。

我国古代认为白鲟与鲟类不同。郭璞注《山海经·东山经》中述：“鲔即鱏也，似鳣而长鼻，体无鳞甲。”唐代沈仲昌《状南·仲秋》云：“江南仲秋雨，鱏鼻大如船。”《说文》引传曰：“伯牙鼓琴，鱏鱼出听。”明代顾起元《客座赘语》谓：“有鲟，鼻长与身等，口隐其下，身骨脆美可啖，为（鱼差）良，其鳃曰玉棱衣。”

鲟鳇鱼是鲟鱼和达氏鳇两种鱼类的总称。早在《诗经》时代（周朝），人们就可以在黄河中捕捉到鲟鳇鱼。如《诗经·卫风·硕人》：“河水洋洋，北流活活……鳣鲔发发。”“发”，读音为“泼”，可以解释为“很多的样子”。周朝的卫国封地在今河南，辖地沿黄河两岸，这里曾是鲟鳇鱼洄游停留的水域，人们能大量捕捉这种鱼类就不足为怪了。直到明朝，黄河中还能见到鲟鳇鱼。如《本草纲目》卷四，“时珍曰：鳣出江淮、黄河、辽海深水处，无鳞大鱼也”；又鲟鱼“出江淮、黄河、辽海深水处，亦鳣属也”。此后，黄河改道及断流频繁，鲟鳇鱼不复入黄河。

关于长江流域中的鲟鳇鱼，古人的记载就更多了。《水经注》记载，鲟鳇鱼从近海洄游时沿江而上，最远可以达到现在四川宜宾一带。这样看来，《红楼梦》中荣宁两府的阔佬阔少们要吃鲟鳇鱼，根本没有必要让长白山下的农民大老远地送到南京去。

在岭南的大江中，古时也有鲟鳇鱼洄游的迹象。宋人周去非《岭外代答》卷十记载：“春水发生，鲟鳇大鱼自南海入江，至浔象之境，龙门之下，或为渔网所得……大者长六尺，小者四尺，修鼻侈鳃，口隐于颐身，无细鳞，上各有锋刃，与凡鱼不同。恻然念曰：神龙之稚，乃受制于人如此哉！问所需几何，曰四百，即市而纵焉。”

鲟鳇鱼体大肉多，自古称为美味。早在周朝，捕捉到的大型鲟鳇鱼首先要献给天子，所以鲟鳇鱼又叫作“王鲔”。北宋时期集药物学大成之著《经史证类备急本草》卷二十记载：“鲟鱼，味甘平，无毒，主益气补虚，令人肥健……鼻上肉作脯，名‘鹿头’，一名‘鹿肉’，补虚下气。子如小豆，食之肥美，杀腹内小虫。”这里讲的是鲟鱼不但能作美食，还可以入药。清人西清撰写的《黑龙江外记》记载：“鲟鳇头骨，关内重之，以为美于燕窝。土人初不爱惜，近乃有关内特来收晒以待价者。”这是说鲟鳇鱼不但肉好吃，头骨也是美味。《本草纲目》说："其脊骨及鼻并鬐与鳃皆脆软可食，其肚及子盐藏亦佳。"看看，李时珍说得更加全面，连骨头和鳃都吃了。鬐，是指鱼颔旁小鳍，即鱼翅。

鲟鳇鱼这么好吃，那烹饪的方法又是什么呢？三国时吴国陆玑著《毛诗草木鸟兽虫鱼疏》记载说："可蒸，可臛，又可为鲊，子可为酱。"臛，是将鱼肉带汁煮；鲊，是将鱼肉与米饭分层撒入坛内，然后密封发酵，腌成后可长久保存。

成年鲟鳇鱼个头那么大，没有几十号人，恐怕一次难得把它吃个精光，所以把它腌起来慢慢吃，倒是一个很好的办法。可是，腌制的东西有那么好吃吗？回答是肯定的。腌制的鲟鳇鱼，甚至是一种贡品，是给皇帝佬儿吃的！《至顺镇江志》记载："宋绍兴中，韩世忠尝以为献，高宗却之，其色洁白如玉，故名玉版鲊。土人以之馈远。"清代食谱《调鼎集》介绍了鱼鲊的加工方法："鲟鱼鲊，切小块盐腌半日，拌椒末、红谷，压以鹅卵石。鳇鱼同。"从"食不厌精"的角度来看，这"神龙"品种竟然沦落到跟乡下腌鱼一般，不免让人觉得有点丧气。相信广大读者中肯定有不少美食家，如果您能想到更好的腌制法，请给大家示范示范。

匙吻鲟科鱼类，全世界只有两属两种，除中国白鲟外，还有一种匙吻白鲟分布于美国密西西比河，亦处于濒危中。据1990年报道，中国从美国引进的匙吻白鲟已在湖北试养成功。

农业部长江流域渔业资源管理委员会发布的《2013长江上游联合科考报告》发出警示：长江上游的渔业资源严重衰退，一些珍稀、特有鱼类濒临灭绝，金沙江干流鱼类资源濒临崩溃。专家称，长江生态系统已经崩溃，无序的水电开发，使长江将成为一个巨大的梯田式水库，不再是一条奔腾、流淌的河流。

在1988年就被列为中国国家重点保护野生动物一级保护物种的长江鲥鱼，仍未能保住它全部覆灭的命运；在地球上生活了二亿多年的鲟鱼，是不是也会步长江鲥鱼的后尘呢？希望不会。

为了给后人留下中华鲟的实体，南通博物苑从1983年起，陆续做了5个中华鲟标本。1983年6月24日，在通州李港长江口发现了一条2.55米长、重140公斤已经死亡的中华鲟。当人们正想一饱口福之际，被市环保局发现，随即给予制止，并将鱼体送到博物苑。好多人尾随前来，想分鱼肉。当时博物苑自然部主任徐志楠见势不妙，将鱼投入福尔马林池，这才断绝了那些人的奢望。在徐志楠的带领下，赵鹏、居卫东等人也参加了这尾中华鲟标本的制作工作。当鱼从福尔马林池里取出时，大家被那刺鼻的强烈气味呛得泪涕直流，身上沾满了惹人嫌弃的异味是几天以后才清洗掉的。虽然辛苦，但终于凭着文博人员自己的力量制作完成，为展示、传播生物生存环境，留下了极其宝贵的物证。

2004年8月18日，南通电视台报道了正在建设中的苏通长江大桥B2工段江中，发现一条3米多长已经死亡的中华鲟。南通博物苑获悉后，即派工作人员赶往现场及时将其运回，剥制成一条更大的标本。在此后的2004年11月4日、2005年7月17日，长江里又有中华鲟现身，博物苑都及时将其取回，并剥制成标本。因此，南通博物苑除馆内留有大、中、小三条外，还将制作好的中华鲟标本，分别赠送给了南通中学和如皋博物馆。

野生鲟鱼已被列为世界、国家级野生保护动物，禁止捕捉和食用。聊以自慰的是，南通中洋集团养殖的达氏鲟和外国杂鲟尚可食用。

我国古代早已食用鲟鱼，并作为祭品。《诗经·周颂·潜》：“猗有漆沮，潜有多鱼。有鳣有鲔，鲦鲿鰋鲤。以享以祀，以介景福。”写了在漆水与沮水用木柴围成的鱼池中，喂养了许多品种上乘的鱼，养殖这些鱼的目的是用于祭祀的，希望上天能因这虔诚的祭祀，降下福气给周王朝的人。此后，《尔雅》《后汉书》等文献均有所记，并见于辞赋。《诗经·小雅·鱼丽》也是写贵族宴饮宾客的诗，诗中夸耀了宴席上的鱼鲜酒美、食物丰盛：“鱼丽于罶，鲂鳢。君子有酒，多且旨。物其多矣，维其嘉矣。物其旨矣，维其偕矣。物其有矣，维其时矣。”诗中提到了6种鱼，诗人从鱼和酒两方面着笔，并没有写宴会的全部情景，只是突出了鱼的品种众多，暗示其他菜肴一定也是非常丰盛，表明了宴席上宾主尽情欢乐的盛况。在《诗经》时代，能够经常吃上鱼的一定不会是普通的平民百姓，再加上那无数的美酒，就更不是一般平民百姓能享用得起的了。原始人对鱼的图腾崇拜，实际上就是一种生育崇拜。《诗经·卫风·硕人》一诗写庄姜出嫁，就写到了“鳣鲔发发”。“鳣”是大鲤鱼，鲔是鲟鱼和鳇鱼的古称，都是漂亮的大鱼。诗中写到了黄河之水浩浩荡荡，渔网入水就捕到了大鱼，鱼尾猛击水的声音传入耳中。这是对卫庄公夫妻门当户对婚姻的美好祝愿。

宋代，苏轼诗中有“冰盘荐文鲔”句；《梦粱录·鲞铺》中有“鲟鱼鲊”出售。北宋梅尧臣《宛陵集》和南宋楼钥的《攻媿集》中，还把“鲟鱼鲊”美称为“玉版鲊”。宋人赵希鹄之《调燮类编》中并列举了加工鲟等鱼类的技法：“鲟鲟鲫鲤，以鲜胜者也，宜清煮作汤……火候不及者，生则不松；太过则肉死，死则无味。旋烹旋食，方臻妙境。水多一口，鱼淡一分，不可多用水。其最捷者，莫若用作料置于旋内，紧火蒸之极熟，则鲜味尽存，一气不泄，随时早晚供膳咸宜也。”清袁枚的《随园食单》中亦有烹鲟鱼之法。此外，鲟鱼的头、唇、骨、皮、鳃、肠、肝、卵巢、脊髓、鳍、鳔等，都可作馔，且皆为美味。20世纪60年代初，南通的菜市场、饭店经常有鲟鱼出售，以后就难觅其芳影了。最近几年，餐桌上偶尔又有养殖的小达氏鲟和其他杂鲟出现。

江苏、上海一带将鲥、枪（白鲟）、鮰、甲（中华鲟）列为四大名鱼。鲟鱼因其珍贵和稀有而被誉为上乘原料，又因其肉质肥腴细嫩且无小刺，富含胶质而被视为席上珍馐。鲟鱼小者可整条烹制，大者可解体切割。整条鱼烹制最宜清蒸、白汁、清炖、红烧。清蒸，滋味咸鲜，细腻醇香；白汁，色白粘唇，香滑肥腴；红烧，汤粘似芡，肥而不腻；清炖，汁浓汤香，酥溶可口。

烹制鲟鱼口味宜清淡，以突出其本味。鱼肉切割可块可段，可丁可丝，可片可茸；菜式口味可任意变化。鲟鱼唇富含胶质，柔滑腴润，入口轻盈，鲜而清淳。因多采用鲜唇现烹，自身无显味，故烹制要用上汤或鲜香味的配料来赋味。烹调方法以白扒、黄焖、红烧常见。鲟鱼皮肥厚，含胶量高，鲜品可食，也可干制（干制品叫明骨）。经煮、漂、蒸等加工过程，做排油、除腥、软化处理后，配以佐料、高级清汤，可烩、可蒸，亦可制羹汤。

鲟鱼不仅是高档的名贵食品，还是营养丰富养身健体的滋补品。

鲟鱼的蛋白质含量为：肌肉食部16.42～20.4%，鱼肝10.3～16.06%，卵24.9～27.9%。脂肪含量为：肌肉3.05～4.32%，肝16.63～27.58%，卵18.06～24%。其肌肉与卵中含有17种氨基酸。中医认为其性味甘，平；入手太阴、厥阴经，益气补虚、活血通淋。唐《本草拾遗》认为其可令人肥健；元《饮膳正要》认为其可“利五脏，肥美人”。

鲟鱼全身都是宝，利用率极高，除鲟鱼肉外，其鱼肚、鱼鼻、鱼筋、鱼骨等都能做出独具风格的中国名菜，均为上等佳肴，餐后回味无穷，经常出现在国宴的餐桌上。鲟鱼鳍可以做鱼翅，鲟鱼鳔可做鱼肚，鼻骨是最名贵的鱼脆；鲟鱼脊骨中的骨髓，色白、质嫩，鲜、干均可食用；鲟鱼肉还可以熏、烤、盐渍、冷冻、干制，或加工成各种风味的罐头。

鲟鱼是我国的名特优珍品，肉味鲜美、骨软、营养价值高。鲟鱼肉加工成的小包装熏制品、烤鱼片、炒鱼松、酱鱼肝、熏烤鱼香肠等在国际市场上很受客商欢迎。据市场调查，西欧及美国人对熏烤鲟鱼制品兴趣较大，售价可观，而国内大宾馆、饭店也一直有用熏烤制品招待客商的习惯。

鲟鱼籽是含高蛋白、微量元素和多种维生素的黑褐色透明圆粒状体，经过盐处理的鲟鱼籽酱统称为黑鱼籽酱，是鲟鱼加工产业化的龙头产品，因其价格昂贵，所以素有“黑色黄金”之称。

南通鲟鱼名菜介绍：

清《随园食单》里说，炒鲟鱼片要“滚30次，下水再滚，起锅加作料”，才“鱼片甚佳”。也就是说要滚（沸）31次。所以说，要想吃到鲜美软嫩、无腥味的鲟鱼，加热时间就必须要长，要反复加热。若想吃红烧、黄焖、清炖、白扒的鲟鱼，要经过10来个小时的水火之攻，绝对不能“旺火速成”。烹者要得法，吃者也要耐心。若想要快饱口福，只能选择炒、溜、炸、烹的品种，还要选择善烹鲟鱼的厨师。现介绍一款需长时间反复加热的“黄焖鲟鱼”和一款旺火速成的“炒鲟片”，供烹着、食者参考。

［黄焖鲟鱼］

“黄焖鲟鱼”是江苏名贵佳肴，系以鲟鱼肉为主料，配以明骨、猪肥膘肉、冬笋、香菇、山药、蒜头等，黄焖而成。因鲟鱼身上有鳞形骨板，形如披甲，故苏南、上海一带叫此菜为“黄焖着甲”，俗称“着甲”。

黄焖鲟鱼

原料：

净鲟鱼肉500克，猪肥膘肉75克，熟山药100克，明骨50克，水发香菇50克，熟冬笋块75克，绍酒150克，葱20克，生姜10克，蒜头10克，精盐2.5克，酱油75克，冰糖75克，色拉油25克，猪油100克，麻油15克，湿淀粉15克，猪筒骨汤250克。

制法：

① 将鲟鱼肉放入锅中，加清水烧开，移小火焖至半熟后捞出，除去沙粒和硬骨，切成长3厘米宽2厘米的块，洗净，沥去水。炒锅中放入竹箅垫底，将鲟鱼肉整齐地摆放在竹箅上。

② 猪肥膘肉切成薄片；熟山药去皮，切成旋刀块；明骨洗净后均放入另一锅内，加25克绍酒和清水，上盖压盘，用中火焐3～4小时取出。剔去硬骨，将明骨切成小块。

③ 锅置旺火上，放入色拉油25克，下葱10克、生姜5克，煸出香味，倒在鲟鱼肉上。将鲟鱼肉的锅置旺火上，放入绍酒100克加盖烧透，再加盐、酱油、冰糖、蒜头及猪筒骨汤烧沸后移至小火焖2小时左右，拣去姜葱。

④ 锅置旺火上烧热，放入熟猪油烧热后放入葱白10克、生姜5克煸香；放入山药、明骨、水发香菇、冬笋块，加绍酒25克焖透后，将鲟鱼肉连汤一起加入。烧至汤汁浓稠后，用湿淀粉勾芡，淋芝麻油出锅。

装盘时以山药垫底，上放鲟鱼肉和明骨，再后放冬笋、冬菇即成。

此菜香醇鲜嫩，卤汁明亮，甜咸适中。

炒鲟鱼片

［**炒鲟鱼片**］

南通厨师认为滚沸三十一次用时太长，遂创出了一套旺火速成的“滑溜法”，将鲟鱼片炒得十分鲜嫩，还不嚼渣。具体烹法介绍如下：

原料：

带黄油的鲟鱼肉300克、甜包瓜米15克、姜末10克、韭黄10克、葱白段少许、鸡蛋清1个、绍酒30克、精盐2.5克、白糖3克、酱油1克、湿淀粉30克、熟猪油500克（实耗30克）、芝麻油10克、清汤50克。

制法：

① 将鲟鱼肉批切成长5厘米、宽2厘米、厚0.5厘米的薄片，用蛋清、盐（1.5克）、绍酒（10克）、湿淀粉（10克）上浆。

② 用酱油1克、清汤50克、绍酒15克、盐1克、湿淀粉20克及白糖，和成调味汁待用。

③ 炒锅上火烧热，加入熟猪油，烧至四成热，下鲟鱼片划油至断生，倒入漏勺沥油。

④ 原锅留少许油，下姜葱段、韭黄末，倒入调味汁搅和，待沸后加瓜姜末和鲟鱼片，颠锅，淋入熟猪油、芝麻油10克，出锅装盘即成。

此菜用瓜姜、韭黄末、葱花炒鲟鱼片，成菜鱼片滑嫩鲜美，微脆香辛。

二、慷慨的大海

——咸水水产

南通，东濒黄海、东海，海岸线206公里。南通吕四渔场面积有三万平方公里，为世界九大渔场、中国著名四大渔场之一；如东洋口港是中国最大的国家中心渔港。

黄海之滨的如东，正好处于东海前进波与黄海旋转波交汇处的海域，海潮涌浪高，落差大，浮游生物集中，而长江与内河又挟带大量营养盐和有机物流入，因而水质肥美，导致浮游生物的大量繁殖，使得如东的海产品具有其他地域难以比拟的鲜美口味和独特的营养价值。如东海产资源丰富，盛产50多种名贵海鲜，各类海产品种达1093种之多，其中文蛤、条斑紫菜的品质和质量均列全国第一。文蛤、海蜇、紫菜、河鲀等均为“国家地理标志保护产品”。2007年4月，如东被中国烹饪协会授予“中国海鲜之乡”称号。

南通咸水名品，美不胜收。现撷30个名品奉献给读者。

1、状元与黄鱼

出海去捞鲜　胜收万担粮

大　汛（沈启鹏 作）

晚清末状元张謇的知名度，在浙江舟山嵊泗列岛的嵊泗县绝不亚于他的家乡南通。当地的老百姓都很崇拜张謇，铭记着他的功劳。1995年，南通电视台与中央电视台合拍《张謇》传记片，在嵊泗采访了县长。当县长亲口对时任南通电视台文艺部主任杨问春说出“张謇是嵊泗人民的救星，没有张謇也就没有嵊泗，所以我们不能忘记他老人家”这一番话语时，令作为南通人的他感到很惊讶。张謇和嵊泗究竟有何渊源？为什么会产生如此深远的影响？

1904年，张謇为振兴民族经济，保卫中国海权，首创中国历史上第一家“江浙渔业股份有限公司”，筹款购买德商的“万格罗”号渔轮，并将其定名为“福海”号。张謇亲自到嵊泗之嵊山诸渔岛，摸清了小黄鱼从嵊山一带洋面，按季节、时气成群大批地自南向北洄游的规律和大黄鱼的资源状况以及洄游规律，并以“福海号”引领渔民群众发展渔业生产，逐步形成了以嵊山为中心的东海渔场。19世纪末，由于清朝统治者海洋权利意识淡薄，外轮不断侵入我国南海诸岛及其附近海域从事捕鱼活动，直接影响和威胁到我国的渔业生产和渔民生计，张謇主持绘制了我国第一张渔场海图，标明了中国渔界的经纬度线，向全世界宣布了中国的渔权、渔界；还代表清政府，亲赴被英国人强占的“花鸟山”与英方进行了义正词严的交涉，讨回了嵊泗列岛范围内“南至闽海，北接渤海。海中陈钱、花鸟、黄龙、洋山（今小

张　謇

壮国威 利民生 彰我古昔领海之权

洋山)、殿前(今大洋山)、马迹、大衢诸岛”,为江浙渔户的捕鱼之界。张謇在日记中有“彰我古昔领海之权,本为我有之目的”的记述。张謇创立“渔权即海权”理念是壮国威、利民生的壮举,也使黄鱼成为我国重要的经济鱼类。

黄鱼,又叫黄花鱼。因为鱼头中有两颗坚硬的小石头(鱼脑石),古代叫它“石首鱼”,此名至今仍在沿用。中国食用黄鱼历史悠久,隋《大业拾遗记》中就有石首鱼记载。黄花鱼有大黄鱼和小黄鱼两种。

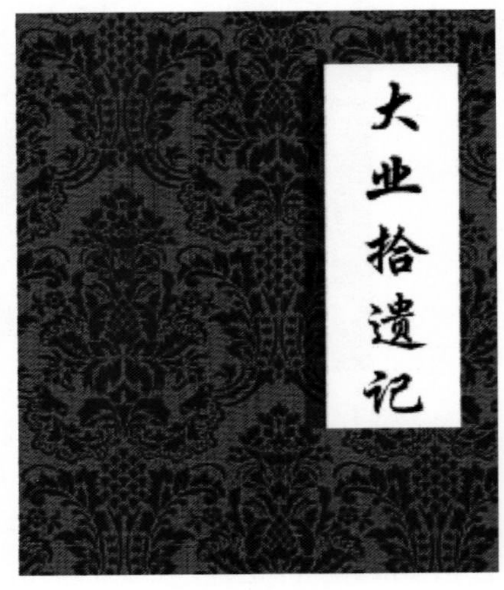

《大业拾遗记》

小黄鱼即小鲜,又叫春鱼、小黄花、大眼、小王鱼等。体型、体色酷似大黄鱼,肉质口味相同,但其尾巴较短,鳞大,头大,嘴尖。一般体长16~25厘米,每尾250克左右,最大者不超过500克。小黄鱼食性较杂,主要吃的是小鱼小虾。

大黄鱼也叫大鲜、大黄鱼、桂花黄鱼、家鱼、大王鱼等。大黄鱼为金灰黄色,体形长,侧扁,尾柄细长,头大耳钝,鳞细。体长40~50厘米,体重1~1.5公斤,最大者可达2~2.5公斤。

黄鱼平时栖息于较深海区,4~6月向近海洄游产卵,产卵后分散在沿岸索饵,秋冬季节又产卵一次,12月回深海越冬。黄鱼为中国特产,虽洄游,但从不到其他国家海域(现朝鲜、日本海域有时偶见),故素有中国海洋“家鱼”之称。每当初春3~5月,小黄鱼会密集成群地游到近海来产卵。因其捷足先登,最占春光之先,故名“春鱼”,又有“报春”“春来”“春衫”等雅号。

渔民把清明以后(农历四月)洄游到近海的大黄鱼叫“头水黄鱼”。若遇春寒,大黄鱼趋暖畏寒,要等到谷雨(端午前后)才姗姗来迟,渔民把此时捕到的叫“二水黄鱼”。把在立夏(六月上旬)时捕到的叫“三水黄鱼”。到了八九月份桂花盛开时,大黄鱼吃足养肥了,鳞色金黄,并迎来了第二次生殖期。渔民把此时的大黄鱼叫桂花黄鱼、黄金龙、金龙、黄华鱼、大王鱼。“日出一片金,穿透万里云”,是形容近海的大黄鱼正懒洋洋地晒着太阳,海面上洒满一片金黄。这也正是渔民把大黄鱼昵称为“金鱼”的由来。渔船千帆竞发,渔民们出海去捞“金”,胜收万担粮。

到年底的11、12月份,偶尔也能捕到未曾进入深海区的大黄鱼,但数量极少。产卵后的大黄鱼鳞色发灰变淡,闽人给它一个形象的美名——“雪亮”。

大黄鱼分布于黄海、渤海、东海及朝鲜西海岸。春季向沿岸洄游,3~6月间产卵后,分散在近海索饵,秋末返回深海,冬季于深海越冬。由于光学的原因,白天打捞的黄鱼一般呈白色,夜晚则呈黄色,尤其在没有月光的时候。

大黄鱼、小黄鱼、带鱼和乌贼并称为我国四大海产经济鱼类。浙江舟山渔场和南通吕四渔场是黄鱼的盛产地,吕四大黄鱼的年产量曾经高达8万多吨。小黄鱼更是捕不胜捕。每当鱼汛,吕四、洋等海面上千舟竞发,循“声”截捕。这是因为小黄鱼的鱼鳔能发出一种特殊的声响，渔民以此可探测到鱼群的方位和群势大小。如遇鱼势大，若从群首下网，则会造成网破船翻，故渔民只能就群尾截捕之。“听声捕尾不捕首”，是渔民用鲜血和生命换来的“守则”。

新中国成立前的“姚港”是南通江海水产的集散地，据85岁张选武老人回忆，他家的张永丰渔行原先是姚港当地九爿渔行之一。自1952年集散地转移至天生港以后，他家的渔行歇了业，便买了一艘65吨的渔船，第一次到吕四出洋就捕得春鱼900担。所得金额不仅还请了购船的借款，还略有盈余。但是历年来的环境污染和过度捕捞，使得目前黄鱼的产量陡减。在南通市水产海洋捕捞局的报表中，2003年南通市共捕获大黄鱼8320吨，小黄鱼28722吨；2004年捕获的大黄鱼只有5吨，小黄鱼为31554吨。采取了伏季休渔等保护措施后，野生大黄鱼从2011年至2013年，南通市捕获量虽上升至每年12吨，问题是，起初花大价钱尚可买到，而如今南通市场为何却一尾难寻？究其原因，还是渔民道破了天机：“野生大黄鱼，在南通只能卖1000多元一斤，而卖给外地可卖到2000元到4000元一斤，如若卖到北京去，价钱还要可观，一斤能卖到8000元呢！”虽然尚有小黄鱼面市，终因可食部分较少，不能令人像吃大黄鱼那样大快朵颐。2002年，启东盐场繁殖养殖大黄鱼获得成功；鱼的外形虽然相似，但滋味较野生的逊色不少。

黄鱼滋味极美，鲜而不酽，厚而不俗，是海鲜中最鲜美、最清灵、最腴香、最纯正之味。肉呈蒜瓣状，肉质嫩软，且嫩而不腐，软而不板。轻搛成块，重夹瓣散。黄鱼滋感嫩滑，味道鲜雅、清香，是上乘名贵的鱼品。

黄鱼量多价贱。渔民捕获黄鱼有时一网能捕万斤。而春汛大量上市时价格极贱。1970年大黄鱼每斤0.35元，小黄鱼一斤只卖一角钱左右，平民百姓都能消费得起。

黄鱼补益极大。黄鱼中各种优质营养含量丰富，特别是含有丰富的硒元素，能清除人体代谢所产生的自由基，延缓衰老。中医认为，黄鱼有健脾开胃、安神止痢、益气填精之功效，对贫血、失眠、头晕、食欲不振及妇女产后体虚有良好疗效。

人们对黄鱼烹调可以说是“穷尽”了所有的成熟方法和调味方法，如炒、溜、烹、炸、爆、熏、烧、炖、焖、煨、煮、汆、蒸、水油浸、烤、叉烧、腌、风、糟、醉、炝、拌，味型有咸鲜、麻鲜、五香、葱油、酱汁、红油、酸甜、酸辣、糟香、香辣等，还不包括一些特殊的烹调方法。

黄鱼菜品之多为中国之最，也当然是世界之最。单《中国饮食文库·中国菜肴大典·海鲜水产卷》编入的鲜黄鱼菜品就有131个；黄鱼干、腌制品和黄鱼肚的菜品也有120多个。单一的水产原料被国家权威性的工具书中竟收入了250多个菜品，且都是“中国名菜”，这还不包括各地地方风味的土特菜。

南通吕四、洋口等渔港盛产黄鱼，南通人把黄鱼当作家常菜，所以把红烧、干烧黄鱼就叫“家常黄鱼”。

[**家常黄鱼**]

原料：

家常黄鱼

黄鱼2条（约重600克），熟笋丁50克，肉末50克（瘦6肥4），嫩榨菜丁50克，熟豌豆50克；酱油20克，精盐5克，绵白糖20克，绍酒50克，味精3克，姜米15克，葱末15克，大蒜头30克，豆瓣酱20克，猪油250克（实耗100克），芝麻油15克。

制法：

① 将黄鱼刮鳞，用竹筷从鱼鳃口夹住两边鱼鳃，连同内脏一并绞出；撕去头皮（可减少鱼腥味），修剪鱼鳍，洗净，鱼身两面再剞一字花刀待用。

② 炒锅上火，舀入猪油烧至七成热，将鱼两面煎呈金黄色，倒入漏勺。

③ 锅再上火，放猪油100克烧至五成热时，先放入豆瓣酱炒至酥松，后放入姜、葱、蒜头略炒，再下肉末煸炒至变色后，投入榨菜丁、笋丁、青豆，放入鱼，加绍酒、酱油烧沸，改用小火，加锅盖焖约十分钟，再改用大火；放味精，收稠滋汁，不断晃动锅子，让其受热均匀，不至粘锅，快速淋芝麻油即成。

"家常黄鱼"成菜色泽红亮，皮酥肉嫩，滋汁紧裹，味浓腴鲜。咸鲜、微有辛香。

[**蛙式黄鱼**]

蛙式黄鱼

"蛙式黄鱼"是一道造型菜肴。早在100多年前，南通厨师便利用黄鱼的形体巧施刀工，使之成为卧式蛙形。新中国成立后，经过南通烹饪摄影美容技校烹饪大师马树仁的改进，变卧式为坐式，且制作方法更简练、合理，使"青蛙"具有跃跃欲跳之动感，增加了艺术魅力。

1979年8月5日新华日报撰文《宝剑锋从磨砺出》，对"蛙式黄鱼"倍加赞赏。在美国从事烹饪教育20多年的施纳尔卡夫人说："这样形美、味鲜的菜肴实为罕见。"

"蛙式黄鱼"20世纪80年代被编入《中国名菜谱》《中国烹饪辞典》，20世纪90年代被收入《中国烹饪百科全书》；1995年被收入《中华饮食文库·中国菜肴大典》（海鲜水产卷）；1999年被评为江苏名菜；2014年6月，被评为"南通市十佳名菜"。

原料：

鲜黄鱼2条（约重1000克），白蛋糕25克，熟水发香菇1只，红椒1只，青菜叶3片；绍酒30克，精盐5克，葱10克，白糖30克，白醋10克，水淀粉50克，干淀粉50克，番茄酱100克，鸡蛋3枚，面粉100克，色拉油2500克（实耗150克）。

制法：

① 将黄鱼洗净，剪去背鳍，留胸鳍、尾鳍。将刀在鱼头后的2/5背脊处沿脊骨进入，再向尾部批成两爿（尾鳍也对剖）；然后去脊骨，在两爿鱼肉上均斜剞梭子花刀，制成“青蛙”的后腿。用剪刀在胸鳍的腹皮上略斜向剪开约2厘米宽的长条，做成“青蛙”的两条前肢。

② 磕开鸡蛋，同面粉搅成鸡蛋糊。将整修过的鱼用绍酒、盐、姜、葱浸渍片刻，洗净后拍干淀粉，拖鸡蛋糊后放在漏勺中，做成坐式的青蛙形状，下八成热的油锅中炸熟，捞起。待油温升高后再入油锅炸至外酥里嫩时捞起。

③ 将白蛋糕与香菇刻制成眼睛嵌在鱼眼内；将红椒过油，做成蛙舌，装在鱼嘴里；把青菜叶修成荷叶形，过油后放在长盘中；将炸好的“青蛙”装盘。

④ 锅上火，把用番茄酱、白糖、精盐、白醋调制成的卤汁烧开，再用水淀粉勾芡浇淋在“青蛙”上即成。

“蛙式黄鱼”成菜，口味酸甜适中，口感外脆里嫩。

［干风春鱼］

干风春鱼

春鱼即小黄鱼，外形与大黄鱼近似，但它们不是一个家族。每年2～5月是小黄鱼密集成群游向近海河口产卵的季节，因其“最占春光之先”，故名“春鱼”，又有“报春”之称。又因其肉质细嫩而鲜美，得名“小鲜”。每当春汛，江苏吕四渔场千帆竞发，循声截捕春鱼，蔚为壮观。由于过度捕捞，现在小黄鱼产量大为减少，南通市水产局的资料显示：南通市2011年小黄鱼捕获量为2855吨；2012年为2808吨；2013年为2761吨。这与历史上的捕获量无法可比。但小黄鱼生长快，一年成鱼，所以市场上尚能买到。

小黄鱼不仅味胜大黄鱼，还具有很高的保健价值，用小黄鱼颊肉制的鱼蛋白代乳粉，是婴儿、结核病患者、手术后病人及一般体弱者的营养补品。

“干风春鱼”作为冷菜，20世纪80年代被编入《中国名菜谱》《中国烹饪辞典》；1995年被收入《中华饮食文库·中国菜肴大典》（海鲜水产卷）。

原料：

春鱼1250克；绍酒150克，曲酒100克，精盐50克，姜片40克，葱结30克，花椒1克，熟鸡油50克。

制法：

① 春鱼摘头去肠刮鳞，剪去尾、鳍，洗净沥干。每条均用精盐擦抹后放入陶钵，摆上姜片、葱结、花椒压实，腌制24小时取出，用绳子将鱼尾条条系住，倒挂在室外晒干。

② 把晒干的鱼逐条抹上曲酒，装入坛子里压紧，用塑料膜封扎坛口，再涂上黄泥，封制2~3个月后取出。

③ 取瓷盘一只，把姜片、葱结、花椒放在瓷盘上，把腌制过的鱼排列在姜葱之上，淋上绍酒、熟鸡油，上笼蒸约1小时后取下冷却，拆骨撕成条块，浇上原汁即成。

“干风春鱼”成菜的特点是：鱼肉软韧，富有弹性；味道干香鲜美，余味绵长。

［**鸡火鱼鲞**］

“鸡火鱼鲞”，即用狼山鸡肉、如皋火腿，与吕四大黄鱼干同烧，是一道用南通名优烹饪原料制成的南通风味美肴。该菜品1990年入编《中国名菜谱》（江苏风味）；1995年入编《中国饮食文库·中国菜肴大典》。

鸡火鱼鲞

原料：

净狼山鸡肉700克，如皋火腿200克，吕四大黄鱼干2条（约重500克）；调和油2000克，酱油20克，精盐5克，绵白糖20克，绍酒50克，生姜15克，葱结15克，熟猪油少许。

制法：

① 将狼山鸡洗净，斩成块用酱油拌和，待用。将预先用水泡软后洗净的黄鱼干切成马牙块，投入到拍松的生姜块、葱结、绍酒中浸渍30分钟，再用水清洗干净，待用。火腿洗净后，切成方块，加料酒上笼蒸熟。

② 锅置火上烧热，放入调和油2000克，烧至七成热时将鸡块投入锅中，炸至淡黄色，沥油待用。

③ 锅置火上，放少量熟猪油，投入鸡块，加绍酒、盐、糖、酱油、葱结、姜块，舀入适量清水，烧沸后移至小火，焖至鸡块六成熟时，投入黄鱼干、火腿，用小火再焖30分钟左右，淋猪油，拣去葱结、姜块即成。

“鸡火鱼鲞”将狼山鸡的鲜腴之美，如皋北腿的腊醇之香，黄鱼干的隽永鲜香，互为浸润、渗透、交融，既不失各种原料自身的特有风味，又吸收了其他原料的美味，丰富了味质，是一款集美味之大成的佳馔。

［**金银黄鱼羹**］

金银黄鱼羹

“金银黄鱼羹”是南通风味的一道羹菜。

原料：

净黄鱼肉200克，熟猪肥膘肉25克，火腿10克，熟笋30克，水发香菇20克；熟猪油50克，鸡蛋1只，精盐3克，味精3克，胡椒2克，绍酒15克，麻油5克，香菜末5克，湿淀粉60克。

制法：

① 将净黄鱼肉、熟猪肥膘肉、熟笋、水发香菇分别切成小粒；火腿、姜葱分别切成末；将一只鸡蛋磕在碗中打散，调成液，待用。

② 锅上火烧热，舀入熟猪油25克，下姜葱末煸出香味，放入鱼粒；加绍酒、盐、清汤450克，再放入笋粒、香菇粒、肥膘肉粒，烧沸，撇浮沫，加味精，用湿淀粉勾芡；用勺子将锅中的羹汤旋转，淋入鸡蛋液呈桂花状，放入50克熟猪油，淋入麻油，放葱末，撒胡椒粉，用勺子推匀；盛入碗中，放香菜末、熟火腿末，即成。

特点：黄鱼的本味突出，羹菜软滑透明、滋味香醇、柔滑，蛋、鱼黄白分明，故称“金银黄鱼羹”。是一道色、香、味俱美的，开胃益气的羹菜。

［**乳汤黄鱼**］

乳汤黄鱼

“七金、八鲰、九箭头”中的“七金”，乃指南通闻名遐迩的吕四渔场，每年农历七月捕获的大黄鱼，颜色金黄，称谓“金鱼”。

南通老一辈厨师李铭义擅长烹制乳汤黄鱼。该菜品原汁原味，鱼肉鲜嫩爽口，汤汁乳白如奶，对产妇尤能起到催乳的独特功效。

原料：

洗净鲜黄鱼1条（约750克），水发木耳25克，熟茭白片50克，雪里蕻梗段25克，姜片、葱结各10克，豆油50克，香菜叶10片，麻油5克，白醋50克，姜米15克，绍酒、精盐、胡椒适量。

制法：

① 将黄鱼两面剞上刀花；

②炒锅上火，放入豆油略熬，除去油泡沫后，投入姜片、葱结、雪里蕻梗段，煸出香味，再把黄鱼放入锅中略煎一下，放入沸水1000克和配料烧沸，撇去浮沫，盖紧锅盖，改小火焖15分钟后改成大火，待汤成乳白色后，放入绍酒、精盐，捞去姜片、葱结；

③ 盛入汤碗后淋上芝麻油，撒上胡椒，上桌随带姜醋碟即成。

2、“大头”梅童鱼

梅童鱼

与黄鱼同属石首鱼科的“小梅童鱼”，体形似黄鱼，但较小，长约8～16厘米，头特大，约占身体1/3，有“梅大头”之称，南通人叫它“梅头儿鱼”，因时梅季节盛产，头大体小故名。梅童鱼肉质鲜嫩异常，烧熟了恨不得都搛不起来，成为餐桌上海鲜的宠儿。

梅童鱼是南通各类海产鱼中产量的“大头”，连南通四大经济鱼类也望尘莫及，只有在2004年，南通带鱼产量创了80751吨的新高，而梅童鱼的产量57896吨，因而屈居第二。但在此前和以后的年份里，它的产量都遥遥领先于带鱼，均为榜首。2012年，带鱼为47149吨，梅童鱼是67561吨；2013年带鱼为44232吨，梅童鱼为65157吨。其他海鱼的年产量都上不了万吨，只有小黄鱼和鲳鱼，年产量在2万吨左右徘徊。梅童鱼长期独登南通野生鱼产量之鼎，是当之无愧的冠军。

梅童鱼虽小，但肉质细嫩，柔润鲜腴，肉香骨少，味道优于其他石首。烹调治理如黄鱼，多整用、鲜用，可供清蒸、红烧、油炸，挂脆皮糊、蘸椒盐食之鱼；醋熘、糟熘、软熘均有特色。宜先腌，后走油再烧，也可出肉制丸、制糕、制糜、做羹、煮面，均鲜美适口。

［白衣梅童鱼］

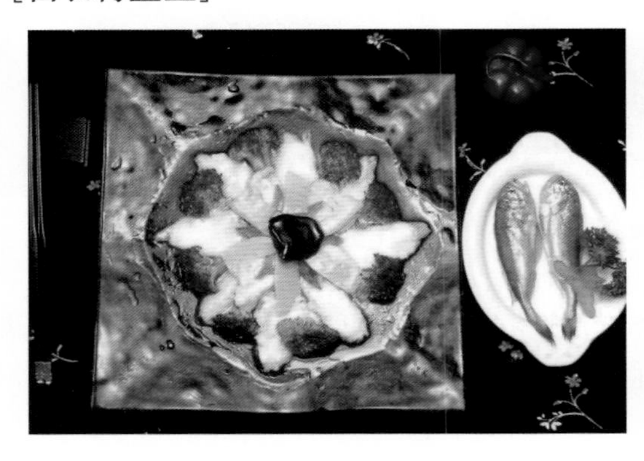
白衣梅童鱼

雪菜梅童鱼

原料：

梅童鱼1000克，熟笋片，熟香菇1朵，熟火腿片10片，蛋清2枚，淀粉5克；姜末20克，香葱末30克，绍酒50克，精盐6克，味精4克，绵白糖6克，上汤150克。

制法：

① 把梅童鱼洗净，去头尾、内脏、龙骨，取下鱼背处的两片鱼肉放入盛器，加葱、姜、料酒、盐、味精浸渍入味。

② 将蛋清打成发蛋，加淀粉调成蛋泡糊。

③ 炒锅上火。将鱼片拍粉，挂上蛋泡糊，投入五成热的油锅内，待浮出油面捞出沥油。

④ 原锅留余油，放入姜葱末、笋片、香菇、火腿片、上汤、糖、盐等，烧开加味精勾芡，将鱼倒入淋麻油翻锅，撒胡椒粉即成。

南通名菜“白衣梅童鱼”，鱼肉呈蒜瓣状，鲜嫩异常。

梅童鱼的其他菜品制法，可参照黄鱼。

3、藏在深闺人未识的鮸鱼

喜获大鮸鱼

鮸鱼又称鳘鱼、米鱼、敏子、毛常鱼、米古、命鱼等，属脊索动物门，硬骨鱼纲，鲈形目，是石首鱼科的大型鱼，一般体长15~70厘米，重300~2000克。2013年9月16日，台湾嘉义县一位陈姓渔民捕获了一尾45.5公斤的特大鮸鱼。本想拍卖，结果有人用2.5万新台币给买走了。

鮸鱼为近海温暖性中下层小区域洄游性鱼类，喜栖息于底质为泥沙的海区，白天下沉，夜间上浮，喜欢小股分散活动。鮸鱼春季生殖洄游，秋末冬初越冬洄游。洄游时鱼群相对集中。我国的江浙、闽粤及渤海沿海的春秋两季是鮸鱼旺汛期，产量甚丰。每年通过浙江、上海、江苏、辽宁等口岸，大量输往日本及中国香港、中国澳门等地。

南通渔民对鮸鱼的形味有“六比”：体形似鲈鱼，骨少如鮰鱼，颜色像黑鱼，味美若黄鱼，脑肥胜鳙鱼，鳔优盖诸鱼。这“六比”，毫无褒贬和牵强之处。可以毫不夸张地说，鮸鱼是藏在深闺人未识，其貌不扬，但质味绝佳，外加一条：便宜。

“体型似鲈鱼。”明代冯时可在其《雨航杂录》中有“鮸鱼状似鲈而肉粗，三鳃曰鮸，四鳃曰茅”之说；明人屠本畯成书于万历丙申年（1596）的《闽中海错疏》中，记有“鳘形似鲈”。南通渔民的观察与古人相同。鮸鱼与鲈鱼的体型很像，只有嘴和尾有些差异。鮸鱼的嘴微向下斜，吻短而钝尖；鲈鱼嘴下颌突出上翘，吻尖。鮸鱼的尾柄细长，尾鳍呈“矛”状楔形；鲈鱼的尾鳍呈“文”形。此外，两者颜色差异较大，两种鱼虽体型相似，但人们还是很容易分辨出来，不会混为一谈。

“鮸鱼骨少如鲴鱼。”鮸鱼的肉厚结实，细刺极少，可与鲴鱼媲美。

“鮸鱼颜色像黑鱼。”鮸鱼的体色发暗，呈灰褐并带有紫绿和暗棕色，腹部灰白，鱼鳍都是灰黑色。鳍条部中央有一纵行黑色条纹。胸鳍腋部的上方有一睛斑。粗略一看，全身黑乎乎的与黑鱼的颜色相似。但仔细一看有明显区别。鮸鱼的色彩丰富而晦暗，黑鱼的色彩单调而明亮。两种鱼的色调发黑是共性，明暗不同是个性。

隋文帝 杨坚

“鮸鱼味美若黄鱼。”据《太平广记》卷第二百三十四·食（能食、菲食附）·吴馔载：吴郡献海鮸乾鲙四瓶，瓶容一斗。浸一斗，可得径尺数盘。并状奏作干鲙法。隋文帝示群臣云：“昔术人介象于殿庭钓得海鱼，此幻化耳。亦何足为异？今日之鲙，乃是真海鱼所作，来自数千里，亦是一时奇味。”据此，鮸鱼干品至迟在隋代已被列为贡品。鮸鱼春季最为肥美，有“春鮸秋鲈”之古谚。古人对鮸鱼的评价不在此赘述。笔者想证实的是：鮸鱼与黄鱼的滋味是一样的。

黄鱼是“蒜瓣肉”，鮸鱼也是。黄鱼肉很难搛，筷子一夹，鱼肉就碎入汤中，也就是人们所说的“黄见鬼”。鮸鱼肉同样是一搛就碎，但人们却不说“鮸见鬼”，可能是黄鱼更“鬼”一点。

近年来已经很难捕到野生大黄鱼了，即使偶尔捕到一斤以上的，总要几百、上千元一斤，根本不是普通人能消受得起的。现在市场上供应的野生黄鱼，全是一二两一尾的黄鱼崽儿，大一点的全部来自人工养殖。人工养殖的黄鱼不仅没有“蒜瓣肉”，还有土腥味。那些想回味野生大黄鱼之美的饕民们，不妨从野生鮸鱼里找找感觉，也可重圆美味之梦！

“鮸鱼脑肥胜鳙鱼。”明人屠本畯的《闽中海错疏》中记述鮸鱼“脑腴，骨脆而味美”。古谚云：“宁可弃我三亩稻，不可弃我鳘鱼脑。”可见鮸鱼脑囊的珍贵程度。

东南沿海有一地地道道、原汁原味的海鲜菜肴——“清汤鮸鱼头”，原料就是鮸鱼头。制法是将鮸鱼头放入冷水锅中烧开捞起，将鱼汤倒掉换成清水，放入生姜、大蒜头、洋葱、当归，再放入鮸鱼头一起烧沸，加少许盐，烧熟出锅，拣去姜、葱、蒜、当归，撒上香菜即成。试想一下，如果不是对鮸鱼的认识有足够自信的人，敢将鮸鱼头不用油，不加酒、醋，直接入冷水锅烧清汤吗？更难以想象的是，此菜鱼肉细腻润滑，鱼头腴香鲜美，鱼汤薄而味醇，食之沁脾舒心，食者无不叫绝！笔者原来是不吃鱼头的，但经不住鮸鱼头的诱惑，转而喜食。经反复比较，体味了“鮸鱼脑”之腴香肥嫩，真切感悟到“鮸鱼脑肥胜鳙鱼”乃名副其实。

“鮸鱼鳔优盖诸鱼。”海味四宝“鲍参翅肚”中的“肚”是指鱼肚。鱼肚虽然排名末位，却像“金银珠宝”中同样排名最后的宝石一样属于无价之宝。要说清这个问题，当然还得从什么是鱼肚谈起。

鱼肚又叫鱼胶或花胶，其实它不是“肚”，而是“鳔”，它是鱼鳔的干制品。鱼鳔，是鱼类用来调节比重，控制身体沉浮的器官，又是发声器。鱼类的品种虽然数以万计，绝大多数鱼都有鱼鳔（鲨鱼和比目鱼没有），但可以将鱼鳔晒成鱼肚的其实不多，只有石首鱼类和鳗鱼等寥寥数种，正如不是所有的鱼鳍都能够被加工成鱼翅一样。其中最有价值的要数石首鱼科的鱼类：如用黄花鱼鳔晒制的黄花胶、用白花鱼鳔晒制的白花胶、用赤嘴鮸（黄金鮸）鱼鳔晒制的鮸鱼胶、用金钱鮸（黄唇鱼）鱼鳔晒制的金钱胶等。鱼肚的价值，首先是由鱼的品种决定的。什么鱼出什么胶，什么胶值什么钱，从300万元1斤的天价金钱胶到200元1斤的杂鱼胶，内行人一眼就能看出来。大的鮸鱼能长到一百多斤，因此鱼鳔也特别肥大厚实，独占鱼鳔鳌头。鮸鱼鳔的干制品被称为“广肚”“毛常肚”，板块大，品质好，是最至高无上的鱼肚。其次才与大小有关。潮汕渔谚历来有“十斤鱼一两胶”的说法，即10斤重的大鱼大约只能获得1两重的鱼胶。而鱼胶的价格，通常是以两计算的，越大单价越贵。目前市面上一两鮸鱼肚的价格大概是3000元。在过去，大约7两重的鱼胶就不按两价而按个论价，现在因为大鱼胶越来越稀少，超过5两重的就开始按个了。

在潮汕地区，不管贫富贵贱，家家都有鮸鱼肚；即使房屋已相当破旧，但在床架顶沿或灶台的烟囱上，都会贴有一片鮸鱼肚。日久天长，鮸肚越发金黄闪亮。这绝不是装饰品，而是一个古老的习俗在代代相传。鮸鱼鳔对治疗妇女“产后血崩”有奇效，因此每家都会拥有这样一片“救命鳔”。

鮸鱼鳔的药用价值很高。《本草纲目》称它“甘，平，无毒”；《本草新编》说它“入肾”；《中药大辞典》综合称其主治“肾虚滑精，产后风痉，破伤风，吐血，血崩，创伤出血，痔疮”。内蒙古《中草药新医疗法资料选编》还介绍说：“治食道癌、胃癌，鱼鳔，用香油炸酥，压碎。每服5克，每日三次。”民间常见的有，滋补肝肾（如妇女腰酸痛）：鱼鳔炖熟成胶状，加冰糖、芝麻等。肾虚：鳔4钱、枸杞4钱、补骨子3钱、牡蛎5钱、莲须3钱，煎服或研末冲服。

在“渔业生产队”的那个年代，潮汕地区的一些觉悟不高的渔民，为了私吞鮸鱼鳔，竟将取鳔后的鮸鱼又抛进了海里，造成本来产量甚丰的鮸汛，市场上却鮸鱼稀少。在浙闽沿海地区，有的饭店卖的是无鳔鮸鱼。若想吃鳔，要出菜价的双倍钱才能吃到。如若捕到金钱鮸（国家二级保护水生野生动物），其鳔的珍贵大约只有老野山参才能与之相比，可见鮸鱼鳔之弥足珍贵。

干鮸鱼肚要经过涨发加工才能做菜。鱼肚的涨发一般用“油发”，唯独鮸鱼肚和鮰鱼肚可以用“水发”。“油发”鱼肚，体积膨松有孔，能含汤汁，口感松软；“水发”鱼肚，滋味柔鲜而有弹性，是鱼肚菜肴中的上品。

南通卖鮸鱼是不抽鱼鳔的。若请卖鱼人代洗，只要招呼一声“留鳔”，你就可以品尝到鲜鮸肚那糯柔润滑、软粘不腻、香鲜不腥的美味了。如果在南通的餐饮店里吃鮸鱼，你也不用出双倍的价钱，就可以品尝鲜鮸鱼肚的珍味。南通渔民对鮸鱼的比喻精准而富有理性。南通的鮸鱼“粉丝”也达不到浙闽鮸鱼“粉丝”那种狂热着迷的程度。

鮸鱼肉厚而结实，腹内脂肪多，很少细刺，肉质细嫩，适用多种烹调方法和多种味型。因其个体大，可切块、分段、切片、切丝、切丁、切米、斩茸，也可以剞刀造型制成“蛙式鮸鱼”“玉米鮸鱼”“菊花鱼”“葡萄鱼”……烹调方法可炒、炸、溜、烹、烧、蒸、氽、烩、煎、贴、塌、烤，各种味型皆可适用。鮸鱼菜品如百花争艳，美不胜收。笔者倾向以红烧、清蒸、水油浸等法，以突出鮸鱼的本真滋味为最佳。

鮸鱼鲜品每百克含水79.3克，蛋白质20.2克，脂肪0.9克，维生素A33毫克，硫胺素0.01毫克，核黄素0.05毫克，烟酸3毫克，钾357毫克，钠54.8毫克，钙21毫克，镁18毫克，铁1.1毫克，锰0.07毫克，锌0.81毫克，铜0.05毫克，磷228毫克，硒51.09微克，胆固醇62毫克。

现代中医学认为，鱼胶能增强肠胃的消化吸收功能，提高食欲，有利于防治食欲不振、消化不良、便秘等症状。能增强肌肉组织的韧性和弹力，消除疲劳。能加强脑神经功能，促进生长发育，提高思维和智力，维持腺体正常分泌；可防治反应迟钝、小儿发育不良、产妇乳汁分泌不足、老年健忘失眠等。由于鱼胶含有大量胶汁，又具有活血、补血、止血、御寒祛湿等功效，所以能提高免疫力，对于体质虚弱，真阴亏损、精神过劳的人士，作为进补更为合适。对如此滋补、祛病、保健、养生的美味，造福人类的绝佳食品，你还能“以貌取鱼”吗？

［辛香鮸鱼］

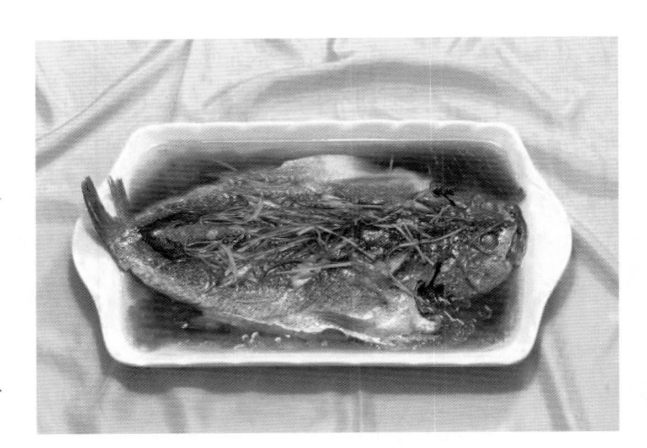
辛香鮸鱼

原料：

鮸鱼一条600克左右，洋葱200克，姜丝15克；盐4克，味精3克，酒10克，酱油20克，熟猪油75克，湿淀粉10克，胡椒1克，蒜泥10克，香醋15克。

制法：

① 鮸鱼去鳞、腮，剖腹去内脏，洗净后从尾部至头开成两片，每片再剞三刀。

② 炒锅上火，倒入熟猪油，下洋葱丝、蒜泥、姜丝煸香，放入鮸鱼；加酱油、料酒、味精，倒入鱼汤，大火烧至汤稠，淋明油，烹醋，撒胡椒粉出锅，装盘即成。

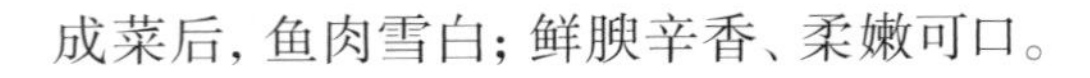
成菜后，鱼肉雪白；鲜腴辛香、柔嫩可口。

4、“好”吃的带鱼

“带鱼”，南通人再熟悉不过。然而，带鱼在古代却遭贱视。明代《五杂俎》中道：“闽有带鱼长丈余，无鳞而腥，诸鱼中最贱者，献客不以登俎，然中人之家，用油沃煎，亦甚馨洁。”在明代屠本畯所著《闽中海错疏》中也有所述。过去，带鱼多供家常。20世纪后期，鲜带鱼颇受推重，经常用于筵席，名菜也多，远非昔比。消费量大导致海捕量猛增，遂使资源锐减。

带鱼丰产

宋琬

《五杂俎》《异鱼赞闰集》

带鱼头尖嘴大，到尾子上逐渐变细，就像一根细鞭子，更像一根带子。不是所有的古人都鄙视带鱼，它也有知音。明·胡世安《异鱼赞闰集》云：“带鱼，佩带谁遗，皑如曳练，奇其说者，原始仙媛。”把带鱼说成是西王母侍女的腰带所变。清初史学家全谢山《句章土物志》就力挺带鱼：“生深海中，色白如银，无鳞，刺骨中有珠者，曰珠带；小者名带丝。”清初诗人宋琬的《带鱼》诗更是赞美有加：“银花烂漫委银筐，锦带吴钩总擅场。千载专诸留侠骨，至今匕箸尚飞霜。”把带鱼的满口利齿说成是“锦带吴钩”，把带鱼比作了江湖上行侠仗义的侠客。

带鱼一般的长度大约1米左右，食性很杂而且非常贪吃，有时还会同类相残。渔民用钩子钓带鱼时，经常会见到这样的情景：钩子上钓着一条带鱼，这条带鱼的尾巴又被另一条带鱼咬住，有时是一条咬一条，能提上一大串。渔民在出海捕捞时，也常会见到网里的带鱼又被网外的带鱼咬住了尾巴。结果是这些没有入网的家伙因为贪吃，最终也被渔民抓了上来，所以被渔民称之为“好吃的带鱼”。据说由于带鱼互相残杀和人类的捕捞，所以在带鱼中能见到寿命超过4岁的老带鱼，就算是见到寿星了。带鱼最多只能活到8岁左右。不过带鱼的贪吃也有一个优点，那就是生长的速度快，1龄鱼的平均身长18～19厘米，重2两上下，当年就可以繁殖后代，2龄鱼可以长到6两左右。不过也有例外，2007年，温岭的渔民就在东海上捕到过一条4米长、最宽的地方27厘米、18.5公斤重的带鱼；2013年，温州洞头的渔民又在东海上捕获了一尾

罕见的“带鱼王”

长2.34米，最宽的地方有20厘米的大带鱼；更为惊奇的是2013年10月，美国的潜水员在海底发现了一条死带鱼，居然有6米长，用了15个人才把它拖上了岸。这些都是少有的“带鱼王”。

带鱼是长得最快的鱼类，孵化后的当年就可繁衍下一代，所以它的产量一直高居海产经济鱼类之前列。即使在资源陡减的2004年，南通市带鱼的年产量仍达80571吨，其他年份也在5万吨左右。

带鱼肉嫩体肥、味道鲜美，只有中间一条大骨头，没有其他的细刺，吃起来方便，是大家比较喜欢吃的一种海洋鱼类，而且还具有很高的营养价值，对病后体虚、产后乳汁不足和外伤出血等症具有一定的补益作用。新鲜的带鱼是银灰色，而且有光泽；但有些带鱼却在银白的光泽上还附着一层黄色的物质。这是因为带鱼是一种脂肪较高的鱼，当保管不好或冰冻时间过长的时候，鱼体表面的脂肪因大量接触空气而加速氧化，氧化的产物就是使鱼体表面产生了黄色。所以大家买带鱼的时候尽量不要买带黄颜色的带鱼，假如买了，要及时吃，否则鱼内脂肪会很快腐败，产生一种呛喉咙的辣味。看带鱼新鲜不新鲜，第一看外表。质量好的带鱼，体表富有光泽，全身鳞全，翅全，肚子不破，头也不断；质量差的带鱼，体表光泽较差，鳞脱落，全身仅有少数银磷，鱼身变为香灰色，有破肚和断头现象。第二看鱼眼睛。质量好的带鱼，眼球饱满，角膜透明；质量差的带鱼，眼球稍陷缩，角膜稍混浊。第三看肌肉。质量好的带鱼，肌肉厚实，富有弹性；质量差的带鱼，肌肉松软，弹性差。

带鱼的品质和产地有关，东海、黄海的产品，头部与眼睛大小均匀，体肥丰腴，肉嫩味鲜，为带鱼的上品；南海产者，头大、眼大，肉质较粗，味道次之。还有一种进口带鱼，体型较大，肉色重，眼睛带绿色，鱼脊背上有一排粗颗粒，全身灰暗色，肉质粗糙，无鲜味。

南通吕四渔场所产带鱼的品种、质量为全国最优，年产量也一直遥占海产经济鱼类的前列，历来是我国带鱼出口的主选区。吕四带鱼丰腴油润，味道鲜美，有“开春第一鲜”之誉。中医认为它能和中开胃、暖胃补虚，还有润泽肌肤、美容的功效。带鱼的鱼鳞早已退化，那所谓的“鳞”其实是覆盖在体表的银色物质，是一层由特殊的脂肪形成的表皮，称为“银脂”。这种银脂是营养价值较高的脂肪，没有腥味，还可以提取光鳞、海生汀、珍珠素、咖啡碱等，供药用和工业用。研究资料表明，这种油脂可以促进毛发生长，从它里面提取制成的物质6–硫代鸟嘌呤（6—TG），是治疗急性白血病及肿瘤的药物，已经用于临床。医学科学家建议，洗带鱼最好不要刮去那层银色的体膜（鳞）。

有的吃客认为，带鱼最鲜美的地方就在那银光闪闪的“皮质外衣”里。据说以前渔民遇到外伤出血，就刮一些带鱼“鳞”敷在伤处，用手指紧压一会儿，止血效果不比云南白药差。

带鱼做菜的烹法有炸、熘、煎、扒、炖、焖、蒸、煮、熏、烤，乃至卤、糟、风、腌无不适宜，就看个人喜好。红烧时不要放味精及高汤，保持原汁原味，口味宜清淡，更显其鲜美；清蒸最能品出带鱼的“鲜”；而油炸、干煎等法亦可食得带鱼的本味。因为带鱼的脂肪含量高，腥味重，烹调宜用冷水。如用热水烹调，则带鱼的腥味较重，会影响成菜的口味。

带鱼的调味适应咸鲜、咸甜、香甜、酸辣、麻辣、红油、香糟、香辣、椒麻、芥末、家常等多种味型。原料成型以段、条、块等较大形态为宜。

南通带鱼多，吃得多，吃法也多。下面介绍几种主要的烹法，意在引玉。

烹吕四带鱼

［烹吕四带鱼］

“烹吕四带鱼”，大众叫它“爆带鱼”，还在前面冠以味型如五香爆鱼、糖醋爆鱼、椒盐爆鱼、糟香爆鱼、香辣爆鱼、葱香爆鱼、姜汁爆鱼、咸鲜爆鱼、香甜爆鱼、无刺爆鱼、烟熏爆鱼（正名应叫熏鱼）等等。2010年编入《中国江苏名菜大典》。

原料：

吕四本港带鱼一条（约重500克）；盐3克、糖100克、姜米2克、蒜茸2克、葱末2克、味精2克、香醋10克、料酒5克、生粉10克、肉汤250克。视香型准备各种香料若干。

制法：

① 将带鱼洗净，保留表皮银膜，两面用刀剞成荔枝刀花，刀深至骨（也可不剞刀。如做无刺带鱼，则将脊骨剖去成两爿鱼肉）。切成15厘米的长段，用盐、姜、葱、酒、味精，腌渍20分钟后，用水洗净，沥干水分。

② 锅上火，投入大量油烧至七成热，投入带鱼炸至外表起壳（未起壳前不能勺炒拌）以后盛起，用漏勺沥油。油锅继续加至八成热，再投入带鱼重油复炸后，捞出沥油。

③ 炒锅内留少许油，下姜葱米、蒜茸、茴香、桂皮、丁香、花椒煸香，加少许肉汤、料酒、盐、糖、上海梅林黄牌辣酱油、胡椒等烧开后倒入炸好的带鱼，烹入香醋（烹鱼卤汁不能勾芡，一定要用清汁），收干卤汁，烧制入味出锅。

④ 将带鱼整齐码放于盘中，撒上葱米点缀即成。

上述介绍的是一般烹鱼的做法，特殊品种有特殊的做法。如做“香糟带鱼”，香糟卤则不需下锅，只要将香糟卤投入同等量的花雕酒，加少许糖、味精，将炸好的带鱼放入香糟卤内浸4小时左右即成。做“姜汁烹带鱼”，是用生姜汁加糖作为烹卤。“咸鲜带鱼”的主要原料是上海梅林黄牌辣酱油。只要在辣酱油中加少量的汤、糖，烹少量的醋，即成很可口的复合咸鲜味。烹带鱼都要加糖、醋，除“糖醋爆鱼”的糖醋味要浓，其他味型有的要求放糖却不甜，放醋而不酸；有的只能有轻微的甜酸咸味，这就要求制作者在投放的时间和温度上灵活应变。

南通的“吕四烹带鱼”是道有名的冷菜，上至高档筵席，下到家常佐酒下饭，是大家喜闻乐食的美味。

[**软熘带鱼**]

“软熘带鱼”最能体现带鱼腴润鲜嫩之味，其烹法如下：

制法：

① 将750克吕四带鱼洗净，切成10厘米的段，放入容器，倒入绍酒、盐、姜葱，腌制20分钟，待用。

② 锅至旺火烧热，放入洋葱丝、拍松的蒜瓣，加300克色拉油，熬出葱蒜香味后将油倒入容器。

软熘带鱼

③ 锅置旺火上，加入清水、啤酒各1斤烧沸；再将熬制过葱蒜的色拉油加入，使油温保持在90℃左右（似沸非沸状）；将带鱼段放入，改用小火，使锅内汤不到沸点，浸10分钟左右，待鱼段上浮，盛起装盘。

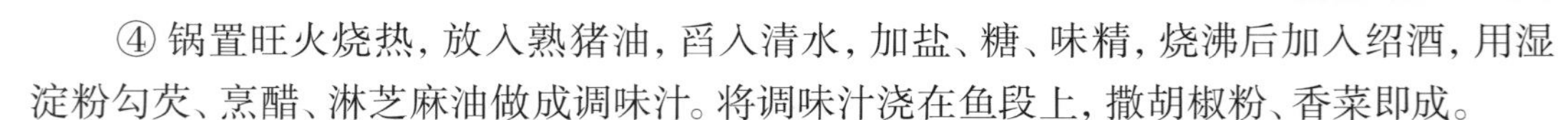
④ 锅置旺火烧热，放入熟猪油，舀入清水，加盐、糖、味精，烧沸后加入绍酒，用湿淀粉勾芡、烹醋、淋芝麻油做成调味汁。将调味汁浇在鱼段上，撒胡椒粉、香菜即成。

此菜带鱼段银光灿灿，卤汁玉色溶溶，滋味软嫩，腴香鲜美，咸鲜中略带酸甜，微有辛香。“软熘带鱼”是带鱼菜品中的上味家馔。

“红烧带鱼”南通有两种烧法，沿海居民大多数不煎、不炸，将洗净的带鱼直接放入锅中，加清水、姜葱、酒酱糖（有的不用酱油，用盐白烧）等调味红烧，其成菜鲜嫩。城镇居民大多数是先将带鱼煎、炸后再加佐料红烧，以增加成菜的干香味。这两种烧法各有各的优势，现今不论沿海居民还是城镇居民，两种烧法都在交叉使用。正所谓吃嫩、吃香，适口者为珍。

5、鲳鱼化蝶

鲳鱼，南通人叫它鲳鳊鱼，而念出来的却是“章边鱼”。

喜获大鲳鱼

鲳鱼为脊索动物门，硬骨鱼纲，鲈形目，鲳科；别名有镜鱼、鲶鱼（《临海异物志》）、昌侯龟、昌鼠（《本草拾遗》）、狗瞌睡鱼（《岭表录异》）、鲳鳊（《医林纂要》）、镜鱼、平鱼（《黄渤海鱼类调查报告》）、白昌（《中国动物图谱·鱼类》）、叉片鱼（江苏、浙江）等。分布于我国南海、东海、黄海、渤海等沿海。启东的吕四渔场盛产鲳鳊鱼，近几年产量达25000吨左右，所以南通人对它非常熟悉。

鲳鱼，体短而高，极侧扁，略呈菱形。头较小，吻圆，口小，牙细。成鱼腹鳍消失。尾鳍分叉颇深，下叶较长。背鳍、臀鳍同形，鳍棘均呈截形，鳍条部前端皆隆起呈镰刀状。体银白色，上部微呈青灰色，多数鳞片上有细微的黑色小点，故有“银鲳鳊”之美称。鲳鱼生活在近海中下层，常栖息于水深30~70m潮流缓慢海区内，以小鱼、水母、硅藻等为食。主要分布于中国沿海、日本中部、朝鲜和印度东部海域，是热带和亚热带的食用和观赏兼备的大型热带鱼类。

鲳鱼含有多种营养。100克鱼肉含蛋白质15.6克，脂肪6.6克，碳水化合物0.2克，钙19毫克，磷240毫克，铁0.3毫克。含有丰富的不饱和脂肪酸以及硒和镁等丰富的微量元素，对降低胆固醇、预防冠状动脉硬化、延缓机体衰老均有一定的辅助作用。

鲳鱼，可清蒸、红烧或者干烧，对于家庭和鲳鱼本身的条件来说，笔者觉得还是清蒸比较容易发挥优势，因为操作简单，又好控制。但要注意两点，鲳鱼忌用动物油炸制，也不要和羊肉同食。鲳鱼腹中的鱼籽有微毒，能引发痢疾。

下面介绍一款南通名菜“蝴蝶鲳鱼”。

［**蝴蝶鲳鱼**］

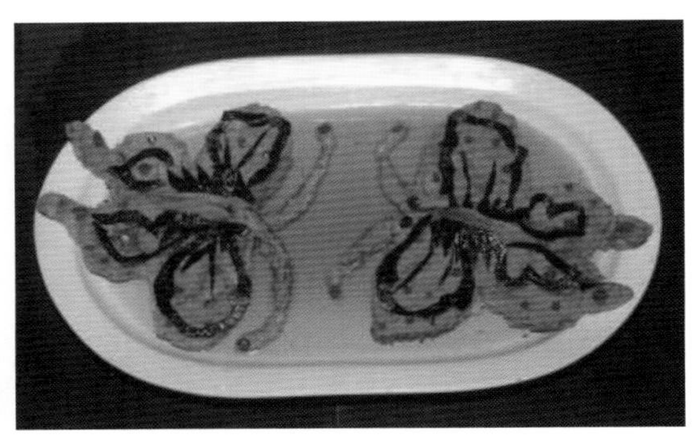

蝴蝶鲳鱼

“蝴蝶鲳鱼”是用鲳鱼制成的蝴蝶形鱼馔。鲳鱼肉质细嫩鲜美，为作馔上乘原料。南通市烹饪摄影美容技校退休教师、已故烹饪大师马树仁匠心独具，巧妙地利用鲳鱼特有的体形，稍加修饰即成造型逼真的“蝴蝶”。成菜形似双蝶恋花，色泽绚丽悦目，外层香酥松脆，鱼肉白嫩鲜美，味兼酸甜鲜咸，热油沸卤交融，上席吱吱有声。色、香、味、形、声、质俱美，令人赏心悦目。20世纪80年代被编入《中国名菜谱》《中国烹饪辞典》，20世纪90年代被收入《中国烹饪百科全书》《中华饮食文库》。

原料：

鲳鱼2条（约重600克），笋丝15克，香菇丝10克，青甜椒1个，番茄1个，红樱桃2颗，紫菜10克；鸡蛋3个，绍酒60克，番茄酱100克，精盐7.5克，白糖100克，姜葱汁15克，香醋5克，葱白段10克，葱丝10克，姜丝10克，蒜末10克，干淀粉20克，面粉100克，肉汤150克，水淀粉25克，芝麻油15克，色拉油2500克（实耗250克）。

制法：

① 将鲳鱼治净，剪去鱼鳍，从嘴部紧贴鼻梁骨平片入背鳍的前端，约占鱼身长的4/10，再从尾部贴着脊椎骨平片入背鳍后端，约占鱼长的3/10，成两片相连的鱼扇，取出脊椎骨，同时将鱼鼻梁骨分成两半做蝴蝶的2根毫须，然后将鱼扇修成蝴蝶形，用姜葱汁、绍酒（30克）、精盐（3克）腌渍20分钟待用。

② 将鸡蛋打入碗内调匀，加入面粉，调成蛋糊，将腌渍的鱼扇取出洗净，吸干水分，撒上干淀粉，挂满蛋糊，平放在蘸好油的漏勺中摆成蝴蝶状，用紫菜剪成小圆片贴在四周作翅边斑纹。

③ 锅置火上，舀入色拉油2500克，烧至七成热时，拿起漏勺，用热油浇淋鱼身，至蛋糊凝固定型后，用刀轻轻铲入油中，炸至金黄色捞起，另一只蝴蝶鱼以同样的方法做成。

④ 另取炒锅置于火上烧热，舀入色拉油50克，投入蒜末、葱姜丝略煸，再加入香菇丝、笋丝略炒，稍后投入番茄酱、绍酒（30克）、白糖、精盐（4.5克）、肉汤，烧沸后用水淀粉勾芡，烹醋，调成卤汁待用。

⑤ 油锅再置火上，烧至七成热时，将鱼复炸捞起，放大盘中，装上番茄制的花，用姜丝作花蕊，青椒过油作绿叶，红樱桃切成两半做眼睛，将热油100克舀入调制好的卤汁中打匀，浇在鱼上即成。

特点：成菜形态逼真，似双蝶恋花，外层香甜松脆，鱼肉白嫩鲜美。

6、似鲥鳓鱼

“在数不清的南通海产品中，黄海鳓鱼应该是第一块牌子”，南通市民间文艺家协会名誉主席王宇明在所著《衣胞之地》中如此推崇鳓鱼，说出了南通民众对鳓鱼的认知观。

鳓 鱼

鳓鱼为脊索动物门，硬骨鱼纲，鲱形科，鳓属。俗名有鲙鱼、快鱼、白鳞鱼、白力鱼、曹白鱼、春鱼、鲞鱼、网扁、火鳞酉、鳞子鱼等。分布于印度洋和太平洋西部。我国渤海、黄海、东海、南海均产之，其中以东海产量最多。

鳓鱼体侧扁，背窄，一般体长25～40厘米，体重250～500克，头部背面通常有2条低的纵行隆起脊。眼大、凸起而明亮，口向上翘成近垂直状，两颌、腭骨及舌上均具细牙。体无侧线，全身披银白色薄圆鳞，腹缘有锯齿状棱鳞，头及体背缘灰褐色，体侧为银白色。背鳍短小始于臀鳍前上方，腹鳍甚小，臀鳍长，其基底长约为背鳍基底长的3倍，尾鳍深叉像燕尾形。其洄游季节性较强，游泳迅速，对温度的反应敏感，在水温低时，它们都在近海水域栖息，当水温升高则靠近沿岸活动，每逢春、夏季它们成群结队地游到河口沿海产卵。

鳓鱼的样子和长江鲥鱼差不多，只是稍微扁点儿，身上是一样的旺晶飒亮，奇怪的是它嘴里连半颗牙齿也看不见。民间故事说，鳓鱼早年也是有牙齿的，是因为它和白弓鱼结为了兄弟，到龙宫里去招婿不成又帮助白弓鱼偷了龙灯，而被龙王发现。起先，龙王是要把鳓鱼抽骨杀头，是海龟丞相替它求了情，这才保住了一条命，但嘴里的牙齿全部被拔掉了。

鳓鱼除了味道鲜、肉质细外，蛋白质、脂肪、钙、钾、硒的含量还十分丰富，营养价值极高，特别是含有丰富的不饱和脂肪酸，具有降低胆固醇的作用，对防止血管硬化、高血压和冠心病等大有益处。鳓鱼在中国渔业史上是最早的捕捞对象之一，已有5000多年的历史。在山东省胶县三里河的“新石器时代”遗址中，多次在墓葬里发现了鳓鱼骨头，在废坑中还发现了成堆的鳓鱼鳞。因为鳓鱼的游速很快，渔民说：“小小鳓鱼无肚肠，一夜游过七爿洋。”因此难以掌握它的规律，加上群体小，南通市近年的捕获量只有200吨左右。

民间传说在元朝末年，有个叫张士诚的灶民在盐城草堰起兵反抗元军。灶民平常是烧盐的，要起兵打仗拿什么武器呢，没法子，只好叫士兵把才捕上来的鳓鱼绑在竹竿头上当刺刀用。谁知道鳓鱼被太阳光一照，鱼鳞便闪闪发光。元军一看以为是什么新式武器，居然被吓退了。民间故事不能当真，但是反映了群众的智慧真是了不得。

南通还有一个著名的典故叫“鳓鱼充贡”。说的是明朝初年，南通有个叫顾原六的渔民带了100条鳓鱼到南京进献给明太祖朱元璋。太祖问：“这个鱼的口味怎么样？”他回禀：“君未尝，民不敢僭先。”明太祖一听欢喜煞了，马上吩咐赏赐金银，还回赏了一条鳓鱼给他。从此以后，南通每年向朝廷进贡鳓鱼就不是100条了，而是99条，以后也就成了定例。地方志上也记载了这件事，当然是褒义的。其实，细想下来这个顾原六明明犯的是欺君之罪。他如若当真没有吃

明太祖朱元璋

过鳓鱼，怎么会知道鳓鱼好吃，又怎么敢送给皇帝去吃？再说朱元璋又不痴不呆，他明明晓得渔民们祖祖辈辈打鱼，不会得不吃的。恐怕皇帝看他进贡是一片忠心，也就落得个将错就错，除去赏金赏银之外，还回赏一条鳓鱼，反而显出皇帝的宽厚仁爱。说到底，大家都在演戏。《崇川竹枝词》里就有一首诗是写的这桩事：

谷雨开洋遥网市，
鳓鱼打得满船装；
进鲜百尾须头信，
未献君王那敢尝。

阴历五六月、端午节前后正是吃鳓鱼的时候，菜市场还经常可以买得到。鳓鱼的肉子嫩，配上大蒜头红烧或者清蒸的确好吃，民间就有“新鲜鳓鱼赛鲥鱼”的说法。还有，雄鳓鱼的睾丸（鱼白）是鱼中最美的珍味，在洗鱼时万万不要去掉！但话又得说回来，鳓鱼好吃归好吃，但是和鲥鱼一比，到底还是要差点儿。

下面介绍一款南通名菜“金蒜鳓鱼”。

［**金蒜鳓鱼**］

鳓鱼肉细嫩，味醇厚，鳞富含脂肪。因其形、味颇似鲥鱼，故有人将鲥、鳓误为同一种鱼。江苏民谚有：“新鲜鳓鱼赛鲥鱼”和“来鲥去鲞”之说。在古代，鲥、鳓二鱼均为贡品，鲥洄游入海后，便轮到鳓鱼贡奉皇宫了。

金蒜鳓鱼

我国四大渔场之一的吕四渔场盛产鳓鱼。“近水楼台先得月”，鳓鱼便成为民间普遍的水产美味。人们一般都用新上市的蒜头油炸呈金黄色与鳓鱼同烧成菜。蒜头味浓郁，鱼肉肥美鲜嫩，色泽酱红光亮，堪与鲥鱼媲美。

“金蒜鳓鱼”20世纪80年代入编《中国名菜谱》《中国烹饪辞典》；1995年入选《中华饮食文库·中国菜肴大典》（海鲜水产卷）；1999年，被评为江苏名菜。

原料：

鳓鱼1条（约重750克），净蒜头100克，猪板油丁50克；绍酒25克，酱油75克，白糖20克，精盐2克，葱白段5克，姜片5克，熟猪油250克（实耗75克）。

制法：

① 将鳓鱼刮鳞，去鳍、鳃，剖腹去内脏，洗尽血污，用洁布吸去水，在鱼身上抹匀酱油。

② 炒锅置中火上，舀入熟猪油，烧至六成热，将蒜头投入炸至金黄色，倒入漏勺沥去油。

③ 原炒锅上火烧热，舀入熟猪油30克，将鳓鱼两面煎黄，先烹绍酒，后投入板油丁，焖烧一下，再加入葱白段、姜片、蒜头、酱油、白糖、精盐和清水200克，移到旺火上烧至六成熟时，再加入熟猪油40克，移到中火上烧约2分钟，再移到旺火上，晃动炒锅，待卤汁稠浓即成。

成菜特点：色泽酱红光亮，鱼肉鲜嫩赛鲥，口味咸鲜微甜。

7、软骨头巨无霸·鲨鱼

鲨鱼，是鲨鱼目鱼类的通称。它生活在海洋中，是海洋中最凶猛的鱼类之一，属脊索动物门，软骨鱼纲。所有鲨鱼的骨架都是由软骨构成，而不是由骨头构成。软骨比骨头更轻、更具有弹性。

鲨 鱼

鲨鱼没有鱼鳔，它是靠不停地游动来控制浮沉。鲨鱼的体型像“纺锤”，这种已经在地球上生活了4亿多年的生物，至今外形还没有太大的改变。鲨鱼的种类很多，世界海洋中能分辨出的鲨鱼种类至少有344种。我国沿海有70多种。

鲨鱼被人们称为海洋“三最”：它是海洋中最大、最凶猛的动物，它还拥有海味中“最珍贵的菜”——鲨鱼翅。

海洋中最大的动物。世界上最大的鱼类是鲸鲨，最大的鲸鲨长达18米，重40多吨。鲸鲨的体型虽大，可它的牙齿在鲨鱼中却是最小的。幸亏它吃的是小型浮游生物，要不然人类可就遭殃了！鲸鲨堪称巨无霸，可还有一种叫侏儒角鲨的鲨鱼却是最小的鲨鱼，小到可以放在手上，只有20~27厘米长，重量还不到一磅。

海洋中最凶猛的动物。在众多鲨鱼族中有30多种会主动攻击人，有7种会致人受伤，还有27种因为体型和习性的关系，具有危险性。大白鲨是海洋中体型最大的食肉类鲨鱼，它力大、嘴大，对海狮、海豹、鲸、大海龟等发动突然袭击时，是以巨大的冲力先将猎物冲昏，张开大口，咬定猎物并将其拖至水下，然后让失去行动能力的猎物漂浮在水中，任其流血至死。几分钟后再回来享用美餐。媒体上也经常发布人类遭受鲨鱼袭击的报道。研究发现，鲨鱼并不是那种不断地寻找人类作为攻击目标的邪恶生物。和其他动物一样，鲨鱼是依靠本能，高居于海洋生物链顶端的一种食肉动物。鲨鱼的食谱是海洋生物，主要是鱼、龟、鲸、海狮、海豹，人类并不在它的菜单上。实际上鲨鱼那肌肉发达的庞大身躯需要大量的能量来驱动，而人类无法为它们提供高脂肪的肉。如果鲨鱼对吃人不感兴趣，那它为什么要攻击人类呢？从众多鲨鱼伤人事件中发现了一条线索，即鲨鱼咬了受害者之后，会在几秒钟内一直咬住对方，拖到水下后将其放开，不会反复进行攻击。鲨鱼实际上很少以受害人为食。它一旦尝出不是它食单中的食物味道，就会把人放开。

海味中“最珍贵的菜”——鲨鱼翅。鱼翅就是鲨鱼鳍中的细丝状软骨，是用鲨鱼的鳍加工而成的一种珍品，其实是一种既无味又无营养的食品。物以稀为贵。因为鱼翅的价格甚高，吸引了各地渔民争相在海中捕杀鲨鱼。由于鲨鱼肉的价格很低，渔民在捕到鲨鱼后仅仅割下鱼鳍的部分，还将鲨鱼抛回海中。被割了鳍的鲨鱼在海中不会立刻死亡，但会因失去游弋能力窒息而死，或被其他鲨鱼捕食。由此导致鲨鱼的总数大幅减少。据统计，每年全球有一百万条鲨鱼被捕杀，鱼翅的年产值达12亿美元。近年来，部分关注动物及生态的团体一直在大力宣传，请求大众不要吃鱼翅。有些国家关于禁捕鲨鱼的法律已经获得通过，不过对公海上的捕猎行为约束甚微。

食用鲨鱼的历史我国早见于《山海经》。《唐本草》和李白的诗句中已见唐代用鲨鱼皮来做装饰品。宋代《本草图经》中有“去沙食皮”的记录。但人们通常认为吃鱼翅始于明代。常被引用的是首刊于1590年《本草纲目》上的一句话：“（鲨鱼）背上有鬣，腹下有翅；味并肥美，南人珍之。”《金瓶梅词话》第五十五回，蔡京官邸中的管家在招待西门庆时，说了这么一段话：“都是珍馐美味，燕窝、鱼翅绝好下饭。只是没有龙肝凤髓。”明熹宗喜欢吃用鱼翅和燕窝、鲜虾、蛤蜊等十几种原料同作的“一品锅”。这些足以证明鱼翅在明代的宫廷和官邸中已成常备。

《金瓶梅词话》

南通食用鲜鱼皮、鲜鱼唇、鲜鱼翅据传始于隋唐。因为在唐太宗派尉迟宝林到石港建“行宫”的十几年时间里，尉迟宝林的菜单中就出现了“扒鲜翅”“蟹粉鲜鱼皮”“鲜奶鲜鱼唇”等新款菜。这些菜的出现与当时石港“卖鱼湾”的海产品丰富，鲨鱼的品种多、产量高不无关系。

鲨鱼肉较粗，还有氨的气味，所以只有采用润滑肥糯的鱼唇和口感特殊的鲜翅来创出新菜品。下面介绍几个用鲨鱼做原料的南通名菜。

［蟹粉鲜鱼皮］

鲨鱼皮是海味中珍品。鲜鱼皮间质水饱和，胶质蛋白没有变性，所以鱼皮晶莹、绵软而富有弹性，并保持其海鲜原汁真味，腴美柔滑异常，再加上蟹粉、菜心的衬托，色泽悦目，滋味特鲜。在南通，一般用蟹粉鲜鱼皮作为宴会的头菜。南通烹饪大师沈文华擅作此菜。

1995年，“蟹粉鲜鱼皮”被收入《中国名菜谱》《中国烹饪百科全书》《中华饮食文库·中国菜肴大典》（海鲜水产卷）及《中国烹饪辞典》；2014年6月，被评为“南通市十佳名菜”。

原料：

鲜鱼皮1000克，蟹粉100克，青菜头3棵（约重200克）；香菜4克，绍酒100克，精盐5克，味精1克，葱结15克，姜片15克，葱末10克，姜末10克，白胡椒粉0.5克，鸡清汤1000克，水淀粉50克，熟鸡油25克，芝麻油25克，熟猪油100克。

蟹粉鲜鱼皮

制法：

① 将鲜鱼皮入沸水中浸泡片刻，退沙，漂洗，捞出改切成5厘米的菱形块；把青菜每棵修成鹦鹉嘴形，再改刀成4瓣。

② 锅置火上，舀入熟猪油，烧至四成热，放入青菜过油至翠绿色时，倒出沥油待用。

③ 锅复置旺火上，舀入熟猪油30克，投入姜片、葱结煸出香味时，放入绍酒50克、鸡清汤500克及鲜鱼皮，烧沸后改小火焐至纯软，捞起待用。

④ 另取锅置旺火上，舀入熟猪油70克，烧至七成热时，投入葱、姜末略煸，将蟹粉放入煸炒，加入绍酒50克，舀入鸡清汤500克，放入鲜鱼皮、青菜烧沸，加入精盐、味精，用水淀粉勾芡，淋入熟鸡油和芝麻油，撒上白胡椒粉，放上香菜叶即成。

成菜味型咸鲜。鱼皮晶莹，入口柔滑异常。

［鲜奶鲜鱼唇］

鱼唇，是鲨鱼、鳐鱼类的嘴唇连眼鳃部的一块皮。南宋周去非认为：“鲟鱼之唇，活而脔之，谓之鱼魂。”但因中华鲟是国家保护禁捕的鱼，所以南通厨师改用鲨鱼、鳐鱼的唇。鲟鱼唇固然美，但它小而有软骨，因而知味老饕们则以鲨鱼、鳐鱼唇为珍。市场上供应的鱼唇一般为干制品，它原有的腴膏真味已经受损。南通厨师利用得天独厚的自然资源，择鲜鱼唇与鲜奶合烹，成菜的汁浓汤白，汤菜融和，使鲜唇更为腴美柔滑而富有弹性，并使之“真味出”“美味增”，有锦上添花之妙。

鲜奶鲜鱼唇

南通前辈特一级烹调师倪金泉擅于烹制鲜唇菜。“鲜奶鲜鱼唇”为一道不可多得的席上珍馐。1995年此菜被收入《中国名菜谱》《中国烹饪辞典》《中国烹饪百科全书》《中华饮食文库·中国菜肴大典》（海鲜水产卷）。

原料：

鲜虎鲨鱼唇1000克，鲜牛奶250克，水发冬菇片75克，笋片150克，青菜心75克；绍酒100克，精盐5克，味精1克，葱结4克，姜片4克，白胡椒粉0.5克，香菜叶1克，鸡清汤750克，水淀粉15克，熟鸡油25克，熟猪油75克。

制法：

① 将鱼唇入沸水浸泡片刻，褪沙洗清，捞出改切成长6厘米、宽2.5厘米的长方块。把青菜心削成鹦鹉嘴状，改切成12瓣，下四成热的油锅过油后待用。

② 将锅置旺火上烧热，舀入熟猪油（25克），投入姜片、葱结略煸，加绍酒（50克）、鸡清汤（500克），放入鲜鱼唇烧沸，移至小火焐至纯软捞出。

③ 原锅洗净置于旺火上烧热，舀入熟猪油（50克），投入笋片、冬菇略煸炒，放入鸡清汤（250克）、鱼唇、青菜心、绍酒（50克）、精盐、味精，烧沸后加入鲜奶同烧至沸，用水淀粉勾芡，淋上熟鸡油，撒上白胡椒粉，放上香菜叶即成。

成菜味型奶香咸鲜。汁浓汤白，鱼唇糯软，入口柔滑且有弹性。

［扒鲜翅］

祖先们对鱼翅是择鲜而食。明代王圻《三才图会》记有：（鲨鱼）"浅在海沙不能去，人割其肉……耆鬣泡去外皮存丝，亦用作脍，色晶莹若银丝"。鱼翅以鲜为贵，"其腴乃在于鳍"（郝懿行《记海谱》）。南通厨者擅制鲜活海味，"扒鲜翅"即为其一。南通烹饪界前辈、特一级烹调师李铭义擅作此菜。

扒鲜翅

1995年"扒鲜翅"被收入《中国名菜谱》《中国烹饪辞典》《中国烹饪百科全书》《中华饮食文库·中国菜肴大典》（海鲜水产卷）。

原料：

鲜鲨三连翅1500克,熟火腿片75克，熟鸡脯片75克，光母鸡1只（约重1500克），火腿脚爪1只，猪前蹄肉1000克，冬笋片75克，水发冬菇75克，青菜心3棵（约重200克）；香菜叶2克，绍酒150克，精盐4克，味精1克，葱结15克，姜片15克，白胡椒粉0.5克，鸡清汤550克，水淀粉50克，熟鸡油25克，熟猪油25克。

制法：

① 将鲜翅入沸水锅浸焖片刻，褪去沙，下清水浸漂。把火腿爪、光鸡、猪蹄肉均治净。菜头切成12瓣，下四成热油锅过油待用。

② 将光鸡、火腿脚爪、猪蹄肉放入大砂锅，加入清水2000克，姜片10克，葱结10克，绍酒50克，上火煨至七成熟时，再放入鲜翅焖烂。拆骨后，将鱼翅整齐地排列在扣碗内，再加鸡清汤50克，熟猪油25克，绍酒50克，姜片5克，葱结5克，以及鸡片、火腿片、笋片、冬菇，上笼蒸透后，取出。

③ 另取砂锅，舀入焖翅用的鸡汤500克烧沸，放绍酒50克及精盐、青菜心，烧沸后

将菜心捞出，放入鱼翅扣碗内，然后把鱼翅碗翻扣在盘上，汤汁滗入锅内，待沸后加味精，用水淀粉勾芡，淋入熟鸡油，撒上白胡椒粉，放上香菜叶即成。

成菜鲜翅腴美绝伦，翅色晶亮灿银，菜心碧绿如翡翠，香菇若琥珀，火腿酱红，缀色助味，各有所司。

［**醋熘鲨鱼**］

鲨鱼肉质洁白而有韧性，含蛋白质23.1%，是制鱼松、鱼丸、鱼糕的上好原料，适宜于蒸、煮、炸、焖、烧等多种烹调方法。新鲜鲨鱼肉含氨气，烹调时应先剥皮、去沙，切成块状，用80～90℃水温浸泡或煮开，再用清水浸30分钟，脱去氨味（浸时在水中加醋更好）。现将“醋熘鲨鱼”的做法介绍如下：

醋熘鲨鱼

原料：

脱氨净鲨鱼肉350克；生姜5克，葱5克，料酒15克，糖20克，酱油30克，醋40克，湿淀粉25克，香菜10克，芝麻油10克。

制法：

① 将鲨鱼肉切成4×2×2厘米的长方块；葱切段，姜切末。

② 炒锅置火上烧热，滑锅后用50克熟油烧热，放入葱段爆炒出香味；下鲨鱼块略煎，颠锅煎另一面，烹入料酒，加盖焖一下后，加入姜末、酱油、白糖、清水（300克），用旺火烧开；加盖用小火烧10分钟左右，待鱼块已酥，再改用旺火，随即烹入醋；烧到汤汁稠浓，用湿淀粉勾芡，轻轻颠翻几下，加熟猪油25克，晃锅，使油芡融和，淋入芝麻油10克，起锅装盘，放上香菜。

此菜轻糖重醋，酸而鲜香，爽口开胃，营养丰富。

8、不“比目”的比目鱼

“比目鱼”是指两眼长在一边的鲽形鱼类，包括鲆科、鳒科、鲽科、鳎科、舌鳎科等所属鱼类，数量众多。我们常吃的有牙鲆鱼（牙片鱼）、大口鳒（咬龙狗）、高眼鲽（板鱼）、舌鳎鱼。舌鳎鱼又叫牛舌鱼、鲃鱼、鞋底鱼、箬鱼等。

比目鱼的名字是古人对其认识有误所造成的。《尔雅·释地》中说：“东方有比目鱼焉，不比不行，其名谓之鲽；南方有比翼鸟焉，不比不飞，其名谓之鹣。”西晋左思在《吴都赋》中又说：“双侧比目，片则王余。”（注曰：“比目鱼，东海所出。王余鱼，其身半也。俗云：越王鲙鱼未尽，因而以其半弃于水中为鱼，遂无其一面，故称王余也。”）司马相如在《上林赋》中称比目鱼“状似牛脾，鳞细，紫黑色，一眼，两片相合

比目鱼

牙鲆鱼

大口鳒（咬龙狗）

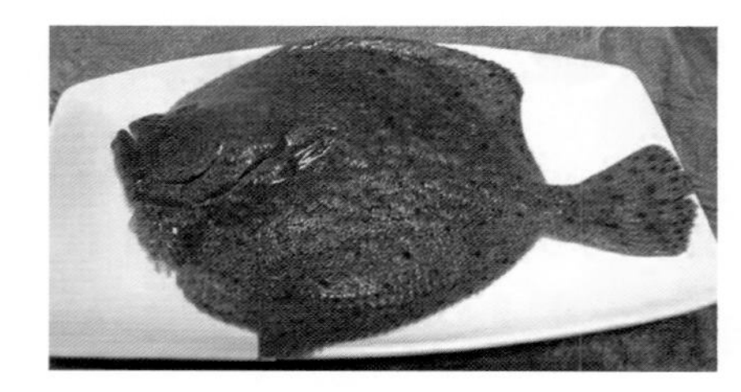
多宝鱼

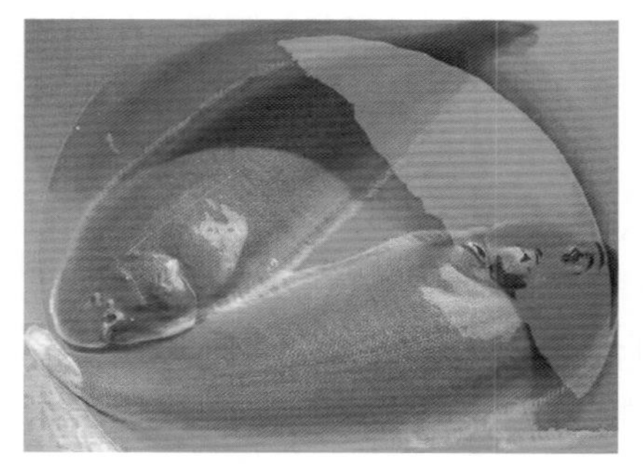
板鱼（舌鳎）

《尔雅》

乃得行”。其形态描述较为实际，但两鱼相合而行则是臆断。

比目鱼的确是一侧有眼，一侧无眼的怪鱼，但它并非只有一只眼，而是两只眼贴近在一边。说它“两片相合乃得行”，更是大错特错了。两条鱼怎么能合到一起呢？鲆科的鱼两眼都长在左边，而鲽科和鳎科鱼的两眼都长在右侧。

古人认为比目鱼是成双成对、形影不离，象征着忠贞爱情的奇鱼，还留下许多吟诵比目鱼的佳句。古民谚有“凤凰双栖鱼比目”；唐朝卢照邻《长安古意》中有“得成比目何辞死，愿做鸳鸯不羡仙”等等。在南通出生成长的著名文学家、戏剧家李渔，曾著有一部描写才子佳人的爱情故事的剧本，剧名就叫《比目鱼》。民间还流传着不少有趣的比目鱼的神话和美丽的传说。“比目鱼”文化还真是洋洋大观。直到清代，郭柏苍《海错百一录》始指出，比目鱼的生态特征并非“不比不行”。古代“比目鱼”文化的“因误传承”已经造成了“先入为主”的深远影响。

鱼类学家告诉我们，比目鱼这种奇异形状并不是与生俱来的。刚孵化出来的小比目鱼的眼睛也是生在两边的，在它长到大约3厘米长的时候，眼睛就开始“搬家”，一侧的眼睛向头的上方移动，渐渐地越过头的上缘移到另一侧，直到接近另一只眼睛时才停止。比目鱼的生活习性非常有趣，在水中游动时不像其他鱼类那样脊背向上，而是有眼睛的一侧向上，侧着身子游泳。它常常平卧在海底，在身体上覆盖一层砂子，只露出两只眼睛以等待猎物、躲避捕食。这样一来，两只眼睛在一侧的优势就显示出来了，当然这也是动物进化与自然选择的结果。

比目鱼一般长度20~50厘米左右，体重25克至1500克上下，最大的比目鱼长达2.6米，重达234公斤，系2013年7月德国人马可在挪威附近海域钓得。因为鱼体实在太大，他和另外三人经过了90分钟的搏斗，才将这条大鱼拖上了岸。其实马可还不是第一个在挪威附近海域钓到大比目鱼的人。在他之前4个月，另一位德国人曾花了三四个小时，钓上来一条427磅（193.7公斤）的比目鱼。再之前的1996年和2000年，都有钓到巨型比目鱼的记录。

唐·卢照邻

南通民谚有“七金、八鲆、九箭头”。意为八月份的比目鱼最肥美。比目鱼的肌肉细嫩鲜美，食之不腻，为名贵食用鱼类之一；但肌肉组织比较脆弱，含水分较多，易受损伤，较其他鱼类更易变质、脱刺离骨，尤以大者为甚。对比目鱼的冷冻品解冻宜缓缓进行，最佳的处理方法是置于冷水中或放在15℃的室温中让它自然消冻。如若操之过急，鱼体水分损伤过多，吃口就较差。

李渔塑像及《比目鱼》剧本

比目鱼适宜多种烹调方法，常以红烧、生煎、油炸、清蒸、清炖等法成菜。而南通用水油浸烹法烹制出的鱼品，鲜腴柔嫩，清香、无腥、可口，是烹调比目鱼的首选。

［**水油浸牙鲆**］

“牙鲆鱼”是比目鱼鲆科中常见的名贵鱼类，其肉质细嫩，肉厚质佳，烹调得法则味甚鲜美。

南通的“水油浸法”，是利用腥味很容易溶于水和被水蒸气蒸发的理化特性，并利用水在加热中的对流作用、盐的渗透压作用，使制品能均匀地吸收部分调味品而入味，在色、香、味、形等方面更臻完美。

水油浸牙鲆鱼

原料：

牙鲆鱼一尾（750克）；色拉油500克，

鸡清汤500克，啤酒一瓶，绍酒、盐、姜片、葱段，水淀粉、芝麻油适量。

制法：

① 牙鲆鱼不剖腹、不剞刀，从腮部取出内脏，洗净；用绍酒、盐、姜片、葱段腌制15分钟左右；入味后拣去姜葱，用布吸去鱼体水分，待用。

② 锅置火上，舀入清水750克，倒入啤酒一瓶，加姜葱烧沸后，舀入色拉油500克，使油水温度保持在90℃左右（似沸非沸状），将鱼放入，用小火浸制10分钟左右，至鱼身上浮后捞起，装入鱼盘里。

③ 另取炒锅上火，舀入鸡清汤250克，加绍酒、盐、味精烧沸后，用水淀粉勾芡制成稀卤汁浇在鱼身上。再把姜葱丝放在鱼身上，将烧热的芝麻油浇在姜葱丝上即成。

“水油浸牙鲆”，因为鱼体在低温的油水中始终呈饱和状态，故鱼体丰富如鲜活体态，鱼肉鲜嫩腴美异常，食之开胃，令人食欲大振。

［生煎鲃鱼］

鲃鱼是南通老百姓的习惯叫法，它的学名叫“舌鳎鱼”，是比目鱼鳎科中常见的鱼。民谚“七金八鲃”的“鲃”，就是指鲃鱼。

鲃鱼，南通沿海盛产，它肉嫩，刺少，味美，除鲜食外还可加工成咸干品。烹饪大师江伟东擅馔鲃鱼，对生煎鲃鱼尤为得法。

“生煎鲃鱼”20世纪80年代被编入《中国名菜谱》《中国烹饪辞典》，1995年被选进《中华饮食文库·中国菜肴大典》（海鲜水产卷），1999年被评为江苏名菜。

生煎鲃鱼

原料：

鲃鱼2条（约重600克），鸡蛋1枚，面粉50克；绍酒50克，精盐3克，酱油25克，白糖10克，味精1克，葱结1.5克，姜片1.5克，葱末5克，花椒盐1.5克，白胡椒粉1克，水淀粉50克，芝麻油25克，熟猪油100克。

制法：

① 将鲃鱼剥皮洗净，用刀将鱼轻拍一下，在鱼肉的两面浅剞棱状花刀，置盆中放入绍酒、酱油、精盐（2克）、白糖、姜片、葱结、胡椒粉，浸渍约5分钟后，取干净纱布吸去水分待用。

② 将鸡蛋磕入碗中调匀，放面粉、水淀粉、葱末、精盐（1克）、味精，搅成糊。

③ 将锅置旺火上，舀入熟猪油100克，烧至六成热时，将鱼挂糊后入锅煎至两面呈金黄色，倒入漏勺。原锅再置火上，放入芝麻油、花椒盐，将煎熟的鱼投入，颠锅倒入漏勺，改切成长条块，装盘即成。

成菜灿若黄金，外酥松而里白嫩，口味咸鲜椒香，鲠刺极少，是秋令佳肴。

[**红烧比目鱼**]

红烧比目鱼

“红烧比目鱼”是南通家常菜。它是以比目鱼为主料，配以猪五花肉片、熟笋片、水发香菇片红烧而成。

原料：

比目鱼，熟笋片，水发香菇片；色拉油，熟猪油，绍酒，姜葱，白糖，酱油，猪筒骨汤。

制法：

比目鱼1500克，剥皮，去腮和内脏，洗净，用绍酒、姜葱腌制，待用。

① 锅置火上，放入色拉油1500克，烧至六七成热时将鱼下锅，炸成金黄色，倒入漏勺沥油。

② 锅内留75克油烧热，下姜葱煸出香味，放入肉片、笋片、香菇片煸炒，放绍酒、白糖、酱油。继续翻炒，放入筒骨汤300克，将鱼下锅，盖上锅盖，用小火焖10分钟左右，改用大火收稠汤汁，淋入猪油，出锅装盘。

成菜色泽亮丽，鱼肉鲜嫩，腴香味浓，汁稠可口。

9、会飞的乌贼

乌贼，头顶上长嘴、长脚，像个软笃笃的橡皮袋样子，虽貌不惊人，本事却不得了！它能上天逮鸟，入海缚“龙”；眼如探灯，耳若雷达；游如飞箭，飞若闪电；嘴如狮口，腕若虎爪；体色多变，善放烟幕；家族庞大，贡献也巨；其之密码，今未破译。

乌贼真具有惊人的空中飞行能力？答案是：确有其事。

曾有报道说，乌贼能在深海中跃起，跳出水面高达7~10米，身体就像炮弹一样，能在空中飞行50米左右。2013年2月7日，德国科学杂志上发表了日本北海道大学北方生物圈领域科学中心副教授山本润成功连续拍摄的一群乌贼跃出海面的画面。画面显示，海面上约100只小型乌贼跃出水面。它们的鳍向前方突然从海里跃出，在空中从漏斗形状的身体部位喷射出水柱开始加速，然后鳍及保护膜向两侧展开保持平衡。这次研究结果不仅证明了乌贼有着惊人的飞行能力，还可以推

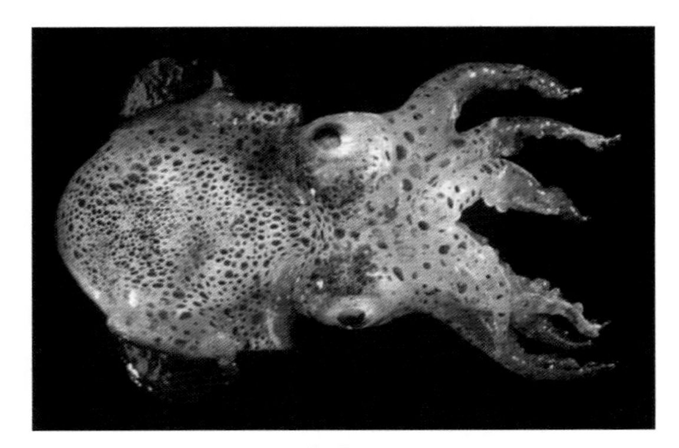
乌贼鱼

测它们很可能会在空中捕食海鸟。

乌贼真有海中缚龙的本领吗？答案是：唯有它具有此等实力。

“龙”是中国传说中的神异动物，后来成为中华民族的图腾象征，在现实世界中没有。巨鲸是海中巨无霸，手下无敌，唯有乌贼曾与它进行搏斗的报道。

据记载，有一次人们目睹了一只大王乌贼用它粗壮的触手和吸盘死死缠住一只巨大的抹香鲸，抹香鲸则拼出全身力气咬住了大王乌贼的尾部。两个海中巨兽猛烈翻滚，搅得浊浪冲天，后来又双双沉入水底，不知所终。这种搏斗场面其实在纪录片电影中常见。究竟谁胜谁负，很难预料。如果是大王乌贼用触手钳住鲸的鼻子，会使鲸鱼窒息而死；如果乌贼败死，也一定很壮烈。

乌贼不仅敢与巨鲸搏斗，乌贼还要吃人！

据载，1873年一只巨型乌贼在纽芬兰附近的“葡萄牙海湾”突然袭击一只小船。幸亏船主用太平斧砍下了它的一根长5米，直径30厘米的触须，才侥幸逃脱了乌贼之口。

乌贼有一双发达的双眼，长于头的两侧。人们对一条10米长巨型乌贼进行了解剖，发现它竟有直径25厘米的眼睛，堪称世界最大。在黑暗的深海里，乌贼就是靠着这对“探照灯”，任何猎物都难逃视线。当它浮出海面，遇到强光可使其致盲，变得脆弱不堪，因此注定了它只能在“不见光”的深海海底生活。

在乌贼的王国里，还有一种体形很小的萤乌贼。它是一种会发光的生物，其眼睛周围有一个发光器。它发出的光可以照亮30厘米远。当它遇到天敌时，便射出强烈的光，把天敌吓得仓皇而逃。

乌贼的耳朵里，有一块很小的、用于分辨方向的耳石，上面有类似年轮，又似雷达的圆圈，囊内前端背面有听斑，另有起感觉作用的突起部分，称“听脊”，所以乌贼听觉灵敏，有一副“顺风耳”。

乌贼在海水中平时做波浪式的缓慢运动。人们认为这种浑身绵软、七窍不清的乌贼，一定是个慢吞吞的家伙，科学家们以前也猜测乌贼是一种行动缓慢的动物。可让人万万没有想到的是，乌贼一旦遇到险情，就会以每秒15 米的速度把强敌抛在身后，有的最高时速竟达150公里。这不仅颠覆了科学家们的猜测，就连时速110公里、号称鱼类游泳冠军的梭鱼，也只能甘拜下风，那冠军宝座看来也要拱手相让了。

乌贼头部、腹面的漏斗，不仅是它生殖、排泄、墨汁的出口，也是它重要的运动器官。当乌贼身体紧缩时，口袋状的体内水分就能从漏斗中急速排出，乌贼便借助水的反作用力迅速前进，犹如离弦之箭。由于漏斗平常总是指向前方，所以乌贼的运动一般是后退的。乌贼这种特殊的身体构造，使它获得了快速游泳的能力。为了适应这种游泳方式，在长期的演化过程中，乌贼的贝壳逐渐退化，而被完全埋在了皮肤里面，功能也由原来的保护转为支持。乌贼游泳速度之所以快，是因为它与一般鱼类依靠鱼鳍划动游泳不同，它是靠肚皮上的漏斗喷水的反作用力而前行，其喷射能力就像发射火箭一样！可惜，人们对乌贼的这一生理特性发现得迟了些；否则，利用仿生学，喷气式飞机的试飞成功就不是1939年8月27日，应该提前不少时候。

乌贼的嘴如狮子口，这不是指它嘴的形状，而是指它撕咬食物时的状态。乌贼的嘴为肌肉型口腔，外面没有牙齿。乌贼的牙齿长在舌头上，叫“齿舌”，其功能不是咀嚼食物，而是吞咽食物。乌贼的口腔内有一对像鹦鹉喙状的角质颚片，能轻易地咬碎骨头、甲壳，撕碎韧性肉类更是“小菜一碟”。所以说，乌贼“鸟喙”嘴的厉害程度，大概只有狮子可以与之比拟。

海中有硬壳的贝类、虾蟹等食物是乌贼的首选，也是它的最爱，为了这些硬壳类食物，甚至大王乌贼也不惜与抹香鲸拼个你死我活。究其原因，都是为了“虾青素”在拼命。因为“虾青素”是最强的抗氧化剂，是保证肌红蛋白结构稳定而不被氧化的必要条件，也是生活在深海中乌贼和鲸鱼维持生命所需的物质；所以，乌贼的嘴如狮子，也是它的生理需要而造就的。

乌贼共有10条腕，有8条短腕和两条长触腕，是它捕食和作战的武器。那8条短腕上，长有类似老虎利爪、最长可达8厘米、能360度旋转的侧钩，可以轻易在鲸鱼身上划出2英寸深的伤口。据资料显示，鲸鱼不是给乌贼的腕钳住鼻窒息而亡，就是让它的腕抓得遍体鳞伤。乌贼先用爪子缠住对手，使之动弹不得，然后用吸盘吸住对方的肌肤“注射”毒液，杀伤和麻痹敌手，最后用爪子抓、钩，直至置对手于死地。乌贼有了这10条腕，不仅弱小的生命逃脱不了，即便是海中的庞然巨物——鲸，遇见了体长10多米的大乌贼也会一筹莫展。中国古代侠客使用的软兵器“绳钩”，也恐怕只能望其项背！

乌贼是水中的变色能手，它体内聚集着数百万个红、黄、蓝、黑等色素细胞，可以在一两秒钟内做出反应调整体内色素囊的大小来改变自身的颜色，以便适应环境，逃避敌害。

乌贼的血也与众不同，是蓝颜色的。乌贼的体内有一个墨囊，里面有浓黑的墨汁，一旦有凶猛的敌害向它扑来，就立刻会从墨囊里喷出一股墨汁，把周围的海水染成一片黑色，使敌害顿时看不见，而自己则在黑幕的掩护下逃之夭夭。另外，乌贼喷出的墨汁还含有毒素，能麻痹敌手，使敌手无法再去追赶它。

乌贼的墨汁还保护了清乾隆五十四年的南通状元胡长龄。

状元胡长龄塑像（清乾隆五十四年）

清朝乾隆晚期当朝的权臣是和珅。按礼节新科状元应当去参拜。刚正不阿的胡长龄不齿和绅的作为，就没去拜谒。和珅十分恼火，但胡长龄却成竹在胸。他趁和珅做寿的时候用乌贼肚子里的黑墨汁写了一副寿联和门生帖，派人送了去。和绅一看胡长龄的帖子来了，以为他服了软，也就不问了。等乾隆皇帝一驾崩，还在治丧期间，继位的嘉庆皇帝就把和珅抓了起来，凡是与和绅有瓜葛的同党一个都没有跑掉。胡长龄虽说不是和绅的同党，但他写过门生帖子。等把帖子翻开来一看，用乌贼墨汁写的字早就褪尽了颜色，没有一点痕迹，所以没有受到任何牵连。加之嘉庆皇帝很赏识胡长龄的正直和才干，于是步步高升，官至礼部尚书并兼户部职。聪明非凡的胡长龄，用神奇的乌贼墨汁，演绎了一个非凡的故事。

人类在近代战争中，作战双方常常利用发烟罐、发烟弹放出浓烟来掩护步兵和坦克前进，也会在对方上空施放烟幕弹，使自己在烟幕的掩护下顺利转移。这也许是受到乌贼喷墨放烟幕的启发。

乌贼的家族非常庞大，约有350种之多。最大的大王乌贼有21米长，重达2～3吨。最小的“雏乌贼”，身长不超过1.5厘米，和一颗花生的大小差不多，体重只有0.1克。

从捕获的抹香鲸身上发现的一个40厘米乌贼吸盘疤痕来推测，与这条抹香鲸搏斗过的乌贼身长可能达60米以上。如果真的有这么大的乌贼，那也就和传说中的挪威海怪相差不远了！地球上究竟有没有这么大的乌贼？抹香鲸身上的吸盘疤痕会不会随鲸鱼长大而长大？到目前为止还无法确定。已知的是：韩国釜山国立水上科学院展示有捕获的最大型鱿鱼，总长达7.7米。2014年1月16日，日本生物学家与NHK、探索频道（Discovery）经历了1000次的出航、超过400小时的潜水搜寻任务，在630米深的海中拍摄到大约有8米长的“巨型乌贼”，这是人类第一次在大王乌贼的自然栖息地拍摄到它的身影。2014年1月21日，日本鸟取县岩美町的网代新港利用设置在海底的渔网捕获到一条全长3.4米的巨型乌贼，该乌贼为雌性，体重为100公斤，如果其最长的触须还存留的话，体长可达8米。捕捞该巨型乌贼的渔船员表示：“该乌贼存活的时候给人一种非常恐怖的震慑力。”

南通产量最高的是“日本枪乌贼”——鱿鱼，其次是曼氏无针乌贼，再次是金乌贼、针乌贼和虎斑乌贼。从市水产渔业局报表上看，2003年捕获乌贼174吨，枪乌贼466吨；2004年捕获乌贼317吨，枪乌贼612吨；2005年捕获乌贼567吨，枪乌贼1176吨。

过去，人们对乌贼的营养保健功能没有充分的认识，凭臆测说，乌贼属于痛风发物，脾胃虚寒的人要少吃；高血脂、高胆固醇、动脉硬化等心血管病及肝病患者要慎用；患有湿疹、荨麻疹、痛风、肾脏病、糖尿病、易过敏等病人忌食等等。网上甚至还流传“吃一口鱿鱼，等于吃40口肥肉”、“女孩子吃了会发胖”等言语，误导了很多人，把“枪乌贼”拉进了非健康食物的黑名单。

笔者也曾被这些没有科学依据的传言误导了50多年，对乌贼忌而远之，偶尔被人劝食，也只敢勉强搛一小块。现在想起来也觉得十分幼稚可笑。

其实，乌贼是人体所需营养素最优越的供应者。

（1）乌贼体内含有人体所需的八种必需之氨基酸，既全面又丰富，是最完全蛋白质。乌贼所含大量的牛磺酸，可抑制血液中的胆固醇蓄积，有效减少血管壁内累积的胆固醇，对预防血管硬化、胆结石的形成颇具效力；能缓解疲劳，恢复视力，改善肝脏功能；能补充脑力，预防老年痴呆症。对容易罹患心血管方面疾病的中老年人来说，食用乌贼是最好的选择。

（2）乌贼富含钙、磷、铁等元素，利于骨骼发育和造血，能有效治疗贫血。

（3）乌贼所含多肽和硒等有抗病毒、抗射线的作用，可有效改善糖尿病人的各种症状，并可减少糖尿病人的各种并发症的产生。

（4）乌贼体内的脂肪结构与畜禽体内的脂肪结构有着明显的区别。乌贼体内含有丰富的欧米伽-3不饱和脂肪酸家族中的重要成员——DHA（俗称脑黄金），对调节血压、保护神经纤维活化细胞和防治肥胖与心脑血管病有着极佳的辅助疗效，可制成最佳的深海鱼油。DHA还是神经系统细胞生长及维持的一种主要元素，是大脑和视网膜的重要构成成分，对胎婴儿智力和视力发育至关重要。

过去，医学界有人认为乌贼是胆固醇和甘油三酯含量最高的食物，致使乌贼一直背着高血压病人忌食的“黑锅”。其实，乌贼体内所含的胆固醇是一种高密度胆固醇，对人体不仅无害，反而有益。现代医学认为的“好胆固醇”，能清除附在血管壁上的低密度胆固醇（坏胆固醇），起到血管清道夫的作用。

按照中医理论，乌贼味咸、性平，入肝、肾经；具有养血、通经、催乳、补脾、益肾、滋阴、调经、止带之功效；用于治疗妇女经血不调、水肿、湿痹、痔疮、脚气等症。墨鱼壳，即“乌贼板”，学名“乌贼骨”，是中医上常用的药材，叫“海螵蛸”，是一味制酸、止血、收敛之常用中药。李时珍称墨鱼为“血分药”，是治疗妇女贫血、血虚经闭的良药。

乌贼将食物的美食功能与医药保健功能结合于一身，对人类健康贡献巨大。

乌贼，本名乌鲗，又称花枝、墨斗鱼或墨鱼，属软体动物门头足纲乌贼目，是海洋中的无脊椎动物。因为它生活在海中与鱼为伴，所以人们给它冠上了鱼名。其实它与文蛤、竹蛏、泥螺、鲍鱼类的软体类水产才是同门同宗。

乌贼出现于2100万年前的中新世，祖先为箭石类。但人们对乌贼的了解还很肤浅，就拿体型大的乌贼王来说，它究竟住在何处、如何生活、如何觅食、如何繁殖？科学文献上至今还是空白。

相传烹调之圣伊尹，见夏将亡，去见商汤王，无以为由，就制作了天鹅之羹、鳍鲗之酱，献给汤王，从而以烹调之术喻治国之道。据先秦史籍《逸周书》载：“伊尹受命于汤，赐乌鲗之酱。”且不管是伊尹所献，还是汤王所赐，但都谈到乌鲗之酱。墨鱼酱在西汉时，仍被认为是多种鱼肉酱中最为名贵的。这是见诸文献的最早的鱼酱名称，足见中国是最早开发食用乌贼的国家。

我们常见的鱿鱼、章鱼，与乌贼是同纲不同目。鱿鱼属管鱿目，有吸盘，头大，前方生有触足10条，尾端的肉鳍呈三角形，三种鱼中它的躯体最软。目前市场上看到的鱿鱼有两种：躯干部较肥大的“枪乌贼”和躯干部细长的“柔鱼”。章鱼属八腕目，有8个腕足，俗称八爪鱼，有吸盘，会喷墨，身体不太大，但触须很长，大的章鱼光触须就重达半斤。

乌贼、鱿鱼、章鱼，不但滋味鲜脆爽口，均具有较高的营养价值，且富有药用价值。乌贼鲜品在烹调前，要遵循以下整理步骤：

① 先撕净乌贼外面的一层套膜（退化的壳），里面的一层衣膜不能撕掉。将乌贼头、须与胴体分开，带出内脏，并将内脏从头上摘除；挤去两眼中紫色的液体和口中的两片角质腭；抽去内壳（海螵蛸）和墨，用清水冲洗干净，即可改刀入烹。

② 乌贼可切成片、条、丝。旺火速成的片块必须先剞成花刀，使受热面扩大，成品口感才能滑嫩润软。刀需剞在没有薄膜的腔内一面，才能卷缩成所需要的花形。一般球型如荔枝、核桃等圆球花，操作较简易，只要在腹面剞上3/4深的钉子花刀，然后改切成三角形的块，加热后便会自然卷缩成圆球形。如若要成品呈长筒形，如麦穗、笔筒、兰花、卷筒等，则要采用多种刀法，如直剞、斜剞、混合剞法。如要竖卷成筒或横卷成筒，就要运用深浅不同的剞法。要竖卷的一面至少要剞3/4的深度，不卷的一面只能剞刀2/3深，否则横卷就成了竖卷，乱而不成花了；反之也一样。再如要剞成不卷缩的，如梳子、蓑衣、篮花、相思等平行花刀，就要在有薄膜的一面剞刀，或两面都剞刀，刀法和剞刀的角度就更复杂一点。一般炒、爆、涮、汆、拌、炝的烹法都可以剞花刀，如果不会剞刀，也可切丝或批成很薄的片。烧、烤、熏等烹法，就不需要剞刀，而在烩菜时，为了美化菜形，更利于成熟，也有人剞刀。

③ 鲜乌贼肉可以劗茸，做成的丸子、鱼线、芙蓉鱼片等，是鱼类中色泽最白、最亮丽，嫩而有劲的上品。

④ 乌贼的干制品叫“螟蜅”；鱿鱼的干制品就叫鱿鱼，而鲜品则叫鲜鱿鱼。雄性乌贼的生殖腺干制品叫“墨鱼穗”，雌性乌贼的缠卵腺干制品叫“乌鱼蛋”，都是名贵食品。

乌贼、鱿鱼的干制品，因其亲水基已经变成疏水基，吸水性极差，所以任你怎么浸、泡、焖、煮、蒸、煨，都无法使它们涨发成鲜活状态。下面介绍四种涨发的方法。

① 生碱水发。即用石碱水反复浸泡的同时适当加入盐，使其吸水涨发，虽不能完全还原到鲜活状态，且涨发时间较长，但已可烹制食用。

② 熟碱水发。即用3两石灰、7两石碱，加4斤开水制成灰碱溶液，去掉沉淀物后取清液再兑入4斤清水，即成熟碱水溶液。将螟蜅、鱿鱼先用水泡软，鱿鱼要撕掉外层衣膜（里面的一层不撕）和半透明的内壳角质片，投入熟碱水溶液中，约半小时后拣出须腕和已经涨发的嫩片，再隔1小时左右，见干制品上面有了光泽并发软而有弹性，即已涨发好。拣出后用清水反复漂洗，去掉碱味，即可剞刀使用。需要注意：⑴ 一斤干制品只能涨发5～6斤。若任其涨发到八九斤，就发过了头，衣膜已坏，剞刀不能卷缩成花型。制品含水太多，如不作排水处理，烹调时不易入味。刚入口还有点味道，嚼之全是水味，会影响成菜质量。⑵ 涨发好、漂净碱水的制品要当天使用。如若第二天使用，必须在涨发制品的容器内放入少量石碱后再放进冰箱。否则第二天制品将缩小、变硬，再涨发也无法使其吸水膨胀。

③ 水泡发。此法只适用于鱿鱼。将鱿鱼放在冷水中浸泡1～2小时，使鱼体吸水变软，撕掉外层衣膜（里面的一层不撕）和半透明的内壳角质片，将头、腕部分与鱼体分开，洗净即可。这种方法，仅能将鱿鱼泡软，涨发率极小。其优点是成菜后不失鱿鱼的本来风味，口感较韧有劲。一般用于加汤的烧烹法。

④ 苏打涨发。一般是先用水泡发，浸泡清洗后剞上花刀，直接用苏打或涨发剂加少量水与之拌和，待一定时间后捞出，再投入清水中反复浸漂，使鱿鱼充分吸水并排出碱味。

现在市场上有涨发好的螟蛹、鱿鱼出售，但大多数涨发过头，衣膜已被破坏，不但不好剞刀，烹调出来的菜品也没有原料本来的风味。我看还是自己涨发为好。

下面介绍五款乌贼菜品的南通烹法：

［雪菜墨鱼丝］

原料：

净墨鱼250克，雪里蕻咸菜梗（去叶）50克，猪五花肉150克。

制法：

① 墨鱼顺长切成两爿，在腹内的一面再顺长剞上直刀纹（不剞刀也可），横切成丝。放入沸水中焯一下，待乌贼丝缩成齿轮状后捞出，沥干待用。

② 雪里蕻咸菜切米。若加20克熟笋丝，则成“雪笋墨鱼丝”。

雪菜墨鱼丝

③ 猪五花肉切丝，以增加腴香润嫩度。也可不加。

④ 炒锅置旺火上烧热打滑，放入熟猪油10克，烧至四五成热，下肉丝炒熟，盛起待用。锅内再放20克油，先下葱段煸香，放入雪里蕻咸菜末（笋丝）煸干水分，煸出香味后，盛起待用。

⑤ 锅内放20克油，先下姜葱米煸出香味，再下墨鱼丝煸炒，锅内烹入绍酒，下糖、盐、胡椒粉、酱油（可用可不用），放入肉丝、雪菜炒和，下肉汤50克烧沸后勾芡，再淋入10克熟猪油，出锅装盘即成。

此菜为南通家常菜。主料墨鱼，配料则根据各人的口味、各家之习惯进行选配。成菜口味清鲜，腴美辛香，质感鲜明，脆嫩结合。

［炒墨鱼线］

原料：

墨鱼肉150克，熟猪肥膘肉50克；鸡蛋清4只。

制法：

① 将墨鱼肉、猪肥膘肉斩茸，加姜葱汁搅成厚糊；将4只鸡蛋清分三次投入厚糊中，顺着一个方向搅成糊状，加味精、盐、生粉、胡椒粉，搅拌黏稠，待用。将姜、葱、红辣椒切丝，待用。

② 炒锅置旺火烧热打滑，投入色拉

炒墨鱼线

油1000克，开小火，使油温保持二成热；将鱼糊装入裱花器，如无裱花器则可用塑料袋或皮纸袋，袋角剪一小口。将鱼糊从小口中挤入油锅即成鱼线。熟后倒入漏勺沥净油。

③ 锅内留少许油，将姜葱丝、红辣椒丝略煸，烹入绍酒，投入鸡汤、盐（1克），烧沸后加味精，用水淀粉勾芡后投入鱼线，淋入芝麻油，撒上胡椒粉，将锅颠翻几下，装盘即成。

成菜状如丝线，色彩悦目，口味腴润鲜美，滑嫩而有弹性，是一道色味形三馨的墨鱼佳馔。

[**烩墨鱼面**]

此菜的做法与炒墨鱼线基本相同。不同之处是将鱼糊挤入汤中成熟后，配以泡软的发菜烧汤。装碗后再放入炒韭菜，淋芝麻油，撒胡椒粉，加味精和香菜即成。

成菜黑、白、绿三色分明；鱼面软韧，滑嫩鲜美；发菜清香，韭菜辛香，汤菜俱美，是乌贼茸料佳肴。

烩墨鱼面

[**爆鱿鱼卷**]

鱿鱼干和鲍鱼、干贝、鱼翅、海参等，被列为海产八珍，在国内外市场上享有较高的声誉，是筵席上常用的美馐。

“爆鱿鱼卷”因成菜之形、色皆酷似麦穗，故又称“麦穗鱿鱼”，是南通名菜。

制法：

① 先将涨发好的350克鱿鱼干剞刀。鱿鱼的里面用斜刀法横剞2/3深度的平刀，再用直刀法，顺剞3/4深的直刀纹；再将鱿鱼顺长切5厘米、横宽3厘米的块，下油锅或沸水锅略爆，去掉部分水分，使其卷缩成麦穗型。

爆鱿鱼卷

② 炒锅上旺火打滑，放猪油50克，投入姜、葱、洋葱末和蒜泥，煸出香味；投入鱿鱼卷，放入绍酒、糖、酱油、味精、肉汤，沸后勾芡，淋芝麻油，颠锅，装盘后撒上胡椒粉、香菜叶即成。

成菜晶莹透明，形色酷似麦穗，口感脆嫩而有弹性，口味鲜美，辛香扑鼻。

[鸡火鱿鱼]

鸡火鱿鱼

“鸡火鱿鱼”是南通传统筵席上常用的一道大菜。成菜是以鱿鱼为主料，配以熟鸡片、火腿等加虾籽扒制而成。

制法：

① 鱿鱼干500克用清水浸泡2小时，使之还软；撕去外衣膜和体内角质片，洗净，改批成6×3厘米的菱形块，下沸水锅烫一下。

② 锅置旺火上，放50克熟油，放入洋葱丝、生姜片、葱段，煸出香味后放入600克鸡汤，烧沸；拣去洋葱丝、姜片、葱段，撇去浮沫，投入鱿鱼、火腿片、熟鸡片、水发香菇、熟笋片，放入料酒25克、盐6克、糖3克、虾籽10克、胡椒粉1克，转旺火烧沸。

③ 将锅移至小火焖20分钟后再转入旺火，加味精1克、勾稀流芡，盛入用12颗经鸡汤成熟的菜核围边的盘中，淋入芝麻油10克，汤中间放入香菜即成。

成菜腊香。鱿鱼韧而有弹性，越嚼越香，多种美味交融，令人大快朵颐。

10、水产瑰宝·海蜇

“出没沙嘴如浮罂，复如缁笠绝两缨，混沌七窍未具形，块然背负群虾行。”这是宋代沈与求《钱塘赋水母》一诗中，对海蜇的形态和生活习性的描绘。

海蜇为海生腔肠动物，是海洋中大型暖水性水母，为腔肠动物门，钵水母纲，根口水母科，海蜇属。海蜇古称蛇（《岭表录异》）、鲊鱼（《博物志》）、水母（《江赋》）、石镜（《异苑》）、借眼公（《清异录》）等。在李时珍所著的《本草纲目》中见有“海蜇”二字。至今，我国各地对海蜇的称谓也不统一，江浙一带叫“海蜇”，广州叫“水母”，福

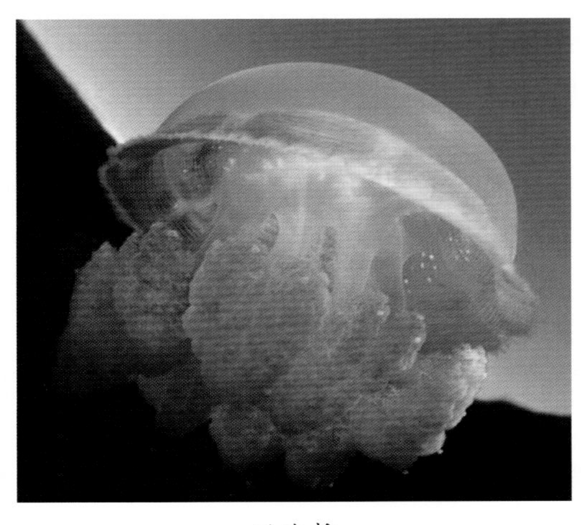
活海蜇

宋·沈与求

建、台湾叫“蛇”，汕头叫“红蜇”“白蜇”等。

海蜇的上半部呈球形，犹如一顶降落伞，叫伞部。正如宋沈与求诗中所说，似一纹彩美丽的罂罐或没有帽缨的笠帽飘在海面上，这就是叫“蜇皮”的部分；下半部呈条棒形，是海蜇的口腕部，如“垂缨”，也就是我们称之为“蜇头”的部分。海蜇一般伞径300~500毫米，直径50厘米，最大可达一米。2014年在英国康沃尔海岸发现的一只巨型水母，重达35公斤。

海蜇是真正的“混沌七窍”——没有五官。因为无嘴，所以它的营养方式是体外消化，是将捕获物消化后，再由许多小吸口吸入胃腔。又由于它没有眼睛，就“背负群虾行”——“假虾为目”。小鱼、小虾栖息在海蜇上，每当有外物或敌害接近时，小鱼小虾就躲入海蜇的伞腔和口腕内；海蜇就立即收缩伞部沉入深水，以逃避敌害。海蜇以小鱼、小虾为目，小鱼、小虾又仗其保护，唐朝的杨涛还特地写了一篇《水母目虾赋》，以优美、富于哲理的语言，描写了这一共生现象。

在浙江舟山有一个关于“海蜇虾当眼”的神奇传说。

相传，生活在大海中的美丽勇敢的海蜇姑娘，在与兴妖作怪的大海蛇的殊死搏斗中，用触手卡紧大海蛇的七寸，作恶多端的大海蛇终于被除掉。不幸的是，海蜇姑娘的双眼在搏斗中被海蛇的毒液喷瞎。从此以后，海蜇姑娘的眼睛看不见了，行动极为不便。某日，东海龙王寿诞，水晶宫张灯结彩举行盛大宴会，众水族在鼓乐声中载歌载舞，好不热闹。海蜇姑娘也因靓丽善舞，被东海龙王派遣的虾兵引来参加舞会。在台上表演的海蜇姑娘，虽然舞姿翩翩，优美动人。但终因辨不清东西南北，将在一旁指挥的老海龟丞相撞了个四脚朝天，半天翻不过身来。自己的玛瑙蜇头也被坚硬的海龟壳碰起了大包，惹得众水族捧腹大笑。引领海蜇姑娘来的虾兵，居然将下巴都笑掉了，从此虾就没有下巴了。海蜇姑娘呆呆地站在一旁，非常尴尬，心里难受极了。端坐在宴席上观看的寿星见此情景便动了恻隐之心，下令惩罚脱落了下巴的虾兵给海蜇姑娘终身当向导。

在此后漫长的岁月里，海蜇姑娘和虾兵相依为命，共生共存。海蜇姑娘身上分泌出含有丰富营养的黏液，给虾兵当食粮；虾兵则寄居在海蜇姑娘身上，恪守职责，一遇险情，马上报警。海蜇姑娘接警后，就迅速收缩伞部，巧妙地将虾兵庇护在自己的伞腔和口腔内，同时迅速下沉，逃之夭夭。

海蜇是营浮游生活，自泳能力很低。它的浮游受风力、海流及潮流的支配，有时海面上会出现连绵数海里的蜇群，而一夜之间又会飘得无影无踪。

海蜇在我国的南海、东海、黄海、渤海四大海区近岸盛产，资源十分丰富。江苏海区以南通的吕四产量最高，占全省总产量的90%以上。中国国家地理标志产品“吕四海蜇”，是继太湖银鱼之后，江苏省第二个获准进行地理标志注册的水产品，曾荣获国际美食暨旅游协会颁发的“金海鲜奖”。

鲜海蜇通体含水分96%，并含有毒素。美国生物学家发现，海蜇所含的毒具有较强的抗菌、抗病毒、抗癌作用；海蜇分泌的一种物质，可刺激心脏活动。

海蜇毒液蜇伤人体后可造成程度不同的损伤，如海黄蜂水母，刺丝可分泌类眼镜蛇毒，对人类危害最大，蜇伤后5分钟即可致人死亡。研究发现，海蜇毒素为四氨络物、5-羟色胺及由多肽类物质，有较强的组织胺反应。其中“僧帽海蜇”含有“催眠毒素”。这种毒素是由蛋白和小分子含氮物组成，蜇伤人体后，患者需多日才能消除伤痛。因此海蜇必须用盐和明矾反复腌制，以脱出大量水分，使毒性粘蛋白凝固脱除，同时使之收缩成适口的质感。

海蜇作为食品，不但有其独特的风味和富有营养价值，而且还能治疗高血压、甲状腺功能减退、胃溃疡、气管炎、哮喘、脓性疽痈、妇女血崩、恶露不尽等多种疾病，并能抑制癌症的发展。由于海蜇既是美味食品又具有滋补、保健等多种功效，被视为水产瑰宝。

我国是世界上最早开发、利用海蜇资源的国家。西晋张华的《博物志》就有人们食用“鲊鱼”的记载。也就是说，我国最迟在晋代就已经食用海蜇，而国外则是在1600多年后的19世纪末才始见正式记录。由此可见，我们的祖先敢于食用“混沌七窍未具形”“眼中怪物状莫名”的水母，需要何等的胆识！是我们的祖先，以大无畏的精神发现了海蜇的美味，以严谨的科学态度发现了海蜇对多种疾病的治疗作用；又是我们的祖先，以无穷的智慧创造了对海蜇的加工和烹调方法。正是由于我们的祖先对海蜇资源的开发利用，才使这一“水怪”成为为人类健康服务，使人类得到美味享受的水产珍馐。

我国的古籍如《博物志》《岭表录异记》《北户录》《本草纲目》《本草拾遗》《水族加恩簿》，和沿海各省、县志以及文人学士的诗词歌赋中，屡有古代学者对海蜇的形态、生态、加工、食用方法和药用研究等方面的记载。

我国在晋代就已食用海蜇。到了唐代，《本草拾遗》中说：“（海蜇）炸出以姜醋进之，海人以为常味。”海蜇在元代以前为煮食。如元代《云林堂饮食制度集》中记载的无锡名菜“海蜇羹”：“用对虾头熬清汁。或入片子鸡脆，和入供。”到了明代，人们才开始生食。《本草纲目》中就有“人因割去之。浸以石灰、矾水，去其血汁，其色遂白。其最厚者，谓之蛇头。味更胜。生熟皆可食”的记载。到了清代，袁枚的《随园食单》中也有生食的记载：“用嫩海蜇。甜酒浸之，颇有风味。其光者名‘白皮’，作丝，酒、醋同拌。”清代《清小录》中介绍了一种海蜇的吃法：“水洗净。拌豆腐略煮，则涩味尽而柔脆，加酒酿、酱油、花椒醉之。”为了使海蜇柔脆，利用了豆腐，可谓别出心裁。此菜既是“略煮”，也就是熟吃的了。

明 · 李时珍

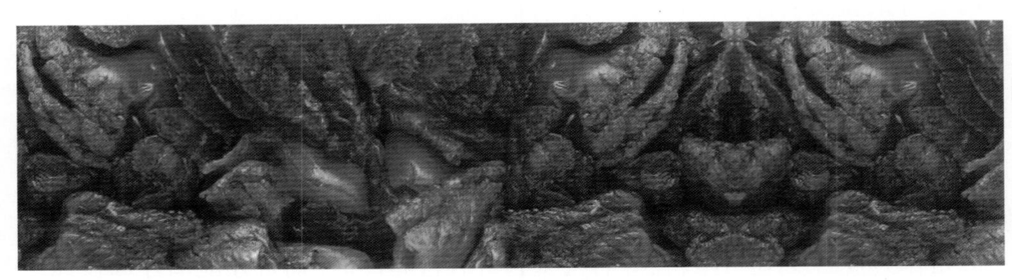

矾盐腌制紫玉脆的海蜇头

食用海蜇的变化过程也很有趣。据古籍记载，我们的祖先起初对海蜇是烹而食之、煠而食之。可以想象，大概是由于对它的畏惧，为了对身家性命的安全增加保险系数，所以来了个“飞刀缕切武火烹”。至于生食海蜇始于何时，仍尚难确定。笔者猜测，大概是发明了“绛矾收涎体纡萦”的加工方法之后。我们的祖先由不敢吃“水怪”到敢于烹而食之，是一个勇敢的造福于人类的创举；而由熟食到生食，同样也是一个大胆的创举。生食海蜇省工、省料，同样美味可口。这里所说的省工，是指操作手续简便易做；省料是指某些加热方法会使海蜇收缩，体积变小，用量就相对增加以及海蜇中维生素B族有的因加热而有所损失而言。因此生食海蜇对节约宝贵资源是一大贡献。

随着人们对海蜇需求量的增加，海蜇资源越来越宝贵，因此生食海蜇也越来越普遍。有人说：“海蜇一汆，只剩一半；海蜇一煮，化为乌有。”还有人说：“海蜇遇饭，变水一滩。”认为海蜇不能与淀粉接触，从而因噎废食，不敢熟吃。

海蜇加热是要卷缩的，但我们可以不让它卷缩；即使卷缩，还可以让它恢复到原来的体积。用海蜇做菜，要脆则脆，要酥即酥，要形有形，要柔滑能柔滑，要晶莹就晶莹，要什么味有什么味。海蜇具有适应食者各种需求的特殊性质，是任何动、植物性原料所望尘莫及的。

以脆来说，用水汆、油汆、爆炒等方法烹制，都能使制品酥脆异常。如用滑炒，则滑而脆；清炒则松而脆。要其酥，用煮、烧、烩、蒸诸法烹制，能使海蜇松酥柔糯。元朝谢可宗这样称赞海蜇：“海气冻凝红玉脆，霞衣褪色冰涎滑。”

以形与色来说，只要略施花刀，利用其受热能卷缩的特性，佛手、菊花、孔雀、狮子……形态任你变化。而其色只要加热处理得当，海蜇皮可像水晶一样莹洁，海蜇头可以色如紫玉、珊瑚。古人对海蜇菜色形之美有许多既形象又恰切的形容。宋沈与求说烧蛰皮“花磁饤饾粲白英，不殊冰盘堆水晶”。《岭表录异记》中说海蜇头如水晶紫玉。

江苏海区的海蜇主要产地南通，采用多种烹调方法制作了百种海蜇热菜，用16斤左右海蜇就可以制作一桌海蜇全席。现介绍几种海蜇热菜的做法，以飨读者。

［**滑炒海蜇**］

海蜇皮洗净切片，淋干水分，用鸡蛋清、湿淀粉、精盐上浆，在3～4成热的温油中划油，至浆汁凝固起锅。另炒配料，加进调味品、勾芡，随即投入划过油的海蜇片，颠锅淋油即成。海蜇滑炒体积不会缩小，故用料少，海蜇滑脆异常（划油时间不宜长，长则不脆）。调料、配料和刀工成型可自由选择，如韭芽蜇片、雪笋蛰片、芦姜蜇丝、银芽（绿豆芽）蜇丝等。如在调味上加以变化，则品种更多，如酱包、麻辣、怪味、糖醋、糟香、虾酱等，任凭变化。如用发蛋滑炒而成的"芙蓉蜇皮"，更是色、香、味、形俱佳的菜品，而且用料很少（如用九寸盘装，只要3两蛰皮，4个鸡蛋的蛋清）。具体方法是：将蛋清打成发蛋，蜇片先上浆、划油，倒入漏勺，用少量油、料酒、鸡汤、盐、味精等调味品下锅烧沸，勾稀芡，随即投入发蛋煸炒，待发蛋即将凝固时，投入划好油的蜇皮同炒，颠锅、装盘。此菜发蛋紧裹蜇皮，色泽洁白，蛋嫩蜇脆，色形味滋俱美。

海蜇如用煸炒或油爆法烹制，成菜的质地很脆，口味、配料、刀工、成型也可以自由选择，但加热时间不能长。因为不上浆，海蜇遇到骤热要卷缩，所以海蜇用量要比滑炒增加一倍以上。

［**油炸海蜇**］

海蜇油炸一般采用软炸和酥炸二法。

① 软炸以"交切海蜇"为例。先将蜇皮洗净（洗海蜇要用清水反复漂洗，以清除矾、盐、沙粒），切成6~12厘米的大片，用洁布吸干水分，拍上干粉，拖上蛋糊（要加调味），两面揿满芝麻，下4~5成热的油锅炸至浮起，起锅改切成小块，随带辣酱油或甜面酱蘸食。

又如"炸玉蝗"。先将海蜇切成小块，调好味作馅心；将虾茸包成丸子，下四五成热油锅炸熟后，用椒盐蘸食。

② 酥炸如"裹烧蛰头"。将海蜇头洗净下沸水锅煮酥，捞起后放入冷鸡汤内让其恢复至原来的体积，捞起后加调味品，拍干粉后再上全蛋糊，下热油锅炸酥，用辣酱油或甜面酱蘸食。

古代的"煠出以姜醋进之"，其实就是现今的"烹海蜇"，清炸后烹以调味品即成。"烹"与"清炸"二法，因所耗海蜇较多，故已不大采用。

［**烧烩海蜇**］

蜇皮、蜇头均可。将海蜇洗净，下沸水锅用小火煮至柔软松酥状态，捞起放入清水中浸漂（海蜇入沸水锅煮后，要放入清水中反复浸漂，让其涨发，并要多次换水，以除矾、盐的涩咸味）。待其恢复至原来的体积后，再用配料、鸡汤烧烩。南通名菜虾仁珊瑚、鸡火蜇皮即用此法制作。"虾仁珊瑚"是蜇头与虾仁同烩；"鸡火蜇皮"是蜇皮与鸡片、火腿同烩。前者色泽像紫玉般晶莹，形状似珊瑚；后者透明如水晶，色泽如古人形容的"粲白英"，比白色的花瓣更光彩鲜艳。而"烩三海"，则是将煮好的海蜇与海参、蟹黄同烩。

海蜇的造型菜，如孔雀海底松、狮子抢绣球、玛瑙海蜇等，是用鸡、虾等茸料或蛋白与煮好的海蜇头加工造型，加调味品上蒸笼蒸之，可达到同样的质地要求。若做汤菜，与烧烩的方法基本相同，其区别在于汤多而不勾芡。如用虾茸做成的“金鱼”与海蜇烧汤，菜名叫“金鱼串珊瑚”；假如与鸽子蛋烧汤，菜名叫“海中捞月”；如若与鸡、火腿片、菜核同烧，菜名叫“海底松汤”；与猪肺同炖，菜名则叫“海底松炖银肺”；与整鸡同炖，菜名叫“凤戏牡丹”。此外，还有鲜花海底松汤、玉蟾串桂枝等。

假如用海蜇做溜菜，如锅巴海蜇、粉丝海底松等，这些菜也是采用烧烩海蜇的同样方法。先将海蜇烧好（汤汁多些），浇在刚起锅的油炸锅巴或粉丝上即成。

“拔丝海蜇”，是用海蜇做成的甜菜。是将煮好的蜇头调好味，拖全蛋糊炸脆，用糖拔丝而成。“糖水海蜇”，也是将煮好的海蜇放在糖液里与发蛋、银耳或其他果料同烧。假如与荸荠同烧，不仅是美味甜菜，还是中医医治高血压、消痰的良药——“雪羹汤”呢！

所以说，只要熟悉了海蜇的性质和其在加热时的变化规律，可以采用各种烹调方法，做出各种各样的海蜇菜来。

需要提请读者注意的是，市场上有时会流入二矾海蜇。此类毒海蜇未经充分腌制、脱水，含有多肽类毒蛋白等，误食以后会引起中毒。二矾海蜇含水量69%。感官鉴别的方法是：蜇头外观呈现棕红色，含未凝固胶质，肉杆松软，腔肠开口部残留黏液汁，味涩而滑；蜇皮厚薄不均，外观呈半透明胶冻样，以手挤捏，有液体溢出。此类商品不可购买。如已经购买了二矾海蜇，可自行进一步处理。方法是：以5斤海蜇计，用1斤盐、3两明矾混合，然后一层海蜇、一层盐矾，层层相叠，用重物压紧。10天后沥去水分。这时的海蜇已充分脱水去毒，即为“三矾”海蜇了，可放心食用，且口感也好。

上述介绍，意在让这一水产瑰宝能在大家的餐桌上添彩增味。

现再介绍几款南通常做的海蜇热菜。

［玉蟾串桂枝］

传说月中有蟾蜍，故“月宫”素有“蟾宫”之称。方干《中秋月》诗云：“凉霄烟霭外，三五玉蟾秋。”已故中国烹饪高级技师、江苏省烹饪大师马树仁，在20世纪60年代根据月宫有蟾和桂树的传说，用虾仁做成玉蟾，蜇头寓桂枝，盛器代表月宫，创制了“玉蟾串桂枝”这一肴馔。成菜汤清见底，海蜇酥而不脆，柔而不烂，色彩斑斓，晶莹如月中桂树；“玉蟾”柔嫩鲜美，形态逼真，沉浮于清汤之中，富有动感。此菜先后被收入《中国名菜谱》《中国烹饪大百科全书》《中国烹饪辞典》《中华饮食文库·中国菜肴大典》（海鲜水产卷）。

玉蟾串桂枝

原料：

水发海蜇头500克，虾仁75克，水发黑木耳15克，熟火腿片0.5克，熟猪肥膘20克，虾尾壳36只，胡萝卜25克，水发香菇1片；鸡蛋清1枚，精盐10克，葱末15克，香菜叶5克，鸡清汤2000克，熟猪油15克。

制法：

① 将虾仁、猪肥膘分别斩成茸，一起放入碗中加清水25克拌和，加精盐（4克）搅拌上劲；将鸡蛋清打成发蛋后，放入虾茸碗中拌匀成虾糊，分别装入抹上熟猪油的12把小汤匙中，成椭圆形似蟾身；用虾尾壳3只分别插入“蟾”身作脚；胡萝卜切成小月牙插入“蟾”头部作唇；香菇刻成小圆形揿入“蟾”头两边作眼。

② 把做成的“玉蟾”放入盘中，上笼用中火蒸约3分钟，至熟取出，脱入清水中。

③ 将锅置旺火上，舀入鸡清汤（1000克）烧沸；放入海蜇、木耳至沸，倒入漏勺沥汤，盛入品锅中。原锅置旺火上，舀入鸡清汤（1000克），加精盐（6克），撇去浮沫，放入“玉蟾”后至沸，倒入盛有海蜇的品锅中，放上香菜即成。

成菜味型：鲜、咸。

成菜特点：口感海蜇酥松、玉蟾柔嫩，形、味、色俱佳。

［**虾仁珊瑚**］

虾仁珊瑚

海蜇头热处理后，透明晶亮，形似珊瑚，故名。南通厨师用海蜇与虾仁同烩，“珊瑚”色彩斑斓，酥松柔滑；虾仁如玉，滑嫩鲜美。佐料中火腿酱红，腊香浓郁；鸡片雪白鲜酥；香菇褐黄，馨香扑鼻；菜心滴翠，清香爽口。多种原料，主辅有序，缀色助味，各有所司，色泽绚丽多彩而又和谐统一。南通已故前辈烹饪大师吉祥和制作此菜口味尤佳。

“虾仁珊瑚”被编入《中国名菜谱》《中国烹饪辞典》；1992年入编《中国烹饪百科全书》；1995年被收入《中华饮食文库·中国菜肴大典》（海鲜水产卷）；1999年被评为江苏名菜；2014年6月，被评为“南通市十佳名菜”。

原料：

海蜇头750克，虾仁250克，水发香菇片25克，熟火腿片50克，熟鸡脯片50克，青菜心2棵（约50克），香菜叶5克；绍酒50克，精盐7.5克，味精2克，白胡椒粉1克，鸡清汤900克，水淀粉350克，熟鸡油25克，色拉油750克（实耗125克）。

制法：

① 选用陈年海蜇头，撕去膜皮洗净后放入沸水中焖焐10分钟左右，至酥软后，捞放至冷水中反复换水浸漂，至涨发成珊瑚状即可捞起。将锅置旺火上，舀入鸡清汤

（500克）烧沸，放入海蜇头，微沸捞出，将青菜心放入沸水中焯至翠绿色，捞入冷水中待用。

② 锅置旺火上烧热，舀入色拉油，烧至四成热时放入虾仁（浆制过），拨散至熟，倒入漏勺。

③ 原锅置火上，舀入色拉油75克，放入香菇片、火腿片、鸡脯片、青菜心炒和，盛起待用。

④ 锅置火上，舀入清鸡汤400克，加绍酒、精盐、味精烧沸后，放入海蜇头，投入虾仁和鸡脯片、火腿片、青菜心等辅料，用水淀粉勾芡，淋入熟鸡油，起锅装盘，撒上白胡椒粉、香菜叶即成。

成菜特点：海蜇酥松鲜美，虾仁鲜嫩如玉，各种辅料缀色助味，色泽绚丽多彩，口味鲜腊香酥，是不可多得的海味珍馐。

［芙蓉蜇皮］

“花磁饤饾粲白英，不殊冰盘堆水晶”，这是宋代诗人沈与求用来赞美蜇皮的诗句。笔者研制的各种炒、炸海蜇菜肴，使海蜇在油锅中加热不但不收缩，而且用量比生食还少。“芙蓉蜇皮”就是用滑炒的方法烹制而成。成菜后，雪白饱满的发蛋紧裹蜇皮，中间缀以红色的火腿茸，用翠绿的香菜围边，犹如一朵娇艳的芙蓉花。

芙蓉蜇皮

2003年，“芙蓉蛰皮”作为宴席热菜，获得“江苏省美食精品展暨第四届烹饪技术大赛”团体金奖和“江苏名宴”称号；被编入《中国名菜谱》《中国烹饪辞典》《中国烹饪大百科全书》《中华饮食文库·中国菜肴大典》（海鲜水产卷）；2014年6月被评为“南通十佳古典菜”。中国烹饪高级技师、市烹校校长张兰芳擅作此菜。

原料：

海蜇皮200克，熟火腿末10克，香菜叶3克，鸡蛋清5枚；绍酒25克，精盐5克，味精1.5克，鸡清汤150克，水淀粉50克，色拉油100克。

制法：

① 将海蜇皮洗净，先切成5厘米宽的长条，再切成粗丝，漂净矾盐后，用干净布将蜇皮水分吸干，加入精盐2克，味精0.5克，水淀粉30克，鸡蛋清1枚，搅拌上劲。将其余鸡蛋清用竹筷打成发蛋。

② 锅置旺火上烧热，舀入色拉油，烧至三成热时，把蜇皮丝投入锅内加热至蛋浆凝固，倒入漏勺沥油。

③ 原锅再置火上，舀入清鸡汤，放入绍酒、精盐（3克）、味精（1克），用水淀粉20克勾芡，然后倒入发蛋，从锅底向上缓缓炒拌，使卤汁与发蛋融合，待发蛋将凝固时，再投入蜇丝稍炒即出锅装盘，中间撒上火腿茸即成。

成菜色白如雪，蛋嫩蜇脆，微有腊香。

［炸玉蝗］

海蜇所含水分较多。人们普遍认为“海蜇下油锅，全部化乌有”，所以不宜做热菜；而爍而食之的耗料又太多，因而改用生食，使“炸海蜇”这一美馔从人们的食谱中消失了。笔者经过研制改进，可使海蜇炸而不缩，因此千年失传的炸食海蜇之法，又得以重放异彩。

炸玉蝗

因海蜇古称“蝗鱼”，成菜如玉，故菜名为“炸玉蝗”。南通市烹饪大师钱焕清制作此菜深为得法。该菜入编《中国名菜谱》《中国烹饪辞典》《中国烹饪大百科全书》《中华饮食文库·中国菜肴大典》（海鲜水产卷）。

原料：

陈年海蜇头250克，虾仁150克，熟猪肥膘25克，鸡蛋清2枚；精盐4克，味精1克，花椒盐1.5克，干淀粉50克，鸡清汤150克，芝麻油10克，色拉油750克（实耗75克）。

制法：

① 将虾仁、熟猪肥膘分别剁茸，加入鸡蛋清、精盐（2克）、鸡清汤、干淀粉（25克），拌和成虾茸糊待用。

② 将海蜇头洗净，先下沸水略烫，再放入清水中浸泡，恢复至原体积时改成小块，用干净的纱布吸干水分。用精盐2克和味精调味后，拍上干淀粉25克，裹满虾茸糊。

③ 将锅置于火上，舀入色拉油，烧至四成热时，将裹满虾茸糊的海蜇逐块投入油锅中炸至浮起，捞出沥油。将锅中油倒尽，另放芝麻油，投入炸过的“玉蝗”，颠翻几下即成。上桌时随带花椒盐蘸食。

成菜表面光亮如玉；虾茸鲜嫩，海蜇酥脆；椒香扑鼻，食之有声。

［鸡火蜇皮］

“鸡火蜇皮”是南通已故烹饪老前辈、特级烹调师刘树森创制于20世纪50年代的海蜇热菜，当时命名为“胜鱼皮”。因为海蜇不仅本身味胜鱼皮，还具有能吸收其他原料、汤汁、调味品美味来丰富自身的特殊性能。蜇皮的质感与鱼皮相似，但它比鱼皮更腴美滑腻，富于弹性，光洁度、透明度也胜过鱼皮。

此菜，蜇皮晶莹，光可鉴人，酥软柔糯；辅以鸡脯、火腿、香菇同烩，鲜腊馨香，色彩悦目。正如宋代诗人沈与求在诗中描绘的“烧海蜇”有“不殊冰盘堆水晶”之美。在南通还有“鱼皮可弃，蜇皮必食”的说法。此菜被收入《中国名菜谱》《中国烹饪辞典》《中国烹饪大百科全书》《中华饮食文库·中国菜肴大典》（海鲜水产卷）。

鸡火蜇皮

原料：

海蜇皮1000克，熟火腿片50克，熟鸡脯片50克，水发香菇25克，青菜心2棵，香菜叶20片；姜片10克，葱结10克，绍酒50克，精盐5克，味精2克，白胡椒粉1克，鸡清汤900克，水淀粉50克，熟鸡油25克，色拉油25克，熟猪油100克。

制法：

① 选用陈年海蜇皮撕去衣膜，切成长约8厘米的菱形块，放入沸水锅中焖约10分钟至酥软，捞入冷水中，反复换水浸漂，去除腥涩味。待逐渐发涨后取出，沥干水分。把青菜心入沸水锅焯至翠绿，捞起下冷水待用。

② 将锅置旺火上，放入熟猪油25克，投入姜片、葱结煸炒出香味后，舀入鸡清汤500克烧沸，放入蜇皮，微沸后捞出。

③ 将锅置旺火上烧热，放入熟猪油50克，烧至六成热，放入菜心略煸炒，再放入鸡脯片、火腿片、香菇，舀入鸡清汤400克，加入绍酒、精盐、味精，烧沸后投入海蜇皮，用水淀粉勾芡，淋入色拉油25克及熟鸡油，盛入盘中，撒上白胡椒粉，放上香菜叶即成。

成菜特点：蜇皮酥软柔糯，辅料鲜腊馨香。

［海底松炖银肺］

儒医金教授／为海蜇猪肺做大媒／生出海底松炖银肺／味奇美／治咳嗽／状元府中成新贵／退公古稀寿／啬公贺／千龄观里头碗菜／“松鹤遐龄”新名谓。

“海底松炖银肺”是南通著名儒医金聘之为清末状元、著名实业家教育家张謇设计的一道食疗养生菜。该菜采用海蜇头与猪肺同炖而成。成菜的海蜇头形似松枝，猪肺色白如银，酥烂如豆腐。

海底松炖银肺

用调羹舀食，入口即化，汤清味醇，为老年人的可口美肴。张謇每日食谱中必备此菜。

2003年，“海底松炖银肺”荣获首届“海花杯烹饪技术大赛”团体金奖第一名并获“南通名宴”称号。此菜被评为江苏名菜，入编《中国名菜谱》《中国烹饪辞典》《中国烹饪大百科全书》《中华饮食文库·中国菜肴大典》（海鲜水产卷）；2014年6月，被评为“南通市十佳古典名菜”。

原料：

陈年海蜇头500克，猪肺1副（约重1000克），火腿200克；绍酒50克，精盐5克，姜10克，葱10克，味精2克，鸡清汤1500克。

制法：

① 将海蜇头撕去衣膜，分块洗净后，在沸水锅中煮约10分钟，使其酥软，然后捞出，在清水中浸漂涨发。将火腿治净，改刀成马牙块，加入绍酒，上笼蒸至酥烂。

② 取猪肺用清水灌白，抽去肺内气管、支气管和筋络（保持完整形状），下冷水锅，焯水洗净，装入砂锅，放姜、葱、绍酒、鸡清汤（1000克），用小火炖约3～4小时，使其酥烂。

③ 取海蜇头用沸水略烫，用沸鸡清汤（500克）套热，捞出，连同火腿一起投入砂锅内，烧至沸，加入精盐、味精即成。

成菜特点：海蜇头酥而不脆，软而不烂；猪肺色如白银，酥烂如豆腐，入口即化。

［蛤粥珊瑚］

“蛤粥珊瑚”是南通厨师采用优质南通海产资源、有“天下第一鲜”美誉的如东文蛤和吕四渔场的海蜇头制作的一道最具地方特色的美味菜肴。将异常鲜美的文蛤制成蛤粥，覆盖在紫晶般的海蜇头上，使这两种原生态海产原料相互配合，相互渗透，在色、香、味、形、养上更臻完美。

蛤粥珊瑚

原料：

净文蛤肉200克，陈年海蜇头500克，猪肥膘肉50克，虾仁茸50克，鸡蛋清4只，熟火腿末5克，干贝末5克、青菜头12棵；精盐4.5克，味精3克，鸡清汤2000克，水淀粉10克，干淀粉50克，熟猪油50克，姜10克，葱10克，绍酒50克，香菜5克，白胡椒粉1克。

制法：

① 将海蜇头洗净，漂清盐矾，入水煮沸，焐10分钟左右，用手掐有酥松之感即可。取出后用鸡清汤浸泡，让其涨发饱满。

② 炒锅上火下底油，将葱段、姜片煸香，烹绍酒，加鸡清汤、盐，烧沸，放海蜇头烩至入味。

③ 青菜头下沸水锅焯水，去水调味，盛出，围在盘子四周。文蛤肉取其白肉斩茸，与虾仁茸、熟肥膘肉同放碗中，将鸡清汤150克分批掺入，加盐1.5克，搅匀，隔5分钟再加入鸡清汤600克及干淀粉、味精、盐、蛋清，搅拌成蛤肉糊。

④ 锅至旺火上烧热，打滑，舀入熟猪油25克，加入鸡清汤150克及盐、味精烧沸。用水淀粉勾芡，然后将蛤肉糊全部倒入锅中，用手勺打搅；待蛤粥大沸时，再打炒3分钟，淋入熟猪油25克，起锅，倒在烩好的海蜇头上，撒上火腿末、干贝茸、胡椒粉、香菜末即成。

成菜后，海蜇软而不烂，酥而不脆，色形均似珊瑚；蛤粥玉色溶溶，爽滑细腻，其味鲜美无穷。

［虾粥蜇皮］

虾粥玉色溶溶，蜇皮银光闪闪，将两种美色融于一体堪称“银玉满堂”。南通厨师将人体必不可少的“氨基酸”虾粥和有相当高食疗价值的蜇皮配在一起，产生了互补互济的奇妙作用，使成菜的营养与保健效果得到提升；同样因味的互补，又使该菜产生了一种不可多得的可口宜人的新味。

虾粥蜇皮

原料：

虾仁200克，海蜇皮500克，猪肥膘肉茸50克，鸡蛋清4只，干贝20克，火腿末30克，青菜头12棵；精盐14克，味精3克，鸡清汤1200克，干淀粉50克，湿淀粉80克，葱段5克，姜片5克，绍酒100克，胡椒粉2克，熟猪油50克，鸡油25克，香菜叶3克。

制法：

① 将虾肉斩成茸放碗中，与熟肥膘肉茸掺匀，将鸡清汤150克、姜葱汁50克分批掺入，加盐搅匀；隔5分钟再加入鸡清汤600克、干淀粉50克及盐、味精搅匀。蛋清打成发蛋后倒入，搅拌成虾茸糊。

② 海蜇皮用开水煮酥，然后用鸡清汤泡，使其涨发。使用前加盐、味精、绍酒烩制勾薄芡。

③ 炒锅置火上，烧热打滑，舀入熟猪油50克，加入鸡清汤150克及盐、味精烧沸，用水淀粉勾芡，然后将虾茸糊全部倒入，用手勺打搅。待粥大沸时，再打炒3分钟，将虾粥倒在海蜇皮上，撒上火腿末、干贝茸、胡椒粉，放上香菜；菜头焯水调味后围在四周即成。

成菜后的“虾粥蜇皮”，蜇皮雪白灿银，酥软柔滑微脆，虾粥玉色有光，缀以火腿、干贝茸、香菜，色彩绚丽悦目，食之滑腻鲜美，是一道极其诱人的新味。

[**鲜蜇花**]

鲜蜇花

“鲜蜇花”是南通海蜇产地——吕四渔场的民间菜品。该菜是利用得天独厚的当地资源，选取夏汛时新鲜的小海蜇，现捕、现烹、现食的海鲜美馔。

原料：

鲜小海蜇5000克，虾仁100克，青豌豆50克，鸡蛋清1只；绍酒30克，精盐7.5克，味精3克，葱段5克，姜末5克，胡椒粉0.5克，鸡清汤150克，水淀粉25克，芝麻油25克，熟猪油250克（实耗25克）。

制法：

① 将新鲜小海蜇洗净后，投入锅中放少量水加热，使海蜇收缩成海蜇花后捞起，放入清水中反复换水浸漂，除去异味，约30分钟后捞起，沥干水分待用。

② 将虾仁洗净沥干，加入精盐（2克）、鸡蛋清、水淀粉（10克），搅拌上劲待用。

③ 炒锅置火上烧热，舀入熟猪油，烧至三成热时，放入虾仁至熟，倒入漏勺。

④ 原锅留油少许，投入姜末、葱段，煸炒出香味时放入海蜇花，烹入绍酒，加精盐3.5克、味精2克，投入虾仁、海蜇花烧沸后，用水淀粉15克勾芡，淋上芝麻油出锅，撒上胡椒粉即成。

此菜集海味河鲜于一盘，海蜇朵朵似花，透明晶亮，食之柔嫩；虾仁个个如玉，滑嫩鲜美。此菜入编《中国名菜谱》《中国烹饪辞典》《中国烹饪大百科全书》，并被收入《中华饮食文库·中国菜肴大典》（海鲜水产卷）。

鲜海蜇因含各种胺和毒肽蛋白毒素，所以此菜不宜久食，也不宜多食。海边的老百姓也仅是偶尔食之，不可提倡。

[**明珠玛瑙**]

“明珠玛瑙”，是南通市烹饪摄影美容技校中国高级烹饪技师李迎时制作的海蜇热菜，配以鸽子蛋围边，粲然如明珠，是一道南通地方传统美馔。

原料：

海蜇头750克、鸽子蛋10只，熟鸡脯25克、熟火腿25克、竹笋10克、木耳5克、菜头10颗；色拉油500克（实耗约100克）、盐10克、味精5克、料酒50克、胡椒0.2克、水淀粉20克、鸡清汤2000克。

制法：

① 将海蜇头撕成大块，洗去泥沙，投入沸水锅中，氽烫至海蜇酥软时捞出，浸泡于清水中24小时，中途换水三次，再清洗，漂净矾质（传统制法），待用。

② 将鸽子蛋煮熟后，剥去外壳，待用。

③ 将熟鸡脯批成片；火腿切成20片菱形片；竹笋切成片；木耳洗净，待用。

④ 将菜头洗净，修成鹦鹉嘴，如沸水锅焯绿后捞出，用冷水过凉，待用。

⑤ 炒锅上火，舀入鸡清汤1000克，放入发好的海蜇头，烧沸后加入酒、盐、味精，两分钟后将海蜇头捞出，沥干。

⑥ 炒锅再上火，舀入鸡清汤250克，将沥干的海蜇头倒入，烧沸后加入酒、盐、味精调味，尔后加入水淀粉10克勾芡，淋明油75克，撒上胡椒粉后盛入盆中即成。

近年来，南通餐桌上又出现了一些海蜇新菜品，如“天鲜玛瑙”（文蛤、火腿、笋、香菇烩海底松）、“众蝶恋花”（蛤子、海底松）、“烩三（四）脆”（海蜇头、荸荠、螺片或西芹等）、“梅童紫菜蛰羹”（梅童鱼、紫菜、海底松汤）、“兰花佛手”（蘘荷拌海蜇）、“菊花海蜇”（整荠菜或小整菠菜炸松，上放菊花海蜇）、“金裹玛瑙”（蛋黄糊炸蛰头）、“蚕丝玛瑙”（豆腐皮丝裹海蜇），以及“凤尾海蜇”“软溜黄鱼珊瑚”“蟹线海底松”等等。

用南通有名的海鲜还可设计出上百个品种的海蜇新品，如果能组建一个试制小组，定能打造出中国经典的海蜇新馔。

11、天下第一鲜

金海滩 金滩涂
一百六十万亩多
育紫菜 拾泥螺
钓竹蛏 踩文蛤……
金滩涂上海鲜优
国内国外抢手货

金海滩

南通海鲜最出名的恐怕要数文蛤了，南通人都把它叫蚌蛾，名称来源于《说文》里的“车蛾”。

沿海不少城市，像宁波、青岛、烟台、大连，那里海鲜也不少，就是很难见到文蛤。据说海里的东西也蛮奇怪的，这一段海区和那一段海区捕捞上来的海产品，不仅不一样，即使样子差不多，口味还是不同。就像鲥鱼，钱塘江的鲥鱼就没有长江鲥鱼的味道；带鱼非要是舟山渔场或者吕四渔场的才好吃。有一阵街上卖的带鱼，看看蛮宽的，

文 蛤

吃起来觉得鱼肉老，味道不怎么鲜，就因为它不是舟山渔场的。滩涂上的东西也是一样的道理。

文蛤属软体动物门，双壳纲，真瓣鳃目，帘蛤科，文蛤属，又名花蛤、黄蛤、圆蛤、昌娥、蚌螯。其两片壳大小相等，壳质坚厚，背缘略呈三角形，腹缘呈圆形，壳面光滑似瓷质，花纹丰富多彩，斑斓美观，壳内光白如玉，有珍珠光泽。文蛤生活在浅海泥沙中，凡有淡水注入的内湾及河口附近的细沙质海滩，均有出产，我国广东、山东、福建、江苏等沿海都有分布。广东广西文蛤产量虽高，但文蛤壳厚、肉薄；辽宁的文蛤壳厚，肉也薄；只有如东的文蛤壳厚，肉肥，口味也最佳。这是因为南通地处长江入海口，浮游生物多，给文蛤生长提供了极好的饵料。“文蛤吃得好、环境好，自然产籽多、长得肥，口味鲜。”南通文蛤质量佳，产量高，年出口活鲜文蛤达15万吨，已经成为全国文蛤出口和内销的主要产地。

文蛤肉嫩味鲜，是贝类海鲜中的上品。据分析每百克可食部分含水分80.85%，蛋白质12.86%，脂肪0.82%，糖类4.72%，钙37毫克，磷82毫克，铁14毫克，还含有人体易吸收的各种氨基酸和维生素，尤以维生素A、D为多。

文蛤的食用可追溯至上古时代。《韩非子·五蠹》篇就有“上古之世，民食果蓏蚌蛤”之记载。北京附近的旧石器时代遗址中发现文蛤壳，经测定距今已有5万多年。我国历代古籍如《山海经》《礼记》《左传》《齐民要术》《酉阳杂俎》《神农本草经》《本草纲目》《随园食单》等书中都有关于文蛤的记载和有趣的神话传说。

梁元帝肖绎

文蛤被誉为“天下第一鲜”始于1400多年之前的梁朝。梁元帝肖绎在诗文中称文蛤是“味美盖万食的仙物”，“天下第一鲜”是民间给文蛤取的雅号。从古至今，无论是平民百姓还是达官贵人、文人学士，以至“真龙天子”，赞赏文蛤美味的文字，屡见不鲜。

宋人孔武仲在《蛤蜊》诗中有“楼身未厌泥沙稳，爽口还充鼎俎鲜；适意四方无不可，若思鲈鲙未应贤”的赞美。唐代笔记小说集《酉阳杂俎》中说：“隋帝嗜蛤。所食必兼蛤味，数逾数千万矣。”

国人对于文蛤的认知最早记载在《周礼》与《国语》中，《周礼》有“共白盛之蜃”句。唐朝贾公彦疏曰：“蜃蛤在泥水之中，东莱人叉取以为灰，故以蛤灰为叉灰云也。”《国语》则认为“雀入于海为蛤，雉入于淮为蜃”。古人甚至认为“海市蜃楼”是文蛤吐的气所致。现代考古人员曾在古汉墓中发现文蛤之壳。可见文蛤很早就进入了人们的生活。但作为美味佳肴大啖之，似乎以北宋为盛。

宋代饮食业高度发达，海产品得以直抵京师，当车螯初次进入宋都开封之际，曾引起一阵轰动。著名文人还为之写诗记述，抒发美食情趣。欧阳修第一次品尝车螯之后，写下了《初食车螯》诗篇，他把车螯的来龙去脉娓娓道来，并为之欣然颂咏，《居士集》卷6载其诗云：“累累盘中蛤，来自海之涯。坐客初未识，食之先叹嗟。五代昔乖隔，九州如剖瓜。东南限淮海，邈不通夷华。于时北州人，饮食陋莫加。鸡豚为异味，贵贱无等差。自从圣人出，天下为一家。南产错交广，西珍富邛巴。水载每连舳，陆输动盈车。溪潜细毛发，海怪雄须牙。岂惟贵公侯，闾巷饱鱼虾。此蛤今始至，其来何晚邪。螯蛾闻二名，久见南人夸。璀璨壳如玉，斑斓点生花。含浆不肯吐，得火遽已呀。共食惟恐后，争先屡成哗。但喜美无厌，岂思来甚遐。多惭海上翁，辛苦斫泥沙。”

车螯又名车蛾，所以欧诗有“螯蛾闻二名”之说。欧阳修生活在中原地区，“岂思来甚遐”，是感慨美食的来之不易也。

美食家梅尧臣收到欧阳修此诗后，又写下《永叔请赋车螯一诗》，再次评说车螯的美食价值，其诗云：“素唇紫锦背，浆味压蚶菜。海客穿海沙，拾贮寒潮退。王都有美酝，此物实当对。相去三千里，贵力致以配。翰林文章宗，炙鲜尤所爱。旋坼旋沽饮，酒船如落埭。”（见《宛陵集》卷50）从梅诗可知，车螯鲜炙，犹宜下酒。当时若能得到东海车螯，以配京城美酒，便是口味上的极大享受。

宋·欧阳修

可想而知，封建帝王、将相、文人学士，吃遍了天下美味佳肴，竟对文蛤有如此高的评价，且每餐不可缺少，足以说明文蛤被冠以“天下第一鲜”是当之无愧的。其实在隋唐之时，南通文蛤就正式作为海珍品上贡了。

文蛤的初步加工和烹调不同于鸡、鸭、鱼、肉等动物性原料。文蛤出肉又叫劈壳。劈文蛤壳也大有讲究，不会劈的是丫手巴脚，劈得很慢。还要特别注意不能将粘在壳子上的衣膜弄破，要用刀将衣膜从壳子上连肉一同刮下来。如果衣膜一破，含不住水，做的菜就达不到鲜嫩的要求了。一般的如东人都会劈文蛤。他们是用一把专门做的木柄的圆头刀，朝文蛤缝儿里一插，一转一挖，只要两下子，肉子带整就下来了。快手劈一斤文蛤不消2分钟。出壳后的文蛤肉应该浸在原汁里，不要沥干。洗的时候应该把文蛤肉放进竹篮子内，在多量的水中用手或其他工具轻轻地、顺势朝一个方向搅动，这样才能使泥沙沉淀下来，不能逆转，否则砂泥进入衣膜就无法洗干净了。洗好后的文蛤肉要倒入陶瓷器皿中，不要放在竹篮子里沥干水分。

文蛤不但鲜食可口，其加工制品亦不失原始风韵。早在宋朝，人们就采用酒渍的方法保存车螯肉体，并贡送到京城之中。此后，人们还使用油渍和干晒的方式加工车螯肉。明末清初人陈维崧写有一首《青玉案》词，题曰《咏油车螯》，对这种海产加工品大肆讴歌。词曰：“击鲜海错金盘泻，绝称是，春寒夜。轻点吴酸魂已化。和酥为卤，带脂成酿，二月花前榨。生平斫绘兼行炙，枉行遍屠门蟹舍。风味似伊休论价。差宜下酒，雅堪斗茗，携向江南诧。”《清稗类钞·饮食类》曾介绍车螯干的烹饪要领，指出：“入鸡汤烹之，捶烂作饼，如虾饼样，煎吃，加作料亦佳。”看来，美妙的车螯无论干、鲜、渍、酿，均不失为海错仙品。

20世纪六七十年代的南通，一角钱可以买到4斤文蛤。文蛤一直是南通百姓的家常菜肴，进而成为筵席上的美馔，同时又是调味品。其食法和烹调方法多种多样。用文蛤肉可以煸炒、油爆、烧烩、汆汤、炝醉、制酱等。可将其作为主菜，以旺火爆炒；或作为配菜，调色提味；或把它斩成肉泥，辅之以面粉、鸡蛋、姜葱，煎成文蛤饼。将文蛤肉用矾水去黏液洗净后，用盐稍稍腌一腌，再于清水中洗净，浇上白酒、麻油、酱油和醋拌上生姜末和白糖，最宜于做下酒菜。将文蛤肉制成文蛤酱，更是海边人的绝活。把鲜蛤肉装进罐或瓶，放上盐、姜、葱、酒等佐料，再将口封上，置于阴凉通风处，过上一段时间揭开盖子，便如陈年老酒，醇香扑鼻，绕梁三日不散。平时居家过日子，可作早晚小菜，既可口又下饭。若是家中有人要出远门，更要带上一两瓶，可作旅途食用。

过去生活在黄海滩上的老百姓靠海吃海，靠的就是一只鱼篓、一张网，伴的就是潮涨潮落。他们晓得什么时候退潮，就右手握一把耙子，左手带一只拖网，背上背一只篓子，在刚刚退潮的海滩上倒退着耙。文蛤在沙滩里埋得并不深，也就两三厘米，稍微一耙就露了出来。耙到文蛤就往拖网里放，多了再往篓子里装，两三个钟头就能采上四五十斤文蛤，熟练的还不止。最后用专门在海滩上走的海子牛拉的牛车拉运上岸。大家晓得文蛤好吃，其实最有趣的还不是吃文蛤，而是到滩涂上去踩文蛤。如东的老百姓不说踩文蛤，而叫踏蚌蛾。人只要两只手往后头一背，两只脚在绵化烂软的沙滩上不停

蹽文蛤
蹽车蛾，人也欢，蛤也舞。好幅黄海风情图。（蹽音同闹）

地踩踏，踩出了水以后，文蛤就会从沙子里挤冒出来。因为是用脚在不停地踩踏，所以随你叫踩文蛤还是叫踏蚌蛾都一样。开发旅游以后，不仅有中国人专门到海边来踩文蛤，还吸引来不少外国人。因此有人给它起了个很好听的名字叫“海上迪斯科”。现在如东的东凌和北坎就有这种特色旅游项目。如东是我国文蛤的主产区，大约有35万亩海滩的养殖规模，年产量在3万吨左右。

下面介绍几款以文蛤为主料的南通特色名菜。

［天下第一鲜］

南通、上海、杭州等近海城市饭店的菜单上，经常会出现一个吸引人的菜名——“天下第一鲜”。未曾吃过的人不知此系何物，亟待一尝，以解疑窦；尝过的人知道它名副其实，亦想再饱口福。文蛤的鲜味源于多种氨基酸和琥珀酸的复合味，所以鲜美异常，是其他食物无法匹比的。

天下第一鲜

南通的厨师特别会用文蛤做菜。因为文蛤足部肌肉扁平如舌状，像古兵器中的“月斧”，所以把这只菜起名叫“炒月斧”，又叫“天下第一鲜”，则是其本质的完美体现。

“天下第一鲜”成菜饱满含液，口感滑嫩，鲜冠群菜。个体似银斧灿灿，全菜则玉色溶溶，堪为色美、形美、味更美的珍馐。20世纪80年代被编入《中国名菜谱》《中国烹饪辞典》；20世纪90年代被编入《中国烹饪百科全书》；1995年被收入《中华饮食文库·中国菜肴大典》（海鲜水产卷）；1999年被评为江苏名菜；2014年6月，被评为“南通市十佳名菜”。

原料：

活文蛤1500克，荸荠片50克，韭芽50克，水发香菇25克；姜末10克，葱段10克，绍酒15克，精盐5克，水淀粉10克，白胡椒粉1克，芝麻油10克，色拉油75克。

制法：

① 用小刀将文蛤壳劈开取肉，取肉时刀要紧贴内壳，以防弄破文蛤肉上的衣膜。将文蛤肉放入竹篮，置水中顺一个方向搅动，洗净泥沙后放入盛器，加入绍酒、精盐、姜葱末，搅匀后立刻下锅。

② 锅置旺火上烧热，舀入色拉油50克，烧至九成热，放入文蛤肉急速煸炒，呈玉色后即盛起。

③ 锅洗净仍置旺火上，舀入色拉油25克，烧至六成热，投入葱段、韭芽、荸荠片、水发香菇，煸炒片刻，滗入少量熟文蛤卤汁，加精盐2克烧沸，用水淀粉勾稀流芡，再将文蛤肉放入锅内，迅速颠炒，淋芝麻油出锅装盘，撒上白胡椒粉即成。

成菜味道咸鲜；文蛤肉形态饱满，口感滑嫩。

操作要领：火要旺，锅要热。待锅内油即将着火时将姜葱末、料酒、盐与文蛤肉一起下锅，迅速翻炒即起锅装盘。如果动作稍慢或火力不猛，文蛤表面的蛋白质就不能迅速凝固，体内水分就会排出，致使文蛤肉瘪陷，盘内渗汤。如用配料，要将配料炒熟、对准咸淡后，再将已经炒好的蛤肉放入配料锅内，颠锅，主配料和匀即盛起装盘。配料一般选用脆嫩的荸荠片、韭芽、山药片，春季的头刀韭菜、葱白等。一般不宜勾芡，以保持主配料的脆嫩，凸显出“天下第一鲜”的美味。

［**烙文蛤**］

烙文蛤是南通名菜。

原料：

文蛤肉300克，文蛤壳20连（分成40个）；调和油250克，生姜、米葱、洋葱、芹菜末各10克，胡椒粉1克，味精1克，精盐5克。

制法：

① 将文蛤肉洗净，沥水，与盐、味精、胡椒粉拌和后，立即将3个文蛤肉装入一只事先洗净的文蛤单壳内。

烙文蛤

② 将姜、葱、芹菜末分别放在每壳文蛤肉上。

③ 取专制烙盘二只，每只烙盘放入装有文蛤肉、调好料的文蛤单壳20只，分别将

调和油淋入两只烙盘的文蛤肉上。

④ 烙盘直接置炉火上烧（约30秒钟），烙盘中油沸即离火，直接上桌供食。

此菜因文蛤肉是在水、油的饱和状态下成熟，故文蛤肉粒粒饱满，味道咸鲜，吃起来滑嫩异常，外加满屋的鲜香气。

[**枇杷文蛤**]

枇杷文蛤

用文蛤肉还可以做成其他美味、美色、美形的创新的造型菜，譬如“枇杷文蛤”。该菜在2003年南通首届海花杯烹饪技术比赛时，荣获“张公宴”精品宴席团体金奖。

原料：

文蛤肉150克，虾仁200克，熟肥膘50克，马蹄50克，猪网油150克，火腿25克，香菇4朵，冬瓜皮150克，鸡蛋4枚，黄玉米粉100克；盐3克，味精5克，胡椒粉2克，白糖20克，姜10克，葱10克，绍酒10克，生粉100克，色拉油2000克（实耗50克）。

制法：

① 将文蛤肉、虾仁、马蹄、肥膘加入调料，剁成文蛤茸。

② 猪网油洗净修成6厘米正方片，共14片，放在有料酒、姜、葱的碗里浸泡片刻，取出用干毛巾吸干水分。火腿切成枇杷柄计14个，香菇一朵刻枇杷蒂子14个。鸡蛋加淀粉调成全蛋糊。

③ 用网油包上文蛤茸，做成枇杷形，拖蛋糊，拍玉米粉，装上柄、蒂，下6成热的油锅中，炸熟捞出沥油。

④ 冬瓜皮刻成枇杷叶，香菇切成枇杷枝条，在盘中造型，摆上炸好的枇杷文蛤即成。

特点：形如枇杷。外脆里嫩，鲜香腴美。

[**翡翠文蛤饼**]

翡翠文蛤饼

《随园食单》记有“捶烂蚌蛤作饼，如虾饼样煎吃”的文蛤饼作法。而南通人做文蛤饼一般以文蛤肉和猪肉配以丝瓜、荸荠等脆嫩蔬菜斩茸和面煎饼，使制品更为软嫩清鲜爽口。翡翠文蛤饼是人们喜爱的珍品，民间有“吃了文蛤饼，百味都失灵”之说，把文蛤饼鲜美之味视为百味之冠。

南通名菜“翡翠文蛤饼”，又叫“文蛤丝瓜饼”，就是用文蛤肉加鸡蛋、丝瓜、熟荸荠、瘦猪肉、熟猪肥膘肉和面粉做成的。此菜20世纪80年代初被编入《中国小吃》《中国烹饪辞典》，20世纪90年代被编入《中国烹饪百科全书》《中华饮食文库》。

原料：净文蛤肉120克，鸡蛋1枚，净丝瓜300克，熟净荸荠100克，瘦猪肉30克，熟猪肥膘肉70克，面粉50克；湿淀粉25克，姜末10克，香葱末10克，绍酒20克，熟猪油100克，精盐5克，味精1克，芝麻油5克。

制法：

① 将文蛤肉放入竹篮内下水，顺一个方向搅动，洗净泥沙，滤水后用刀斩碎，放入盛器内。

② 将猪瘦肉和熟肥膘肉一齐斩茸，丝瓜切小粒，荸荠用刀拍碎，一齐放入放文蛤肉的容器内，将鸡蛋磕入。放入姜葱末和精盐、绍酒一齐拌和，再放入面粉、湿淀粉拌和上劲成文蛤饼料。

③ 平锅上火，烧热后用油打滑，用左手将文蛤饼料捏球，右手接球投入锅中，用温火煎成饼状，待一面成熟呈金黄色时，颠锅将饼翻身再煎另一面，待饼成熟，淋芝麻油起锅装盘。

“文蛤丝瓜饼”色泽黄绿，形若古钱，软嫩清香。

［**金山藏玉斧**］

“金山藏玉斧”是用草鸡蛋炒文蛤，成菜蛋色如金，故名“金山”；文蛤肉似古代乐器“月斧”，因色如白玉，故名“玉斧”。蛋色黄灿，文蛤雪白，是一道味美鲜极的民间美食。此菜1992年入编《中国烹饪词典》；2014年6月，被评为“南通市十佳家常菜”。

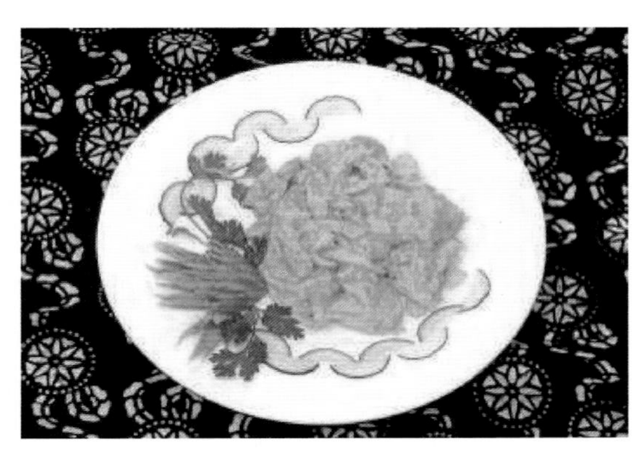

金山藏玉斧

原料：

文蛤肉200克，草鸡蛋3枚；香葱10克，绍酒20克，熟猪油100克，精盐5克，味精1克。

制法：

① 文蛤肉洗净备用；香葱切葱花备用。

② 将文蛤肉、葱花放入碗中，加入绍酒、盐、味精，一齐下锅，猛火煸炒，迅速盛起。

③ 热锅放油，油热倒入搅拌均匀的鸡蛋糊，待蛋液即将凝固时，倒入文蛤肉用小火轻炒，使蛋与文蛤肉结合成型，即成。

其方法与做“天下第一鲜”基本相同——旺火、热锅、急炒，瞬间即成。当地把这种方法叫作“跳”。必须在锅中的蛋即将凝固时，投入“跳”好的文蛤肉，使蛋液包在文蛤肉上，如“玉斧”藏于“金山”，故美其名曰“金山藏玉斧”。

成菜蛋香蛤鲜，融于一体，真是“金玉盘中舞，鲜香谱新歌”，韵味绕梁。

12、醉倒人的竹蛏

天下海鲜 不可无蛏

现在大家都把文蛤称为“天下第一鲜”，其实还有一样海鲜可以说是和文蛤平起平坐，相比较而言，在当地人的心目里甚至还超过了文蛤，这就是竹蛏。

竹蛏又叫蛏子王，是海产双壳软体动物，属软体动物门，双壳纲，真瓣鳃目，竹蛏科。体呈延长型，两壳合抱后呈竹筒状，就像两枚破裂的竹片，故得竹蛏之名。南宋洪迈所撰《夷坚志》上记有：“南通一带沿海多产蛏，有两种，小曰‘孩儿’，大曰‘道士蛏’。”“孩儿蛏”南通叫它“女儿蛏”，即缢蛏，体比竹蛏小，味差，也就是满大街都卖的“蛏子”；“道士蛏”指竹蛏。有的书上把两者混为一谈。也有人说是当年乾隆皇帝下江南时，因为地方官没有舍得拿竹蛏去进贡，是拿了文蛤去顶替，结果让文蛤得了宠，有了“天下第一鲜”的美名。

竹蛏是一种海产优质贝类，大部分栖息在大约20~50厘米深的海滩里。我国从北到南的沿海均有分布，以东南沿海的产量居多。捕捞竹蛏非常不易。捕者是用一根60厘米长、顶头做成小钩子的铁丝，伸进沙滩里的两个气眼中间，去把竹蛏钩出来的。而钩子一定要对准蛏体才能钩到，如果方向稍有偏离，竹蛏会逃得无影无踪。曾经也有人用锹儿挖过，结果挖了三四米深，也不见竹蛏的影子，只得无功而返。所以，钩竹蛏非海边的行家里手莫属。首先，你得在沙滩上找到“蛏眼”；在两个圆形的蛏眼上，你还得辨别出蛏体的位置才能手到擒来。现在会钩蛏的人已经凤毛麟角。一些钩蛏的老手也不愿意重操旧业，原因是效率太低，不值得花很多时间在沙滩上找蛏眼。所以，这项技艺迟早会灭绝。笔者想，如果把“竹蛏寻钩技艺”列入非物质文化遗产保护项目，岂不是两全其美？

钩 蛏

竹蛏有大竹蛏、长竹蛏、细长竹蛏等。竹蛏的营养与经济价值很高，鲜食、干制均可。竹蛏个体较肥大，足部肌肉特别发达，味道鲜美，营养丰富，它富含蛋白质、脂肪、糖类，以及钙、磷、铁、碘和维生素等多种营养成分；竹蛏还具有药用价值，有补阴，清热，除烦，解酒毒等功效。据药书等记载，它的壳子有散结、消炎、通淋、止带的功效；蛏肉有退热、明目、止渴、解酒毒以及治疗妇女产后虚损、通乳等功效，所以它又是一种有益于人体健康的食疗佳品。

老话说“靠山吃山，靠海吃海”，是有道理的。现在稀奇的东西，在过去并不一定稀奇；城里人把它当宝，乡下人当烧的草。就像海蜇，过去是“贫下中渔”们吃的普通菜。和海蜇一样，以前的渔民们根本不会、也不可能做什么清炒文蛤、芙蓉文蛤，就是用水把文蛤一煮了事，顶多放点儿盐。但对待竹蛏就从来不曾这样无礼。在如东，招待客人最上档次的“八大碗”里，头菜必定是烩蛏干，当地人叫“蛏领头”。相反，要是头菜不是蛏干，人家反而会觉得酒席没有档次，主人不够意思。

竹蛏分鲜竹蛏和蛏干，蛏干是蛏肉的干制品。竹蛏鲜吃有爆炒鲜竹蛏，又叫“跳竹蛏”，还有氽汤、清蒸、烧烩等方法。做“烩蛏干”的竹蛏用的是蛏干。蛏干也有季节之分，不同季节的竹蛏好坏差别很大。春天的竹蛏叫春伏，质量不高；黄梅天的蛏是籽蛏，俗称大肚子，也不是佳品；夏天的叫伏水蛏，质量还可以；秋天的秋伏蛏，支片整齐，色泽金黄，又没有籽，质量最好。

蛏领头要领得好，首先蛏要好。栟茶入菜的竹蛏主要有两种，一是本港蛏，二是北方蛏。本港蛏大多产自本地，特别是栟茶沿海；北方蛏大多来自大连、营口等地。两者外形相似，但本港蛏鼻较细长，蛏皮较薄较脆，蛏身半透明，肉质如玉；而北方蛏体形肥硕，蛏鼻较粗较短，蛏皮较厚较韧，蛏身不透明且呈淡酱红色。本港蛏做菜有一种很雅的鲜味，北方蛏做菜味道虽鲜，但较浊。至于价格，本港蛏一直是北方蛏的三倍多。现今不少精明的餐馆老板多用北方蛏制作栟茶蛏领头，但这瞒不过内行的食客，在要价上也只能远低于本港蛏了。没有办法，不怕不识货，就怕货比货。

清·谢墉

如东人做“蛏领头”的菜，一定是“白烩蛏干”。做这只菜之前要把蛏干先用水浸泡，叫“泡蛏”。泡蛏的汤要留作烩蛏用。其次是“剖蛏”，剥离蛏干的“鼻子”和“外衣”（蛏裹）。要将蛏剖成两片，去除泥沙、杂物，再用水洗干净，分开蛏鼻、蛏裹和蛏身。而最关键是“醒蛏”。“醒蛏”就是让蛏干苏醒过来，恢复鲜活时的体积状态。“醒蛏”时，还要根据蛏干的质量以及季节，掌握加熟碱水的浓度、数量和时间的长短。在烩之前，竹蛏要用猪油爆炒，加文蛤，再和了荸荠片、青菜丝、肉丝、木耳、冬笋这些东西一起烩，烩出来的汤颜色奶白，汁水浓稠，味道鲜美。

竹蛏富含氨基酸与琥珀酸，其味鲜美异常，堪称蛏族的佼佼者。清代谢墉《鲜蛏》曾以“含浆昔并鱵刀供，蛤蚬输他清且丰。眉目浑成银烁烁，肌肤嫩极玉溶溶。……夜台卅载可怀依”，赞竹蛏与刀鱼一样珍美，肌肤如玉，光泽若银。改革开放以后，南通大家乐海鲜饭店以如东土法烩制的竹蛏曾“醉”倒了无数中外宾客。清华美院博导、南通籍画家袁运甫竖起大拇指说：“走遍东西南北，从来没有吃过像今天这么好的菜，真好！真好！绝对的好！”歌曲“南通好家园”的词作家曹勇曾先后十八次来南通，次次都要到“大家乐”吃烩蛏干，次次都被其美味陶醉，他不仅自己对这只菜赞不绝口，百吃不厌，而且还要郑重其事地推荐给北京来的其他的客人，并在“濠河漫咏”中留下了赞美南通“烩蛏干”的难忘诗篇：“什么地方，汤鲜酒醇，让人醉个透……”

［烩蛏干］

“无蛏不成席”已成为如东的习俗。“烩蛏干”也叫“蛏干汤”、“煨蛏”，又名“贵妃淋浴”，是江苏如东地区酒席上必不可缺的一道头菜。如东厨师制作“烩蛏”的技艺独到。成菜在白色的乳汤中悬浮着若隐若现的竹蛏，有“玉人泳浴”之美；其味更是鲜美绝伦，汤、菜双绝。竹蛏柔滑香鲜，汤汁如乳，蛏汤滴在桌子上都不会散珠，风味超然，令人回味悠长。

烩蛏干

2014年6月，“烩蛏干”被评为“南通市十佳家常菜”。

原料：

水发如东竹蛏干600克，熟火腿片50克，熟笋片50克，黄芽菜丝50克，文蛤肉150克，肥肉丝50克；绍酒50克，盐5克，味精5克，胡椒粉0.5克，葱20克，姜20克，猪油100克，煮竹蛏干原汤1000克。

制法：

① 将水发蛏干下沸水锅，加姜片、葱结出水，烧透捞起，沥水，拣去姜葱待用。也可用油爆炒取代出水。

② 炒锅上火，烧热打滑，加入猪油，下肥肉丝煸炒，再加葱花、姜米，下文蛤煸炒，烹入绍酒，加竹蛏原汤、黄芽菜丝、熟火腿片、熟笋片、水发蛏干，大火烧至汤色浓白时，加盐、味精调味，出锅盛入品锅内，拣去肥肉丝，也可拣去文蛤肉，撒上胡椒粉即成。

成菜味型咸、鲜，汤汁乳白，鲜味醇厚；竹蛏柔滑，富有弹性。

［跳竹蛏］

南通厨师烹制竹蛏有独到之处。“跳竹蛏”就是用猛火急炒，使蛏肉遇骤热后表面蛋白质立即凝固，水分不外渗，蛏肉个个饱满而鲜嫩。因煸炒速度极快，当地谓之“跳”。如将竹蛏炒至渗汤，在当地则为憾事。南通老前辈特一级烹调师李铭义擅制此菜。

"跳竹蛏"20世纪80年代入选《中国名菜谱》，20世纪90年代被编入《中国烹饪百科全书》和《中华饮食文库·中国菜肴大典》（海鲜水产卷）；1999年，被评为江苏名菜。

跳竹蛏

原料：

鲜活大竹蛏1000克，熟竹笋片150克；绍酒50克，精盐5克，葱段25克，姜末5克，白胡椒0.5克，水淀粉25克，芝麻油15克，色拉油100克。

制法：

① 将竹蛏洗去泥沙，剥去壳取出蛏肉，撕去韧带，分别将水管、蛏体剖开，刮去内脏，洗净泥沙，放入绍酒（30克）、姜末、精盐（2克），浸渍待用。

② 将锅置旺火上烧热，舀入色拉油50克，烧至九成热时，将蛏肉投入，快速煸炒至呈玉色时，迅即盛起待用。

③ 将锅置火上烧热，舀入色拉油50克，投入葱段、笋片煸炒，放绍酒20克、精盐3克，滗入熟蛏汁烧沸，用水淀粉勾芡，投入蛏肉，颠锅淋入芝麻油装盘，撒上白胡椒粉即成。

成菜蛏体饱满，色若白玉，蛏肉腴滑柔嫩，蛏鼻脆嫩爽口，搛之弹晃耀银，食之至鲜至美，为初春时令美馔。

［**炝蛏鼻**］

所谓"蛏鼻"，其实是竹蛏的水管，外表有节状网纹，里面有吸水、排水两孔，因为它常常要伸出蛏壳外头，样子又像鼻子，所以才叫它"蛏鼻"。"蛏鼻"不仅味道鲜，而且脆嫩，是竹蛏可吃部分的上乘佳品。"蛏鼻"不大，至少要有30斤连壳子的鲜竹蛏才能取到一份"蛏鼻"的料。

炝蛏鼻

炝蛏鼻以鲜蛏鼻为主料，用白酒、香醋、白胡椒粉、香菜叶、麻油等原料炝个把钟头，是筵席冷菜中的上品，是江苏南通新春时节不可多得的美味。

原料：

活竹蛏1.5千克；白酒20克，精盐2克，生抽25克，香醋25克，姜末4克，白胡椒粉1克、芝麻油5克。

制法：

① 将竹蛏洗净，劈壳取肉，撕去韧带，把蛏足与水管（蛏鼻）分开。

② 将蛏鼻逐个剖开，刮去泥沙，洗净，沥干水分，再放入冷水中漂洗后沥干待用。

③ 将洗净的蛏鼻放入盛器中，加上白酒、精盐、姜末炝1小时左右。浇上生抽、香醋、芝麻油，撒上白胡椒粉拌匀装盘，放上香菜叶即成。

"炝蛏鼻"的特点是咸鲜、酒香。蛏鼻色若琥珀，娇嫩微脆。

需要提醒注意的是："炝蛏鼻"不能用开水烫，一烫蛏鼻就不脆了。

13、蛤蜊与西施舌

蛤蜊，被山东人称之为"嘎啦"，是一种生活在浅海底的软体动物。我国沿海均有分布。蛤蜊有两片卵圆形、左右相等、坚厚的壳；顶部白色或淡紫色，近腹面为黄褐色，边缘紫色，腹面边缘常有一极狭的黑色环带。壳顶尖，壳面中部膨胀，生长纹明显粗大，有凹凸不平的同心环纹。

蛤蜊的品种比较多，约有800多种。江、浙一带的蛤蜊，是指蛤壳上有环形线条的"凹线蛤"。南通的滩涂上蛤蜊的品种不少，有青蛤、花蛤、四角蛤、西施舌等等，其中西施舌要算上品。

西施舌

西施舌又名沙蛤、车蛤、土匙，俗称"海蚌"，属软体动物门，瓣鳃纲，蛤蜊科。贝壳呈三角形，两壳相等，腹缘呈圆形，壳里外均色白如雪，体大，直径6～8厘米，其吸水管特长，常伸出壳外，真像一条小舌头，故名"西施舌"。明代冯时可《雨航杂录》（卷下）载："西施舌一名沙蛤，大小似车螯，而壳自肉中突出，长可二寸如舌。"

传说春秋时，越王勾践借助美女西施的力，用美人计灭了吴国。大局既定，越王正想接西施回国，不料越王后生怕西施回国以后得宠，威胁到自己的地位，便叫人在西施背上绑了一块巨石，把她沉于江底。西施死后化为贝壳类"沙蛤"，一旦有人找到她，她便吐出丁香小舌，尽诉冤情。当然传说不能当真；就不知道当初取这个名字的人心里是怎么想的。

如东当地还有个民间故事。说的是当年范蠡帮助越王勾践消灭了吴国恢复了越国以后，知道自己功高盖世，勾践一定会猜疑，万一反过来加害自己就冤枉了。三十六计，走为上计，于是就带了西施潜逃了。谁知走到南通的如皋，车子陷进了泥潭，只好弃车而逃。这块地方也就留下了"车马湖"的地名。二人继续向东，走到如东掘港以东的黄海边。范蠡看这里地偏人稀，遂决定隐姓埋名长期居住。但他又担心西施万一言语不

西施浣纱图

慎，暴露了身份而惹是生非。西施看出了范蠡的心思，为了消除范蠡的顾虑，她自己把舌头咬断了吐到海里，以实际行动证明了自己的决心。西施的这块咬断了的舌头，正巧落在一只张开壳的蚌中。具有仙胎的美人之舌当然不一般，竟然在蚌体里面存活了，后来就化成了叫作“西施舌”的蛤蜊。吐舌头的地方就在如东的“止马洼”。把这么好吃的东西比做西施的舌头，说明老百姓是识货的，也是群众智慧的体现。

蛤蜊（包括西施舌）的猎取方法与文蛤不同。文蛤是用脚踩（南通沿海不叫“踩”，叫“闹”）出来的；蛤蜊是用蛤蜊锹挖出来的。没有经验的人是挖不到的。挖蛤蜊要用眼睛看着，手里忙着，脚里踩着。所谓眼睛看着，就是凭一双锐利的眼睛，就能看到蛤蜊的藏身之处。只要用蛤蜊锹沿着一块稍高一点的沙丘挖下去，一只肥蛤蜊就会手到擒来。所谓手里忙着，其实就是手和眼的分工合作，连锁作业。所谓脚里踩着，指的是有经验的渔民能凭脚底下的感觉，判断出他所走过的地方哪里有蛤蜊，哪里没有蛤蜊。当然，这些功夫非老渔民莫属。

蛤蜊不但肉质无比鲜美，被誉为“百味之冠”，而且营养价值丰富，每100克蛤肉中含蛋白质10克、脂肪1.2克、碳水化合物2.5克，以及碘、钙、磷、铁等多种矿物质和维生素，而蛤壳中则含碳酸钙、磷酸钙、硅酸镁、碘、溴盐等。中医认为西施舌肉味甘咸，性平，可滋阴养液，清热凉肝。现代医学研究发现，在文蛤中有一种叫蛤素的物质，有抑制肿瘤生长的抗癌效应。

下面介绍两款以蛤蜊肉作馔的南通名菜。

［烙西施舌］

明·王世懋《闽部疏》云：“海错出东四郡者，以西施舌为第一。”清初周亮工的《闽小记》记中就有喻西施舌为“神品”的赞语。

烙西施舌

西施舌肉质细嫩色白灿银，富含蛋白质、维生素A及碘，维生素D含量亦颇丰，还含有琥珀酸，其味极为清鲜，肉质脆嫩，为海产中的珍贵名品。南通如东吕四等海域所产“西施舌”个体大，色、味双绝，南通厨师善用多种方法烹制西施舌，将其美味推向了极致。

原料：

西施舌500克（10个）；调和油250克，生姜、米葱、洋葱末（称为三末）各10克，盐、味精、胡椒粉（称为三粉）分别为3克、1克、0.5克。

制法：

① 西施舌剖开去壳取肉，每只批成相连的两扇，洗净沥水待用。

② 西施舌单壳洗净，将盐、味精、胡椒三粉与西施舌肉拌和后，分别放置在西施舌单壳内，再撒入姜葱末于西施舌肉上，浇上调和油。

③ 将烙盘放在炉火上直接烧烙，至烙盘中调和油起泡滚沸，立即离火，将烙盘装在瓷盘内上桌。

味型：咸、鲜。

特点：贝壳珠光灿灿，贝肉玉色溶溶，持壳而食，富有回归自然的食趣。

［**熟炝蛤蜊**］

凹线蛤的肉质非常鲜美，特别是春秋两季，蛤肉饱满。蟹黄色的“黄蛤”，蛤肉里没有泥沙，只需把蛤壳洗干净就可加热做菜。作为南通海鲜美食之一的“熟炝蛤蜊”，就是带壳加热的。只要蛤壳一张开，正是蛤肉最鲜嫩之时，这时要立即离火。假如掌握不好这个一瞬间，蛤肉不是偏生就是偏老，菜就做失败了。

熟炝蛤蜊

原料：

鲜活蛤蜊500克（连壳）；盐2克，生姜末6克，味精2克，绵白糖3克，生抽10克，美极鲜5克，芝麻油5克，香菜叶5克，白胡椒粉1克。

制法：

① 蛤蜊连壳洗净入沸水锅，氽烫至蛤蜊开壳后，捞出倒入盛器中。

② 将上述调料混合后加入并翻拌均匀，撒上香菜叶即成。

味型：鲜、咸。

特点：口感滑嫩，冷热皆宜。

14、群蚶争鲜

蚶子是蚶类动物的总称，是双壳纲中比较原始的类型，属于海产软体动物门，瓣鳃纲，蚶科。蚶子也称魁陆、魁蛤、瓦楞子等。中国蚶子的种类很多，主要品种有泥蚶、毛蚶、青蚶等。俗称“蚶子”的一般是指“泥蚶”。分布最广、数量最多的有毛蚶、泥蚶和魁蚶等。

蚶 子

蚶子喜欢生活在内湾河口附近的软泥质底中，因为它没有水管，所以潜入泥面下的深度不大，只是在泥底的表层埋栖。蚶子有两扇很坚固的贝壳，这两个贝壳都很凸，所以合起来差不多呈圆球形，壳上有放射性的凹凸线；蚶子的两扇贝壳在背部咬合的部分很窄，呈直线形，上面生有一列互相嵌合的小齿。蚶子的身体里面有两块闭壳肌，它们的两端分别固着在左右两个贝壳的内面。当肌肉收缩时，可以把两扇贝壳拉近、拉紧，使它关闭起来；当肌肉舒张时，贝壳张开，足可以从前方伸出来活动。蚶子的前后两个闭壳肌的大小差不多，所以属于等柱类。

泥 蚶

血 蚶

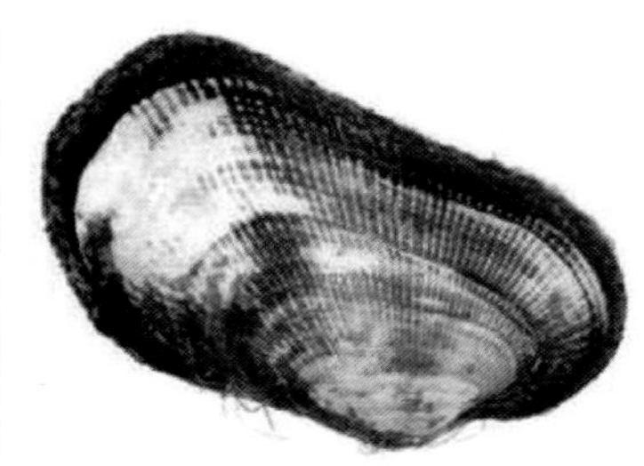
青 蚶

蚶子有白路蚶子和船捕蚶子两种。捕白路蚶子不用渔船，是步行到海涂捕得；船捕蚶子则是在近海滩涂用船捕得。因一般需5～6天船才能靠岸，所以新鲜度、肥壮度都比白路蚶子差。识货者以白路蚶子为首选。

蚶子，个大壳薄肉厚，肉质极嫩、异常鲜美。历代文人都视其为珍品。清袁枚在《随园食单》中特别记载了此菜的几种吃法："蚶有三吃法：用热水喷之半熟，去盖、加酒、秋油醉之；或用鸡汤滚熟，去盖入汤；或全去其盖作羹亦可，但宜速起，迟则肉枯。"蚶子的肉味鲜美，营养丰富，是沿海各地普遍食用的海产品。蚶子含有较多的蛋白质，脂肪含量较低，磷、铁、维生素B1和B2含量较多。中医认为其肉味甘、性温，可补血、温中和健胃。

蚶子的加工有熟开法、半熟开法和生开法。南通厨师是用小刀将生蚶壳劈开取肉，把蚶肉放入竹篮，在大水中顺一个方向搅动，这样才能将蛤肉中的泥沙洗净。熟开法和半熟开法，一是难以洗净泥沙，二是蚶肉会变老，为南通厨者所不取。"蚶子烧鸡冠菜""蚶子粉丝汤"是南通传统菜肴，深受广大民众喜爱，也是老百姓的家常菜。

［**熘蚶脆**］

南通名菜"熘蚶脆"，是按古法北魏《齐民要术》中记有的"炙蚶"菜肴改进而成。

熘蚶脆

“熘”，是将加工、切配的原料用调料腌制入味，经油、水或蒸汽加热成熟后，再将调制的卤汁浇淋于烹饪原料上或将烹饪原料投入卤汁中翻拌成菜的一种烹调方法。因蚶肉富含氨基酸与琥珀酸，其味太鲜，口感太滑嫩，遂配以鸡蛋馓子，使馓子吸收蚶肉部分鲜味，增加了蚶肉的香味，口感滑嫩间以酥脆，把蚶肉之美衬托得淋漓尽致，是一道色、味双全的春令佳肴。

原料：

净蚶肉200克，小鸡蛋馓子100克；葱段、姜片各5克，绍酒4克，盐2克，味精2克，色拉油50克。

制法：

炒锅上火，倒入色拉油，下葱、姜炝锅，倒入蚶肉，烹料酒，迅速煸炒，加盐、味精，待蚶肉变色鼓起时，勾芡，出锅，浇在炸热的小馓子上即可。

操作要领：掌握“跳”法三要素——旺火，热油，急炒。

成菜味型咸鲜，蚶肉鲜美，馓子酥脆。

［**醉血蚶**］

醉血蚶

“血蚶”属软体动物门蚶科动物，因其血浆含血红素，蚶肉色如血，故名；因喜栖于浅海内湾、河口的软泥中，蚶壳色白如银，有称其为“泥蚶”“银蚶”的；再因蚶体不大，有称其“粒蚶”的。

其实冬春的蚶子最肥美。没有看见过蚶子的人，看到掀开蚶壳那血淋淋的样子，肯定认为它必定味腥，因而不敢吃。但等他吃了一两颗之后，就会点头称善，更番寻味。江浙一带以及上海馆子中的吃法，大多是配以醋、姜 丝、麻油，实在是十分可口的时鲜。

“血蚶”可以治缺铁性贫血，味道是蚶属动物中最为鲜美的品种，为南方沿海人民所喜食。地处长江入海处的如东有广阔的浅海滩涂，也是血蚶繁殖的理想场所，所产“血蚶”量多，味鲜，是血蚶中佼佼者。南通名菜“醉血蚶”，就是一道出名的冷菜。

原料：

血蚶400克；白酒50克，绍酒250克，花椒粉3克，胡椒粉3克，绵白糖50克，生姜50

克，蒜茸50克，朝天椒（红辣椒）5克，芥末糊5克，美极鲜5克，香菜末3克。

制法：

① 将血蚶外壳刷洗干净，放入晶盐度20～22%的“海水”浸养3～4小时，让血蚶吐尽泥沙。

② 将所有醉料（除胡椒粉、香菜末）放入容器内搅和成醉料汁。

③ 锅置火上放入清水1500克，烧沸，投入血蚶，氽1分钟捞起，逐个撬开蛤壳，浸入醉料半小时后即装盘，撒上胡椒粉、香菜末即成。

成菜味型咸、鲜、甜、辣，酒香浓郁。调动舌尖上的味蕾，百食不厌。

［**蚶子烧鸡冠菜**］

鸡冠菜是南通独有的一种绿叶绿梗青白菜，因为菜的叶子皱褶得实在太像鸡冠花而得名。鸡冠菜每年四月初上市，到五月中旬就要罢市，季节很短；而这段时间恰恰正是蚶子最肥最美的季节。

蚶子烧鸡冠菜

南通民间喜欢用蚶子或者蟑蛾肉和鸡冠菜一起烧。烧出来的菜颜色碧绿，像鸡冠花盛开；蚶子肉恰如玉蝴蝶在飞舞。奶白的菜汤，粉嫩的蚶子肉配上清鲜的鸡冠菜，既赏心又悦目，实在是一种享受。2014年6月，“蚶子烧鸡冠菜”被评为“南通市十佳家常菜”。

原料：

鸡冠菜500克，洗净的蚶子肉100克；绍酒，精盐，味精，姜葱末，熟猪油。

制法：

① 把鸡冠菜洗净，再改刀成5厘米长的菜段。

② 炒锅上旺火，舀入熟猪油加热至六成时放入姜葱末略炸，再速投入蚶子肉“急炒”，翻炒间隙烹入绍酒，放少量精盐，等蚶子肉肚腹膨胀，即可盛起备用。

③ 炒锅上火，放入熟猪油，加热至六成时投入已经改好刀的鸡冠菜煸炒，等菜的颜色成翠绿时放入精盐和炒蚶子的汤汁，加清水，盖上锅盖用大火烧煮至菜酥鲜香。等汤汁变成了乳白色时，放味精，投入蚶子肉翻炒几下便可出锅装盘。

15、贝中珍品——枵壳·仰厣·海蚌

“枵壳儿”“仰厣”，是一种海产的小蚌，壳子很薄，“枵”在方言中是薄的意思，故名；每年二至四月，在海安老坝港有产。其味非常鲜美，可与文蛤媲美。它可以炒、烧、烩、炖，长时间加热肉质不老，滑嫩鲜美。因其所产时间很短，产量又不是很多，物

枵 壳

原汁枵壳海蚌

以稀为贵，成为海贝中的珍品；而当地民众因“近水楼台先得蚌”而大饱口福。

南通名菜“原汁枵壳海蚌”，在2003年“江苏省第四届美食精品展暨烹饪大赛”中获团体金奖，获得江苏名宴称号；2010年被编入《中国江苏名菜大典》。

[原汁枵壳海蚌]

原料：

海蚌肉500克，鲜春笋200克，青豆瓣100克，火腿片100克；盐5克，味精10克，胡椒粉2克，绍酒50克，姜米10克，葱5克，色拉油150克。

制法：

① 把鲜春笋改刀成片，下冷水锅焯水。青豆瓣下沸水锅焯水，捞出待用。

② 炒锅上火，倒入色拉油，下姜、葱、煸香，倒入海蚌肉煸炒，烹料酒，加盐、味精，下春笋片、火腿片、青豆瓣加水烩制，撒胡椒粉出锅装盘。

③ 青豆瓣摆外一圈，成蚌形，然后放春笋，再把海蚌肉盛入，浇烩制好的汤汁即成。

味型：咸、鲜。

特点：蚌肉柔嫩爽滑，鲜美无穷。

16、要有嘴舌功夫才能享受到的美味·泥螺

在如东人的家常早晚餐里，泥螺就如同咸菜一样普通，多以腌制的方式做成，做下粥的小菜。

泥螺，体呈长圆形，头盘大而肥厚，外套膜不发达。侧足发达，遮盖贝壳两侧之一部分。贝壳呈卵圆形，幼体的贝壳薄而脆，成体较坚、白色，表面似雕刻有螺旋状环纹，内面光滑，有黄褐色外皮。温州称其“泥糍”，系因其生长在泥涂中；闽南称“麦螺蛤”，因其盛产于麦熟季节；江、浙、沪一带称其“泥螺”。泥螺有黄砂、青砂两种，因其贝壳内映出黄色和青色，加工腌渍的卤液亦呈黄色或淡青色而得名。黄砂

泥螺的质味最佳。青砂泥螺肉薄、味淡，冷冻后不脆。在浙江，其售价仅为黄砂泥螺的一半。

泥螺属软体动物门，腹足纲，后鳃亚纲，头楯目，阿地螺科，泥螺属（泥螺属仅有泥螺一种）。其外壳呈卵圆形，壳薄脆，壳不能包住全部身体，腹足两侧的边缘露在壳的外面，并且反折过来遮盖了壳的一部分。体长方形，拖鞋状头盘大，无触角。

泥螺，古称吐铁，中国沿海都有出产，以东海和黄海产量最多。现在启东、如东的几万亩滩涂下面几乎全部养殖泥螺。泥螺是潮间带底栖匍匐动物，生活在中低潮区泥沙质或泥质的滩涂上，退潮后在滩涂表面爬行，在阴雨或天气较冷时，潜于泥沙表层1~3厘米处，不易被人发现，日出后又爬出觅食，以底栖藻类、有机碎屑、无脊椎动物的卵、幼体和小型甲壳类等为食。

泥螺以桃花盛开时所产的质量最佳，此时泥螺刚刚长发，体内泥少，且无菌，味道也特别鲜美。中秋时节所产的“桂花泥螺”，虽然比不上农历三月时的“桃花泥螺”，但也粒大脂丰，极其鲜美。

泥螺含有丰富的蛋白质、钙、磷、铁及多种维生素成分。泥螺营养丰富，又具一定医药作用。据《本草纲目拾遗》载：泥螺有补肝肾、润肺、明目、生津之功能。民间还有以酒渍食，防治咽喉炎、肺结核的说法。

泥螺是可供食用的主要软体动物之一。虽然个体小，名声却很大。自古中国民间就有吃泥螺的习惯。不过，吃泥螺是需要有点嘴上功夫的，要经牙齿和舌头巧妙地配合，把泥螺壳和体内的泥沙噢出来，才能将肉吃下去。民间还有个吃泥螺的故事：

清・郑板桥

说是郑板桥在外地做官时，当地的豪绅请他赴宴，他误把人家用来擦嘴的馒头吃了，出了洋相。过了些日子，郑板桥回请豪绅吃饭，特地安排了当地没有的泥螺。豪绅从来没有见过这个东西，有些好奇，自然也不敢吃；但看见郑板桥吃得津津有味，也就跟着吃了起来。结果是连屎带沙全都嚼在嘴里，弄得满嘴的泥沙，出尽了洋相。

江浙沪闽沿海一带的民众，把泥螺作为海产美味，而且加工、食法讲究。经腌渍加工的糟醉泥螺味道鲜美，清香脆嫩，丰腴可口。如今随着人民生活水平的不断提高，饮食的口味也在不断变化，泥螺已跻身宾馆宴席，成为“八珍冷盘”中必不可少的一道佳肴，走俏海内外市场。醉泥螺要选体大壳薄、腹足肥厚、体内无沙、足红口黄、满腹藏肉、无破壳的泥螺为加工原料。以仲夏前后泥螺格外脆嫩肥满时为采捕、加工的黄金季节。批量制作醉泥螺一般要经过选料、盐浸、冲洗、腌制、分级、制卤、加料、密封等八个步骤。

南通人聪明，不仅把醉泥螺的味道调到了极致，还发明了炒鲜泥螺、汤氽泥螺等熟食泥螺菜品。20世纪60年代，笔者听说吕四人炒泥螺滋味非常鲜美。有次正巧在街上碰到有活泥螺卖，便买了一些回家想尝试一下爆炒泥螺。结果炒出来的是半锅黏液，泥螺肉韖了嚼也嚼不断。这说明，熟食泥螺的烹饪也是需要功夫的。

经常被各家餐馆制作上席、风味独特的"爆活泥螺"就是一道创新菜肴。因为如东所产的泥螺是黄沙泥螺，口感要比青沙泥螺更为鲜脆，故为做菜的首选。

［**爆活泥螺**］

原料：

鲜活大泥螺1000克；盐3克，味精2克，绵白糖6克，绍酒20克，姜米10克，蒜末10克，酱油10克，胡椒粉2克，葱末5克，香菜5克，色拉油50克，芝麻油20克。

制法：

① 活泥螺洗净，入沸水锅中快速氽烫，捞出沥水。

爆活泥螺

② 炒锅烧热，放入色拉油，将姜米、蒜末、葱末爆香，再放入盐、味精、糖、绍酒、酱油、胡椒粉调味，大火烧沸后倒入泥螺，淋入芝麻油，快速颠翻几下，出锅装盘，撒上香菜叶即成。

成菜口味鲜咸；肉质脆嫩，卤汁醇厚。

最后还得提醒一下：爆氽泥螺的加热时间很短，只能瞬间，螺肉只能半熟，若要全熟，则会重蹈笔者20世纪60年代"爆炒泥螺"的覆辙了。

17、尾巴最好吃的香螺

香螺又名扁玉螺、蚍蛴、相思螺。有青壳、黄壳两种，青壳叫青香螺，黄壳叫黄香螺。南通沿海所产的青香螺外形小巧，螺口白色圆润，较易吸吮。

香螺是如东海区的特产，经常作为冷菜上桌。因其富含氨基酸和琥珀酸，故肉质嫩滑，滋味特别鲜美，还略带筋道，丝丝鲜香，让人回味无穷。但是大家都不习惯叫它香螺，而是叫它相思螺。也许是名字好听，名称大于内容，含义更加直白的缘故。相思螺的名字虽然好听，但还只是个俗名，它的学名应该叫扁玉螺。

香螺最好吃的部位就是尾巴，它和一般的螺不一样，尾巴里面全都是籽，而且还有类似于蟹黄的味道。还有，一定要吃螺里面的膏，不要当成是螺儿的屎扔掉哦！听海边的渔民说，从海里出水的螺要先要放进盛满清水的盆子里，再把菜刀、锅铲等非不锈钢的铁器插进螺堆里。第二天就可以发现这些铁器上爬满了螺，不仅盆底沉下的螺吐出了不少的泥巴，母螺还产下很多螺崽。如果清理干净后再重复处理，螺就继续吐泥下崽。这样，螺的肚子里便干净多了。还有人说，香螺要先放在水里，滴两滴油在里面，然后让它爬过一夜，第二天再捞出来放在篓子里顺时针搅；还有人说了个最原始的做法：放水先烧开，放点香叶、五香、八角、小红辣椒、葱结和少许蒜、盐烧开后，把螺儿放进去煮开，稍煮一会儿就好了。

南通的厨师们不拘泥于白灼、酱爆、香糟、白煮等原有的烹饪方法，创新思维，成功创制出了一些相思螺的菜肴。南通大家乐海鲜馆是专营本港海鲜（南通地区）的饭店。该店烹制的“大汤香螺”，技艺独到。螺嫩、汤鲜，是一道难得的海鲜美馔。

大汤香螺

［**大汤香螺**］

原料：

青香螺500克，山药300克，上汤1500克；生姜5克，葱5克，猪油20克，绍酒50克，芝麻油3克，精盐3克，白胡椒粉1克，香菜3克。

制法：

① 将青香螺洗净，山药去皮切滚刀块。

② 取砂锅1只放入上汤、姜5克、葱3克、绍酒、山药、香螺，上火煮沸，撒入葱花、香菜、精盐。待螺头伸出螺壳立即离火，撒上胡椒粉，淋芝麻油上桌。

成菜味型鲜、咸，汤汁浓白，汤菜俱佳。

18、动植物的混合体·海葵

海葵，如东当地的老百姓叫它“沙参”，说它类似海里的人参，是既能补阴又能补阳之物；男人吃了它能壮阳强身，女人吃了它能滋阴补体，说得神乎其神。

海葵的外表很像植物，但其实它是一种构造非常简单的动物，它没有中枢信息处理机构，连最低级的大脑基础也不具备。海葵没有骨骼，在分类学上隶属于腔肠动物，代表了从简单有机体向复杂有机体进化发展的一个重要环节。它是一种原始而又简单的动物，只能对最基本的生存需要产生反应。海葵遇有动静，即缩入沙中，沿海居民挖掘捕食，并供应于市。

海葵又叫沙星，生活在浅海沙滩。全身穴居于沙中，头伸出沙面呈葵花状，也似星状，全身为袋状，又有点像海参。海葵有着各种各样的颜色，绿的、红的、白的、桔黄的、具斑点或具条纹的或多色的，看上去很像花朵，但其实是捕食性动物，是中国各地海滨最常见的无脊椎动物，有绿海葵、黄海葵等。许多缺乏经验的小鱼、小虫、小虾常漫不经心地游过来，好奇地探察这不知名的花朵，却突然被快速收缩的触手所擒获，还未来得及做出反应，就被触手里的刺细胞杀死，成了海葵的果腹之物。一份最新研究认为从基因编码上看海葵属于动物和植物的混合种。

不管它在水里是个什么东西，一旦人类捕获了它，它就被人们当作食物来对待。人们第一是会欣赏它的口味，第二才会考虑它的性能。

海葵肉质肥厚，富含蛋白质，滋味鲜美，被视为滋补佳品。南通常用炒、炖、煮等法烹调海葵，又鲜又脆，均成美味。

下面向大家介绍一只南通名菜“大汤海葵”。

［**大汤海葵**］

原料：

海葵500克，卤水日本豆腐一块，猪骨汤1500克；生姜3克，葱3克，熟猪油30克，白胡椒粉1克，芝麻油5克，精盐3克，香菜3克，绍酒50克。

制法：

① 将日本豆腐切块，块面撒盐1克。

② 炒锅上火，放10克猪油，将日本豆腐煎成两面黄，盛起待用。

大汤海葵

③ 将海葵用剪刀剪开去沙肠，洗净，下沸水焯一下，去掉黏液，洗净待用。

④ 炒锅上火，放入姜、葱稍煸，再放入海葵煸炒，下猪骨汤，放入日本豆腐烧沸，撇沫放盐，

淋入芝麻油，盛入碗内，撒香菜、胡椒粉即成。

特点：海葵脆嫩，汤汁浓白，鲜香可口。

19、海虾知多少

中国海域宽广，盛产海虾。海虾口味鲜美、营养丰富，可制多种海味佳肴，有菜中“甘草”之美称。

对虾，属于节肢动物门、有鳃亚门、甲壳纲、软甲亚纲、十足目、游泳亚目、对虾科、对虾属，对虾是其概称。中国沿海产对虾约20多种，常见的有9种。中国对虾，又称东方对虾，在世界市场上相当著名，与墨西哥的棕虾、圭亚那的白虾并称世界三大名虾。

中国对虾，体长大而侧扁。雌体长180~240mm，雄体长130~170mm，甲壳较薄，光滑略透明。头胸甲较坚硬宽大。雄体略呈棕黄色，胸部和腹部附肢微呈红色，尾肢的后半为深蓝并夹有红色。

对虾身体前部为头胸部，较粗短；覆盖头胸部的背面和两侧的一片坚硬的大甲壳，

叫做头胸甲，有平直前伸、细长而尖利的额角，俗称虾枪或额剑，具有保护眼睛和防御敌害的作用。

整只对虾的烹调方法有红烧、油炸、焗烤，加工成片、段后，可熘、炒、烤、煮汤，制成泥茸可做虾饺、虾丸。但对于色发红、身子软、不新鲜的虾尽量不吃，腐败变质的虾坚决不吃。吃的时候还要把虾背上的沙线挑去。下面介绍几款以对虾为主要原料的菜品。

金钩虾

［白灼金钩虾］

南通沿海的渔民把像一把钩子、鹰爪状的对虾，又叫鹰爪虾、鸡爪虾、厚壳虾，统称为金钩虾，这名字是当地老百姓们的约定俗成，若是叫它的正名“鹰爪虾”，南通人反而不知道了。南通沿海的渔民都十分看重金钩虾。南通人称之为“金钩虾”的鹰爪虾，是色味双馨的优质对虾，是虾中之旺族，产品多供出口。

白灼金钩虾

“白灼”，就是以煮沸的水或汤将生的食物烫熟，其秘诀在于煮的时候要放入蒜片、姜片、盐和酒，这样才能去除虾残留的腥味，使虾肉更有弹性。酒和盐不但能使虾味更香鲜，还能让虾的颜色变得更鲜艳。再说，做法简单快捷，只需一小碟调料蘸着吃，就能品尝到虾的原汁原味。

原料：

新鲜金钩虾500克；姜2片，蒜4瓣，米酒1汤匙，盐1茶匙，李锦记海鲜酱油2汤匙，香油适量。

制法：

① 将虾洗净，剪须，用牙签挑去虾线；姜切片，瓣蒜拍扁；将2瓣蒜剁成茸淋入海鲜酱油备用。

② 锅下适量清水，放入姜、蒜和盐，再淋入米酒，烧开后放入虾。待虾身卷曲变红后立刻关火，在水里焖上1分钟，捞出，上盘。

③ 另起锅下油。香油烧热后，淋在蒜茸酱油汁上供蘸食用。

［鰝 虾］

南黄海盛产金钩虾。千年以来，如东渔民将网得超量的金钩虾，用重盐水氽煮后让其晒干或风干，其味咸中特鲜谓之“鰝虾”。清代的《记海错》中，已明确有“海中有虾长尺许，……俾两两而合，日干或腌渍，货之谓对虾，其细小者，干货之曰虾米也”的记载。

鳊 虾

其实，“鳊虾”是介于煮虾和虾米之间的又一别具风格的制品。汆煮、白灼之虾食时，虾肉白而细嫩；而干虾米的虾肉紧韧异常，应用前要先用黄酒温水将之浸泡，其味才鲜香。“鳊虾”即是采用的汆煮法，但烹制时间略长，且重汆一至两次者称“二鳊”“三鳊”。重汆，能使虾肉收紧，再让其水分挥发成半干状态，冷却后食用不仅味鲜且有干香，尤以脑膏肥满时的风味更为独特。

鳊虾成菜后，虾肉紧韧，富有弹性；咸中透鲜，虾香沁人。

中国对虾

中国对虾，学名东方对虾，又称明对虾、斑节虾，为广温广盐性海产动物。身体长而略侧扁，雌雄异体，成体雌虾大于雄虾，体色也有所不同；雌虾体色灰青，雄虾体色发黄。

［五味对虾片］

原料：

明对虾700克；葱姜少许，酒1汤匙，粉皮10张，姜醋汁、芥辣汁、红油汁、沙拉酱汁、糖醋汁各1/2小碗。

制法：

① 将虾背上之肠沙抽出后即放在锅内加入3杯开水及葱、姜、酒，用大火煮熟(约5分钟)，待冷后取出，去头剥壳，将每只虾肉由背部下刀，横切成4大片。

② 将粉皮全部切成1/2寸宽条后，在沸水烫约5秒钟，捞出后用冷水冲洗并滤干，铺在大碟的中间部分，再将虾片一片片平排成美丽图案。

③ 附上5种不同的味汁。任食者自行蘸食。

基围虾

“基围虾”常常被误认为是虾的一个种类，更有不知其意者直呼其“鸡尾虾”，殊不知“鸡尾酒”倒是有，“鸡尾虾”却是没有的。

其实，“基围”就是海边修筑的堤围（鱼塘），本来是防御水患之用。基围，可以按海潮的涨落而引进和排出海水；而虾又有随海潮游到基围下水流平缓区域产卵的习性，所以“基围”能随涨潮引进虾苗。虾苗养育成长后，开闸放水。闸口布网捕取的虾，就叫“基围虾”。其虾种因引入的虾苗而定，并非仅仅一种。

广东所产“刀额新对虾”，为近岸浅的海对虾类。它有杂食性强、广温、广盐和生长迅速、抗病害能力强等优点，而且能耐低氧，具有潜底习性。因为壳薄体肥，肉嫩味美，能活体销售而深受消费者青睐，成为优良品种的对虾。

基围虾的肉质松软，营养丰富，易消化，对身体虚弱以及病后需要调养的人是极好的食物。“白灼基围虾”一般饭店里都有，自己家中就能做。

白灼基围虾

［**白灼基围虾**］

原料：

鲜基围虾500克，鲜嫩尖椒10克；葱30克，香菜20克，姜10克，酱油10克，白糖5克，味精1克。

制法：

① 将尖椒和15克葱均切成细丝放入碗中，放入白糖和少许酱油，调成蘸汁；其余的葱和姜切片；香菜切段。

② 锅中水开后，放入香菜段、姜葱片，烹少许黄酒，待水再开后，捞出香菜段、葱姜片，倒入基围虾。

③ 用笊篱稍微搅拌，约三四分钟后，见基围虾虾壳变红，肉质将熟之时捞出，沥干水分，装盘，与味汁蘸食即可。

椒盐基围虾

［**椒盐基围虾**］

原料：

基围虾250克；精盐20克，味精1克，花椒面5克，干细淀粉50克，料酒20克，色拉油1000克（耗50克）。

制法：

① 将基围虾洗净，放入少许精盐、料酒腌渍片刻，加入干细淀粉裹匀待用。

② 锅置小火上，放入精盐炒香，加入味精、花椒面对匀成椒盐味碟。

③ 锅置旺火上，放入色拉油至八成油温，投入基围虾炸至色金黄捞起，待油温升高后再重油一遍。炸至外酥内嫩时，捞出装入盘内，撒上椒盐即可。

虾 仁

海对虾除去白灼外，更多的是剥成虾仁鲜食。

菜肴制作成功的最基本条件是食材新鲜，所以首先要选用新鲜、无毒、无污染、无腐烂变质、无杂质的优质虾。由于烹制虾仁是以虾仁的自然形状为主，所以选料时还必须做到大小相近，才能使虾仁受热均匀，成熟后的虾仁老嫩一致，色泽纯正，形态美观。

市场上出售的虾仁，大多是速冻制品。在日常生活中，人们为快速解冻，有的用热水泡，有的是放在自来水龙头下快速冲洗。实践证明，这种解冻效果都不理想。正确的方法是在常温下慢慢解冻虾仁，或者放在慢慢流动的自来水中解冻。如果时间紧，也可以用微波炉解冻，效果也不错。

第一步是用干净餐巾吸去虾仁的余水，然后用餐巾再搌一次。搌净水后开始上浆。上浆是虾仁致嫩的有效方法。上浆后的虾仁表面能形成一层保护膜，使虾仁不与热油直接接触，而是间接受热，这能最大限度地保持虾仁的水分，使烹调后的虾仁饱满鲜嫩。在上浆时不必用料酒腌渍虾仁，这样会使虾仁脱浆。正确的方法是在烹调时使用料酒。

上浆，是用盐、蛋清、湿淀粉与虾仁拌和，用手搅拌，搭上劲后加入少量的油抓拌均匀。加油的目的是提高虾仁的润滑度，防止虾仁在滑油时互相粘连，使烹调后的虾仁更加鲜嫩。

在上浆的操作中要做到先轻后重，先慢后快，有节奏地顺着同一个方向搅拌。虾仁的蛋白质分子因强烈的振荡而发生变性。引起轻微的凝固和沉淀，使水分与蛋白质充分结合，长链状的糖元吸收大量的水分，增加吸水性能，形成了有一定黏度的胶体，保证烹调后的虾仁更加细腻、鲜美。

虾仁上浆后，人们习惯于立即滑油，就是油温掌握得很好，也会经常脱浆；即使不脱浆，成菜也很难达到光滑、鲜嫩的要求。这是因为缺少了一个“静置”的过程。因此，上浆后静置这一过程应引起烹调者的注意。一定要把浆好的虾仁静置5至10分钟后再滑油，让干淀粉充分吸足水分而紧裹虾仁。再者，恢复虾仁内部组织原有的弹性也需要一定的时间。

油温运用得恰到好处是虾仁鲜嫩的必要条件。如果油温低了，虾仁易脱浆，菜肴半生半熟；如果油温高了，虾仁颜色不正，相互粘连，形状干瘪，质感老韧，就会失去虾仁鲜嫩的特点。烹制虾仁用三至四成热油温（约70℃~100℃）为宜。浆好的虾仁要轻轻散落油锅，用手勺顺一个方向先轻后重，先慢后快有节奏地划动，防止划碎虾仁，影响成品形状。滑油时，选用熟猪油最佳，色拉油也可。要求油脂清澈、透亮、无异味，否则会影响菜肴的色泽与口味。

烹调虾仁菜肴常用的调味有葱、姜、蒜、花椒、大料、精盐、味精、料酒、醋、糖、辣椒以及各种调味油等。烹制虾仁菜肴，调味品投入宜少不宜多，调味品太多会压抑了虾仁的原汁鲜味，使虾仁失去清淡爽口、鲜嫩的特点。用多少调味品为宜，这要根据不同菜肴的口味而定。例如，要吃虾仁的原味，那就不必加椒、蒜等调料，否则会使虾仁的鲜味被掩盖。

烹制虾仁可采用基本调味和加热中调味两种方法，即上浆时加入1/3的底口，使虾仁基本定味，然后取一个碗，把精盐、味精、鲜汤、料酒、水淀粉等调成兑汁芡，炒勺内加底油，油温升高后，放入配料煸熟，泼入兑好的汁芡，倒入滑油后的虾仁，炒勺速颠，手勺快拌，使芡汁紧紧包裹在虾仁上，淋明油出锅装盘即可。技术熟练的厨师用“跑马芡”，各种调味品，按加热时间理化反应，分别先后下锅。不管用什么方法勾芡，必须先勾芡，后下虾仁，最后淋明油出锅装盘。虾仁吃完后，盘内只有油，不应有汤汁或作料，方称合格。

白果炒虾仁

［**白果炒虾仁**］

原料：

干白果50克，虾仁300克，鸡蛋清40克；大葱5克，姜5克，豌豆淀粉5克，植物油20克，盐2克，味精2克，料酒5克。

制法：

① 虾仁放碗中，加盐、味精抓匀；加蛋清、水淀粉上浆腌渍半小时；白果去壳、去衣，用水泡发待用。

② 滑勺中加植物油烧热，放入虾仁划熟。

③ 勺内留底油，放葱姜末炒出香味，放入白果，烹入料酒，加高汤30克及盐、味精，勾稀芡投入虾仁翻炒，淋明油出勺。

成菜虾仁洁白，脆嫩鲜香；白果色如绿玉，味清香，软糯而富有弹性。

红毛子虾

南通的海产品里有一种被当地人称作“红毛子虾”的中国毛虾。

中国毛虾是节肢动物门樱虾科毛虾属的虾类，又名毛虾、水虾、苗虾、虾皮、红毛虾、小白虾等，体小，侧扁，体长2.5～4厘米，额剑短小，全身皮壳极薄，除极少数红色小点外，完全透明。其第二对触角约为体长的3倍，呈红色，故称“毛虾”“红毛子虾”。每年清明节前后盛产。这种虾壳薄、肉软嫩，味鲜美，肚子上沾满了籽。这种虾如果烧菜吃，不一定比得上其他的虾；但唯独炝的味道绝对能胜出。如东人还把它剥壳，捏出虾肉来做成虾饼，也是当地的风味菜品。

做炝虾的虾一般要活体，但因为它是海虾，所以都是死的。看它新鲜不新鲜，只要看它的头有没有掉、虾体是否硬棒，如果虾儿遍体发红，那就是出水时间长了，新鲜度不够；如果头似掉非掉，千万不要勉强购买。

买回来的虾很脏，一定要在清水里多洗几遍。洗过的水里会有黑黑的一层籽。有人还会很小心地将它取出，焙干成虾籽。

［**炝红毛子虾**］

将洗净的虾剪去须、脚，放入篮子里，撒上少许盐，颠匀、沥水，然后放入容器，先加入高度烧酒（一斤虾放一两），盖上盖子闷一两个小时。然后滗去炝汁，根据各人口味放入糖、味精、酱油、醋等调料，再加入葱、姜、蒜末，仍旧盖上盖子闷。上桌前再淋上麻油、撒上胡椒粉即可。有人在滗去炝汁后，直接用糖加乳腐汁腌制，名叫腐乳炝虾，这又是另一种风味。

炝红毛子虾

毛虾因肉少、水多、皮薄，渔民在旺产期捕获后便将它煮熟、晒干，制成虾皮供市。虾体大者煮熟晒干后即为小虾米；将其捣碎，加盐腌后置阳光下曝晒发酵，制成虾酱；亦可从虾酱中滤出液体——“虾油”。

虾皮、小虾米和用麻虾做的虾酱、虾油，是我国沿海各地城乡做菜的一种味美价廉的调味品，也是我国传统的海产调味佳品。

高营养的虾蛄

在众多的海虾中，不得不说一说“皮皮虾”。其实“皮皮虾”是别名，它的学名叫虾蛄，英文名为螳螂虾，属于节肢动物门，甲壳动物亚门，软甲纲，掠虾亚纲，口足目。

“皮皮虾”是大部分地区的叫法。中国不同地域的老百姓对于虾蛄的叫法不一，如：虾爬子、海爬子、琴虾、琵琶虾、富贵虾、虾鬼、虾鳌、虾魁、爬虾、虾虎、虾婆、虾公、撒尿虾、拉尿虾、虾狗弹、弹虾、花不来虫、虾皮弹虫，蚕虾、虾不才、水蝎子……香港地区叫它“濑尿虾”，如东人则叫它“虾儿公公”。掠虾类起源于中生代的侏罗纪，现存500余种，绝大多数种类生活于热带和亚热带，少数见于温带。中国沿海均有，最常见的品种是虾蛄科、口虾蛄属的口虾蛄，在中国各海域均有分布，中国南海已经发现了60多种。

虾蛄性情凶猛，视力十分锐利。由于善于游泳，因此其猎物大部分为底栖性不善于游泳的生物，包括各种贝类、螃蟹、海胆等。它们能够轻易破坏猎物的外层硬壳，享用内里的肉。

虾蛄成熟的卵巢的鲜美程度远远超过中国对虾。一般来讲，母虾蛄的个头没有公的那么大；公的口虾蛄在颈部最下端大爪下有一对小爪，母的则没有，可用通俗语“公的长胡子”来区分；通常，母的口虾蛄的脖子部位有一个白色的“王”字。

虾蛄是海生的甲壳动物，和平常所见到的螃蟹、虾同是属软甲亚纲的甲壳动物。虾蛄具有一对威力强大的攻击附肢。因为它们利用附肢捕食的动作极像螳螂，所以虾蛄也被称为螳螂虾。平时，虾蛄是独来独往的，只有在生殖季时，雌雄才会配对。这时通常在一个洞穴中会有一对雌雄虾蛄居住，雄性负责猎食供给雌性食物；雌性专心哺育幼体，不负责猎食的工作，除了在食物来源短缺或是雄性失去捕食能力的时候，雌性才会主动捕食。

虾蛄味道鲜美，价格年年攀升，为沿海群众喜爱的水产品，成为沿海城市宾馆饭店餐桌上受欢迎的佳肴。食用虾蛄的最佳月份为每年的四到六月间，此时它的肉质最为饱满。虾蛄宜用鲜活。刚死不久的虾蛄，背部仍呈鲜绿色者为上品；绿色变淡，开始转黄的虾姑，其肉已经收身，虾体已软，尚可食用；由深黄色变成浅黄色、淡黄色的虾姑，肉已化水，接近腐败，不可食用。虾姑以食虾膏为上品。香港地区常将之用于"龙虾色拉"，以其肉代充龙虾肉。鲜虾蛄卵亦供成菜，福建名菜"虾姑子面筋"，即是将虾蛄卵与面筋同烩而成，柔糯鲜爽，香郁异常。

虾蛄的食用方法，一般有椒盐和清蒸。以清蒸为多，辅以生抽、醋、姜末调成的蘸料食用。

虾蛄剥起来比较麻烦，有一种简单的食用方法，就是使用筷子。先把虾去头去尾，然后将筷子从虾尾插入，就能把虾肉完整地捅出来了。

虾蛄的吃法有盐水、椒盐、香辣多种，看各人喜爱。

［椒盐虾蛄］

原料：

虾蛄1000克，红尖椒3个，大蒜一头，酱油。

制法：

① 将红尖椒和蒜剁成末。

② 油烧热，把虾蛄倒入炸至金黄，捞起。

③ 锅里留底油，烧热后倒入尖椒末和蒜末炒香。

椒盐虾蛄

④ 倒入炸好的虾蛄翻炒均匀，倒入适量酱油，炒匀后起锅装盘。

［盐水虾蛄］

原料：

虾蛄1000克，青红椒适量；盐，姜汁，玫瑰露。

制法：

① 将虾蛄用清水冲洗数遍。然后在锅里加上适量的清水，加入一些盐、姜汁，再点上几滴玫瑰露，将味道调和好。

② 将洗净的虾蛄放入锅中，用中火烧煮3分钟，待虾蛄的颜色由青变粉，即

盐水虾蛄

关火移锅。

③ 将虾蛄捞出装盘，再撒上一些切好的青红椒丝。

一盘清淡爽口、原汁原味的美味盐水皮皮虾就做好了，简单吧！做好的盐水虾蛄看上去粉嫩晶莹，肥嫩的虾肉透过虾壳若隐若现，实在是道美味。

［香辣虾蛄］

原料：

虾蛄1000克；香辣油，干红辣椒（灯笼椒），花椒，豆瓣酱，姜，葱。

制法：

① 将虾蛄用清水洗净沥干。葱和辣椒切段，姜切片。

② 锅内放入适量的香辣油加热，放入辣椒、花椒粒、豆瓣酱、葱、姜煸炒，然后把皮皮虾放入一同炒制，等到虾身变色后，稍微加上一点清水，用小火稍微炖制一会儿，就可出锅了。

香辣虾蛄

成菜香辣虾蛄红而透亮，麻辣鲜香，隔着好远就能闻到诱人的麻辣味道。

虾之王·龙虾

龙虾，在中国古代最早的词典《尔雅》中被称为“鰝”、大虾；《吴都赋》称其为鰝虾；《使琉球记》中称它龙头虾；《蠕范》中叫它海虾、虾魁、虾王。如此看来，中国是开发食用龙虾最早的国家。

龙虾，是节肢动物门甲壳纲十足目龙虾科动物的概称，因其体型似传说中的龙而得名。龙虾的头胸甲发达，粗壮、坚厚多棘，略呈圆筒状，壳坚硬，色彩斑斓。前缘中央有一对强大的眼上棘，具封闭的鳃室。腹部较短而粗，后部向腹面卷曲，尾扇宽短。龙虾有坚硬、分节的外骨骼。胸部具五对足，其中一或多对常变形为螯，一侧的螯通常大于对侧者。眼位于可活动的眼柄上。有两对长触角。腹部形长，有多对游泳足，尾呈鳍状，用以游泳，尾部和腹部的弯曲活动可推展身体前进。

大龙虾

龙虾是虾类中最大的一类，体长一般20～40厘米，重0.5公斤上下，最大者体长逾1.2米，重可达5公斤以上，称“龙虎虾”。龙虾只能爬行，不善游泳，常活动于海底或岸边，栖息于温暖海洋，分布于东海和南海一带。

中国产的龙虾有8种以上，主要品种有：

中国龙虾。身体呈橄榄绿色，带有白色小点，体型较大，产于南海和东海南部，广东东部和西部浅海的产量较大，是中国龙虾中最重要的经济品种。

波纹龙虾。体表呈绿至褐色，头胸甲前端和眼柄间具鲜艳之橘色和蓝色斑纹，眼上角具黑色和白色环带，胸足呈斑点状，腹部分布有微小白点，卵为橙色。

波纹龙虾属于群聚的夜行性海中生物，它们白天大都躲藏在珊瑚礁或岩礁的缝隙洞穴里；到了晚上，才三只、五只，甚至十只、八只成群地爬出来觅食，主要的食物是贝类和海底小生物，偶尔也会吃些藻类食物。波纹龙虾为南海近岸的常见品种，产量仅次于中国龙虾。

密毛龙虾。外形、体色与上述两种相似，产于海南岛和西沙群岛，有的个体很大。

锦绣龙虾。头胸甲前部背面有美丽的五彩花纹，腹部、背面有棕色斑，体表呈绿色而头胸甲略为蓝色，第二触角柄蓝色，发音器略为粉红色，第一触角和步足具显眼之淡黄色及黑色环斑，腹部各节包括尾柄的背中部皆具宽黑色横带。它是龙虾属中体型最大者，最大体长可达60厘米，体重可达4~5公斤，但产量不大，浙江舟山群岛以南海区均可见到。

此外，还分布有日本龙虾、杂色龙虾、少刺龙虾、长足龙虾等，都可以食用，但产量较少。世界经济种龙虾主要是美洲龙虾、澳洲龙虾、欧洲龙虾以及岩龙虾等，有些品种中国还进口做菜。龙虾体大肉多，滋味鲜美，多鲜食，民间一般用蒸或煮熟后剥壳取肉，蘸姜醋食用，最能体现龙虾的本味。烹制龙虾，首先需要“放尿”。即将龙虾腹部朝下，以布垫压，扳起虾尾，把一只筷子从腹部近尾叶的底端插入龙虾体内，稍许，龙虾即死亡。此时，抽出筷子，随之有一道异味液体流出，谓之“放尿”。冲洗干净后便可取肉。取肉的方法是，将龙虾的头壳拔下，切断虾尾。虾身脱壳后可取出完整的虾肉。切开背部，除尽沙线，用清水洗净即可。港澳十名菜中有“上汤焗龙虾”“清蒸龙虾”“牛油焗龙虾”“豉椒焗龙虾”“蒜茸蒸龙虾”“油泡龙虾球”等以龙虾为主料的菜品。龙虾头尾可用于成菜装盘时的装饰，仍呈虾形，色形俱佳。

[清蒸龙虾]

宜用较小的龙虾（150~200克）。制法简单：从虾背上连壳带肉，直刀切开成两半，清洗后蒸熟，浇上特制的“酱油王”，淋上烧滚的生油即成。其特点是，肉嫩清鲜，原味突出。

[生吃活龙虾]

（龙虾刺生）是欧美、港澳地区的流行吃法，现已流入国内餐桌。其制法是：将活龙虾洗净，将头取下，从虾腹部两侧用剪刀剪开，取出虾肉；挑去沙线，去掉虾肉外层的薄膜，将虾肉剖成两片后再切段，放入冰水中浸泡，用冰水洗去腥味；将虾肉再切成薄片，把薄虾片整齐地放入虾壳中，盖好壳，装上虾头，摆入盘中，成一完整的龙虾，用生菜叶围边；备辣酱和姜醋汁，随个人口味蘸汁食用。

龙虾的烹制方法较多，菜品也多，可制成龙虾全席，从冷盘、热炒、大菜到汤羹均可，恕不一一介绍。全套菜品不要都做成有咬嚼、有弹性的清一色口感为好。

20、海蟹之王·梭子蟹

梭子蟹又称“蝤蛑”“枪蟹”，属甲壳纲蝤蛑科，因其头胸甲成扁菱形，两头尖尖的，像织布的梭子，所以叫它梭子蟹；南通海边上的人则叫它“尖子蟹”。

梭子蟹是一种暖温性多年生大型蟹类动物，也是中国最大、最重要的一种海产蟹，黄海和东海盛产，南通吕四渔场的年产量在二万吨左右，经济意义十分重大。2013年夏天，连云港的梭子蟹丰收了，哪晓得反而卖不掉，成千吨的梭子蟹发臭烂掉了实在可惜。2014年，南通梭子蟹的产量倒是很高，可每斤只卖到3元钱。

梭子蟹体大肉多，味道鲜美，营养丰富。南通人除了把梭子蟹用蒸、炒之法食之外，还把梭子蟹加工成鲜蟹黄、蟹糜，晒成了干蟹米、干蟹黄，腌制成了蟹酱，用盐渍加工成蟹鲊；蟹壳做了甲壳素的原料，经济效益非常可观。其中，蟹卵经过漂洗晒干以后做成的“蟹籽”是海味品中的上品。

梭子蟹的鱼汛一年有春秋两次，每年的5月和9月是梭子蟹肉肥膏满的黄金季节，渔期长，产量高。一开春的梭子蟹最肥，因为它的蟹黄还没有变籽，又满又硬，两个尖角上塞得结鼓鼓的，所以叫“黄蟹”（念“荒蟹”），当地人叫它“姑娘蟹”。黄蟹的肉洁白，肉多，肉质细嫩，特别是蟹膏就像凝脂一样，味道极其鲜美。两个大螯子里的肉，是一丝一丝的还带点儿甜味，别有风味，因而久负盛名，居海鲜之首。梭子蟹一般是蒸熟后蘸醋吃，也可用盐、酒、生姜末炝了生吃，当然也可以炸了吃、炒了吃。沿海一带的渔民，还将过剩的梭子蟹投入大池，加盐做成“蟹鲊”出售。用蟹鲊当早晚下饭的小菜，用蟹鲊来烧豆腐、烧青菜，这个就是另外一番风味了。

下面向大家推荐几款以梭子蟹为食材的南通名菜。

［熘梭子蟹］

原料：梭子蟹500克；精盐2克，酱油30克，绍酒30克，绵白糖15克，味精3克，调和油500克（实耗150克），香醋10克，芝麻油6克，干淀粉200克，香葱末20克，姜末20克，花椒5克，椒盐4克。

制法：

① 将梭子蟹洗刷干净，撕下腹部脐盖，剥下蟹壳，去掉蟹肺、胃，取下两大螯，用刀

熘梭子蟹

将外壳拍裂，将蟹身横切成两半，再把每半只蟹身顺脚与身连接处切成四份，将蟹用料酒、花椒、姜、葱、盐腌渍半小时。

② 取干淀粉150克把每块蟹拍粉均匀，另将25克干淀粉用少量水调成水淀粉。

③ 锅上火，倒入调和油加热至8成热时，放入已拍过粉的蟹块炸至金黄色捞出。

④ 另取锅上火，舀入75克调和油，待油热放入姜末煸炒，放少量清水，烹绍酒，放酱油、绵白糖、盐烧沸，用水淀粉勾芡（琉璃芡），待芡汁黏稠，放入味精、炸好的蟹块，烹醋，淋芝麻油，撒上香葱末，洒上椒盐，颠翻均匀即成。

成菜味型鲜咸微甜；外酥脆肉鲜嫩，蟹壳干香。

［**炒蟹线**］

炒蟹线

“炒蟹线”是用梭子蟹肉糜制作的美馔。清·南通冯大本所作《鱼湾竹枝词》中有“欲向寥滩翻蟹谱，盖场风味属蝤蛑”的赞美。南通烹饪摄影美容技术学校研发、制作的梭子蟹菜肴丰富多彩，有梭子蟹全席，品种千呈，美不胜收。南通厨师匠心独具，用松散的蟹肉制成蟹线，在蟹类菜肴中独树一帜。中国烹饪大师张兰芳做的“炒蟹线”就是南通名菜。

原料：

梭子蟹肉糜150克，熟猪肥膘75克，鸡蛋清4枚，生粉25克；姜葱汁25克，味精1克，葱丝15克，绍酒25克，精盐3克，胡椒粉1克，鸡汤50克，水淀粉5克，红辣椒丝25克，芝麻油5克，色拉油1000克（实耗100克）。

制法：

① 将熟猪肥膘斩茸后投入梭子蟹肉糜内，加姜、葱汁搅拌成厚糊状，然后将鸡蛋清分3次加入蟹糜内，顺着一个方向搅成糊状，加味精0.5克、精盐2克、生粉及胡椒0.5克待用。

② 将锅置火上烧热，先用少量油滑锅，再上火烧热后投入色拉油（使油温保持在二成热左右），然后将蟹糜糊装入喇叭形皮纸袋内，将皮纸袋尖头剪一小口，将蟹糜糊呈线状挤入油锅内，熟后倒入漏勺沥净油。

③ 锅内留少量油，将葱丝、辣椒丝略煸后，烹入绍酒、鸡汤、精盐（1克）烧沸后加味精0.5克，用水淀粉勾芡，投入熟蟹线，淋入芝麻油，撒胡椒粉0.5克，颠翻几下，装盘即成。

味型：鲜、咸。

特点：腴嫩滑爽，状似龙须。

[**蟹籽豆腐**]

蟹籽豆腐

蟹籽“豆腐”其实并不是蟹籽烩豆腐，而是用鲜蟹籽磨成浆汁，加热后再使它凝固成豆腐状，然后加以烩制的。

南通的吕四、洋口渔场，每逢夏季，梭子蟹带着大量的籽如潮涌而至，捕不胜捕。渔民专取蟹籽，除焙干大量供应市场外，供应鲜食的大都做成“豆腐”。这样的“豆腐”怎能不鲜冠百味？

“蟹籽豆腐”作为南通名菜，20世纪80年代被编入《中国名菜谱》，1995年被收入《中华饮食文库·中国菜肴大典》（海鲜水产卷）。

原料：

蟹籽“豆腐”250克，出水绿菜心100克，水发木耳25克；精盐4克，绍酒25克，姜葱末3克，白胡椒0.5克，鸡清汤150克，水淀粉30克，芝麻油25克，熟猪油75克。

制法：

① 将蟹籽“豆腐”切成长5厘米、宽2厘米、高0.5厘米的长方块，待用。

② 将锅置旺火上，舀入熟猪油，烧至六成热时，投入姜葱末略煸，放入蟹籽“豆腐”，轻轻炒几下，加入绍酒、鸡清汤、木耳、精盐，放入菜心，烧沸后用水淀粉勾芡，淋入芝麻油，装盘撒上白胡椒粉即成。

成菜味型咸、鲜，柔若海绵，嫩若凝脂，腴香糯滑。

梭子蟹有很高的营养价值，滋味又特别鲜美。它含有多种人体必需的氨基酸、丰富的矿物质和一定数量的维生素和多种营养素，因其蛋白质含量高、质量好，脂肪含量低，是高血压、高血脂、冠心病患者较为理想的动物性食品。

每年农历三四月份的梭子蟹最为肥美，肉多黄满，出肉率最高，滋味也最鲜美。每年初夏（春汛），是梭子蟹的旺汛季节，以往由于气温高，冷冻、运输跟不上，造成不少浪费。1982年，吕四渔场在江苏省海洋水产研究所的指导与支持下，试制成功了梭子蟹采肉机，做到了随捕获、随采肉、随冷冻，既保证了蟹肉质量新鲜，又保证了市场的正常供应。充分开发利用梭子蟹这一富饶的水产资源，对改善丰富城市人民的生活质量具有积极意义。

为了推广、交流梭子蟹糜的烹调方法，增加梭子蟹糜菜点的花色品种，由南通市饮食服务公司七位菜点名师进行了试制。实践证明，梭子蟹糜可以运用各种烹调方法制作菜点，能制出上百种菜肴、四五十种点心，也可制成高档的全蟹筵席。

梭子蟹糜呈茸状，可利用其蛋白质凝固的理化反应，成形各种丝、条、丁、粒、块、片、线、球，乃至大块整料；也可制作造型美观的花色菜点；适宜于炒、爆、溜、炸、烹、蒸、贴、塌、焖烧、烩、蒸煮、烤、酱、卤、氽、拌、拔丝、制松、腌醉、冷冻等多种烹调方法。

梭子蟹糜质地细腻，无须做洗涤、斩切等再加工，便可直接制作菜点。因它所含脂肪不多，如用纯蟹糜制作菜点，则鲜味有余而腴肥不足。制作菜点时可掺进适量的猪肥膘肉茸、鸡蛋及少量的淀粉，不仅成型方便，还可使制品更为肥美。

梭子蟹糜解冻后不宜过久放置。刚解冻的新鲜蟹糜是没有什么腥味的，如在制品中放些姜、葱、花椒、胡椒、醋等调味品，除了能去掉因放置时间过长而可能产生的腥味外，还增加了制品的风味。

梭子蟹糜色泽洁白，其味特鲜，在制作菜点时要注意突出其特点。要使制品雪白如玉，就不要采用酱油、蛋黄及深色油脂等配料；在调味上要注意突出其本味，少用甜味。如用梭子蟹糜制作甜菜，应在制品中加重咸味，使之成为甜咸味，才能可口。如用单一甜味，加上蟹糜的海鲜味，则其味是不堪入口的。

下面从试制的34个菜点中摘选出4冷盘、4热炒、4大菜、4点心的烹调方法，供参考。

水晶冻蟹

［水晶冻蟹］（冷盘1）

原料：

生蟹糜250克，琼脂（冻粉）5克，盐10克，姜丝10克，姜葱汁少许，芫荽少许，清鸡汤适量。

制法：

① 取蟹糜肉融化后，放入盛器，投入姜葱汁拌和上劲，上笼蒸熟，冷透，待用。

② 取冻粉下冷水浸软。炒锅上火，放鸡清汤，投入冻粉，小火至沸使其融化，投入盐、味精，放入蒸熟的蟹肉烧沸，倒入汤盘内冷透成冻。

③ 取平盘一只，将冻蟹切片，堆放成桥梁式，盘沿围以芫荽、姜丝即成。

特点：蟹肉鲜美，片片透明，形似水晶，入口即化。

［麻辣蟹排］（冷盘2）

原料：

生蟹糜200克，生梅童鱼茸100克，熟猪肥膘50克，鸡蛋1只；湿淀粉50克，味精少许，盐7.5克，辣油50克，豆瓣酱75克，麻油10克，姜葱末、花椒水、花椒末少许，植物油1000克（实耗100克）。

制法：

① 取蟹糜、鱼茸、猪肥膘（斩茸）放入盛器，投入鸡蛋、姜葱末、湿淀粉、味精、

盐、花椒水，搅和上劲成糊；取瓷盘一只抹上油，将蟹糊平摊于盘内，上笼蒸熟、冷却，改切成骨牌块，待用。

② 炒锅上火，放油，烧至八成热，将蟹排入油炸至浮起后，起锅沥油。

③ 炒锅上火，放少许油，投姜葱末、花椒末略炒，投入辣油、豆瓣酱加味精打成卤汁，勾稀芡；投入蟹排，淋麻油搅拌，翻锅装盘即成。

麻辣蟹排

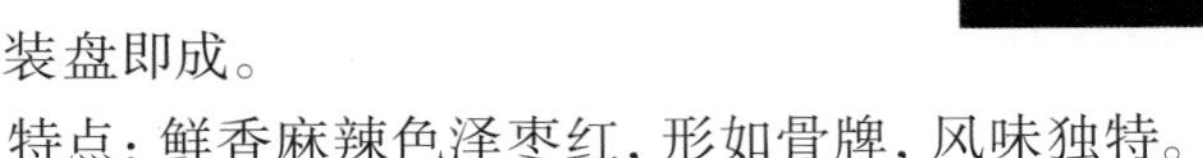

特点：鲜香麻辣色泽枣红，形如骨牌，风味独特。

［**玛瑙蛋蟹**］（**冷盘3**）

原料：

熟梭子蟹黄150克，鸡蛋5只；味精少许，盐5克，酒15克，植物油5克，姜葱少许。

制法：

① 取熟蟹黄放入盛器，投入酒、姜片、葱，上笼蒸透取出，拣去姜葱，冷却后改切成小粒待用。

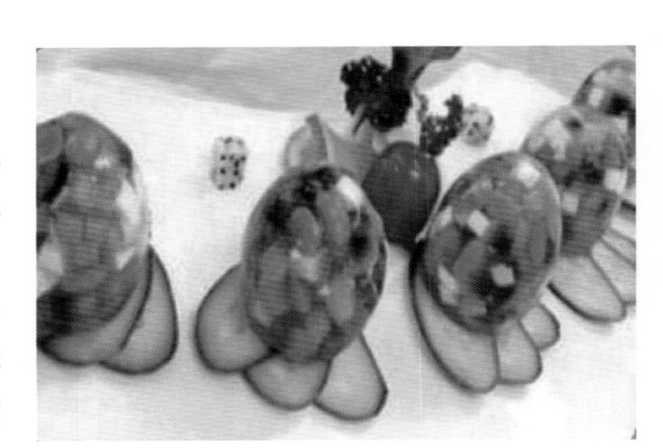
玛瑙蛋蟹

② 取蛋清5只放入盛器（抹油），投入2两蟹粒拌和，再取蟹黄1两撒在面上，上笼用小火蒸熟，取出冷却，待用。

③ 取平盘1只，将玛瑙蛋蟹修齐切片，装成馒头形即成。

特点：形似玛瑙，白中隐红；蟹黄异鲜，色味形美。

［**如意蟹卷**］（**冷盘4**）

原料：

生蟹糜150克，熟蟹黄末15克，鸡蛋3只；盐5克，味精少许，湿淀粉25克，植物油50克，麻油10克，葱、姜葱汁少许。

制法：

① 取蟹糜肉溶化，放入盛器；投入姜葱汁、蛋清（1只）、湿淀粉、盐、味精搅和上劲成糊待用。

② 炒锅上火，烧热打滑，将鸡蛋搪匀，摊成圆形蛋皮2张；将蛋皮摊平，抹上

如意蟹卷

蟹糊，在中段撒上蟹黄末、葱末成直线两行；再从两边向中间对卷成如意形，中间槽内抹上蟹糊填平，再撒上蟹黄末，上笼用小火蒸熟，冷却后待切。

③ 取平盘一只，将如意卷斜批成片，叠成圆形，抹上麻油即成。

特点：色粉鲜艳，状如如意；鲜嫩适口，四季皆宜。

[**划炒蟹片**]（**热炒1**）

划炒蟹片

原料：

蟹糜肉150克，熟猪肥膘75克，鸡蛋清4只；生粉25克，味精25克，葱段少许，料酒5克，盐少许，胡椒粉少许，麻油5克，水淀粉25克，姜葱汁少许，红辣椒25克，熟猪油1000克（实耗100克）。

制法：

① 将熟猪肥膘剁茸后投入梭子蟹糜内，加入姜葱汁搅拌成厚糊状。

② 将鸡蛋清分三次加入蟹糜内，顺一个方向搅动成糊状，加入味精、盐、生粉、胡椒粉待用。

③ 炒勺洗净，上火烧热，用油打滑，再上火烧热后投入熟猪油，油温保持在二成左右；将蟹糜用手勺片入锅内，成片状至熟，倒入漏勺沥尽油待用。

④ 炒勺留油少许，将葱段、辣椒煸炒后，投入黑木耳再煸炒一下，烹入料酒、鸡汤、盐，烧沸后加入味精，用水淀粉勾芡，投入氽熟的蟹片，淋上麻油，撒胡椒粉，翻锅装盘即可。

特点：色泽洁白，状似芙蓉；片片成形，鲜嫩滑爽。

[**杨梅蟹球**]（**热炒2**）

杨梅蟹球

原料：

蟹糜肉200克，鸡蛋清1只；生粉50克，面粉50克，油氽锅巴100克，芹菜梗段36根，番茄酱100克，鸡清汤50克，熟肥膘50克，麻油5克，盐、味精少许，水淀粉15克，红曲米汁少许，姜葱汁少许。

制法：

① 将熟肥膘斩成茸，与梭子蟹糜、鸡蛋清、生粉、面粉、姜葱汁、味精、盐拌和成厚糊状待用。

② 将油氽锅巴压碎成米粒状，用少许红曲米汁拌和待用。

③ 用手将蟹糊挤成小圆球状，放入拌成红色的油氽锅巴内滚一下，使蟹球表面沾满锅巴粒；再将芹菜梗段插入蟹球顶端成杨梅形状后，投入到五六成热的油锅内氽熟，捞起。

④ 取干净炒勺一只，放入鸡清汤、番茄酱稀释（如番茄酱甜酸度不够，可加入适量糖和醋），烧沸，用少量水淀粉勾芡，再投入炸好的蟹球，颠锅，使番茄汁均匀地裹在杨梅蟹球上，淋入麻油，起锅装盘即可。

特点：形似杨梅，造型逼真；外脆里嫩，酸甜适口。

[三丝蟹卷]（热炒3）

原料：

蟹糜肉150克，水网油150克，火腿丝30克，葱丝30克，香菇丝30克，鸡蛋3只；姜葱汁少许，精盐、味精少许，生粉50克，面粉100克，花椒盐2小碟。

制法：

① 梭子蟹糜中加入鸡蛋（1只）、姜葱末、精盐、味精、生粉（25克）、面粉（25克），拌和成糊状待用。

② 水网油洗净吹干，改切成24块5×5厘米的方块，在每一块网油方块上抹一下蛋粉浆、涂一层蟹糜糊、放一份火腿丝及葱丝、香菇丝，顺着卷起，用蛋粉浆封口。

③ 将鸡蛋、面粉调制成蛋粉糊；先将蟹卷拍粉，后在蛋粉糊里拖一下，使蛋糊裹着均匀，然后下油锅，炸熟后捞起装盘即成。随带花椒盐上桌。

特点：外脆里软，香酥鲜嫩；随带佐料，别具一格。

[锅煎蟹]（热炒4）

原料：

梭子蟹糜250克，水网油150克，熟肥膘末50克，雪里蕻叶50克，鸡蛋清2只；生粉50克，面粉150克，味精、葱椒盐、胡椒粉、姜葱末少许。

制法：

① 将梭子蟹糜、熟肥膘末、生粉（25克）、面粉（25克）、鸡蛋清（一只）、胡椒粉、姜葱末一齐拌和成糊状，待用。

② 水网油洗净吹干后分成四大块，将搪好的鸡蛋浆在每块上面抹匀，将蟹糜糊放上抹平（约占网油面积的一半），盖上一片雪里蕻叶，再抹一层蛋浆，把另一半边的网油覆盖在雪里蕻叶上，照此做好4块；再将每块分切成2块，共计8块。

③ 将鸡蛋、面粉、葱椒盐调制成糊；将蟹块拍粉，再裹上一层蛋糊，下油锅半煎半炸至熟后捞起，改切成长条形，装盘即可。

特点：外脆里嫩，干香鲜肥。

[**牡丹二海**]（大菜1）

原料：

水发海参400克，蟹糜肉250克，蛋糕200克，鸡脯肉100克，火腿100克，笋片75克，菜心12棵；绍酒50克，味精少许，水淀粉40克，麻油25克，猪油100克，菠菜叶、胡椒、姜、葱少许。

制法：

① 梭子蟹糜加姜葱汁、鸡蛋、盐调和上劲成糊状；鸡脯肉、火腿切片，待用。

② 将蛋糕剪成片，修成牡丹花瓣形，待用。

③ 取碟子10只，涂上冻猪油，将蟹糊捏成一个圆球放入碟子中央；在蟹糊圆球上逐个插入花瓣形蛋糕片，围圆一圈后再插第二圈，最后将蟹黄放在花瓣中心做成花心；再在每朵牡丹花上插入菠菜叶3瓣，上笼蒸10分钟取出待用。

④ 海参加鸡汤、姜片、葱结，出水沥干待用。

⑤ 炒锅上火，放入猪油，煸炒菜心，投入鸡脯肉片、火腿片、海参，加适量鸡汤、蟹粉，加绍酒、盐、味精烧沸，勾芡，淋上麻油倒入盘中；再将蒸好的牡丹蟹围绕着海参，撒上胡椒粉即成。

特点：海参软糯，蟹似牡丹；色形味佳，悦目美观。

[**蛋梅虾蟹**]（大菜2）

蛋梅虾蟹

原料：

蟹糜肉200克，蟹黄100克，浆虾仁200克，笋丁100克，绿豌豆100克，豌豆苗500克，鸡蛋4只；鸡油15克，绍酒25克，水淀粉25克，花生油150克，姜葱末、胡椒粉、味精少许。

制法：

① 炒锅上火，热锅温油，将蟹糜肉、虾仁先后下油锅，划透后倒入漏勺沥油，待用。

② 炒锅再上火，放油少许，倒入姜葱末煸炒出香味，放入豌豆、笋丁稍炒，加入蟹糜、虾仁，烹绍酒，放盐、味精、清水少许，烧沸后用水淀粉勾芡出锅，倒入盆内冷却，加入胡椒粉待用。

③ 鸡蛋去壳，磕入碗内，用竹筷打散、搰匀。炒勺置小火上，涂油，倒入蛋液，摊成圆形小蛋皮12张；将炒好的虾蟹分成12份兜入蛋皮内，捏成烧卖形，取蟹黄放在每只虾蟹的中心，上笼蒸5分钟后取出。

④ 炒锅上火，放入鸡清汤、酒、盐、味精，烧沸，用水淀粉勾芡，浇在蛋梅虾蟹上。

⑤ 炒锅上火，放少许油，将豌豆苗下锅煸炒，烹酒，放入适量味精、食盐，起锅做围边。

特点：虾蟹鲜嫩，形似梅花。

[鸡蟹锅巴]（大菜3）

原料：

熟鸡肉200克，饭锅巴150克，梭子蟹糜100克，冬笋片50克，水发黑木耳25克，蟹黄100克，绿叶蔬菜50克；料酒50克，麻油5克，精盐少许，鸡清汤400克，味精、姜葱末、生粉、蛋清少许。

鸡蟹锅巴

制法：

① 炒锅上火，烧热打滑，放油将姜葱末煸出香味后，投入熟鸡肉、蟹糜、蟹黄煸炒，烹入料酒，加入鸡清汤、冬笋片、木耳、绿叶蔬菜、味精、精盐、胡椒粉，烧沸，撇去浮沫，勾芡，淋麻油盛起。

② 将饭锅巴投入热油锅炸酥脆后捞起，盛入汤碗中。

③ 食时，将烩制好的鸡、蟹汤倒入锅巴碗中。

特点：吱吱有声，有汤有菜；锅巴酥脆，鸡蟹鲜美。

[清汤蟹丸]（大菜4）

原料：

梭子蟹糜250克，熟肥膘50克，笋片75克，水发黑木耳25克，鸡蛋清2只；姜葱汁水50克，水淀粉50克，香菜25克，鸡清汤1000克，精盐10克，料酒50克，麻油5克，胡椒粉、味精少许。

清汤蟹丸

制法：

① 将蟹糜及熟肥膘分别斩茸，投入姜葱汁水搅拌，再投入蛋清拌和，加精盐调和上劲，放入水淀粉搅拌成有浮力的蟹糊。

② 用手将蟹糊挤捏成小丸子，放入冷水锅中，上火养透，捞起待用。

③ 取干净炒勺一只，放入鸡清汤1000克及笋片、木耳、料酒、盐烧沸，撇去浮沫，将蟹丸投入汤中养透，加味精，盛入放有胡椒粉、麻油、香菜的汤碗中即成。

特点：汤清见底，蟹丸鲜嫩；蘸醋食之，其味更佳。

［蟹糜鲜肉火饺］（点心1）

原料（按成品300只，一两3只计算）：

特富粉5000克，猪肉2500克，蟹糜1000克，砣粉500克，韭芽100克；猪油500克，味精50克，胡椒25克，料酒100克，酱油250克，食糖50克，盐、姜葱末少许，棉油5000克（实耗1250克）。

制法：

蟹糜鲜肉火饺

① 取铁锅一只，放入清水1500克左右、料酒少许、酱油100克、姜葱末少许，烧开；另把砣粉用清水调开，慢慢投入开水锅内，边投边搅成厚糊状粉芡，装盆凉透待用。

② 取铁锅一只烧热，投入猪油500克烧至温热，将姜葱末、蟹糜投入，用炒勺不断翻动，待蟹糜成絮块状时起锅，待用。

③ 猪肉改条，用摇肉机摇成肉糜，放进拌芯子缸内，放入料酒、酱油、味精、食糖、盐、胡椒、韭芽末，拌和上劲，酌量投入清水少许，制成馅心待用。

④ 面粉5000克装入盛器，中间扒一大塘，投入开水约6000克，用擀面棍迅速搅拌成熟烫面。待面冷却后，揉透、搓条、摘成50克3个的面坯子，用擀面杖擀开成2寸左右的圆形皮子，包入馅心，对摺成月牙形，再捏成鸡冠边的火饺生坯。

⑤ 取铁锅，投入棉油烧至八成热，投入火饺生坯，炸至内部卤汁发出溢爆声响，成金黄色时捞出，装盘即成。

特点：饺皮外酥里糯，馅心鲜美有卤。

［蟹糜葱味千层糕］（点心2）

原料（按成品30块，一两3块计算）：

大酵225克，面粉350克，蟹糜250克；熟猪油200克，青葱末、盐、硝水肉丁、蛋糕丁少许。

制法：

① 铁锅上火，烧热打滑，放入熟猪油2两左右，烧至温热，投入蟹糜，用炒勺不断翻炒至絮块状起锅待用。

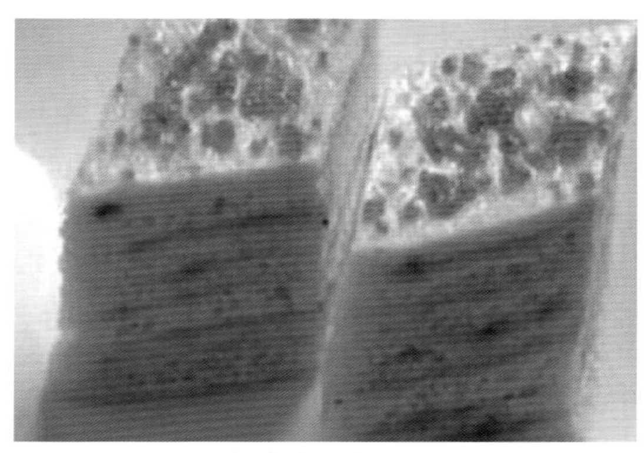

蟹糜葱味千层糕

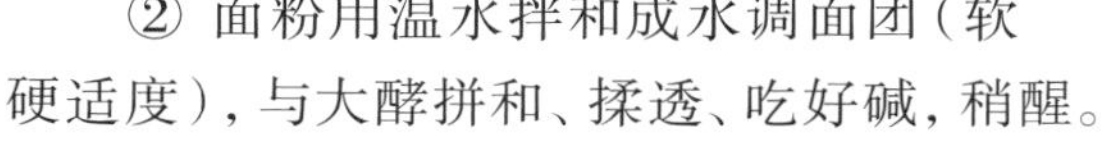

② 面粉用温水拌和成水调面团（软硬适度），与大酵拼和、揉透、吃好碱，稍醒。

③ 取醒好的酵面，擀成约80厘米长、40厘米宽、厚薄均匀的长方形的薄皮，四边用刀修齐，抹上一层猪油，撒上少许精盐涂抹均匀，再撒上少许青葱末，铺上蟹糜，然后一

层层摺起，用手揿扁、擀平，两条对齐，对摺再对摺（如摺被子）成约2厘米厚的正方形生坯，面上撒些装饰用的硝水肉丁、蛋糕丁，上笼蒸熟；冷却后改切成菱形开块即成。

特点：油肥香嫩。

21、非鱼之鲍

鲍鱼是海洋中的单壳软体动物，它的身体外边，包被着一个坚厚、扁而宽的石灰质的半个贝壳，形状有些像人的耳朵，所以也叫它“海耳”，还有鳆鱼、镜面鱼、九孔螺、将军帽等别称。

非鱼之鲍

鲍鱼属软体动物门，腹足纲，前腮亚纲，原始腹足目，盾鳃亚目，鲍科。它的单壁壳质地坚硬，壳形右旋，表面粗糙，呈深绿褐色，有黑褐色斑块。壳内侧紫、绿、白等色交相辉映，珠光宝气。壳的边缘有9个孔，海水从这里流进、排出，连鲍的呼吸、排泄和生育也得依靠它。所以它又叫“九孔螺”。鲍鱼其实不是鱼，而是贝壳类的螺。

鲍鱼的足部特别肥厚，分为上下两部分。上足生有许多触角和小丘，用来感觉外界的情况；下足伸展时呈椭圆形，腹面平，适于附着和爬行。鲍鱼就是靠着这粗大的足和平展的跖面吸附于岩石之上，爬行于礁棚和穴洞之中。鲍鱼肉足的附着力相当惊人。一个壳长15厘米的鲍鱼，其足的吸着力高达200公斤。任凭狂风巨浪袭击，都不能把它掀起。捕捉鲍鱼时，只能乘其不备，以迅雷不及掩耳之势用铲铲下或将其掀翻，否则即使砸碎它的壳也休想捉到它！我们吃鲍鱼，主要就是吃它的软体部分那宽大而扁平的肉足。软体为扁椭圆形，黄白色，大者似茶碗，小的如铜钱。全世界鲍鱼有100多种，中国常见的有盘大鲍、杂色鲍、耳鲍、羊鲍等。

鲍鱼有鲜品（时鲜、冰鲜两种）、有干品（咸、淡、罐头三大类）。鲜鲍经过去壳、盐渍一段时间，然后煮熟，除去内脏，晒干成干品。它肉质鲜美，营养丰富。干品鲍鱼以进口货为多，按500克的头（只）数计算，头数越少越好，也就说明鲍鱼的个体大。香港地区有“有钱难买二头鲍”一说（指网鲍）。

“鲍、参、翅、肚”，都是珍贵的海味，而鲍鱼位于“四大海味”之首。直至现今，在各种大型宴会中，鲍鱼经常榜上有名，还成为中国经典国宴菜之一。鲍壳虽不好吃，但却是个宝，它就是著名的中药材“石决明”，古书上又叫它“千里光”，有明目的功效。

鲍鱼是名贵的海珍品之一，肉质细嫩，鲜而不腻；鲍鱼和河蚌、田螺的营养价值相当接近，蛋白质、脂肪、铁、B族维生素的含量差异也不大。100克鲍鱼中蛋白质的含量是12.6克，田螺是11.0克，而河蚌是10.9克。脂肪含量依次是0.8、0.2和0.8克。可见，它们都属于低脂肪的食品。由于它们的水分含量都很高，去除水分后，其干品的蛋白质含量相差不多，都在50%以上，河蚌的蛋白质含量最高，达到干重的70%，所以，它们也是高蛋白食品。另外，鲍鱼中还含有一些碳水化合物，约6.6%，对于动物食品来说，这些糖分就很高了，会给鲍鱼带来更多鲜美的口感。其味道清而味浓，烧菜、调汤，妙味无穷。

鲍鱼适于多种烹调方法，如炒、红烧、干烧、白煮、炖、焖、煨、清蒸、汆汤、脆炸、油浸、焗扒、糟腌、凉拌、熏、烤等，也可切片生食；可以整用，也可经刀工处理成片、块、条、丝、丁、粒应用。

以鲍鱼做馔的菜品很多，有清蒸鲍鱼、红烧鲍鱼、蒜蓉蒸鲍鱼、鲍鱼炖土豆、鲍鱼鸡汤、广式蒸鲍鱼、营养鲍鱼粥、虫草枸杞鲍鱼汤、小鲍鱼烧排骨、太极松茸鲍鱼羹、鲍鱼扒鱼翅、田螺鲍鱼焖鸭……南通的海味名菜鸡粥鲍鱼、海鲜汁鲍鱼、蟹粥鲍鱼，就是用梭子蟹肉糜与鲍鱼做成。

［蟹粥鲍鱼］

南通厨师经过巧妙的构思创作，用梭子蟹肉糜制成蟹粥，与海产珍品鲍鱼搭配成了一道味道鲜美绝伦的海鲜菜。成菜后，鲍鱼干贝海味鲜香，蟹粥鲜美而爽滑，实在美味无比。

蟹粥鲍鱼

原料：

干鲍鱼100克，生梭子蟹肉糜100克，干贝25克，虾仁茸50克，熟肥膘茸50克，菜头12只，火腿末25克，香菜10克；盐3克，味精3克，干淀粉50克，湿淀粉10克，蛋清4枚，鸡清汤1200克，熟猪油50克，白胡椒粉3克，葱姜各10克，绍酒50克。

制法：

① 将干鲍鱼涨发好，切成片，用高级鸡清汤（火腿、鸡、干贝、猪瘦肉熬制）加盐、味精、葱、姜、绍酒烩制入味。菜头焯水后围在盘子四周。

② 将蟹肉、虾仁茸、肥膘茸放在碗中，掺入鸡清汤，加盐、味精搅拌均匀，倒入蛋清，搅匀成蟹肉糊。

③ 锅置旺火烧热，打滑，舀入熟猪油25克，鸡清汤150克及盐、味精烧沸，用水淀粉勾芡。

④ 将蟹肉糊全部倒入锅中，用炒勺打搅，待蟹粥大沸时，再打炒3分钟，淋入熟猪油25克，再炒至大沸，起锅倒在烩好已装盘的鲍鱼上，撒上火腿末、干贝茸、胡椒粉、香菜。

成菜味型咸、鲜。鲍鱼干贝海味鲜香，蟹粥鲜美而爽滑。

22、美味、养生、食疗奇珍·海参

活海参

海参是棘皮动物门海参纲动物的概称，又名海男子、沙噀、土肉、海鼠、海黄瓜、海茄子，是一种名贵的海产动物，在地球上已经生存了6亿年。它的形状像蚕、色黑，身上凹凸不平，体具棘皮，海参中仿刺参一般是4~6排刺。海参营养价值极高，是菜中珍品。古人发现海参“其性温补，足敌人参”，故而得名。海参肉质软嫩，营养丰富，是典型的高蛋白、低脂肪食物，滋味腴美，风味高雅，是久负盛名的名馔佳肴，是海味“八珍”之一，与燕窝、鲍鱼、鱼翅齐名，在大雅之堂上往往扮演着“压台轴”的角色，被视为中餐的灵魂之一。

据资料记载，全世界约有1300多种海参，中国约有140多种，绝大多数海参不能食用。全世界仅有40种海参可以食用。中国的可食用海参占了一半，达20种。食用海参包括了海参属、刺参属和梅花参属的种类。海参分布于中国的黄海、渤海交界处的蓬莱海域——辽宁、山东、河北沿海，主产于青岛，大连、长山岛、威海、烟台等地，又称北方刺参。在南方的东沙、中沙、西沙群岛，海南岛以及广东广西沿海产量最多，福建、浙江沿海如舟山群岛等处亦有出产。海参的形态特征是：体圆柱形，长20~40厘米。前端口周生有20个触手。背面有4~6行肉刺，腹面有3行管足。体色黄褐、黑褐、绿褐、纯白或灰白等。喜栖水流缓稳、海藻丰富的细沙海底和岩礁底。捕捞期为每年11月至次年的6月，尤其是6月和12月捕捞量最大，7~9月是海参夏眠季节。根据海参背面是否有圆锥肉刺状的疣足分为“刺参类”和“光参类”两大类。其中“刺参类”主要是刺参科的种类，以辽参又叫红旗参、灰参、刺参最好，也质优；“光参类”主要是海参科、瓜参科和芋参科的参，以黄玉参、大乌参质量最好。

海参优劣的识别主要以形体大、肉质厚、体内无沙为佳，体型小、肉质薄，原体不剖，腹内有沙粒者次之。随着海参的走俏，不法商人在干制海参时加糖、加胶的情况屡有发生，有的海参添加物竟超过了自重的5倍，更有甚者居然用火碱、福尔马林来保水保鲜，因此买海参一定要买“淡干”的。“淡干”，即鲜海参干化过程中不添加任何东西。1斤淡干海参需要30至40斤鲜海参才能做成，个头小的分量轻，样子又不起眼。

海参的鲜、干品均可食用，但是有些海参含有毒素，如处理不当可致中毒，必须注意。

海参干品用前须经涨发，方法因品种而异。皮薄肉嫩的海参可用沸水浸泡一昼夜，至软后剪开肚腹，去内脏内膜，洗净后即可供烹调；若参体未软，可继续用沸水浸泡或入锅煮沸后离火浸泡至软；体小者可放至热水瓶内浸泡至软。海参涨发治净后，应立即换水浸漂。

凡外皮坚硬厚实者，如克参、太乌参、白石参等，先用中火将其外皮烤炙至焦黑发脆，用力刮去焦皮层，用冷水浸软，在微火上焖2小时左右，洗净后再用冷水漂4小时，再上小火煮至体软，去其内膜，漂洗洁净即可使用。

涨发海参时，用具和水都不要沾油、碱、矾、盐等物。油、矾、碱易使海参溶化变腐，盐可使海参不易发透。开腹取肠时，不要碰破腹壁，要保持海参的原形。

有些海参涨发后有苦涩味，难以下咽。这是因为海参生活在海底，以食用微生物为主，有些海参体内还混有大量的微灰粒（切开可见色白），苦涩味即源于此。去除的方法是：（每500克海参）用25克醋精加50克开水调匀，倒入海参内拌匀。海参很快收缩变硬，海参体内的微灰粒与醋中和后溶于水中，随后取出海参，放入清水中漂浸2~3小时，至海参还原。漂去醋味与苦涩味，沥净水后即可供烹。

海参入烹适用于炒、熘、扒、烧、烩、焖、蒸等多种烹调方法，宜于多种味型。因其本身味微，并已具肉质细嫩柔糯、富于弹性、爽利滑润的滋感，烹调时虽可用鲜咸、葱香、酸辣、麻辣、酱汁、蚝油、鱼香、怪味等味型，但必须注意赋鲜、提鲜，否则虽有味而不美。

海参的刀工处理，可用整料（如做虾籽大乌参、扒梅花参等）。整料必须在腹内壁剞刀，也可加工成段、条、块、片、角、丝、丁、末应用。海参可用作主料，也可作为配料，一般以热炒、大菜、汤羹及锅式菜为主，也可斩碎作馅料，可炒饭、煮粥。

为了保证种族的不被灭绝，在长期的自然选择进化过程中，海参拥有了超强的生殖能力。一头4年以上的成年海参，在春季繁殖期，一次可排卵约500万枚。这样，即使有万分之一的成活率，也可以保证种族的延续。

海参的营养成分丰富，属高蛋白低脂肪类食物，营养素全面，尤以镁、硒的含量比较突出。另外还含有能抑制多种霉菌的海参毒素、利于延缓衰老的硫酸软骨素、对恶性肿瘤的生长有抑制作用的黏多糖等成分。从海参中提取的海参素 A和B，除可抑制肿瘤外，还可用于脑瘫、脑震荡和脊柱损伤引起的痉挛等症。海参对防治甲状腺肿大、软骨病、神经衰弱、月经不调等症均为适用食物，且有滋补与促进乳汁分泌等作用。中医认为，海参味咸，性湿，入心、肾、脾、肺四经，有补肾益精、养血固燥之功效，对精血亏损、虚弱劳累、阳痿、梦遗、小便频数等症，具有较好的辅助治疗效果。海参味美、养生、食疗三者兼得，这便是中华烹饪、饮食之道，得道多助，怪不得海参的销量飙升。

以海参为主要原料的菜品很多，如葱烧海参、红烧海参、家常海参、海参小米粥、砂锅海参粥、海参木耳烧豆腐、海参焖羊肉、海参扒猪蹄等，不胜枚举。以往，南通筵席中“头菜”最高档次的是“鱼皮海参”，其次为“鱼肚蹄筋”，再次是肉皮。足见海参的名贵。

长江入海处的如东盛产鳝鱼。每到夏令鳝鱼肥美异常。南通名菜“鳝酥海参”，是把鳝鱼炸酥与刺参同焖，其味鲜香腴美、浓郁醇厚，口感酥软柔滑而富有弹性，是一道集河、海之鲜的美馔。南通高级烹调技师支洪成擅作此菜。

［**鳝酥海参**］

原料：

水发刺参750克，鳝鱼1250克，猪五花肉50克；绍酒50克，酱油75克，白糖15克，葱花、姜片各15克，蒜瓣60克，鸡汤1000克，调和油1000克（实耗75克），熟猪油60克，味精1克。

鳝酥海参

制法：

① 将鳝鱼宰杀洗净去脊骨，在鱼肉上剞菱形花刀后，改切成6厘米长的斜块，洗净沥干水分。将猪肉切成柳叶片。水发刺参斜批成长条片，下沸水锅氽烫一下，捞出沥去水分。

② 将锅置火上，舀入调和油，烧至八成热，将鳝块放入，炸至鱼肉表面起芝麻泡，用漏勺捞出。投入蒜瓣炸至淡黄色捞出。

③ 将鳝块、肉片、蒜瓣放入砂锅，加5克葱段、5克姜、50克酱油、30克绍酒、500克鸡汤，上旺火烧沸，加入10克白糖，移至微火上炖焖至鳝块酥烂。

④ 炒锅置旺火上烧热，放入30克熟猪油，下5克葱段、5克姜片炸至金黄色，倒入500克鸡汤烧沸，撇沫拣去葱姜，投入刺参；加入20克绍酒、25克酱油、5克白糖、0.5克味精，移至小火焖至海参柔软，倒入鳝酥砂锅，改旺火收浓汤汁，下0.5克味精调好口味。

⑤ 炒锅置火上，放入30克熟猪油及葱、姜各5克炸出香味，拣去葱姜，将熟猪油淋入砂锅内即成，宴席可分成“各客”。

成菜鳝酥色泽金黄，刺参柔软而有弹性。味型咸鲜。

［**海鲜粥梅花参**］

南通厨师用体大肉厚的梅花参与文蛤肉茸、梭子蟹肉糜、虾仁茸烩合而成了一道集海中最为鲜美的原料于一体的海味珍品“海鲜粥梅花参”，使成菜的色、香、味、形、养、意都达到很高的境地。

原料：

净文蛤肉100克，梅花参300克，虾仁50克，梭子蟹肉糜50克，熟肥膘50克，蛋清4枚，火腿末30克，干贝茸20克，香菜叶3克，菜头12棵；盐3克，味精2克，葱4克，姜4克，干淀粉50克，熟猪油50克，湿淀粉10克，绍酒50克，鸡清汤1200克，胡椒粉2克。

海鲜粥梅花参

制法：

① 将文蛤肉、蟹糜、虾仁、熟肥膘斩成茸，加葱姜汁，将鸡汤分批掺入，搅匀再加盐、味精、干淀粉搅匀，将蛋清打成发蛋倒入，搅拌成海鲜糊。

② 梅花参涨发后，内部剞上花刀，加鸡清汤、葱段、姜片、盐、绍酒、味精烩制入味。

③ 炒锅上火，烧热，打滑，舀入熟猪油25克，加入鸡清汤150克及盐、味精，烧开后用水淀粉勾芡，然后将海鲜糊全部倒入，用手勺打搅，待粥大沸时，再打炒3分钟，淋入熟猪油25克起锅，浇在烩好的梅花参上，撒上火腿末、干贝茸、胡椒粉，菜头过油调味烧熟后围在四周。

味型：鲜、咸。

成菜海鲜粥鲜嫩雪白，梅花参鲜美软糯。味型咸鲜。

23、鱼翅传奇

鱼　翅

唐人段成式在《酉阳杂俎·酒食》中有“物无不堪吃，惟在火候，善均五味”一语，说的是烹饪时火力的强弱和时间的长短。此话对吃尽天下无敌手的中国人来说，确实如此。

中国人把鱼鳍中细而长、既无味又无营养的废料软骨——鱼翅，吃成了中国的“四大美味”（与燕窝、海参、鲍鱼合称）、“海味八珍”；外国人垂涎三尺，也跟着吃，吃出了世界著名的“美味佳肴”；把鲨鱼吃成了濒危物种，到了要断子绝孙的地步，严重打乱了整个海洋的生态平衡。

2009年12月18日，“携手同归，无限生机——姚明携手美国野生救援协会护鲨公益广告全球投放仪式”在上海举行。在仪式上“护鲨大使”姚明，携上海男篮郑重发出宣言：“拒吃鱼翅，保护野生动物，从我做起！”

2010年5月28日，美国夏威夷州州长林格尔签署法案，并获参众两院通过，禁止餐厅出售及严禁民众买卖鱼翅，违者会被处以罚款5000至15000美元，三犯者除罚款外还会判监禁1年。

2011年2月4日，美国加利福尼亚州众参两院也通过了从2013年起禁止售出、拥有和销售鱼翅。2011年10月，中国台湾地区公布从2012年起禁止进口净鲨鱼鳍。2011年11月21日，中国香港特别行政区半岛酒店宣布，自2012年1月1日起，已暂停供应鱼翅菜式。2012年1月17日，香格里拉酒店集团旗下的酒店、餐厅及宴会场所全面停售鱼翅食品。

人们为什么喜欢鱼翅？让我们打开吃鱼翅的历史，看看能不能找出答案。

中国人从什么时候开始吃鱼翅？最早可上溯到周代。《礼记·少仪》谓“羞濡鱼者进尾。冬右腴，夏右鳍，祭膴”。虽说是祭祀用，但祭品最后都是人吃的，而且它必须是个好东西才会用作祭品。

南通民间传说：吃鱼翅是由吃鲨鱼头引发的。南通卖鱼湾（现石港）鲨鱼很多，起初人们只吃鲨鱼肉，鱼头、鱼鳍作饲料；鱼皮制革，用于建筑、衣饰等。在煮饲料时，发现鱼头上的皮和鱼嘴非常柔糯且润滑，蘸作料一尝比鱼肉可口得多，于是从吃鱼头开始发展到吃鲨鱼皮；而鱼皮更比鱼肉可口。当初，尉迟宝林在石港建行宫时，地方官逼厨师天天变花样。厨师们便将鲨鱼鳍的皮连同里面的细软骨一起煮，出现了新的口感和味道，得到尉迟宝林的欣赏。于是人们开始了吃鱼翅。

另一种民间传说认为，鱼鳍之食用始于渔民。往时，渔民捕得鲨鳐等大鱼，肉体被鱼贩购去，割弃的鱼鳍则由渔民烹煮自食。后来，鱼贩发现这些鳍中的软骨非常适口，乃被珍视，转而居为奇货，逐渐成为海味珍品。

这两种说法，前者更合情合理，也符合逻辑。如申报专利，也应该是厨师，而不是鱼贩子。传说所产生的时间，前者在隋唐，后者则在宋明。

唐·李贺

然而，我国鱼翅的食用是在何时出现的，食文化研究学者有颇多的争论。在唐以前的文献中几乎找不到吃鱼鳍的文字记载。学界有人认为李贺词中“郎食鲤鱼尾，妾食猩狸唇”之“鲤鱼尾”，当为食用鱼鳍之滥觞。那么“鲤鱼尾”究竟是不是鱼翅的美称呢？明代《唐类涵》和《群书拾唾》的类书中，均将“鲤尾”归入八珍，姑且存疑。南宋王楙在《野客丛书》中，将鱼鳍列为“今俗言八珍之味”系列。宋时，鲨鱼皮和鲨鱼唇曾名噪食界。吃鱼翅的即使有，也可能是偶尔为之。

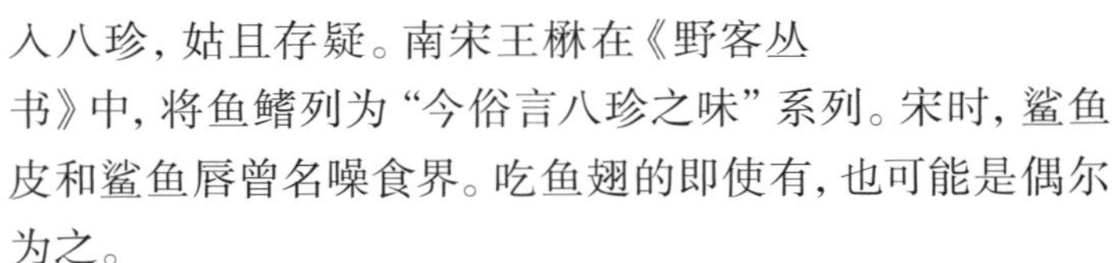

宋高宗 赵构

从历史文献中可以肯定，中国人吃鱼翅在明代已经较为普遍，宋代史籍已经记载了鱼翅属于山珍海味的一种。“鲍参翅肚”中的“翅”所指的正是鱼翅。真正明确记载“鱼翅”的是《宋会要》。内中记载了从海外输入鱼翅，从福建进口，以及南宋高宗皇帝“幸张俊第”御宴的第六盏“炒鲨鱼衬汤”。“鲨鱼衬”的解释就是鲨鱼翅。明万历十八年（1590）首刊的《本草纲目》载有：“（鲛鱼）背上有鬣，腹下有翅，味并肥美，南人珍之。”明代陈仁锡的《潜确类书》中亦有“湖鲨青色，背上有沙鳍，泡去外皮，有丝作脍，莹若银丝”的记载；明太监刘若愚在《酌中志》中讲，先帝（明神宗朱翊钧，年号万历）“最喜用海参、鳆鱼（鲍鱼）、鲨鱼筋（鱼翅又叫翅筋）、肥鸡、猪蹄筋共烩一处”制作的菜，名曰“三事”；另说明熹宗朱由校喜食以鱼翅、燕窝、蛤蜊、鲜虾等几十种原料制作的“一品锅”；史料中还有熹宗赐宴科举士子“鹿鸣宴”的菜单中，有“鲨鱼翅六两”的记述。小说、笔记中，也多见有关鱼翅的文字记载，如《金瓶梅词话》第55回，蔡京官邸中的管家在招待西门庆时说：“都是珍馐美味，燕窝、鱼翅绝好下饭，只是没有龙肝凤髓。”《三刻拍案惊奇》《花月痕》等里面均有吃鱼翅的记述。由此可见，明代吃鱼翅在中国南方已经较为普遍。这些高档海味在那个年代很是稀罕，非常人能够享受得到。而在此时，胶东籍厨师大量涌入京城，其足迹遍及宫廷内外，带去了传统的烹调技法和美味佳肴，给当地的餐饮市场注入了强大的活力。所以，王世襄先生认为，万历皇帝所吃的“三事”菜是“胶东烩海鲜进入明代宫廷之证”。

清代至民国初，吃鱼翅不仅局限于南方，已经普及到全国，成为筵上珍品，人们对鱼翅的认识和品尝风味上也在不断深化。

成书于1813年的《调疾饮食辩》中说：“（鲨鱼）翅剥去外骨，莹白如料丝，不受调和，味殊淡。”有人认为作者章穆似乎对鱼翅的风味不太了解，说的是外行话；而把1765年出的《本草纲目拾遗》的作者越学敏看作是鱼翅的行家，因为他说过“今人可为常嗜之品，凡宴会肴馔，必备此物为珍享，其翅干者成片，有大小，率以三为对。盖脊翅一、划水翅二也，煮之折（拆）去硬骨，检取软刺色如金者，沦为鸡汤，佐馔，味最美。漳（州）、泉（州）有煮好剔取纯软刺，做成团，如胭脂饼状，金色可爱，名沙刺片，更佳”。依笔者看来，章穆对鱼翅有真正的了解，更像是个行家；而越学敏的话也不错，但懂的只是皮毛。如越学敏说的“味最美”，若指汤，还尚可；若指翅，只能说口感最美。越学敏认为净翅“更佳”；其实，更佳的是广东菜品称为“鲍翅”的包翅，翅筋间有一层像肥膘样的白色膏质体，有规则地把翅筋排列成一体，若外面还包着鱼皮，那才是“更佳”。因为膏膜和鱼皮赋予了翅筋特殊的滋和味，能使食者在口舌和精神上得到最好的享受。一般选为高档筵席上作头菜的是整形“扒翅”。净翅不仅本身无味，正如章穆所言，又“不受调和”。所以，味最美、更佳的赞语是轮不上“净翅”的。鱼翅为珍，不是取其味，而是取其柔嫩、腴滑、软糯、韧而有弹性的口感。这种口感滋润、舒适而爽口，是人们所欣赏与追求的另外一种享受。

随着人们对鱼翅的认识和品尝风味的深化，清末民初，已将鱼翅制作的技法归纳成：因“鱼翅难烂，须煮两日才能催刚为柔”。其他如《食宪鸿秘》《食品佳味备览》《调鼎集》诸书中，均有烹调加工鱼翅的工艺技术介绍。

鱼翅越做越好，鱼翅的价格也越来越高。徐珂《清稗类钞·饮食类》“粤闽人食鱼翅”条中说：“粤东筵席之肴，最重者为清炖荷包鱼翅，价昂，每碗至十数金”，“东南各省风尚侈靡，普通宴会，必鱼翅席。虽皆知其无味，若无此品，客辄以为主人慢客而为之齿冷矣”。不仅东南，甘肃兰州宴会也是“为费至巨，一鱼翅席须四十余金”。清光绪拔贡南海人胡子晋所著《广州竹枝词》云：“由来好食广东称，菜式家家别样矜。鱼翅干烧银六十，人人休说贵联升。”并附注云：干烧鱼翅每碗贵至六十元。清代已将鱼翅列为“八珍”之一，与海参、鲍鱼、鱼肚并称为海味中的“四大天王”，至今仍为筵席上品，南方尤重之。广东有“无翅不成席”之说。香港人很看重风水，因“翅”即“翼”，有飞黄腾达之意，故此更受重视，鱼翅的年消费量达2000多吨，有60多个国家和地区为其供货。

近年来，由于鱼翅需求量的增加，市场上出现了人造鱼翅（即素翅）。它一般由明胶或粉丝造成，由于仿真度高，烹菜后与真鱼翅几乎一样，因价钱便宜，有些店家还用作酒席，收费也低了许多。但也有无良商家以假充真，当真翅出售来欺骗消费者，须注意辨别。

辨别真假鱼翅最简单的方法是：观颜色，看形状。真鱼翅的颜色以白色为主，烹制后的成品晶莹剔透，呈半透明状接近透明状，形态十分饱满，口感度好。真鱼翅的一端稍粗圆，另一端则是渐细的针状；翅针之间有翅膏相连。人工鱼翅的颜色金黄，烹制后依然呈淡黄色或黄褐色，口感软而发脆；它的长短丝是人工切出来的，所以两端有一样粗细的切面。在真鱼翅的品种名称还没有弄清楚的情况下，又出来了人工鱼翅需要人们去辨认，不要说普通消费者，就连专业厨师也被弄得迷迷糊糊，真是“翅”象乱生！

鱼翅的品种和名称

你知道鱼翅的品种与名称在中国有多少？答曰：据不完全统计，有139个。笔者在20世纪70年代编撰烹饪教科书时，将鱼翅的品种归并成8大类26种，结果找来了不少麻烦，不仅外地厨师纷纷质疑，连本地厨师也疑问不绝。于是顿悟，鱼翅品种的分类必须要有国家统一标准。

由于制作鱼翅的鱼种较多，所用鱼鳍的大小很不一致，有的长达1米以上，有的小如茶壶口，而且所用的鳍种及形状，变异也很大；加之国产与进口、产地与分类习惯等原因，致使中国鱼翅不仅南北名称很不一致，而且至今还没有一个通用的分类方法。有按鱼的种类分，有按鱼鳍生长部位分，有按加工与否分，有按加工方法分，有的按颜色来分……都是地方标准。现选几种常用的分类法，简介如下：

按鱼鳍的部位

⑴ 背鳍，即背翅，又称披刀翅、刀翅、劈刀、脊翅、脊披翅、只翅、顶鲨、顶沙翅，呈三角形，翅长而多，肉少，质量最好。有些鲨鱼有两个背鳍，广东一带称前背鳍为头围，后背鳍为二围。

⑵ 胸鳍，即胸翅，又称肚翅、翅片、青翅、划翅、划水翅、分水、大骨翼翅、翼翅，呈长三角形，左右两侧各一副，外向面鼓起，青色，内向面凹入，灰白或灰黄色。肉多、翅少、筋粗，口感软糯，质量中等。

⑶ 腹鳍，即腹翅、臀翅，又称上青翅、荷包翅，成钝三角形，质量同胸翅。因采割手法不同，分为两等，肉根小或无肉根者称净根上青翅，质量较好；肉根大者称青翅上青。

⑷ 尾鳍，即尾翅，又称尾勾翅、勾尾、三围、钩翅、叉鱼翅，呈鱼尾形，肉多、骨多，翅筋短而少，质量最差。有些地方为了分等级出售，将尾翅自尾叉处又分为上下两块，上半块带骨，称玉尾，翅筋更少，去骨后大多是皮，质次；下半块不带骨，称玉吉，涨发率较高，质量比较好。

⑸ 臀鳍。有些鲨鱼在肛门部还有两片小鳍，翅针细小，肉膜多、翅少，质差，称水勾。

按加工与否或加工后的形状

鱼翅均为干制品。干制过程分为不加工翅和加工翅两种。不加工翅称元翅，又称皮翅、青翅、毛翅、生割。鱼翅割下后，不去皮，不退沙，直接干制而成，以翅根净白者为佳品。

按漂洗用水的不同，又分为咸水翅和淡水翅两种。咸水翅又称咸水货，带咸味，成品率高，但不耐贮藏；淡水翅又称淡水货，色洁白，质量好，耐贮藏，但成品率低。

⑴ 原翅。大都成套供应，故又称套翅，可分为以下6种：

① 玉吉翅。用从鲨鱼身上锯下来的鳍制成，以背翅2只、尾翅1只为一套，翅筋多，质量好。以体形厚大者为佳，分特、大、中、小4档，涨发率较差，但肉质腴软，可用于制作扒翅。

② 沙翅。以许氏犁头鳐的鳍制成，又称犁头鲨翅，以背鳍2只、尾鳍1只为一套，以体形大、翅筋多、涨发率足为佳，分大沙、二沙、三沙、四沙4等。沙翅质地软糯，可用作扒翅。翅尾分成两块者，上半叶带骨的一块叫尖翅，下半叶不带骨的一块叫荷包翅。

③ 沙婆翅。以锥齿类（又称白蒲鲨、白婆鲨）的鳍制成，全套8只，含背翅、胸翅、腹翅各2只，臀翅、尾翅各1只。背翅、臀翅横如沙翅。尾翅又称沙坡尾，但如分成两块，则上半叶带骨的称沙婆吉翅；下半叶不带骨的称沙婆净钩。此套鱼翅翅板薄，翅筋呈淡红褐色，质地较糯，属名贵翅类，但烹调后如果冷却容易回味生硬。

④ 上色翅。以圆头鳐的鳍制成，全套4只，含背翅1只，称上批刀；胸翅2只，称上青；原翅1只，称上色净钩，多产于台湾高雄一带，涨发率较高。

⑤ 中色翅。以杂鲨的鳍制成，又称杂翅、乌沙翅。全套4只，含背翅1只，称中色批刀；胸翅2只，称中青；尾翅1只，称中色尾。如开成两块后，上半叶带骨的叫中色吉尾；下半叶不带骨的叫中色净钩，涨发率低于上色翅。

⑥ 小杂翅。以较小的鲨鱼背翅、尾翅和大鲨鱼的小翅制成，每500克重达数十只，常用于加工散翅和饼翅等净翅。

⑵ 加工翅。一般选用翅筋较多、骨头较少的鱼鳍加工而成，根据加工方法和成品形状，可分为以下6种：

① 明翅，又称金花翅。将鲜翅剖开，除去中骨，再黏合一起（有些经压平），再经熏制和干燥而成。成品色白微黄，可以直接供烹调用。按成品大小又分为大明翅、中明翅和小明翅三种。

② 大翅，指加工中只退沙，不出骨的制品。

③ 长翅，指加工中退沙、出骨的制品。

④ 青翅，指加工中仅除去鱼鳍基部附着的肉，浸洗、干燥而成，不退沙、不出骨的

制品。

⑤ 翅羢，指将鱼翅加热去沙后，用刀自翅根部剖成两片，除去中骨，分离翅筋，将两片粘合成扇形，用硫磺熏制后干燥而成的制品。

⑥ 净翅，又称翅针、须翅、翅条、翅筋，系用小杂鳍经泡发，去皮、去骨，取出净翅筋后熏制干燥而成，色白、微黄，透明或半透明。按其加工形状，以象取名分为：散翅（杂乱无定形的翅筋，又称雄翅，有单堆、龙须堆等）、排翅（翅筋排列整齐的）、饼翅（又称凤尾翅）、月翅、翅砖等。

按鱼的种类

按鱼的种类可分为：黄肉翅、群翅、批刀翅、象牙白翅、象耳翅、猛鲨翅、花鹿翅、脊批刀翅、飞虎翅、白翅等10种。取自什么鱼以及其他的别称，恕不一一介绍。

按外观颜色

按外观颜色可分为黄翅类、白翅类、青翅类、中色翅类四类。这四类又可分为以下四等：一等大肉翅，二等金花翅，三等荷包翅，四等皮针翅。

上述分类法，相互交叉，受地区、行业间应用习惯的影响，很难加以一一划分，如质量等级，各地的标准也不尽相同。现在唯有在何地，即采用当地的分类方法，逐步熟悉掌握与应用，能否严格界定，统一命名，有待他日，看来希望渺茫。由于滥捕鲨鳐取翅，资源陡减，世界动物保护组织屡屡呼吁保护，各国又立法禁售，看来鱼翅有可能在人们餐桌上消失。

另外，“鲍翅”，多见于广东菜系，实为包翅。“鲍”是同音借字。所谓“鲍翅”，也并非专指某一种鱼翅，而是指鱼鳍皮下包住成排翅筋的那一层包膜，俗称翅膜。烹调时，将皮翅膜保护好，防止弄破而成散翅，菜品翅形完整，以示真货，质量矜贵，非以散翅充数。而广东人把鱼翅叫鲍翅，所以卖鱼翅的菜馆都叫“鲍翅馆”，外地人不懂而产生错觉，其实就是鱼翅馆。

“群翅”，也多见于广东菜系，如“红烧大群翅”。此菜是将鱼翅的头围、二围、三围合在一起，同烹一菜。亦有写成“红烧大裙翅”，属于同音借用。

此外，还有许多地方名称，虽可在当地用于区别鱼翅品种，但仅仅用于当地，易地很难应用，如：高茶、骨异、大春片、五洋片、蝴蝶青、黄胶、沟鲨、沟仔、牙拣、老鼠尾、海虎等。

如何鉴别鱼翅的质量

10年前，有个饭店老板花大价钱从外地买回了一张一米多长的淡水原翅。他给笔者看时，笔者发现翅筋中夹有细长的芒骨。笔者告诉他，买大型鱼翅最要注意“弓线包”和“石灰筋”的毛病。因为翅张大，没有芒骨和像石灰块样的钙片支撑，鱼鳍竖不起来；但大多数大型翅里是没有芒骨和石灰块的。这些分量很重又不能食用的东西，却算了你鱼翅的钱，岂不上当？因此学会鉴别鱼翅的质量，对使用鱼翅的人来说是不可或缺的知识。

首先要知道哪个部位的鱼翅好。背翅最好。一般含有一层肥膘似的肉质体，翅筋层层排列，内胶质丰富，最能显示鱼翅之味，如带鱼皮则更好；其次是胸翅，皮薄，翅筋短细，质地柔糯；再次是腹臀翅，形体小，翅筋更短而少；最差是尾翅。

未经加工的原翅，以体形硕大，翅板厚实，身份干燥，表面清洁而略带光润，边缘无卷曲，翅根短净，无蛀口及怪异气味者为上品。

加工过的净翅，以外观疵点少、翅筋粗长、色泽光亮者为上品。

购鱼翅，须先区别咸水翅和淡水翅。咸水翅质地较软，回潮时有带卤现象；淡水翅质地坚硬。因为鱼翅的品种不同，内在质量有很大区别，单从外表上来鉴别还不够，必须要有丰富的鉴别经验，现将鱼翅五种常见的毛病列于后，以引起注意。

(1) 熏板翅，为冬季无日光时用炭火烘成。质地坚硬、色泽晦暗，涨发时沙粒难除。

(2) 油根翅，属咸水翅。在购买鱼翅时要注意翅根，如有似干未干的油渍现象，便是因为加工时适逢阴雨天气，刀口处变质甚至腐烂，呈紫红色，并有浓烈的腥臭味，需把根翅切除后才能使用。

(3) 夹沙翅。是在捕鲨加工的过程中不慎碰破了鱼皮，沙粒陷进了翅内，干品碰伤处有较深的皱缩。此类鱼翅，涨发时沙粒很难除尽，只有不惜损耗，单取翅筋，做散翅处理。

(4) 弓线翅，又叫弓线包，多见于淡水鱼翅。翅筋中夹有细长的芒骨。芒骨越多，质量越差。芒骨不能食用，必须在涨发时予以摘除。

(5) 石灰翅，又叫石灰筋、枯骨翅，多见于翅形大、翅筋较粗的淡水翅。涨发后的翅筋中，夹有石灰质白色透明硬块，不能食用，必须去除。但切除后翅形被破坏，饮食业一般不用，购买时若不会识别，将造成经济损失。

怎样烹制鱼翅

中国人在长期烹制鱼翅的过程中，积累了丰富的经验。古代及近代各大菜系中均有鱼翅烹制，大致可分为广东、潮州、四川、北京、扬州、湖南等六大流派。各个流派各有千秋，烹饪技艺各有所长，各有高手，各有独特的菜式。如广东，一般烹制鱼翅讲究用荸荠粉勾芡，而不用菱粉，以保持汤汁清滑；粤东则多用清炖，而较少用芡。

烹调鱼翅技艺虽复杂，但基本步骤不外乎两种类型，一种是涨发、赋味、烹制成菜；一种是涨发后直接烹制成菜。上述六大流派虽已逐渐整合成“统派”，但两种技艺类型仍然存在。大部分厨师倾向于涨发、赋味再烹调。有不少新派厨师，为了提高工作效率，倾向速成法，即涨发后立即烹调，而重用调味品，成菜也被没有经验的食客所接受。

鱼翅的涨发必须用水发，一般要经过反复泡、煮、焖、浸、漂等操作过程。由于各种鱼翅有老嫩、厚薄、咸淡之分，所以手续繁简和火候大小、时间长短，也就有了一些差别。对原翅的涨发可归纳为六大注意事项：① 发料前，先将鱼翅的薄边剪掉，以防沙粒嵌入翅内。② 将大小、老嫩分开，以便分别掌握火候。③ 老翅入锅煮一小时捞出，放入木桶中，用沸水加盖泡焖8～12小时；嫩翅可直接用木桶加热水泡焖，以后进行褪沙和切除翅根（泡焖忌用铁器）。④ 按翅的软硬，分开装进竹丝篮篓，下锅煮4～7小时，连水放入木盆中，稍凉，即出骨和除去腐肉。⑤ 将分拣整理好的老翅放入清水中，浸泡一天左右（要换水2~3次），促其涨发并除去腥味。⑥ 最后，再放入沸水中泡发，使其回软、收缩，并吐尽腥味后，放入冷水中浸泡一二小时，即可使用。嫩翅出骨后，放在冷水中浸泡二三小时即可使用。

净翅的涨发比较简单，粗长、质老的翅筋，煮3~4小时；细短、质嫩的翅筋，煮2小时左右，煮焖后放入清水中浸漂2小时就可以使用。

有些厨师还有其独特的涨发方法，技法虽不一，目的却相同，故而从略。

鱼翅软骨含胶原较少，形似筋质，遇热可膨胀软化，直至成为动物胶，因此涨发时须掌握好温度和时间，使之达到软硬适度，要防止糊化。

赋味，南通厨师叫“馁口”。因为鱼翅自身无显味，所以赋味成了烹制鱼翅的关键措施。赋味方法是将发制好的鱼翅，按750~1000克一份分好，每份用竹箅夹住或用纱布包好，取鸡、鸭、干贝、猪蹄肉等作汤料，加姜、葱、酒、盐、水，烧成鲜汤，将鱼翅下入此锅中焖5~7个小时，除去鸡鸭等汤料，再用原汤养翅，待用。汤料可视不同风味的需要而更换，如用火腿、文蛤、蟹肉等。北京谭家菜以赋味见长，他家的鱼翅菜，即以成菜汤少而翅筋渗透美味名闻遐迩。

鱼翅烹制法以烧、焖、扒为多，也可用烩、蒸、煨、炖、做汤；调味适应面广，可做出多种味型，各地著名的鱼翅菜品有：北京的“砂锅通天鱼翅”，谭家菜的“黄焖鱼翅”，山西的“三丝鱼翅”，广东的“红烧大群翅”，湖南的“组庵鱼翅”，福建的“荷包鱼翅”，台湾的“火把鱼翅”，扬州的“原焖鱼翅”，苏州的“蟹黄扒翅”和南通独领风骚的“扒鲜翅”。

在食用鱼翅的问题上，一直争议不断，主要在如下三个方面：

营养学方面

鱼翅的食用部分，主要为软骨鱼类鳍中的软骨。软骨由软骨细胞、纤维和基质构成。其有机成分主要有多种蛋白，如软骨粘蛋白、胶原蛋白和软骨硬蛋白等，而以胶原蛋白较多。

鱼翅的药用价值自古以来就得到传统营养学的认可。鱼翅高含量的钙、磷、铁等矿物质，有降血脂、抗动脉硬化及抗凝等作用，适当食用对冠心病疾患者有一定的辅助疗效。近年来，医学界还有一则从鱼翅中提炼出一种可预防恶性肿瘤的物质的报道。但从现代营养学的角度来看，鱼翅并不含任何人体容易缺乏或高价值的营养。有人还做过用鱼翅饲养小白鼠的试验，吃过纯鱼翅的一组小白鼠，一周内全部死亡，而吃麸皮的一组则个个健康。

保护鲨鱼方面

反对食用鱼翅的声音认为，是因为鱼翅的价格甚高，才吸引了世界各地的渔民争相捕杀鲨鱼。由于鲨鱼的肉价值很低，因此渔民在捕到鲨鱼后，仅仅割下鲨鱼的鳍，便将鲨鱼抛回海中；而被割鳍后的鲨鱼失去了游弋能力（鲨鱼没有沉浮器官——鱼鳔，只能靠不停地游泳来保持沉浮），因不能游动，最终窒息而死。近30年来，鲨鱼存量减少了90%，导致大量的中小鱼类，因失去天敌而数量暴增，严重打乱了整个海洋的生态平衡。

食用安全方面

（1）神经毒素。2012年2月，美国一项最新研究显示，鱼翅中含有高浓度神经毒素，可能会导致老年痴呆症。美国迈阿密大学通过对佛罗里达州海域鲨鱼鳍的分析后发现，其含有高浓度β－甲氨基－L－丙氨酸，这是一种与脑退化症和葛雷克氏症有关的神经毒素。专家认为，食用鲨鱼肉与鲨鱼软骨有可能危害食用者的健康。该研究发表于《海洋药物》杂志。香港中文大学生物化学系副教授陈竟明指出，人体会从食物中吸收蛋白氨基酸，代谢物会被排出体外，但神经细胞可能未能识别氨基酸的代谢物BMAA，遗留体内而损害神经系统。但中大脑神经科主任黄家星指出，尚未确定BMAA对人类有害，难以估计安全的食用量。

（2）水银。有关环境调查组的研究表明，鱼翅被水银污染的程度高达70%。有关专家指出，人体内汞含量超标，可能造成男性不育；若含量过高，会损害人的中枢神经系统及肾脏。美国医生建议，孕妇不要食用鱼翅，因为汞会引起胎儿畸形，产生血液疾病。

吃鱼翅是中国的特有文化现象，见仁见智，各有各的思考。但随着时代的进步，人类逐渐由征服自然到利用自然转变为与自然和谐相处，保护自然生态平衡是每一个地球人的责任。

鱼翅名菜介绍

［原焖鱼翅］

原焖鱼翅以鸡清汤加鲜料，反复三次套汤，使翅筋入味后再焖制而成，故汤、翅俱鲜美异常，翅筋软糯滋润，汤味纯正。此菜多用来做高档筵席的头菜。

原料：水发鱼翅800克，熟冬笋片250克，熟冬菇片250克，熟鸡肫片75克，熟鸡脯肉100克，熟鸡皮50克，水发冬菇（去梗）30克，青菜心10颗（约重180克），鸡腿2只，火腿片100克，熟猪肥膘肉1块（约重200克），虾籽25克；绍酒50克，精盐5克，葱结50克，姜片20克，鸡清汤1500克，熟猪油100克。

原焖鱼翅

制法：

①把水发鱼翅批成二爿，出水后排叠在大汤碗内，加鸡清汤250克，放入葱结、姜片、火腿片、鸡腿，盖上猪肥膘肉，上笼用旺火蒸20分钟后取出；滗去汤，再加鸡清

汤250克，上笼复蒸20分钟后取出；拣去姜葱、鸡腿、火腿片、猪肥膘肉，再放入冬笋片、鸡肫片、鸡脯肉、鸡皮、冬菇片，加绍酒25克、鸡清汤250克，第三次上笼蒸约20分钟。

② 锅置火上，舀入熟猪油35克烧热，放入菜心煸炒至翠绿色，倒入砂锅中；将鱼翅平铺在砂锅内，舀鸡清汤750克，加熟猪油65克、绍酒25克及精盐、虾籽，盖上锅盖，大火烧开，小火焖30分钟即成。

其他鱼翅名馔的烹法与原焖鱼翅大同小异，具体做法请查阅《中国名菜谱》和《中华饮食文库》，恕不一一介绍。

[**银丝牡丹**]

“银丝牡丹”又名“牡丹鱼翅”，是南通新雅饭店潘建华先生参加江苏省第三届烹饪大赛时获得金奖的创新菜。该菜系选用上好的海蜇头，发制后形似牡丹花瓣，再用高汤吊制、调味而成。成菜装盘后，中央是牡丹花型，旁边围以白色的鱼翅卷，并有绿色的香芋叶点缀。色彩绚丽又和谐统一。

原料：发制好的海蜇头400克，水发鱼翅200克，鱼肉300克，熟火腿50克，香芋叶5克，鸡汤1000克，调料适量。

制法：

① 将鱼肉批成薄片，码入味，上浆；鱼翅放入顶汤吊制，使其入味；将鱼片平摊，上面放入赋好味的鱼翅，卷成卷；将火腿切成菱形，香菜叶做成花，粘在鱼卷上，入蒸笼蒸制约3分钟，待用。

② 将发好的海蜇用鸡汤吊制两次，待用。

③ 将黄瓜刻成牡丹花叶片待用。

④ 锅置旺火烧热，放油，放入姜葱略炸，放入鸡汤、海蜇，加入调料略烧，用湿淀粉勾芡，撒上胡椒粉，装在盘中央，摆成牡丹花型，用黄瓜刻成的叶片点缀，四周围上鱼翅卷即成。

菜品“扒鲜翅”，请查阅本节“7、软骨头巨无霸·鲨鱼”。

24、能衣能食的鱼皮

鱼皮作为食物，家喻户晓，妇孺皆知；但鱼皮可以做衣服，恐怕大多数人闻所未闻。你如若不信，可以到黑龙江省的饶河、抚远两县去看看赫哲族人的穿戴，长衫、短套、绑腿、套裤、手套、皮靴、皮鞋、拎包、袋子……就连缝衣服的线，都是用鱼皮制成，还可以看到用鱼皮盖的房子和做的船舟，衣、食、住、行都是用的鱼皮！不过这都是50年前的事情。今天，由于工艺复杂、成本昂贵而逐步被其他材质所取代。

鱼皮文化是北纬45度以北地域存在的特色文化。虽然历史上众多民族都曾有过鱼皮文化，但从清代至今，只有黑龙江省同江市街津口乡的赫哲族将之沿袭下来。传统的

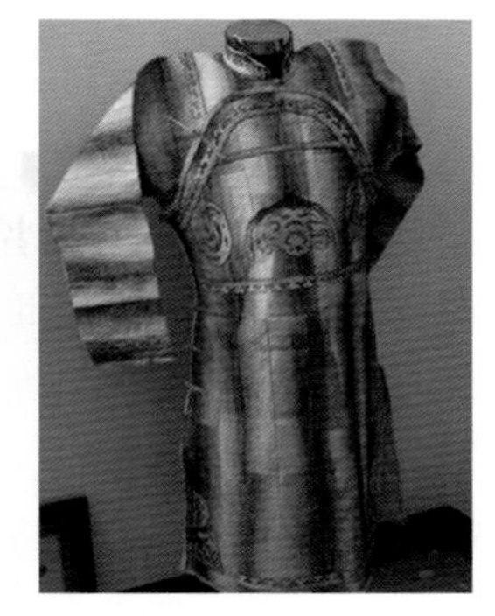

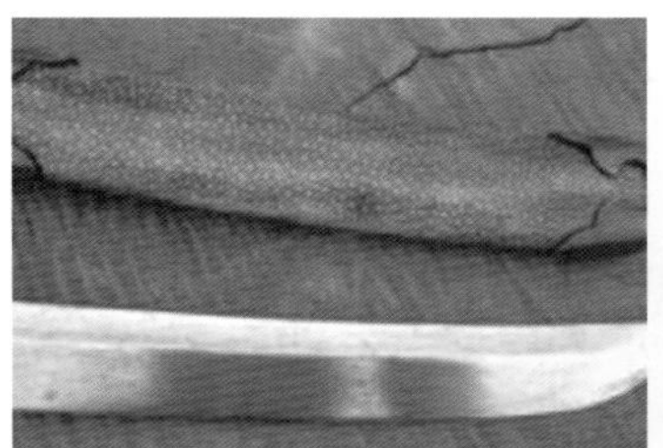

鱼皮制品

鱼皮技艺包括一整套复杂的加工过程，过去的赫哲族妇女都能熟练掌握。如今，这种传统的手工艺近乎失传了。

吃鲜鱼皮，世界各民族的人都会；而吃干鱼皮则是中国人的首创。中国人使用鱼皮的历史，也是从日用品开始，进而成为药品，再后来才成为食品的。

中国古已应用鱼皮，并很早就被列为贡品。鱼皮大多用于制作朝笏或装饰刀把、刀鞘、车轩，制作铠甲、箭袋、头盔，或用于磨（砂）木、熬胶。有些民族将其作为制衣做靴的材料，堪为聪明的选择。鱼皮作为用品，自《山海经》至清代《文献通考》等书中时见记述。

用鱼皮做药品，当不迟于秦汉。南梁《名医别录》中已将鲛鱼皮作为药物，并对其性味、功用及治疗应用均有记述。说明是经过长久的使用和积累，才会有如此深刻的认识。

文献通考

名医别录

鱼皮作为食品开始于隋唐。《新唐书·地理志》谓：当时江南道苏州吴郡“土贡”中的鱼皮，称为“鲻皮”，做什么用，却没有说。明确记载食用鱼皮的始于唐代陈藏器《本草拾遗》：“（沙鱼）其皮刮治去沙，剪为脍，皆食品之美者，食之益人。”宋代梅尧臣有《答持国遗鲨鱼皮脍》一诗，其中透露了这种珍品的一些信息，其《宛陵集》卷二九载其诗云：“海鱼沙玉皮，翦脍金齑酽。远持享佳宾，岂用饰宝剑。予贫食几稀，君爱则已泛。终当饭葵藿，此味不为欠。”有人认为鱼翅在宋代已登食坛，乃是将鲨鱼皮脍误认为鱼翅。其后即罕见记载，偶尔一提，亦语焉不详，可见鱼皮还是以作用品为主，食品应用并不广。至清代才始有所见。清代王士雄所撰《随息居饮食谱》“鲛鱼”条中有“作鲊甚益人，其皮亦良”之语。清中期烹饪名著《调鼎集》中收有“甲鱼煨沙鱼皮”一款。时至今日，鱼皮时见于筵席，作珍品用作主菜。

新唐书

本草拾遗

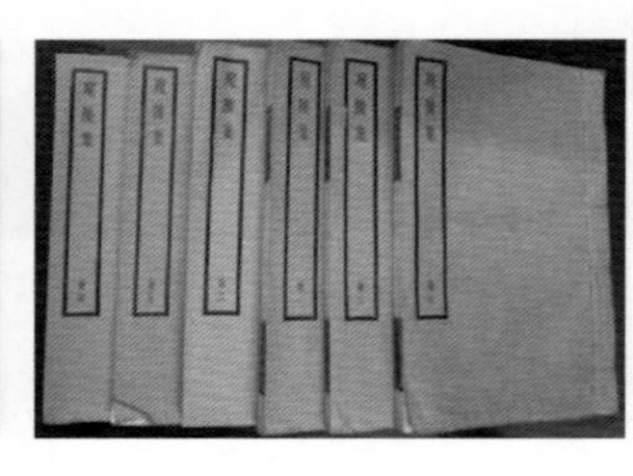

宛陵集

调鼎集

从上述古代典籍记载中，可以得出这样的结论：在几千年的历史长河中，鱼皮一直作为建筑、生活用品的材料和装饰材料使用；秦汉时期已作为药物；清朝以前，吃鱼皮仅是偶尔为之，清以后，才作为食品被广泛使用，继而成为海味珍品。

鱼皮的种类

鱼皮分为海鱼皮和淡水鱼皮。海鱼皮是对多种鲨鱼或鳐的皮（也有用魟鱼、龙趸、河鲀之皮），经加工、晒干后的成品的统称，过去有称“鲛鱼皮”“鲻皮”等，俗称“鲨鱼皮”。海鱼皮以体厚身干、皮上无肉、洁净无虫伤者为好；分雌雄两种，具有胶质，营养和经济价值较高。中国沿海各地区均产，福建、浙江、山东为主要产区。淡水鱼皮是指淡水鲜鱼皮，如鲤鱼、鲫鱼、鳙鱼、青鱼等，档次不及海鱼之皮，本章不予溯源。

鱼皮和鱼翅一样，由于产地不同，各种鱼皮的特点亦不相同，有犁头鳐皮、虎鲨皮、公鱼皮、老鲨皮、青鲨皮和真鲨皮等。现选几种作介绍。

鱼唇又名鱼头（皮），有鲨鱼和鳇鱼之分。脊背皮厚色青，称青皮；腹部皮薄色白，叫白皮；嘴边皮厚色白，为真正的鱼唇，小的常以整张曝晒。鱼唇尤以产于泰国者最好，唇厚呈青灰色，系原只鱼头从下颚劈开脑壳而头皮仍相连，形状像把大扇子。产于我国台湾和石岛者，形状相同，但体积较小；产于浙江、福建者次之。原只不劈，形状如犁头。

犁头鳐：皮黄褐色，皮厚坚硬，质量最佳。

虎鲨皮：系用豹纹鲨和狭文虎鲨的皮加工制成，皮厚坚硬，黄褐色。

公鱼皮：是用沙粒魟的皮加工制成的，灰褐色，皮面有颗粒状的骨鳞。

老鲨皮：较厚，有尖刺，灰黑色；青鲨皮为灰色或灰白色。

吉尾：以黑乌勾剥下的皮质量最佳，厚而柔软；中色和上青剥下的皮较薄，涨发率差。

海牛皮：即梦沙皮，产于我国台湾、福建、山东等地，沙粒呈黑色，鱼皮呈黄色。因皮厚而大，产地都斩成条块。干货有1.7厘米厚，涨发率很高。

石岛皮：产于我国山东石岛，沙粒大，呈黑色，性咸，软硬都有，市场上称咸水货。

沙婆皮：产于我国澎湖、温州、福建等地。澎湖产沙色灰白；福建产沙色灰黄；温州产沙色黑中带青。澎湖和温州所产硬肉厚，质量好，性淡柔软；福建产皮较薄，皮黑肉不净，质较次。

老虎皮：产于我国海南岛和南洋，沙色黑中带有黄色斑纹，性淡而硬，皮薄砂厚。

玉洁皮：产于我国温州和南洋等地，以"暹罗"（泰国）皮最佳，沙色青灰，黑皮洁白，厚而微黄。

青鱼皮：产于我国海南岛及南洋，皮颇多而厚。福建、温州所产的"上青皮"，皮较薄，沙色青灰，黑皮月色白，性淡，极柔软。

石叻摊皮：沙色灰黄，皮里白亮干燥，无精肉，皮颇大，性淡而柔软。

刣鱼皮：是在产地经过煮浸，铲去沙层和里面鱼骨的净鱼皮，以白色透明者为佳，对光照看，如有灰色斑者为咸体。

鱼皮的品质鉴别方法是，观察表里两面。里面无沙主要看精肉有无除尽，色泽透明洁白者为佳，性淡而柔软；如里面皮色灰暗，即为咸性，不易发糯；如泛红色，即已经变质腐烂，称为油皮，涨发后软如胶状有腥臭味，不能食用。表面（即带沙的一面）以色泽光润呈灰黄、青黑或黑色者为佳，沙粒易除；如表面有花斑者，质量较次，沙粒难除。刣鱼皮，则洁白透明者为佳。

鱼皮的成分与养生

鱼皮的营养成分与鱼翅差不多，含有丰富的蛋白质和多种微量元素，其蛋白质主要是大分子的胶原蛋白及黏多糖的成分。每100克干鲨皮中含蛋白质67.1克、脂肪0.5克，其蛋白质为胶原蛋白，对美容补钙都很有好处。近年医学研究发现，"鱼皮"中的白细胞素——亮氨酸具有抗癌作用，并已被动物试验证实。中医认为，鱼皮味甘咸，性平，具有滋补功效，对胃疡、肺疡有一定疗效。广东民间认为，龙趸鱼皮可以催乳。

鱼皮的烹调

鱼皮做成菜肴后为片状，呈半透明的灰白色，柔软滑润，质地致密，富含胶质，吃口十分舒适，是筵席珍品。鱼皮做菜前须经发制，一般先用温水或冷水将其浸软，漂洗干净才能入锅烫煮（大块可改刀成小块），或用开水烫焖，至能褪掉沙粒时，可搓擦褪沙；也可用刀刮去砂层，再在冷水中洗净里面的残肉杂质，然后放入锅中，用慢火煮至柔软后置于清水中使用。如需赋味（南通叫馁口），可在慢火煮中进行。由于鱼皮自身无显味，一般均需事先赋味。赋味通常是用鸡、鸭、猪腿肉、干贝、火腿、虾米、虾皮等浓、醇、香、鲜的食材与鱼皮同煮、同炖或同蒸。但须注意火候，以防过炀化。

鱼皮的涨发也可以用油发制，如同油发肉皮、鱼肚之法。油发鱼皮不需事先赋味。因鱼皮已膨松起孔，烹调时能汲取汤汁而非常入味；但缺点是失去了鱼皮润滑柔软、质地密致的特殊滋感，因此不大采用。

鱼皮成菜，宜取烧、焖、扒、烩等汤汁较多的菜式，红白均可，最宜清鲜，浓口重味亦可应用，包括酱香、麻辣、怪味等。鱼皮菜在各菜系均有菜式，有白汁鱼皮、原焖鱼皮、干烧鱼皮、红扒鱼皮、蟹黄鱼皮、鸡粥鱼皮等等。配料荤素均有。因鱼皮柔滑，宜配嫩脆之食材；若未赋味，应加上汤配重鲜料，可撒白胡椒粉提味；也可做成汤羹。炒爆法不能充分显示鱼皮菜柔润腴滑之特色，尽量不用。鱼皮切丝炝拌做凉菜也很别致。

南通善烹鱼皮，不仅干品烹制出色，还用鲜鲨鱼皮烹制成海味佳馔，在全国独树一帜。如"蟹粉鲜鱼皮"，被《中国名菜谱》《中国烹饪辞典》《中国烹饪百科全书》《中国饮食文库·中国菜肴大典·海鲜水产卷》收录。南通名菜"烧龙衣"是用淡水青鱼皮烧制而成。

干品鱼唇，即以鲨、鳐、鳇、赤魟等鱼的唇、鼻、眼、面部的皮干制而成，实为鱼的头部皮，其加工烹制方法与鱼皮一致，故将干品鱼唇列入鱼皮类。

鲜鱼皮菜例已在"软骨头巨无霸·鲨鱼"中做过介绍，现介绍一款"三鲜鱼皮"。

［三鲜鱼皮］

"三鲜鱼皮"是南通高档筵席上的大菜，以水发鱼皮为主料，配以火腿、熟鸡片、虾仁、肫片、干贝、猪肚片等烩制而成。

三鲜鱼皮

原料：

水发鱼皮300克，熟火腿片15克，熟鸡片25克，上浆虾仁50克，熟干贝15克，熟肫片25克，熟猪肚片50克，熟冬笋片50克，水发香菇25克，出水菜头100克（10颗）；熟猪油300克（实耗80克），盐5克，味精5克，白糖10克，胡椒粉1克，香菜10克，生姜15克，葱10克，绍酒30克，鸡汤350克。

制法：

① 将水发鱼皮切成5厘米长、3厘米宽的菱形片，下沸水氽焯，盛起待用。

② 炒锅上火，下熟猪油300克，烧至3成热时将虾仁划油成熟待用。

③ 炒锅上火，放25克熟猪油，下姜7克、葱5克，煸出香味，放料酒10克，鸡汤150

克烧沸；捞出姜葱，放入熟鸡片、熟肫片、熟猪肚片、熟干贝、熟笋片、香菇等三鲜料烧沸；放盐2克，味精2.5克，湿淀粉30克勾芡；放入虾仁，淋熟猪油10克，颠锅装盘，作鱼皮衬底。

④ 另取炒锅置火上，打滑，放入熟猪油25克、葱段5克、姜片7克，煸出香味；放入料酒10克，鸡汤200克烧沸；捞出姜葱，放入鱼皮烧沸；放盐1.5克、味精2.5克、湿淀粉30克勾芡，淋入熟猪油10克出锅，倒盛在三鲜料上。

⑤ 将出水菜头放入另锅，入味后盛在盘子的周边；将火腿片下开水锅烫热，连汤汁浇在鱼皮上，撒入胡椒粉，放上香菜即成。

成菜特点：用料丰富，色彩悦目，滋味多样。鱼皮绵糯柔滑，清鲜可口。

25、鱼骨·鱼肠·鱼信·鱼鳃

鱼骨

鱼骨，又有玉板、脆骨、明骨、鱼脆等异名，是用鲟鱼、鳇鱼、白鲟、鲨鱼、鳐鱼及赤魟鱼的头骨、颚骨、鳍基骨以及脊椎骨结合部的软骨，加工而成干制品。

鱼骨干制品有长方形和方形两种，长方形者为长约15厘米的长方条；方形者为2~3厘米的扁方块，颜色为白色或米色，半透明。

据资料，鱼骨对神经、肝脏以及循环系统有一定的滋补作用。从鱼软骨中提取的硫酸软骨素，有降血脂、抗动脉硬化和抗凝作用，可治疗肝炎、动脉硬化、冠心病、头痛、神经痛等症。中医认为，鲨鱼骨味咸，性平，取其脊椎骨与冰糖或鸡一同炖服，能治头痛；与绿豆煎汤或煅灰服用，可治疗腹泻。

鱼骨烹制前须经发制。一般先将鱼骨用开水泡涨，捞出后放入清水内除去杂质，洗净，再放入容器内加清水、料酒，上蒸笼蒸制发透，换凉水浸泡，备用。涨发好的鱼骨，骨色洁白，形似凉粉。其软硬度，可按需要控制好蒸制的时间。

烹制鱼骨多作筵席的高档菜肴，宜用烧、烩、煮、煨等烹法做成带汤的菜式，或做汤羹菜品。配料荤素皆宜。因其自身并无显味，需上汤烹制或配以猪腿肉、鸡、鸭、干贝、火腿等鲜、浓、酽的配料。菜品有芙蓉鱼骨、烧鱼骨、清汤鱼骨等。口味以清鲜为宜，避免浓腻、刺激调味而掩盖其滋感特色。可将鱼骨制成高档甜菜；也有将鱼骨熬制成胶汁，经调味后再予冷却，制成凉粉状，透明度甚好，晶莹光洁，爽滑柔脆，称作鱼脆。用刀处理宜于拌炝作凉菜，或调入冷甜菜中做甜食，但不能加热，加热后会炀化。

海珍中还有鱼肠、鱼信、鱼鳃等，均为珍稀制品，南通很少使用，仅作简单介绍。

鱼肠

鱼肠，又名“龙肠”“乙”“鲴”“鲟龙肠”等，是鲟鱼、鳇鱼、鲨鱼、黄鱼、鮸鱼以及龙趸等鱼肠的干制品。

据20世纪后期科学研究发现，鱼类肠中的细菌能产生EPA脂肪酸，于防治心肌梗塞、脑血栓等病，有积极的辅助治疗效果。

南通人在20世纪末还经常烹制鱼肠，特别是大青鱼的肠子用来“烧卷菜”或用鲤鱼、鲢鱼、鳙鱼等的肠子烧“龙卷”，还有在做“将军过桥”时，黑鱼的肠子必须参与其间。扬州还有“宁可不要爹和娘，万万不能丢弃黑鱼肠”的民间谚语。话虽夸张，但也说明了黑鱼肠的珍美价值。南通人吃乌龟肉时，常常把乌龟肠洗净后与乌龟同烧，不仅增加了菜品的美味，还有滋补作用。现在，人们洗鱼时往往把鱼肠丢弃，甚是可惜。其实只要把鱼肠划开、洗净，即成养生、治病的美味。

鱼信

鱼信，又叫鱼筋，是软骨鱼类中一些大型鲨鱼、鳐鱼和硬骨鱼类中鲟鱼脊髓的干制品。

烹制鱼信，须经用水蒸、发，取出后在手中颤动晃悠，但手一捻即断，表明已经发好了。鱼信自身有腥味，用一般方法去腥即可。鱼信本身无味，烹制时需上汤和峻鲜的配料，多用制作带汤汁的菜品。因其供应数量甚少，故价格昂贵，多作筵席大菜，如“双冬扒鱼信”“芙蓉鱼信”等。

南通人吃的鱼信还是鲜品，如20世纪四五十年代，南通江面鲟鱼较多，尤其是长鼻子的白鲟，全身的骨头、鱼鳃、鳍均为软骨，都是美味。鱼肠、鱼信都全部吃光。那时偶尔也有鲜鱼信菜品供应。到20世纪90年代，海安中洋养殖的小鲟鱼上了餐桌，吃鲟鱼时，首先要抽出鱼信，敬献特客享用。鱼信是鱼中尤物，尤不在味，而在于滋。

鱼鳃

鱼鳃，又叫玉梭衣，为鲟鱼、白鲟、鳇鱼等鱼鳃的干制品。

鳃是鱼的呼吸器官，由鳃弓、鳃片等构成。鳃片由无数鳃丝紧密排列而成。每一鳃丝的两侧有许多小鳃片，上面分布着毛细血管。鱼通过口腔、鳃盖等运动，使水从口中流入，经过鳃，再从鳃孔流出，完成气体交换。将鱼鳃完整地摘下，洗净晒干后即为成品。

鱼鳃的主要构成均为软骨，可以参照“鱼骨”的加工方法。鱼鳃发制好后，可切段、切块烹制，方法多用烧、烩、煮、炖法成菜，适用汤汁较多的菜式；可用于汤、羹、火锅等菜品。可用上汤和峻鲜的猪腿、鸡鸭干贝做配料，否则十分寡淡、乏味。鱼鳃的菜式有“清烩玉梭衣”“红焖鱼鳃鸭块”“鱼鳃豆腐羹”等，也可以拌、炝法制作凉菜。

南通人吃鱼鳃还是吃的鲜品，一般只有鲟鱼鳃才烹而食之，其他的鱼鳃则不大采用。

三、江河的恩赐

——淡水水产

南通长江岸线长达220公里，域内河流成网，塘泊星罗棋布。百姓傍水而居，独得江河之恋，尽享鱼虾之利。现选15种江河之鲜38个美馔与食众共享。

1、桃花流水鳜鱼肥

“鳜鱼”大家并不陌生。过去南通人家请客，桌上一定要有个鱼；但并不是所有的鱼都能用，有些鱼是不上桌的，也就是口语所说“摆不上台盘”的由来。鳜鱼有身价，不仅能够上桌，而且一旦桌上有了鳜鱼，整桌的档次也显得高贵。鳜鱼的“鳜”字写起来有点儿烦，有些饭店里嫌啰唆，菜名就干脆写成了“桂”。看起来是错的，其实并没有错，因为鳜鱼又叫桂鱼、鳌花鱼。

鳜鱼是中国特产的一种食用淡水鱼，尖头，大嘴，大眼睛，颜色是青黄色或橄褐色，身上有许多不规则暗棕色或黑色斑点和斑块，小细鳞。鳜鱼肉多刺少，蒜瓣形的肉洁白细嫩，以刺少、肉厚、味鲜，而被称为淡水鱼中的上等食用鱼。明代医学家李时珍赞誉鳜鱼是“水豚”，意思指味道鲜美如河豚。也有人把它比成天上的龙肉；更有人形容说“席上有鳜鱼，熊掌也可舍”；“西塞山前白鹭飞，桃花流水鳜鱼肥”，唐人张志和的词《渔歌子》更说明了鳜鱼的风味的确不凡。鳜鱼自古就被列为名贵鱼类之一。1972年出土的马王堆汉墓里的随葬品中就有鳜鱼。需要注意的是，鳜鱼身上的12根背鳍

鳜鱼图

唐·张志和

刺、3根臀鳍刺和2根腹鳍刺有毒腺分布，捉和洗、杀的时候要特别当心。

苏州有款名菜叫松鼠桂鱼，是乾隆皇帝大闹松鹤楼之后才得的名。

传说乾隆一下江南时，有一天微服私访来到苏州。看见观前街上的松鹤楼饭馆，就进了门。恰好这天松鹤楼的老板给他母亲做寿，里里外外正忙个不停。乾隆等了好多时候才有一个伙计过来。这位伙计见他身着布衣布鞋，鞋面子上还沾了不少泥土，以为是乡下的农民，便懒洋洋地问："客官，吃点什么？"乾隆派头很大地说："只管拣那好吃的拿来。"伙计心里想，看你这副打扮还想吃好的，你给得起钱吗？心上这样想，手里就拣了些最便宜的菜送上去。乾隆一看菜清汤寡水，少盐无味，就问："贵店没有再好一点的菜吗？"伙计不耐烦地说："没有。"这时，乾隆看见一个伙计端了一大盘喷香鲜艳的松鼠桂鱼从厨房里出来，就手指指，要伙计端过来。伙计却傲慢地说："松鼠桂鱼你吃得起吗？"乾隆听后一时性起，随手将那碗菜汤朝伙计脸上泼过去。

随着"哗啦"一声响，门外又进来一位平常打扮的长者。他扶乾隆坐下，在耳朵边捣了几句鬼。响声惊动了店主。他急急忙忙来到桌边赔礼。这时那位长者从怀里掏出两锭银子，要店主迅速送好酒好菜来。店主看这两人虽然衣着平常，但气度不凡，出手也大方，料定小觑不得。于是，赶快将精心为他母亲做寿的松鼠桂鱼、锅巴虾仁、鲃肺汤这些好菜端上，摆了满满一桌，还不断给乾隆赔不是。乾隆见那松鼠桂鱼昂头翘尾、色泽鲜红光亮，入口鲜嫩酥香，并且微带甜酸，觉得昔日皇宫里也没这儿做得好吃，于是连声夸好。

正在这时，苏州知府不知道从那里得到了消息，带着一队人马屏声静气地恭候在松鹤楼门口，准备迎驾。店里人这才知道此人是乾隆皇帝，是又惊又怕。好在乾隆吃得很满意，早就平息了刚才的火气，临走时还向店主人打听松鼠桂鱼的做法，并赏了店主一些银子。店主高兴异常，从此便打出了"乾隆首创，苏菜独步"的牌子。后来乾隆第二次、第三次下江南时，总是要到松鹤楼点名要吃"松鼠桂鱼"。松鹤楼的"松鼠桂鱼"从此也作为传统名菜流传至今。

南通人会吃鳜鱼，也知道怎么才烧得好吃。红烧、清蒸、煠、炖、熘的方法都有，西餐里头也常常用鳜鱼。先向大家介绍一款南通特色的"叉烤鳜鱼"。

[**叉烤鳜鱼**]

"叉烤鳜鱼"是南通四大叉烤（乳猪、酥方、烤鸭、鳜鱼）的绝技之一。

叉烤，因为烹调中无法调味，所以烹调前的调味就成为成菜口味好坏的关键；叉烤火功的掌握又是成菜口感好坏的关键。南通高级烹调技师、江苏烹饪大师支洪成的叉烤技术功夫独到，达到炉火纯青的程度。2003年，当时的日月谈大酒楼把这只菜收进"张公宴"，获得南通市首届烹饪技艺大赛获团体金奖和南通名宴的称号。

原料：

鳜鱼2条（约1000克），猪网油300克，京冬菜75克，笋丝75克，猪肉丝75克，干荷叶2张；绍酒25克，精盐10克，葱段15克，姜葱丝各15克，姜葱汁125克，葱椒盐10克，干

叉烤鳜鱼

淀粉30克，鸡蛋2枚，芝麻油50克，熟猪油25克。

制法：

① 将鳜鱼去鳃、刮鳞、剖脊、去内脏，洗净，用洁布吸去鱼体内外的水分，然后用绍酒、姜葱汁、精盐擦遍全身内外，浸渍1小时。

② 把猪网油洗净用姜葱汁（100克）浸渍。京冬菜拣去杂物洗净。鸡蛋磕入碗内，加葱椒盐、干淀粉，搅拌均匀成蛋浆。

③ 将锅置旺火上，舀入熟猪油，烧至六成热时投入姜葱丝略煸，再放入肉丝煸炒，放入京冬菜、笋丝，加入绍酒（5克）、精盐5克、味精，炒熟成馅晾凉。

④ 将晾凉的馅分别从背脊处填入两条鱼腹。把猪网油摊平，用洁布吸去水分，分别涂满蛋液，放上鱼，将其包好。把干荷叶（烫软）摊平，放上葱段、姜片再放上鳜鱼，将其分别包好。

⑤ 取铁丝络夹一只，放进鳜鱼，将铁夹码好上二齿叉入炉烘烤，要四面轮番烘烤，使其受热均匀，烤至溢出浓郁香气。用钎子戳向鱼体，能穿透鱼体即成。食时，放入盘中，剥开荷叶，淋上芝麻油。

成菜外干香里肥嫩，鱼肉鲜香，回味无穷。

［松鼠鳜鱼］

松鼠鳜鱼

“松鼠鳜鱼”其实就是“醋熘鳜鱼”。江南各地往往喜欢把鱼做成松鼠状，“松鼠鳜鱼”被列作宴席的上品佳肴。菜名有象形的，有会意的。在油炸前做成了松鼠的形状，菜名即叫“松鼠鳜鱼”；若做成菊花形状，就叫“菊花鳜鱼”；也可以做成玉米状、葡萄状等等。清《调鼎集》中有关于“松鼠鱼”的记载：“取季鱼，肚皮去骨，拖蛋黄，炸黄，作松鼠式。油、酱油烧。”季鱼，应是季花鱼，即鳜鱼。

原料：

洗净鳜鱼1条（约重700克），松子10克，青豌豆15克，熟笋丁15克，水发香菇丁15克，火腿丁15克；胡椒粉1克，番茄酱50克，番茄沙司50克，植物油 500克，湿淀粉 40克，干淀粉200克，食盐11克，香醋100克，白糖200克，绍酒25克，葱白段10克，蒜茸5克，鸡清汤100克，麻油15克，色拉油1500克。

制法：

① 将鳜鱼去鳞、鳃、鳍、内脏，洗净，把鱼头沿胸鳍斜切下，摊在鱼头下巴处剖开、拍扁。用刀沿鱼背部的脊骨两侧平片至尾部，留住尾巴，将脊骨切掉。去掉胸刺，皮朝下摊开，在鱼肉上剞菱形花刀，刀深达到鱼皮，在尾巴处开一个口，将尾巴从刀口中拉出。用清水漂洗，沥干水分后用绍酒15克、食盐3克渍味。

② 将鳜鱼拍上干淀粉，抖去余粉；将番茄酱、番茄沙司放入碗内，加鸡清汤、白糖、食醋、绍酒（10克）、精盐（8克），加湿淀粉搅匀成糖醋汁。

③ 炒锅上火，烧热后倒入色拉油，油热至八成（200℃），将鳜鱼肉翻转，鱼尾翘起，炸至成形，放入鱼头，炸至淡黄色后捞起；待油温复升为八成热时，再将鱼放入，炸至金黄色时捞出，放入鱼盘，稍稍揿松，装上鱼头，拼成松鼠形。将松子放在油锅中，待熟后捞出，放入小碗中。

④ 另用炒锅，旺火烧热，舀入色拉油10克烧热，放入蒜茸、葱段煸香，放入笋丁、香菇丁、火腿丁、豌豆炒透，倒入调好的糖醋汁炒匀，待调味汁烧沸翻滚时，舀入热油20克与麻油搅匀后浇在炸熟的松鼠鱼上，撒上松子即成。

［**醋椒鳜鱼**］

此菜是以活鳜鱼为主料，用鸡汤煨制而成。

醋椒鳜鱼

制法：

① 取活鳜鱼一条（约重1000克），刮鳞去腮、鳍，从腹部开膛，掏净内脏，冲洗干净。在鱼身上剞上牡丹花刀，下沸水锅汆烫，去其腥味，捞出沥干。

② 取砂锅一只，下垫姜片、葱结，放入鳜鱼。

③ 炒锅置旺火，放入熟猪油50克烧热，放入葱末、生姜末各5克，白胡椒粉2克，煸出香味后放入鸡汤800克烧沸，倒入装有鳜鱼的砂锅内，加盖烧沸；加入料酒35克、精盐3.5克、味精2克，翻滚4～5秒钟后，转微火煨30分钟至鱼酥烂，然后加牛奶250克，见沸撇沫，放香醋15克，再投入姜葱丝各10克、香菜末10克，淋麻油10克，加盖离火。砂锅底垫盘上桌，并另带生姜、香菜末醋碟，供蘸食。

此菜，鳜鱼肉鲜嫩清醇，汤色乳白，微辣开胃，食而不腻，为冬季佳肴。

2、鮰鱼味美胜河鲀

“肥丫”是南通老百姓对鮰鱼的俗称，它的学名叫长吻鮠，属脊索动物门、硬骨鱼纲、鲇形目、鮠科、鮠属、长吻鮠种，又叫鮠鱼、白吉，古代叫鳠、鲘、鮰等。鮰鱼的嘴上有两根长须子，上海人叫它“鮰老鼠”，四川人叫它“江团”。

粉红石首仍无骨 雪白河豚不药人

鮰鱼的品种繁多，仅长江下游就有13种。南通紫琅山麓与镇江焦山脚下的白吉鱼，以鱼体白而隐红、无斑纹，背鳍白中隐有淡灰色为特征，为长江长吻鮠中稀有的名贵品种。

鮰鱼是长江水产的三大珍品之一，是肉食性底层鱼类，欢喜夜晚捕食。这种鱼只见于大江大河的激流乱石之中，湖泊中极难看得见，小溪或者沟头儿里根本不会有，它生存的水域一般至少要在10米以上深度。辽河、淮河、长江、闽江以及珠江长江里都有分布，但以长江南通段到吴淞口为主。鮰鱼的季节性很强，春季的鱼体最为肥美，秋季的菊花鮰腴美不输春鮰。鮰鱼的公鱼比母鱼个体大，一般为3~5斤，少数的能有30斤重以上。

春冬两季，长江口的鮰鱼体壮膘肥、肉质鲜嫩，正是品尝的最佳时令。苏东坡曾写诗赞美它："粉红石首仍无骨，雪白河豚不药人。"诗里说出了鮰鱼胜黄鱼，肉多而无刺；赛河豚味美而无毒。

苏东坡

鮰鱼为大型的经济鱼类，肉嫩、味道鲜、脂肪多，又无细刺，蛋白质的含量丰富，被誉为淡水食用鱼中的上品。鮰鱼最美的地方在鱼唇和带软边的腹部。外加它的鳔特别肥厚，干制的鮰鱼肚是名贵的鱼肚。

鮰鱼的鱼皮有弹性而且胶质多，红烧吃为最佳，烧出来以后的色泽是红润油光，鱼块还裹着一层薄而匀的卤汁，汤汁根本不用勾芡，因为鱼本身的胶质已经有了黏性，也就是所谓的"自来芡"，鱼表皮肥糯滋润，肉质软嫩无刺，腴香鲜咸之中有甜味。

南通烧鮰鱼一般是采用红烧和白汁两种方法。下面介绍几种鮰鱼的菜品。

［红焖鮰鱼］

鮰鱼是中国淡水名贵鱼，深受到历代老饕们赞美。而"红焖鮰鱼"之肥美非同一般。

吃这道菜鱼和皮并重，各占一半。入口时鱼肉鲜嫩、鱼皮黏糯，有类似胶着"拉黏"的感觉，把鱼的美味表现得淋漓尽致。"胶汁"实际上就是"蛋白质"。鱼皮富含胶原蛋白质。鱼肉除富含完全蛋白质外，还含有多种游离氨基酸、维生素和钙、磷、铁等物质。一道鱼，不仅美味，还是很好的营养品。

红焖鮰鱼

原料：

鮰鱼肉500克，茭白50克；元葱丝300克，大蒜瓣150克，香葱50克，生姜50克，绍酒50克，酱油40克，白糖30克，肉汤800克，猪油130克，精盐3克，香葱末10克，美极鲜5克，味精2克。

制法：

① 鮰鱼洗净，改切成4×3厘米的马牙块。茭白切成滚刀块。

② 炒锅上火，放入1500克清水、2克食盐烧开，将鱼块出水后捞起，再洗净。

③ 炒锅上火烧热，用油滑锅后，放入猪油50克，下葱丝、蒜瓣、香葱、生姜煸炒至葱蒜发黄时投入鱼块，继续煸炒至鱼皮收缩时烹入绍酒，下酱油、糖、盐（1克），直烧到鱼块上色后再加入肉汤烧开，盖上锅盖。

④ 用中火烧到汤汁稠浓时，再加入熟猪油25克改用小火焖30分钟，等汤汁稠粘时，放入茭白块和熟猪油25克，继续用小火焖1刻钟，直至鱼肉非常酥烂。汤汁呈粘胶状后，再上旺火放味精、熟猪油（30克），美极鲜，摇晃炒锅使油和卤汁包裹鱼块，出锅装盘即成。

特点：此菜色泽红亮，因经长时间焖烧，各种调味品渗透至鱼肉内，味道咸中带甜，腴嫩鲜香，卤汁浓厚，滴汤成珠。

［**白汁鮰鱼**］

明代杨慎说白吉兼有河鲀、鲥鱼之美，无毒无刺，且无两鱼之缺陷，誉为“粉红雪白，洄美堪录，西施乳溷，水羊胛熟”，带软边的腹部尤为美味。说白吉是“水底羊”，形容其肥美是很确切的。“白汁鱼”汤汁似乳，稠浓粘唇，肉厚无刺，鲜嫩不腻，酒香四溢。兼鳅、豚之美，胜“羊胛”之腴，是水产肴馔中的神品。“白汁鮰鱼”20世纪80年代被编入《中国名菜谱》《中国烹饪辞典》；20世纪90年代被编入《中国烹饪百科全书》《中华饮食文库》；2014年6月被评为“南通市十佳名菜”。

白汁鮰鱼

原料：

鮰鱼1条（1250克），竹笋100克；白糖5克，葱结1只，盐3克，姜2片，猪油150克，味精2克，酒酿50克，绍酒30克。

制法：

① 将鮰鱼剖腹、去内脏、去鳃，清水洗净，放在砧板上，齐鳍斩下鱼头，在肛门处切下鱼尾。将前中段剖成两爿，每爿各斩成6厘米长的段，每段再竖切成4厘米的块；鱼头一劈两爿，再各斩成2块；鱼尾竖切成4块。将鱼块放入淡盐开水锅中略汆取出，用清水漂洗干净。

② 竹笋剥去壳，清水洗净，切成菱形。

③ 炒锅上旺火，放入猪油20克，烧至七八成热，下葱、姜煸出香味后捞出；放入鮰鱼块稍煎，烹酒，放入酒酿后加盖，稍焖，以去其腥味；随即下笋片，加盐、糖、清水（以淹没鱼块为度），加盖烧开后用小火焖烧15分钟左右；再用旺火稠浓卤汁，放味精，淋30克熟猪油出锅装盘。

［**蟹粉鹿头银肚**］

鮰鱼好吃，鮰鱼鼻子更好吃。“鮰鱼鼻子”不是单单指鼻子，而是指从鱼头到鱼眼睛再到鮰鱼唇的这一段，鮰鱼最肥美、最柔滑的地方。因为它珍贵，《本草拾遗》称鱼唇为“鹿头”。

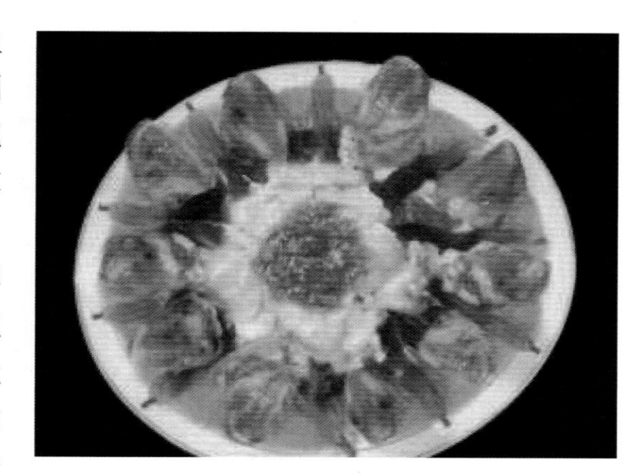

蟹粉鹿头银肚

南通名菜“蟹粉鹿头银肚”，是用鲜鮰鱼肚，在传统蟹粉烩银肚的基础上，把白烧的鮰鱼唇围放在银肚的周围，既美化了外形，增加了菜的档次，又使口味更加鲜醇肥美。这是烹饪大师邱志峰、吉建清等的拿手菜。

原料：

鮰鱼头10只（750克），鲜鮰鱼肚300克，菜心10棵，冬笋50克，火腿片20克，蟹粉50克；姜50克，葱25克，蒜头20克，盐5克，味精15克，绍酒150克，胡椒粉2克，熟猪油150克，芝麻油20克。

制法：

① 将鮰鱼头修成同样大小并高矮一致，洗涤干净后在淡盐水中出水，取出后再漂洗干净。

② 将菜心（头）修切整齐，成鹦鹉嘴状，下温油锅焐透成熟；将冬笋切片后，下冷水锅出水，漂洗后待用。

③ 把鮰鱼肚剖开，洗净，改切成菱形片（块），出水后漂洗干净，挤干水分。

④ 炒锅上火，放熟猪油50克，放入生姜20克、葱10克、蒜瓣20克，煸出香味后放入鮰鱼头，加水与鱼头持平，烧沸；放入绍酒50克、蟹粉10克、盐3克、味精5克，再烧沸15分钟后放入熟猪油30克，收浓汤汁离火。

⑤ 另取炒锅上火，放入熟猪油50克、生姜20克、葱10克，煸出香味后放入蟹粉10克，加入烧鱼头的浓汤，放入鱼肚，烧沸；烹入绍酒50克、盐1克，烧沸后改小火煨10分钟，放入菜心、冬笋片、火腿片，加味精5克一起烩制，再沸，将鱼肚、火腿、笋片盛入盘中央，将菜心盛在另一碗中待用。（汤汁留在锅内，另用）盘的四周摆放鱼头，中间用菜心做间隔。

⑥ 另起一锅，放入熟猪油50克、姜末10克、葱末5克，煸出香味后放入蟹粉30克，烹入绍酒50克，放入烧鱼头、鱼肚的原汤，放盐1克，再沸，放味精5克，勾稀芡，撒入胡椒粉，淋入芝麻油，将蟹粉汁浇在鱼头、鱼肚上，蟹粉盛在鱼肚中间即成。

成菜，鱼头柔滑肥美，鱼肚柔糯爽口。

此菜为水产珍品的珍中之珍，珍珍相配，堪为至珍。

鱼鹰展技

3、趋吉图腾话鲫鱼

鲫鱼是中华食品链的大宗、人类食品的天然仓库。

鲫鱼对人类的贡献甚大，没有一个水产品可以与其比肩，可谓：小鲫鱼，大功劳。其功劳概括有六：

小鲫鱼，长历史。鲫鱼食用的历史悠久。在浙江河姆渡和桐乡罗家角遗址中，均发现了7000多年前新石器时代鲫鱼的骨骼。先秦时，食用鲫鱼已多见于文献：《庄子》中有“涸辙之鲋”（鲋即为鲫鱼）；《仪礼·礼记》中记述鲫鱼用于婚礼；《楚辞》中有“煎鲼”（煎鲫鱼）；《吕氏春秋》指出，“鱼之美者，洞庭之鱄”；北魏时《洛阳伽蓝记》中记有“鲫鱼羹”；《齐民要术》中记有“暗鲫鱼、蜜纯煎鲫鱼”等。唐宋时期，杜甫《陪

鲫 鱼

郑广文游何将军山林》诗中有“鲜鲫银丝脍”句；宋人郑望之所著《膳夫录》指出，“脍，莫先于鲫鱼，鳊、鲂、鲷、鲈次之”；宋代陆佃《埤雅》中谓其“肉厚而美”；宋代罗愿作《尔雅翼》亦谓“其味最美，吴人以菰首为羹，以鲤鲫为脍，谓之全羹玉脍”；宋代林洪著《山家清供》记有酒煮鲫鱼，“食之甚有益”。到元明两代，应用鲫鱼的记述更多。元代韩奕撰《易牙遗意》中有“酥骨鱼”；元代倪瓒撰、邱庞同编《云林堂饮食制度集》有“鲫鱼肚儿羹”；明代宋诩著《宋氏养生部》中有“辣烹鲫鱼”“法制鲫鱼”；明代高濂所撰《遵生八笺》有“酒泼鲫鱼”；《本草纲目》中用于疾疗且谓“鲫鱼佳品，自古尚矣”。清代《随园食单》对鲫鱼的应用论述较详，如：“鲫鱼先要善买。择其扁身而带白色者，其肉嫩而松；熟后一提，肉即卸骨而下。黑脊浑身者，倔强磋丫，鱼中之喇子也，断不可食。照边鱼蒸法，最佳。其次煎吃亦妙。拆肉下可以作羹。通州人能煨之，骨尾俱酥，号‘酥鱼’…… 六合龙地出者，愈大愈嫩，亦奇。蒸时用酒不用水，稍稍用糖以起其鲜。以鱼之小大，酌量秋油、酒之多寡。”《调鼎集》收载鲫鱼菜16种，或蒸、或烧、或炖、或煨、或酿等，不但全鱼、鱼肉为馔，而且连鲫鱼的脑、唇、舌，亦用及单独为菜，且极具特色。《续纂句容县志》记述，乾隆南巡时，地方宴请随行百官的菜单中即有“鲫鱼舌烩熊掌”。鲫鱼汤亦为当时所重。郑板桥曾以诗咏之。民间视为下乳良药。现代的鲫鱼菜品多得无法统计。据《中国饮食文库》收录全国各地的鲫鱼菜就有83个。悠悠中华，上下五千年的文明史，而人们食用鲫鱼的历史竟超过此二千年。

小鲫鱼，大产出。一般鲫鱼的体重不过200~300克，与体重几十吨的鲨、鲸等鱼相比，成千上万条鲫鱼才抵得上一条。鲫鱼没有汛期，产量一直平平，与一网能捕几十吨、上百吨的小黄鱼、乌贼鱼相比，要捕上几十网、上百网，才能抵得上它们一网之量；但鲫鱼却以其分布广、繁殖快的优势，产量遥居淡水鱼之首。

小鲫鱼，分布广。鲫鱼没有腾江越海的洄游本领，也没有择水、择境、择食而居的娇气；它不受深江、巨湖、小泊、水库、山溪、浅滩、野沟、小渠乃至稻田草荡的拘束，遇水而安，快乐地成长。淡水之域，无处不是它的栖息之家；就连外国水域，也不乏鲫鱼游弋。

小鲫鱼，大食品。要想找出没有吃过鲫鱼的人，恐怕一万人中难觅一个。在中国的任何地方、任何时间，要吃鲫鱼唾手可得。水产店里、菜市场上、街头巷尾，到处都有鲫鱼销售；菜馆饭店、小吃食肆、家庭餐桌，鲫鱼无所不在；请客送礼、亲朋团聚、家常小酌，鲫鱼成为人们的首选。

小鲫鱼，大营养。鲫鱼营养价值很高，每百克鱼肉含完全蛋白质17.1~19.6克，优质脂肪2.7~4.2克，并含有大量的钙、磷、硒等矿物质和丰富的尼克酸，是人类最适宜的健身强体的大众滋补食品。

鲫鱼药用价值极高，其性平，味甘，入脾、胃、大肠经，有健脾利湿、和中开胃、活血通络、温中下气之功效，可对脾胃虚弱、纳少无力、痢疾、便血、水肿、溃疡、气管炎、糖尿病，有食疗作用。“鲫鱼性和缓，能行水不燥，能补脾而不濡，所以可贵耳”。鲫鱼适宜慢性肾水肿、肝硬化腹水、营养不良性浮肿病人食用；适宜孕产妇食用，孕期可增所需营养，产后可促乳汁分泌；适宜小儿麻痹症初期或麻疹透发不快者食用；适合痔疮出血、慢性痢疾患者食用。

小鲫鱼，好美味。鲫鱼肉质细嫩，肉味甜美，香鲜沁脾，开胃珍味，自古至今被人们赞美不绝。而没有味道的鱼翅、鱼皮、鱼信等却声盖鲫鱼。那是物稀为贵，难得为珍。人们有种奇怪的心态，对容易得到的美味反而习以为常，不予珍视；然而这美味在他心中却占有位置，否则哪有这么多人喜欢吃鲫鱼？而且一吃就是七千年。如果鲫鱼在他心中不是亘古不变的真美味，那人们早就吃厌了！现实是鲫鱼吃得再久、再多，也从来没有被人吃厌过，这才是鲫鱼之味是天下至美的真谛所在。

为什么将鲫鱼的六个特点说成了六大功劳？因为鲫鱼作为食物，默默地给中华民族奉献了几千年，以自身最优质的蛋白质成为中华儿女智力体力发展的营养资源之一，所以说，小鲫鱼，大贡献，功垂千秋，并不为过。

“讨口彩”是利用语言的谐音和一些事物的特性，人为地加以创意获得新的寓意，来寄托人们的某些良好的心理愿望。“鲫鱼”这个名字就让人们特别喜欢。鲫鱼，谐音“吉余”“积余”，引申为吉庆、吉利、吉福，吉庆有余，口彩极好。过春节了，除夕的年夜饭中最注重的菜是鲫鱼，而且当时还不能吃，要“积余”到过了年再吃，叫“连年有余”。南通还有个风俗，过年的鱼一直要余到正月十五天官赐福、普天同庆的“看灯”日子才吃，叫“庆而娱”，这也可能是南通把鲫鱼叫作“浸儿鱼”的缘故。正月初一吃团圆饭，饭桌上要有一碗“荷包鲫鱼”，寓意“和报吉余”；正月初五财神日子，人们用发菜烧鲫鱼，寓意“发财吉余”；用黄豆芽煨鲫鱼汤，叫“如意有余”（黄豆芽又叫如意菜）；用鱼圆煨鲫鱼汤叫“财源滚滚，吉庆有余”；用豆腐烧鲫鱼叫“头富吉余”。

时下，鲫鱼的口彩又有了创新，形成了一些鲫鱼的“民风食俗”，如：情人初见面吃鲫鱼，叫“见而愉”；谈恋爱吃鲫鱼叫“建爱而娱”；婚宴用鲫鱼美其名曰“结爱而愉”；金婚吃鲫鱼叫“金爱而愉”；生了儿子吃鲫鱼叫“接儿愉”；生病吃鲫鱼叫“吉尔瘉”“健尔愉”；祝寿吃鲫鱼叫“庆尔娱”“敬尔愉”；用花生烧鲫鱼叫“长生有余”；用红枣烧鲫鱼叫“洪福吉余”等等，不胜枚举。此类吉祥如意的口彩也是鲫鱼给人类精神上的贡献。堪为小鲫鱼，大文化。

鲫鱼为脊索动物门、脊椎动物亚门、硬骨鱼纲、鲤形目、鲤科、鲤亚科、鲫属。鲫鱼的肚子是浅白色，背部是深灰色的保护色。假如有天敌从水上往下看，因为黑色的鱼背和河底淤泥同色，所以难被发现；天敌假如从水下头往上看，白色肚子和天的颜色又差不多少，也很难被发现。我们经常看到有些文章里形容清晨用的是“东方泛起了鱼肚白”，就是这个道理。

由于地域以及生长环境不同，鲫鱼的品类形成和地方名产较多，如江苏六合的“龙池鲫鱼”，江西彭泽的“彭泽鲫”（又叫“芦花鲫”），万年的“梅源红鲫”，宁夏西吉的“西吉彩鲫”，黑龙江宁安的“镜泊湖鲫”（又称“湄沱湖鲫”），河南的“淇鲫”，湖南的“湘西石鲫”，湖北随县的“随州小鲫”……

云南滇池的“高背鲫”，体重最大可达3000克，但不宜内地饲养；黑龙江呼伦湖和新疆额尔齐斯河的“银鲫”，又叫“方正银鲫”，体长约30厘米，个体可达1500克。1970年代，科研人员以银鲫为母体，以江西兴国的红鲤为父本，经杂交后培育出了新种“异育银鲫”。它比普通鲫鱼生长快2~3倍，产量也高于一般鲫鱼，已经推广。还有以银鲫为母本，以太湖野鲤为父本的杂交鲫鱼。它杂交优势明显，具有适应性强、生长快、个体大、食性广、病害少、肉味鲜美等优点，既能大水面放养，又适合于池塘养殖，是一种经济效益和社会效益都较好的人工养殖品种。

最近在南通水产市场出现的“湘云鲫”，是由湖南师范大学生命科学院刘筠院士为首的课题组，应用细胞工程技术和有性杂交相结合的方法，经过十多年的潜心研究培育出来的三倍体新型鱼类。“湘云鲫”自身不能繁育，不会造成与其他鲫、鲤品种资源混杂，也不会出现繁殖过量导致商品鱼质量下降。

由于众所周知的原因，野生鲫鱼早已不敷市场之需，市场上供应的基本上都是养殖鲫鱼。养殖鲫鱼以异育银鲫、彭泽鲫、湘云鲫为主，其中数“湘云鲫”生长速度最快，其次为“异育银鲫”，最后是“彭泽鲫”；但“彭泽鲫”的外观要优于其他品种，故受国内外市场的欢迎。因此，商品鱼还是以“彭泽鲫”为主。

养殖鲫鱼生长迅速，肉质松嫩、鲜美，入口即松散开来；野生鲫鱼肉质紧密、鲜香，入口耐品味，特有的鲫鱼香味更加浓郁些。有些人在市场上想买野生鲫鱼，但又不识。其实养殖鲫鱼与野生鲫鱼是很容易辨别的。养殖鲫鱼的个体大，且大小一致；野生鲫鱼的个体小，而且大小不齐。从形状上看，养殖鲫鱼一般脊背隆起，体型宽，尾巴和尾鳍短；野生鲫鱼身体长，呈纺锤形，头较小，尾柄长，尾鳍明显长得多。从体色上看，养殖鲫鱼的体色较浅，侧面以银白色居多；野生鲫鱼的鱼体发浅黄色，体表光亮。问题是，现在有些小沟渠污染严重，即使买到了真正的野生鲫鱼，也不一定能重温到记忆中的味道！

鲫鱼的肉质细嫩，肉味鲜美，营养价值高，大家总欢喜买几条鲫鱼煨煨汤。尤其是到了冬天，鲫鱼肉肥籽多，味道更加鲜美。我国古医书《本草经疏》上对鲫鱼有“诸鱼中惟此可常食”的极高评价。

鲫鱼入馔，多见于整条烹调，可采用蒸、煮、烧、焖、氽、烩、炖、溜、烹、煎、油泡、水浸等多种烹法，口味适用于咸鲜、咸甜、香甜、酸甜、茄汁、麻辣、红油、酸辣、家常、烟香等多种味型，冷盘、热炒、大菜、汤羹，鲫鱼无所不在。

南通烹饪高手吉祥和，能把普通鲫鱼烧出令人难忘的美味。

[鲫鱼嵌斢肉]

“鲫鱼嵌斢肉”是南通家常菜，就是把斢肉嵌在鱼肚子里头再烧煮出来，因其形状像只荷包，所以菜谱上的名字就叫“荷包鲫鱼”。饭店里的特级厨师烧这道菜要考究得多。首先杀鱼就不同，是从背脊上开刀的，这样做出来的鲫鱼形状好。

原料：

鲫鱼2条（约重400克）；猪肉糜100克，葱、姜、料酒、盐、糖、鸡精、生抽、老抽适量。

制法：

① 猪肉糜用葱，姜末，糖，盐，鸡精，料酒，生抽拌匀。

② 将鲫鱼洗净，去掉鱼籽，沥干水分，揩干肚子，将调好味的肉糜嵌进鱼肚内。

鲫鱼嵌劗肉

③ 锅上火倒入色拉油，油热后将鲫鱼入锅煎成两面黄，放料酒、姜、糖、盐、老抽，加水用大火煮开滚10分钟后移至小火焖20分钟即可。

照民间的说法，冬天的鲫鱼汤好吃又补人，特别是产妇喝鲫鱼汤能催奶。只因为鲫鱼背脊上的小刺很多，即便吃得小心翼翼，总还免不了被细骨头卡，所以鱼一般只是吸吮而已。如果觉得光喝汤不够惬意，就可以做个白汤的荷包鲫鱼，让肉也汲取些鱼的鲜味，汤又多了滋味。既品尝了美味，还讨了个好的口彩。做法自然要按照余的步骤，“千滚豆腐万滚鱼”，要多滚些时候，才能使汤像奶一样的浓白。

红烧、白煨、清蒸、干烧鲫鱼，鲫鱼豆腐汤，萝卜丝鲫鱼汤等，是最常见的烧法。

［酥鲫鱼］

据《调鼎集》记载，“酥鲫鱼”的制作技术在宋代是由南通传入扬州，以后再传到其他各地。这道菜是开国大宴上的一道冷菜。

烹制酥鲫鱼需选用鲜活小鲫鱼，即清代曹寅诗中所谓“雀目新燔二寸鱼”，用作料代替水，用小火慢慢煨制而成。南通已故特一级烹调师吉祥和做这道菜最拿手。“酥鲫鱼”1990年入编《中国名菜谱》江苏风味；1995年被收入《中华饮食文库·中国菜肴大典》（海鲜水产卷）；2014年被评为“南通市十佳古典菜”。

酥鲫鱼

原料：鲜活小鲫鱼20条（约重1000克）；香醋300克，绍酒100克，酱油100克，白糖100克，葱300克，姜片50克，芝麻油200克。

制法：

① 将鲫鱼治净，沥干水分。

② 在砂锅底衬竹箅垫子，铺上一层香葱，然后将鲫鱼腹向上，头向锅边排满一圈后，鱼上再放一层香葱，葱面上再如前法排一层鲫鱼。

③ 鱼排齐后，加入绍酒、香醋、酱油、白糖、姜片，放旺火上烧沸后，撇去浮沫。取大圆盘一只压在鱼上，盖紧锅盖，将锅移到微火焖约4小时左右，待鱼骨酥透，卤汁将要稠浓，再加入芝麻油，待汤汁成粘胶状时，带汁装盘即成。

"酥鲫鱼"，鱼体红亮，原形完整，筷搛不碎；鱼骨酥透，无鲠无渣，鱼肉耐嚼。

4、淡水名鱼说鳊鱼

鳊鱼，南通人叫它"鹊鳊"，也就是毛泽东诗词中"才饮长沙水，又食武昌鱼"的武昌鱼，又叫长身鳊、鳊花、油鳊、鲂鱼，古名槎头鳊，缩项鳊，为脊索动物门、脊椎动物亚门、硬骨鱼纲、辐鳍亚纲、鲤形目、鲤亚目、鲤科、鲌亚科、鳊属。在中国，鳊鱼也是三角鲂、团头鲂（武昌鱼）的统称。该鱼比较适于静水性生活。主要分布于中国长江中、下游附属中型湖泊。民谚"春鲶、夏鲤、四季鳊"，说的是鳊鱼一年四季皆有，它与鲌鱼、鲤鱼、鳜鱼并列为淡水四大名鱼。因其肉质嫩滑，味道鲜美，是中国主要淡水养殖鱼类之一。

鳊 鱼

鳊鱼原先产于长江中游一带通江的湖泊里，20世纪50年代，中国水产科学家从野生的鳊鱼群体中经过人工选育、杂交培育出优良淡水养殖鱼种，现在已推广到全国各地养殖。鳊鱼因为长得快、适应能力强、食性广、成本低、产量高、市场需求量大，所以水产养殖户很欢喜养它。

鳊鱼因为身体侧扁，头部很小，几乎是个圆形，所以又叫它"团头鲂"。鳊鱼肉质嫩滑，小鱼刺多不易噢清，大鱼刺大易噢，受青睐。鳊鱼烹调和鲫鱼一样，诸法可用，品种千呈。家庭一般都是以清蒸为主，饭店里也有做红烧、糖醋和油浸的。油浸鱼虽然鲜嫩，但是腥味不容易去除，入味欠佳。南通烹饪大师钱焕清利用腥味很容易溶于水和能够被水蒸气蒸发的理化特性，并利用水在加热时的对流和盐的渗透压作用，使制品在加热时能均匀地吸收部分调味品而入味等原理，在油浸法的基础上改进而成一种"水油浸"的烹鱼法，使烧出来的菜品在色、香、味、形等方面更加完美。

水油浸法，因为鱼体在低温的油水中始终呈饱和状，所以鱼身丰满如鲜活体态，鱼肉鲜嫩腴美异常。装盘后先在鱼身上浇调味卤汁，再在姜葱丝上浇热油，吱吱有声，香味四溢。观其色形，嗅其鲜香，闻其声响，令人食欲大振。

"水油浸鳊鱼"，20世纪80年代入编《中国名菜谱》《中国烹饪辞典》，1995年入编《中华饮食文库·中国菜肴大典》（海鲜水产卷）。

［水油浸鳊鱼］

水油浸鳊鱼

原料：

白鳊鱼1条（约重750克）；绍酒100克，精盐6克，味精0.5克，姜片10克，姜丝3克，葱段10克，葱丝2克，鸡清汤250克，水淀粉25克，芝麻油25克，色拉油750克。

制法：

① 将治净的鳊鱼（不剖肚、不剞刀，从鳃部将内脏取出），用绍酒75克、精盐3.5克及姜片、葱段腌渍15分钟左右，使其入味，拣去姜、葱，再将鱼用干净的布吸干水分。

② 锅置旺火上，舀入清水1000克，烧沸后舀入色拉油，使油水温度保持在90℃左右（似沸非沸的状态），将鱼放入，用小火浸制约10分钟左右，至鱼身上浮。将鱼捞起装在盘里。

③ 另取炒锅置旺火上，舀入鸡清汤，加绍酒25克、精盐2.5克及味精，烧沸后用水淀粉勾芡，制成稀卤汁浇在鱼上。在鱼身上放姜丝、葱丝，将烧热的芝麻油浇在葱、姜丝上即成。

成菜味型：咸鲜，鱼形饱满，鲜香味美。

鱼飞人欢捕鲢乐

5、青草鲢鳙四大家

青鱼、草鱼、鲢鱼、鳙鱼都是脊索动物门、硬骨鱼纲、鲤形目、鲤科的鱼，是中国特有的四大家鱼，也是中国人最熟悉的四种食用鱼。它广泛分布在中国的各大水系，养殖的和天然的都有。

在唐朝之前，鲤鱼是最为广泛养殖的淡水鱼。但是到了唐朝，因为皇帝家姓李，连吃的鱼名字都要避讳，所以不准养殖、捕捞和销售鲤鱼。老百姓只好改养其他的鱼，也就产生了青、草、鲢、鳙四大家鱼。北宋时期，四大家鱼被发展到更广泛的区域养殖。

青 鱼

青鱼，颜色是青的还带点儿黑，肚子是白的。它体形长，近似圆筒形，分布在长江以南的平原地区、珠江及其流域，北方少见，是长江中下游一带重要的经济鱼类。青鱼因其体黑、喜食螺蛳，安徽俗称乌鲲、青混或螺蛳青，其他的名称还有鲸、鲩、乌鰡、鲮鱼、厚子鱼等；东北地区常见的"青鱼"是一种深海鱼类，它和青鱼是两种不同的鱼类。

青鱼习性不活泼，通常栖息在水的中下层，食物以螺蛳、蚌、蚬、蛤等为主，亦捕食虾和昆虫幼虫。在鱼苗阶段，则主要以浮游动物为食。青鱼生长迅速，个体较大，成鱼的最大个体可达70千克。但也有例外，中国境内最大的青鱼标本长1.86米，重218斤，2005年在南京六合区金牛湖被当地渔民捕获。专家根据鳞片鉴定，其在金牛湖大约生活了三四十年，相当于人类七十岁年龄。现已制成标本，存放在六合金牛湖生物馆，供游人观赏。金牛湖生物馆另一大青鱼捕获于2004年，长1.74米，体重212斤。2013年，金牛湖再现212斤级大青鱼。经鳞片鉴定约四十岁。2012年1月3日早晨，渔民在浙江湖州安吉县高禹镇天子岗水库捕捞到一条螺蛳青，身长1米92，体重达208斤。据捕到它的渔民说，活了60多岁，第一次见到这么大的青鱼！

青 鱼

青鱼肉厚多脂，肉质细嫩鲜美，蛋白质含量超过鸡肉，是淡水鱼中的上品。青鱼入馔适用任何烹法和味型，可以红烧、干烧、清炖、糖醋或切段熏制，也可加工成条、片、块制作各种菜肴。最常见的是头尾煨汤，中段红烧，也可片成鱼片滑炒，可做熏鱼，也可做鱼圆。用青鱼做的鱼圆又嫩又鲜。红烧青鱼甩水、划水（胸、鳍带肚腩）风味独特。青鱼肠子富有不饱和脂肪酸，大约含60%的脑细胞基质，又能降低胆固醇和脑溢血的发病率。用青鱼肠子做成的菜叫"红烧卷菜"，是一味老少咸宜的妙食，还特别好吃。

用青鱼的肝、皮、鳞、腭肉、鱼唇做菜，皆是特色美味。下面向大家推荐几款以青鱼为食材的南通名菜。

［**烩青鱼肚**］

“青鱼肚”即青鱼的沉浮器官，学名鱼鳔。“烩青鱼肚”是取长江入海处的大青鱼鲜肚烹制而成。每当冬至以后，南通紫琅山下成群大青鱼在江面上追逐雪花，这种青鱼个体都在5千克以上，大者50千克开外，当地的渔民称之为“雪花青”。它不仅肉质鲜美，内脏也皆为佳品。鱼肠可做“卷菜”，鱼肝可做“秃肺”，睾丸可做“鱼白”，鱼皮可做“龙衣”，鱼鳔可做“鲜肚”。青鱼鳔由里外两层组成，必须“分而治之”方相得益彰。南通特级厨师李玉廉对烹治“雪花青”内脏颇为擅长。

烩青鱼肚

“烩青鱼肚”，20世纪80年代被编入《中国名菜谱》《中国烹饪辞典》；20世纪90年代被收入《中国烹饪百科全书》；1995年被收入《中华饮食文库·中国菜肴大典》（海鲜水产卷）。

原料：

雪花青鱼鲜肚500克，熟冬笋片50克，熟火腿片50克，水发冬菇片50克；绍酒50克，精盐3克，味精2克，葱段10克，姜片10克，香菜叶1克，白胡椒粉1克，鸡清汤250克，水淀粉25克，熟鸡油25克，熟猪油50克。

制法：

① 将鲜鱼肚分离成外肚和内肚，外肚用沸水烫至色白有光时捞出，入清水漂清；内肚入汤锅内煨煮至软绵糯烂捞出，入清水漂清。将加工过的鱼肚改刀切成菱形块，待用。

② 将锅置旺火上烧热，舀入熟猪油，投入姜片、葱段煸出香味，下笋片、水发冬菇片、熟火腿片，略煸炒，放入鱼肚，加入绍酒、鸡清汤、精盐、味精，烧沸后用水淀粉勾稀芡，淋上熟鸡油装盘，撒上白胡椒粉，放上香菜叶即成。

成菜味型咸鲜；质地绵糯柔滑，鱼肚鲜美腴肥，食之鲜香盈口。

［**天下第一汤**］

“天下第一汤”即“灌蟹鱼圆汤”，系用青鱼肉糜内嵌蟹黄做成的鱼圆氽制而成。

苏北古城如皋，历史上曾以善制精美菜点驰名大江南北。明末才子冒辟疆的爱妾董小宛，在如皋创制佳肴美点，已成为烹饪史上的佳话。传说，“灌蟹鱼圆”即董小宛所创。

此菜柔绵而有弹性，白嫩宛若凝脂，内孕蟹粉，色如琥珀，浮于清汤之中有“黄金白玉兜，玉珠浴清流”之美；再缀以透有腊香的红色火腿、清鲜爽口的翠绿菜心、柔中带有弹性的褐色木耳、清脆鲜嫩的牙黄笋片，绚丽悦目的色彩，烘托出鱼圆之白。丰富多彩的美味，突出了鱼圆之鲜，实乃不可多得的水产佳味美馔。南通市烹饪摄影美容技校校长、烹饪高级技师、中国烹饪大师张兰芳制作此菜甚为得法。

灌蟹鱼圆汤

1990年，“天下第一汤”入编《中国名菜谱》（江苏风味），1995年被编入《中华饮食文库·中国菜肴大典》（海鲜水产卷）；2014年6月，被评为“南通市十佳古典名菜”。

原料：

净青鱼肉300克，蟹粉100克，熟猪肥膘肉50克，熟火腿片50克，熟春笋片50克，水发木耳20克，出水菜心75克，鸡蛋清4枚；精盐7克，葱姜汁水50克，鸡清汤1000克，熟猪油75克。

制法：

① 将锅置旺火烧热，舀入熟猪油（50克），烧至五成热时，投入蟹粉，加入精盐（1克）炒和，起锅装入盆中，晾凉后，做成莲子大小的丸子作馅用。

② 将鱼肉、猪肥膘分别剁成茸，放入同一碗中，加入鸡蛋清、葱姜汁水、鸡清汤350克搅匀，分两次放入精盐5克搅拌至上劲后，再加入熟猪油25克，搅匀成鱼茸。

③ 将鱼茸放入左手心挤成鱼圆，塞入蟹馅1粒，用大拇指抹平，用调羹舀入冷水锅中。做完后，将锅置小火上，烧至鱼圆成熟，捞入清水中。

④ 将锅置旺火上，舀入鸡清汤650克，加入精盐（1克）、火腿片、木耳、笋片、菜心，烧沸后再将鱼圆放入，再沸撇去浮沫，锅离火将鱼圆盛入汤碗中即成。

［红烧卷菜］

南通用青鱼肠子做菜，可氽、可烧、可炒、可焖，烹法多样，味型丰富，口感有别，各具特色，皆为不可多得之珍馔。

青鱼肠要烧得嫩而脆、肥而香、与众不同为特色。没有深厚的基本功很难达到这一要求，现将南通“红烧卷菜”的制法介绍如下。

① 取活青鱼的鱼肠250克，在水中顺长拉开，撕掉血筋、血白，洗净后用小

红烧卷菜

剪刀（剪刀上爿的刀尖上套一根鸡毛管）刺入鱼肠，将鱼肠顺长剖开成带形；放入水中，撕掉肠衣，洗净捞出，沥干水，将鱼肠剪成4厘米的段。

② 将鱼肠放入容器中，加精盐2克、米醋10克，反复揉搓出黏液、黄水，用水多次揉洗干净。

③ 炒锅放入清水，置旺火烧沸，投入一半鱼肠汆烫瞬间，至脆熟捞出，放入冷水中。锅中再加水，汆烫另一半鱼肠，捞起放入冷水中。

④ 炒锅置旺火上烧热，放入熟猪油及葱结15克、姜片10克爆出香味，将鱼肠推入，烹入料酒10克，稍后加酱油15克、白糖15克、味精1克、高汤100克，烧沸后移至中火，加盖略焖再转旺火，勾稀芡，加熟猪油15克，颠锅，拣出姜葱，加青蒜10克出锅装盘，撒胡椒粉即成。

特点：鱼肠脆嫩，滑而有弹性；腴肥鲜香，微有辛辣。

要做好此菜，必须注意两点：

① 要活鱼鱼肠，如用死鱼肠会"印胆"，味苦，不能食用。

② 汆烫鱼肠要肠少水多，旺火大沸，瞬间捞起投入冷水，才能使鱼肠再加热时不致疲软不脆。

奶汤托卷，也是南通冬令青鱼肠名菜，烧法大同小异。为了使汤汁浓白，可加青鱼头尾同烧，用香糟调味，口感、味道则又另具特色。

南通把"烧鱼眼"叫"烧白桃""烧葡萄"。南通烹饪大师顾松华"烧鱼眼"的功夫独到。烧这道菜的时候不能有半分钟的出入，时间少了不熟，多了则成"死肉"。顾大师烧出来的鱼眼，柔润而肥糯，滑嫩而有弹性；入口满嘴生津，齿颊留香，口感特别舒服。

南通人还专取青鱼下巴（青鱼头左右两侧的下巴）做成美味佳肴。此外，南通人还特别注重什么季节吃青鱼的什么部位。"冬吃鱼头，夏吃尾，春秋二季吃划水"的民谚，便充分说明了南通人真是吃尽青鱼精华，把青鱼之味彰显得淋漓尽致。

草 鱼

草鱼是学名，各地的叫法不同，有的地方叫作鲩子、鲩鱼、草青、鲜子，南通人喊它"问子"。草鱼的分布较广，我国除了新疆和青藏高原没有自然分布外，各大江河湖泊水系里都有。草鱼以其独特的食性和觅食手段，被当作拓荒者移植至世界各地。

草 鱼

草鱼，以草为食，当然指的是水草。草鱼的幼鱼时期吃的是浮游生物兼食水生昆虫；5厘米以上的幼鱼逐渐转变为草食性；当鱼的体长达到10厘米时便已经完全能够吃水生高等植物。成鱼主要以高等水生植物为食料。草鱼是和青鱼比较相近的鱼种，体型长，颜色接近于鲫鱼，背部的颜色为黑褐色，鳞片边缘为深褐色，胸、腹鳍为灰黄色。草鱼长得快，个体大，最大个体可达40公斤。不要看它个子大，草鱼的肉肥厚细嫩、味道鲜美，外加刺又少、吃口奇好、较青鱼价廉，所以很适合民间广泛应用。一般的水煮鱼、酸菜鱼，包括做杭州名菜“西湖醋鱼”、苏州名菜“菊花鱼”所用的鱼，都是草鱼。另外草鱼红烧、清蒸、干煸、脆溜、软溜、炸烹，都很好吃。

现在有些黑心的鱼老板为了草鱼的卖相好、保存期长，竟然用化工产品对它进行“美容”。他们把草鱼放在焦亚硫酸钠、甲醛里泡，能够使变质的鱼“起死回生”；苯甲酸钠可以让鱼“永葆青春”，手段五花八门，老百姓防不胜防。那么，怎么才能去除这些有害物质呢？笔者教大家一个法子：先把鱼放进盆子里，然后在水里加一点“残洁清”使水呈碱性，这样可促进呈酸性的农药降解，并能杀灭草鱼表面残留的有害微生物。另外，被“残洁清”覆盖的一部分水与空气隔绝了，鱼在水里觉得缺氧，就会把头伸出来呼吸，这样就达到了清洗的效果。假如还不放心就多换几次水。要注意的是“残洁清”不要加得太多，合适就可以了；不然鱼在里面就不能呼吸，很容易闷死的！另外，万万不要用“洗涤灵”等清洁剂来浸泡草鱼。因为这些东西很难洗得干净，容易残留在鱼里，造成二次污染。假如要想吃得放心，还是应该自己在家里烧煮为好，再说还能练练手艺！

草鱼的品种比青鱼更多、更广泛，烹饪加工法与青鱼相同。烹制草鱼应注意：

① 草鱼肉含水量大，离水后容易腐烂，且草鱼腥气较重，烹制时宜用鲜活鱼。

② 需重用葱、姜、酒、醋，以矫味。

③ 不宜长时间烹制，否则影响其质地与风味。

［**醋椒桂花鱼**］

醋椒桂花鱼，通州民间叫“烩鱼”。每年春节临近，家家户户常把此菜做成半成品，待客人来时加配菜，用高汤烩制即成，既方便又实惠，而且酸辣鲜香，老少皆宜。原为农村土菜，现却成为席上珍馐。南通名菜“醋椒桂花鱼”，2014年6月被评为“南通市十佳家常菜”。

醋椒桂花鱼

原料：

草鱼净肉400克，荸荠50克，水发木耳10克，韭芽20克，鸡蛋2枚，面粉75克；精盐1.5克，绍酒20克，味精2克，胡椒粉0.5克，葱末0.5克，姜米0.5克，香醋10克，鲜汤500克，麻油10克，色拉油750克（实耗50克）。

制法：

① 将鱼肉改切成5厘米长，1厘米宽的长条，加葱、姜、盐、味精、绍酒，拌匀腌渍入味。

② 面粉放入碗中，加鸡蛋、水，调制成蛋糊。

③ 炒锅上火，倒入色拉油，烧至六成热时将鱼条挂上全蛋糊，下锅炸至色泽金黄时倒出沥油。

④ 锅内留少许底油，放入荸荠片、木耳略煸，加入高汤、盐、味精，烧开后，倒入鱼条和切成小段的韭芽，烧沸后，烹香醋，淋麻油，撒上胡椒粉即成。

此菜乃半汤半菜，清雅开胃。

鲢 鱼

鲢鱼，又叫白鲢、水鲢、跳鲢、鲢子，南通人则叫它鲢子鱼。

鲢鱼的身体侧扁，呈纺锤形，背部青灰色，两侧及腹部白色。头大，嘴大，是典型的食浮游生物的鱼类，终生以浮游生物为食。它的适宜生长温度和草鱼一样，大都在江河支流和湖泊中肥育。低温季节，食欲减退，但依然摄食，且多集中于河床及湖泊深处越冬。

鲢鱼体态丰满健壮，外形俊美，色泽光润。鲢鱼肉刺少肉厚，肌纤维细而短，肉质细嫩，脂肪含量高，但它还比不过鲢鱼头。鲢鱼头肥美，民间有“鲢鱼头，肉馒头”的美誉。

白鲢鱼

鲢鱼肉质肥腴，滋味醇厚，胶糯香甜，酥嫩盈口，做大菜多以整形烹制，以红烧、干烧最具特色。鲢鱼头烧粉皮是一道美味；清炖、糖醋、水煮、鲢鱼炖豆腐、砂锅鲢鱼头等菜品也别有风味；若清蒸、水油浸或软溜也各具特色。鱼体大者，应分割成段，切成块、条、片、丝、丁、粒，可用于炸、溜、煎、烹、炒、烩等烹调方法，具有爽滑鲜美，酥软不腻，细嫩可口的特点；当然，也可以斩茸、制丸、制糕、制饼、制片制丝等。

江苏有道名菜叫“拆烩鲢鱼头”，据说是镇江一富绅家的佣人用筵席上剩下来的下脚料做出来的美味。他的做法是鱼头加蟹肉、熟火腿片、熟鸡片、熟鸡肫片、水发香菇、春笋片、青菜、虾儿烩成，而且整鱼头出骨的技术已经失传，只能拆成一堆碎肉了！

南通名菜“红扒拆骨整鱼头”，是20世纪80年代吉星饭店经理、高级烹饪技师顾松华和杨启龙根据专家的建议，用煮熟的完整鲢鱼头拆骨后，加红烧肉汤扒烧而成。这道菜把鲢鱼头腴滑柔润、鲜香糯绵的本真滋味，发挥得淋漓尽致。只有吃过之后才晓得，不是什么菜都可以和它比拟的！

［红扒拆骨整鱼头］

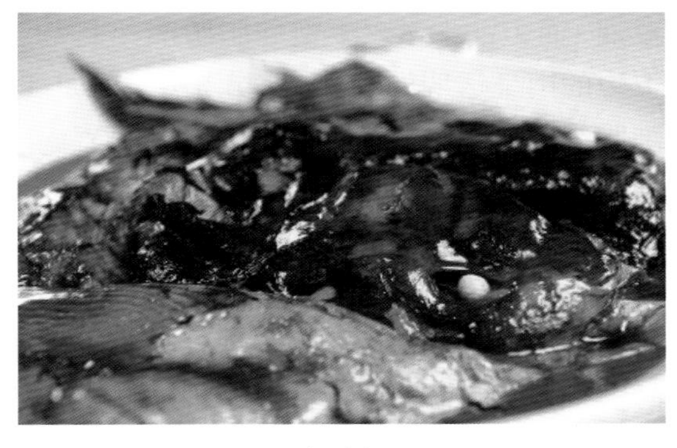
红扒拆骨整鱼头

原料：

鲢鱼头2500克，油菜心200克，熟火腿50克，熟鸡肉50克，蟹肉60克，冬笋50克，冬菇25克，熟鸡肫25克，虾籽3克；小葱25克，盐4克，白砂糖2克，胡椒粉1克，姜25克，料酒100克，酱油100克，白醋25克，味精1克，蚕豆淀粉13克，炼制猪油100克。

制法：

① 葱去根须洗净，15克切段，10克打结；油菜心洗净、切段；熟火腿切片；熟鸡肉切片；春笋去皮，洗净，切片；姜洗净，切片；香菇去蒂，洗净，切片；熟鸡肫切片。

② 将鲢鱼头从下巴处劈开，使上侧鱼皮相连，洗净后放锅内加清水淹没鱼头，置旺火上烧至鱼肉离骨时，捞起拆骨。仍使鱼头形完整，皮不破裂。

③ 锅内换清水，放入鱼头肉，加葱结10 克、姜片10 克、酱油50克、料酒50克，置旺火上烧沸，捞出，拣去葱、姜。

④ 炒锅置中火上烧热，舀入熟猪油，烧至四成热时放入菜心，用手勺推动，至菜色翠绿时，倒入漏勺沥油，备用。

⑤ 锅置旺火烧热，舀入熟猪油50克，烧至五成热时放入葱段15克、姜片15克，炸出香味。捞去葱、姜，放入虾籽、蟹肉略炒，加酱油50克、料酒50克、红烧肉汤400毫升及精盐、白糖，再放入笋片、香菇片、鸡肉片、鸡肫片、无骨整鱼头，盖上锅盖，烧10分钟左右倒入菜心，加味精，烧沸后，用水淀粉勾芡，加熟猪油50克，起锅装盘，撒上葱、香菜末、白胡椒粉，上放火腿片即成。

成菜胶浓脂厚，肥润腴滑，鱼脑鲜糯，汤汁稠浓，风味独特。此菜如用鳙鱼头烹制更妙。

鳙 鱼

鳙鱼又叫花鲢、胖头鱼、包头鱼、大头鱼、黑鲢、麻鲢、也有叫雄鱼的。它是淡水鱼的一种，有“水中清道夫”的雅称，中国四大家鱼之一。外形似鲢鱼，体侧扁。头部大而宽，头长约为体长的1/3。口亦宽大，稍上翘。眼位低，体侧发黑且有花斑。鳙鱼生长在淡水湖泊、河流、水库、池塘里。多分布在水的中上层。食用鳙鱼，有益智商、助记忆、延缓衰老的作用。

鳙 鱼

鳙鱼的鱼脑中含有一种人体所需的

鱼油，而鱼油中富含不饱和脂肪酸，可以起到维持、提高、改善大脑机能的作用。鱼鳃下边的肉呈透明的胶状，水分充足，里面富含胶原蛋白，能够对抗人体老化及修补身体细胞组织。

民间认为，鲢鱼之美在腹，鳙鱼之美在头。鳙鱼的头大而肥，肉质雪白细嫩，如今鱼头火锅时兴，里头大多数用的是胖头鱼。著名的“天目湖砂锅鱼头”用的就是天目湖里盛产的鳙鱼，肉厚实，油多，汤浓。鳙鱼还适用于烧、炖、清蒸、油浸等烹调方法，尤以清蒸、油浸最能体现出胖头鱼清淡、鲜香的特点。因为鳙鱼的肉质细、纤维短，极易破碎，切鱼时应将鱼皮朝下，刀口斜入，最好顺着鱼刺，切起来会更干净利落。鳙鱼的表皮有一层黏液非常滑，所以切起来不太容易，若在切鱼时，将手放在盐水中浸泡一会儿，切起来就不会打滑了。

有几点注意事项：鳙鱼的鱼胆有毒勿食；对所食鱼的来源要了解清楚，如环境受到严重污染的鱼，头大、身瘦、尾小的畸形鱼，眼睛浑浊、向外鼓起的鱼，变质鱼以及死了太久的鱼，鱼头都不要吃；在烹调或食用时若发现鱼头有异味的也不要吃；烹制鱼头时，一定要将其煮熟、煮透方可食用，以确保食用安全。

［**砂锅鱼头**］

选用七八斤重的活鳙鱼，去鳞去鳃，除去内脏，洗净剁下鱼头；用熟猪油将鱼头下锅煎后捞出，放入砂锅，注入清水，辅以葱结、生姜、料酒等，撇除浮油，在火上煨煮3小时以上。出菜前放香醋、味精，撒上胡椒粉和香菜，一道细嫩无比、鲜美绝伦的砂锅煨鱼头就可以上桌了。这是砂锅鱼头的一种做法。

砂锅鱼头

鳙鱼头做菜成为中国烹饪的经典之作，从家庭餐桌到食肆菜馆、饭店、宾馆乃至北京人民大会堂的宴会厅，从家常菜到普通酒席至高档宴会无所不在。单“砂锅鱼头”一个菜品，就有洋洋大观几十种之多，其配料从豆腐、粉皮、酸芥菜、菜心、花生米、大蒜、辣椒、香菜、竹笋、木耳、香菇、口蘑到中药材之天麻、党参、黄芪、陈皮；从猪的腿爪、肉皮、肉丝、肉丁、肉糜、火腿，羊肉，鸡鸭肉、鸡翅、鸡皮、鸡片、鸡球到鸡鸭肫干；水产品从虾皮、虾米、干贝、鱼肚、海参到虾腐、鱼圆、蟹肉、蟹黄，几乎极尽其配。调味有麻辣、豉汁、酸辣，当然还是以鲜咸味为主。烹法除用砂锅炖、焖、煨、氽外，还有蒸、熘、熬等法。尤其是用砂锅作炊具，所以成菜味道纯正，风味十足。

6、喜看鲤鱼跳龙门

鲤鱼跳龙门

鲤鱼，因鳞片上有十字纹理而得名，唐代为避唐皇李姓之讳，才将它改名“花鱼”。

花鱼不论大小，上腭两侧各有二根须，身上从头至尾有胁鳞一道，不论鱼的大小都有36片鳞，每片鳞上均有小黑点。1276年，南宋政治家、抗元名臣文天祥在其《石港》诗中有“起看扶桑晓，红黄六六鳞”句，说明南通鲤鱼多得触目可见。鲤鱼是淡水鱼类中品种最多、分布最广、养殖历史最悠久、产量最高者之一，也成为国人餐桌上的美食。

元·文天祥

鲤 鱼

自唐朝以后，鲤鱼一直被视为上品鱼。黄淮一带有“没有老鲤不成席”的谚语。古人还把鲤鱼当作书信代用品，古乐府《饮马长城窟行》中有：“客从远方来，遗我双鲤鱼；呼儿烹鲤鱼，中有尺素书。”至今民间还保留着逢年过节拜访亲友送鲤鱼的风俗。鲤鱼是勤劳、善良、坚贞、吉祥的象征，它已经渗入中华民族生活的许多方面，成为永远陈设的图腾和写意的具象。以鲤鱼为吉庆有余的年画比比皆是，“鲤鱼跳龙门”“鱼雁传书”“鱼轩”“鱼符”“鱼境”等，以鲤鱼象征“龙马精神”和“追鱼记”的故事更是民间佳话，成为中华独特厚重的鱼文化。

在元代，随着中国与中亚细亚各国商贸往来日益密切，波斯人才将鲤鱼从中国带到波斯。1150年，欧洲十字军东征时把鲤鱼从波斯带往奥地利，以后逐渐传入西欧。1367年传入匈牙利；1496年传入英国；1560年进入普鲁士，后进入瑞典；1729年移入俄罗斯；1830年从欧洲传入美国。如今，鲤鱼已成为一种世界性养殖鱼类。

鲤鱼作为观赏鱼，相传始于明朝万历年间神宗皇帝在御花园饲养的红鲤鱼。当时有一位大臣余樊学因“代天巡狩”有功，在告老返乡时，皇帝特以红鲤赏赐，令他带回故乡饲养。此鱼形似荷包，故名“荷包红鲤”，为江西婺源特产。江西兴国红鲤以及许多地方培养的镜鲤均为后来培育的鲤鱼品种。红鲤早年曾传入日本，“二战”后改名“锦鲤”，并被作为皇家王室贵族和达官显赫等家庭的观赏鱼。又因饲养于寺院神社，故又称为“神鱼”，象征吉祥、幸福。日本人把锦鲤看成是艺术品，有水中“活的宝石”之美称，并培育出黄斑、大正三色、昭和三色等具有较高观赏价值的名贵品种。

锦鲤鱼

[溜鱼白]

南通有道名菜叫“溜鱼白”。所谓“鱼白”其实就是鲤鱼的睾丸。鲤鱼的睾丸特别肥大，是其他动物所不及的。南通厨师能用鱼白做出好多种美味佳肴，“溜鱼白”即为其一。这道菜，鱼白玉色溶溶，滑嫩宛如凝脂，筷搛晃若灿银，鲜香酸甜腴美，为水产菜肴中最柔嫩之佳品。原南通南公园招待所特级烹调老师傅吴道祥做得最出名。

溜鱼白

“溜鱼白”，1980年代入编《中国名菜谱》《中国烹饪辞典》；1995年被收入《中华饮食文库·中国菜肴大典》（海鲜水产卷），可谓“鲤鱼跳龙门”。

原料：

鲤鱼白400克，水发香菇丁50克；绍酒50克，酱油75克，白糖75克，香醋25克，葱段25克，姜末2.5克，水淀粉30克，芝麻油25克，花生油500克(实耗100克)。

制法：

① 将鲤鱼白改切成小方块。

② 将锅置火上烧热，舀入花生油，烧至四成热时，投入鲤鱼白，至色白有光捞起沥油。

③ 原锅置火上烧热，舀入花生油（50克），投入姜末、葱段煸出香味，随即放入香菇丁煸炒，加入绍酒、酱油、白糖，用水淀粉勾芡，再投入鲤鱼白颠锅翻炒，烹入香醋，淋上芝麻油即成。

成菜色如美玉，嫩若凝脂，鲜香酸甜。

[熟氽花鱼]

花鱼肉肥厚鲜美，纤维较粗而脆，南通人喜欢将花鱼风干烧肉和做爆鱼，这是因材施烹，突显花鱼味质之美。熟汆花鱼，实为用爆鱼的半成品汆汤。成菜鱼肉酥韧，干香有劲，汤香鲜，爽口开胃，是花鱼菜品中的特殊风味。

熟汆花鱼

制法：

① 取治净花鱼肉段750克，用斜批法将鱼肉批成1.5厘米厚的瓦块形，用姜、葱、酒、酱油，加八角、桂皮腌渍半小时后，用清水冲洗掉腌渍料，稍微晾干。

② 锅置旺火上，倒入色拉油1500克，烧至八成热（200℃）时投入鱼块，炸至鱼块浮起后捞起；待锅中油温又上升到200℃时，将炸过一遍的鱼块投入锅中重炸一遍，至鱼块呈黄褐色，捞起。

③ 另取锅置旺火上，放入肉骨浓汤800克，投入鱼块和葱结、姜片各10克，笋片30克、香菇片20克、火腿片30克、料酒20克、新抽酱油15克，烧15分钟左右，放味精1克，盛入汤碗，撒入胡椒粉和香菜叶即成。

此菜鱼肉酥嫩干香，汤汁鲜美可口，是一道汤菜俱美，佐酒下饭两相宜的别具风味的鱼馔。

7、长鱼入馔味绵长

黄鳝，鱼纲，合鳃鱼目，合鳃鱼科。江苏叫它“长鱼”，安徽叫它“淮鱼”，湖北叫它“拱界虫”，黑龙江叫它“海蛇”，香港叫它“蛇鱼”，还有“田鳗”“土龙”“游龙”“无鳞公子”等绰号，古名还有鲤、鱓、鳝等雅号。

黄鳝看上去无鳞无鳍，体形像蛇，其貌虽可憎，但自古以来一直是人们钟爱的美食。《荀子·王制》云：“鼋、鼍、鱼、鳖、鳅、鳣孕别之时，罔罟毒药不入泽”；《汉书·司马相如传》和晋代左思《蜀都赋》中，均有黄鳝用于筵席的记录；唐宋时期的元稹、陆游等人，均曾有诗咏及食黄鳝之事；以后的典籍中，赞颂黄鳝的美文诗赋更是不胜枚举。

黄鳝

黄鳝，鱼体长，无鳞无鳍，俗称长鱼。大者粗长似秤杆称“秤杆黄鳝”，小者形如箭杆、笔杆，行业中称其“箭杆子”或“笔杆青”。

黄鳝生长于稻田、池塘、河沟中，夏出冬蛰，白天藏于穴洞，夜出觅食。每年五至

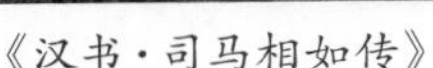
《汉书·司马相如传》

晋·左思《蜀都赋》

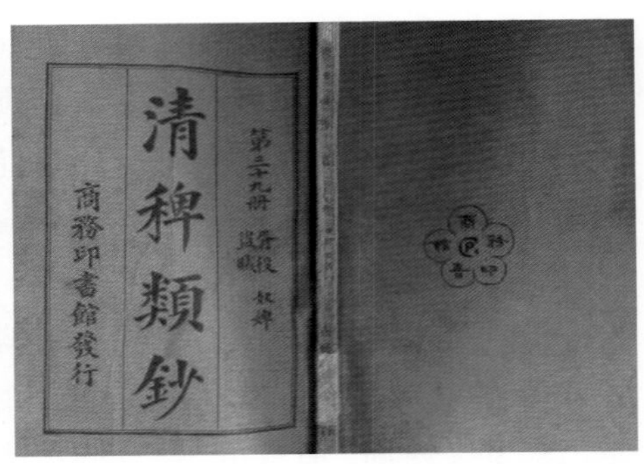

《清稗类钞》

六月间最为肥美，民间有“小暑鳝鱼赛人参”之说。明李时珍《本草纲目》中称其性味甘、无毒，入肝、脾、肾等三经，可补虚损，强筋骨，祛风湿。鳝鱼富含维生素A，皮层中更有大量的胶质、蛋白质，肉和血都是有辅助疗效的保健食品。此外，黄鳝还富含黄鳝素，有降血糖，调节机能之效，尤其适宜糖尿病患者和老年人食用。

长鱼肉质细嫩，滋味鲜美，古人对长鱼的烹调应用已穷尽诸法，给我们留下了宝贵的遗产。清代徐珂的《清稗类钞》对两淮长鱼席有详实记叙：“同（治）、光（绪）间，淮安多名庖，治鳝尤有名，胜于扬州之厨人，且能以全席之肴，皆以鳝为之，多者可致几十品。盘也、碟也，所盛皆鳝也。而味各不同，谓之全鳝席。”这是文字当中第一次有“全鳝席”的记载。《清稗类钞·饮食类》还专门作了详细说明：“淮安庖人治馔，以煼炒著。其于鳝，普通之制法有三：一曰虎尾，专取尾之长及寸者，去其尖，加酱油调食之。二曰软兜，专用脊，俟油沸于锅，投入之，似煮似炒。三曰小鱼，则以其肠及血，煮之使熟，临食则调以酱油。（余过的长鱼，将肠划开洗尽，切成二寸上下，与血凝条一起置碗盘内，加入佐料，放在饭锅头上蒸，食时浇麻油）”这就是淮安家常菜中的“长鱼三吃”。

鳝鱼烹调应用关键的关键是要用活鳝鱼，现杀、现烧。

鳝鱼之所以以鲜美好吃，是因为其有组氨酸的呈鲜成分；而鳝鱼死后，组氨酸便分解成了有毒的组胺，不但失去了鲜美之味，食之还会中毒。现在的饭店里都是买宰杀加工好了的鳝鱼，放在冰箱里。有人点了菜，便从冰箱里拿出来，洗洗、切切、烧烧，完事。殊不知，这鳝鱼是死的还是活的，内行一看便知：如果鳝鱼是软笃笃的，摊在碗中颜色发次暗，这便是含组胺的毒鳝鱼！

鳝鱼宰杀有两种方法：① 烫杀，取熟料入烹。传统的烫法是，烫得见鳝鱼嘴张开了，就立即捞起，放入冷水中。如果再烫下去鱼皮要破，鱼肉要裂。而用烫杀的熟鳝鱼入烹，要的就是口感软糯、柔嫩；但在做菜时，任你加温、加时，口感还是发挺，不嫩。如在烫鳝鱼的汤中，放入盐、加醋（量不宜太少），不但可以去腥、增香，增加皮的光泽，还可使鳝鱼鱼皮不裂、鱼肉不烂，肉质筋韧而糯软。用这种熟料做出来的菜，口感才特别好。② 生杀，取生料入馔。因其生料、熟料的质地不同，从而扩大了鳝鱼的应用面，使之广泛用于冷盘、热炒、大菜、汤羹、火锅、面点、小吃中。制作冷盘，可以凉拌、熟炝、油焖、酥靠、卤制、炸烹等。加热烹制，可采用炸、熘、爆、炒、烹，旺火速成；也可用烧、煮、炖、焖、烩、煨、扒等较长时间加热烹用；还可以用煎贴、搨、烤等法。调味的幅度亦大，咸鲜、咸甜、酸甜、酸辣、芥辣、麻辣、椒麻、茄汁、酱汁、蚝油、红油、陈皮、沙茶，怪味、糟香、烟香等均可应用。

鳝鱼生料成菜以嫩取胜，或脆嫩、或细嫩、或肥嫩、或酥嫩，最宜用炒、烧、炖、焖等烹法，其中生炒柔而挺，红烧润而腴，黄焖软而嫩。

鳝鱼烫杀的脊肉富含胶原蛋白，筋襻少，水分足，肉质细嫩，为"炒软兜""响油鳝糊""锅贴鳝鱼""雪里腾蛟""炝虎尾"等菜之原料；烫杀的腹肉，肉质紧，纤维多，皮下脂肪少，质量较差，可做"炸金果鱼""炝麻线鱼"等；如将其腹肉油煸久煨，肉质也酥松绵软，汤汁乳白，滋味醇香，如"煨脐门"。南通万宜楼、中华园的"鳝丝面"早已成为南通面食的经典之作。

下面介绍已故大师马树仁创制的五款经典长鱼菜："双飞蝴蝶片""菊鳝""酥炒长鱼""荔枝鳝鱼""八宝鳝竹"。

［**双飞蝴蝶片**］

原料：

活长鱼750克（每条150克）；蒜头4瓣，红绿椒各1只，鸡蛋清1只，姜末1克，葱末1克，酱油30克，白糖15克，香醋7.5克，绍酒15克，胡椒粉0.5克，麻油15克，干淀粉10克，湿淀粉15克，明矾1克。

双飞蝴蝶片

制法：

① 将鳝鱼剁断颈骨，剖腹开膛去内脏，用明矾去除黏液，清洗揩干，平放于砧板上；用刀紧贴背脊骨划至鱼尾，手抓住鱼头，平刀批入颈骨向前推进，取下龙骨和腹部小刺。

② 去鳝鱼头尾，取其中段，将鱼肉平放在砧板上，第一刀用斜刀法切至鱼皮（不要切断），再在鱼肉两边切断鱼皮，中间皮肉相连；第二刀切断鱼皮，即成蝴蝶片。采用上法将鳝鱼肉批完，放入盛器，用盐、蛋清、干淀粉上浆，加麻油拌匀；大椒切成菱形片待用。

③ 炒锅上火，打滑，舀入色拉油，烧至四成热时，放入鱼片划油至变色，倒入漏勺沥油。

④ 炒锅再上火，放油少许，放入姜、葱、蒜片煸香，再放大椒片煸炒，加绍酒、酱油、糖，用湿淀粉勾芡，倒入蝴蝶片，烹香醋，加麻油，出锅装盘，撒上胡椒粉即成。

特点：色泽莹白，形如蝴蝶双飞；入口脆嫩，富有弹性；鲜香爽口，沁脾悦心。

［菊鳝］

原料：

大鳝鱼750克；吉士粉100克，红椒1只，香菜10克，绍酒10克，味精1.5克，食盐1.5克，姜葱汁少许，鲜香粉少许。

制法：

① 用力将长鱼摔晕或用木棒将其敲晕出血，将鱼背脊朝上，鱼头向前平放，用钉子将鱼钉在木板上；用小尖刀从鳝鱼脑后插入，沿着脊椎骨一直划至鱼尾，取出龙骨，成脊肉两边分开、腹肉相连的鱼条。

② 将洗清后的鱼体斜切成丝。每15刀为一组，从中抽出鱼丝一根，横放于所切的鱼丝中心，整齐系紧成菊鳝生坯；逐个做好后，用姜葱汁、绍酒、盐、味精浸渍待用。

③ 炒锅上火，舀入色拉油烧热；将菊鳝生坯拍上吉士粉，放入漏勺中摆成花形，用热油淋浇定型后，再放入锅中炸熟捞起；红辣椒清洗去籽，过油至熟，切末待用。

④ 待油温升至七成热时将菊鳝重油装盘，撒上鲜香粉，红辣椒末做花蕊，香菜叶作点缀即成。

特点：色泽淡黄，形似菊花；鲜香味美，脆嫩怡人。

［酥炒长鱼］

酥炒长鱼

原料：

活长鱼1000克；蒜头100克，花椒10粒，生姜10克，葱5克，酱油50克，食盐1.5克，醋10克，麻油15克。

制法：

① 锅中放清水1500克烧沸，加盐20克、醋50克，倒入长鱼汆烫（盖紧锅盖，以防长鱼乱窜。锅中水不宜大沸，保持在似沸非沸的状态）。见长鱼嘴巴张开，身体弯曲时，捞起过水，洗清黏膜。

② 将长鱼横放在砧板上，鱼腹朝里，用刀形竹片从鱼头颈部插入到底，一直划至鱼尾（鱼腹肉另作他用）；将鱼腹部朝上，竹片从头部紧贴脊椎骨插入鱼肉，不触底，一直划至鱼尾；再将鱼骨向外，用同上手法划下脊肉称（双背），将背脊肉洗清，改切成约二寸半长的小段待用。

③ 炒锅上火，舀入色拉油烧至八九成热时投入长鱼段，炸至表面略脆捞起，沥油。

④ 炒锅再上火，放油少许烧热，放花椒炸香后捞出；放蒜片、姜丝煸炒，加绍酒、酱油、白糖、少许白汤，将炸好的长鱼段倒入锅中回酥，小火烤至汤汁干稠时，烹入香醋，撒上葱花，淋上麻油，撒胡椒粉，出锅装盘即成。

特点：口味鲜咸，酥而软韧；麻辣鲜香，佐酒佳品。

[荔枝鳝鱼]

原料：

活鳝鱼750克，猪腿肉50克；生姜5克，葱2克，蒜瓣15克，鸡蛋1只，红葡萄酒75克，酱油10克，白糖25克，食盐1.5克，香醋10克，麻油20克，干淀粉10克。

制法：

① 长鱼宰杀、剖腹去内脏、洗净后平放在砧板上，剁断颈骨，用刀从鱼头颈部进入，紧贴脊椎骨一直划至鱼尾，手抓鱼头，平刀批入颈骨，向前推进，取下龙骨；在鱼肉上剞上十字花刀，顶头批成斜三角形的厚片，用鸡蛋清、干淀粉、食盐上浆，猪腿肉、姜、葱、蒜，分别切末待用。

② 炒锅上火，舀入色拉油，烧至五六成热时倒入鱼，当鱼片卷曲成荔枝形倒入漏勺沥油。

③ 原锅留油少许，放入姜、葱、蒜末煸炒，倒入肉末继续煸炒，加入葡萄酒、酱油、白糖、盐、味精，烧沸勾芡，倒入荔枝鱼，烹香醋、淋麻油、撒胡椒粉，颠锅装盘即成。

特点：形如荔枝，柔软滑嫩；鲜香美味，夏令美馔。

[八宝鳝竹]

原料：

活鳝鱼3条（约1000克）；黄瓜1条，火腿25克，鸡肫25克，虾米5克，香菇25克，芡实2克，薏仁米2克，糯米20克；淀粉15克，酱油50克，白糖25克，食盐1.5克，味精1.5克，姜末5克，葱结10克。

制法：

① 将八宝料改切成米样小粒；糯米、芡实、薏仁米淘洗干净，上笼蒸熟；黄瓜刻成竹叶状待用。

炒锅上火，放入猪油烧热，投入姜葱煸香，加入八宝煸炒，放入绍酒、酱油、盐、味精，加肉汤烧沸后勾芡，盛入盆中，倒入蒸熟的糯米、芡实、薏仁米，拌和均匀成八宝馅心。

② 将长鱼敲晕，斩断颈骨，放血清洗，用绳子系紧脊椎骨挂（吊）起，小尖刀从颈处下刀，紧贴脊骨向下翻剥，剔出龙骨、内脏，再将鱼肉翻正，恢复原状成鳝筒。将八宝馅灌入鳝筒，再改成竹节小段，用鸡蛋清、淀粉封口，投入油锅中过油，将刀口封住，倒入漏勺。

③ 炒锅上火，放油少许，用姜葱炝锅；将鳝段排列在锅中，加绍酒、酱油、糖，烧至上色，加肉汤烧沸，移至小火煮焖成熟；旺火稠浓汤汁，出锅装盘。

④ 取大盘一只，将八宝长鱼段先粗后细，逐段摆成竹节状，再放上刻好的黄瓜、竹叶点缀即成。

特点：翠竹造型，色泽红亮；润腴柔软，八宝鲜香。

8、最美不过是螃蟹

螃 蟹

假如没有螃蟹，烹饪方面的诗词文赋要失色不少，人们秋季的食谱要寂寥许多。

自古以来，螃蟹被誉为“百鲜之尊”，最鲜美的味道也比不过螃蟹的味道，故有“唇沾蟹肉百味淡”，“吃遍天下百样菜，不抵一只霸脐蟹”之说。

蟹味让人陶醉，蟹味让人痴狂。“蟹螯即金液，糟丘是蓬莱。且须饮美酒，乘月醉高台。”诗仙李白的醉话堪称经典。

醉不忘蟹的李白

为蟹，名禄都可抛的苏东坡

苏东坡嗜爱吃蟹到了“但愿有蟹无监州”的痴迷地步。苏东坡平日爱喝个小酒，在江南做官时，一次饮酒没有下酒菜，于是他“可笑吴兴馋太守，一诗换得两尖团”，以诗换蟹下酒，天真之状可掬。宋人徐似道咏出了“不识庐山辜负目，不食螃蟹辜负腹”的名句；宋人梅尧臣则以“樽前已夺蟹螯味，当日莼羹枉对人”传世至今。

南宋诗人陆游更是“蟹肥暂劈馋涎随，酒绿初倾老眼明”。吃蟹时高兴得连昏花老眼也顿时明亮了起来。诗人黄庭坚咏蟹诗云：“蟹缚华堂一座倾，忍堪支解见姜橙。”高启也有“香宜橙实晚，肥过稻花香”的诗句。原来宋代人吃蟹时，还要用生姜、紫苏、橘皮、盐同煮并配以橙，这样吃起来味更美。看来高启和黄庭坚都是食蟹专家。明代大书画家徐渭的《题画蟹》诗写得更加形象生动：“稻熟江村蟹正肥，双螯如戟挺青泥。若教纸上翻身看，应见团团董卓脐。”《红楼梦》中薛宝钗《螃蟹咏》诗云：“桂霭桐阴坐举觞，长安涎口盼重阳。眼前道路无经纬，皮里春秋空黑黄。酒未敌腥还用菊，性防积冷定须姜。于今落釜成何益，月浦空余禾黍香。”她体会到吃蟹时，仅用饮酒不能抵消腥气，必须加上菊花才行，要防止蟹肉性冷聚腹中，一定要用生姜做佐料。连名媛对吃蟹都有如此深刻的研究和体会，可见蟹之美味，有口皆碑，浓浓诗意值得回味。

比苏东坡更痴迷的当数明末清初南通的戏剧家李渔。

李渔每年总是早早地将钱储存起来，等待螃蟹上市。家人笑他“以蟹为命”，李渔也就将购蟹之钱自嘲为“买命钱”。等蟹上市之后，他每晚要吃数只螃蟹。他将每年九、十月称为“蟹秋”，过了“蟹秋”就取瓮中的醉蟹过瘾，醉蟹吃完了，他就忆着、念着、盼着，等着下一个“蟹秋”的到来。难怪他自言“螃蟹终身一日皆不能忘之”。李渔在他的《闲情偶寄》中写道：“蟹之为物至美……世间好物，利在孤行。蟹之鲜而肥，甘而腻，白似玉而黄似金，已造色香味三者之至极，更无一物可以上之。”

名媛说蟹意韵长（薛宝钗）

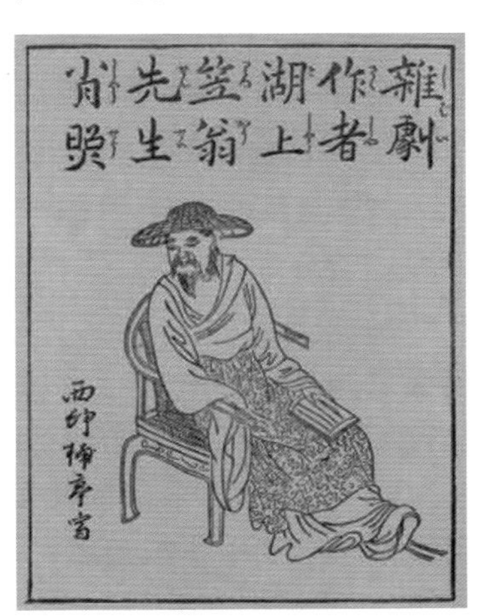

嗜蟹如命的李渔

南通当代诗人李钊子最近赠笔者一篇《食蟹闲赋》，读之不忍释手。蟹，给人们最美不过物质享受，钊子给人以最美的精神愉悦。美食，美文，相得益彰。现抄录于后，以飨大众。

食蟹闲赋

——读《红楼梦》“食螃蟹诗”戏以赋之

铁甲披兮锐兵执，步履横兮蹩足行；忿沫泛兮乌眼旋，长戈探兮坚螯擎。扬威耀武，雄霸一方，俨然大将军乎？

若夫金风送爽，桂子飘香。九月圆脐十月尖，母蟹公蟹正宜擒。

螃蟹也，古有“四味”之说：腿肉丝短，味同干贝焉；胫肉丝嫩，甘如银鱼焉；仓质洁莹，满盘白鲦难追其酷；壳膏腴美，十万紫螯不抵一膏！

仲秋之际，食蟹之节，故艳秋亦为蟹秋也！泼醋擂姜，园里青菊已带霜。桂霭松阴，盘中红脂唤来香。噫兮，美矣哉！

螃蟹宜蒸，即保美质；如若脍煎，色味全失。鲜捕鲜蒸，好香自焚；旋剥旋吞，好茶自斟。练功须阅秘籍，求知当读善本。烹鲜不可玩技，食蟹应求味真。道必当循，行必示诚。反之，则如爝火助日，掬水益河，无所获而有所憾也！

夫前有毕卓盗酒[1]，后有齐璜作画[2]，“宰相归田，囊中无钱，宁可为盗，不肯伤廉”。

贪蟹而不敛财，盗酒而不滥权。不为圣人，亦非脏臣，惟嗜酒放达之徒乎？

嗟夫！右手持卮，左手持螯，拍浮船中，足了一生耶？

（1）毕卓盗酒：《晋书·毕卓传》载：“太兴末，为吏部郎，常饮酒废职。比舍郎酿熟，卓因醉夜至其瓮间盗饮之，为掌酒者所缚。明旦视之，乃毕吏部也。遽释其缚，卓遂引主人宴于瓮侧，致醉而去。毕卓常谓人曰：‘右手持卮，左手持蟹，螯拍池中，便足了一生。’”

（2）齐璜作画：齐璜（国画大师齐白石）曾以《毕卓盗酒》为题作画，题曰：“宰相归田，囊中无钱，宁可为盗，不肯伤廉。”毕卓是吏部郎，盗酒而饮，不在退休之后，而在吏部任上。齐白石使用其典，不是照搬不误，而是从绘画的立意出发，进行了想象和改造，把仅当过吏部郎的毕卓，说成是位高权重的宰相；把在任废职盗酒，说成归田后不肯伤廉。他的题跋很为深刻：当盗贼去偷酒，受害者不过一家一户；贪赃枉法，则祸及百姓万民。此图旨在歌颂为官清廉的品德，同时无情鞭挞了贪官污吏。

螃蟹之强烈美味是怎样形成的？据专家研究：蟹味基本上由甘氨酸、谷氨酸、精氨酸、乌苷酸和钠离子、氯离子等组成，另外，丙氨酸、甜菜碱、胞苷酸等，则起到修饰作用，使之更趋完美。原来是如此复杂的有机组合，造就了螃蟹的至高美味。

河蟹的学名叫中华绒螯蟹，又叫螃蟹，还有不少绰号和雅名，如“江湖侠”“霜脐”“内黄侯”“无肠公子”“横行介士”等等。

河蟹穴居于江河湖荡的泥岸中。秋末冬初，性成熟的个体迁至浅海交配繁殖，雌蟹潜居浅海沙泥内孵卵，至次年3至5月孵化。成蟹苗又从海中迁入淡水。河蟹幼苗以长江下游青龙港产量最高，品质也最好。河蟹的生长与自然生态环境密切相关。河蟹苗在阳澄湖生长得最好，运到广东生长的，其品质远远逊于长江流域。

河蟹在农历九、十月间黄满膏肥，属当令品种。在长江下游一带，农历五六月份梅雨刚过，河蟹便蜕壳度夏，此时虽个体较小，但个个肉满黄足，不逊秋蟹，被称为“五月黄”“六月黄”。南通民谚有“忙再忙，不要忘吃六月黄”之说。此蟹被称作“油盖”“小毛蟹”“草蟹”“稻田铁锈蟹”，常用来制作“面拖蟹”和“醉蟹”，为夏令时菜。

李渔强调“蟹宜独味，和以他味，犹如爝火助日，掬水益河”，主张以清蒸为佳，“凡食蟹者只合全其故体，蒸而熟之，贮以冰盘，列之几上，听客自取自食……旋剥旋食则有味”。古之蒸蟹，是将洗刷干净的活蟹，打开脐盖，挤去肠便，滴上绍酒，撮上花椒，洒上精盐，拢合脐盖，以绳牢固两螯八足，旺火沸水足气，蒸熟后，佐以姜末香醋，边剥边吃，享其本真鲜美之味，才是最好的吃法。活整蟹可醉、可糟。江苏兴化的“中堡醉蟹”，古为贡品。醉蟹醇香味美，可直接食用，也可与其他食材合烹，如醉蟹炖鸡、醉蟹炖狮子头等，其卤汁又可拌制其他菜肴，别有风味。

熟蟹剥壳取肉，取雌蟹的黄，雄蟹的膏，可烹制多种菜肴与点心。

民谚说：“北风响、蟹脚痒。”现在市场上卖的阳澄湖的螃蟹好是好，就是价钱太贵，有点舍不得；固城湖螃蟹名气没有它响，但是价钱适中，吃口也不错。过去吃螃蟹没有养殖一说，都是农村大沟小河里的，后来还有稻田里养的蟹。以前南通的蟹要数陈家桥的最出名，价钱不贵，蟹也好吃。卖蟹的总是用稻草绳一扎，一串一串拎着卖，要么就是用蒲包装，现在都是一只只扎好的。方便拿倒是不错，但扎的绳子也算了你蟹的价钱了！年纪大一点的都记得，以前城中菜市场一到螃蟹上市的季节，在大门西边鱼盆的旁边就有一排三个一人多高的大桶，专门是用来贮蟹的。那时候一斤肉卖七角七，刀鱼一斤五角四，三两朝上的蟹一斤倒要卖五角六，算贵的了！再说，那时候一般的人一个月的工资也才三四十块钱，也只能难得尝尝。上海人最喜欢吃蟹，而且要吃“大闸蟹”。20世纪七八十年代，南通到上海有一天两班的轮船来回，上海开过来是晚上10点钟，清早5点钟到南通，上午10点钟再开回上海。票价也不算贵，五等舱一块二角。有些上海的“吃脚”是专门坐轮船到南通来买蟹。这些人是抢潮头，一买就是几蒲包，还不还价，所以各个菜市场门口卖蟹的总是把价钱抬得老高的。碰到懂门儿的南通人，就是想吃也不会在这个时候去凑热闹，而是要等上海轮船开走了，蟹价跌下来之后再买。要是在十几年前，请客的菜里面上了蟹，就要算是高档次的了。以前吃了蟹以后，手一定要先用藿香叶子擦，再用洋碱洗，蟹味才能去掉；现在吃过蟹之后，只要用餐巾纸揩揩手就一点儿腥味都闻不到了。

捕捉蟹有网簖拦蟹、施网拖蟹、提网捕蟹、手工摸蟹、钓钩钓蟹、洞中挖蟹等方法，这都是利用螃蟹喜欢逆水爬行的特性而相对应实施的方法，各具情趣。过去，南通一般的人家家里也难得买蟹，要买也只舍得买几只。蒸了吃要蘸香醋、生姜米儿，当然蟹塘儿要给老人家吃，小孩子只能剥剥蟹脚，表现好点儿才奖励个大螯子。吃的时候也是非常的细。有个笑话说有位上海人在轮船上吃蟹，从南通开船吃起一直吃到上海十六铺，六个钟头八只蟹脚还没有吃完，大螯子、蟹塘儿还要带家去给老婆吃。虽说是夸张点，也说明过去的人吃得认真、吃得仔细，一点都不浪费。有的人家买蟹是回来剥蟹肉，考究的人家要用一种叫“蟹八件”的专用工具来剥，剥出来的蟹壳子干干净净，一点肉屑都没有。

蟹肉配荷包扁豆籽、精肉片、木耳、高菽片清炒，叫“炒蟹粉”，也是南通的一道名菜；要是把螃蟹对切，往干面浆里面浸一下再放进油锅煠，叫“干面拖蟹”；也有的人家把蟹粉和板油一起熬“蟹油”，拌面吃特别香。用蟹肉做的斠肉就叫“蟹黄斠肉”，中国名菜谱上的名字叫“蟹粉狮子头”。

蟹粉狮子头

［蟹粉狮子头］

原料：猪肋条肉（五花肉）800克，蟹肉125克，虾籽1克，蟹黄50克，白菜心200克；料酒100克，小葱100克，姜30克，熟猪油50克，盐15克，淀粉25克。

制法：

① 将葱、姜洗净，用纱布包好挤出

葱姜水备用。

② 选用6厘米左右的菜心洗净，菜头用刀剖成十字刀纹，切去菜叶尖。

③ 将猪肉细切粗斩成石榴米状，放入钵内，加葱姜水、蟹肉、虾子（少许）、精盐、料酒、干淀粉搅拌上劲。

④ 将锅置旺火上烧热，舀入熟猪油40克，放入菜心煸至翠绿色，加虾子（少量）、精盐、猪肉汤（300毫升），烧沸离火。

⑤ 取砂锅一只，用熟猪油10克擦抹锅底，再将菜心排入，倒入肉汤，置中火上烧沸。

⑥ 将拌好的肉分成几份，逐份放在手掌中，用双手来回盘翻4～5 下成光滑的肉圆，逐个排放在菜心上。

⑦ 再将蟹黄分嵌在每只肉圆上，上盖青菜叶，盖上锅盖，同烧。

⑧ 烧沸后移微火焖约2小时，上桌时揭去菜叶。

假如自己家里想做蟹粉狮子头，也不复杂。先将蟹肉剥好备用，青菜洗净，把梗子和叶分开来备用。把葱姜切末。上菜市场选肥肉多精肉少，奶脯子之上、五花下边的猪肉，并把肉肥瘦分开来切，精肉先切丝，再改切丁，然后剁碎了；把肥肉部分先切成丝然后改刀切成石榴粒，把肥瘦肉混合起来再劗一遍，使精肉和肥肉粘在一起。加入盐、鸡精、少量糖、料酒、少许生粉和一个鸡蛋搅拌，直至肉上劲黏稠。把剥好的蟹肉倒进去，拌匀。

取一只砂锅，最底下平铺一层青菜叶子。取肉糜，在两个手掌心之间来回摔打至实，并成形，轻放在青菜上，并在每个劗肉圆上盖一片青菜叶子。沿着锅边子倒入清水，水要淹没过劗肉圆。用大火烧开后，改小火炖2小时以上。

假如你是要请客，可以把肉圆分装在碗里，上面再放上一两棵烧好过水的青菜头；如果只是自己家里吃，就不要这么费事，直接把菜梗子和多下来的菜叶子一同入砂锅烧烂，那菜可是比劗肉还要好吃！自己烧菜，当然肯定是没有特级厨师烧得好吃，但重要的不是结果，而是愉快的过程。

[荷包扁豆烧蟹粉]

所谓“蟹粉”，就是用河蟹剥出来的蟹肉、蟹黄加熟猪油熬制而成，它可与很多其他食物配搭，如蟹粉狮子头、蟹粉鲜鱼皮、蟹粉烧豆腐等。每年入秋都是大闸蟹的成熟时节。用蟹粉制作的菜式可适合老人、小孩或一些嫌吃螃蟹麻烦的人士。不过制作蟹粉一定要选用新鲜的螃蟹。蟹粉还可以保存在家里的冰箱，用来做面浇头、炒饭，亦是乐事。

家庭制作蟹粉的方法是：将河蟹肉和蟹黄以1∶0.6的熟猪油，熬去水分即成。

荷包扁豆是南通农家房前屋后普遍栽种的一种特殊菜豆类扁豆。该品种是一年生缠藤本植物，生长期间荚果均大于普通扁豆（籽粒比普通扁豆粒大5～6倍），每逢深秋采摘，只取其籽粒弃其壳。由于生长期间虫害较多，产量较少，一般不大规模栽培，有濒临绝迹之危。

荷包扁豆籽粒成椭圆状，比大扁豆大一些，扁一些，自豆脐发出放射状线条，采摘时豆粒表面翠绿底色，布满紫红色线纹和白色斑点，既像一块多彩玛瑙，又似农家姑娘手绣的荷包，煞是好看。如此硕大而美丽的荷包扁豆堪为南通特有烹饪原料。

荷包扁豆烧蟹粉

荷包扁豆在众多豆类蔬菜中列为“上品”，在筵席中常与高档次的烹饪原料配伍，因其经烹饪后外观圆润饱满，色彩红紫绿白色彩斑斓，若去掉表皮，芯仁又碧绿如翡翠，食之沙松柔绵，有诱人馨香，真是妙不可言。

荷包扁豆应用在烹饪中，既可作为热菜又可作为冷碟，一般以炒、烧、烩之法见多，极少制作汤菜。如用于炒法可佐以蟹粉名曰“荷包扁豆炒蟹粉”；佐以鲜白果名为“炒红绿宝石”；如用于烩法则将荷包扁豆先煮熟佐以蘑菇丁、胡萝卜丁、茭白丁，名曰“荷包扁豆烩素四宝”；如用于烧法，一般用有皮猪肋条肉或仔鸡佐荷包扁豆，以红烧为佳，名曰“荷包扁豆焖肉”、“玛瑙烧仔鸡”。

“荷包扁豆烧蟹粉”成菜后，豆粒碧绿，嫩而馨香；蟹油黄澄；肉片腴香，鲜美异常。该菜2014年6月被评为“南通市十佳家常菜”。

［醉蟹］

醉蟹是江南地区普遍流行的美味佳肴。以螃蟹为制作主料，醉蟹的烹饪技巧以腌制为主，口味属于咸鲜。特点：芳香无腥，蟹味鲜美。

原料：

螃蟹750克；盐15克，花椒5克，姜5克，白酒250克，酱油15克，白砂糖5克。

制法：

醉　蟹

① 将蟹洗刷干净，沥尽水。

② 取花椒一两，精盐一斤，下锅炒至出香，盛出凉透，称取四钱使用。

③ 把姜拍松，取蟹揿开脐盖，用手挤出脐底污物，放一小撮盐，花椒一粒后合上。然后掰下蟹爪尖一个，从脐盖上部扎进以钉牢脐盖，并放入小坛内。（如若是小蟹，这道工序可省略。目前，无论大小蟹都已省略了。只是先用盐、酒，醉它

半小时后，放入所有佐料，密封于容器中，即成。）

④ 取酱油倒入坛内，再加白酒、姜块、蒜瓣、冰糖，密封于容器中。一个星期后即可食用。

蟹色青微泛黄，味甜，有浓郁酒香。

9、虾螺蚬蚌滋味长

河 虾

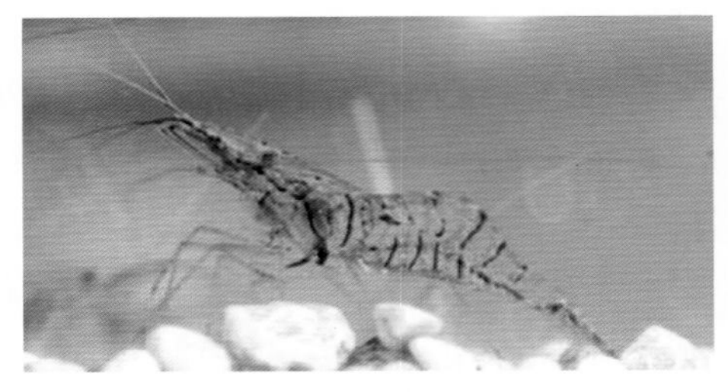

河 虾

河虾，是专指生活在河里的长身动物，属于节肢动物甲壳类，包括青虾、河虾、草虾、小龙虾等。淡水河虾小、弓背、颜色发青，尾子上有硬鳞，脚多善于跳跃。它的籽在腹外，口味鲜美、营养丰富。虾游泳和鱼大不相同，鱼摆摆尾鳍就可以向前游了，而虾没有像鱼那样子的尾鳍，只有一个尾巴和许多小腿，那么它是怎样游泳的呢？虾也有“高招”。虾是游泳能手，它能用腿做长距离游泳。它游泳时那些游泳的脚就像桨一样频频快速、整齐地向后划水。受到惊吓时，它的腹部能很快地屈伸，尾巴向下前方划水，能连续向后跃动，速度十分快捷。当然也有的虾不太善于游泳，大龙虾多数时间就是在海底下的沙石上爬行的。

虾（齐白石）

虾能做的菜很多，白灼、清炒、油爆、剥虾仁都可以。南通有道仿六千年前青墩古烹法的“石烹虾”，是用军山茶叶泡水加调料后放进活虾，然后倒入烧得很烫的鹅卵石上。虾在沸茶水中跳跃、变红、成熟。不仅味美，且有古韵情趣。

南通有的老人家还习惯把鱼圆叫虾腐，其实鱼圆是鱼圆，虾腐是虾腐。鱼圆是鱼肉做的，虾腐是虾肉做的，本来就不是一回事。虾腐的全称应该叫虾腐圆儿。也许是因为做虾腐的成本太高，有人就发明了用鱼肉来代替，也叫它虾腐，慢慢地大家叫惯了，也就不太好改了。鱼圆和虾腐，样子差不多，吃口还是不同的，鱼是鱼味，虾是虾味。当然，用青鱼做的鱼圆也不比虾圆差！

下面介绍的是一只用河虾为主要原料做成的南通名菜，叫“鸡汁琵琶虾”。

［鸡汁琵琶虾］

“琵琶虾”是江苏传统的花色热菜。南通市退休老特级烹调师张汉林，在传统琵琶虾的基础上进行艺术再创造，制作出几种风格独特的琵琶虾菜。其制品外形美观，造型逼真，线条清晰，色彩悦目，增加了菜肴的艺术魅力。单只看来，犹如一件精巧的

鸡汁琵琶虾

工艺品，围列盘中，形似琵琶合奏，铮铮之声欲出。琵琶虾选料严谨、制作精细，成菜艳美而不矫揉造作，色彩和谐而不落俗套，口味鲜嫩，极为爽口，是一道赏心悦目的艺术美馔。此菜1990年入编《中国名菜谱》（江苏风味）；1995年被收入《中华饮食文库·中国菜肴大典》（海鲜水产卷）；1999年被评为江苏名菜。

原料：

带尾壳河虾仁12只，虾仁150克，猪板油15克，熟火腿丝5克，鸡蛋清2枚，水发鱼翅丝5克，水发香菇丝5克；绍酒15克，精盐1．5克，鸡清汤200克，味精1．5克，葱丝2克，姜汁5克，鸡清汤200克，水淀粉5克，熟猪油10克，熟鸡油2克。

制法：

① 将虾仁洗净、漂清，沥去水；猪板油撕去膜，分别剁成茸，一起放入碗中。加入鸡蛋清拌和，再加绍酒5克、味精1克、精盐1克及葱姜汁，搅匀成虾茸，分成12分，分别放入抹有熟猪油的汤匙内抹平。

② 在靠汤匙把处，嵌入1只带尾壳虾仁作琵琶柄；用葱丝、火腿丝、香菇丝、鱼翅丝分色放在虾茸上作“晶、轴、丝弦”。制成的琵琶虾坯，连同汤匙放在盘中，上笼蒸约5分钟取出，把琵琶虾整齐地摆放于盘中。

③ 将锅置旺火上，舀入鸡清汤，加绍酒10克、精盐0．5克、味精0．5克，烧沸后用水淀粉勾稀芡，再淋上熟鸡油，起锅浇在琵琶虾上即成。

成菜味型咸鲜；造型逼真，口味鲜美，软嫩爽口。

［**醉虾和腐乳虾**］

醉虾是南通地区的一道特色美食。

拿一个大碗，把那新鲜的虾倒进去，其实这碗里已经加了自制调料。料无非就是高度白酒、姜末、胡椒粉、酱油、醋，也有蒜茸等一起调制成的，都是常见的东西，配搭起来也不是很困难。虾倒进调好的汁里以后，用另一个碗把这个装虾的碗盖住，还能够很清楚地听见碗在一个劲儿响，是碗里虾挣扎的声音。可以想象得出，虾跳得多么厉害了。没多久，碗里听不见声音了，拿开上面的碗，虾已经不动了，呈现一种半透明的醉态。虾放到口中，感觉很香，肉质很嫩而富有弹性，咬的时候虾还在动。说明这虾还没有死，仅仅是醉了，

醉虾

是名副其实的醉虾。

原料：

鲜活虾500克；葱白100克，红腐乳带汁50克，酱油10克，味精0.5克，香油1克，冰块（一定得有冰，没冰不好吃）。

制法：

① 鲜活虾用清水洗净泥沙，剪去虾枪、须、脚，放于盘内，用盐腌渍10分钟，滗出卤水后，浇上曲酒。将红腐乳搨成泥，与腐乳汁拌和均匀成浓汁。

② 葱白切成约3.5厘米的段，均匀地摆在虾的上面，浇上红腐乳浓汁、味精、香油调匀，即成南卤，拌匀，即成腐乳虾。

［**水晶虾仁**］

原料：

新鲜河虾仁，青豌豆，鸡蛋清；姜葱末，盐，味精，料酒，淀粉，小苏打粉。

制法：

① 虾仁用竹篮长时间反复在清水中用手攥洗，至表面毛糙后捞出，稍沥干水后，将虾仁放入容器内给虾仁上浆。上浆料为盐、一点点湿淀粉、鸡蛋清，加适量小苏打粉，再放点糖、味精、胡椒，用手先拌匀，再不断搋�，使之上劲后，加入一汤匙生的色拉油拌匀，用保鲜膜盖好，入冰箱静置1小时左右。

② 锅中倒入色拉油，烧至四成热的时候，放入浆好的虾仁迅速滑散，至虾仁变色捞出沥油。

③ 锅中放少许油，放入姜葱末、青豌豆加少许高汤和盐、味精，沸后勾芡，倒入虾仁烹酒，淋少许油，颠锅即成。

特点：此菜虾仁半透明，脆嫩异常，鲜美可口；豌豆翠绿清香，雪白半透明的虾仁中，缀以翡翠般青豆，色彩和谐而悦目。

注：“水晶虾仁”的操作难度大，费工费时。该菜因含水量大，炒后呈半透明状，口味与普通虾仁一样，仅是在口感上增加了“脆”度。其实，普通虾仁的吃口也毫不逊色。另外，浆虾仁若放了小苏打，一定要放点糖，就吃不出小苏打味了。

［**油爆虾**］

油爆虾，是将新鲜河虾经油炸后烹入糖醋清汁而成，口味酸甜，也叫糖醋虾；不放糖醋，炸后用葱调味，叫葱爆虾。成菜虾肉鲜嫩，虾体酥脆，可直接嚼食，为佐酒之佳品。

油爆虾

原料：

新鲜河虾500克；盐3克，白糖100

克，香醋35克，酱油15克，葱花10克，姜米5克，绍酒25克，色拉油750克（实耗100克）。

制法：

① 将河虾剪去虾须，洗净，沥干水分，放入容器，加盐、绍酒、姜米腌渍20分钟左右。

② 炒锅上火，倒入色拉油，加热至七成热时，将河虾投入，炸爆至虾头壳“开蓬”时捞出；待油温升高至八成热时，再将虾投入重油。

③ 锅内留底油少许，将葱花、姜末投入略煸，烹入绍酒，放入酱油、白糖，加少量清水烧沸后放入过油河虾，烹入香醋，颠翻几下，出锅即成。

［小龙虾］

十几年前，“盱眙龙虾”曾独领风骚，而今“邵伯龙虾”又抢滩登陆。不论男女，统一围裙手套，吃势凶猛，不可阻挡。小龙虾广受食客尤其是年轻人的喜爱。

其实，小龙虾并不是龙虾的幼崽。小龙虾学名叫克氏原螯虾，只是长得比较像龙虾而已。我国东北地区产蝲蛄（东北黑螯虾），有人也把它当作了螯虾，其实它仅是形态与小龙虾相似。龙虾、蝲蛄虾和小龙虾是三种不同的动物。

小龙虾

小龙虾是舶来品，它原产于美国南部路易斯安那州，是腐食性动物，20世纪初随国外货轮压仓水等生物入侵途径进入我国境内。但据《中国生物入侵研究》所载，它是日本人在20世纪30年代末期带入我国南京。当时日本人所养小龙虾，是充当牛蛙养殖的饵料。由于自然界里天敌在我国范围内还没有形成，经过几十年的扩散，小龙虾已形成全国性的最常见的淡水经济虾类，广泛分布于江苏、湖北、江西、安徽等长江中下游地区，生长在江、河、湖泊等水体中，年产量在6万吨以上。

小龙虾的生存能力非常强，除了日本和中国，欧洲和非洲也有它占领的地盘，因此成为世界级的生物入侵物种，也因此成为世界级的美食。在欧洲、非洲、澳大利亚、加拿大、新西兰和美国，都有人食用。美国的路易斯安那州号称生产了世界上90%的小龙虾，而当地人就吃掉了其中的七成。小龙虾在世界范围内的“成功”，除却一些形态和习性上的优势，还得部分归功于它对污染环境的耐受能力。

在科学研究上，对污染物非常敏感，或者非常耐受的生物，往往用作环境有无受到污染的指示生物。小龙虾就是这样一种潜在指示生物。网络上有人因为听闻小龙虾是污染环境的指示生物而感到害怕，这要特别提醒的是，指示生物和富集生物是两个不同的概念，即使是非常耐受污染物的生物，如果它拥有一个良好的排出减毒机制，其体内的污染物含量可能也非常低。

考虑到小龙虾喜欢生活在浅滩淤泥这些容易富集重金属污染物的地方，早在1995年，上海的科研人员就对生活在上海地区的小龙虾进行了重金属含量调查。汞、铜、铅、锌、镉等重金属在小龙虾体内均有检出，但全部低于国家卫生标准，而且大部分重金属集中于虾鳃和内脏中，肌肉的含量很低。这个结果，在之后十多年陆陆续续的研究中得到了进一步证明。2003年，苏州大学科研人员对苏州地区的小龙虾进行调查，得到类似结果；2006年，江西农大的科研人员考察了重金属污染水体中的小龙虾的重金属富集情况，同样发现虾肌肉中有毒重金属镉和铅很少，选择性富集了锌和铜等相对危害小的重金属。2008年，安徽大学科研人员对合肥附近的小龙虾进行调查，同样发现几丁质外骨骼和内脏中的重金属要高于肌肉，并猜测克氏原螯虾把重金属转移到外壳，然后通过不断蜕皮把毒素转移出体内，这正是它可以耐受重金属污染的原因之一。有意思的是，上海的一个中学生，还跟科研单位一起，研究了小龙虾“吐”重金属的真实性。她发现有些商贩自己饲养一段时间小龙虾，然后宣称体内的污染物已经“吐”清，可以放心食用，于是通过市场采样，并设计了一个实验来考察。她的研究表明，熟制小龙虾中的重金属镉和铬的量都踩在国家标准线上，而所谓清水饲养能“吐”重金属的事情，也是子虚乌有、不可相信的事情。

总的来说，尽管小龙虾对重金属有一定的富集能力，但是大多集中在我们不爱吃的虾鳃、内脏和虾壳中，对于虾肉来说，让食者重金属中毒的可能性非常小。

十三香龙虾

由于小龙虾的食用历史较短，因此大多做法仍停留在烧、煮、卤等整体烹制方法上，也有出肉烹制；但因不能食用的头、腮、壳等占位太大，肉量太少，加上出肉费事，不像捏虾仁那样便捷，而且虾肉质老，需要再加工等复制。店家考虑工本，故不太愿意出肉制菜。再说，食者自己动手剥食，大有对月持螯、赏菊饮酒的雅兴，又有回归原生态的风韵；但更多的是追求刺激。就是要吃它张牙舞爪的样子，豪饮猛吃，煞馋过瘾，有征服感。另外，店家由“13香”变化出了各式各样的味道，也是种刺激。因此，小龙虾整体烹制成为当下最流行的吃法。

2010年，传出吃小龙虾得了哈夫病的病例。虽然吃小龙虾的热潮稍减，但有些人还是经不住小龙虾的诱惑。近年，又传出吃小龙虾中毒死人的消息。养殖小龙虾已经形成产业链，小龙虾专业店星罗棋布，吃小龙虾的队伍虽有所增减，但盛况不减当年。吃小龙虾得哈夫病和中毒死人事件，毕竟是个例，听起来吓人，细想想当属正常。除了食用毒河鲀、毒菌以及被细菌或细菌毒素污染，或食物含有毒素而引起的食物中毒外，食用任何一种食物后都可能引起身体不适，这是人的个体差异，在所难免。不能因噎废食，停止该食物的生产销售和食用。

螯虾是肺蛭的中间寄主，含有其他寄生虫、细菌和重金属等容易致病的物质，因此要提请食者注意三点：

① 充分煮熟煮透。小龙虾必须高温杀虫、杀菌、消毒，也就是说要充分煮熟煮透。

② 剔除污垢。小龙虾的头、腮、壳要剥干净，要把连在虾腹部的消化道抽出来，背部的沙线要剔除后才能食用。这些都是小龙虾藏污纳垢之处。吃小龙虾只能用手剥，不能用牙齿、舌头帮忙，特别是虾头中附着的“虾黄”，要用工具将其剔出来，千万不要用嘴咬嚼虾头或吸吮虾黄！

③ 不能“海吃”。耳闻有人吃小龙虾动辄就是十斤、十几斤甚至几十斤。笔者半信半疑。耳闻是虚，眼见为实。笔者有次在五星级饭店吃自助餐，邻席有一对男女。只见男丁装了满满一大盘小龙虾，堆得有二十厘米高，放在淑女面前。男丁却一只不尝，全由淑女独享。一会儿，男丁又去装了满满一大盘，如此反复三次，估计没有6斤也有5斤，因此才信服淑女的雅量之大。且不谈细菌和重金属积累中毒，暴饮暴食，肠胃不堪如此重负也会致病的。

只要食者注意到上述事项，小龙虾还是不失安全、美味、富有营养的食品。

小龙虾体内蛋白质含量较高，占总体的16%~20%左右，脂肪含量不到0.2%，虾肉内锌、碘、硒等微量元素的含量要高于其他食品。

［麻 虾］

南通盛产一种世界上最小的淡水虾——麻虾，又名红灯虾，体重只有0.007克，也就芝麻那么大。麻虾得名可能与芝麻不无关系。麻虾皮楞薄、质柔软，放在容器里像一摊粘黏稠状烂糊，根本看不清是“虾”。若用筷子挑一点放入清水中，才能看到密密麻麻的小虾在水中游动。人们吃上一口，至少要吃掉上千只麻虾！麻虾的每100克固形物中，含蛋白质15克、钙100毫克、锌6毫克、磷230毫克，营养丰富，味道鲜美独特。

麻虾生长于沿海海边的淡水河中，它永远长不大，但产量相当可观，尤其是海安、如东等地产量最大，一年四季都有捕捞。

虾油虾酱

麻虾对生长环境十分挑剔，绝对不能接受一点污染。近几年，随着生态条件的变化，麻虾产量越来越少，价格也从一两元一斤，攀升到近20元一斤。南通富有特色的麻虾制品已基本消失。

鲜麻虾味虽美，但口感较差，入口无物可以咀嚼，恰如在喝粥，故不当作主料做菜，仅能作调味料来蒸蛋、烧豆腐等。

南通人最爱吃的是麻虾酱和虾油。

① 麻虾酱是将正月十三（上灯日）前后购得的麻虾洗净，先贮存于缸中，加少量食盐拌匀，放到清明节期间。麻虾经微生物作用，蛋白质自行分解产生的蛋白酶，把蛋白质水解变成氨基酸；硫化物被酶彻底分解而释放出硫化氢气体，形成既有臭味又鲜香异常的虾糊。再将腌制过的麻虾糊与新鲜麻虾混合搅拌，加油、黄豆酱、葱、盐、姜末一起煎熬煮制，即成麻虾酱。海安、如东人一般都叫它“臭麻虾儿”。其实，这种臭是闻着臭，吃起来鲜香之至，其鲜香味要比鲜麻虾高出几倍。当地就有“好菜一桌，不及麻虾一嘣”之说。

现在供市的麻虾酱，其实只能称作“麻虾粥”，或者叫“麻虾糊”“麻虾露”。因为它是用新鲜麻虾（捕后不超过3小时），还没等蛋白质自体溶解就用酱料熬成。虽口味丰富，有咸鲜、麻辣、香甜等，但鲜香之味无法与微臭的麻虾酱比拟。

② 虾油也是用麻虾做原料。将每年正月十五到清明节期间所产之麻虾，倒入敞开的缸内，放在室外晾晒，一个星期后加食盐拌匀。经过夏季“三伏”100多天的日晒夜露，虾体内的蛋白酶水解成氨基酸，产生鲜美味；硫化物分解为硫化氢，产生臭味。待缸中起了封膜，便用专用工具轻轻拍打其表面，这叫“旺缸”。旺出来的液体便是虾油。用竹筒插入缸中抽取的是最好的上等生虾油。在生虾油中加盐、油、黄豆酱、姜葱末煎熬煮制，即成极品虾油。在麻虾糊中加紫萝卜、油、姜葱末，进入锅中煮沸，待颜色微紫，油色发青，经过滤去除杂质后即为“三伏虾油”。

三伏虾油其味似臭，入口即香，鲜香之味大大超过麻虾酱。其臭味也更胜一筹。如东的“三伏虾油”从古至今一直是驰誉华夏的中国名品。

南通的老人都喜欢吃麻虾酱和虾油，以臭为美，不臭还不爱，还说：“不臭的麻虾酱不好吃，不鲜，不香！”这“臭美”，不是指人不知藏拙的“臭美”，而是“臭食之美”——天造现象之美。“臭麻虾儿酱”烧豆腐、炖蛋、涨蛋、烧鱼，老南通情有独钟。如今这种美味已成为舌尖上留存的记忆和心头久久的怀念。老南通的麻虾酱之梦，还能圆吗?

即便现状如此，但现在制作麻虾酱（粥），还是必须在凌晨两点左右捕捞麻虾，三个小时内必须进行工艺处理，否则麻虾就会融化。可见这种“准麻虾酱”的美味得来也不易，颇费艰辛！

鲜麻虾无壳、无脚、无芒，无论炒、烩、氽汤皆为美馔。将麻虾放入鸡蛋液中入锅煎、炒、蒸、焖，制作简便，使制品增添了虾鲜之美。

“麻虾炖蛋”是将麻虾与蛋液调和，加盐和水搅拌上劲，蒸而食之，是一道特殊风味的乡土美肴。该菜品2014年6月被评为“南通市十佳家常菜”。

麻虾炖蛋

河 螺

家庭餐桌上常见的螺儿，又叫“田螺”，个头大的学名叫“中国圆田螺”，小的叫“中华圆田螺”，为腹足类软体动物。田螺喜栖息于底泥富含腐殖质的水域环境，如水草繁茂的湖泊、池沼、田洼或缓流的河沟等水体中，常以泥土中的微生物和腐殖质及水中浮游植物、幼嫩水生植物、青苔等为食。螺儿是从河底“耥”上来的。捕螺人是用一只扁畚箕型的大口网，贴着河底慢慢拖行的，南通人称其动作为“耥螺儿”。

螺儿耐寒而畏热，其生活的适宜温度为20～28℃，水温低于10℃或高于30℃即停止摄食，钻入泥土、草丛避寒避暑。当水温超过40℃，田螺即被烫死。在干旱的季节，它将软体部完全缩入壳内，借以减少水分蒸发；在寒冷的冬季，它会钻入泥土中不食不动，呈冬眠状态。待到春暖时期，气温上升到适合它活动时，即将头足伸出壳外爬行。此时它摄食最旺盛，生长也最快。当水温升至30度时，即停止进食。它不耐高温，但却十分耐寒，最适宜生长温度为20～26度。严寒季节它会掘穴越冬。

螺儿食性杂，喜欢夜间活动和摄食。一年四季生产繁殖，肉供食用，味美，营养价值高。犹以上年12月至次年2月间的肉质为最好。南通有“清明螺，抵只鹅”之说。此外，尚可作禽畜的饲料，也是青鱼、鲤鱼的天然饵料，螺壳及肉可供药用。

如果水质不好的话，水受到污染，螺内会有很多寄生虫。因此买回来后，要用一个桶放清水把螺养上几天，每天换一次水；煮的时候要把螺儿煮透煮熟。

炒螺儿原来饭店里没有，总是家人买回后自己烧煮。每当头刀韭菜上市之时，有人家把螺儿一氽，把肉挑出来做螺儿炒韭菜，现在也成了饭店里的时令美肴；也有的剪去螺儿屁股做五香螺儿或酱爆螺儿、香辣螺儿；更有人家买一种枵壳子的大号田螺，回来做田螺塞肉。完全是自给自足，自娱自乐。也有将氽熟的螺肉拌、炝做冷盘的，或将螺肉卤制做小吃的。上海小吃“龙眼糟田螺”，是配以猪肥膘、火腿片，以陈年香糟为主要调味料，成品鲜香横溢，滋味浓醇，堪为螺中珍味。

但不管你想怎么吃，记好，买回来的螺儿一定要清理！

第一步“爬”。盆中倒入清水，水中放入适量的盐，滴上几滴油，搅拌均匀后将田螺倒入，水位高于田螺即可。将盆放到阴凉处让田螺“爬”，即吐泥、排便。每日换一到二次水，把水中的杂质倒净后再重新倒入清水，每次重新注水后需补充食盐和油。泡一两天即可。

第二步“刷”。目测田螺壳表面是否有附着的淤泥或青苔，如有，需要用小刷子清理干净。清理干净田螺壳表面后用钳子或大剪刀把田螺尾部剪掉，一来可以把田螺排泄物大部分清除；二来炒制时螺肉可以更加入味。清理好尾部后，用清水再次冲洗田螺至水内无明显杂物。冲洗干净后沥干水分即可准备炒制。

[家常炒螺]

春天的螺儿特别肥美，有“盘中明珠”之美誉。它富含蛋白蛋、维生素和人体必需的氨基酸和微量元素，是典型的高蛋白、低脂肪、高钙质的天然动物性保健食品。

家常炒螺

原料：

去尾洗净螺儿500克；葱50克，色拉油100克，甜面酱25克，姜、蒜、料酒、精盐、胡椒粉、鸡精适量，干辣椒视个人喜好准备。

制法：

① 将葱切花；姜、蒜切片待用。

② 锅上火，倒入色拉油烧热，先放入姜片、蒜片爆香，捞出待用。

③ 锅复火上，待油八成热时将田螺倒入翻炒几下即倒入爆过的姜蒜片，放入精盐、料酒、甜面酱、干辣椒（视个人喜好添加），加上适量水用大火烧开，放鸡精，入葱末，撒上胡椒粉翻炒几下即关火，出锅，装盘。

螺儿生烹，成败的关键是火候的把控掌握。火候稍过，螺肉不仅难以吸出，且老而不堪咀嚼。

[田螺塞肉]

“田螺塞肉”是田螺与猪肉的完美结合。带有螺香的肉馅，风味独特。

田螺塞肉

原料：

枵壳田螺14个（约500克），偏肥猪肉糜200克；葱、蒜、姜丝、姜末、料酒、酱油、盐、糖、白胡椒粉、食用油适量。

制法：

① 田螺用刷子刷干净下沸水氽煮，待田螺盖略微翘起时即取出；用牙签挑出田螺肉，去掉尾尖。留螺薄厣和空壳备用。

② 将田螺肉剁碎混入猪肉糜中，放入葱末、姜末、酱油、糖、料酒、盐、白胡椒粉，顺时针搅拌成田螺肉馅，待用。

③ 将田螺馅塞入螺内，再按上螺厣，仍恢复整个田螺形状。

④ 锅上旺火，油热后入姜丝、蒜，煸炒出香味后放入田螺，略炒；放入料酒、盐、糖、酱油和适量水，大火烧开转中小火，盖锅盖焖8分钟后，再大火煮至收汁，出锅装盘。

河 蚬

河蚬是一种软体动物，介壳形状像心脏，有环状纹，生在淡水软泥里；颜色因环境而异，常呈棕黄色、黄绿色或黑褐色。肉可吃，壳可入药。

中国习见的河蚬壳长约40毫米，高30毫米。壳质厚而坚硬，外形略呈正三角形，两侧略等称。壳面呈黄绿色、黑褐色和黑色，有光泽，壳内面呈淡紫色、鲜紫色和瓷状光泽。河蚬栖息于江河、湖泊内，南通所有淡水河沟里都有，以九圩港所产黄蚬子比较出名。捕蚬子和捕螺儿一样，也是从河底"耥"上来的。

河 蚬

河蚬不但可以作为中药的药材，有开胃、通乳、明目、利尿、去湿毒、治肝病、麻疹退热、止咳化痰、解酒等功效，而且还是禽畜类和鱼类的天然饵料。经过粉碎的蚬肉、蚬壳配入混合饲料，饲喂禽畜有促进生长繁殖的作用，可提高禽类产蛋率、畜类产乳率。近年来，野生河蚬越来越少，大部分都是养殖河蚬。而日本、韩国每年从我国进口上万吨的鲜活河蚬，作醒酒、护肝药膳。而随着河蚬出口量的增加，价格也在不断提升。随着鳖、鲤鱼、黄鳝、蟹养殖的发展，人们也开始重视河蚬的养殖。

介绍两款用蚬子做的菜。

[韭菜炒蚬子]

原料：

蚬子肉350克，韭菜200克；榨菜50克，拍碎蒜头2粒，姜蓉、盐、油、酱油少许。

韭菜炒蚬子

制法：

① 蚬子肉用清水洗六七遍，把沙子洗净，沥干水；韭菜洗干净切成小段；洗掉榨菜上的调料，切成小粒。

② 锅烧热，放入蚬子肉不停地翻动，将蚬子肉内的水分烘干，盛起待用。

③ 锅热下油，放入韭菜，加适量盐，把韭菜炒到八成熟即盛起。

④ 锅上火，油烧热下拍碎的蒜头略爆，放入姜蓉和榨菜粒一起翻炒，然后放入蚬子肉，下少许盐和适量酱油。蚬子肉差不多熟的时候再把韭菜倒进，翻炒一分钟左右，起锅，装盘。

[蚬子豆腐汤]

蚬子一年四季都有，但是最肥嫩的还是秋天的蚬子。蚬子属寒物，所以做蚬子菜的时候，需多放些姜、蒜。蚬子和豆腐煮出的汤，色奶白、味鲜香。

蚬子豆腐汤

原料：

连壳蚬子400克，豆腐1块；姜，蒜，生抽，色拉油，盐适量。

制法：

① 蚬子洗净，姜蒜切片，豆腐切小块。

② 锅上火，倒入冷油，待油温升高后先入姜蒜爆香，随后下蚬子大火快炒，炒至蚬子开口，调入适量料酒，加入一碗水煮开；下豆腐块用大火稍煮，调入适量盐，即可出锅。

河 蚌

清末状元张謇在宣统二年（1910）所作《与金沧江同在退翁榭食鱼七绝三首》中，有一首对河蚌的吟唱：“新城城外港通潮，蚌味清腴晚更饶。一勺加姜如乳汁，胃寒应为退翁消。”诗中不仅对河蚌的清腴鲜美赞赏有加，加姜还能消除三哥张詧之胃寒，真乃具有食疗功效的美馔。凸显出文人雅士所特有的风情雅致。

河蚌，在南通市海安里下河地区叫“歪歪”，属于软体动物门瓣鳃纲蚌科，是一种普通的贝壳类水生动物。又名河歪、河蛤蜊、乌贝、撇撇、呙池等，主要分布于亚洲、欧洲、北美和北非。大部分能在体内自然形成珍珠。

张 謇

河蚌有两瓣卵圆形外壳，壳质薄，易碎，有纹理；壳面光滑，左右同形，呈镜面对称；壳项突出；绞合部无齿，其外侧有韧带，依靠其弹性，可使二壳张开。壳面生长线明显。蚌的运动器官是呈斧状的肌肉，叫“斧足”。河蚌的运动能力很弱，主要靠斧足在水底泥沙中缓慢犁行。运动时蚌体浅埋于泥沙中，伸出斧足向前插入泥沙，大量充血使斧足膨大并以黏液附于泥沙上，然后肌肉收缩牵引蚌体向前滑行数厘米。我们吃的就是河蚌的斧足。但先要用刀背将其捶松，俗称“敲边”。

河蚌生长于河湖港汊，以滤食藻类和微生物为生，我国大部分地区的河湖水泊中均有出产。常见的有角背无齿蚌、褶纹冠蚌、三角帆蚌等品种。

河 蚌

河蚌营养丰富，蛋白质含量占可食部分的10%以上，含有多种维生素以及钙、磷、钾、钠、镁、铁、锌、硒等多种微量元素，肉质特别脆而韧、鲜而嫩，是筵席之佳肴。但蚌肉性寒，脾胃虚寒、腹泻便溏之人应忌食。

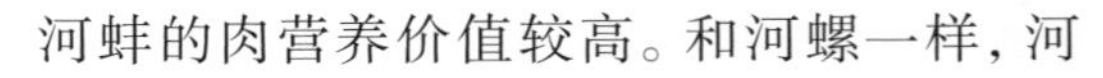

河蚌的肉营养价值较高。和河螺一样，河

蚌买回来以后也需要进行“爬”的清洗处理。把河蚌洗干净，吃得才能放心。你可以弄个盆子装上清水把河蚌泡上2天，上半天每隔1小时换一次水，到晚上再换一次水，第二天再换2次水，这样沙子会少一点。

用菜刀沿缝处将河蚌切开后，先去掉黄色的鳃，再把背后黑色的泥肠清除，用指头刮去腐质，再从小孔中挤出青色的污浊，一直到挤不出来为止，最后把小孔也去掉。也就是说要把肠子里的青色污浊全部去掉。一块一块剔尽后的蚌肉，还需再用盐搓上2~3遍，最后用清水漂洗，直至把蚌肉上的黏液完全洗净。

用河蚌为主料做菜，适合烧、烹、炖。因河蚌本身极富鲜味，故烹制时不要再加味精，盐要适量，以免鲜味反失。

［河蚌炖肉］

河蚌肉色洁白，丰盈厚实。蚌肉有特殊的鲜味，猪肉鲜嫩肥美，富含胶质、脂肪，二者巧妙地配合在一起，风味独特，腴鲜晶亮，乃家常菜之一道美食。

河蚌炖肉

原料：

蚌肉500克，猪五花肉250克；绍酒20克，酱油10克，精盐5克，白糖10克，葱结1个，姜2片，胡椒粉2克。

制法：

① 猪肉洗净，切成4厘米长、1厘米宽的块。

② 用刀柄或木棍将蚌肉的硬边捶扁，捶松，洗净。

③ 炒锅上火，入油，入肉块，烹料酒、放精盐、加酱油、白糖上色，略加煸炒后起锅待用。

④ 炒锅上火，入油，入蚌肉，加葱结、姜片、绍酒和少许清水，用旺火烧沸，撇去浮沫，移至小火焖10分钟。

⑤ 将肉块放入与河蚌同炖，旺火烧沸后，移至小火炖约2小时至蚌肉、猪肉酥烂，起锅装入汤碗内即成。吃时可撒入胡椒粉。

［河蚌咸肉豆腐汤］

原料：

洗净河蚌，咸肉，竹笋，豆腐；葱，姜，料酒，盐，胡椒粉。

制法：

① 用刀柄或木棍将蚌肉的硬边捶扁，捶松，洗净。

② 将河蚌放入锅中，加清水、葱姜、料酒烧开后煮5分钟捞出，洗净后切成小块，待用。

③ 竹笋去壳切斜刀块，入冷水锅出水，去除草酸，待用。

④ 豆腐切小块入清水煮开捞出；咸肉切片，待用。

⑤ 将河蚌、咸肉、竹笋一起放入锅里，加足量清水烧开，转小火炖1.5小时至河蚌酥软后，加入豆腐再煮5分钟，调入适量盐和胡椒粉即可。

河蚌咸肉豆腐汤

四、土地的奉献

南通地处“江之唇”“海之口”，江海深情接吻，生出了8001平方公里土地肥沃、气候温和、旱涝保收、物产丰饶的江海平原，可谓“江海大地禽畜旺，千里平原果蔬香”。南通食材是天赐的最佳礼物。

(一)畜兽家禽

1、役使“牛”，“肉”食用

牛肉是全世界的人都欢喜的动物食品，也是穆斯林的专供食品，在中国的消费仅次于猪肉。牛肉的蛋白质含量高，而脂肪含量低，所以味道鲜美，令人喜爱。

以前，南通的畜牧业不太发达。因为江边、海滩上的草多，饲料丰富，老百姓就养些水牛、黄牛和山羊。农民家里养牛主要是为了耕田、车水、拉磨；海边上养牛是用来拉车。如东当地把专门接潮的牛叫“海子牛”。在过去，牛是最重要的劳动力，一般人家是养不起水牛的，假如有了一条黄牛就算是个了不起的殷实大户了。农户爱牛如命，杀耕牛也是犯法的事，哪怕是老弱病残的牛，也要先向乡里呈报，经过审验核准以后才可以出售、宰杀。这是历代官府为了保护耕牛、劝导农民养牛所采取的有效措施。中国农业多以牛为役使畜，肉用较少，牛肉消费量仅占全国肉食总量的3%，直至20世纪后期，中国肉牛养殖才有所开拓。南通人一向喜欢吃牛肉，在通州旧城南大街平政桥南，就有两条因牛肉而得名的“东牛肉巷”和“西牛肉巷”。

南通比较有名的牛肉菜和牛肉小吃有五香牛肉、红焖牛肉、酱牛肉、白汁牛筋、生炒牛肉丝、炒牛百叶、牛肉锅贴、牛肉面、牛肉饼等等。按中医说法，牛筋、牛鞭、牛脚壳有壮阳补肾的功效，以前一直是官绅商贾、财东阔佬们欢喜的东西。至于一般小民，以及抬杠棒的、推小车的、拉黄包车的、行船背纤做苦力的劳动人民，能吃一碗牛杂碎，喝一碗牛肉清汤，就已经算是一次难得的享受了。还有些贫苦的市民，牛肉买不起，就花几文钱买一桶煮牛肉的白汤，回家放一点粉丝或者用汤来下面吃，也觉得是开了趟荤。过去南通卖牛肉的店被叫作“牛肉案子”，都是现杀、现煮、现卖，不仅牛肉好吃，牛汤也很鲜美。南通人特别喜欢吃黄牛肉，认为它比水牛肉香。现在南通养牛的很少，市场上卖的牛肉大部分是从安徽、山东运过来的。唐家闸疏航桥“余佛寺”的牛肉还是以现杀、现煮、现卖而出名。以前吃牛肉要到“闸”上，现在根本不要，城里的牛肉馆子不少，再说每个菜市场都有“唐闸牛肉”卖。

牛肉分黄牛、水牛、牦牛、乳牛四种，其中以黄牛肉为最佳。黄牛肉的颜色一般呈棕红色或暗红色，脂肪为黄色，肌肉纤维较粗，肌肉间无脂肪夹杂。犍牛肉肌肉结实柔细、油润，呈红色，皮下有少量黄色脂肪，肌肉间也夹杂少量脂肪，质量最好。犊牛肉呈淡玫瑰色，肉细柔松弛，肌肉间含脂肪很少，肉的鲜味远不如成年牛的肉。母牛肉呈鲜红色，肌肉较公牛肉柔软。老的母牛皮下往往无脂肪，只肌肉间夹有少量脂肪。此外，南方的水牛肉，肉色比黄牛肉暗，肌肉纤维粗而松弛，有紫色光泽。脂肪呈黄色，干燥而少黏性，肉不易煮烂，肉质差，不如黄牛肉。

除了牛肉外，牛筋也是不可多得的好食材、好“补品”，它可以强筋健骨，特别适合于腰腿疼痛的老年人或骨折后的病人；可以搭配杜仲一起炖着吃，对于手脚麻木、腰腿疼痛有非常好的食疗作用。“白汁牛筋”就是南通一道传统名菜，系用鲜牛筋焖烂后，用牛汤烩制而成。成菜润滑而有弹性，柔软而糯绵，口感极好。此外，牛的副产品如牛头、牛尾、牛舌、牛鼻、牛颚骨、牛眼、牛皮、牛血（牛红、牛旺）、牛脑（牛云花）、牛髓、牛心、牛肺、牛脾（牛连贴）、牛肠、牛肝、牛鞭、牛宝（牛睾丸）、白百叶（牛胃共有4个：瘤胃，俗称毛肚；网胃，俗称蜂巢胃、麻肚；瓣胃，俗称牛百叶；皱胃，系牛真胃）、牛掌、牛蹄筋、板筋、牛腰（牛肾）、膝盖骨等，或卤、或煮、或炖，皆成美味。

牛肉在西餐里用得很多，单牛排就有好多种做法，有烤牛排、铁板牛排、黑胡椒牛仔骨、牛肉串、牛肉卷等。中式的也是五花八门，有生拌牛肉丝、干拌牛肉、白切牛肉、五香牛肉、尖椒牛柳、炖牛腩、牛肉粉丝汤，名堂也不少。给大家介绍一道创新的牛肉名菜，叫“百花赛熊掌”。

［百花赛熊掌］

南通人善于烹制牛蹄，也喜食牛蹄，把牛蹄当成滋补佳品。将牛蹄制成熊掌形，加百花汁烹制，其味胜过熊掌，故名“赛熊掌”。

百花赛熊掌

原料：

牛前蹄1500克，鲜虾仁500克，元葱50克，柠檬1只，胡萝卜50克，西芹菜50克，香菜50克，鲜荷叶2张，蟹爪5根；生抽20克，老抽5克，香叶10克，白醋20克，蚝油15克，冰糖30克，蜂蜜20克，陈年女儿红酒75克，高汤1500克，精盐25克，味精20克，色拉油200克，湿淀粉5克，老姜80克，葱白80克。

制法：

① 将牛前蹄治净，浸入用元葱、柠檬、胡萝卜、西芹、老姜、葱白、香菜、香叶、白醋调制的腌料汁内，以求去腥增味。浸泡4小时后把腌渍好的牛蹄出水。

② 锅内爆香老姜、葱白、香叶，放入牛蹄加入生抽、老抽、蚝油、冰糖、蜂蜜、陈年女儿红酒、精盐、味精、高汤，用大火烧开，撇去浮沫改用小火煮2小时，待牛蹄酥糯，捞起剔骨，摆成熊掌形，原汁收浓备用。用一张荷叶包好上笼蒸三十分钟。

③ 鲜虾仁剁成茸，加入盐、味精搅上劲挤捏成10个虾丸，上笼小火蒸7分钟。

④ 锅置火上加入高汤、盐、味精、鸡蛋清，勾薄芡淋油成百花汁。

⑤ 盘底铺上一张修剪好的荷叶，把牛蹄置于盘中央，插上蟹爪装饰成熊爪，淋原汁，虾丸围四周，淋百花汁即成。

成菜牛蹄酥柔，香味浓郁。

［白切牛肉］

原料：

牛腱子肉600克；白酱油25克，红辣椒丝20克，味精1克，香菜段5克，香油25克，蒜茸10克，精盐1克，葱段10克，洋葱10克，大蒜头5克，姜块5克，八角2枚，黄酒10克。

白切牛肉

制法：

① 将牛腱子肉洗净，漂去血水，用沸水烫一次，放锅中，加清水淹没，置旺火上烧沸，撇去浮沫，加黄酒、八角、姜块（拍松）、葱段、洋葱、蒜头、精盐，盖严盖，移至小火上煮至酥烂，以筷子可以戳穿为好，端下锅晾凉，取出牛肉。

② 将牛肉切成薄片，整齐地排在平盘中，将白酱油、味精、香油同放碗中调匀，浇在牛肉片上，撒上香菜段、红辣椒丝、蒜茸，即可上桌。

成菜牛肉原汁原味，酥烂香鲜。

2、山羊肉、绵羊肉，孰胜孰负

海门山羊

羊肉古时称少牢（牛称大牢），又叫羖肉、羝肉、羯肉，为全世界普遍的肉品之一。中国各类羊的存栏数2亿多只，主要分布于北方、西北、西南和西藏的牧区及半农半牧地区，农业区和南方山区有少量分布，均以家庭散养为主。中国养羊多供毛皮用，仅几大牧区以羊作为肉食畜，其他地区除冬季外，食用较少。

羊肉肉质与牛肉相似，但肉味较浓。羊肉较猪肉的肉质要细嫩，较猪肉和牛肉的脂肪、胆固醇含量少。李时珍在《本草纲目》中说："羊肉能暖中补虚，补中益气，开胃健身，益肾气，养胆明目，治虚劳寒冷，五劳七伤。"但羊肉的气味较重，对胃肠的消化负担也较重，并不适合胃脾功能不好的人食用。和猪肉牛肉一样，过多食用这类动物性脂肪，对心血管系统可能造成压力，因此羊肉虽然好吃，不应贪嘴。暑热天或发热病人慎食之。

南通自古以来就养羊，一般农民家里总要养上三四只，大小套养，品种是以山羊居多，因为当地人吃惯了山羊肉，觉得绵羊肉膻气太重。南通人吃羊肉讲究"三冬"，就是过了三个冬天的肥羊，当然是要连皮吃的。带皮的"三冬"羊肉又肥又嫩，味道鲜美，也补人。从前一到冬天，一些专门卖羊肉的店铺就在门口挂几只羊头做招牌，倒是正模正式挂的羊头卖的羊肉。店门口的大炉子当街一摆，上头蹲的大锅子里的羊肉被煮得渃起了身，肉香四处飘荡。最有名的"提汤羊肉"就是把羊肉煮烂以后拆掉骨头，压实在陶盘内，做冷切羊肉、红烧羊肉、羊肉粉丝、羊汤面等。民间还有一个"羊肉吃出了骨头不给钱"这样一个约定俗成的规矩。其他的还有炒羊腰、炒羊肝……反正只要是羊身上的东西，除掉羊毛不好吃外，其他的都好吃。南通人自己家里煮羊肉的时候，总要在锅子里面放些白萝卜一起煨，好去膻气；也有的放中药当归和羊肉一起煮，叫"当归羊肉汤"，照中医说法这个汤倒是舒筋活血、大补元气的，很适合冬令滋补。等天冷些，特别是到了冬至"数九"以后，南通现在的大小饭店里又要多一个招牌菜"海门提汤羊肉"，有白汤的、有红烧的、有白切的，也有专卖羊汤的。也不知道可全部是海门山羊？反正都叫"海门羊肉"，似乎不叫这个名字羊肉就不正宗，人家就不吃。

海门山羊是全国著名的山羊地方品种之一。真正的海门山羊肉膻味少，脂肪分布均匀，无论红烧、白煮，均肥而不腻，鲜美可口。其营养价值之高，蛋白质含量之多，为其他肉类所不及。由于羊食百草，羊肉具有暖中补虚、开胃健身之功能，冬季食之尤有温补效能。不仅本地人欢喜，上海人也欢喜。现在上海已经有好多家卖"海门羊肉"的连锁店。

前些年，南通城里的人吃羊肉不外乎到三个地方，离城近点儿的是高店路口的"猫儿胡子"和观音山的"大头羊肉"，稍许远点儿的是兴仁镇北头的曹家四兄弟。这几家店的羊肉都是提汤羊肉，煮得粉烂，尤其是冷切羊肉和白汤羊肉更加出色，真的能和新疆的"手抓羊肉"有一比。这些店为了节约成本，都不太讲究门面和装潢，只要清清爽爽就过得去。店堂里既没有包厢，也没有沙发，更没有空调；摆的是老八仙桌，坐的是长条凳；碗就是最平常的三红碗；酒也是自己做的米酒、老粕酒或者生醅酒；也没有别的小菜，吃的都是羊身上的东西。最关键的一条是买卖之间透明，羊肉是由你自己先拣好部位称的，并按照你的吩咐再交代给厨师是冷切、白煨还是红烧，一切由你做主。店家很重视羊肉本身的品质，价钱也相对公道，大家觉得比较实惠，因此很受大众欢迎。因为场地有限，吃的人又多，所以一般总要提前预约。临时想吃又没有位置怎么办？有法子，店里有外卖，你可以买一块肉，店里还要送你一些原汤，带回家照样可以品尝到美味。

大家可知道新疆吃的不是山羊肉，而是绵羊肉，而且一定是要剥皮吃。原因很简单，羊皮值钱，羊毛更值钱。羊毛好、皮好，肉就更加好了。新疆最好吃的羊是阉割过的公羊，叫阿勒泰羯羊。新疆人形容他们的羊"吃的是中草药、喝的是矿泉水、走的是黄金路"，现在又加了"住的是宝石屋，屙的是'六味地黄丸'"。说草场是天然的，羊是吸收了天地的精华。其实，不一定光新疆的羊肉好吃，华北、东北、西北的羊统称"三北羊"都很好吃。

从口感上说，绵羊肉比山羊肉更好吃，这是由于山羊肉脂肪中含有一种叫4-甲基辛酸的脂肪酸，这种脂肪酸挥发后会产生一种特殊的膻味。不过，从营养成分来说，山羊肉并不低于绵羊肉。相比之下，绵羊肉比山羊肉脂肪含量更高，这就是为什么绵羊肉吃起来更加细腻可口的原因。

山羊肉的一个重要特点就是胆固醇含量比绵羊肉低，适合高血脂患者和老人食用。但中医认为山羊肉为凉性，绵羊肉是热性。因此，后者具有补养的作用，适合产妇、病人食用；前者则病人最好少吃，普通人吃了以后也要忌口，最好不要再吃凉性的食物和瓜果等。

人们习惯认为山羊肉质量不及绵羊肉，此乃偏见。江苏省农科院畜牧兽医研究所检测结果表明：①山羊肉的PH，1小时和24小时的差异不大，表明山羊肉比绵羊肉和其他禽畜类肉的保鲜能力优越。②山羊肉的吸水率和含水率大于绵羊肉和其他禽畜类肉。肉类的吸水率大，其保持水分的能力就强，能保持肌肉的柔嫩、多汁。③山羊的粗蛋白和总能高于绵羊和其他禽畜类，而粗脂肪却低于绵羊和其他禽畜类。这表明山羊肉是一种瘦肉率高、低脂肪、高蛋白、高总能的营养肉源。④山羊的蛋白质由17种氨基酸组成，是人类的一种易吸收的高浓度氨基酸源。山羊肉中还含有人体结缔组织主要成分的丙氨酸、甘氨酸和脯氨酸。⑤山羊肉的胆固醇含量，大大低于绵羊、牛、猪、鸡、兔等肉类，因此，山羊肉对老年人群、动脉粥样硬化和冠心病等患者，无疑是一理想的肉食。综上所述，山羊肉是一种质量上乘，鲜嫩美味，对人类大有裨益的肉类。

当然，一方水土养一方人，各地有各地的风俗。我们吃惯了带皮的山羊肉，而且还把羊肉和鱼放在一起煨。"鱼"和"羊"两个字加起来本来就是"鲜"字，看看不吃也觉得鲜得不得了，吃到嘴里当然就更加打嘴不放了。先来说说南通的名菜：提汤羊肉。

[提汤羊肉]

"海门提汤羊肉"在新中国成立前已是驰誉大江南北的特色菜肴，当时的江、浙、沪等大城市中的饭菜馆，常把"海门提汤羊肉"作为挂牌菜肴。海门提汤羊肉，以海门白山羊，即"长江三角洲白山羊"为原料，精心制作而成，是南通地区传统的地方名菜。

海门提汤羊肉将多只分块羊肉，用大汤锅（锅上加大木桶称为"接口"）加热焖制。羊汤乳白稠浓，鲜美醇厚；羊肉熟烂后拆骨压实，既可作为冷菜（如冷切羊肉或制成羊糕)，又可作为半成品制成热菜(如红烧羊肉，回锅羊肉)和汤菜(羊肉粉丝汤，清羊汤)，制作热菜或汤菜，均以羊原汤作为佐料，不另加清水。

提汤羊肉

羊肉煮汤食用可治疗男子五痨七伤及肾虚阳痿，可治妇女产后大虚，心腹绞痛，还具有暖中祛寒、温补气血等功效，是秋冬滋补佳品。

原料：

宰杀治净的整羊1只约20千克，白萝卜1千克；葱750克，姜750克，绍酒500克。

制法：

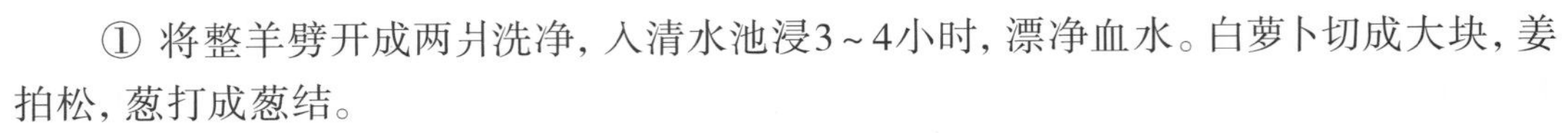

① 将整羊劈开成两爿洗净，入清水池浸3～4小时，漂净血水。白萝卜切成大块，姜拍松，葱打成葱结。

② 将漂洗过的羊取出挂起，晾干表面水分，每爿剁成2～3块。

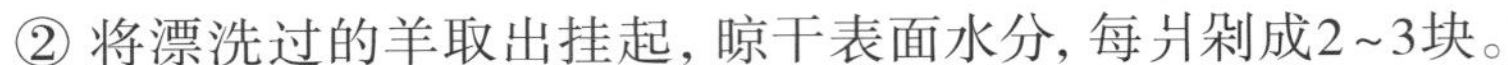

③ 将羊肉投入大锅中，加水至淹没羊肉，加白萝卜块、姜、葱、绍酒,大火烧开，撇去浮沫，小火焖烂。

④ 取出羊肉，拆去所有的骨骼，放置于大托盘中，倒入少许原汤，压平，自然冷却。

酥烂的羊肉鲜美腴香，滋补鲜美。

海门提汤羊肉的应用：

① 冷食：取已经冷却的羊腿肉，切成整齐、稍厚的片，装盘；用熬制的甜面酱、辣椒酱，加青蒜末、香菜末蘸食。甜、辣、半甜、半辣，悉听尊便。

② 红烧：取冷却的羊肉切成块；锅中放少许油，先将红烧调料(甜面酱、辣椒酱、蒜茸、姜末)煸出香味，再放入羊肉煸透，加糖、料酒、盐小沸片刻，加入羊肉原汤烧沸，收汁装盘，撒上青蒜末和香菜末即成。

③ 汤食：取冷却的羊肉切块，加羊肉原汤烧煮、调味，装碗，撒胡椒粉、青蒜末即成。煮汤少谓“白烧羊肉”，煮汤多谓“大汤羊肉”，若原汤与羊蹄烧煮，则称“羊蹄汤”。

④ 此外，也可以用提汤羊肉与鲫鱼、鱼圆等，加羊原汤同煮成菜。其味更鲜，且无鱼羊之腥味，堪为珍馔。

提汤羊肉的特点是，将煮羊的原汤提出，代水烹制羊肉。羊汤中分解的氨基酸、脂肪和矿物质，不仅增加了羊肉菜品的鲜美腴香和营养，羊汤本身就是一道既滋补又鲜美的汤菜。原汤汁的使用，增添了羊肉腴香鲜美的魅力，因此成为南通几百年来的经典传承珍馐。

3、猪肉春秋

猪肉是人们餐桌上重要的动物性食品之一。因为猪肉的纤维较为细软，结缔组织比较少，肌肉组织中含有较多的肌间脂肪，因此，经过烹调加工后的肉味特别鲜香。

中国是世界上最大的猪肉生产国，1991年已超过2200万吨；中国又是全世界猪肉消费最多的国家,20世纪80年代以前，占中国肉食总消费量的90%以上；中国还是全球吃猪肉最彻底的国家，除猪毛、猪脚壳不吃外，其他如猪头、猪尾、猪皮、猪筋、猪血、猪骨、猪骨髓、猪鞭、猪爪、猪耳、猪舌、猪软腭、猪眼、猪鼻、猪肝、猪腰、猪肚、猪肺、猪心、猪脾、猪胰、猪肠、猪脬、猪食管、猪气管、猪主动脉、猪板油、猪网油等，无一不是美食，也是人们摄取必需氨基酸（是人体自身不能合成，必须靠食物提供的重要氨基酸）等营养素的重要来源。

猪又名豕、豚，因为饲养简易，又具有骨细、筋少、肉多的特点，为日常食用肉最多的一种。

对人类食物做出巨大贡献的猪，所受非议颇多。穆斯林禁食猪肉、佛教吃素不吃猪肉，是宗教的信仰和教规使然。犹太教禁忌猪肉就有点滑稽了。据美国人类学者马文·哈里斯《好吃的食物之谜》中说，以色列人原是养猪的，因猪与人争食粮而放弃，改养吃草反刍的牛羊。是不是猪肉味美，而放弃养猪的举措又执行不下去而禁忌？中国古代对猪肉也曾经惶恐过。从南梁《名医别录》至明《本草纲目》曾以为：猪肉闭血脉，弱筋骨，虚人肌，发宿疾，久食杀药，令人少子等等。有人还说，“凡肉皆补，唯猪肉无补”。可是通过实践，诚如清人章穆《调疾饮食辨》所指出：“然今人常食（猪肉），内滋外腴，子孙繁衍，未见为害。”人们对猪肉的认识一直在实践中得到检验，直至有了清代汪昂所撰、刊于康熙三十三年的《本草备要》，才算澄清了过去的一些误判：“猪肉，其味隽永，食之润肠胃，生精液，丰肌体，泽皮肤，固其所也。惟多食则助热生痰，动风作湿，伤风寒及病初愈人为大忌耳。诸家（食忌）之说，稽之于古则无征，试之于人则不验，徒令食忌不足取信于后世……又按猪肉生痰，惟风痰、湿痰、寒痰忌之，如老人燥痰干咳，更须肥浓以滋润之，不可执泥于猪肉生痰之说也。”对于这些学说，很值得今人去深入研究、认识。

笔者以为，虽有先进的检测仪器和手段，但老是把食物的成分当成恒定不变的物质，难免局限。其实经过烹调，特别是人食用后经过消化、吸收、代谢等生理过程，这些成分已千变万化了。人的消化生理有优胜劣汰、汲精排废的功能，对有害、有毒的物质有天然排除的本能。所以厨师们学点中医和中华养生文化知识很有必要，至少不会被某些片面的、局部的、机械的“科学”之类的话语唬住。

南通人吃猪肉的历史悠久，经过数千年烹猪的经验积累，使南通的猪肉名菜层出不穷，如烤方、虎皮赛参、元宝蹲肉、香酥盐水蹄、淡菜皱纹肉、农家回锅肉、扎肝、鱼香肉圆、野鸡丝、猴儿爬树、炒木樨肉、猴儿头、四喜肉、水晶猪肚、火腿、香肠、肉松等，都是南通特殊风味的猪肉菜肴。20世纪80年代，这些好吃的猪肉菜品，饭店都有供应，而且价钱公道。当时饭店的毛利率总控制在30%左右，每家饭店的墙上还贴有一张放大的表格，上面写明了品种、规格、重量和售价，完全公开透明。通城名厨钱焕清直到现在都能报得出当时甲级店的规格："小盘硝水肉"熟硝水肉2两2钱，售价五角；"小盘白肚"卤肚3两4钱，售价五角五分；"小盘炒精片"净精肉2两2钱，售价六角二分；"溜肉丁"净肉2两2钱，售价六角二分；"炒腰片"净腰片2两2钱，售价五角六分；"炒猪肝"净肝片2两2钱，售价五角五分；"炒大肠"熟大肠3两，售价五角；"烧红蹄"生蹄5两，售价八角六分……青菜肉片、肉末豆腐汤都是一碗一角五分。

用猪肉做的菜太多了。像"烤乳猪""烤方"本是江苏传统名菜，后技艺失传。唯南通高级烹调技师支洪成的"烤技"独到，制品甚至比传统更胜一筹。另有原"李桂记"一挑水工管山，叉烤技术极其娴熟，20世纪80年代成为北京西郊宾馆的厨师总长。

下面介绍一些南通的猪肉名菜：

[淡菜皱纹肉]

皱纹肉又叫虎皮肉，民间叫其"走油肉"，是江苏民间的传统佳肴。皱纹肉是将初步熟处理的猪肉，下高油温的油锅炸至肉皮发泡膨松，并排出部分油脂，再经走红、汽蒸，肉皮呈湖皱纹，肉质酥烂而不腻。

淡菜皱纹肉

淡菜是贻贝科动物的贝肉，也叫青口，俗称海虹，雅号"东海夫人"。淡菜中蛋白质含量高达5%，其中含有8种人体必需的氨基酸，脂肪含量为7%，且大多是不饱和脂肪酸。皱纹肉加淡菜同烹，不仅将淡菜的鲜美滋味渗入肉内，还增加了多种矿物质、维生素等营养成分。南通烹饪摄影美容技术学校校长、高级烹调技师张兰芳擅制此菜。

"淡菜皱纹肉"1995年收入《中华饮食文库·中国菜肴大典》（畜兽产品卷）；2014年被评为"南通市十佳名菜"。

原料：

带皮去骨猪肋条肉600克，淡菜75克（12枚），豌豆苗400克；酱油75克，绍酒50克，精盐2克，白糖30克，味精4克，姜15克，葱15克，水淀粉5克，肉骨汤400克，色拉油1500克（实耗50克）。

制法：

① 淡菜用热水浸泡，使其涨发，然后去毛，洗净。将豌豆苗洗净。

② 将猪肉放入冷水锅中烧沸后，取出洗净，投入锅中,加猪骨汤、姜、葱煮至六七成熟时，加绍酒、酱油、白糖（25克）走红，肉呈赤红色。

③ 将锅置旺火上，放入色拉油，烧至九成热，将煮过的肉趁热皮朝下投入油锅，盖上锅盖，待锅中迸爆声消失时，揭盖，将肉翻身再炸片刻，捞起沥油。

④ 将原煮肉的红汤锅上火，放入炸过的肉，煮至肉皮起皱纹，捞出用旋刀法将肉片切成长条后，卷成牡丹花形，放入淡菜，扣入碗中，加白糖（5克），浇上煮肉红汤，上笼蒸15分钟，取出，将肉汤滗入锅中，取出淡菜。

⑤ 锅上火，放入熟猪油（25克）烧热，放入豌豆苗煸炒成熟，加精盐、味精（2克），滗去汤汁，取2/3填入肉碗，将肉反扣于汤盘中，再将豌豆苗围边做成牡丹花叶状，淡菜放在牡丹花四周。

⑥ 将滗出的蒸肉汤倒入锅中，上火烧沸，放入味精（2克），用水淀粉勾稀芡，淋油后将卤汁烧在肉面上即成。

成菜酥烂异常，鲜腴干香，皮若琥珀，肉如镶玉。

［**冰糖扒蹄**］

蹄髈俗称肘子，即紧挨猪爪子的部分。

猪肘分为前后蹄髈（前后肘），前蹄（前肘）肉多，后蹄（后肘）骨大，卖价稍有差别，以前蹄为好。南通特一级名厨、已故老前辈吉祥和制作的冰糖扒蹄，操作精细，火功到家，形如元宝。中国长寿之乡的如皋把该扒蹄称为“吉氏元宝”。“冰糖扒蹄”1999年被认定为江苏省名菜；2014年6月，被评为“南通市十佳古典名菜”。南通烹饪名师吉祥和以及其徒弟吴道祥擅制此菜。

冰糖扒蹄

原料：

猪前蹄1000克；冰糖75克，花雕酒250克，丁香3克，八角3克，精盐5克，肉桂3克，味精1.5克，姜、葱各5克，糖色30克，色拉油25克，扒蹄老汤1000克。

制法：

① 将猪蹄膀用二齿叉起，上火烧烤至皮面呈枯黄色时，入清水（淘米水最佳）用刀刮洗净白。

② 锅上火，放清水，投入猪蹄、姜、葱、花雕酒用大火烧开，小火焖至七成熟时捞出备用。

③ 锅上火，放少量油烧热，投入姜、葱略煸，放入猪蹄膀、八角、肉桂、丁香、精盐、糖色，烹酒，再放入约500克肉汤，盖上锅盖，大火烧开后改小火焖至酥烂，放味精，拣去姜、葱、香料即成。

成菜色泽红润晶亮，肥而不腻，入口即化。

[**葵花银杏肉**]

此菜用具有杀菌、化痰、止咳、润肺通经、止浊、利尿等多种疗效的银杏作心，再以具有可清脾胃、利大小肠、下膀胱结石，维生素C含量高于柑桔的苜蓿（草头）垫底围边（作叶），不仅使银杏肉的营养价值有了很大提升，还使该菜具有很多的食疗价值和保健作用。

葵花银杏肉

原日月谈大酒店、吉祥和大酒店，根据笔者的设计理念把此菜推上了餐桌，受到食客的欢迎和赞赏，筵席、散座凡吃过此菜的客人，每每都要再点一份。高级烹调技师吉建清擅作此菜。

原料：

猪五花肉300克，如意蛋卷150克，银杏50克，草头400克；红卤水2000克，盐5克，味精2克，白糖25克，麻油5克，色拉油50克。

制法：

① 将猪五花肉洗净，放入红卤水中煮至七成熟，取出用重物压实，放入冰箱冷透，切成薄片待用；将草头洗净；将银杏用油滑熟，去衣，冷透。

② 用肉片包裹银杏，卷成手指粗的银杏肉卷，扣在碗中，上笼蒸45分钟。

③ 锅上火，放底油，将草头煸熟，加盐、味精调好味，在盘中摆成花叶；将银杏肉卷撇出汤汁，扣在花叶中间；如意蛋卷切成厚片，围在肉的四周，起锅加入汤汁调味勾芡，浇在肉卷上即成。

成菜味型咸鲜微甜。菜品素多荤少，朴实有彩，保健食疗，色形味养，完美佳肴。

[**虎皮赛参**]

“虎皮赛参”是南通名厨李玉华某日在夜间招待客人，因临时缺做菜的原料，而将走油肉皮剥下来改切成长方块，与蟹粉、菜胆同烩。肉皮卷缩成海参状，口感糯柔而软嫩，口味鲜腴干香，客人称绝。大受宾客赞美。南通大华楼酒楼将此菜加以改进，使制品“海参”色形足以乱真，而成为南通地区的一款佳肴新味。高级烹调技师沈文华擅作此菜。

虎皮赛参

原料：

走油肉皮两块500克，蟹粉200克，肉

茸250克，菜胆14棵；色拉油100克，酱油20克，盐4克，生姜25克，葱25克，料酒50克，味精少许，高汤250克。

制法：

① 将菜胆修成橄榄形备用。肉茸加调料，调拌上劲，放入蟹粉150克拌匀；将走油肉皮摊平，将拌好的肉茸平塌在肉皮上卷制成海参形。

② 炒锅上火，打滑，葱姜炝锅，将已经制成海参形的虎皮卷放入锅内，烹入料酒，倒入高汤烧沸，放入调料及蟹粉50克，盖上锅盖，烧至海参肉卷软糯入味、汤汁稠浓。

③ 另取水油锅，放入菜胆焯水至熟。锅中留少许汤汁，加入盐、味精调味后出锅。

④ 取鱼盘一只，以菜胆围边，虎皮赛参盛入中间即成。

［元宝䝤肉］

"元宝䝤肉"是江苏历史名菜。它是在北魏《齐民要术》中的"炙蚶"法的基础上改进发展而成的。系用蛤蜊肉与猪肉剁成茸,嵌在蛤蜊空壳内，先炙后焖，因其形似元宝而得名。

元宝䝤肉

如东的"元宝䝤肉"，是将蛤肉与猪肉剁茸，嵌入蛤壳内呈元宝状。加热方法是先煎后焖；盐城的"蛤蜊䝤肉"是用氽熟的整蛤肉与猪肉茸嵌入蛤壳内，先煎后蒸而成；而南通启东的"黄海第一鲜"是用生蛤肉与猪肉茸嵌在蛤壳内清蒸而成。虽各有千秋，但都采用蛤壳作器皿，造型别致，使人窥其外形而测其内涵，欲先尝为快。烹调高级技师陈华擅作此菜。

原料：

蛤蜊1000克，猪肉400克；绍酒50克，精盐5克，酱油50克，白糖5克，鸡蛋1个，水淀粉50克，葱姜汁25克，肉汤250克，花生油75克。

制法：

① 将蛤蜊用刀劈开壳，出肉，放竹篮内置水中顺一个方向搅动洗净，沥去水分。

② 取蛤蜊壳24合（两爿壳相连），洗净沥去水。

③ 将猪肉和蛤蜊肉剁成茸，加入绍酒25克、酱油25克、白糖、精盐4克及鸡蛋、水淀粉、葱姜汁，搅匀成馅心，嵌入蛤蜊壳中。

④ 将锅置火上烧热，舀入花生油，烧至六成热时，将蛤蜊壳嵌肉的一面煎黄。

⑤ 另取砂锅，将煎好的蛤蜊口朝上排列于砂锅内，加肉汤及绍酒25克、酱油25克、精盐1克，先置大火烧沸，再移至微火焖30分钟即成。

成菜形如"元宝"，蛤蜊肉至鲜，猪肉腴美，两美匹配，相得益彰。先煎香而后焖酥，美味相互渗透，食之鲜香腴美，口感酥嫩爽口，为猪肉的奇品，贝类的美肴。

[烩鱼香肉圆]

“烩鱼香肉圆”是南通市烹饪界老前辈、已故烹饪大师马树人的创新品种。系用猪里脊肉、熟肥膘剁茸做丸，再加鱼香味调料，色白如玉，细嫩腴美，晶莹光灿而富有弹性，其色泽、外形、口感、味道均与鱼圆相近。该菜自问世以来，深受中外食客赞赏。1995年该菜收入《中华饮食文库·中国菜肴大典》（畜禽产品卷）。已故烹饪大师马树仁之子、高级烹调师马力擅作此菜。

烩鱼香肉圆

原料：

猪里脊肉150克，熟肥膘肉40克，蟹粉50克，笋片50克，熟火腿片50克，菜头12棵，水发木耳25克，鸡蛋清1枚；姜末25克，葱段20克，葱姜汁50克，泡鱼辣椒5克，绍酒25克，食醋15克，精盐10克，胡椒粉0.5克，味精1.5克，肉骨汤150克，苏打粉1克，水淀粉10克，熟猪油75克。

制法：

① 将猪里脊肉剔去筋膜，洗净后与熟肥膘分别剁茸，放入盛器内拌和均匀，加入葱姜汁和清水调成稀粥状，再将精盐（40克）缓缓放入，使肉茸逐渐黏稠成糊状，加入鸡蛋清、水淀粉（25克）、苏打粉，继续搅拌，使其上劲。

② 锅置火上，舀入清水，烧至五成热，用左手将肉糊捏成丸子，右手持汤匙将丸子舀入热水中，烧沸撇沫，移小火养透后捞起，放入冷水待用。菜头入沸水锅焯水。

③ 锅置旺火上烧热，放入熟猪油，烧至五成热，投入泡鱼辣椒、姜末、葱段，煸炒出香味时，放入蟹粉、笋片、熟火腿片、木耳、菜头，略煸，舀入肉骨汤，倒入肉圆，加绍酒、精盐（6克）、味精，烧沸，用水淀粉（15克）勾芡，烹醋，出锅装盘，撒上胡椒粉即成。

成菜咸鲜辛香。鱼圆色形，猪肉做，鱼香味，形乱真。

[猪脚爪煮冻豆]

除奥地利人以外，西方人以前是不吃猪脚爪的，认为它践踏污秽。然而在20世纪90年代初，因为发现了猪蹄筋有防癌变、抗衰老、能美容的功效，便陡然走俏西方，一吨猪蹄筋竟卖到了2万美元。中国人将猪脚爪连皮带筋、带骨，用各种烹调方法制作出了多种美味佳肴，如卤制或腌腊成冷荤佐酒，烧焖成热菜下饭；糟制成炎夏的美馔，煨炖于隆冬来进补。由于皮、筋、骨同烹，使成菜润滑、酥软、腴美，滋味诱人。有些西方人来中国品尝猪脚爪后，便马上迷上了它。美国洛克菲勒家族第四代的一位女士，在上海吃了“冬菇炖猪爪”，回国后一直钟情于它，而且要带骨头啃，剔骨后反而觉得少了一份味道。

中国人把猪脚爪不仅当“菜品”，更把它当作“补品”。明·李时珍《本草纲目》载：“（猪）蹄……煮羹，通乳脉，托痈疽，压丹石。煮清汁，洗痈疽，渍热毒，消毒瓦斯，去恶肉，有效。”清代王士雄《随息居饮食谱》的评价更高：“猪蹄爪味甘、咸，性平。填肾精而健腰脚，滋胃液以滑皮肤，长肌肉可瘉漏疡，助血脉能充乳汁，较肉尤补。煮化易凝。宜忌与肉同。”

猪脚爪中含有大分子胶原蛋白、肌红蛋白、胱氨酸等物质，易于消化吸收。大分子胶原蛋白的结构有较大的空隙，蕴含着维持生命所必需的结合水。可以使人体因结合水减少等原因而出现的癌变、衰老等症状得到调节或延缓发生。此外，也有下乳滋补等功效。对于一些出血、失水症，有着预防和治疗作用，故古人有“较肉尤补”之说。

南通人的家常菜——“猪脚爪煮冻豆”，是过年时几乎家家都要做的一道菜，是一道集8种人体必需之氨基酸以及可口、养生、滋补于一体的家常菜肴。南通人简而化之，就喊它“冻豆”。

猪脚爪煮冻豆

做冻豆的原料就是猪脚爪儿和黄豆。黄豆先要浸。浸过一夜的黄豆能涨得双倍大。猪脚爪最烦神的是箝毛。用镊子把毛一根一根地往出扽，毛扽光了以后要先洗后焯，焯好了以后还要用刀刮，把猪脚爪儿刮得雪白。现在卖的猪脚爪本身雪白，看样子很干净，就不知道他是怎么搞的？传统方法是把刚杀好的猪放进滚开水盆里一泡，猪毛就软了，再用专用杀猪剃刀来剃。现在有些黑心的贩子是把有猪毛的地方往煮好的松香锅里一浸一烫，然后用冷水一泡，外面那层松香就凝固了，把那层松香一剥，毛就没有了。更有些缺德的是用沥青来褪毛。这些猪肉看起来很干净，吃起来就不放心了！松香在加热过程中会持续释放有毒物质，可通过皮层渗透并残留在动物体内，人吃了对身体有害。国家明文规定严禁使用松香、沥青等物质来褪猪毛。为了自身的健康，万万不能贪小便宜，在流动摊儿上买猪肉！菜市场和超市里的肉还是可以放心的。

煮脚爪的方法和白煨差不多。等脚爪煨得酥烂，就要把脚爪里面的骨头一根根地拆出来，把浸过、洗好了的黄豆倒进去再一起煨。要掌握好咸淡，汤水要稍许大些，万万不能烧板了底。再连汤带水一起倒在一个大的钵头里。因为猪脚爪富含胶质，所以一会儿时间就凝固了。要吃就用调羹挖上一点，实在方便。有些人家做冻豆不是用的猪脚爪而是用的肉皮，道理是一样的。考究的人家是既放猪脚爪又放肉皮。

[香酥盐水蹄]

“香酥盐水蹄”是南通典型的传统菜肴，是将盐水肴蹄煮酥焖烂后再油炸成菜，利用蒸与炸时的温度差，使猪蹄外皮酥脆内酥烂。肴蹄的鲜香又增加了油炸的干香，是一道南通传统的夏令美肴。原南公园招待所厨师长、特级烹调大师季忠擅作此菜。

香酥盐水蹄

[叉烤乳猪]

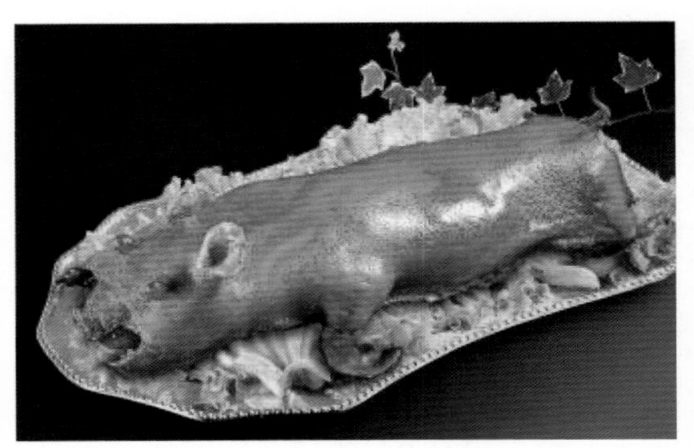
烤乳猪

“叉烤乳猪”即片皮乳猪，又叫烧乳猪、烤乳猪，古称“炙豘”，早在西周时就被列为“八珍”之一。

南北朝贾思勰《齐民要术》记有其烹法，是将小猪宰净，开小腹，用茅草填满腹腔，用榨木穿着“慢火遥炙”的。炙时，要“急转勿住”，涂清酒取色，再涂新猪膏或芝麻油。这样炙成的乳猪，“色同琥珀，又类真金，入口则消，壮若凌雪，含浆膏润，特异凡常也”。清《随园食单》所记，已改为开大腹，撑开，先炙内腔，后烧外皮，不使油尽落火上，其味方佳。叉烤乳猪若以烤法溯源，可上溯到五十万年以前，我们的祖先北京猿人发明用火熟食后，由于当时没有炊具，更无金属刀叉，对狩猎来的动物，只好整体放在火上烧烤而食。《齐民要术》之开小腹而烤与《随园食单》的开大腹而烤，正是“叉烤乳猪”的烹法在不断改善、发展提高的进程。

现在，烤的方法越来越多，各地不尽相同。“光皮乳猪”，是在烧前在猪皮上涂上糖醋，微火慢烤，再涂花生油，成品皮色大红，光滑如镜，外酥内嫩。“麻皮乳猪”，烤时旺火，不断反复地涂花生油，成品皮色金黄，皮上如芝麻般大小的气泡均匀密布，外皮特别酥脆。近年来出现的“图纹乳猪”，是将现代涂料技术运用到烤乳猪上，在光皮乳猪上烤呈出金龙图案，给人增添了视觉享受。

叉烤乳猪，过去是南通承办筵席菜馆的必备品种。南通有个俗规：海参席以下（包括海参席）的禽畜菜品，可以用炖、焖、煨、烧的烹法；鱼皮席（包括鱼皮席）以上的禽畜菜品，就要用烧烤的烹法；而“烤乳猪”则是鱼翅席以上筵席的大菜品种之一。南通还有个“行规”：饭店、菜馆的烧烤菜品不是由厨师出手，而是由烧火、挑水的杂勤工来烹制。所以,北京西郊宾馆的厨师总长管山，是南通李桂记菜馆的挑水工，就不足为奇了；而他之所以能做到全国知名度最高的大宾馆的厨师总长，就是凭着在李桂记从事烧烤时积累的一手绝技。

南通的烧烤技术相当普及，不像其他地方把烧烤作为厨行高精尖端的技术，还有专门的烧烤大师。其实，烧烤在远古时期就是最基础、最原始的烹法，并不是像今天这样，被弄得深奥莫测，几乎成了玄术！

曾几何时，南通和全国其他地区一样，菜肴一度以大众化的名义而被简单化所替代，烧烤菜品被视为为封资修服务的菜品而消失。20世纪80年代，为抢救这一失传的烹饪文化遗产，南通市烹饪协会从组织技术表演、比赛到恢复供应、编写菜谱等，做了不少抢救性的恢复工作。因消费量有限、饭店营运、价值观等原因，没能达到普及程度。为防止技术失传，特将制作方法作一介绍。

原料：

净乳猪1只（约重5000克）；白糖65克，豆酱100克，红乳腐25克，蒜泥5克，芝麻酱25克，洋河大曲7.5克，五香盐（五香粉10克、八角末5克、精盐350克、白糖150克调匀），烤乳猪皮水料〔糖稀（饴糖）75克、白醋500克、大红浙醋50克、绍酒10克调匀，加热溶解〕，花生油25克。

制法：

① 将乳猪开腔，从嘴一直开到尾宂，去内脏（留两个腰子），并沿中线将脊骨劈开，不能劈破表皮，使其呈平板形，洗净、沥干；于牙关节处，使上下嘴分离；剜出第三条肋骨和扇骨，于扇骨之厚肉和臀肉处，划开数刀，使之能摊撑自如，并容易入味和均匀受热。

② 将五香盐涂匀内腔，用铁钩钩着挂起，晾腌约30 分钟至猪身风干，再将豆酱、乳腐、芝麻酱、烧酒、蒜、白糖（25克）拌匀，涂上，继续晾腌20分钟；用铁叉从臀部插入，沿着皮下，穿过扇骨关节，直插至腮部（不能穿破腹部及肘皮）；上叉后，将猪皮向外，斜放，先用清水冲，去尽皮上油污，再用沸水浇，使其外皮稍涨紧，然后再在猪皮上涂皮水料。

③ 手持叉柄，将猪架于炭上，用小火先烤内腔约5分钟，至五成熟时取出。用4厘米宽的木条将内腔撑开。撑时再加一根竖撑，从臀部一直撑至颈部；两根横撑分别撑于前胛和后腿；三根木条连在一起，呈工字型，把猪身撑成半圆筒形。然后用草绳扎牢已经烤至弯曲的蹄肘，再用铁丝分别将前、后腿相对系牢，使全猪成俯伏状。

④ 将炉中火炭拨成前后两堆，烤猪的头、臀部约10分钟至嫣红色，即抹花生油于猪的外皮；然后再将火炭拨成直线形，烘烤猪的全身约30分钟至猪皮成大红色，便成。

烤时，铁叉要转得快而有节奏，火候要均匀；如发现猪皮隆起细泡，可用铁针扎小孔排气，但不可扎进肉里。

⑤ 片皮方法：

1）将烤好的乳猪连叉斜放在案板上，去掉前后蹄的捆扎物，在猪脊背的耳后和臀部后端各横切一刀，再沿脊中线切一刀，两旁各切两刀，切成大小相等的长方形猪皮4条，用刀片出。取大碗一只，覆盖在大盘正中，然后复放于盘上，抽出铁叉，使猪保持俯伏形。将片出来的猪皮切成32块，按原样覆盖回猪脊原处，供第一次上席。

2）待32块猪皮食毕，将猪取回厨房，去掉木条，按以下方法切取其他部位的皮肉：

将猪耳朵和尾巴切下，接着取出猪舌，直切两半；将前后蹄的下节条剁下一只，每只劈成两爿；在猪额上用刀直铲至鼻，取下皮肉；再将两边腮颊的皮肉铲下；将肾切成薄片；片下两边腹肉。

将以上皮肉用盘盛放，按以下顺序，皮向上，砌成原猪形：

将腹肉切成长4.5厘米、宽3厘米的块，放在盘中；再将额、鼻切成同样大小的块，放在腹肉中轴线的位置；腮肉也切成块，放在两侧；舌头放在鼻子的两侧，一侧一条；将猪耳朵竖立放在腮后两边；尾巴竖在腹肉的后边；前蹄摆在腹肉前方两侧；后蹄摆在腹肉的后方两侧；腰片排在腹肉的中间，即可供第二次上席供食。

［**烤方**］

烤方，又叫叉烤方、烤酥方，是江苏传统名菜，与烤鸭、烤鳜鱼一起被称为江苏“三叉”。至今广东、香港、澳门等地的叉烤鸭，仍被叫作“金陵烤鸭”。

烤 方

烤方与叉烧乳猪，都是我国远古时最原始的烹法。这两个菜堪称中华远古菜的姐妹篇，但孰姐孰妹很难说，只能说更原始、更具古韵的是“烤方”。因为烤方是不经任何调味，拿肉放进火里烧熟了就吃，最多桌上放一碟子甜面酱、一碟花椒盐，还有一点葱白段，让食客自己随意蘸食调味。

烤方，在江苏要数南通做得最多。按南通俗规，鱼皮席的禽畜就要用烧烤烹制，故烤方就成为畜肉的首选，不仅因其取料方便、烹制方便，成本也较低廉。笔者没有吃过烤方，但常听到南通老名厨刘明余、李铭义说起做烤方的特别方法就是不涂“皮水”，不加任何调味品。他们说，烤方的皮酥脆，因为是烤一次，刮一次，最后皮很薄，一碰就碎。客人就喜欢吃皮，不大吃肉，要吃也只吃最香嫩的里脊肉，还都是蘸调味料吃的……没想到，就凭着听来的这点知识，竟为抢救“烤方”发挥了作用。

20世纪80年代，江苏省烹饪协会和省旅游局为恢复“江苏三叉”，特请某地厨师到南京饭店表演制作，全省有声望的名厨悉数参加研讨。会上大多数人认为表演的三个菜，就是“江苏三叉”的标准做法。笔者将听闻到的南通名厨刘明余、李铭义的做法陈述了一遍。此话一说，四座皆惊。有的老厨师觉得说得对；有人认为“道听途说”不足为凭。当时，扬州商校的陶文台教授为缓解争论，说，可以开个江苏“老吃家”的座谈会，听听他们的意见后再说。笔者建议他打电话，问问扬州商校的老杨师傅（实验教师），是非便可能澄清。因此，“烤方”得以基本恢复了原貌。现将“烤方”的制法介绍于后。

原料：

猪五花肋条肉1长方块（约重3000克）；甜面酱100克，花椒盐100克，葱白段50克。

制法：

① 选皮约1厘米厚，带有七根肋骨的五花肉一块，用刀将肋骨从中间斩断（不能斩断肋肉），皮朝下放在砧板上；用刀将肉的四边修齐，成长约30厘米、宽约20厘米的长方块；再将削尖的竹筷，在肉上面遍戳许多深至肉皮的小眼（以便在烘烤时让热能辐射深部，并使气体流动、排出）。

② 用二齿铁叉，从肉块的第二根和第六根肋骨之间，顺骨缝插入，插到7厘米处，翘起叉尖，使叉尖走出肉面；间隔7厘米再同样插入，最后使叉尖从另一边叉出。再用两根两头削尖的竹筷，横插在肋条肉的两边，别在叉齿上（使肉块平整地固定在二齿铁叉上，烘烤时不致肉熟后下垂）。

③ 当炉膛内的芦柴或棉花秸、芝麻秸等，烧至无火苗、无烟时，把肉块（皮朝下）伸入炉膛内，离底火高约13厘米，烤约20分钟，至肉上水分烤干，肉皮呈黑釉色时离火；用湿布将肉皮润湿，刮去肉皮上的焦污，再按前法烘刮一次；然后在肉皮上戳小孔眼，再放入炉膛内用微火烤约20分钟。当肉皮呈黑釉色时取出，刮净皮上的焦煳物，翻过身，将肉骨向下烘烤均匀，至肋骨肉收缩，骨头露出时取出。经过4次烘烤，3次刮皮，皮已经很薄，肉也已烤熟均匀。最后，将肉皮朝下，用微火再烤半小时，使肥膘肉油渗进肉皮，发出吱吱响声时拿出。抽去铁叉、竹筷，用刀刮净肉皮和周围的焦屑即成。

④ 先将烤方的肉皮取下，趁热切块；若已酥脆异常，就用铁钩敲碎肉皮上桌；再将里脊肉切成薄片；最后将肋条肉切薄片，分装于盘中。上桌时带甜面酱、花椒盐、葱白段，用空心饽饽夹食。

［硝水肉］

硝水肉，通过批量腌制卤煮而成，食用时改刀装盘，肥白瘦红，口味特别鲜香。由于煮时加入了桂皮八角，所以必须避免铁制锅具，否则会影响成品色泽。

硝水肉

原料：

猪前夹心或后腿肉1000克；盐200克，姜块10克，葱段10克，味精3克，白糖20克，绍酒50克，桂皮1片，八角2只，花椒8粒；硝水150克。

制法：

① 将猪肉改切成约10×12厘米的长方

块，放入容器，用竹签在肉块四周戳上孔眼，再加盐195克，硝水、姜片各5克，花椒、葱段各5克，揉擦透，用重物压上腌制24小时。

② 将肉块取出，洗净，入冷水锅焯一下，捞出。

③ 锅内放入煮硝水肉的老卤，上火，放入肉块，放入姜、葱各5克，桂皮、八角、糖、盐，大火烧开后加入绍酒、味精，改小火焖至七八成熟时（不宜过分酥烂）取出即可。

［**糖醋排骨**］

糖醋排骨是一道常见的冷菜，其色泽红亮，卤汁透明，酸甜适宜，味香可口。

糖醋排骨

原料：

猪肋排1000克；白糖300克，盐7克，香醋50克，绍酒20克，葱段5克，姜块5克，色拉油1000克（实际无损耗）。

制法：

① 将肋排剁成骨牌块，加葱段、姜块、盐、绍酒、硝水拌和，腌渍1小时左右。

② 炒锅上火，放油烧至七成热时，将排骨分两次下油锅炸，炸至外表鲜红，表面成膜时捞出，不可重油。

③ 锅内留少许底油，下葱段、姜块略煸，倒入排骨，烹绍酒，加清水浸没排骨，加白糖，旺火烧沸，改小火烧透后，再改用大火，经两次撇去浮油，收浓汤汁，烹入香醋，颠翻出锅即成。

特点：色泽红亮，卤汁透明。

饭店里“糖醋排骨”的做法是“三不一要”：三不，即不放酱油，不勾芡，不盖锅盖；一要，即要撇两次浮油。

中国人吃猪头、猪耳（又称双层皮）、猪尾巴（又称皮打皮）、猪蹄、猪爪，主要是吃皮。《黄帝内经·素问·阴阳应象大论》中指出“肺生皮毛”，亦即皮毛乃由肺的精气所生养，说明了“皮”之本质。猪皮中富含胶质，所产生的滋感和滋补养生效果，在西汉名医张仲景《伤寒论》中所介绍的“猪肤汤”中称之为可治“少阴下痢，咽痛，胸满，心烦”。现代医学已经弄清楚猪皮的蛋白质含量为猪肉的2.5倍，主要成分是胶原蛋白和弹性蛋白，其中胶原蛋白含量约在85%，它与细胞结合水的能力相关，对人体的某些组织产生影响，并能改善微循环，加速细胞与血红蛋白的生成，起到补精血、滋润肌肤、光泽头发、延缓衰老的作用。中国人吃皮的方法、用皮的功效，早已登峰造极，出神入化了。

猪皮一向为大洋彼岸的白色人种弃之如敝屣。但“忽如一夜春风来，千树万树梨花开”，在20世纪80年代末，美国掀起了规模空前的“猪皮热”。市场上这家推出了总统“炸肉皮快餐”，那家准备了“肉皮软糖”；菜馆里大量销售着“猪皮沙拉”，代理商充足供应“炸猪皮”。一切科学的饮食生产、供销手段，都投向了猪皮，顾客也如痴如醉，对肉皮趋之若鹜。追溯这股狂潮之源，乃因新上任的总统布什（乔治·赫伯特·沃克·布什，即老布什）酷嗜炸肉皮。总统嗜肉皮，臣庶趋不舍。为什么布什忽然嗜起肉皮来呢？因为他1974年被福特总统任命为美国驻北京联络处主任时，经常和夫人芭芭拉骑着自行车在北京的大街小巷里转悠，尝遍了中国的美味佳肴，不知什么时候竟迷上了中国的肉皮菜肴。1988年布什登上了总统宝座后，肉皮顿时在美国成了珍品。食客们如大梦初醒，方知猪皮原来竟然滋味鲜美，营养丰富，还有润肤、泽发美容之功效。为了肉皮，商战中各出奇招。亚特兰大戈兰达德公司的布洛克先生竟然跳出来说，炸猪皮是他父亲发明于1932年。这意味着不获专利也得享受殊荣。据说布什在美国吃的肉皮仅是用微波炉爆出后，蘸辣酱吃而已，这和他在中国吃的肉皮相比，不免寒酸。

美国的猪皮热，说明了中国烹饪文化的博大精深和长盛不衰。中国的“四大发明”已被人家所追赶，唯独烹饪，别人家正在追着我们学呢！

4、禽蛋之乡话禽馔

20世纪80年代，南通海安县因“百万雄鸡下江南”而闻名全国，1997年被授予“中国禽蛋之乡”。世界八大名禽之首的狼山鸡就产于南通。

禽肉质地柔嫩，肌肉组织中富含苷肌酸、乌苷酸，鲜香特别浓厚，营养丰富，易被人体吸收，适宜于任何烹调方法。禽馔有千种以上，是肉食中最受人们青睐的品种。

一说起狼山鸡，南通人没有哪个不知道。以前中学动物学的课本里就写明了它是我国著名的蛋肉兼用型的地方鸡种，产蛋多、蛋体大，体肥健壮、肉质鲜美，出产地在江苏南通。

狼山鸡按毛色主要分为黑白两种：黑的

百万雄鸡下江南

狼山鸡

叫“狼山黑”，羽毛黑而有甲虫绿闪光；白颜色的叫“狼山白”。“狼山白”的数量极少，它的羽毛是雪白的，再配上鲜红的鸡冠，特别好看。还有一种“狼山黄”，鸡嘴、脚、羽毛是火黄的颜色，当地人迷信，认为用这种鸡来祭祀神祖会引起火灾而逐渐被淘汰。狼山黑鸡是个U字形，头昂尾巴翘，鸡冠竖得笔直，羽毛紧密、有光泽，活泼好动，行动灵活。成年公鸡的背上、尾巴上的毛有墨绿色的金属光泽；不仅毛是黑色，鸡脚、鸡喙也是黑颜色。但它有三块地方是白色：脚底板是白的，皮是白的，鸡油也是白的。

英国船长克劳德

关于“狼山鸡”还有一段有趣的故事。远在1872年，一艘英国商船停在南通附近的长江里，炊事员上岸买了一批黑鸡上船做菜。因为鸡肉极其细嫩，味道又非常鲜美，船长克劳德十分惊奇，像得到了个宝贝，就把剩下来的几只鸡带回英国。哪晓得到了后来，这种黑鸡竟然在英国的家禽展览会上展出并受到欧美各国养禽专家的一致好评，还得了金质奖章，被评为世界八大标准优良鸡种的头一位。再往后又传进了欧、美、亚、澳、非等洲。狼山鸡在国外经过进一步选育，再与当地鸡杂交又培育成了新的品种，例如著名的美国的“洛岛红”、欧洲的“奥品顿”、澳洲的“海波罗”“澳洲黑”等种鸡，所以说狼山鸡对世界养鸡业是有贡献的。因为这种鸡是从南通狼山出口，所以被叫作“狼山鸡”，道理和新疆的哈密瓜一样。哈密瓜也是因为要从哈密出口，所以被叫作了“哈密瓜”。其实狼山鸡的原产地是如东，是以马塘、岔河为中心，旁及到掘港、栟茶、丰利以及双甸、通州的石港等地，原先叫岔河大鸡、马塘黑鸡。1959年成立的如东县狼山鸡种鸡场，专门从事狼山鸡保种、改良和繁育工作，也是国家农业部承认的唯一一家狼山鸡的养殖基地。

狼山鸡家乡的人们不仅会育鸡，更会吃鸡，很讲究狼山鸡的烹调。狼山鸡吃法也很多，有整只吃的；有改切成丁、丝、片、条、块、茸的；有专吃鸡肉或专门吃汤的，还有吃内脏或下脚、骨骼的。根据不同季节和肉质老嫩决定烹调方法，如炒、烧、溜、炸、炖、焖、煨、白卤、红卤、熏烤等等，花色品种有百种之多，用狼山鸡烹制的菜肴，品种千呈，滋味美不胜收。南通的厨师们还从实践中取得的经验对狼山鸡做出了一番总结。

讲究按鸡发育程度分别制作不同菜肴。狼山鸡自孵化后约70天左右，正当端阳佳节，幼鸡发育已成童鸡；适逢麦黄竹笋上市，又称笋鸡。这时雌雄已能完全分辨。未开啼的雄鸡蛋白质较为丰富，尚无脂肪积蓄，骨骼未曾钙化，性器官还未成熟，肉质十分鲜嫩。根据民间宰雄留雌的习惯，以爆炒、酥炸为主，红烧辅之。切丁爆炒时不将鸡的软骨除尽，食用时别有一番风味；如红烧即配以麦黄笋和“端午景”——青毛豆，合三鲜为一鲜，白、绿、黄相间，色彩调和。

狼山鸡饲养到5个多月时值中秋佳节，这时无论雌雄个个膘肥肉壮，已到成年，称为新鸡。新鸡体内脂肪充裕，蛋白质丰富，骨骼钙化，性器官成熟，上市量较大，无论公母鸡均可卤制、炸烹、烧焖、清炖、斩茸、切块等。尤以整鸡出骨后酿以八宝，其味尤佳。

春节以后，狼山鸡饲养约有250天左右，是隔年的壮鸡。母鸡处于产蛋早期，体内脂肪饱和，蛋白质极为丰富，精力旺盛，其营养价值很高，肉质特别鲜肥，最适宜清炖、卤制，也可以煨焖、炸烹。如需切片和切丁或斩茸，应用鸡脯或鸡里脊。名菜“清炖狼山鸡”就是采用此时活母鸡。而雄鸡则早在冬至前后风腌，“风鸡�肉”即为春节期间当令特菜。

讲究按鸡肉老嫩采用不同的烹制方法。狼山鸡肉质有老有嫩，其处理方法各异。如中秋节左右，因鸡肉老嫩适中，最适合做“香酥狼山鸡”。做香酥狼山鸡，需用花椒、盐、绍酒浸渍2小时后上笼蒸烂后酥炸。而端午节前后的“香酥肴鸡”，因鸡肉太嫩，只需在煮肴肉的卤锅中煮沸，即可酥炸，同样可口。同样的鸡汤，要求又有不同。“清炖狼山鸡”要求清汤见底；而“白汤狼山鸡”则需汤汁浑厚、色泽乳白；再如“神仙狼山鸡”，需加猪油同烧，汤香皮烂，色泽微白即成。

讲究调味，以增加制品的特殊风味。烹调狼山鸡应根据情况辅以不同原料和辅助料。如香酥肴鸡，炸前在白卤锅中煮后，吃起来更觉香鲜；而清炖狼山鸡，加以火腿脚爪同炖，吃起来可增加腊香；白切狼山鸡佐以芫荽更感清香。用狼山鸡制作的名菜很多，当地厨师制作鸡类菜肴的技艺传承有序，积累了丰富的经验。尤以清炖狼山鸡最为著名。此菜系1912年由南通长桥“益兴楼菜馆”许宏老师傅创制，以鸡肉酥烂离骨、汤汁澄清见底、鲜味浓郁，兼有腊香、肥美滋补的特色而享誉70余年。南通老一辈已故名厨张子清和刘明余分别制作的“鸡茸美人白菜”和“鸡粥白菜心”，在食客中享有盛誉。新中国成立后，本地名厨继承了先辈的传统技艺，也创制了一些名菜，如划炒鸡片、芙蓉鸡丝、鸡粥菜花、炸烹鸡块、悟空鸡等，受到食者的普遍喜爱。

南通人熟悉的张爱萍将军对狼山鸡情有独钟，而且特别欣赏“鸡包翅”。他说，鸡好吃，翅也有原味，真是个好构思。他很赞赏“纸包鸡片”，认为这是一种保鲜、保水、保油、保嫩、保味的“五保法”。

［清炖狼山鸡］

南通名菜“清炖狼山鸡”，20世纪80年代被编入《中国名菜谱》《中国烹饪辞典》；20世纪90年代被收入《中国烹饪大百科全书》；1995年被编入《中华饮食文库·中国菜肴大典》（禽鸟虫蛋卷）。

原料：

活新狼山母鸡1只（约重2000克），火腿脚爪半只（约重100克）；绍酒50克，精盐5克，葱白段5克，姜片5克。

制法：

① 将鸡治净，焯水；火腿脚爪焯水，刮洗干净。

② 把鸡、火腿脚爪一起放入有竹箅垫底的砂锅中，舀入清水1500克，加入葱段、姜片。

③ 盖上砂锅盖，先置中火上烧沸，加绍酒，撇去浮沫，再移至微火上炖约2小时，取去火腿脚爪、竹垫、葱段、姜片，加入精盐，烧至微沸，离火即成。

成菜汤汁清澈，鲜味浓郁。

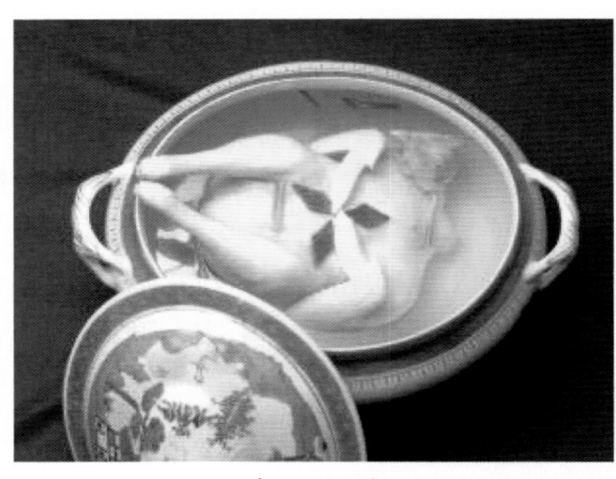

清炖狼山鸡

［**黄焖狼山鸡**］

“黄焖狼山鸡”，2014年6月被评为“南通市十佳名菜”。

原料：

净狼山鸡1只，栗子肉250克；葱段5克，姜末5克，酱油2克，白糖2克，盐2克，味精3克，色拉油50克。

黄焖狼山鸡

制法：

① 将狼山鸡斩成块，焯水。

② 炒锅上火，倒入色拉油，加葱、姜炝锅后倒入鸡块煸炒，烹入料酒，加酱油、糖、水、栗子，用大火烧开后，改中火焖至汤汁紧浓，加盐、味精，调好味即成。

味型咸鲜。成菜馨香腴美，美不胜收。

［**盐焐鸡**］

南通城建于后周显德五年（958），有一千多年的历史。在建城之前这里还是南黄海中的沙洲、水泊。当和陆地慢慢相连之后，先民大都以海水煮盐为生。南通有盐生产管理建制“盐亭”，沿海一带至今还在用的一些地名都留有从前烧盐的“灶名”痕迹，例如秦灶、姜灶、袁灶、唐洪灶等。而南通西北部的地史年龄可追溯到新石器晚期。据史料记载，西汉时吴王刘濞

盐焐鸡

从扬州到如皋开凿了盐运河，并在海安、如皋大力发展海水烧盐，使其成为中国有名的海水烧盐之地。

“盐焐”是南通古代盐民创造的一种烹调方法。盐灶临海而建，盐民家居距离海水较远，烧盐的盐民势必带饭。盐民所带饭食一般为杂粮和薯类，菜肴都是就地取材，如海中的鱼虾、龟蛙、贝类，滩涂草丛中的野雉、野鸭及鸟类等等。成熟的方法是就灶而烹，除杂粮要用芦叶或其他植物叶包裹外，其他食物只要清洗洁净，不放任何调味品，只把原料投入即将结晶的盐水锅中，等盐结晶时食物便已成熟，从盐中扒出便可食用。其味道之鲜香无与伦比，香飘百米之外。

下面给大家介绍2014年6月被评为“南通市十佳古典名菜”的一种原始风味做法的南通名菜：“盐焐鸡”。南通烹饪技师邱志峰擅作此菜，且功夫独到。

原料：

新嫩肥母鸡1只（二斤半重），以狼山鸡为佳。猪网油1张，大约半斤，干荷叶4张；绍酒100克，姜、葱各50克，花椒40粒，精盐5克，酱油100克，绵白糖10克，粗盐7.5千克，生鸡油100克，整棵葱50克。

制法：

① 把鸡宰杀、褪毛、去内脏、洗净，斩去爪，斩断颈骨，将小腿骨塞入大腿内，用七成热水把鸡皮烫紧，捞起沥去水分。

② 用盐、花椒擦遍鸡身，然后用酒、酱油、姜、葱、花椒、糖浸渍2小时（经常翻身），拣去姜、葱、花椒；把猪网油摊平，把鸡放在网油上，生鸡油用开水烫后塞进鸡腹内，然后将鸡包入网油内；将荷叶摊平，放上整葱、姜片，再将网油包好的鸡放在荷叶上，包好扎紧。

③ 取深锅一只上火，把粗盐放入翻炒，待九成热时在中间挖开一坑，把包好的鸡放入盐坑中，用四边的盐将鸡身埋没，盖上锅盖，四边用湿布捂紧封密用微火加热，焖1小时左右（焖时要不断转动锅身，以保证鸡受热均匀）。待锅内盐稍凉时，揭去锅盖取出鸡，再把盐加热至九成热，如上法将鸡原朝上的一面朝下放入盐坑，再烹制1小时左右取出即成。食时打开荷叶拣去姜葱，把鸡摆入盘中，撕掉网油筋络即可食。

成菜咸鲜味型，鸡肉酥烂，鲜香四溢。

［炸烹狼山鸡块］

炸烹狼山鸡块，是烹饪摄影美容技术学校实验店——桃李村菜馆的招牌菜，乃该校校长、高级烹调技师张兰芳所创制。因狼山鸡体形大，整只做菜，人少吃不了，故改用鸡块，以方便顾客食用。面市以来，食者云涌。不管是筵席、散席，大家都点这道菜，有的顾客还要带回去给家人品尝。张兰芳因此又新增了炸烹鸡串，专供外卖。于是堂吃、外卖更是供不应求，即使烹制数量再多，也不够供应。一时间，桃李村的“烹狼山鸡块”风靡通城，有口皆碑。

烹狼山鸡块的做法是：取狼山鸡童鸡（新鸡）切块，用生姜、葱、花椒、酒、盐，腌渍2小时后，直接下八成热的大油锅，炸至鸡块浮起后捞出；待油温再升至八成热时，再将鸡块重油（炸）一遍后捞起。锅中留油少许，下少量花椒和洋葱、姜、葱煸炒出香味后，将花椒、姜葱捞出，放入鸡块，加上海梅林黄牌辣酱油和料酒、白糖、鸡精等。让鸡块入味后，淋芝麻油、撒葱花，起锅装盘即可。

烹鸡块，具有特殊的干香、椒香、鲜香、腴香、鸡香，是味美异常、风味独特的鸡馔。其采用上海梅林黄牌辣酱油为主调味料，加适量的糖醋。辣酱油，实为洋葱油和鸡汤酿制而成，没有一点辣味，只有一种特别的鲜香，微酸带甜，诱人食欲之味。

烹鸡块是一款成功的创新之作，是受众多舌尖测试之后的寻味杰作。老幼皆宜，雅俗共赏。

[风鸡斢肉]

南通有不少人家在年前，多少不等总要自己腌点咸肉，风几只鸡、几条鱼，灌点儿香肠，好像已经形成了一种习惯。因为腊月里天气干冷，腌的东西放得长，又不会坏。清朝南通人黄金魁在《渔湾竹枝词》里，就有“大家磨屑办年糕，腌肉风鸡置酒肴”的风俗描写。过去，南通人在冬至以后就要开始腌狼山鸡。腌制方法是：选取肥壮雄狼山鸡，宰杀，去内脏，不摘毛，不用水洗，用花椒盐擦遍鸡身内外，用绳扎紧，挂在屋檐下风干。

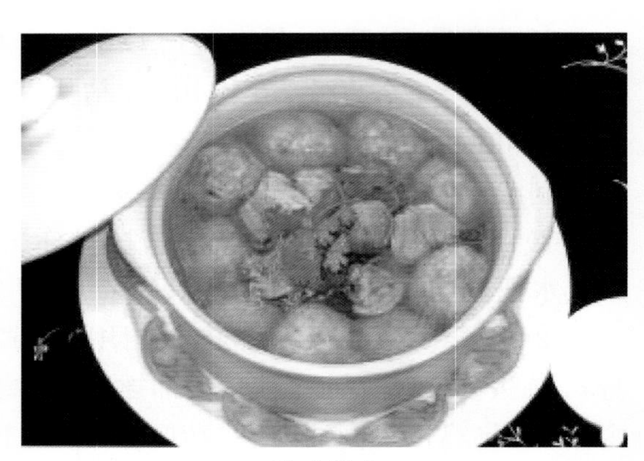

风鸡斢肉

用风狼山鸡为原料，可以做出很多美味肴撰，“风鸡斢肉”就是一例。该菜20世纪80年代被收入《中国名菜谱》《中国烹饪辞典》，1995年被收入了《中华饮食文库·中国菜肴大典》（禽鸟虫蛋卷）。

原料：

风狼山鸡1只（约重2000克），猪五花肉500克；绍酒50克，白糖35克，酱油30克，精盐3克，味精5克，姜葱汁50克，水淀粉25克，色拉油75克，上汤2500克。

制法：

① 将风鸡摘毛，斩去头爪，下冷水浸泡约2～3小时（排出部分咸味），治净，剁成约4×3厘米的长方块，再下清水浸泡约1小时，捞入沸水锅中焯水，洗净沥干待用。

② 锅置火上烧热，放入色拉油50克，投入风鸡块，煸炒至表皮紧缩，烹入姜葱汁25克、绍酒25克，倒入砂锅内，加入酱油15克、白糖15克和上汤，先在大火上烧沸，再移小火焖制。

③ 将猪五花肉肥肉切成小粒，瘦肉细剁成茸，再将肥瘦肉合并粗斩几下使其黏合后放入盛器内，加入姜葱汁（25克）、绍酒（25克）、精盐、味精、白糖（20克）、酱油

（15克）和适量清水，拌匀上劲。

④ 双手沾上淀粉水，把拌好的肉茸，捏做成10个大扁肉球，用油将两面煎黄后，排放在炖风鸡的砂锅中，加盖烧沸，移小火焖约2小时即成。

此菜鸡酥肉嫩，腴鲜腊香，原汁原味，为春节期间宴请宾客之上乘风味佳肴。

[火腿炖凤盘]

原料：

母鸡子肠（胎盘）12只，老母鸡肉500克，金华火腿50克；盐，味精，料酒，葱，姜，香菜，黄瓜，圣吉果。

制法：

① 将母鸡肉成熟，扣入碗中，上蒸笼蒸制半小时；

② 将子肠12只漂洗干净，出水备用；

③ 锅中放入鸡汤，加入子肠、火腿，同炖约3小时；

④ 将碗中蒸制好的老母鸡肉，扣放在汤碗中间，四周围以子肠、火腿，即成。

特点：造型美观，滋感别致；口味鲜美，营养丰富。

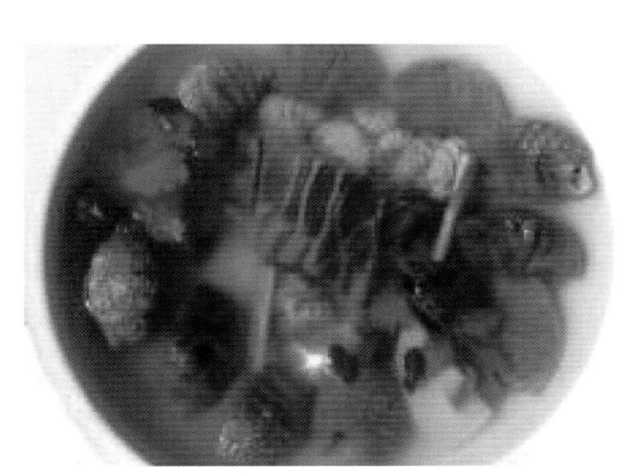

火腿炖凤盘

［凤戏牡丹］

“凤戏牡丹”是南通传统名菜，即银耳炖鸡。因银耳泡发后形似牡丹，鸡喻为凤凰，故名“凤戏牡丹”。此菜在南通流传数百年，20世纪50年代，南通厨师将海底松取代了银耳，使此菜的色、香、味、形、养诸方面更臻完美，获得食客们特别是老饕们的普遍赞扬。

成菜后，海底松像一朵牡丹花浮于鸡汤之中，鸡鲜蜇香，鸡烂蜇酥，口感、味感、观感俱佳。

凤戏牡丹

［扣 鸡］

“扣鸡”是南通传统宴席上一道不可缺少的传统鸡馔。食材系选用当年小母鸡，肉鲜鸡嫩。既可当冷盘，又可作热菜，最受宾

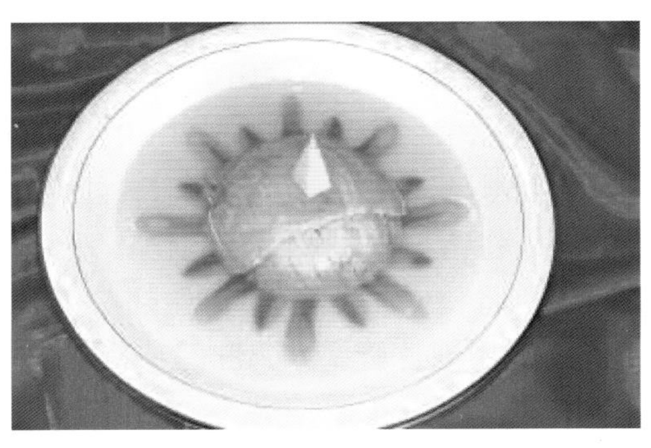

扣 鸡

客欢迎。

其制法是将熟鸡切成条状排列在扣碗内，加原鸡汤蒸制后以茨菇垫底反扣于疋（敝）子碗中。因原汁原味，故鸡酥菜鲜。

鸭鸭列队走江湖

[油焐脆皮鸭]

“油焐脆皮鸭”，是南通已故老前辈特级厨师刘树森创制于20世纪60年代的美馔。他用外炸内煮的特殊加工方法，使原料不失去间质水和脂肪，既保持了菜品的原汁原味，又使鸭皮干香酥脆，鸭肉白嫩鲜香。若将鸭翅、颈、骨架煨汤，则又会得到一味汁浓汤鲜的美味佳肴。一鸭两吃，风味独特，深受老饕们赞赏。1995年此菜被收入《中华饮食文库·中国菜肴大典》（禽鸟虫蛋卷）。

油焐脆皮鸭

原料：

当年活母鸭1只（约重2500克），特制荷叶夹20只；绍酒250克，白糖25克，饴糖50克，大红浙醋20克，精盐10克，特制甜酱100克，葱结5克，姜片5克，花椒2克，鸡清汤100克，生鸭油25克，调和油2000克（实耗100克），芝麻油10克。

制法：

① 将饴糖、白糖、大红浙醋、绍酒（50克）用热水溶解，拌匀成皮料水待用。

② 将鸭宰杀、治净，在左翅腋下开一约4厘米长的小口，摘去内脏、食管、气管，洗净沥水，用细竹管塞人鸭肛门（有节的一头在鸭体外）；再从开膛口放入绍酒200克、生鸭油、鸡清汤、花椒、精盐、姜片、葱结；把皮纸揉成球形，堵塞窝下开膛处；用麻丝在鸭肩以上3厘米处扎实，再把鸭头扭转与鸭肩平行，用麻丝将鸭与鸭翅一齐扎实。把扎

好的鸭放在沸水锅内烫2分钟，使鸭皮绷紧，捞出抹上一层皮水料吊在阳光下待其风干约2～3小时。

③ 将锅置于火上，舀入调和油，将鸭放入锅内，待油温升至六成热时离火，焐15分钟后再上火加温，至鸭皮呈枣红色时即出锅。在鸭身满刷芝麻油后再入热油锅，复炸至鸭皮酥脆即成。拔去竹节，拆掉麻丝、皮纸。将鸭腹腔卤汁倒入碗中待用。

④ 食时，先上片鸭皮，再上鸭脯肉。用甜酱、荷叶夹夹食。剩下的鸭腿、颈、翅骨架剁成块，同鸭卤一起煨成浓白汤，作汤菜上席。

成菜味型咸鲜香；鸭皮干香酥脆，鸭肉白嫩鲜香，不是烤鸭胜似烤鸭。

［子母鸭会］

“子母鸭会”是一款以南通海安特产——里下河麻鸭为食材的菜品。成菜肉质酥烂，汤汁鲜醇，为不可多得的秋季美食。

原料：

里下河麻鸭1500克（1只），河虾50克，鱼肉200克，蛋清2只；色拉油，姜，葱，蒜头，干辣椒，味精，食盐，料酒，花椒。

制法：

① 麻鸭宰杀、去内脏，留鸭血、肝、心、肫、肠，洗净，焯水备用。

② 锅置旺火烧热，倒入色拉油，下蒜头、姜、葱、花椒、干椒煸出香味后，加水烧开；将焯水的鸭及心、肝、肫、肠，炖约2小时，至熟。

③ 鱼肉斩成茸，用羹勺制成小鸭型，用河虾制作成头尾，上笼蒸好备用。

④ 将炖好的麻鸭，加入鸭血同炖，调味；把制好的小鸭子点缀在汤中。

子母鸭会

香芋烧竹鸡

［香芋烧竹鸡］

香芋和竹鸡都是南通稀有的美味。

香芋又名“土圞儿”，质地比栗子酥糯，有栗子的香味。只有长江下游有香芋出产，但由于产量低、生长周期长而濒于绝种，目前只有启东和海门两县还保留了这一品种，但数量极少。

竹鸡是一种栖息在山丘薮地竹间的野禽，又名“鸡头鹘”，外形有点像雌雉，全身羽毛呈栗色带有白斑，喜啄食竹笋蛀虫，是一种珍贵的野味，肉质鲜香，食法多样，因其肌肉较紧实，以烧、卤为好。竹鸡与香芋同烧，更具特殊风味。

南通名菜“香芋烧竹鸡”，20世纪80年代被收入《中国名菜谱》《中国烹饪辞典》，1995年入编《中华饮食文库·中国菜肴大典》（禽鸟虫蛋卷）。

原料：

竹鸡2只大约750克重，香芋300克；酱油，白糖，精盐，绍酒，葱结，姜片，水淀粉，花生油。

制法：

① 将竹鸡焖死治净，剁成长方形块，用酱油、绍酒、姜、葱浸渍。香芋去皮洗净，切成块。

② 锅置旺火上，舀入花生油，烧至八成热时，分别将鸡块、香芋块入锅过油。

③ 原锅置旺火上，舀入花生，倒入鸡块，加白糖、精盐及适量清水，烧至鸡块六成熟时，再投入香芋同烧15分钟左右即成。

成菜咸鲜，竹鸡鲜美馨香，香芋栗香浓郁，是稀有的野味。

油菜花田

（二）蔬果野菜

陆游

李渔

“霜余蔬甲淡中甜，春近灵苗嫩不蔹，采掇归来便堪煮，半铢盐酪不须添。”陆游对蔬菜颇有研究，他在诗中说，吃蔬菜要趁新鲜，吃本味无须调味品，也甘甜鲜美。

出生在南通的李渔说：“论蔬食之美者，曰清、曰洁、曰芳馥、曰松脆而已。不知其至美所在，能居肉食之上者，只在一字鲜。”用“鲜”字概括蔬食之美者，可谓抓住了核心。蔬菜因清幽、新净、鲜美、养生、可口，一直受到人们宠爱，在饮食文化中占有很高的地位。

蔬菜的品类

土地给人类最大的奉献是什么？是从它怀抱里生长出来供人们食用的植物，包括粮食、蔬菜、瓜果、花器、种子、野菜等，据不完全统计有456个品种。这些可食植物是维持人类正常生长发育、供给能量、维持健康、修补损失、调节生理机能等必不可少的来源。人们一天三餐，粮食、蔬菜是一顿也不能缺少的基本食物。

就拿我们最熟悉、顿顿都离不开的蔬菜来说，就有350多个品种。这里没有必要将其逐一介绍，就说说我们食用蔬菜的八大类。若有兴趣，可按图索骥，排出你到底吃过了多少品种。

（1）根菜类：以肥大的根部作为食用的蔬菜。

①直根类——食用其肥硕的主根，如萝卜、胡萝卜、大头菜等。

②块根类——食用其肥大的侧根，如山药等。

（2）茎菜类：以肥大的茎部作为食用的蔬菜。按其生长情况，又可分为：

①地上茎——生长在地上，如莴苣等。

②地下茎——生长在地下（土内），又分块茎，如马铃薯；球茎，如茨菇；根茎，如生姜；鳞茎，如洋葱；嫩茎，如竹笋等。

（3）叶菜类：以叶片、叶柄作为食用的蔬菜。又分为：

①普通叶菜——如菠菜、茼蒿、苋菜等。

②结球叶菜——如黄芽菜、卷心菜等。

③辛香菜——如大葱、韭菜、大蒜、蒜苔等。

④芳香菜——如芹菜、香菜、香莴苣等。

（4）花菜类：以肥嫩的花枝作为食用的蔬菜。又分为：

①花器类——如金针菜、番瓜花、玉兰花等。

②花枝类——如花菜、西兰花（绿菜花）、紫菜薹等。

（5）果菜类：以果实或种子作为食用的蔬菜。

①瓜类——如黄瓜、丝瓜、冬瓜等。

②茄果类——如番茄、茄子、辣椒等。

③豆类——如毛豆、豇豆、刀豆等。

（6）菌藻类：以菌的子实体作为食用的蔬菜。如香菇、蘑菇、木耳、地耳、竹荪、紫菜、石花菜、发菜、软丝藻、松茸、鸡枞等。

（7）水生类：以水生植物作为食用的蔬菜。如藕、菱、莼菜、蒲菜、荸荠、茭白等。

（8）野菜类：以野生植物作为食用的蔬菜。如荠菜、马兰头、苜蓿、马齿苋、枸杞头、香椿头、鱼腥草、萝卜缨、蘘荷、艾草、菊花脑等。

（三）居家菜蔬

蔬菜可提供人体所必需的多种维生素和矿物质等营养物质。蔬菜的营养物质主要包含蛋白质、矿物质、维生素等，这些物质的含量越高，蔬菜的营养价值也越高。据国际粮农组织1990年统计，人体必需的维生素C的90%、维生素A的60%来自蔬菜，可见蔬菜对人类健康的贡献之巨大。此外，蔬菜中的水分和膳食纤维的含量也是重要的营养品质指标。许多蔬菜还含有独特的微量元素，对人体具有特殊的保健功效，如西红柿中的番茄红素、洋葱中的前列腺素等。蔬菜需要加工才能够食用，如果加工不当（例如清洗、烹调等）其中的营养素就很容易流失。蔬菜更加有营养的加工烹饪方法如下：

（1）蔬菜应先洗后切。因为蔬菜中含有大量的维生素，而维生素C、B_1、B_2、烟酸等又是水溶性维生素，很容易溶解于水中，如果把整个的菜放入水中清洗，然后再切，这样就可以减少维生素C和其他水溶性维生素的流失。反之，如果将切好的菜放入水中，甚至泡在水中，由于大大增加了蔬菜损伤面积与水的接触，将使大量的维生素C随水而去。

（2）蔬菜不宜用清洁剂清洗。很多人为了能够洗净蔬菜上的残留农药，会在洗菜的盆里放入清洁剂。其实，当蔬菜快要成熟的时候就不会再打农药了，而在这期间残留农药早就随空气飘走了，所以直接用清水清洗就可以了。否则清洁剂是很难从蔬菜表层中清洗掉的。除非洗上几十次，最后蔬菜也洗烂了，各种营养素也没了，而且还浪费了大量的时间。

（3）一些带皮的蔬菜最好连皮一起吃，例如茄子、萝卜等。因为皮中的维生素含量要比里面的肉含量高，所以建议大家在吃的时候不要削皮，这样即避免了营养素的流失又节省了时间。

（4）在蔬菜烹调过程中，最好用大火炒。因为蔬菜加热的时间越长，其中的营养素流失就越多。如维生素C，在50～70℃时损失最大，若75℃以上损失就很小。所以，烹调的时间越短也就越好。烹调一定要旺火热锅；加水最好加开水，不要加冷水；要随煮随吃，不宜长时间放在锅里等人，更不能等冷了再重新加热。

（5）很多人在烹调蔬菜时喜欢放点碱面，其实这是不对的。因为碱会破坏其中的维生素。如果加点果醋，恰恰可以起到保护维生素的作用。

（6）蔬菜只有在生吃的时候，才能更有效地接触人体黏膜细胞，进而更好地发挥作用。同时，生吃蔬菜中的营养物质含量，不仅远远超过熟食，而且具有阻止上皮细胞发生恶变的作用，因此可以阻断致癌物质与宿主细胞的结合。如生蔬菜中的β胡萝卜素、木质素、挥发油、酶等，被人体吸收后可以激发巨噬细胞的活力，增强免疫力，把已经癌变的细胞吞噬掉，起到积极的抗癌作用。

下面介绍几种南通特有的蔬菜品种以及它们成菜的方法。

1、黑菜之恋

鲜遍大江南北的黑菜，据说只有南通才有，其他地方也有叫黑菜的菜，但和南通黑菜的口味还是不一样。身在外地的南通人，只要一吃到家乡的黑菜，就好像梦回家乡神游了一番，兴奋之情溢于言表。“故乡何处是，忘了除非醉”，南通黑菜是江海游子铭刻在心中对故乡的恋情。

2006年春节前夕，南通电视台“总而言之”栏目到北京去采访范曾，带去的就是正宗的南通黑菜。范先生欢喜得不得了，认为黑菜是南通“清雅风味”的代表。

顾秀莲在担任江苏省省长的时候，冬天到南通来是餐餐离不开黑菜，就连吃面条、稀饭，也要吃用黑菜做的菜面、菜粥。回去的时候，汽车后备厢里总是装满了买来的黑菜。

人民艺术家 赵丹

人民艺术家赵丹生前也一直念念不忘家乡的黑菜。上海与南通仅一江之隔，但他为冬季不能天天吃上南通黑菜而遗憾，遇到南通老乡时都要千叮咛万嘱咐：要做好南通黑菜的护育工作，不能让它退化、变种。在他看来，“菜种”便是“物种”“语种”，不能让它变味、变调，掺杂任何时尚的元素，要让外地人吃了黑菜以后，“神往”南通人的生活。

南通黑菜，学名塌棵菜，古称“踏地菘”“蹋菜”，又称“乌塌菜”“黑油菜”“瓢儿菜”等，原产中国，分布在长江流域，以江苏最多。黑菜，是由芸苔小白菜亚种演变而来的一个品种，早在宋明时代就有相关的文献记载。据南通老辈回忆，黑菜是种在灌溉渠底下，上面盖有花秸草，既挡风又透气。长出来的黑菜是扁梗子，又嫩、水分又多。假如下过雪以后，菜被一冻，还要好吃！过去要收籽的黑菜也不能和其他的黑菜种在一块田里，是要另外栽种的，这样才能保证品种的纯洁。

黑菜植株一般塌地或半塌地而生，叶子呈椭圆形或倒卵形；叶色浓绿至墨绿，有光泽；叶片细胞发达；叶面厚而平滑或皱缩，有的密布泡状隆起。黑菜的主要特征是顶芽不发达，不形成叶球。

南通黑菜经过优选培育，现尚有三个主要扁梗叶柄品种：① 菊花菜，叶面布满珍珍状的隆起；② 巴巴菜，青色扁梗叶柄，叶面平滑；③ 半圆形梗柄较长的“马耳头”，学名“瓢儿菜”。这三种菜的消费量，第一是“巴巴菜”，第二是“菊花菜”，第三是“马耳头”。十年前，因“马耳头”鲜甜可口，消费量位居榜首，现在跌至第三；而十年前还未曾出世又稍带苦味的“巴巴菜”却成了冠军。这一变化折射出人们消费价值观在改变。“巴巴菜”不仅没有甜味，还在青香中透出丝丝的苦味和青野之味。在以大棚蔬菜为主力军的今天，对追求原生态，追求自然、绿色、野味的人们来说，青菜本味更加浓郁的“巴巴菜”自然成为首选。

冬季蔬菜，因其体内的淀粉经淀粉酶的作用水解为葡萄糖而溶于体液，不易凝结，所以煮后都增加了甜美的鲜味。南宋田园诗人范成大对此有“拨雪挑来黑桃乌（即黑菜），味如蜜藕更肥浓；朱门肉食无风味，只作寻常菜把供”的赞美。大诗人钟情于“乌塌菜”，诗中处处尽然痴迷于“黑桃乌”，窥见一斑。

黑菜可供煸、炒、烹、溜、炸，如用较长时间加热的烧、煮、焖、烩、炖、煨、熬等方法，可使其滋味完全释放，而且口感柔软糯烂；烹制宜加猪油增加荤香。黑菜为冬日家常菜之一，一般单独应用，可配粉丝、豆制品；也可配猪、鸡、鸭及火腿、虾米等荤料；做汤菜的配料亦可。调味不可用酱油，以保持清淡之特色；若用腌雪里蕻的卤水调味，成菜则别具鲜香。因黑菜叶质柔软，不宜腌渍，故多供鲜食；但可做成瓶儿菜。其法是：取马耳头洗净，用布吸取水分，晾6~7天至干，灌入瓶中放于冰箱或地窖里。第二年夏天启用时，颜色与质地均与鲜品相似。

现介绍南通名菜“冬冬青”和家常菜“黑菜粉丝”。

［冬冬青］

原料：

黑菜心12棵，冬笋尖250克，水发冬菇75克；虾籽5克，精盐3克，鸡清汤250克，熟猪油500克（实耗100克），湿淀粉15克。

冬冬青

制法：

① 笋尖切片，黑菜心洗净，切成圆形，冬菇斜批成片。

② 炒锅置旺火烧热，舀入熟猪油，烧至四成热时将笋片、菜心分别入锅，过油后捞起。

③ 原锅仍置旺火上，舀入鸡清汤加虾籽烧沸，再放入笋片、冬菇片、菜心，加熟猪

油50克，烧约5分钟，待汤减少后，用湿淀粉勾芡，晃动锅子，盛入盘中即成。

此菜三色三味，冬笋脆嫩爽口，冬菇鲜香入味，菜心油润软糯，素菜荤烧，清鲜解腻。

［**黑菜粉丝**］

黑菜粉丝

南通人因为拥有优良的黑菜资源，所以“黑菜粉丝”也就成了冬天里非常受欢迎的家常菜。价钱便宜，操作简单，汤汤水水，吃得热热乎乎。这道菜家家户户都会烧，用不着介绍了。就是要提个小小的建议：粉丝最好不要用“龙口粉丝”。不是说“龙口粉丝”不好，问题是“龙口粉丝”太细，经不起渃，渃浥了反而没处吃。而蚕豆粉丝或者山芋粉丝倒是很适合。不信，你可去试试。

2、炒和菜

以前端午节前后，南通人家差不多家家户户喜欢做一道菜：用粉皮或者粉条、韭菜、豆芽菜、野芹菜、高菽（茭白）丝或者竹笋丝加上肉丝、蛋皮丝、虾儿和起来炒，吃的时候再撒点儿虾籽，口味非常好，花钱又不多，既能过酒又好下饭，真的是价廉物美，它的名字就叫“和菜”。这里的“炒和菜”和北京地区的“炒合菜”叫出来是一样的，其实根本不同。这里是“端午”日子吃的，北京则是“立春”时候吃的；这里的“和菜”里有粉皮、绿豆芽、韭菜、竹笋、野芹菜、蛋皮、小虾儿，北京的“合菜”里放的是韭黄、肉丝、粉丝、豆芽菜、嫩菠菜，外加一定还要用春饼卷了吃才能品出味道。假如上头再盖上一张摊鸡蛋饼就是北京名吃“和菜戴帽儿”，北京人则叫它“金银满堂”。

炒和菜

和菜，就是和了在一起的菜，名字也取得蛮得体的。当然也不是非要端午节才能吃，碰到有亲戚朋友上门或者农忙的时候请人帮忙也上一道和菜。据老人家的老人家说，这道菜来源于明朝，里面还有一段痛心的、不能忘却的历史。

说的是从明朝洪武七年（1374）开始，老日本鬼子——倭寇就侵略我国东南沿海，到嘉靖年间更加猖狂。这些倭寇是乘着潮汛从南通狼山一带上岸，烧杀抢掠无恶不作，犯下滔天大罪，真是罄竹难书。那些倭寇是乘船而来，行踪飘忽，捉摸不定，他们一上岸就是抢女人、抢金银财宝、抢古董玉器、抢绫罗绸缎和粮食用品，抢到之后就溜。老百姓对倭寇恨之入骨，只怪守城的官兵软弱无用。当时，在东城门口切面的曹顶，组织乡亲们起来共同抗击倭寇。端午节这天，各家各户都准备好小菜吃中饭，忽然烟墩冒烟报警，锣声四起，千刀万剐的倭寇又来了！乡民们立即拿起大刀长矛、钉耙铁锹，集合抵抗。因为时间紧，各家就把准备过节的小菜也不分生熟、荤素都拿了出来。谁知等了半天，虚惊一场，倭寇竟没有上岸。曹顶就把各家带来的小菜这么一和一搅，一锅子炒熟了给大家分享。大家吃了这个口味特别的菜，自然是更加精神抖擞，英勇无比。从此以后，每年端午节家家户户都要做这样一道菜，一是为了纪念这个不平凡的日子，怀念为国捐躯的英烈；二是只要吃了这道菜就会想起当年倭寇犯下的种种罪行，不忘民族苦，牢记血泪仇。

曹顶铜像

过去，非要等到端午节竹笋、韭菜上了市才好吃，现在有了大棚，返季的菜多得很，想吃天天都有。

准备好洗净的绿豆芽、野芹菜，韭菜洗好切段儿，肉丝是七成精三成肥，粉皮切成长方块，竹笋切丝儿，小河虾剪去须子，鸡蛋摊好蛋皮并切成长条子。先把绿豆芽、野芹菜、粉皮下开水锅里烫一下就捞起来。炒锅上火，放油烧热后放姜丝略炸，倒进肉丝、河虾煸炒，变色以后烹料酒，再放入韭菜、野芹菜、绿豆芽、笋丝、蛋皮丝、粉皮一起翻炒；放盐，鲜骨汤，等煮开了再放味精，浇点儿麻油出锅装盘，撒上些虾籽是最好不过的了。

3、蛸子烧鸡冠菜

鸡冠菜也是南通独有的一种绿叶白菜，因为菜的叶子皱褶得实在太像鸡冠花而得名。鸡冠菜上市的季节很短，每年四月初上市，五月中旬就罢了市。

蛸子鸡冠菜

南通民间喜欢用蛸子或者文蛤肉和鸡冠菜一起烧。烧出来的菜颜色碧绿，像鸡冠花盛开；蛸子肉恰如玉蝴蝶在跳舞。乳白的菜汤，粉嫩的蛸子肉配上清鲜的鸡冠菜，既赏心又悦目，实在是一种享受。

原料：

鸡冠菜500克，洗净的蛸子肉100克；绍酒，精盐，味精，姜末，熟猪油。

制法：

① 炒锅置旺火，舀入熟猪油加热至六成时放入姜末略炸，再速投入蛸子肉“急炒”，翻炒间隙烹入绍酒，放少量精盐，等蛸子肉肚腹膨胀，即可盛起备用。

② 把鸡冠菜洗净，再改刀成5厘米长的菜段。

③ 炒锅上火，放入熟猪油，加热至六成时投入已经改好刀的鸡冠菜煸炒，等菜的颜色成翠绿时放入精盐和蛸子汤汁及少量清水，盖上锅盖用大火烧煮至菜酥鲜香。等汤汁变成了乳白色时，放味精，投入蛸子肉翻炒几下便可出锅装盘。

4、酸辣黄芽菜

南通泡菜——酸辣黄芽菜，曾经是老百姓饭桌上的美味，现在却很少有人做了，甚至有人竟然不知道南通还有酸辣菜！更不知道是怎么做的。现介绍如下。

南通泡菜——酸辣黄芽菜

原料：

黄芽菜梗2500克；姜丝100克，南通甜包瓜丝200克，干辣椒50克，精盐200克，香醋350克，白糖250克，麻油200克，花椒15克。

制法：

① 黄芽菜梗洗净，切成长粗条，用150克盐拌和，压入容器内加盖腌渍4小时后，挤去菜卤，放入钵子内；将干辣椒、泡椒和姜丝、甜包瓜丝放在黄芽菜上。

② 炒锅上火，下麻油、花椒，熬出花椒香味后，捞去花椒；将热油倒入已经调拌好的盐、糖、醋汁中，搅拌均匀，溢出糖醋味后倒入菜钵子中，加盖密封三至四小时。

③ 食时捞出黄芽菜条，切断装盘，将包瓜、姜、椒丝撒在上面即成。

特点：此菜具有酸、甜、咸、辣、香、脆、嫩之口味，爽口开胃。

5、炒蘘荷

蘘荷（ráng hé），是一种多年生草本，各地还有野姜、山姜、阳荷、蘘草等其他叫法，以前南通农村的房前屋后自然生长得很多。

蘘荷的叶子只是个陪衬，它最好吃的是花轴。我们通常说的蘘荷，就是特指蘘荷的“花轴”。夏末秋初，蘘荷就像竹笋一样慢慢地破土而出，尖头顶破了泥土，然后慢慢地会把半个身子探出来，这时的蘘荷是青绿色或紫红色，它的“嘴”开了，但还没有开花的时候，就可以掰下来做菜。

蘘荷是一个很有耐性的植物，而且生命力特别旺盛。

蘘荷喜欢生长在阴凉的地方，甚至可以说不需要下种子，不需要多少好的条件，也不要怎么刻意栽培，就会自然地长，而且会越串越多，串成一大片。到了冬天，它的叶茎全部枯萎了，只剩下根埋在地下。到第二年春天万物复苏的时候，它就从根上爆出来一个个淡绿色的叶芽，随着叶芽越来越多，同时会窜出来许多长尖形的绿叶子。蘘荷要到老了才开花，也算是秋花吧。它的花不是开在枝头，而是开在我们所吃的“花轴”的头儿上。

蘘荷种植的历史非常悠久，早在《周礼》中就有记载，而且特别强调它祛毒、防毒虫的功效。也有人说吃了蘘荷会忘记事情，尤其是日本人。在一本日本笑话集有这样一桩事：一家旅店的老板和老板娘看见客人好像腰缠万贯，就在菜里多放了些蘘荷，想让他忘记拿行李。结果客人没有吃完，倒是老板夫妇把剩下来的全部吃掉了。客人离店之后，老板夫妇满心期待，结果客人什么也没有留下，头也不回地走了。过了好长时间老板娘才反应过来，客人忘记了付钱，而他们居然也忘记向客人收钱了。这是个笑话，不要当真！

蘘荷既能够入药又可以做菜吃。但是有人吃不惯它的药性味，其实它富含蛋白质、纤维和维生素，而且还有温中理气、祛风止痛、止咳平喘的效果。

蘘荷是夏天吃的东西，颜色有白色和紫色两种，好像还不曾开的花蕾，还有尖尖的头。吃的时候也要先把外面的老皮撕掉，切出里面的嫩芽来。在过去的农村里，蘘荷并不是什么稀奇的东西，来了客人，小菜不多，就搿些蘘荷来一炒；晚上茶泡饭，没有下饭的菜，就搿些蘘荷来一炝。以前倒不是蘘荷为奇而是麻油为奇，因为炝蘘荷除了用酱油、味精之外，麻油是不能少的，浇上一点儿，清香又爽口。当然啦，假如能外加一盘花生米，再弄点儿酒一搭，是再好不过了！

现在有的人家是切片子和嫩生姜丝生拌了吃；有的是在开水里烫一下，热拌了吃；有的是做炒肉片的和头，但更多的人家就是“炒蘘荷”。下面就来做个家常的“炒蘘荷”。炒这个菜最好配上毛豆和百页。

制法：

① 把毛豆先用加了少许盐的热水焯至七八分熟，让它提前入味。

② 蘘荷洗干净，撕掉外层的皮，切成细丝儿；也可以按照个人的喜好，切大一些，比如直接十字切开。百页用热水迅速地烫一下，然后切成较细的丝儿备用。

③ 锅中倒少许色拉油或者玉米油，依次放入毛豆、蘘荷和百页翻炒。过程中加入少许盐和鸡精调味。起锅前还可以加一点点白糖提味。

毛豆炒蘘荷

蘘荷有一种特殊的香味，像香菜一样；当然不是香菜的那种香味。只要吃过一两次，人们就会爱上这种特殊的清香味。

6、鸡粥菜心

“鸡粥菜心”是南通传统名菜，现为江苏名菜代表之一。

每年十月间，南通盛产一种“绿玉镶边”的青菜，“鱼鲜肉鲜，比不上十月的菜心”“十月的白菜赛鱼羊”，是南通民谣对它的赞美。南通厨师用鲜嫩的菜心和鸡脯肉、虾仁做成的“鸡粥菜心”已是传统佳肴。已故南通烹饪高级技师杨庆春做这道菜特别到位。“鸡粥菜心”1990年被编入《中国名菜谱》（江苏风味）；1995年又入编《中华饮食文库·中国菜肴大典》。

鸡粥菜心

原料：

生鸡脯肉100克，熟猪肥膘肉50克，虾仁50克，4个鸡蛋清，青菜心400克，熟火腿末5克；味精，精盐，鸡清汤，水淀粉，干淀粉，熟猪油，白胡椒。

制法：

① 将鸡脯肉、猪熟肥膘肉、虾仁放在垫了猪皮的砧板上，先粗斩，加一个鸡蛋清后再细斩成茸，放入碗内中；将鸡清汤分批加掺入，加精盐搅匀，隔5分钟后再加入鸡清汤、干淀粉、味精、精盐搅匀。把3个鸡蛋清打成发蛋掺入，搅拌成鸡茸糊。

② 炒锅上火烧热，放入熟猪油，烧至七成热时，将洗净的菜心入锅略煸，放入精盐，舀入鸡清汤，加味精烧沸，倒入漏勺。菜头在外，叶子向内围摆在盘子中。

③ 炒锅再置旺火上烧热，舀入熟猪油，加入鸡清汤、精盐、味精烧沸，用水淀粉勾芡，然后将鸡茸料一次性倒入锅中打炒，待鸡粥大沸时，再打炒2～3分钟，淋入熟猪油再翻炒几下，起锅倒进盘中，撒上火腿末即成。

特点：味型咸鲜；鸡粥洁白如雪，菜心碧绿，似玉中藏翠，清鲜腴美爽口。

7、盐齑烧豆瓣

南通人对风味的追求重于一切，并在不断尝试中寻求风味转化的灵感。咸菜的腌法就有水踏法、半风干的坛封法，还有把菜肥硕的主根切丝，干风盐压腌成的大头菜咸菜。这些通过时间与微生物的作用，产生另具芳香浓郁的特殊风味，打造出来一个食物新境界，成为南通人喜爱有加的新风味。

“盐齑烧豆瓣”是海门、启东沙地一道出了名的特色菜。因为当地方言把咸菜叫“盐齑”，所以这道菜其实就是“咸菜烧豆瓣”。据民间传说，这道菜的来历还相当久远。相传“初唐四杰”之一的骆宾王，因为不满武则天废中宗自立，在徐敬业扬州起兵反对时起草了著名的《讨武檄文》，后被官府追杀，从扬州逃到了吕四。

唐·骆宾王

唐·骆宾王墓（江苏南通）

传说他后来自感处境艰难，在吕四海神庙剃度为僧，做了和尚。为度难关，骆宾王把长在沙滩上的野菜拌了盐后摊晒，再装在坛子里，腌成了咸菜。平时就用咸菜和一些海鲜烧汤吃。有一天长老问骆宾王，你见多识广，可晓得世上哪一种吃的东西味道最好？骆宾王笑着说：“物无定味，合口者珍。弟子以为盐齑汤于我为最美！”长老开始还不以为然，等骆宾王用盐齑和豆瓣做出来一道菜，长老尝过后心服口服。于是，“盐齑烧豆瓣”就在民间广泛流传。启海民谣有“三天不吃盐齑汤，脚踝郎里酥汪汪”。骆宾王的墓后来也在南通被发现，是一个叫刘名芳的文人把他移葬在狼山南麓，供后世瞻仰。

沙地人将干蚕豆用水浸泡，直到蚕豆发涨后再剥成豆瓣，然后与盐齑加汤一起烧，盐齑的咸鲜加上蚕豆特有的香味，便成了素鲜加素鲜的盐齑烧豆瓣。单单是喝汤，就能轻松吃下一碗饭。

“盐齑烧豆瓣”是温馨启海万家千户的土菜，做法很简单，启海人家家会做。原料就是大头菜咸菜加剥皮的沙地蚕豆瓣。

“盐齑烧豆瓣”的制法十分简单：锅中放水，加盐，先把豆瓣儿焯至半酥。热锅中加油烧热后，倒入豆瓣、大头菜咸菜，加少许味精，尝尝咸淡，再决定是否要加盐，煮开了就好吃。

盐齑烧豆瓣

此菜入口清灵爽滑，咸淡适中，鲜香之味沁脾开胃；成本低，口感好，老少咸宜。旅外游子称其为魂牵梦绕的“思乡汤”。

“盐齑豆瓣汤”，是鲜活地跳跃在清末状元张謇记忆中的老味道，是永驻心中的美味，也成为他餐桌上不可缺少的一道家常菜。

8、茄儿嵌劗肉

茄子，是居家餐桌上十分常见的家常蔬菜，颜色多为紫色或紫黑色，也有淡绿色或白色品种，形状有圆形、椭圆、梨形等多种。茄子最早产于印度，公元4—5世纪传入中国，是为数不多的紫色蔬菜之一，南通人叫它“茄儿”，苏浙一带喊它“落苏”。

既然说到了茄子，不得不说说南通的一道家常菜“茄儿嵌劗肉”。

制法：

① 先准备好茄子、鲜猪肉，盐、糖、料酒、鲜抽，葱、姜、蒜、淀粉、鸡精、胡椒粉。

② 把半精半肥的鲜猪肉洗净，剁成劗肉，加盐、糖、料酒、鲜抽、葱、姜、淀粉，搅拌好。

③ 把茄子洗干净，去蒂头，切成大约一厘米半厚的夹刀片子，第一刀只切进2/3深，第二刀才切断，然后再把劗肉嵌进去，做成一只只生茄儿饼。锅子烧热后倒油，把茄儿饼进锅一只只地焖。最后把焖好的茄子饼倒入锅中，加盐、糖、酱油，再加水和茄儿饼打平，烧开了尝尝咸淡，再考虑是否还要加盐。

茄儿嵌劗肉

饭店里做起来要考究一些，厨师是要隔1厘米切一刀，不切断茄子，把多余的小块去掉后形成一个空隙，然后再把肉糜嵌入空隙里。等全部嵌好后，用油煎香，放作料，再闷2分钟，装盘，把烧茄子的汁浇在茄子上即可开吃。笔者觉得还是家常的烧法入味，好吃又便捷。

另外，茄子还可以做成红烧茄子、肉末茄子、鱼香茄子等多种菜。以前，家中常常是在茄子皮上划成蓝花刀，煮饭的时候放在饭锅上�，然后用大蒜、酱麻油拌了吃，很适合牙齿不好的老人家吃。

9、蟛蜞茄儿煲

蟛蜞，又叫蟛蛴、螃蜞。蟛蜞有两种，一种是海蟛蜞，又叫光脚蟛蜞；一种是淡水蟛蜞，因脚上长毛，又叫毛脚蟛蜞。人们食用的是光脚蟛蜞，味道极美，特别是春天的菜花蟛蜞黄子发黑时，吃到嘴里比雄蟹的膏还要“崭”，又鲜又肥，油腻腻的，味胜螃蟹。说句实在话，吃蟛蜞其实只能吮吮其美味，因其太小，没什么肉可让你大快朵颐。南通民间有“一只蟛蜞脚，可过二斤酒”之说，可见其味之鲜美绝不是一般。

蟛蜞的一般吃法是用盐腌了吃，也有就是用酒酱一炝，吃醉蟛蜞。其他时间的

蟛蜞茄儿煲

蟛蜞膏是黄颜色，能吃到菜花黄时黑颜色的蟛蜞膏，才是你最大的口福呢！

“蟛蜞茄儿煲”是启东本地一道“农家菜”，是用沙地菜的优质茄子和蟛蜞酱炒制而成，以味浓、香鲜而出名。

原料就是两样：茄子和蟛蜞。做法是，先把青茄子洗净，切成条儿。锅上火放油烧热，先放茄条煸炒，再下蟛蜞酱炒，放入调料调好口味，再盛进煲中加热至熟。起锅装盘即可。

10、野菜芳菲

野菜，并非特指某种蔬菜，而是非人工种植的蔬菜。野菜乃采集天地间灵气，吸取日月之精华，是大自然的宝藏之一。据不完全统计，中国可吃的野菜有104种。

野菜有着纯净的品质，是大自然的美妙馈赠，也是人与自然相生相伴的见证。野菜营养丰富，清新可口，是绝佳的食材之一，还是有机食物。如今野菜不但登上了高级饭店的餐桌，也成为人们日常的保健食品，深得人们的青睐。有记载，食难果腹的灾荒之年，曾有人用民间八大碗的方式，发明了一个野菜八大碗。而今，吃野菜已经成为一种时尚的享受，这些来自山野、河边的植物，不但已经进入普通百姓的餐桌，更登堂入室，在众多名厨手中脱胎换骨，成为席间佳肴、名副其实的野山珍。

南通民间有好多很有特色的乡土菜，像香椿头、枸杞头、野芹菜、芥菜、马兰头（南通人叫蟛蜞螯）、马齿苋、黄花儿等。吃法看各人欢喜，要么用滚开水焯，再切碎了凉拌；要么急火快炒装盘子，假如加点儿肉丝、竹笋丝，味道就更加好。

正常的筵席往往会有四个“调味”小碟，叫“四调味”，是以蔬菜为主，要求酸、甜、苦、辣四种味型；数量不多，是给顾客在就餐中间换换口味的小食品。大家乐饭店的“四调味”全部用野菜制作：辛香特殊的“腌小蒜”，酸甜中透着清香的“捁黄花儿”，清野香味中略有苦味的“焯枸杞头”“盐渍癞葡萄”，松脆清香的“荠菜松”，野香浓郁的“拌野芹菜”“拌马兰头”“拌马齿苋”，辛香独特的“酱蘘荷”，香嫩爽口的香椿头，配上臭鲜无比的臭腐乳……沁人脾胃。这些难得的时鲜野蔬，或是从来都没有体验过的味道，会使你垂涎三尺，胃口大开。2014年6月，香港凤凰卫视来南通“寻味”江海美食，摄制组在“大家乐”就餐，个个惊叹地说：“我们是第一次吃到世上最美的野菜。南通人太有智慧，太有创意了！”

枸杞头

枸杞是中国特有的一种食药并用的营养保健型蔬菜，其嫩叶、嫩梢作为蔬菜，称为枸杞头，是春天吃的。吴承恩在《西游记》第八十六回，一口气列出了家乡三十余种野菜佳品，其中就有枸杞头。中医认为枸杞有清火、败毒、明目的功效，大家似乎都是冲着它而来。其实撇开药性不谈，枸杞头也的确很好吃，不过在炒的时候要喷少许烧酒，去去药性苦味。

枸杞头

马齿苋

马齿苋，又名马齿菜、马齿草、五方草，一般为红褐色，叶片肥厚，像倒卵形。它含有蛋白质硫氨酸、核黄素、抗坏血酸等营养物质。马齿菜的药用功能是清热解毒，凉血止血，能降低血糖浓度，保持血糖恒定，对糖尿病有一定的治疗作用，还能治肠胃病，止泻。它的吃法有很多种，焯过之后炒了吃、凉拌、做馅心都可以。

马齿苋

苜蓿

上海人叫它“草头”；苏州人叫它“金花菜”；扬中叫它“秧草”；南通人叫它“黄花儿”，但不是金针菜。

过去的农村里野生“黄花儿”很多，一掐就是一篮子，也经常可以看见小女伢儿拎着篮子上街叫卖。黄花儿鲜嫩可口，营养丰富，大家都蛮欢喜。不过，以前一些有钱的人家，是看不起这个乡土菜的，说它是张骞通西域时的马料，是马吃的东西，人怎么能吃呢？其实，话只说对了一半。苜蓿草的确是张骞通西域的时候传进来的，又叫怀风草、光风草、连枝草；而给马、牛、羊子吃的叫紫花苜蓿，是专门作为牧草的牲畜饲料。动物吃得粗，它们是连梗子嚼的；而人吃的黄花儿是掐的嫩头，再说品种也不一样。

苜 蓿

马兰头

马兰头又名马兰、马莱、马郎头、红梗菜、鸡儿菜，南方民间叫它鸡儿肠，四川叫它泥鳅串。因为它叶子上有一层细细的毛，既像蒲公英，又像蟛蜞脚，南通民间叫它“蟛蜞螯”。它是所有野菜里头滋味最好，又最不容易找的野菜，除了自己下乡挖，街上很少有得卖。“蟛蜞螯”用清水洗、开水焯，切碎了用酱油、麻油、醋一拌，清香扑鼻。假如再加一些茶干丁儿、虾籽、虾米之类，味道就更好。

马兰头

香椿头

香椿头，顾名思义是香椿树上的顶芽（南通人叫嫩头），直接叫“香椿”也不错。香椿树是多年生的落叶乔木，可高达10多米，除供椿芽食用外，也是园林绿化的优选树种。香椿头有10～20厘米长，粉嫩的，没有筋，有一股很浓、很特别的香味，是人们青睐的时鲜蔬菜，被视为席上珍品佳肴。民谚有“三月椿芽胜山珍”一说。根据香椿头不同的颜色，基本上可分为紫香椿和绿香椿两大类，而紫香椿是上品。香椿一般在清明前发芽，谷雨前后就可采摘顶芽，第一次采摘的椿芽，不仅肥嫩，而且香味浓郁，质量上乘。

香椿头

香椿嫩头用开水一焯，拌凉粉、拌豆腐、拌凉面没得话说；炒肉片、炒鸡蛋、炒竹笋可以用它做配料；能清蒸，也可以摊香椿头烧饼，还可加工成香椿泥、香椿酱、香椿罐头等等。最简单的办法是把香椿头用盐抖抖凉拌了吃，蛮开胃的。可惜得很，现在农村里的香椿树已经不多了。

荠菜

荠菜又名护生草、菱角菜。早在公元前300年就有吃野荠菜的记载。上海郊区人工栽培荠菜也有100年的历史。荠菜在立春前后就上了人家的餐桌，可以炒了吃、炸了吃、凉拌吃、做兜心、做菜羹，

荠 菜

方法多样，风味独特。因为南通话“荠菜”和“聚财”谐音，所以南通老百姓就直接叫它“聚菜”，不过随你怎么叫，写还是要写成“荠菜”。

南通最家常的菜就是“荠菜烧豆腐”，豆腐雪白，荠菜碧绿，假如再加点儿切得很细的肉丝还要好。歇后语说的是“小葱拌豆腐——一清二白”，其实“荠菜烧豆腐”也叫一清二白。有的人家是把荠菜先用盐拌一下，挤出汁水后再切碎，拌入五香豆腐干，假如再浇上些酱麻油，或者再加点儿虾米或者火腿末子，实在是好吃。荠菜肉丝炒年糕，既可以做正餐又可以当点心。现在街上卖的荠菜春卷、荠菜生煎、荠菜包儿、荠菜圆子、荠菜饺儿的销路比肉馅的还要好。特别是荠菜圆子，如鸭蛋般大的一个圆球，馅心是荠菜和了少许的肉，从薄薄的皮子外面就隐隐约约看得见里面碧绿的馅心，咬一口满嘴清香，外地就很难吃得到这样的美味！南通已故厨师翘楚吉祥和，将整棵荠菜炸成的荠菜松，是真正难觅的珍馐。

荠菜的营养价值和药用价值都很高，所以平常要多吃。

虽然现在吃的东西多了，但是乡土菜还是非常受欢迎，可以说是经久不衰。野菜虽好，但怎么吃要讲科学。野菜最好是吃新鲜的。不同的野菜有不同的吃法。有的能够生吃，像荠菜、马齿苋最好吃熟的。另外，不识的野菜不能盲目地吃，时间放长了的野菜不但香味跑掉了，而且营养成分减少了，也很难吃。

（四）美美相乘

《说古道今南通菜》是以烹饪原料为纲来介绍菜肴的。写到最后发现，有的菜是由多种原料组成，如“三鲜”是由水产、禽类、畜类、山珍、蔬菜等多种原料并列。这些菜不写吧，南通味道就不全；写吧，又归入哪类原料为好呢？只好另立名目——“美美相乘”。这是受到了调味方式的启发。调味方式中有“味的相乘”一说，又叫“味的相加”“美美相加”，通俗易懂。笔者想，乘积要大于加和，故定名。当否？姑且存疑，还是说南通菜为要。

1、通式三鲜

“通式三鲜”又名大杂烩、全家福，还有其姐妹篇“杂菜”等。是用水产品、禽蛋品和畜产品三种半成品的多种原料配制而成，因为是南通的传统做法，故名“通式三鲜”。

通式三鲜的原料既多又复杂，但多而有序，杂而有章，主、辅、配、调料，如君臣佐使，主次相随。通式三鲜以油发鱼肚或油发蹄筋、油发肉皮为“君”，以鱼圆、肉圆为“臣”，以走油肉或火腿（硝水肉）、熟鸡肉（或鸡杂、鸽蛋、鹌鹑蛋）、桂花鱼（或鱼片、虾仁、海参）、菜心、竹笋、香菇为“佐”，以虾子、贝类、鸡汤、味精、胡椒、盐，香菜等为“使”，配上老母鸡汤，章法严谨，主次有序，成菜原料众多色彩和谐，口味香辛腴鲜而宜人，营养丰富而养生，汤菜俱佳而开胃，是烩菜中原料、口味、营养的黄金组合，神仙搭配。著名画家袁运生回通省亲，品尝“通式三鲜”后赞不绝口，连称“吃到了家乡的味道”。文峰饭店行政总厨、特级烹调师陆鹤汉，做此菜功夫独到。

如果“君”是鱼肚或油发蹄筋，“臣”是加了虾腐，“佐”中加了海参、鱼皮、蟹粉的“三鲜”，档次最高，被民间誉为“全家福”；如果“君”是油发肉皮的“三鲜”被称为“杂菜”，档次最低。“臣”“佐”“使”，与三鲜料基本相同。

通式三鲜

有人质疑油发肉皮是“杂菜”用料中最低档次的原料，岂能称“君”？俗话说“山中无老虎，猴子称大王”，可“老虎、狮子”俱在，肉皮岂能称王？油发肉皮（包括油发蹄筋、油发鱼肚），油发后的组织结构充满了气孔，呈膨松状，能吸收饱含其他原料的汤汁，汇“三鲜”中各种美味之大全，口感软润而富有弹性，为口舌齿颊之间提供了极美好的触觉享受！“三鲜”上桌后，油发鱼肚、蹄筋、肉皮是食客们首当其冲的“猎物”，往往被频频猎取，成为食客们心中的美味至尊。

中国人将肉皮用油发、盐发、沙发、微波炉发，通过烧、烩、熘，做成各种冷热菜品；用烧、烤法做成古典名菜；用煮、蒸法，做成片、丝、丸子；用皮冻制成馅、水晶冻、人造海蜇，极尽想象造化之能事。

2、鸡包鱼肚

明末清初，董小宛在水绘园招待她的三位师傅余谈心、杜茶村、白仲调时做了一道“余（鱼）杜（肚）白鸡”。杜茶村当时曾吟诗：“余子秦淮收女徒，杜生步武也效尤，白君又把尤来效，不道今日总下锅。”这一趣事的原型菜整鸡出骨，现名“鸡包鱼肚”，即

董小宛

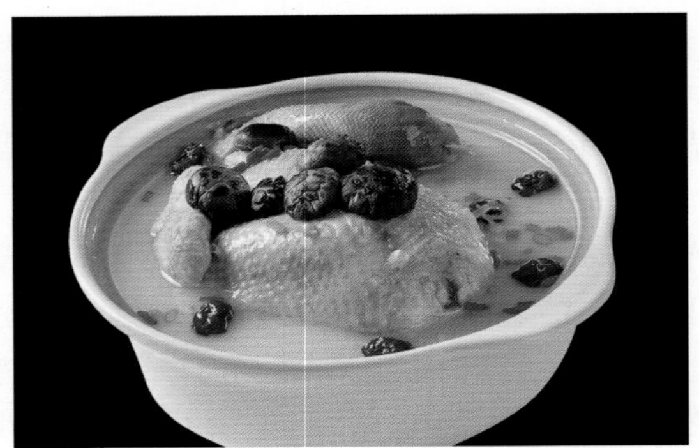
鸡包鱼肚

整鸡出骨后腹内填入水发鱼肚，用砂锅久炖而成。成菜汤如清水，却浓若冻，鸡鲜肚糯，是禽与海鲜美味佳配。如皋名厨李玉华擅制此菜。

现在有的厨师对“整鸡出骨”无能为力，远远不如家庭妇女董小宛。有从鸡背脊上开膛，嵌入水发鱼肚，成菜远逊于董小宛，但也不失为一款美味。

3、野鸡丝

提到家常菜，笔者第一个想到的是南通人对它情有独钟、感情深厚、家家过年要做的“野鸡丝”。

野鸡丝

南通人都晓得做“野鸡丝”只要三种原料，主料是猪肉丝，而不是用野鸡肉切的丝，另外加进了甜包瓜丝和生姜丝，所以菜名叫“瓜姜肉丝”。做“野鸡丝”甜包瓜必不可少！甜包瓜是南通的特产酱制品，颜色酱红，瓜面上有蜜枣纹，瓜身发亮，放到太阳下一照通体透明，不用任何调味，自然脆嫩、香甜、味鲜，很是爽口。

“野鸡丝”要做得好，刀工很重要。甜包瓜买回来之后，先要对剖刮籽，洗干净，如果嫌咸，要在清水中多浸些时候。甜包瓜先切成长段儿，再片成薄片后切成细丝。同样，肉丝也要切得和它同样的粗细，生姜丝最好切成1/4的细丝。记好了，生姜丝要泡水才脆！现在菜市场里就有专门帮人家切丝的业务，嫌切丝烦神的就往那里一送，也蛮方便的。

炒好的“野鸡丝”甜辣鲜香，众口皆碑，人人爱食，可以说是中国烹饪调味的杰作。过年的时候，大家总觉在年饱，不想吃东西，实是骨子里油腻太重，用“野鸡丝”过过饭是再好没有。即是做筵席的冷碟、热炒都不失为上乘美肴。

原料：

猪五花肉250克，酱甜包瓜250克，生姜150克；绍酒，白糖，味精，麻油，色拉油。

制法：

① 甜包瓜对剖去籽洗净，切成丝，用水略泡后取出挤干；嫩姜去皮切细丝；五花肉切丝。

② 炒锅上火，放色拉油，投入姜丝炒出香味，加入包瓜丝，煸透出锅待用。

③ 锅再上火，倒入色拉油，投入肉丝煸炒至变色酥香，加入绍酒、酱油、白糖炒匀，再投入炒好的瓜姜丝，一起用旺火炒拌，加入味精，淋麻油出锅，冷却即成。

成菜咸鲜甜辛，肉丝酥香，包瓜嫩脆。

4、海味什锦炖

海味什锦炖

南通名菜"海味什锦炖"，是把海参、鱿鱼、鱼肚、鱼皮、海蜇、蟹粉、虾仁等多种海产品和香菇、冬笋等植物佳蔬一起放在砂锅里，加鸡清汤，上笼蒸炖而成。其味鲜醇，营养丰富，排列整齐，色泽鲜艳。"海味什锦炖"20世纪80年代被收入《中国名菜谱》《中国烹饪辞典》《中国烹饪百科全书》，1995年被收入《中华饮食文库·中国菜肴大典》（海鲜水产品）。

原料：

水发海参200克，水发鱿鱼200克，油发水泡鱼肚200克，水发鱼皮200克，紫菜2张，海底松150克，蟹粉100克，净鱼肉100克，虾仁160克，香菇150克，冬笋片200克；鸡清汤1500克，精盐10克，味精10克，鸡蛋清1枚，葱10克，姜20克，生姜末30克，香菜叶5克，绍酒50克，白胡椒粉1克，芝麻油5克。

制法：

① 将水发海参、鱿鱼（剞成鱼卷）、鱼皮、鱼肚、海底松分别用鸡清汤烧沸，捞出，控干水分待用。

② 将鱼肉剁成鱼泥，加入鸡蛋清，顺一个方向调匀，再加150克鸡清汤、精盐、味精，搅拌成鱼茸，然后把鱼茸均匀地涂在紫菜上，再放上蟹粉及30克生姜末，卷起上笼，蒸熟待用。

③ 将冬笋片、香菇洗净，同虾仁放在一个砂锅内，然后把紫菜卷、鱼肚、鱼皮、海参切成片状和鱿鱼卷、海底松一起整齐地排列在上面，放上20克姜葱，加盐、味精，再舀入鸡清汤（不要超过原料）上笼蒸炖30分钟左右取出，拣掉葱姜放上香菜叶，淋上芝麻油，撒上白胡椒粉即成。

此菜集海鲜于一体，口味有复合之鲜美。

5、海鲜一棵菘

菘，是白菜的总称。有的菜梗子厚，颜色发青，有的菜梗子薄，颜色发白。我们今天说的南通名菜"海鲜一棵菘"里的"菘"指的是黄缨菜。

黄缨菜的颜色是淡黄的，南通话念的是黄杨菜、黄莹菜。黄缨菜早在汉代就是大白菜的一个类群，现在是在北方大棚里和南方露地里秋种冬收的珍稀名贵菜种。据清乾隆《如皋县志》记载，如皋种植黄缨菜至少已有240年以上的历史，其主要产地在白

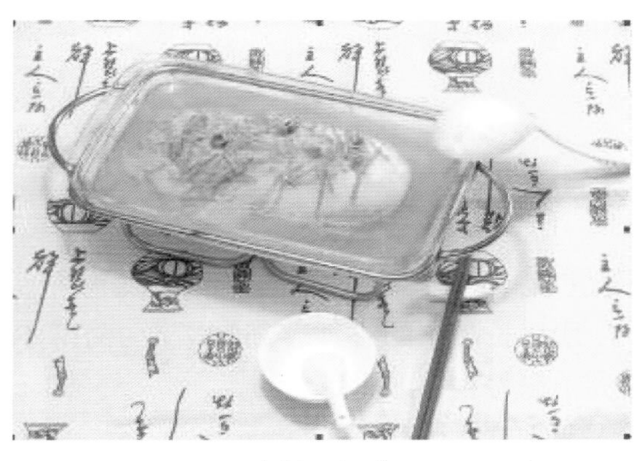

海鲜一棵菘

蒲镇周围。白蒲黄缨菜的著名品种有六十日、菊花心、瓦盖头、大包头、小包头等。它们的共同特点是：白皮包心，顶叶对抱，包心坚实，黄化程度高。煮出来的汤像奶汁，炒了吃嫩脆鲜美，而且耐贮藏，是冬令常备蔬菜。

黄缨菜味甘性平，有养胃、利小便等功效。正由于黄缨菜粉嫩，嚼起来又没有渣，本味显又不抢味，所以可以调配成任何味道。黄缨菜单炒好像不太好吃，里面一定要放些虾米味道才好。家常的一般吃法是用它来炒年糕、炒肉丝、包春卷，假如在红烧羊肉里放些黄缨菜同烧，菜得了肥气会更加好吃。宁波人家中经常吃的一道菜叫“黄缨菜烂糊肉丝”，有特别的风味。

“海鲜一棵菘”就是用黄缨菜配上干贝、蟹粉加海鲜汤入砂锅里炖至酥烂。成菜集海味鲜、蟹黄鲜、缨菜鲜于一体。

原料：

500克黄缨菜心，50克蟹黄，15克火腿丝，100克文蛤肉，50克虾皮，50克干贝，500克猪统骨；精盐，鸡精，绍酒，白胡椒，麻油。

制法：

① 把猪统骨、文蛤肉、虾皮加水烧成海鲜汤待用。干贝用绍酒浸泡，上笼蒸发至软后去掉老筋，撕成丝待用。

② 用刀在黄缨菜的根部锲十字刀，深度要达到菜的3/5，但还要保持成一棵菜的形状。

③ 锅上火，放入蟹黄油烧热，倒入海鲜汤烧沸后，倒入洁净的砂锅内。

④ 砂锅上火，放入黄缨菜，上面撒上干贝丝、火腿丝，加盖，改小火炖焖至黄缨菜非常酥烂后放鸡精，淋芝麻油，撒胡椒粉即成。

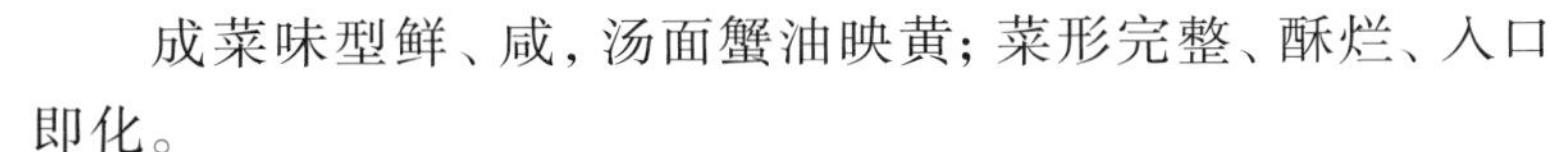

成菜味型鲜、咸，汤面蟹油映黄；菜形完整、酥烂、入口即化。

尤瑜

6、八宝肉圆

八宝肉圆，摘自南通女子师范学校尤瑜于1916年编著的《烹饪教科书》第二篇“各论”中第二章“蒸”例三：

八宝肉圆，用精肥各半之豚肉，剁之极细，入松仁、香菇、笋尖、荸荠、瓜姜等物，加黏稠料，和捏成团，排置于盘中，入甜酒、清酱蒸之，入口松嫩异常。

此菜已被尘封，特将原文摘抄，供有志者借鉴、恢复这一搭配合理、滋味不错的南通古菜。

7、肉丁芋艿豆腐羹

每年芋头上市之时，南通市民最喜欢买的是“香沙芋”。由于其出产于如皋、海安、海门、启东等处的沙土，质地松软，水源丰富，所以长出来的香沙芋细腻柔滑、易酥不浥、干香可口，尤其是长度为10厘米左右的芋艿子深得食客的青睐。

海门香沙芋现在已经是地理标志保护产品。

民间惯取“香沙芋”与猪肉同烧，或做成汤、羹，肉丁、芋头、豆腐，荤素搭配。

芋头好吃，但刮皮却很头疼。解决办法是将手放在炉火上烘烤一下，或在水中加几滴醋洗一下，即可消痒。搽一点风油精也有效果。最简单易行的办法是戴上乳胶或薄膜手套。

芋头肉丁豆腐汤

原料：

香沙芋250克，鲜猪肉100克，嫩豆腐200克；青蒜10克，色拉油50克，芝麻油10克，绍酒10克，酱油15克，盐3克，糖10克，味精2克，胡椒粉2克，湿淀粉50克，鲜汤750克。

制法：

① 香沙芋去皮洗净与猪肉、豆腐，均改切成约1厘米见方的小丁，分别放置；青蒜切末待用。

② 炒锅上火，放油烧热，放肉丁煸炒，加绍酒、酱油、糖，炒熟出锅待用。

③ 炒锅再上火，放油烧热，倒入芋头丁略煸，加入鲜汤烧沸后移至小火煮焖，待芋头丁松酥时投入肉丁、豆腐丁烧沸，加味精，勾芡，淋上麻油，撒上蒜末、胡椒粉即成。

成菜肉丁鲜香，芋头香柔，豆腐软嫩，汤鲜味美。

8、菠萝虾蟹

“菠萝虾蟹”是南通新雅饭店潘建华参加江苏省第三届烹饪大赛时获得金奖的创新菜。该菜系将文蛤肉、河虾肉、猪五花肉、蟹粉、荸荠等几种原料混合在一起制成茸，外裹面包粒，经油炸而成。形似菠萝，外脆里鲜嫩。

原料：

文蛤肉100克，猪五花肉茸150克，河虾茸150克；马蹄100克，蟹粉50克，面包粒250克，大蒜叶梗10个，黄瓜1根，胡萝卜1根，葱5克，姜5克，盐5克，味精5克，料酒5克，色拉油750克，椒盐适量。

制法：

① 将文蛤肉剁成泥，马蹄切成粒，和入肉茸、虾茸，加葱花、姜米、料酒、盐、味精，搅拌上劲；大蒜叶梗修成菠萝叶形。

② 将混合茸内加入蟹粉拌匀，挤成椭圆形，滚上面包粒，下六成热油锅中炸至金黄色捞出，插上大蒜叶梗，成菠萝形。

③ 用黄瓜片、胡萝卜片在盘中摆成菠萝形，中间放入炸好的菠萝虾蟹，撒上椒盐即成。

特点：外形美观，外脆里嫩，虾蟹鲜美，椒香扑鼻。

9、海安花鼓

民间舞蹈“海安花鼓”，以其优美的造型，憾人的声势，刚柔交融而声名远播，曾获中国民间文艺最高奖“山花奖”，已被列入江苏省非物质文化遗产保护名录。

民间舞蹈《海安花鼓》

海安烹饪协会会长、中国高级烹调大师邵祥才产生灵感，创新推出的菜品“海安花鼓”，是以海安地方特色为素材，精选优质食材，精工烹制而成。

原料：

母鸡蛋肠5根；圣吉果10个，虾仁100克，蟹肉50克，蟹油100克，西兰花150克，母鸡汤500克，蛋清1只，淀粉50克；芹菜梗，姜，葱，蒜，食盐，味精，干辣椒，美极鲜，白糖，醋，黄酒。

海安花鼓

制法：

① 将母鸡蛋肠漂洗干净后，剪成2.5厘米长的段12段，备用。

② 将虾仁、蟹肉斩成茸，加入姜葱汁、蛋清、食盐、味精、淀粉、黄酒，搅拌上劲。

③ 用搅拌好的虾仁分别灌入12段蛋肠中段，两头用葱叶扎紧，入开水氽制，即成花鼓形。

④ 锅中放入母鸡汤，将成型的花鼓肠下入锅中炖至酥烂后捞起，拣去葱叶。

⑤ 锅中放入蟹油、葱段、蒜片、姜片、辣椒、美极鲜、糖、味精，勾芡后放入凤肠，淋蟹油，烹醋，起锅装盘。

⑥ 圣吉果修成花鼓形，凤肠用开水氽制成鼓边，芹菜梗做成花鼓手柄，西兰花盘放中间，即成。

特点：形如花鼓，酥烂鲜美；营养丰富，别具特色，椒香扑鼻。

10、菊花蟹球

原料：

蟹肉150克，虾仁250克，蟹黄50克；面粉400克，色拉油800克，鸡蛋2只；香菜叶，姜，葱，料酒，味精，食盐，淀粉。

菊花蟹球

制法：

① 将面粉、鸡蛋、蟹肉、蟹黄拌和成面团状。

② 把面团擀成薄面片，折成6至7厘米，切成细面条状，用筷子夹成菊花形。

③ 锅置旺火烧热，倒入色拉油，把制好的菊花面团炸至金黄色。

④ 将蟹肉、虾仁茸、蛋清、姜葱汁做成球状，球面上点蟹黄，放入沸水中氽熟。

⑤ 把氽熟的“蟹球”放入“菊花”中间，加香菜点缀，入盘摆放成型。

特点：形如菊花，球嫩花脆。

（五）素斋素筵

1、素斋的演变

探索中国素菜的演变历史轨迹，有助于树立正确的素食观。

白绢为蔬姓，植物成荤名。素菜，通常指用植物油、蔬菜、豆制品、面筋、竹笋、菌类、藻类和干鲜果品等植物性原料烹制的菜肴。素菜是相对荤菜而言之。“素”字本义是指白色的生绢，后来引申为“无酒肉之食”。“荤”字原义指葱、韭、姜、蒜等辛辣菜蔬，到宋朝时才引申为指鱼肉类菜肴。“荤”为鱼肉类菜，也是辛臭之意的引申。因为去腥提味，常用葱、韭、姜、蒜当佐料；而“荤”字却从艹（草），本属植物。

本为粗劣食，变身席上珍。据史料记载，中国在奴隶社会时就有了“素食”，当时叫“白食”，是奴隶们吃的粗劣食物。荤食叫“血食”，是王公贵族们吃的精细食物。《礼记·王制》中有“诸侯无故不杀牛，大夫无故不杀羊，士无故不杀犬豕，庶人无故不食珍”的记载。

据《周礼》规定，有资格吃牛肉的是天子。诸侯平时只能吃羊，每月初一才能吃牛肉。大夫平日只能吃猪狗肉，每月初一才能吃羊肉。而百姓庶民呢？孟子说，五十才可以衣帛，七十才可以食肉。《诗经·魏风·伐檀》：“不狩不猎，胡瞻尔庭有县貆兮？彼君子兮，不素餐兮！”这是奴隶对那些不劳而获吃“血食”者的责问。

当时的王公贵族只有在祭祀先人或遇到重大事件时需“斋戒”，而“戒酒素食”后来演变为“宫廷素菜”。御膳房还专设“素局”。

地道中国产，谬说舶来品。中国素菜大约起源于三千多年前的周朝。在《仪礼·丧服》《礼记·玉藻》等书中，曾出现过蔬菜与菜羹的记载。春秋战国时期，人们对蔬食和肉食开始有不同认识和选择。《吕氏春秋·本生》中有“肥肉厚酒，务以自强，命之曰烂肠之食”，是最早提倡少荤食、多茹素的论述。远在佛教输入国门之前的先秦时期，食蔬已在中国饮食中占有重要的地位，而且还吸收了儒家中庸谐和与道家清净淡泊的思想，使之进入到“五味令人口爽”（指各种美味吃得多了，味觉会丧失）的更高意境之中。“斋食与斋心并重”的认识，在《老子》和《庄子》上都有体现。而当受到道家的影响后，《庄子·列御寇》中有“蔬食而遨游，泛若不系之舟”之言。因此说，素菜不是“舶来品”，是地地道道的“国产货”。

儒释道倡少荤多素，梁武帝强栽黄连树。佛教自汉代传入中国，佛祖并不要求一定食素。当时的寺院内不开伙，释迦牟尼与他的弟子都是每天早晨沿门托钵乞食，施主给什么就吃什么，遇荤吃荤，遇素吃素。佛教初入中国时，来自西域的沙门极守戒律，寺院内不蓄财，都是靠托钵为生的。西晋之后，佛教盛行，寺院日多，许多寺院建于名山大川之中，远离人烟，乞食之事难行，才开始自办伙食，自更自食。食堂名叫“香积厨”“伊蒲馔”。刚开始也并非只吃素不吃荤。《十颂律》中说：凡没有看见、没有听见、没有怀疑杀生的肉就是净肉，就可以吃。

道家吃素更不事矫饰，也不仿饰，鸡、肉不避，无为清净，提倡少荤多素。老子的“五味令人口爽”，庄子的“五味浊口，使口历爽”，也许是说过度美食会败坏胃口。道家主张饮食淡泊，不必像素食主义者那样绝对，似乎更符合自然主义营养学宗旨。

礼 记

诗 经

老子画像

梁武帝萧衍

寺院绝对吃素，其实是梁武帝萧衍所逼迫。梁武帝晚年笃信佛教，曾四次放弃皇位。公元527年，萧衍到建康（今南京）同泰寺做了三天的住持和尚。还下令改年号为大通。信佛之后，他不近女色，不吃荤，不仅他这样做，还要求全国效仿：以后祭祀宗庙，不准再用猪牛羊，要用蔬菜代替。他不仅自己吃素，要神灵也吃素。这个命令下达之后，大臣们一致反对。最后，萧衍允许用面捏成牛羊的形状祭祀。佛经上有“不杀生、吃斋，午后禁食”的教义。因为缫丝要烫死蚕蛹，所以梁武帝就不穿丝绸，每天只吃一餐。他以护法大教主自居，作《断酒肉文》；令众僧展开荤素之辩，把戒杀生与绝对素食联系起来，把显味蔬菜［佛家五辛：大蒜、小蒜、阿魏（兴渠）、慈葱、茖葱，与道家的五荤：韭、薤、蒜、芸苔（油菜）、胡荽（香菜）］也作为荤菜而禁食。最终以皇权强制寺院禁断了酒肉。这不仅给寺院“栽上了黄连”——苦了和尚、尼姑，还把佛祖本来的宗旨和健身意义导入了一条不归之路。

少荤多蔬，绝对净素，孰是孰非，纷争不休。绝对素食主义者把鸡蛋、牛奶、牛油、乳酪都作为荤菜而禁食，可是他们忘了，释迦牟尼十年面壁修行，就是鸟给他吃蛋，鹿给他吃奶，才最终修成正果！佛教中还有一个故事，说蛋是“里无骨头，外无毛，出世还要挨一刀”。乾隆皇帝下江南到了镇江金山寺，见庙内和尚不吃蛋，就拿了一个鸡蛋对方丈说了此禅语。方丈听罢赶紧接过鸡蛋，去壳后吞下，并说：“老衲带你西方去，免除出世挨一刀。阿弥陀佛！”牛奶、牛油、乳酪既不能生成小牛，也未杀生，不犯佛教“戒杀护生”之律。如此极端素食，不仅违背了多蔬健身的宗旨，更成了伤身自残之举，是一种自虐行为。于是，我国传统素菜分为“全素”派与“以荤托素”派，也可以说这是素菜发展的两大方向。“全素”派追求“清净”，用料上绝对排除肉、蛋、乳类及“小五荤”；“以荤托素”派力求好味道（有营养），用料广泛，不仅可以用蛋、乳类，还可以用肉汤甚至海参为调味或主料（天主教认为凡是冷血动物都是素菜的原料）。

明末清初出生在南通如皋的戏曲家、美学家、传奇作家、美食家李渔，在他所著《闲情偶寄·饮馔部》中阐明了他的饮食之道是：脍不如肉，肉不如蔬，饮食要渐近自然，要疏远肥腻，食蔬蕨而甘之。人的口腹之欲为壑难填，只能以天地之余，补我之不足，绝不能逞一己之聪明，导万千人之穷奢极欲，而危及有益生物的存在。李渔的治膳原则可概括为“重蔬食，崇俭约，尚真味，主清淡，忌油腻，讲洁美，慎杀生，求食益”八项24字诀。他反对把素菜和寺院佛教联系在一起，说“是则谬矣”。李渔强调“绿色”、自然和合理合度的蔬食，并注重生态平衡，是具有超前意识的科学、理性的民众美食观，具有积极的指导意义，至今还发挥着正能量。

“全素”派与“以荤托素”派之争至今还在继续，孰是孰非不好评说，因涉及“信仰”与“理性”之争，还是仁者见仁、智者见智吧。

素菜在三千年的历史长河中，特别是梁武帝倡导绝对素食和佛教兴起的南朝得到普及，唐宋时期得到长足发展。前辈厨师们创制的以素托荤的名菜，如假煎鱼、蒸素鸡、形似猪腿羊臂的烤肉等，达到以假乱真的程度，足见其技术之高超。有人说素似荤菜之作是佛门弟子六根不净，难耐清淡而创始；也有人认为，用素料代荤料是饱饫肥甘者厌于油腻的发明。其实两者需求都属正常，但专利权该归于中国的厨师们，是他们为中国烹饪形成了一大流派——素宴体系。

狼山广教寺

2、广教寺素宴

2014年5月17日，“首届中国斋菜美食节”在江阴华西村新市村开幕，狼山广教寺代表南通出征“中国斋菜美食厨艺邀请赛”。来自台湾、福建、广东、浙江、安徽、江苏等地的14个团队参加了展台展评，53名个人选手参加了厨艺比赛。经过2天的强强对决，南通广教寺的“广种福田宴”勇夺“斋菜宴席”金牌；广教寺大厨沈德明凭借他的两个拿手素菜——“双色鱼圆”和“三丝彩卷”，成为全国唯一的个人赛冠军。在强手如林的比拼中能夺金登魁，并非偶然。

广教寺素餐

狼山广教寺建寺已届1500年，一直秉承“释菜”（素菜斋宴）为宗至今，从不越雷池一步。制作技术代代传续，虽具颇多特色，基于不宣扬、不与世争、“上善若水”的品格，故广教寺素菜鲜为人知，名不见传。但是凡吃过广教寺素菜的中外宾客无不交口称赞。

1987年秋，72位外国驻华使节来南通参观，广教寺在山顶上一次摆出了98桌斋宴接待，这是广教寺建寺以来最大规模的斋宴。据沈明德回忆，菜式由“三个六”组成。现将其口述纪录如下：

冷盘：桂兰蒸馥（素火腿），江湖游弋（素鸭），金华嫩松（素肉松），永葆青春（荠菜松），金丝纽扣（金针菇），三丝彩卷（冬笋、冬菇、红绿椒卷），五福盈门（烤麸）。沈明德无意多报了一个冷盘，笔者也照实多记了一个。

热炒：双菇争艳（蘑菇、平菇），三星高照（素鸡、豌豆、仁子），常来常往（素长鱼丝），天下第一糕（马蹄糕，即荸荠糕），佛日争辉（素蟹粉），步步高升（雪菜炒冬笋）。

大菜：玉璧青云（发菜、豆腐），紫气东来（紫菜），年年有余（山药鱼），龙凤呈祥（龙凤腿），逍遥翩翩（山药片），青丝玉圆汤（素鱼圆）。

菜单上并看不出这斋宴有什么特别之处，可宾客们却纷纷竖起大拇指喊“OK”，称是“世界上最好吃的素菜”“吃得最开心的素宴”“上素宴席南通第一”！

有一年，新加坡来了60多位旅客，他们说是听了驻华大使“不吃狼山素菜就不了解中国素菜”的话，慕名前来。吃了6桌素菜，却付了20多万元，是当时售价的百倍以上。广教寺的和尚说：给的钱太多了！新加坡客人却说：物有所值。

平时，南通人在狼山广教寺做佛事，都喜欢在狼山之巅办斋宴酬宾，以领略南通素菜之风韵。

寺院素菜不仅动物性原料、乳蛋禁用，连蔬菜中葱、蒜等被称作“五荤”的显味品种也禁用；不仅原料单调，口味也单调，清淡寡味至极。广教寺素菜为正宗寺院素菜，却能挑逗中外人们舌尖上的味蕾，问鼎华夏，有何秘诀呢？你只要看看沈德明的一双手就能明白一大半。笔者看到沈德明的手终年都冰冷如霜，竟没有一点温度。究其原因，他悄悄告诉说是做素鱼圆被烫僵的。沈德明说：“做素鱼圆要做成和鱼圆一样的口感，捏‘鱼圆’时的温度是个关键。”他经过反复试验，确定了75℃是最佳温度。也就是说，在用烧沸的豆浆冲入绿豆粉后，要一边冲一边用手搅拌，搭进空气后还要趁热边捏边搭，随即用调羹将捏成的“鱼圆”舀入冷水中。这样捏出来的“鱼圆”，不但和真鱼圆口感一模一样，就连色泽、形状、上浮率也完全一样。若温度低了，就达不到“乱真”的程度。

广教寺大厨沈德明

当沈德明把做好的“黑白素鱼圆汤”端到了国内资深评委们的面前时，立即艳惊四座，“极富创意，口感极佳”“素有荤形，素有荤味，素有荤滋”“是素菜突破性的创新”“是素菜制作技艺的突破”……好评如潮。然而在这美味的背后，却埋藏着无数的艰辛。“两句三年得，一吟双泪流”，是谁能把自己的手“烫”成了终年冷若冰霜？是谁会对烹调技术研究得如此深入？答案只有一个：因为他对烹饪事业爱得深沉！

笔者曾吃过沈德明制作的素鱼圆，感到评委的评语精准到位，绝非溢美之词。对“素有荤味”之评，用语准确妥帖。沈德明在鱼圆料中加了不属于“五荤”的生姜汁、芝麻油、盐、味精等调味料，使鱼圆有微微的鱼香味，似是而非的鱼圆味。有人曾建议沈德明，改味精为墨鱼精（“鱼味”味精），其味和真正的鱼圆味就没有什么区别了。沈德明认为，没有区别反而失去了“素鱼圆”的特色，要让人觉得似鱼圆味但又不是鱼圆的味，才是素菜之韵味。如同中国画，像与不像之间才是艺术高品。笔者深深体会到中国烹饪艺术深不可测，沈德明的“素鱼圆”就是绝妙的例证。

沈德明全身心扑在素菜烹制技术的创新上。他做的素菜，质、味无不登峰造极。他做的“素排骨”，不仅色、形、味、滋四绝，还味香透“骨”；“素鱼肚”膨松含汤，食之口、舌、颚、齿满嘴鲜香，恰似真鱼肚；用生麸做的“素大肠”，口感竟与真大肠无异；素鳝丝、素蟹粉、素肉松、素火腿、素鸡素鸭……无不出神入化，滋味盖世。沈德明对素菜的贡献，正如他参赛作品的斋席之名——“广种福田”，为食者、为中国素菜“广种福田”，造福今人，荫及后世，堪为功德无量！

沈德明的长辈都是佛门子弟，其叔祖父苇一法师，就是上海玉佛寺的当家大和尚；三叔祖父包锦春（入赘包家），是上海有名的素菜大师，先后在上海虹口大圣寺、玉佛寺当厨。父亲沈安祖也是上海玉佛寺的素菜厨师。沈德明与素菜结缘，可追溯到他出生的那年。当他呱呱坠地后，长辈们就给他规划了两条人生之路，一是做和尚；二是做素菜厨师。“家学渊源”的沈德明从小就喜欢厨艺，而且悟性极高。叔祖父用面团教他做三牲供品，如猪头、牛头、羊头，鸡、鸭、人物寿星、十二生肖等，他一教就会，一做就像，是块心灵手巧做厨师的“红木”料。1980年，17岁的沈德明初中毕业就来到狼山广教寺，做了素菜厨师，这为他的素菜创作提供了广阔的天地。1982年，寺院送他去上海玉佛寺、功德林学习素斋制作。沈德明刻苦钻研，勤奋工作，深得师傅们欢心，即由他承担烹饪素斋的主要工作，并让他参加上海龙华寺明阳法师升座和菩萨开光的素筵制作。回通后，他又去南通市烹饪摄影美容技术学校报名学做荤菜，触类旁通地获取知识，汲取营养。他从中级厨师到特级厨师，2015年又晋升为烹饪高级技师。此间，他还不失时机地到国内的大刹名寺，交流素菜制作技艺，取人之长，补己之短。

在沈德明的不懈努力下，狼山广教寺素菜品质、风味独树一帜，成为其他寺院的学习榜样。连云港花果山海宁寺、镇江金山寺、泰州光孝寺、徐州宝莲寺、掘港国清寺、如皋定慧寺，甚至连解放军部队也派厨师来广教寺学习素菜制作。

广教寺的特色素菜的形成、发展，以至享誉华夏，沈德明功不可没，他用浓墨重彩为中国素菜文化添写了华章。下面介绍沈德明所做的四款素菜：

［紫菜素海参］

紫菜素海参，是以化痰、清热、乌黑秀美的紫菜和益肝明目、增强免疫功能、降糖降脂、老幼皆宜，誉称“小人参”的胡萝卜以及补虚健体、美容减肥，被誉为“水中参”、蔬菜中的佳品茭白，烹制而成。紫菜，又被称作“神仙菜”“长寿菜”“维他命宝库”，具有清热利尿、补肾养心、降低血压、促进人体代谢等多种功效，对许多疾病特别是心血管疾病有较好的预防和治疗作用，可作为保健食疗佳品使用。

紫菜素海参

原料：

紫菜30克，山药500克，鸡蛋3只，胡萝卜80克，茭白50克，淀粉150克，植物油500克（实耗100克）；生姜，绍酒，味精，精盐，麻油，素鲜汤。

制法：

① 紫菜放入清水浸泡，捞出挤干；山药洗净，去皮，上笼蒸熟，取出，压成泥；生姜洗净，切成细末；胡萝卜、茭白分别洗净，切成菱形片待用。

② 将紫菜、山药泥放入大碗内，加生姜末、精盐、味精、淀粉、鸡蛋清，拌制成厚糊。

③ 炒锅上旺火，放油烧至160℃，用左手捞起厚糊，摊在手掌中，右手用竹刮板将厚糊刮成中指粗的条，边刮边逐条下油锅炸至浮出油面，捞出沥净油，即成“素海参”。

④ 炒锅上火，放油至150℃，下胡萝卜、茭白片煸炒，再放入生姜末、绍酒、白糖、味精、素鲜汤，烧入味，放素海参下锅拌匀，烧开后用湿淀粉勾芡，淋上麻油，出锅装盘即成。

成菜形似海参，咸鲜可口，健脾减肥。

[三鲜素鱼肚]

三鲜素鱼肚是素食菜谱之一，以香菇味制作主料；烹饪技巧以烧菜为主，为功德林素菜馆名菜。以面筋为主料，配以香菇、鲜笋，油炸后锅塌而成。

原料：

生麸500克，香菇（干）10克，冬笋25克，油菜心25克；绍酒，味精，精盐，淀粉，素鲜汤，花生油。

制作：

① 鲜笋洗净切成菱形片；水发香菇批成片；油菜心择净，修成宝剑菜心，出水待用。

② 炒锅上旺火，放油烧至160℃，将生麸拉成薄饼形下锅，炸至金黄色，捞出；改刀，再下油锅炸至金黄色，捞出，成素鱼肚半成品。

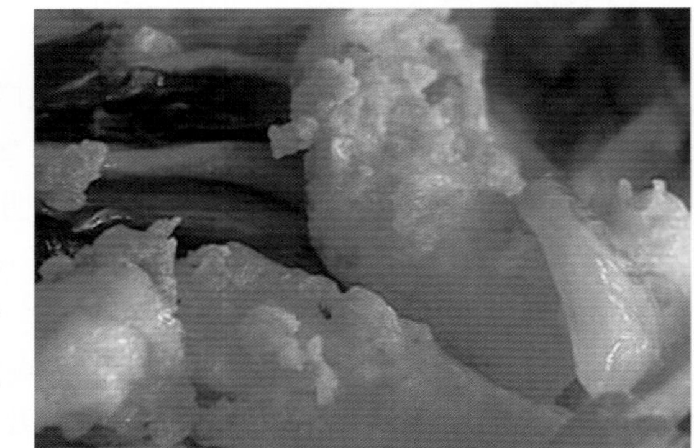

三鲜素鱼肚

③ 炒锅置旺火，下花生油烧热，下香

菇、鲜笋煸炒，加绍酒、精盐、味精、素鲜汤烧开；再下入素鱼肚烧透，下青菜心，用湿淀粉勾芡，淋麻油，炒锅装盘即成。

特点：形似鱼肚，滑润鲜美，营养丰富。

［**素排骨**］

“素排骨”选用茭白为原料。

茭白，古人称其“菰”，以丰富的营养价值而被誉为“水中参”。在唐代以前，茭白被当作粮食作物栽培，其种子叫菰米或雕胡，是“六谷”（稻、黍、稷、粱、麦、菰）之一。

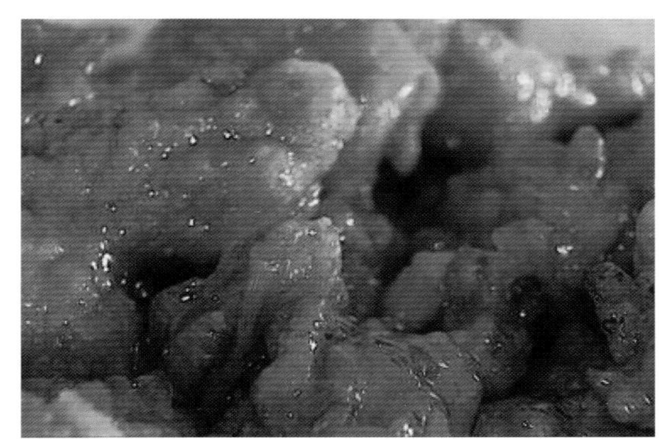
素排骨

茭白质地鲜嫩，味甘微寒，纤维少，蛋白质含量高，具祛热、生津、止渴、利尿、除湿、通利之功效，为我国特产蔬菜，是“江南三大名菜”之一。

原料：

生麸300克，茭白150克；姜末，白糖，白醋，精盐，麻油，淀粉，番茄酱，素鲜汤，清油1500克（实耗100克）。

制法：

① 将茭白去皮洗净，改切成0.7厘米厚、5厘米的长条；生麸拉成长条，绕在茭白条上，成素排骨的生坯。

② 炒锅上旺火，放油烧至140℃，下素排骨生坯，油炸至呈金黄色、焦脆透，倒出沥油。

③ 炒锅复上火，留余油，下番茄酱、白糖、白醋、精盐、素鲜汤烧沸，用湿淀粉勾芡，再把炸好的素排骨下锅，翻炒几下，淋麻油，起锅装盘即可。

特点：色泽金黄，形象逼真，酸甜咸香。

［**清汤素鱼圆**］

清汤素鱼圆，口味咸鲜，素圆色白，口味清鲜，几可乱真。有增进食欲、降血脂、降低胆固醇、抗过敏、解毒、保护肝脏的作用。

清汤素鱼圆

原料：

绿豆粉500克，豆浆500克，水发木耳100克，油菜心5棵；姜汁水，精盐，味精，素清汤，麻油。

制法：

① 绿豆粉盛入钵中，加姜汁水与精盐、味精搅匀。

② 炒锅至中火，放入豆浆烧沸后，一边将沸豆浆徐徐淋入钵内，一边用手勺搅匀上劲成糊状，用手勺顺时针抽打上劲至糊中有较密的细泡，即成素鱼圆料。

③ 砂锅洗净，放入冷水，把打好的素鱼圆料乘热用手挤入锅内，置火上"养"到水略沸时离火；把素鱼圆翻身，继续"养"片刻，再移至中火上加热；待水略沸时离火，出锅盛入碗内；水发木耳、油菜心用沸水略汆，盖在素鱼圆上。

④ 炒锅洗净，放入素清汤200克，加精盐、味精少许，滚沸后撇去浮沫，淋入麻油，把汤浇入素鱼圆碗里即成。

特点：色泽洁白，形态美观，细嫩光亮，味道清鲜。

（六）点心拾萃

南通点心和南通方言一样，极富地方特色，品种灿若繁星，丰富多彩；技术含量高，难度大，难学、难仿，无法克隆、复制，曾被外地人视为"天书"。由于受外来文化的冲击和影响，时至今日，南通优、高、尖的点心和南通方言一样，在年轻人的口中变了调，在儿童的语言中已基本消失。

为了保护南通这一独特的文化遗产，现选26种点心"绝技"（包括传统、现代）简介如下。

1、蟹黄养汤烧卖

烧卖，北方古称"稍麦"，因形似麦穗故名。福建人则称其"开口馍头，亦曰开口茧"（闽杂志）。1913年南通《通俗方言疏证》称："馍头，皮薄开口者，为吾乡烧卖也。"

烧卖多系以呆面做薄皮，用糯米饭、肉丁、虾米加香葱拌和作馅。后来又有以青菜、豆沙、肉茸等为馅者，如翡翠烧卖、洗沙烧卖、肉烧卖等。因其皮薄敞口，多卤则成形不易，成熟时容易坍塌、漏馅、溢卤，所以调制烧卖馅一般不宜多放卤汁。南通市制作的蟹黄养汤烧卖，则以皮冻为主拌以蟹黄肉茸为馅，因成熟后汤多卤足，其形不变，汤卤不溢、不漏而成为中华技术一绝，至今外地尚无人能复制。美籍华人、著名书画家顾乐夫，在家乡吃了养汤烧卖后写诗赞美："雏菊裹清流，

蟹黄养汤烧卖

黄金白玉兜，若以姜醋佐，举世更无俦。”

原料（以32只计重）：

净猪前夹心肉500克，上白面粉500克，鲜猪肉皮200克，韭芽250克，熟冬笋片100克；蟹油250克，蛋清2只，绍酒50克，香葱25克，生姜末15克，白糖25克，酱油50克，味精25克，白胡椒粉5克，干澄粉500克（即小粉，实耗100克），精盐6克，芝麻油10克。

制法：

① 调制面团：取面粉500克放案板上，中间扒一小塘，放入沸水125克，拌和擦匀成雪花面，待冷却后再加入125克冷水，反复搋揉至面团纯软，表面光滑待用。

② 制皮冻：将猪鲜肉皮去毛，刮洗干净，下沸水锅出水后洗净，下锅加水600克，煮至七成熟取出后用绞肉机搅碎，再投于原汤内加香葱煮沸；撇去浮沫，取出香葱，加生姜末、绍酒25克上小火慢慢熬成黏糊状，盛入盆内冷透成皮冻。将皮冻放入绞肉机内搅碎待用。

③ 制馅：将鲜猪肉斩成肉糜，韭芽切末，冬笋尖切成细粒，一齐放入搪瓷盆内，放入酱油、绍酒（25克）、白糖、白胡椒粉、味精、精盐，和100克冷水搅拌上劲，再放入皮冻1000克及蟹油、麻油，反复搅拌均匀成馅。

④ 成形与成熟：将面团分成30个剂子，分别放在干澄粉拍粉里，用橄榄杖或鸭蛋形小杆捶将面剂子的边打成裙褶、中心较厚的烧卖皮子。然后将制好的馅心分别包入皮子内，稍稍捏拢（不收口），在颈口下捏一把，使馅心微露口外成生烧卖。生烧卖装小笼，用旺火蒸至八成熟，改小火蒸熟即成。

⑤ 味型、特点：鲜、咸。馅心多汁，汤多肉少；皮白柔软，蟹油映黄，肉香蟹鲜。吃时要用碟子等漏汤。先在烧卖边上咬一小口吸吮卤汁，然后蘸以香醋，其味更鲜美。此品为秋冬当令。

养汤烧卖是南通传统名点，后来渐渐失传、湮灭。20世纪70年代，笔者常与南通著名点心师周汉民聊天，当时他已年过花甲。他说，自己做了一辈子点心，制作技术难度最大的要数过去的养汤烧卖。笔者当即问他，现在能不能做？他说可以。于是就请他做几个看看。只见他选了精白面粉，用鸡蛋清加盐、少许冷水拌和后制成皮子。蒸出来的烧卖是含汤的，几乎占了馅心的1/3。笔者当时很惊喜。因为只知道淮安的文楼包儿是含汤的，从未听说过敞口薄皮的烧卖也能含汤！惊喜之余，还是觉得烧卖皮子太坚挺，入口不软绵，没有普通的烧卖皮子那么绵软韧糯、好吃。20世纪80年代，笔者与新华饭店点心部的负责人吴德才商量，养汤烧卖的面团里能不能不放鸡蛋清和盐，而改用雪花面。吴德才认为，传统的做法是为了贮汤不漏，在面粉中加蛋白质和盐是增加面筋质的劲力。你现在不但不加，还要破坏部分面筋质劲力。用雪花面，皮子是软糯了，但不知道能不能保得住汤？最好用冷水面团制皮。笔者说，不行。冷水面团在水里煮可以，若用汽蒸，皮子还是硬的。吴德才当时没有答应，说让他再想想。谁知第二天，他便向笔者报喜说，养汤烧卖是可以用雪花面做的，不过在蒸烧卖时增加了难度，要把汽的大小控制得恰到好处，否则容易造成坍塌和溢汤。原来他说的“再想想”，是使的缓兵之计，正好挤出时间来做试验。现在回想起来，养汤烧卖有这么好的口感，吴德才大师是做出了贡献的！

无独有偶，省烹饪协会第二年组织专家去淮安验收“文楼汤包”和“淮安茶馓”。验收当然要品尝。我们一行人等了将近一个小时还不见汤包出笼。淮安饮服公司的领导连忙解释说，淮安现在只有一个70多岁的点心师能做汤包，技术又不肯传人。因为是一个人单独制作，所以时间较长。这时笔者悄悄溜进操作间，一看面团就全明白了。笔者对淮安饮服公司的领导说，南通的养汤烧卖原来也是这样做的，经过了改良，现在改用雪花面制皮，皮子软，口感糯，效果又快又好。你们也可以试试！第二年，“文楼汤包”在南京展销，在现场看到淮安组织了5个人在操作。负责人见到笔者还硬拉去品尝。

现在一天做十几万元营业额、誉满大江南北的“靖江汤包”，也是用雪花面团做皮，不过他们在面团里加进了1.25%的32℃碱水和0.85%的食盐后，皮子尚软糯，韧性有所增加。创始人陶文良大师请笔者品尝，觉得馅心要比“文楼汤包”稍微丰富些。“文楼汤包”吃的尽是汤，“靖江汤包”的汤里多了些内容。点心师各人有各人的制作风格，也要按照当地群众的口味、习惯，不可能强求一致。销售量大说明群众喜爱，这才是评判的标准。

南通也做汤包。目前，个别店里供应的汤包与“靖江汤包”的风格相近。但说来也奇怪，南通人好像不大爱吃汤包。有些店试做试销，因光顾的人太少，也就不再做这个品种了。

吃汤包是一种精神上的享受。软绵绵的面皮里，包着一泡汤，不仅是对制作技艺的探究、欣赏，也是对新奇食品情趣的追求。其实如在汤里加点猪肉、鸡肉糜、笋、菇末之类的固体物质，做成半汤半菜的馅心，远要比光喝一泡汤更有情趣和味道，也更饱口福，品种也有了亲民性。对食品的喜厌，是萝卜青菜各有所爱。笔者仅是说说而已，只要有市场，南通绝不缺乏这方面的技术！

上面说的是呆面（水调面）中的雪花面团。下面介绍呆面中的冷水面团（馄饨、面条、水饺等用水煮成熟的品种均适用）制品。

2、王树秋馄饨

中国烹饪大师、中式面点高级技师王树秋是誉满中外的馄饨专家。1996年，其创制的超薄馄饨皮和两种特色馄饨，获得了上海大世界三项基尼斯之最；1998年又获得首届亚洲尤里卡世界发明博览会国际特别荣誉金奖；同年12月被“国际荣誉联合评选委员会”“欧洲共同体亚洲科学院”“巴黎欧亚联合发展协会”三个单位授予“民族贡献”荣誉称号。同时被美国爱迪生发明中心聘为顾问。

1991年1月，王树秋应中央电视台《实话实说》栏目组邀请，在春节直播特别节目中作现场技术表演；1999年12月全国第四届烹饪大赛，特邀王树秋在北京民族宫为全

透过馄饨皮，报纸上最小的字都很清晰

国各省市烹饪代表，作了为期3天的特技表演；2000年应“中国名人协会”“中国烹饪协会”“世界烹饪协会”邀请，参加了“八方食圣”春节特别节目，并在北京电视台与侯跃文等艺术家同台表演；2000年作为由国务院侨办、中国烹饪协会组成的“国家名厨代表团”成员之一（全团共4人）赴意大利、葡萄牙、西班牙等国作巡回访问表演，获得了多项荣誉和褒奖。在国内的各种烹饪活动中，屡屡被邀作专家讲座和现场表演等，其荣誉称号，不胜枚举。

王树秋馄饨2001年获得了国家发明专利。现择其制作的超薄馄饨皮和三种馄饨品种介绍如下：

［超薄馄饨］

原料：

面粉500克，鸡蛋200克，精盐3克。

制法：

将面粉过筛，倒在案板上，中间开一个塘，将鸡蛋打入，加精盐，调成面团，盖上湿布，静置3个小时。将静置好的面团搓成长条，用擀面杖反复擀制而成5.5×5.5厘米的皮1560张。根据不同要求，该面皮又可分为生面皮（即普通馄饨皮）和熟面皮（即油面馄饨皮）。

味型：咸、鲜。

特点：皮子薄如蝉翼，透明而精韧。把皮子放在报纸上，最小的6号字清晰得一目了然，皮子遇火立即燃烧殆尽。

［五彩馄饨］

原料：

超薄馄饨皮100张，蟹黄、蟹肉各50克，活草老母鸡2000克（1只），鲜虾仁100克，荠菜150克，发菜10克，净鮰鱼肉100克，纯精猪腿肉150克；味精3克，鸡精2克，姜葱汁15克，香菜3克，精盐5克。

制法：

① 将活草老母鸡宰杀，洗净，放入容器中加水2500克上火炖制（大火烧开后转小火)成鸡清汤。

② 将荠菜拣洗干净，入开水锅氽一下捞出，用清水过凉，控干水分，切成细末。

③ 将鲜虾仁挑去虾肠洗净，用刀将虾仁稍微拍一下，再用刀粗斲几下；将发菜拣

去杂质，用凉水泡一下，控干水分，切成细末；将净鮰鱼肉切成细粒用姜葱汁、精盐腌渍一下；将猪肉剔去筋膜，用刀背捶成细泥，加姜葱汁、精盐、凉鸡汤60克，搅拌成鲜肉馅。

五彩馄饨

④ 将已切成细末的荠菜加20克鲜肉馅，及少许色拉油、精盐、鸡精，拌成荠菜馅，装入碗内备用；将蟹黄、蟹肉加20克鲜肉馅，拌和均匀后装入碗备用；将虾胶用姜葱汁、精盐、味精适量，搅拌上劲装入碗内备用；将切成细末的发菜加50克鲜肉馅搅拌均匀，装入碗内备用；将草老母鸡清汤加盐、味精调味备用；将已调制好的五种馄饨馅分别包20只馄饨备用。

⑤ 锅上火，注入清水烧开，将已包好的馄饨胚下入沸水锅中，烧开后加入少许凉水，转中小火，煮2至3分钟；取十只容器，分别注入已调好味的老母鸡清汤，将五种馄饨各盛入2只，洒上少许香菜及胡椒粉，即可上桌。

味型：咸、鲜。

特点：薄皮馄饨经水煮后只见馄饨心，不见馄饨皮，个个透明，碗内馄饨似朵朵鲜花，五彩缤纷，色彩鲜艳，江鲜、河鲜、海鲜、山珍、蔬菜应有尽有，口味各异，营养搭配合理。

［**铁板烙薄皮馄饨**］

原料：

超薄馄饨皮（油皮）10张，香菜茎10根，丝瓜一根200克，中等文蛤30只（750克）；姜片、葱丝各5克，精盐2克，胡椒粉1克，橄榄油100克。

铁板烙薄皮馄饨

制法：

将文蛤用水冲洗，用刀将文蛤肉取出，放在较密的筐内，顺着一个方向，将文蛤肉洗净，控干水分备用。

将新鲜丝瓜刨去外皮，顺长切成长条（主要取其近外皮翠绿部分，中间另用）再改切成小菱形块备用。

炒锅上火，加入色拉油至四成热时，将丝瓜倒入锅中，待丝瓜转色时捞起沥油。

锅上旺火，加适量色拉油，加姜葱片炝锅，倒入文蛤肉，旺火急炒，待文蛤肉鼓起，倒入丝瓜再翻炒两下，倒入容器中待用。

铁板上火加热，将超薄馄饨皮（油皮）平铺在案板上，取文蛤肉3只、丝瓜适量连同卤汁放在馄饨中间，将四角提起，用香菜茎拦腰扎紧（扎紧可使文蛤包在加热过程中产生气体膨胀）。

将加热好的铁板铺上锡纸，将橄榄油均匀倒在锡纸上（不使面皮被锡纸粘住造成漏汤）；取少许胡萝卜丝、西芹丝、洋葱丝洒在铁板上，再将包好的文蛤馄饨排列在铁板上，盖上盖，即可上桌。

味型：咸、鲜。

特点：造型美观，馄饨皮薄透明。组组文蛤肉银光灿灿，盘内汤汁翻滚不断，吱吱有声，味道鲜美异常，营养搭配合理。

［造型馄饨——雏鸡出壳］

原料：

大对虾10只，超薄馄饨皮（油皮）10张；虾胶50克，黑芝麻少许，鸡蛋壳10只，姜、葱汁各10克，盐2克，味精2克。

造型馄饨—雏鸡出壳

制法：

① 将大对虾洗净，去头、壳，留下尾部，用刀在虾背脊处破至4/5深，挑去虾肠，用姜片、葱段及少许精盐腌渍一下备用。

② 将虾胶挤成10只小虾丸，将对虾尾部中间的尾尖取下，嵌入小虾丸前部；取黑芝麻两粒做鸡眼，做成10只小雏鸡的鸡头备用。

③ 将超薄馄饨皮（油皮）铺在案板边上（一只角朝下），在面皮的1/2处抹上虾胶，将腌渍好的对虾尾，在背脊开刀处朝上抹上虾胶；将没有抹过虾胶的面皮覆盖在虾胶上卷起至虾尾；将两边边角折至反面；在虾的前端装上小鸡头，一只栩栩如生的小雏鸡生胚就已完成。

④ 将蛋壳洗净，内侧抹上油装入盆中，连同已做好的小雏鸡，上蒸笼蒸2~3分钟，取出后装入蛋壳中，装盘待用。

⑤ 锅上火，勾玻璃芡淋在小鸡身上即可上桌。

味型：咸、鲜。

特点：小鸡造型栩栩如生。口味清新，鲜嫩可口。

［合子馄饨］

原料：

新鲜韭菜50克，鲜虾仁30克，板油丁20克，超薄馄饨皮（油皮）20张；橄榄油500

克，盐2克，味精1克。

制法：

①将新鲜韭菜洗净，控干水分，再用洁净毛巾吸干水分，切成细末，加食盐、味精拌匀。

②将新鲜虾仁挑去虾肠洗净，上浆。

③锅上火，打滑加油至四成热时，将虾仁倒入锅中，划熟捞出，将油控净后剁成细末。

合子馄饨

④将超薄馄饨皮10张平铺在案板上，在皮的边缘抹上蛋清糊，将韭菜均匀地放在馄饨皮中间，再将剁好的虾仁末和板油丁放在韭菜末的中间，然后，将另10张面皮覆盖在放馅心的馄饨皮上，将四边捏成瓦楞形。

⑤锅上火，倒入橄榄油，烧至四成热时将合子馄饨生胚逐个下入锅中炸，待合子鼓起，用竹筷将合子逐只翻身，炸至淡黄色、面皮发硬时即可捞出沥油、装盘。

味型：咸、鲜。

特点：皮薄透明，馅心清晰可见；吃口香脆，韭菜香味浓郁，营养搭配合理。

3、曹公面

南通抗倭民族英雄曹顶，是我国唯一享有庙供的面点厨师。传说曹顶的绝活儿——“刀切面”享誉江海平原，且由他配制的海鲜汤鲜美绝伦，民间称此面为“曹公面”。

曹公面

曹公面的面是批量生产，量大，光靠手擀难完成，要借助身体的力量，是将屁股坐在杠棒上一遍遍压出来的。最为奇特的是那把切面的宽刀，将近有三尺长，一拃宽，有把子分量呢！刀的前面有一个铁圈儿，刀是套在里面切的。抗倭英雄曹顶与倭寇拼杀时就是用的这种切面刀。原来“曹公祠”前的曹顶神像也佩的是一把切面刀。可惜现在已经看不见这样的刀了。

曹公面1999年被评为“江苏名菜名点名小吃”，并获全国“民族民俗美食评比”金奖。因为汤多面少，民间形象地称它是“吓煞人的碗，淹煞人的汤，饿煞人的面”。

原料：

精白面粉500克，鸡蛋100克，光鸡1000克，猪统骨1200克，文蛤肉200克，虾皮50

克，虾籽20克；精盐20克，味精10克，胡椒粉2克，芝麻油30克，香葱末25克，色拉油120克，生姜葱各20克，食碱粉10克。

制法：

① 用光鸡、猪统骨、文蛤肉、虾皮，加姜、葱、酒，用3000克清水吊制成海鲜汤备用。

② 将精白面粉中放入清水约200克及鸡蛋液、碱面，搅拌成面团，反复搋揉至面团光滑后，静置30分钟。

③ 用擀杖将面团擀成圆薄皮，并间隔10㎝折叠，折叠面顶头切成面条备用。

④ 锅上火，放清水约5000克烧沸，投入面条煮熟，用长竹筷挑起，并用笊篱操起沥去汤水，放入5个装有海鲜汤的碗中，撒上葱花、虾籽、胡椒粉，淋芝麻油即成。

味型：鲜、咸、香。

特点：面条筋韧，柔滑爽口；汤汁鲜美异常，汤多面少。喝美味温柔的海鲜汤，品手工刀切面，使人胃口大开，食欲大振。

注：曹公面一般都在光面上配加“盖浇”，如爆鱼、酱鸭、五香大排等，既增加了营养，又添了美味。也有将面初步蒸熟或煮熟，冷却后再加文蛤、虾米、青菜等加鲜汤烩制，谓之“一鲜熬面”“开阳熬面”，最宜老人食用。

在呆面（水调和面）中，以上已介绍了雪花面（蒸点）、冷水面（水煮点心）两种面团。下面再介绍一个沸水面（油炸点心）品种。

4、火饺与韭菜盒子

［火饺］

火饺，是南通独有的特色点心。

面粉加液体（水、油）调制面团，一般都是1斤面粉，用半斤水或油，也就是面粉重量的1/2液体。这样调制出来的面团，软硬度、干湿度恰到好处。沸水面团，1斤面粉要用1.5斤到2斤沸水调制，才恰到好处。这多出来3～4倍的水，怎么调制成面团？它是利用了淀粉粒在水中加热到一定程度所形成的糊化作用，即当淀粉乳浆加热到一定温度时突然膨胀。膨胀后的体积达到了原来体积的百倍之大。这时候水分子进入淀粉粒的非结晶部分，破坏氢键；随着温度的再增加，淀粉粒内结晶区的氢键被破坏，淀粉不可逆地迅速变成了黏性很强的胶体溶液——淀粉糊。淀粉粒的大小不一，而全部膨胀则需一个糊化过程。糊化的温度范围是65～67.5℃。

火饺

沸水面团的吃水量多少，全看技术

熟练的程度。一般人只能做到1斤面吃1斤沸水，做出来的成品皮子口感僵硬，属于技术不及格者。其原因是，面团是在笆斗中用擀面杖搅拌而成，当沸水遇到冷面粉、冷容器吸热，再加上你搅拌无力，速度不快，其温度达不到能使淀粉全部糊化的温度，只有部分先接触到沸水的能够糊化，部分或大部分淀粉没有糊化所致。能做到1斤面吃1.5斤沸水，成品皮子基本上达到外酥内糯的，属于技术及格。南通市也只有几家店能达到如此水平。皮子如果吃了2斤沸水，外面则布满了气泡，外表酥脆异常，里面柔糯软嫩，口感极好！

过去做点心的师傅基本功熟练，体力强，臂力大，搅拌速度快。凡是做火饺的店里就有这样的能人。现在年轻力壮的点心师，大多数是技术速成者，基本功不过硬，也不愿为此付苦力，能做到1斤面粉吃1.5斤沸水的师傅已经是难能可贵了！要想吃到好的火饺，只有靠技术革新，把笆斗改成金属桶；沸点沸水一边和面一边加热；机械化搅拌。技术革新的难度不大，但要有人去搞。

火饺这一品种是南通人所爱，其他地方几乎不见。外地只有韭菜盒子。外地的韭菜盒子远没有达到南通人对火饺的质量要求。有的名字叫“酥盒子”，却没有外酥香、里软嫩的口感。做火饺和韭菜盒子堪为南通人的绝技。

火饺的形状是半月形的饺儿状，馅心制法与做包儿馅心一样，一般有甜、咸两种，甜的馅心是洗沙，咸的是用的鲜肉，制法与韭菜盒子一样。下面是笔者20世纪70年代写的一份“韭菜盒子”谱，供大家在做火饺和韭菜盒子时参考。

最后还要说明一点：油炸、水调面团（呆面），只能用沸水面团。冷水、雪花面团都不宜油炸。云贵等地有个小吃叫“炸云吞”，就是炸馄饨。馄饨是冷水面团，炸出来的皮子发硬，棱角戳嘴，曾屡次发生吃“炸云吞”上颚皮被戳破的事故。

［**韭菜盒子**］

清乾隆年间，袁枚所著《随园食单》中对韭菜盒子的制法有这样的记载：“韭菜拌肉，加作料，面皮包之，入油灼之，面内加酥更妙。”

今之韭菜盒子，制法已大有改进，用沸水烫面制皮，使淀粉充分糊化大量吸水，油炸后，表面酥松微脆，内里糯软白嫩，有不用油酥而酥松，不用米粉却软糯之效。

韭菜盒子

南通制作韭菜盒子历史悠久，1913年出版的《新方言》（南通）一书中即有韭菜盒子即韭戛子的记载：“扬州谓木模摄面成饼者曰面戛子，今俗以韭菜为馅，而扞面为皮以合之者，谓之韭戛子。”戛即合也。韭菜盒子一般选用春季头刀嫩韭菜作馅为宜。故适令于春季食用。20

世纪80年代此点心被编入《中国小吃》(江苏风味)。

原料:(以120只计重)

上白面粉1500克,调和油2500克(实耗600克),去膜猪生板油1000克,韭菜1000克,虾米100克;精盐15克,味精10克,绍酒50克。

制法:

① 烫面:将面粉放入铅桶内,扒一个塘,倒入沸水2250克,边倒沸水边用棒搅拌,使淀粉充分糊化;搅拌上劲后倒在案板上摊开冷透,待用。

② 制馅:

1)取嫩韭菜1000克,拣洗干净,切成米粒大的末待用;

2)将猪生板油用刀批成薄片,撒上15克精盐擦抹均匀,腌渍一天后切成细粒待用;

3)虾米用酒浸泡一小时,还软后斩成细末待用;

4)将猪油粒、虾米末放入大碗内,加放味精,拌和成馅。

③ 成形与成熟:将烫面先搓成圆条,摘240个剂子,用橄榄杖逐个擀成直径7厘米左右、中间稍厚、边子稍薄的圆形皮子,然后把油粒馅心放在皮子中心,再放上韭菜末;另取一张皮子覆盖于上合拢起来,将边缘捏成瓦楞形。

④ 调和油下锅,待八成热(约180~200℃)时将韭菜盒子分批投入,炸至金黄色后捞起。

味型:鲜、咸。

特点:皮子用开水烫面,淀粉糊化大量吸水,油炸后,皮子表面金黄酥脆,内里糯软白嫩,馅心韭菜肥嫩,滋味鲜美。

5、水酵馒头

水酵即自制的液体鲜酵母。我国民间自制酵母之法由来已久,从挖掘的新石器时代的青墩遗址中,发现了三种酒器,可见南通先民在新石器晚期,已懂得利用酵母菌酿酒之术。

用液体鲜酵母制作馒头的文字记载,至迟在后魏已有,贾思勰的《齐民要术》中就有用面粉作白饼(即古时馒头)法的描述:“面一石,白米七八升作粥,以白酒六七升酵中,著火上,酒鱼眼沸后,去滓以和面,面起可作。”

水酵馒头

南通地区的水酵馒头,是在沿用古法的基础上不断改进提高,自制液体鲜酵母的发酵方法。

现今制作馒头的发酵方法,大多采

用浓缩鲜酵母和老酵酵种发酵，虽制作方便、成本低廉，但老酵酵种发酵感染杂菌较多，发好的面酸度高，必须用碱中和，制品质量、风味和营养成分不如水酵发酵的制品。

水酵，就是将酵母的培养溶液除去米糟后的乳状酵母，其菌种纯、发酵力强而均匀，不仅使成品膨松多孔，富有弹性，且微具酒香和甜味，还能增加成品的营养价值。因酵水里有大量的活酵母，而酵母本身又含有丰富的营养，通过发酵，使面团内的酵母细胞大量增殖，因而大大地提高了制品的营养价值和特殊风味。

水酵发酵，手续麻烦。酿制酵水的时间较长，影响发酵的因素也较复杂，故发酵技术较难掌握；然而群众非常喜爱这一品种。至今南通地区仍有少数城镇用水酵制作，市区也仅有个别店家，有时制作水酵馒头。每当上市，群众会争相购买。

为了能使这一古老的非物质文化遗产得以传承，现将其制法介绍如下。

原料：(以560只计重)

上白面粉25000克，糯米3000克，绵白糖100克，小苏打50克，黄酒药37.5克。

制法：

① 酿酒：

1）取纯糯米750克，用水淘清，放入容器内用水浸涨。夏季浸泡约6小时，冬季浸泡约12小时后捞出，用清水冲洗过清。

2）将浸泡好的糯米上蒸笼蒸熟（用手指研磨，没有硬心即好），再将蒸饭过清水后（夏季要凉透，冬天要微温）待用。

3）将黄酒药研磨、过筛，待用。

4）取小缸一只洗净，反扣于蒸笼上蒸五分钟后取下（夏季待缸冷透，冬季缸内要有点微温，缸内不能沾水）；将蒸饭放入缸内（冬季放前缸底，缸壁要洒一点酒药末），把酒药末撒于饭上拌匀、揿平，中间开一小塘，用干净布擦净缸边，盖上草盖，待其发酵。夏季2~3天，冬季要在缸的周围拥满砻糠保温5~7天，见缸内浆汁漫出蒸饭的小塘，酒即酿成。再将酒酿用手扒散、上下翻动待用。

② 制酵饭：取糯米2250克，淘清后放入锅内，放清水约2250克（视糯米吃水量大小而定，煮的饭应偏软，不能硬），置火上烧开后立即用炭将炉火封实，微温焖熟（不能有锅巴）。饭煮好后盛起。夏季要等饭冷透，冬季的饭有一点微温即可投入酒酿缸中，加上面粉100克（不见米粒），盖上草盖，用所酿之酒，催发酵饭。夏季经6小时，冬季经12小时（冬季缸的周围仍壅砻糠保温）即成。

③ 投酵水：夏季取25℃左右的冷水，冬季用40℃左右的微温水10000克。投水酵饭缸内，用棒搅和拌匀，加盖草盖。夏季经12小时左右，冬季经24小时左右（冬季缸的外边用砻糠保温）。当听到缸内有螃蟹吐沫似的悉悉发酵声，即可用手捞起饭，捏之净渣（即无粘浆从手指缝内往外冒，一捏即能成团），即可用淘箩过滤取酵汁，去糟。在酵汁内放入白糖2两，用舌头尝试一下酵水，如有微酸味，可根据酸度大小，酌情放苏打25~75克。

④ 搋酵面：

1）取面粉23500克，倒入酵缸内。中间扒一个塘。掺入酵水（冬季要将酵水加热至微温约30℃。酵水加温时要冷锅下酵水，切忌先将锅烧热而后倒酵水下锅）拌和搋匀后起缸。

2）案板撒上面粉，将酵放上，分成8～10块，反复搋揉上劲，以不粘手、面团光滑即成。

⑤ 成形与成熟：

将发酵面团搓成圆条，摘成70克左右的剂子，再做成圆形馒头，放入蒸笼内（冬天要将蒸笼加温，手背按在笼底以不烫手为准），由其在笼内自行涨发成一倍半左右；揭开笼盖让其冷透，吹干水气。上旺火蒸约20分钟，揿之不起塘、不粘手即熟。（如发现馒头自行泄气凹陷，要随即用细竹签对泄气的馒头戳孔，并用手掌拍打，即能立即涨起，恢复原状。）

特点：馒头膨松多孔，富有弹性，捏凹能立即弹复原状，皮薄如绢白亮有光，咬之虚绵精韧，食之有微微醇香和甜味。此品种适令冬夏两季。

附注：此品种可包多样馅心，甜咸均可，夏季以干菜、葱花、五仁，冬季以萝卜丝、咸菜、豆沙做馅为宜。

点心的发酵方法有三种：①酵母发酵；②化学发酵；③物理发酵。这三种方法都是要达到使食品膨松的目的，但用法却各有不同。

酵母发酵的适用面广，一般面点均可；但遇到多油、多糖分的原料时，酵母菌因受油糖的包裹或分离，会变得英雄无用武之地，就只能用化学发酵的方法来取代。

物理发酵，俗称搅搪法，如做蛋糕，是把空气搪成泡沫进入原料中，加热时就膨松、胀大。

酵母发酵，现在常用的是面肥（酵种）发酵和鲜酵母发酵。面肥发酵因酵种容易繁殖、醋酸杂菌发酵后面团有酸味，必须对碱，使酸碱中和，并产生气体。鲜酵母发酵因系纯菌，一般不会产生酸味。

水酵，是自制的鲜酵母，不仅菌种纯、发酵力强、发酵均匀，而且酵母菌能从有氧呼吸变为无氧呼吸，使面内的单糖产生酒精和少量二氧化碳和能量，能使制品产生微微的酒香和甜味，这也是水酵制品受大众欢迎的原因之一。

6、大华楼包儿

南通人不仅喜爱水酵馒头，更怀念已经消失的大华楼包儿。

大华楼是南通市中心的一家知名度极高的菜馆。该馆以经营南通菜和办酒席为主，早市也供应面点。面点中以包子最为出色。

大华楼的肉包儿以及按时令供应的葱花包儿、蟹黄包儿，成了南通人怀念的绝味。现在有人打着“大华楼”的招牌，做的却是现代最普通的包儿！要知道，一种能得到人人认可和怀念的美食，绝对不是普通的食物，而是花了大工夫、大代价、大投入，才取得的成功之作。不说别的，单说大华楼包儿的酵吧。

据老点心师回忆，大华楼的包儿酵是成流状的，要搬一块酵，用手是捧不起来的，是要用大铜勺舀的！酵坯放在手里，会从你的手丫缝里流走，做时要将酵面在手中不停地转动。面对这样的酵，没有深厚基本功的人能捏成包儿来吗？没有“站碎方砖，靠倒明柱”的吃苦耐劳的精神和功力，你想恢复就能恢复得了吗？

大华楼包儿

大华楼包儿馅心的猪肉是精劖肥切，皮冻又多，所以吃口极其好。讲究的人还要吃“落笼的包子”，就是刚下蒸笼即食。这时的包子皮松软柔嫩，馅心汁多而鲜美。若不趁热食用，馅心里的汤汁则会被皮子吸收，皮子会变得粘烂，馅心无汁。南通老饕们至今仍对大华楼包子这一美点念念不忘。

原料：

兑好碱的酵面9公斤，面粉0.5公斤，夹心肉2.5公斤，鲜肉皮1公斤，统骨1公斤；白糖50克，酱油50克，料酒100克，精盐35克，味精15克，生姜75克，青葱75克。

制法：

① 熬皮冻：

1）将猪肉皮去毛与统骨一起出水洗净；生姜、青葱洗净。

2）锅加适量水，取25克生姜拍松，25克青葱打结，将出过水的肉皮、统骨及50克料酒一起下锅，大火煮开，小火焖烂至七成熟时，捞去姜、葱、统骨，捞出肉皮放入绞肉机绞碎，放原汤内小火慢熬，并经常撇去浮沫，投入适量料酒、精盐及少许酱油调至味适口。待皮汤熬至汤汁稠浓时，盛入盛器冷却待用。

② 制肉馅：

1）将生姜切末，青葱切成葱花。

2）将夹心肉洗净，精劖肥切成肉糜放盛器，加入余下的调料，顺一方向搅拌上劲，再分次投入适量冷水，再搅拌上劲，投入姜末、葱花及绞碎的皮冻，上下搅和均匀即成馅心。

③ 成型、成熟：

取兑好碱的酵面搓条、摘坯、按皮、包馅，捏成菊花纹即成包子生坯。将生坯装入温热的笼内稍醒发，上蒸锅蒸熟即成。

特点：制品皮松软、色洁白、馅心大、卤汁多，是广大市民喜爱的早餐美点。

7、五步桥葱饭馒头

葱饭馒头

南通好吃的包子很多，如从前五步桥“金复兴”的“葱饭馒头”，在20世纪40年代到1950年初，是天天有人拿着篮子在那里排队等馒头落笼的。新中国成立前，城里的馒头店多得很，而人们为什么要到这个小店来排队买？出生于1925年的老南通季修甫先生曾写过不少有关南通小吃的回忆文章，他就特别欣赏五步桥“金复兴”的“葱饭馒头”，称其为“葱花馒头”。这是各人的叫法。其实，五步桥“金复兴”做的不仅有“葱花馒头”，还做土得不能再土的“米饭兜心馒头”。

以前，过年前家家户户蒸馒头是南通民间的一大习俗。原来的馒头兜心有四种：咸菜、萝卜丝、豆沙和葱炒饭。后来不知为什么，葱炒饭的兜心越来越少，只剩下前三种。更奇怪的是“葱炒饭馒头”竟没有统一的名字，农村里一般叫它“兜饭馒头”；城里人叫它“粢饭馒头”或“葱花馒头”。笔者在20世纪70年代问过南通有名的点心师李柱。他说叫“人吃人”。怎么会有这么奇怪的名字呢？他说，粮食皮包粮食心，不是粮食吃粮食吗？所以行业里叫它“人吃人”。笔者对这一极其形象的名字非常赞同。不过，“人吃人馒头”是行业内的叫法，一般群众包括现在餐饮行业里的年轻人都听不懂；即使现在叫它“葱饭馒头”，还是有多数人弄不明白。

这种连正式名分都没有的馒头，却征服了人们舌尖上的味蕾，还为它竖起了极佳的口碑！

“科学来自实践，伟大出于平凡”，“葱炒饭馒头”的不朽影响力和南通厨师的翘楚吉祥和从厨一生对美味的追求，证明了这两句话是至理名言。

大多数人认为，只要能做出多种华丽的名菜和创新品种，就是一个名厨师（点心师）。笔者认为，能做名菜、能翻品种，是只要具有一定的烹饪知识和基本功都能做到的普及型厨师；而专家型的厨师应该从最普通、最平凡、最大众化的食品中，创造出源于传统而又优于传统、高于传统的美味来。五步桥的“葱饭馒头”所创造的奇迹，就是很好的例证。吉祥和之所以能成为誉满江苏的名厨，是由于他一辈子“味不惊人誓不休”的追求和刻苦钻研精神。他能把家庭妇女们人人都会做的红烧肉、红蹄，烧出无与伦比、令人叹服的美味；他花了50年时间钻研“海底松”如何入味。优秀厨师做出来的菜，不仅“好吃”，还要让人“好想”。

2015年，经群众海选，选出了南通十佳名菜、十佳名点、十佳古典菜、十佳家常菜。这40个品种应该普及到餐饮店，让更多的厨师会做，而且能做好！

要创造旷世美食，就应该学学“五步桥”，学学吉祥和！

8、缸爿与草鞋底

南通人将大饼做成菱形，称之为“缸爿”；把盘油烧饼做成由四股面组合成的长圆形，如草鞋底中的四股绖绳，称之为“草鞋底”。“缸爿”“草鞋底”的名称可能源于象形。这两个食品的名称在南通却演绎出了一段与民族战争有关的民间传说：明朝南通民族英雄曹顶，原在乡里以做“刀切水面”和做“缸爿”“草鞋底”为业，当时倭寇对我国沿海地区不断烧掳抢劫，而政府官兵无力抗御。曹顶就组织乡里民众奋起抵抗，杀得倭寇尸堆如山（在南通城山路，至今还保留着像山丘般的倭子坟）。倭寇听说曹顶所带的军队不食人间烟火，将“缸爿”“草鞋底”当饭吃，并在南通城外布有“三里墩”“五里树”“十八里河口”“三里暗（岸）桥”，城内布有“四步一陷阱”（四步井）“五步一活桥”（五步桥）等暗道“机关”，所以只要听到曹顶军到，便闻风丧胆，落荒而逃，因此才保住了南通的一方太平。

曹顶的英雄业绩已彪炳史册，并成为我国唯一有庙享的面点师。至今曹公祠前曹顶的塑像前香火鼎盛，数百年如一日，绵延不绝。“缸爿”“草鞋底”，既是御敌制胜的神品，其名也与史共存。

南通的“缸爿”与“草鞋底”不仅名称奇特，还有其独特的风味特色。“缸爿”不论是刚出炉的热“缸爿”，还是冷却了的冷“缸爿”，均能搓卷成卷筒状，放开即恢复原形，口感一直保持外微脆，里糯软，层次（三层）分明，外表黄亮有光，香脆微甜，里层色白如雪，柔若丝绵。“草鞋底”也是酥柔可口，全城飘香。

遗憾的是，因为南通的“缸爿”“草鞋底”，从烫酵、发酵、搋酵、对碱、成型到烘焙要经历18个小时，其中操作时间11个小时，侍候的时间（如出胎气、发酵等）7个小时。这18个小时不能离人。若下午再供应，那一天24小时几乎全部扑在上面。正因为它的制作工艺复杂，技术含量高，劳动强度大，经济效益低，而年老的已经退休，年轻的又不愿意学，造成了南通人吃不到正宗“缸爿”“草鞋底”的现状！“速成缸爿”是用冷水和面，以浓缩鲜酵母发酵，所花的时间不到老工艺的1/3，做出来的缸爿是有其名、有其形，却无其味、无其神。

为保住南通的老味道，特将南通“缸爿”、“草鞋底”的制作工艺介绍如下。

缸爿

［缸爿］

原料：（以100块用料）

面粉5000克，酵种（老酵）500克，食碱200克，饴糖（糖稀）200克，芝麻500克；调和油3000克，食盐250克。

制法：

① 烫酵：第一天下午三四点钟，将

面粉3000克掺沸水1000克制成核桃大小的面团块（夏季用750克沸水制成雪花面团），将面团放在案板上出“胎气”，待面团冷透后，加入酵种300克（夏天150~200克），再在面团上洒上冷水，搋揉成均匀光滑、三不粘（不粘手、不粘案板、不粘刀）的大面团。冬天在面团上盖上棉被，夏天盖一层纱布，让面团中的酵母繁殖12小时左右，谓之“发酵”。

② 接酵：第二天凌晨三四点钟，将余下的2000克面粉，用上述同样的办法，制成第二块面团，让其“发酵”。早晨四五点钟时，检查第一天制作的第一块面团发酵是否符合要求，若发酵正常、达到要求，就用第一块面团单独制作“缸爿”，若发酵太“过”，有浓重的酸味，就掺入部分第二块面团（掺入多少，视发酵程度而定），搋揉均匀，谓之“复酵”。

③ 施碱：面团发酵后，因有部分杂菌如醋酸杆菌生成，混杂在酵面中，故而酵有酸味。施碱的目的有二：一是中和酸味；二是酸碱中和后，加热时会产生气体，使面团涨发得更膨松柔软。施碱，是将“食碱”泡成一定浓度的“碱水”，加入面团中揉匀。施碱水量的多少视面团涨发情况而异，一般加到面团中没有酸味，有了芳香的面味为止。如面团有碱味，颜色呈黄绿色，则为施碱过量。

④ “成形”与“成熟”：将施好碱的面团，切下一块（约1000克）揉匀，搓成圆条，用“走捶”将圆条擀成15厘米宽的长薄片，在薄片上抹上一层调和油，洒上食盐，将长薄片摺叠三层，成5厘米宽的厚条，用“走捶”轻轻擀匀，再用刀呈45°角的斜角，将长条分割成15块菱形块，将每块用“擀捶”擀成整齐划一的菱形块（即“缸爿”坯）。每块刷上饴糖水（饴糖与水1∶2搅和），再洒上芝麻，即可贴入炉壁预热好的桶炉内。用送风方法将桶炉内的炭火吹旺后，即停止送风，待缸爿涨发成熟后便可出炉食用。

味型：香、咸。

特点：成品菱形整齐划一，刀口层次分明，表面黄亮，里层色白如雪，食之外表香脆微甜，里层柔糯软绵，咸香可口。

［草鞋底］(100块用料)

原料：发酵面团7500克；干油酥3000克，猪板油丁1500克，芝麻600克，葱末750克，食盐250克，饴糖200克，食碱200克。

① 干油酥：面粉与熟猪油成2∶1，拌和揉擦成形即为“干油酥”。

② 猪板油丁：生猪板油切丁，加盐腌制二天后使用，既调了味又可去猪腥味。

草鞋底

制法：

发酵面团（与制作“缸爿”的面团相同）施碱后，分成五块小面团，取一块小面团揉光滑，搓成圆条状，分摘成20个烧饼坯料，将坯料分别揉圆，擀成饼状；在每个饼中放入干油酥30克，包成团状，再将团子分别擀扁，用擀捶擀成长条状；将长条卷成圆筒状（将有螺旋纹的面侧向一面）后再擀成35厘米长的长条。将长条平放在案板上，放上腌制过的生猪板油15克、葱末7克作馅心，包成长圆条。将长圆条的两端并在一处成环形，用右手抓住，左手揿住面条另一端，使面条成环圆形，右手将面条旋转半周，使环圆形面条变成“8”字形，右手拉面条从“8”字形交叉处复摺至左手固定的面条上，排成四股面条，擀成长圆形“草鞋底”。刷上饴糖水，将有饴糖水一面反扣在芝麻盘内，拖一下，使饼面粘满芝麻。将做好的“草鞋底”贴入桶炉内成熟。（底面火要相应）用火，先大后小，慢慢烤熟，若速，则饼粘而不酥。

味型：咸、香。

特点：看似整饼，吃时成条；香酥异常，人口即化。

9、金钱萝卜饼

金钱萝卜饼

“金钱萝卜饼”是南通名点，系油酥制品，是以油水面包干油酥为皮、以萝卜丝和猪板油为馅，用平底锅隔层烘烤而成。油酥制品相传是由北方匈奴等外族传入。

南通“金钱萝卜饼”系清朝末年南通人孙洪所创。孙洪在市中心平政桥开设的小食品摊，按季节制作时令小吃。过年之前卖烘山芋、烘蜜糕；节后专卖春卷皮子、虾糍儿；开春做蛋饼；萝卜上市后，做的是只比铜板大的金钱萝卜饼。饼在锅里煎好以后还要一只只竖起来，把饼边子在锅子里滚上两三圈，给饼的四转儿都吃到油。这个饼就不要谈吃了，看看也要渗口水。

每年春末夏初，扬花萝卜（小红萝卜）上市时，他将扬花萝卜刨丝，用盐拌腌、挤去汁，拌以猪油，香葱为馅，外包油酥，做成金钱一般大小的萝卜饼，取名“金钱萝卜饼”。因其选料讲究，制作精细，操作技艺又不外传，别人不得其法，一直为其独家经营，因此孙家的金钱萝卜饼闻名乡里。每当上市，购者云集。孙洪去世后，由其子孙炳承袭其业，店遂更名为“孙炳记”。“金钱萝卜饼”一直供应至新中国成立初期。孙炳殁，此品种也就断绝了供应，现在所制作的“金钱萝卜饼”是根据孙家的后代所介绍的操作技艺，并对馅心加以改进后精制而成。“南通金钱萝卜饼”色泽和谐悦目，形如金钱、纹路清晰，皮子酥松，馅心腴美鲜香。

20世纪80年代，“金钱萝卜饼”被载入《中国小吃》（江苏风味），后又入典《中国大百科全书》。

原料：（120个计重）

上白面粉1500克，去膜猪生板油100克，熟猪油500克，香葱200克，虾米100克；味精10克，绵白糖25克，烧酒50克，精盐28克，扬花萝卜3千克。

制法：

① 制馅：

1）将萝卜洗净，刨成细丝，加盐25克拌和腌渍半小时，挤去汁松开待用。

2）将猪板油用刀批成薄片，撒上精盐3克，抹匀腌渍一天后切成细粒。虾米用酒浸泡一小时，还软后斩成细末，香葱切成米粒大的葱花。将切好的油粒、虾米末、绵白糖、葱花、味精一齐放入碗内，拌和均匀待用。

② 制水油面：

取面粉900克，放案板上，中间扒一小塘，加80度温水300克，反复揉擦，放入熟猪油200克，成光滑纯软的水油面。

③ 制油酥：

取面粉600克，放案板上，中间扒一小塘，放入熟猪油300克，先用手指拌和，再用手掌反复推擦，成纯软光滑状油酥。

④ 起酥与成形：

1）将水、油面、油酥分别搓条，各摘15个剂子。水油面剂子大，油酥剂子小，比例为6∶4。将水、油面剂子分别用手掌揿扁成圆形皮子，将油酥剂子逐个包入水油面皮子内，成15个油酥坯。

2）将油酥坯分别用手掌轻轻揿扁，用擀捶擀成3毫米厚30厘米长的薄片，将薄片两头向中间交叉摺叠成三层，再擀成24厘米宽、30厘米长的长方形薄皮，然后将薄皮顺长由外向身边卷拢成圆棒形（要注意卷紧，才能达到纹路均匀细致，不脱壳，不乱酥的效果）。

3）将圆棒形油酥用刀切成等分相同的八段，逐个竖起（刀面朝上）用手掌揿扁。擀成近6.5厘米直径的圆形皮子（螺纹顶要擀在中心），在每张皮子中心先堆放油馅，后放萝卜丝，将皮子包拢封口。收口向下放在案板上，用手揿扁，成金钱状（螺纹心要在表面正中）。

⑤ 成熟：

取平锅一只，锅底先铺上一张表芯纸（表芯纸先放火上燎去毛），将萝卜丝饼正面朝下，排列在锅中纸上，盖上锅盖，将装好饼的平锅放入大圆底锅内，将圆底锅置于炉上，用小火烘烤约40分钟。烘烤时要注意把饼翻身，待饼面呈象牙色时即成。

特点：隔锅烘烤，受热均匀，成品形如金钱，表面酥层呈螺旋形，纹路层次清晰，颜色和谐悦目，皮子酥松微脆，馅心肥美鲜香。

附注：萝卜丝饼也可用油煎法成熟，油煎后如要使成品更为酥香爽口，可将锅子洗净铺一层表芯纸（燎毛），把煎好的萝卜丝饼放在锅内纸上烘烤，使部分油脂吐出，食之更为酥香。

10、果仁宣化酥

果仁宣化酥

“宣化酥”为我国传统酥点，以酥纹笔直、层次清晰、食用价值较高，在酥点中占有重要位置。

“宣化酥”的制作从配酥、开酥、成形到成熟，每道工艺都要有相当的基本功，某个环节上的失误，都会在成品上反映出来，因此行业内把宣化酥称之为“功夫酥”。过去不仅点心师能做，茶食师傅也能做。

制作“宣化酥”，不仅要有熟练的基本功，制作时还要十分细心。为保住即将失传的技术，特将其制作方法介绍于下。

原料（以40只用量计）：

面粉500克，果仁馅200克，熟猪油2000克（耗用200克），鸡蛋清半只，白糖100克。

制法：

① 取面粉300克加入50克猪油、100克温水搓和成水油面；用面粉200克加入猪油100克揉擦成干油酥，将油酥包进水油面里，封口捏拢向下放，用擀捶擀开成薄长方形皮子，折叠三层再擀成一寸厚的长方形，卷成长圆形的条，切成二十段。

② 每段坯子用快刀顺长剖开，将刀口向上，两端捏尖折在反面、正面用手轻轻揿成椭圆形包入馅心，收口处涂些蛋液，捏拢后收口向下再用手揿成饼状。

③ 锅至小火上，放入熟猪油至三四成熟，投入宣化酥炸至浮起酥层开膨后，移旺火略炸即成。

特点：

层次丰富分明，色泽玉白；皮子酥化松腴，馅心甜美。

质量要求：

① 起酥擀皮时要厚薄均匀，卷要紧实，少用生粉，花纹才能清晰均匀不乱。

② 动作要轻，否则表面的直线状酥层混乱不清，擀制时四角要对齐。

③ 炸制时一定先要用温火，逐渐加温，否则酥层不清，初下锅油温过热，颜色要发黄，里面不酥；油温过低则表面颜色灰白，容易含油脱壳、露馅。

11、咸味河蚌酥

油酥点心的酥层有螺旋形、放射形、直纹形等，都须有规律层次，若纹路紊乱，则是开酥技术不精而产生的“乱酥”。

“咸味河蚌酥”是南通市烹饪摄影美容技术学校退休教师、高级面点技师王民进悉心研制的新品种。王民进为在规律中求得变化，突破了陈法，研制出蚌壳纹路形状富于变化的酥层，乍看像“乱酥”，细看则“乱”得统一，技术有所创新，造型生动逼真。因此技术尚未得以普及，故作为绝技介绍。

原料（以12只用量计）：

水油面21克，芝麻油10克，干油酥9克，味精少许，硝肉100克，食盐少许，榨菜25克，鸡蛋清1只，青葱15克，猪油2500克（实耗150克）。

制法：

① 将硝肉、榨菜切成丁，青葱切成末，放入盛器，加味粉、芝麻油、食盐调味待用。

② 将水油面摘成六只坯皮，分别包入干油酥，逐只擀成长方形面片，摺三折，再擀成长方形面片，顺长卷成圆条，再顺长用利刀一分为二，酥面朝下，卷成圆形，擀成约一寸三分对径圆形皮子，包入馅心二钱，边皮抹鸡蛋清少许，对折捏拢成蚌壳形，成生胚。

③ 取四成热油锅，将生坯逐个投入，待浮起后改用大火炸到酥层分清、酥面发挺起锅装盘即成。

特点：

表面酥层呈蚌壳纹排列，不紊乱，葱香咸味，破用甜馅心之老习惯。

质量要求：

① 开好酥改切成酥条后，卷制时要注意酥面的排列，否则达不到酥面呈蚌壳纹排列的目的。

② 炸制时成品浮起后要边加热不断翻动，否则容易出现一面炸透一面含油的现象。

12、三味酥合

“三味酥合”是从传统的“鸳鸯酥合”衍化而来，一点三馅，鲜、咸、甜融于一体，不仅口味更为丰富，还增加了酥合的美感。三点组合对称，既有规律又有变化。“三味酥合”在酥合的制作造型技术上也是一个提高，既要组合均衡，又要平伏饱满，还要酥层清晰一致，故在操作上有较高的难度。

“三味酥合”曾在1984年“江苏省名菜点比赛”中获得最佳点心金奖，由高级点心技师徐锦泉制作。

原料（以14只用量计）：

精面粉350克，熟猪油1000克（实耗225克），五仁馅75克，豆沙馅75克，三丁馅75克。

制法：

① 取面粉150克加入熟猪油75克拌和擦成干油酥。

② 另将面粉200克加入熟猪油30克，水70克拌和擦成水油面。

③ 将水油面揿成圆形，放入干油酥包拢，擀制出明酥皮坯。

④ 将皮坯逐只揿扁，擀成圆形皮子，分别包进三种不同口味的馅心，每一只都摺成半圆形，将三只不同馅心的半圆形连结在一起，形成一个整圆形，再捏成绳状的花纹，即成“三味酥合”生坯。

⑤ 锅置火上烧热，舀入荤油，待油烧至二三成热时，将三味酥合生坯下锅，用小火氽制浮起至酥层次清晰时，用大火略炸（保持白色）捞出装盘。

特点：

外皮酥化，馅心咸甜，清鲜利口；一点三味，风味独特。

质量要求：

① 三只半圆形组成一体，要大小一致、粘连不脱落。

② 掌握好油温，初炸时要不断转动油锅，以防粘底，上浮后要注意翻身，并及时提高油温，防止散碎含油。

③ 个形完整，酥纹明细，层次清晰。

13、鱼鳞酥

鱼鳞酥

“鱼鳞酥”因表面有菱形刀纹，油炸后呈鱼鳞状以名之，是南通市已故点心名师周汉民的经典之作。“鱼鳞酥”取蛋货点心和酥货点心之长，是将蛋、酥融为一体的创新品种，里外酥松，具有蛋、酥制品兼备之特色。

“鱼鳞酥”自20世纪50年代创制以来，颇为当地群众所赞赏，为南通市常年畅销小吃品种。1980年在徐州举行的江苏省点心展销会上大受欢迎，现已成为徐州、连云港等地市场上最受欢迎的小吃品种之一。20世纪80年代此点心被编入《中国小吃》（江苏风味）。遗憾的是，此品种在外地生根开花，在出生地却行将绝迹。

原料（以40只计）：

上好面粉630克（30克作拍粉用），老酵350克，酵面200克，花生油5250克（实耗1000克），鸡蛋4只，绵白糖350克，芝麻l00克，苏打25克。

制法：

① 制蛋油酥：

取老酵350克，放在撒有面粉的案板上，掺面粉100克和苏打揉擦均匀（放苏打的量要重于一般酵面，因另外还有600克面粉和其他原料掺入）放入盆内，将糖、鸡蛋和花生油100克，一齐放入面盆内调拌，将酵面用手捏散与糖、蛋、油酥溶和后，再加入面粉600克，搋揉均匀，成蛋油酥。

② 制皮子面团：

将酵面200克放在撒有面粉的案板上，取制好的蛋油酥500克，与酵面一起揉和成皮子面团。

③ 成形：

1）将皮子面团搓成圆条，揿扁，用擀捶擀成约16厘米宽、65厘米长的皮子。

2）将蛋油酥也搓成65厘米的圆条，放在皮子上，将皮子包卷住蛋油酥搓成网棍状，揿扁成长条，用擀捶将长条擀成约10厘米宽、5毫米厚的长薄片。

3）用刀在长薄片的表面划成整齐的菱形刀纹，深度为薄片的三分之一（先从长薄片的左边横头上向右划，刀与横头成45度斜角，每隔6毫米划一刀，从头划到尾，再从右边横头向左划，刀与横头也成45度斜角，每隔6毫米划一刀，从头划到尾，即成菱形刀纹），再将长薄片自左至右横切成5厘米宽、10厘米长的小方块，共切成40块。

4）逐块在有菱形刀纹的一面抹上清水，粘满芝麻，即成鱼鳞酥坯。

④成熟：

取铁锅一只上火，倒入花生油，待油温升至七成熟时，将鱼鳞酥坯逐块放入，待鱼鳞酥浮出油面，涨发成三倍大时，即用微火慢慢氽炸（旺火热油会使成品皮焦心不酥)。等“鱼鳞”上不泛泡，表明馅心已经炸酥，即可出锅。

味型：香、甜。

特点：刀纹经油涨发后呈鱼鳞状，色泽金黄，里外都酥松异常，碰之即碎，口味香甜。

14、嫩浆糕

“嫩浆糕”以其松软绵柔、易于消化吸收之特点博得了广大群众的喜爱。然而因其制作工艺繁复、技术难度较大，使这一传统美点濒于绝迹。

中国点心大师、南通人吴德才，在挖掘传统技艺过程中，将这一品种在20世纪80年代初就供应于市，受到了广大食客的欢迎。

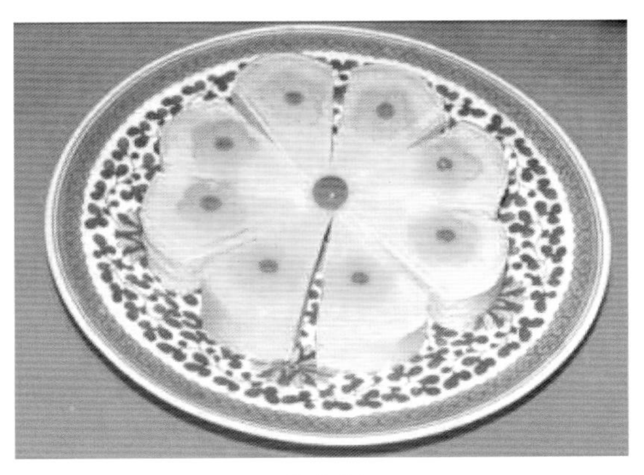

嫩浆糕

原料：

上等精白籼米500克，酵种100克，苏打粉少许，白砂糖300克，发酵粉10克。

制法：

① 将籼米淘净后用冷水浸泡（冬天4～6小时，夏天3～4小时）。将浸好的籼

米带水磨成米浆，装入干净米袋内压干成湿米浆。

② 取湿米浆75克放入容器，用手捏碎，加冷水75克稀释。

③ 锅置旺火，放水3两烧开后，右手拿勺，左手拿浆向锅内倒，搅动成熟浆后倒入容器冷却。

④ 将多余的湿米浆用手捏碎，加入温水300克，投入熟糕浆、酵种拌匀搅透，盖上白纱布，让其发酵（夏天4～6小时，冬天10～12小时）。

⑤ 在发酵的米浆内加入白糖，静置5分钟，待白糖溶化后，加入小苏打、发酵粉搅匀。

⑥ 蒸笼内铺上白纱布，将糕浆分成两等份，先倒一份蒸5分钟，再倒一份蒸一刻钟，用竹签插入，抽出后不带生糊即熟。

⑦ 成熟的糕坯待冷却后取出白纱布，改切成棱形，用松仁和红樱桃装饰即成。

特点：色白如雪，松绵柔软，甜美可口，易于消化吸收，为老少咸宜之点心。

质量要求：

① 米浆磨得越细越好，要用箩筛过滤。

② 要掌握发酵的时间与温度。发酵过头有酸味；发酵不足，制品不松软。

③ 助发剂用量要适当。

④ 一定要等糖溶化后才能上笼蒸，否则表面会出现糖的颗粒，溶化起麻点，并有糖沉淀等现象。

⑤ 浆要煮熟煮透，不熟透，生浆、熟浆会分离，影响发酵。

15、凝脂糕

“凝脂糕”是南通市新华饭店面点高级技师徐锦泉研制的创新点心，因其色艳晶莹、口感柔嫩、宛若凝脂，故有此名。成形点心的质地一般以松绵、软糯、脆酥为多，要柔嫩则成型不易。凝脂糕的研制成功，为成形点心新萌一苗，使之更为丰富多彩。1984年“凝脂糕”获江苏省最佳点心金奖。

凝脂糕

原料（以50块用料计）：

澄粉100克，白砂糖500克，菱粉200克，牛奶150克，玫瑰酱少许。

制法：

① 将澄粉、菱粉、牛奶放进盛器内，加水1斤调成稀薄浆料。

② 用1000克水加糖500克煮成糖液。

③ 在熬煮好的糖液中冲进澄粉、菱粉浆料，拌和成半流体状态的糕糊。

④ 将糕糊分成两份，一份保持白色，另一份加进少量玫瑰酱制成玫瑰色。

⑤ 蒸笼内放方盘一只，上蒸锅用旺火急气蒸，将白色糕糊用勺子浇入方盘作第一层，待稍凝固再浇第二层玫瑰糕糊，依上法共浇八层后，视糕面平滑，手触之不粘即可出笼。

⑥ 待糕层冷后，改切成棱形块，在糕面上装饰果料装盘。

特点：

糕呈半透明状，口感软嫩若凝脂；糕面有果料装潢，色彩美观；口味甜润透有奶香。

质量要求：

① 澄粉、菱粉要过筛，稀释时防止结成块粒；

② 冲浆时动作要配合恰当，糕浆内不能有生粒状；

③ 玫瑰配色要适当，不能太浅或太深，以免影响色泽；

④ 浇糊时更要细心掌握糕层的凝固，注意厚薄一致，以防层次不清；

⑤ 蒸制时要经常换笼帽，以防滴水使糕面不光滑。

16、香芋枣泥雀牌块

香芋，又名“土圞儿”，是豆科多年蔓生草本植物，地下球根有浓郁的栗香，质地要比栗子酥糯。

唐《酉阳杂俎》中便有关于香芋的记载。在“红楼梦”第十九回“情切切良宵花解语，意绵绵静日玉生香”中，黛玉要睡觉，宝玉怕她睡出病来，便编出来一个聪明伶俐的小耗子变成了香芋（香玉）的故事来哄她。说明了曹雪芹把香芋列入果品，而且“芋艿”和“香芋”二物分得很清，可见其味之美和我国的食用之久。

香芋枣泥雀牌块

明清时期，上海、江苏地区已将“香芋”视为珍品。1504年上海县明代旧籍称香芋“形似马铃薯，果浓香”。因为马铃薯在上海叫“洋山芋”或“洋芋头”，香芋因此得名。

长江下游一带的气候、土壤最适宜香芋的繁殖生长，香芋便成了当地名菜；但由于产量甚微、生长周期长而濒于绝种。南通的海门、启东目前尚保留这一品种。

香芋枣泥雀牌块，是中国高级面点师张金达根据《清稗类钞·饮食》中的《山药馒头》法，利用香芋的美味制作的杂粮点心。用香芋泥、枣泥作主料，上复琼脂糖浆，成品透明美观、软嫩甜美、香味浓郁，此点的诞生，为开拓点心的原料资源新辟蹊径。

1984年被评为江苏省“优秀点心”。

原料（以12块用料计）：

糯米粉100克，香芋泥125克，白糖400克，甜蛋糕50克，粳米粉100克，枣泥100克，琼脂5克。

制法：

① 将糯、粳米粉拌和，再加香芋泥，用沸水3两左右拌和后，上蒸笼（用布垫好）蒸约7分钟取出，再将枣泥加入一起揉和，放在方格里用手掀平，然后放上用蛋糕刻成的字。

② 将琼脂用净水浸泡，和清水慢慢地煮沸。再加上白糖至沸，稍冷后用箩筛滤过，去掉杂质，稍冷，倒芋枣块上，冷却后切成长方块。

特点：

软糯香甜、滑嫩有劲，装饰文字后更加增加立体感与透明感。

质量要求：

① 糯、粳米掺和比例要恰当，否则影响质地；

② 蒸好后和枣泥一定要擦好擦透，使糕面光滑，琼脂一定要浸泡透；

③ 摆字时要细心，一定要轻快利落；

④ 琼脂要缓缓地倒在糕上，否则会影响透明度、立体感，有损美观；

⑤ 改切时要整齐，装盘时排列要适当。

17、香炸黄梨

“香炸黄梨”是南通市烹饪摄影美容技术学校退休教师、高级面点技师王民进创制的糯、粳米粉与澄粉混合的制品，因形似黄梨故名。

三种粉配制，解决了糯米粉黏性太大、粳米粉有韧劲、澄粉松软易裂等各自的局限性，使成品有糯软柔嫩的特殊口感。“香炸黄梨”用蛋黄配色，解决了蛋黄受热要凝固成粒的技术操作，并达到了色泽自然、色相相同良好的效果。该制品的问世，对扩大、丰富点心的色质是一个突破。

原料：

糯米粉100克，粳米粉100克，澄粉50克，鸡蛋黄3只，绵白糖50克，蜜枣2只，冬瓜糖100克，青梅7克，红瓜7克，桔饼7克，松仁7克，瓜仁7克，桃仁7克，熟面粉8克，麻油5克，猪油1500克（实耗7.5克）。

制法：

① 将冬瓜糖、青梅、红瓜、桔饼斩成丁；将桃仁斩碎与瓜仁、松仁、熟面粉一起放入盛器拌透为馅；将蜜枣顺长切成粗丝（做梨把用）待用。

② 将三种粉过筛，放入盛器，投入鸡蛋黄、绵白糖拌透，再冲入适量沸水和匀，入蒸笼蒸制；冷却后揉透，摘成十二只胚皮，逐个揿成圆形皮子，包入馅心做成梨形，再

插上蜜枣丝作柄，在热油锅内稍炸即成。

特点：

天然色素，色泽淡雅，形态逼真，成品柔糯松嫩，馅心香甜。

质量要求：

① 用鸡蛋黄代替食用色素。因蛋黄容易凝固结饼，故在使用时需把三种粉料与蛋黄一起搓透和匀，然后才能用沸水调面。

② 糯、粳粉中加入澄粉，既解决了糯米粉黏性太大的问题，又解决了粳米粉的韧性问题，使成品更加软嫩，易于成形。

③ 炸制时宜用八成热油一氽而过，成品面皮起芝麻泡即可。如用温油炸制，因成品软嫩，容易起大泡，影响成形。

18、澄粉蟹饺

澄粉做点心具有色泽白、半透明、制品晶莹若琢玉之美，然澄粉中无面筋质，缺乏劲力，成形时不能用槌杖擀皮，也不好用手指捏花，加之成品搁置时间一长就会开裂等局限性，限制了澄粉在点心中的广泛使用，因此，可做的品种寥寥无几。

蟹 饺

高级面点技师张金达，根据澄粉的特性，用蛋清增加澄粉面筋质的方法，研制成功了可擀皮、可捏花的澄粉饺，这对丰富点心制皮用料来源、开拓澄粉的应用开辟了新径。“澄粉蟹饺”就是其中之一，该品1984年被评为江苏省“优秀点心”。

原料：

澄粉200克，酱油25克，鸡蛋清50克，猪肉200克，河蟹250克，熟猪油75克，肉皮100克，白糖25克，味精少许，绍酒25克，姜末5克，韭芽末10克，胡椒粉少许。

制法：

① 把猪肉洗净，上绞肉机绞成肉茸；把河蟹蒸熟出肉，煮成蟹粉；把肉皮治净煮成皮冻，绞茸。

② 将肉茸放入盛器，加入清水、酱油、味精、白糖、姜末、韭芽末、胡椒粉、皮冻茸一起拌稠，最后加入蟹粉调成稠厚的蟹肉馅。

③ 把澄粉放在盛器内加入沸水100克搅拌成“香灰子儿”状，冷却后，再加入1两鸡蛋清，用手反复揉擦成上劲光滑的面团。

④ 将面团搓条摘成16只饺坯，每只擀成直径2寸左右的圆皮，每只包入15克馅心，先捏成蒸饺形，然后再在边上推捏成饺纹形，同时在饺子中间捏一道饺纹，最后将两

只角向当中弯曲呈“U”字形，即成蟹螯饺。

⑤ 将饺子放在笼里约蒸8分钟左右即成熟。

19、大麻团

大麻团

大麻团，是当下流行的时尚点心，其观赏价值大于食用。餐桌上突然出现了一个直径20厘米的大麻团，会使人惊讶，觉得新奇，但分解后一品尝，觉得还没有小麻团那样软糯可口。

时尚东西的生命本来就不会久长，“大麻团”的降温，就是个例证。不过，大麻团的制作技术还是受到不少点心师的追捧。为了使大家都能掌握，特将其制法陈述于下。

大麻团与小麻团的制作技术不同。

糯米是米中最粘的一种，因为它是支链淀粉，用冷水调制不但不粘，而且会分散如沙；如若硬捏成团它还会开裂，更无法包馅心。发酵后面团能阻止空气溢出，才会膨胀变大。小麻团是在米粉里掺入15%~20%的面粉，再加“熟芡”（俗称“打芡”），就是使部分粉料经过熟处理，再与其余的面粉料调拌成团。熟芡有两种：① 泡心粉：就是将米粉放入缸盆中，中间扒个小凹坑，用适量沸水冲入（500克米粉约用125克沸水），将中间部分的米粉烫熟（俗称熟粉芯子），再将周围的干粉与熟粉芯子拌和，再加适量冷水（125克）搋揉成粉团。② 煮芡法：适用于水磨粉（因水磨粉是湿粉团）。取粉团总量的1/3做成饼状，投入沸水中煮成“熟芡”，再和余下的2/3生粉团搋和成团。

小麻团又掺面粉又用熟芡，等于为发酵时保住空气做了双保险，它可以用酵母发酵。

大麻团不掺面粉，是用70%的“熟芡”和30%的生粉团做成。它只能化学发酵，并用外力帮助才会膨胀得更大。具体做法如下：

原料：

糯米粉500克，白糖200克，泡打粉15克，小苏打3克，去壳芝麻300克。

制法：

① 取糯米粉350克，加水做成饼，放入沸水中煮熟；再与150克糯米粉拌和，揉匀，加75克冷水和成粉团。放入白糖、泡打粉、小苏打，搋揉纯软后，搓条，切成30个麻团坯待用。

② 锅置旺火，倒入500克色拉油。当油温升到七成热时，拿一个麻团坯搓成圆球，揿扁两面，磕满芝麻，放入锅中，立即用铲刀不断地在坯子上用力压揭，压得越薄，麻

团就发得越大。当压揭得大小符合要求时，停止压揭，让它在油锅中胀发成圆球状浮起、发挺后即成。

笔者将此法告诉了不少外地的烹调和点心大师，他们都说“试过了，成功率100%”。此话不知是否带有奉承的成分。米粉和酿粉面团点心在制作中可举一反三，你若有兴趣，也可以试一试。

20、翡翠文蛤饼

翡翠文蛤饼

南通人一直将文蛤肉当作佳肴美味，其食法多样，有爆炒、烩炒、炝醉、制酱、斩茸作饼等。《随园食单》中记有“捶烂蚌蛤作饼，如虾饼样煎吃”的文蛤饼作法。而今人做文蛤饼一般以文蛤肉和猪肉配以荸荠或丝瓜等脆嫩蔬菜斩茸和面煎饼，制品更为软嫩、清鲜、爽口。“翡翠文蛤饼”是人们喜爱的珍品，民间有“吃了文蛤饼，百味都失灵”之说，把文蛤饼鲜美之味视为百味之冠。“翡翠文蛤饼”色泽黄绿，形若古钱；入口软嫩清香，肥美不腻，味鲜异常。既可单食，又可佐酒，是一道人人会做的至鲜至美的珍味小吃、已被编入《中国小吃》江苏风味篇，2014年被选为南通市“十大名点”之一。

原料：

净文蛤肉120克，鸡蛋1只，净丝瓜肉300克，熟荸荠100克，熟猪肥膘肉100克，面粉50克，湿淀粉25克，姜、葱末各10克，绍酒20克，熟猪油100克，盐5克，味精1克，芝麻油5克。

制法：

① 将文蛤肉、熟猪肥膘肉洗净，斩成茸；将丝瓜切小粒，荸荠拍碎，一齐放入容器，磕入鸡蛋，放入姜葱末、盐、绍酒，一起拌和，再放入面粉、湿淀粉拌和上劲成文蛤饼料。

② 平锅上火，烧热后用油打滑，将文蛤料捏圆球放入锅中，用温火煎成饼状，待一面成金黄色后再煎另一面。待饼成熟，淋入芝麻油，即可起锅装盘。

特点：色泽黄中透绿，形若古钱；入口软嫩清香，外微脆里嫩，肥美不腻，味鲜异常。

21、芙蓉藿香饺

“芙蓉藿香饺”是从饺子衍化而来。饺子一般是以米、面作皮，而芙蓉藿香饺则改用藿香叶作皮，包馅成饺形，使色泽风味均有异彩，因而丰富了人们的饮食内容，增加了饺子品种。

藿香是草本植物，其味清凉芳香，可入药，有芳香化浊，醒胃和中，清暑化湿之功。南通人夏季饮茶喜以其叶同泡，清凉芳香，风味更美。点心师为了使夏季点心清凉爽口，故采用藿香叶作饺皮，包以桂花豆沙馅，食之祛暑化浊，增进食欲，因而受到人们欢迎。

芙蓉藿香饺

原料（以20只计）：

鲜嫩藿香叶20片，上白面粉5克，糯米粉10克，桂花豆沙馅100克，鸡蛋清2只，熟猪油1000克（实耗75克）。

制法：

① 将藿香叶用剪刀逐片修剪成约二寸直径的椭圆形，放温水中泡软，用干净布吸干水分，在每片藿香叶中心放上5克桂花豆沙馅，将藿香叶对折合拢成月牙状饺坯。

② 取蛋清2只放入碗内，用筷子搅打成泡沫，当筷子竖直于蛋清泡沫中不倒时，放入面粉、米粉，用筷子调拌均匀成蛋泡糊，再将藿香饺儿逐个在蛋泡糊中拖裹，使之均匀地裹上蛋泡糊。

③ 取炒锅一只，洗净上温火，放入猪油1000克，待油温70℃时（三成热），将藿香饺儿逐个放入油锅内，用小火氽养，当饺儿浮出油面，涨发饱满蛋清凝固后，立即将锅离火，用漏勺捞起即成。

味型：香甜味。

特点：表面洁白如雪，白里隐绿，犹如芙蓉花朵含苞待放，入口软嫩，食之清凉、甜香，沁脾舒心，有芳香化浊，醒胃和中，清暑化湿之功，是暑夏适令点心。

22、馒头包儿

馒头，北方黄河中上游一带人叫“馍”，是他们的主食；南方人米吃得多，馒头相反倒属于点心。南通人除了过年要蒸馒头，平时也是难得吃的。

馒头是笼上蒸出来的，有鲜酵母（就是活性干酵母）、老酵发酵（又叫碱酵）、还有一种水酵（自制的酵水）发酵等。当前，因为使用方便，效果又好，所以都采用的活性干酵母发酵。水酵馒头软松，容易消化，适宜老人、小伢儿和生病的人吃。有的摊点在叫卖“老酵馒头”，其实是用每天留下来的一小块酵头，或者叫酵种掺进新面团里发酵，因为酵母菌不纯，里面有醋酸杆菌繁殖，要兑入石碱水或苏打水中和去除酸味，行话叫“对碱”。这样做出来的馒头精韧、耐饥，要是用它沾红烧蹄膀的汁，还要好吃。以前南大街仓巷口儿上有一家店就是专门卖“高庄馒头”。这种馒头在北方叫戗面馒头，结实而又韧劲，南通已经没有人做了。水酵，要经过57道工序，也已经没有人做了。

馒头也是根据季节来变化品种。兜心有荠菜、洗沙、咸菜肉丁、萝卜丝肉丁、干菜肉丁等等；也有不加兜心的实心馒头、葱花卷儿、花椒卷儿、和糖馒头，当然没有兜心的价钱要便宜些。另外，馒头店里还做蜂洞糕，有人念撇了喊成“风糖糕”。蜂洞糕是用干面和白糖，经过发酵，做了像锅盖大小，面子上头要加青梅、枣儿、葡萄干、红丝绿丝之类，进笼旺火蒸，因为里头有像蜂窝架子的洞，所以才形象地叫它蜂洞糕。卖的时候，看你买多少就切多少。蜂洞糕软松、甜津津的，老人、小伢儿欢喜。以前，南通崔家桥和寺街做的桂花糖馒头与脂油丁儿水晶糖馒头最出名，南大街平政桥和仓巷口儿的高庄馒头、五步桥的葱花馒头，老南通没有一个不晓得。

实心馒头就是没有馅心的馒头。不过以前店里卖的馒头，总要和点儿糖精，吃起来甜隐隐的。另外，南通人还要蒸一种专门供菩萨的“圣馒头”，又叫梅花馒头。城里的人家还要在馒头上放五粒红枣，摆成个梅花的形状。农村就不大讲究，就在馒头上磕五个红点。有意思的是，本来应该磕成一个梅花形状，也符合它叫“梅花馒头”的本意，但看看又根本不像梅花。后来大家叫撇了，把梅花馒头叫成了“棉花馒头”，改也改不过来，至于像不像梅花也就随它去了。

和馒头样子不同的还有笼糕，有长有短，最长的有蒸笼长，一笼四条。“笼糕”叫它糕，其实不是糕是馒头，样子和馒头也不同。馒头是圆的；笼糕是长长的，南通人又

馒头

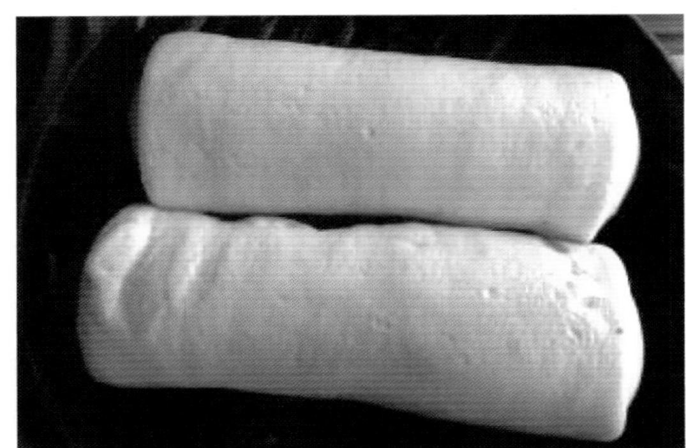

笼糕

葱花卷

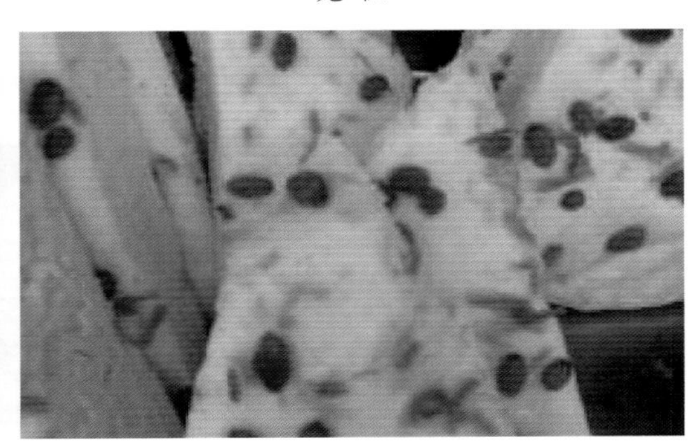

蜂洞糕

叫它“黄猫儿”。“黄猫儿”落了笼、冷透了之后，切成片子晒干就是馒头干儿，既好放又好带。以前农村人上城，舍不得住店，更舍不得买了吃，就带一包馒头干，到汤水炉子上要点开水一泡了事。

肉包儿

包儿是南通话，北方叫包子。包儿有大包儿和小包儿，大包儿在以前用粮票的时候是一两一个，小包儿一两两个。包儿的馅心不一样品种就不同，有肉包儿、菜包儿、荠菜肉包儿、干菜肉包儿、洗沙包儿，还有葱花包儿，现在还有三丁包儿、虾仁包儿，当然最有特色的要数蟹黄肉包儿。不过以前卖蟹黄包儿是看季节的，一年到头有的是肉包儿。包儿要好吃，第一是面要发得刚巧正好。过去做包儿的碱酵含的水分多，绵化烂软得简直要流油，蒸熟以后就像一团棉花絮，但又精韧，耐嚼。碱要是重了，皮色就发黄；碱轻了又发不起来，还有酸味。另外馅心也很考究，要先把新鲜的、精夹肥的五花肉劗碎了，加葱、姜末和皮汤拌匀。蒸熟以后的包儿是聚而不实，松而不散，一股子葱花肉香。包儿的做工最重要。不像现在有些包儿，馅心小不说，还不在正中，不是靠上面的皮子，就是落下靠底板，一拿起来馅心要么掉了，要么就是一口没有咬到，第二口倒咬过了！南通有句歇后语“三牌楼的包儿——不像个点心”，就是挖苦这种包儿的。还有些做包儿的不讲究发面，吃起来根本不像包儿，简直就和兜心馒头差不多。南通老一辈都知道，大华楼吉师傅做的包儿，兜心大、又在正中，边上的皮不破不裂。20世纪80年代，买南通饭店和新华饭店的肉包儿、蟹黄包儿还要排队呢！

20世纪80年代，南通电影院西边的食品商店里，有用霉干菜和皮汤做兜心的“干菜包儿”卖。包儿用的是精白面，酵也发得好，颜色雪白，吃口绵软，口味当然不好和蟹黄包儿比；不过它价钱便宜，一两粮票七分钱一个，所以也非常受欢迎，礼拜天排队买的人也蛮多的。

南通以前还有的店做“葱花包儿”，是用本地的米葱，洗干净以后切成细末和皮汤、五花肉丁做出来的，皮薄，肥而不腻，还有一股葱花儿香。吃的时候一不当心，包儿汁就要往出冒。

小笼包儿

生煎包儿

汤包儿

南通还有小笼包儿、生煎包儿和汤包儿。小笼包儿一般用猪肉或者牛肉做兜心，包儿做得小，用小笼蒸的。南通的小笼包儿有一两四个，也有一两八至十个的。在平底锅上煎出来的叫生煎包儿，这个上海人最欢喜，他们不叫它包儿，叫生煎馒头。新中国成立前后的南城门口和平政桥南有人做，后来环城西路上的“四和春”也做，都是锅子摆在店门口现做现卖的。当然，最好吃的还是要数“小笼汤包儿”。这种包儿的兜心是肉和皮汤，皮子特别薄。吃的时候先要把里头的汤嘬掉，弄得不好就要冒得满脸的汤。

因此，老一辈还总结了吃汤包的十二个字，叫“轻轻提，慢慢移，先开窗，后喝汤”。

蟹黄汤包

“轻轻提”，就是要轻轻地拿起。手捏得太紧容易破，太松又拿不起来，要慢慢往上带点儿拖地拎起，先让它变个长圆，考究到是离开笼底的时候还不让它破皮；包儿拎起来以后再轻轻地放到醋碟子里，叫“慢慢移”；先咬个小口，叫“先开窗”，意思是把包儿开个小天窗，从这个窗口里把汤先嘬掉了，然后才好慢慢吃。这个才叫有滋有味呢！这种汤包儿油而不腻，咸中带甜。

23、大糕蜜糕

南通人蒸的年糕，就叫“大糕”。城里基本上是专业店里代客蒸的。以前粮站也有密糕和宁波年糕卖，不过南通人不叫它“宁波年糕”，而叫它“果儿糕”。农村里就不同了，虽说不是家家户户蒸，一般也要几家伙了在一家蒸。以前还要各家带草来，现在恐怕不要带了。

蒸糕也是要有蒸锅的。蒸锅上面放的是一个正方形的、木头做的笼，它不叫蒸笼叫“甑”。一个甑可以放四十多斤糯米粉做的糕。蒸糕之前先要把糯米粉和适当的水拌，拌好的混合物叫“手屑”，然后再把“手屑”分批、一层一层的撒到甑里。等蒸锅里的水烧开了，水蒸气穿透了，大概蒸三刻钟的样子，糕也就蒸熟了。

蒸 糕

甑框子上有预先刻好了的、对称的凹槽。糕蒸熟了以后，就用细鞋绳线对准了两边的凹槽，把糕划分成几大片，一甑糕正好分3大片。糕出甑以后是软的，热乎的，还要打打、拍拍、掼掼、抹抹，掼实了、抹滑爽了再用线划。按照开割的大小，又分“方糕”、“半糕”和“手巾糕”三种。

出甑后被拉划成的3大片糕，假如每片再分3块，就变了9块，这叫“方糕”；把“方糕”再对开，就变了18块，叫“半糕”；假如把方糕一开三，就是27块，这就叫“手巾糕”。

南通大糕

“方糕”是叠角斩方的，是和“圣馒头”一起用来烧利市、供佛用的。另外还有一种供佛的糕，叫“锭子糕”，是用模子做的，样子像元宝，又叫“元宝糕”。手巾糕是扁的，像块砖头，因为两头有两条红线，像条洗脸手巾，所以叫它“手巾糕”。糕上下两道红颜色的纹路，是染上了红颜色的手屑。等年糕彻底吹干了、硬结了，再把它浸到矾水或者是腊水（腊月里的雨水）里，就不会裂拆，也不容易上霉。也有的人家把它切成片，晒成糕干，蒸、煮、炒、煠，随便你怎样吃。

南通人还喜欢吃蜜糕和水蜜糕，以前要数东吊桥北边上姚义盛的“姚才蜜糕”做得最好。

南通老百姓的这种风俗，还有另外一个重要的原因。“糕”的谐音是“高”，馒头象征“满”“发”，步步高、节节高、年年高。

南通有首民歌是这样唱的：“没有蒲包卖什伲盐，没有馒头过什伲年！”可见，在南通人的心理上，馒头和糕是与过年紧紧联系在一起的。

24、街头食摊

街头食摊，是指位于街头巷尾，流动出售及有相对固定摊点的小吃担摊。

街头食担，折射出南通人的食俗风貌。

[豆腐脑子]

豆腐脑子，北方人叫它“豆腐花”，南通人叫它“豆腐脑儿”，更有人简化了就叫它“脑子”。

南通的豆腐脑子的的确确和人家不同，算是蛮特别的一个景致。

豆腐脑子是用豆腐浆点石膏卤做的，嫩得简直不能碰，因为佐料多，汤鲜，用调羹舀了吃，味道太好了！可惜，现在

豆腐脑子

挑担子卖豆腐脑子的已经没有了，年纪轻的也就不可能有印象了。

过去南通卖豆腐脑子的大都是郊区的菜农。他们挑的担子很有特色。担子的外形是用篾子箍的两个长腰腰的圆篓子，担子后面是个大钵头，里面装的是豆腐脑子；前面放的是炉子，上面放了只锅子，锅子里面煨的是筒子骨汤。在前面半圆的台面上挨排排儿摆转了十几个小缸儿、几只碗和贮佐料的瓶儿，缸儿里面放的是虾皮、葱花、蛋皮丝儿、榨菜丝儿、茶干丁儿、大头菜丝、大蒜末子、香菜末子、辣椒酱；碗里是白水鸡、熟的白水肉和一段段的油条；瓶子里面是盐、胡椒、味精、黄豆酱油和小磨麻油。豆腐脑子是用一个薄铜皮儿做个圆片子，从后面锅里薄薄儿地片出来的，绝对不是现在用铜勺舀的！卖豆腐脑子的人技巧熟练，一只手挟两个碗，先片十几片豆腐脑，转过身剪油条丝儿，还要在五花肉和白水鸡上面剪肉。当然哦，只听见剪刀咔嚓咔嚓响，也没有看见有几根丝儿被剪下来，有人戏称是在“剪肉屑子”。接着是把各种调料迅速地一一挑点到碗里，然后用小调羹舀一点酱油、麻油、味精，再从煮着肉骨头的汤罐里把汤舀进碗里，一碗白红黄绿、色香味俱全的豆腐脑子就做成了。看他手上挑各种调料的一连串动作是既快又准，还是一气呵成，如同在看操作表演，叫人赏心悦目。记忆犹新的是他的吆喝声：“三分——肉骨汤！”在“三分”之后还故意拖长些，声音悠长清亮，很有特色。等他把骨头汤舀到盛脑子的碗里，再端到你面前，热气腾腾，有色有味，清香可人。再仔细一瞧，每样都看得见，但是绝对不多，本事简直是好到了家！

2004年，城市博物馆要拍一部反映20世纪30年代南通城商业繁荣的电视片，想找副真的豆腐脑子担子。导演还专门摸到郭里头秦如姑娘家里和另外一些卖过豆腐脑子的人家，一问才知道，老的担子全部烧了锅，真是可惜。虽然现在有的饭店还有豆腐脑子，不过没有一副老担子，也就没有那个味道了。

［油煤臭豆腐］

现在有些地方有臭豆腐卖，好像也蛮受欢迎的，但就是不怎么臭，总觉得皮子太硬，没有从前的好吃。从前卖臭豆腐的人是挑着担子边走边吆喝：“油煤豆腐滚热的！”食客们闻声就会从四面围拢过来。担子的一头是炉子、油锅，一头是豆腐、佐料，现煤现卖。豆腐是先切成了小块用芥菜卤发酵，发出的是一种不太难闻的臭味，下油锅一煤颜色就发了黄，面子上还要起泡，用篾子棒儿一穿，蘸点儿辣椒、酱油、青蒜末子，不过最好还是蘸虾油吃。众人的评价是“闻闻是臭的，吃吃是香的”。还有一种臭豆腐，是把煤过的臭豆腐（南通人又叫它“圆干”）再放进砂锅里用文火煨透，卖的时候捞几块，用剪刀剪碎了，浇上酱油、辣椒，洒上葱

油煤臭豆腐

花、大蒜末，还一定要加掘港的三伏虾油，吃起来是又香又臭，又鲜又辣。这才叫南通的风味小吃呢！

[五香螺儿]

20世纪五六十年代的清明节前后，街上有卖五香螺儿的，二分钱一调羹，都是剪好了屁股的，一嘬，肉子就出来了。卖螺儿的人还要用报纸卷个漏斗形让你好拿，上头还要撒点儿胡椒。不曾剪过屁股的五香螺儿，还要配儿根细的篾子棒儿让你好挑。螺儿空口嘬了吃、多买些晚上过酒均可。有的人嫌费事，怕烦神，也就敬而远之了。不过，螺儿好吃归好吃，但性寒，外加不容易消化，所以第一是不能多吃，吃多了肚子要疼；第二小伢儿最好不要吃。螺厣（螺软体缩入壳内后藉此堵封壳口的薄片）粘到上颚上还好弄，假如粘到喉咙里、呛到气管里就要出大事。大家万万要当心！

五香螺儿

螺儿是用耥网从河泥里耥上来的，也有在浅水里摸的。河螺儿捞上来之后需要清肠。方法是浸泡于水中，滴儿滴食油，让它爬几天后吐净泥沙再用清水洗净。

其实南通人一年四季都可以吃到螺儿，但是味道最美的还是在清明之前，因为清明螺儿体大肉质肥美，螺儿体内既无籽又清洁。民间还有“清明前吃三次螺儿不害眼睛”的说法。不过，螺儿是水底之物，阴性，说它有清凉去火的功效恐怕是有一定道理的。

[葱花麻油胡椒五香烂豆]

南通风味小吃不但品种多，而且很有特色。从前在小酒店的旁边，有专门给人家过酒吃的油煠豆板儿和五香烂豆卖，南大街不少酒家门口就有。从前也有走街串巷卖五香烂豆的，他还特地要把叫卖的声音拖长些，突出“胡椒”二字，显得抑扬顿挫：“葱花——麻油——胡椒——五香——烂豆！”这也是通城一景，特别有意思。而做五香烂豆的主要原料就是蚕豆。

葱花麻油胡椒五香烂豆

做五香烂豆要选上好的蚕豆。先要把蚕豆用水浸透，加香料把豆煮得粉粉烂，再下锅加葱花用油炒。这样煮出来的五香烂豆既香又酥、又糯又烂。现在有的饭店还用它来做冷盆，很受食客欢迎。20世纪50年代，南通的运输工具主要是小车；20世纪60年代大部分是板车，南通人叫它"塌车"，后来还发明了一种"回空车"。这些做苦力的人劳动强度大，收工的时候总欢喜弄上二斤黄酒，不舍得吃猪头肉，就用烂豆下酒，不仅充饥，还恢复了疲劳。还有些拉塌车的肚子饿了，车子才拉到半路上，看见个酒店，也就塌车往门口一蹲，吃好了酒再接着拉。当然下酒的菜大部分也只是葱花麻油胡椒五香烂豆。

另外，南通还有"爆芽豆"。所谓爆芽豆，就是先把蚕豆放在水里浸，再把浸过的蚕豆装进蒲包里继续洒水，等蚕豆发了芽，就叫爆芽豆。爆芽豆有煮的和炒两种，煮的就是加茴香八角把它煨煨烂，吃起来甜夹咸，别有一番风味；炒的是把爆了芽的豆重新晒干了，再放进铁锅里和了粗砂子加糖炒。过去卖炒爆芽豆是数粒数卖的，因为它又香又脆还带点儿甜，最受小朋友的欢迎。从前有种骗人的说法，说是假如眼睛好的人炒或者煮爆芽豆卖，就要变成瞎子，所以这个生意过去也只有盲人才能做。老人家还记得以前有个姓贾的瞎子，一直在平政桥一带卖炒爆芽豆，也是数粒数卖的，小朋友都吃过他的炒爆芽豆。大人们夏天乘凉，讲讲山海经，也喜欢嚼嚼爆芽豆。

说到豆，以前南通还有一种"炒蚕豆"，又叫"砂炒豆"，是新中国成立前后盲人走街串巷叫卖的。瞎子戳一根拐棒，一只手拿个小堂铃，前面有个小孩子搀着，一边走一边敲，嘴里还要喊"砂—— 炒豆"！声音也是拖长了的。孩子们只要听见这个堂铃的声音，就知道是卖"炒寒豆"的来了，就向家里要几分钱出来买。"炒寒豆"是装在一只布袋子里面，也是数粒数卖的。因为是砂炒的，嚼起来绷儿脆、喷喷香。至于"油煠豆板儿"就比较普遍了，也是过去拉塌车的人最欢喜的，现在有些小店里面还有，喝酒的人用它来下酒是很好的。

炒蚕豆

[油端子]

南通人喊的"油端子"，外地叫它"油墩子"。"油端子"的馅心有萝卜丝、韭菜和豆沙，也有用肉做。做"油端子"的工具勺不太复杂。先用白铁皮敲个半爿的椭圆小盒子，再装个柄好拿。后来，也有人就是用空罐头盒子做。烹制的程序大概是：萝卜先刨丝，加盐稍许挂挂；把干面和水调成稀稀的糊，里面放少许发酵粉；舀一调羹先铺底，搲一小把萝卜

油端子

丝，揿实，考究的还要放一只河虾，上面浇满了干面糊就下油锅煠。呲里啪啦！煠到油端子自行脱出模子，浮起来了，变成了金黄色，就捞出来沥干油。烹制的关键是油温不要过高，否则煠出来的油墩子是黑的，只要中小火就可以了。另外，做油端子的工具勺一定先要在油锅里预热，而且要留些油在盒子里再放面粉糊，这样比较容易脱模。等一下，还不能马上就咬，烫嘴的！要让它冷了再咬。味道不错，价钱又不贵，以前只卖二分钱一个。

25、春 卷

春 卷

春卷，没有哪个不知道。过去街上有人专门摊春卷皮子卖，现在菜市场里也有，根本用不着自己摊，店里也有煠好了的春卷卖。摊春卷皮子的过程很有意思。一只煤球炉子，上面放一张厚厚的圆铁板。把干面加水、加盐，先和后揞，还要揞起了身，面虽烂但是老“筋韧”的。摊的人先抓一团湿面，不停地以手为轴心揞转，为的是不让它掉下来。把湿面往锅子上轻轻地一粘一转，“滋啦”一声，一块很薄的皮子就摊好了。现在要是想吃方便得很，到菜市场买好春卷皮子，再买些嫩韭菜或者韭芽，要么就买豌豆苗和上肉丝、蛋皮丝一包，放在油锅里煠到金黄绷脆出锅，吃的时候弄点儿醋蘸蘸，既合时令，又美味可口。

如果自己要做春卷，皮子也不要上街买，而是用老式的法子自己摊。锅上火，放一点油，只要能滑锅就可以了。把和好了的干面糊舀上一勺放进锅中，一边转、一边摊，恰似摊了一个大的干面饼，在里面包上馅料，卷起。在锅子里少放点儿油，把包好的面卷放到锅里焖，焖熟起锅之后再改刀装盘。这样做出来的春卷，肉头厚，实里实磕，有咬嚼。

其实，煠春卷是古代装在春盘里的传统节令食品。《岁时广记》里说：“京师富贵人家造面蚕，以肉或素做馅……名曰探官蚕。又因立春日做此，故又称探春蚕。”后来错把“蚕”字念成了卷，春蚕也就变成了“春卷”。

春卷、春卷，是春天才卷了吃的时鲜。从前吃春卷是从春节开始到清明祭祖就结束了，现在是一年到头都有。好吃归好吃，但已经失去了它本来迎新春喜庆吉兆的意义了！

26、冷 饤

冷饤，看起来一丝一丝的像条青虫儿，吃起来又糯又爽口，用芝麻一调，一股清

冷 饤

香；用糖一拌，甜津津的，连牙齿和舌头都是绿茵茵的，满嘴香喷喷的。油煎的冷饤烧饼既能当饱，又好过粥。“冷饤”这两个字是孙锦标先生在《南通方言疏证》里告诉我们的，也有的人就写成“冷蒸”，指的是一样东西，但笔者认为还是“饤”字更加准确。

阴历三四月份，农民把青的元麦头摘下来，先搓后飏除去麦芒，然后放在锅里炒，再去掉衣皮，磨出来的就是冷饤。南通农村把这种制作的过程叫“舂冷饤”。“舂”是象形字，南通话念“扯”，上面是木头棍子的“杵”，下面是个石头做的“臼”，木头棍子在臼里捣的动作就叫“舂”。上街卖冷饤的农村妇女一般总是拎个淘箩儿，生怕冷饤干，淘箩上面还盖了块湿水巾。有人买，她就把湿水巾往手上一托，掠些冷饤，水巾一裹，用手几下子一捏，就捏成了个大圆子。一般的小孩子都欢喜蘸糖吃，也有的是买回家来摊冷饤烧饼吃。

磨冷饤、吃冷饤，是古代人们庆祝丰收时用来敬神的，表现出来的是一番虔诚的敬意。当然所供的东西最后还是给人吃的。冷饤毕竟也是粮食，它是不等麦熟就要把青麦头摘下来，当然也就谈不上收成了，所以也不是家家都磨得起冷饤的。以前农村人也只舍得磨点儿给小孩子吃，再送点儿给城里的亲戚们尝尝新鲜。上街来卖冷饤的自己也舍不得吃，为的是换几个零钱，买些油盐酱醋维持生活。

27、熟玉米、茶叶蛋

南通从前应时的食品还有卖熟玉米的。卖熟玉米一般的总是在夏天，下了昼之后。一身蓝印花布打扮的农村妇女，清清爽爽的样子，手上挖个拎桶，上面也是盖块水巾，

熟玉米

茶叶蛋

边走边喊:"熟——玉米哎!"好听的是前头"熟"的一声拖得很长,就像在唱原生态民歌。更有趣的是,她把"熟"字还故意念成了"素"。这是因为南通话的"熟"是短促音,不好拖音而故意改成念"素"的。

以前玉米的品种有限,熟玉米都是本地玉米,倒是穗穗粉嫩。现在有了高科技,想要种什么玉米,就有什么种子,有长个子的、有出产量的、有专门做饲料的,当然也有专门煮了吃的。像超市里卖的、用篾子棒儿穿的熟玉米,看上去穗头挺大,玉米粒子也壮实,吃起来不但不老,味道还很鲜。不过你要当心,弄得不好就是转基因的!

茶叶蛋是中国人最早发明的家常美食,几乎每个人在成长过程中都吃过茶叶蛋。

以前卖蛋的是把煮好了的茶叶蛋放在拎桶里,上面还要弄块棉垫子焐着,保温呀!一般总要到下晚时分才有,一直要卖到半夜以后。那时候做茶叶蛋,是先要把蛋煮熟了,再把蛋壳子敲破了,放在用桂皮、花椒、茴香、八角等各种日常香料和泡过水涨开来的茶叶一齐进锅再煮,一直要把味道全部煮进蛋里面去。不像现在,有的蛋壳子还是好好的,味道又怎么进得去呢?最精彩的是卖蛋的人喊的声音。街上人多的时候还不怎么觉得,到了半夜,路上人少,路灯又不怎么亮,再下点儿毛毛雨,"五香——茶叶蛋——唉!"悠长的声音有起有伏,还略微带点儿凄凉,声音能传得老远老远。在20世纪五六十年代,茶叶蛋大概就要算是最好的宵夜了。

28、京江脐儿

过去的茶食店和缸爿店为了招揽顾客,还做一种金刚脐儿和菊花脐儿。金刚脐儿,样子有些像庙里泥塑金刚神像的肚脐眼儿,所以叫它"金刚脐儿",而南通人喊成了"金刚糍儿"。因为它颜色是金黄的,极像老虎脚爪,所以南京人形象地叫它"老虎脚爪"。其实金刚两个字,京是北京的"京",刚是姓江的"江",是这么个"京江脐儿"。

京江脐儿始产于镇江。镇江在东汉孙权统治时期称为京城,迁都到建邺(现在的南京)之后改名叫京口,也就习惯把长江流经镇江北的一段称作京江。是因为"江"的古音念"刚",南通人"刚"念习惯了,也就把姓江的"江"字也念成了"刚"。习惯成自然,南通人写的是八大金刚的"刚",而镇江人倒是一直写的"京江脐儿"。

京江脐儿

据说京江脐儿在清初的时候是八角形的,因为当时的清朝统治者忌讳八旗兵被吃掉,只好在馒头形的面团上开了三刀,成了六瓣,以后就一直是六角形了。才出炉的京江脐如立体雪花状,六只角棱角分明,吃起来松软烟香,还可以掰开来用开水和肉汤泡了吃;有的老年人吃面的时候常常把京江脐儿往面汤里一泡，也别具风味。还有一种是加进了红糖，熟后是红颜色的糖脐儿。这种脐儿容易消化，是妇女生养之后的滋补食品。镇江当地有段关于京江脐儿的轶闻。说乾隆皇帝南巡的时候，太后因为渡江眩晕恶心，想要吃点儿东西压一下。正好被一个巡检御舟的小卒知道了，他马上就把随身带的三个京江脐儿进了贡。太后很高兴地吃了下去。当晚乾隆皇帝问太后，晕船好些了吗？太后说是吃了京江脐儿好的。乾隆一听马上说，皇太后吃了京江脐，晕船之症得愈，小巡检立即擢升为七品县太爷！

京江脐儿以特制面粉、花生油、白砂糖、酵面、碳酸钠、糖桂花等为原辅料，制作包括发酵、兑碱、成型、烘烤等环节。发酵时，温度要掌握得当，过热发酵力过大，会破坏面筋质，使成品失去绵软性；过凉则发酵力不足，发酵时间长，成品欠饱满。拌碱，碱液投放量要看面团发酵的程度和气温而定。

成型讲究功力。面团放在操作台上，左手摘一小块，以右手协助搓成75克的圆形面团。然后以圆心为交点各相距120°切三刀，使球状面团分成六角，每角相隔60度，再用左手指轻顶圆心处，使其凸起。刀切的深度要适当。一般以切开面团高度2/3为宜。

南通还有一种像一朵开足了的菊花，有一股烘烤的、特别甜香味道的菊花糍儿。不仅形状不同，做法也不一样。京江脐儿是实心的，菊花脐儿是有馅心的，上色方法也不一样，都是热的好吃。

29、蛋饼、虾糍儿

南通大部分饮食店每年春天总要做蛋饼和油氽烧饼，现在，一些新村里还有人在做着卖。

做蛋饼也是要发面。在平底锅里先摊蛋饼胚子，再打新鲜鸡蛋，加盐、味精、葱花搪匀了进锅，趁蛋还没有全部凝固，就把面胚子压上去，双面煎黄了就出锅，吃起来也是鲜美可口。丁福基老先生说，以前“孙炳记”做蛋饼是先摊面胚，然后把鸡蛋直接打在胚子上，是在胚子上搪蛋的！

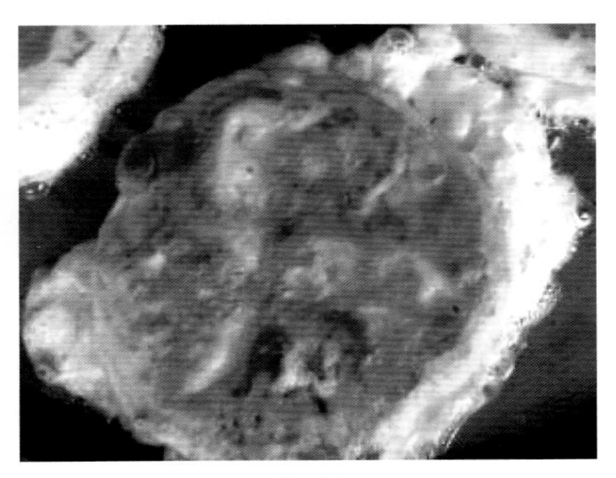
蛋 饼

油氽烧饼稍微简单些，就是把发面加葱花、盐，放在平底锅里面用油焖，价钱比蛋饼便宜，也蛮好吃的。

还有一种叫“虾糍儿”的小吃，倒是多少年看不见了。它用的是薄薄的发面，一只大虾儿，好不过是那种大的“拖脚子虾”往当中间一嵌，再进油锅煠。煠熟了虾儿是红的，吃起来透鲜的、脆脆的、喷香的。只可惜现在的河虾儿实在太贵了，一斤要卖七八十块钱，也就没有人肯做了。

30、凉粉、凉团儿

凉粉，南通人叫“砣粉”，虽是陕西的特色，但南通以前也有人挑了副担子走街串巷卖的。只见他把砣粉从大钵头里拿出来，往板上一倒扣，就是一个高高厚厚的砣粉圆柱，怕苍蝇叮，上面还盖了块纱布。你要买，他就用一把上面开了许多洞眼儿的刨子，在砣粉上转圈儿地刨，刨出来一根根的细丝儿。佐料也很考究，有醋、麻油，还有葱、蒜、茶干丁，吃辣的再加些辣椒，拌好了送到你面前。大夏天吃凉粉感觉特别好。现在走街串巷的凉粉担子没有了，菜市场也有刨好的凉粉卖，连佐料都帮你弄好了，回去吃就行。

南通还有一种凉团儿，是茶米粉做的熟坯子，水分稍多，软松得很。从前夏天有人挑着担子在街上现做现卖。原来建设路东北营巷子口，就有一位姓章的老爹专门卖。你要买几个，他就弄几块熟坯子，在手里捏成个大的圆子，里面嵌点儿洗沙呀、枣泥呀或者是蜜饯呀做兜心，先搓圆了再压扁了。做好了之后，还要在一种花生、芝麻和好了的屑子里面打个滚，就和“马打滚”是一样的。这个粉第一是好吃，第二也是为了不粘手。凉团儿小的一个卖二分钱，大的要卖五分钱。因为这里是上城东小学和女师一附（现通师二附）的必经之路，小学生们往往驻足摊前，流连忘返。

凉 粉

凉团儿

31、酒酿

酒酿，好像除了南通叫它“浆糟”，四川叫它“醪糟”外，大部分地方都叫它“酒酿”。

做酒酿要先把浸好的茶米蒸熟了，然后再用酒药拌匀后装进钵头里，中间还要挖个洞让它好发酵。没过几天香味和酒味就出来了，尝尝是甜的，酒酿也就好吃了。从前的药铺店里有做酒酿的酒药卖，南通的老百姓是买回去自己做的。酒药的好坏差得很多，好的酒药做出来的酒酿就好。现在也有酒酿卖，是装在塑料盒子里的，一盒一块五角，好像酒味不大。从前，街上还有挑着担子到城里来卖现成酒酿的，一种就是做好了在一个个小钵头里，你要拿碗来买，他就把钵头里的全倒给你；还有一种是把酒酿放在一个大钵头里，用铜勺舀，是带浆汁一碗一碗卖的，大家也就站在摊前吃，吃口要比现

酒 酿

在的甜，也好。

酒酿其实就是米酒，只不过没有酒的度数高，碰到不会吃酒的，吃一碗酒酿就满脸通红。现在有些人家，高起兴来还是自己做酒酿。其实做起来也不费事，只要酒药买得好，有空自己试了做做看，也是一种乐趣。

和酒酿关系最密切的是“酒酿圆子”。有趣的是，南通从来就没有人喊它“浆糟圆子”，都是喊的酒酿圆子。酒酿圆子以前街上也有人卖，因为是现买现下，所以他要带炉子、带锅子，要稍微烦点儿神。圆子小，还没有蚕豆大，大家还叫它“珍珠圆子”。

32、麻油刀切面

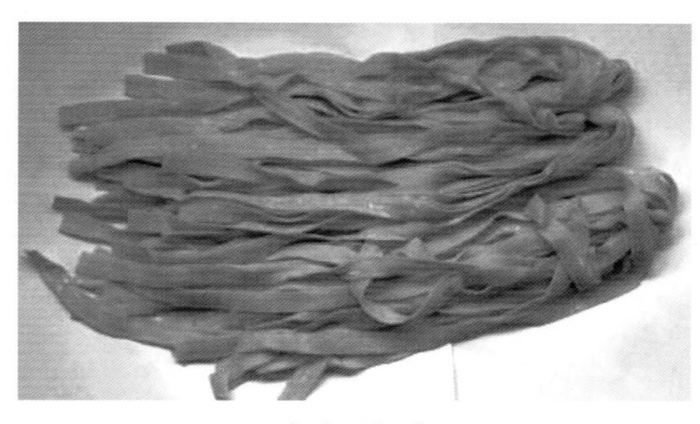
麻油刀切面

老人们记忆犹新的还是十字街东北角上的“麻油刀切面”。店门朝西，最北面的一间是擀面的地方。说是擀面，实际上是人屁股坐在杠棒上，一遍遍压出来的。切面的时候，刀的前头套在一个铁圈儿里。最为奇的是那把切面的宽刀，将近有三尺长，有把子分量呢！店里天天早晨是坐客满堂，吃面的大部分是晨练的和附近的老主顾，都是冲着面精韧、有咬嚼和麻油、胡椒来的。小面是二两粮票八分钱，大面三两粮票一角一分。大概卖到八点多钟也就差不多了，要吃明日请早。

以前，南通街上的面店真不少。一般的面店只有光面，很少做盖浇的；但到饭店里吃面，就只有盖浇面，很少有光面。除去十字街的“麻油刀切面”之外，西门彭家巷王炳生的刀切面也誉满通城。有特色的还有丁古角巷子口“雪园”自己压的“银丝鸡蛋面”，口味绝好。店里下面的三个师傅是清一色的娘子军。在做碗的时候，你要先和她说好了是干拌还是半汤，否则等面起了锅，就是一式的汤面。再往前数数，在20世纪五六十年代，马房角“庄冲家”下的面是大家一致公认的好吃，有的老主顾还要候在那里等吃头汤面。在用缸爿票的时候，南通电影院对面“源泰和”二楼东边楼上是专门吃面的。1980年往后，在建设路第一个转弯的四岔路口上有家“马房角饺面店”，店里煠的火饺、下的面也非常好。店里还有个特色面叫“龙虎对”，一听名字你万万不要以为是蛇肉烧猫儿肉，其实就是一半馄饨一半面。

民风食俗折射仁、义、礼、智、信等中华美德和南通人的道德素养、精神信仰及理念崇尚的乡规民约，是南通人规范言行、培养道德、支撑信仰、自我教育、自我约束、自我践行，提升综合素养的行为方式，是南通文明延续和文化沉淀的精神产物。

第三章

数家乡民风食俗

夫礼之初，始诸饮食。

——《礼记·礼运》

“民风”和“食俗”，约定俗成，亘古不变，是人们要遵循的处世和处事态度以及行为方式，有很强的道德约束力。

“民风”和“食俗”中有很多是积极、科学的，直到如今还有指导意义的属于优秀传统文化，应当弘扬；消极、迷信、没有科学道理的属于糟粕，应该扬弃。

一、南通的饮食习俗

“民以食为天。”人当然是天天要吃东西，但是吃的方法、吃的学问是各式各样。北方人以面食为主，南方人欢喜吃米；西方人做面包、蛋糕，中国人做馒头、包子。在吃的口味上，山西人喜欢吃醋，湖南人喜欢吃辣。形容喜欢吃辣的地方还有句顺口的说法：“四川人不怕辣，湖北人辣不怕，湖南人怕不辣。”湖南的姑娘就自称是“辣妹子”。至于吃的东西，《博物志·五方人民》中说：“东南之人食水产，西北之人食陆畜。食水产者，龟蛤螺蚌以为珍味，不觉其腥也。食陆畜者，狸兔鼠雀以为珍味，不觉其膻也。”说的是东南沿海、靠江靠海的人是吃水产的，什么龟鳖、蚌蛤、螺儿、蚬子、蚌等等，觉得就是吃的珍味，根本不觉得腥气。中原以及西北内陆地区的人，他们吃的是狐狸、野兔、老鼠、麻雀这些野味，也不觉得有膻味。也就是靠山吃山，靠水吃水，这是说吃菜。

和全国大多数的地区差不多，南通人吃的主食是米、三麦和其他杂粮。所谓三麦是指大麦、小麦和元麦。一个地区三种麦都种，其他地方好像不多，特别是元麦，外地一般很少种。过去南通的农民不大情愿种小麦，第一是南通人不像北方那样喜欢吃面食；第二是因为小麦的病虫害多，管理起来麻烦，外加它熟得晚，要影响水稻的莳秧。所以，过去的南通人宁可多种些元麦、大麦，也不大愿意种小麦。后来科技发展了，大家的思想观念和饮食结构也改变了，再加上引进了抗病虫、抗倒伏、早熟高产的小麦良种，现在种小麦的面积反而超过了大麦和元麦。

南通是长江冲积平原，地势西高东低。先民们根据各地的地理、土质、水源这些自然条件，因地制宜地种不同的东西。蓄水性能差的地方，就种玉米、高粱、蓄芋这些耐干旱的作物；而东部地区是涨沙成陆的滩涂，地含盐碱，开垦以后很适合种棉花，另外也能够换茬种三麦和玉米。过去，南通农民的生活很苦，秋熟收上来的稻、棉花大部分要交租，一家老小全年的口粮主要就是依赖大麦、元麦和其他杂粮。在如东、如皋、海安一带，就用大麦或者玉米磨碎了来煮饭烧粥，当地的叫法是"糁儿饭""糁儿粥"。南通乡下吃的是把元麦磨碎了的"粯子"，启海人叫"麦粞"。50岁以上的南通人，没有一个不晓得"粯子"是个什么东西。其实"粯子"并不好吃，特别是光粯子饭，一般的人恐怕很难下咽。有首南通民谣是这样唱的："姐儿吃饭面朝北，顿顿吃饭顿顿哭。亲娘问她什伲事？五忙六月喝薄粥，一碗薄粥喝到底，三粒粯子两粒米。"你想想，顿顿吃饭顿顿哭，这个粯子可好吃？过去，每年夏收最先收的是元麦，在磨好了元麦粯子以后，还要用筛子筛，筛出来的叫元面。元面擀成的粗面条就叫"元面条儿"；加酒酵蒸馒头，就叫元面馒头。元面本来就是黄黑的颜色，和小麦面不好比。但这时正值春荒，农村里缺粮，能有元面吃就是最好的了。晚小麦磨面粉，一般的穷人家是不分"头面""二面"，从头磨到底，中间不过筛，图的是少出麸皮多出面。磨出来的面粉就叫"混合面"，又叫"一条龙"。因为颜色是黄的，所以又叫它"黄面"，等于是连麸皮一起吃下去了，所以吃起来嘴里觉得很碜。只有家里有女人坐月子或是家境富裕的人家才有所谓的白面吃，一般的人家等小麦归仓以后，能够吃上一顿面条或者摊上一次干面烧饼就算是不错的了。

从前农村里就是一年到头吃"粯子""玉米糁儿"，能适逢弄个"元面馒头"、吃顿"黄面烧饼"，就算是饱了口福，日子过得实在是太清贫、太艰苦了。要是遇到了水灾、旱灾、虫灾，年成不好，连"粯子""玉米糁儿"也吃不到，怎么办呢？就只好吃糠咽菜了。新中国成立前，有一次南通闹春荒，大多数农民吃的是豆饼、豆渣、麸皮、中糠。后来这些东西统统吃光了，灾民们只好吃嫩的榆树叶子、蓄芋藤、香椿头、玉米宝秸。那时的人已经到了饥不择食的地步。听说那年如皋西乡有不少人吃"观音土"，吃死了。就是没有受灾，农村人家在度春荒的时候，也是要用细糠麸皮、蓄芋干、胡萝卜秧子和在一起煮了吃。万一来了个亲眷朋友，主人总要想办法，哪怕是借点儿干面和水调成面糊，再一调羹一调羹地往菜锅里下，等面疙瘩浮起来，盛到碗里来招待客人。就是名字不大好听，叫"落水鬼儿"，也叫"面疙瘩汤"。假如没有干面，弄到点儿元面也可以。主人就把元面和水擀成薄片，再切成小块，投到青菜汤里头。这个名字稍微好点儿，叫"鸭脚瓣儿"。所以说从前的农民真苦，他们是只求能饱，根本不图好。在"三年自然灾害"时期，城里的居民虽没有到吃糠咽菜的地步，但有过这段经历的人是不会忘记的。当时粮食计划里有百分之七八十是粗粮，除了吃粯子、玉米屑外，还要搭胡萝卜、蓄芋；要吃叶蛋白、小球藻。现在好了，粯子、玉米屑在农村里是用来喂猪，做鸡、鸭的饲料，谁知到城里反而变了个宝贝，据说有些店还有粯子粥卖，销路还很好。农村有亲戚朋友的，总要想法子弄点儿䅟子或者玉米屑煮粥。玉米屑窝窝头平时还吃不到，要么到北京吃宫廷御宴，要么就是到吃“忆苦饭”的时候才有呢！

一个地方吃的习俗是经济生活的反映，它和农副业生产的关系十分密切。生产力的发展水平，农作物的品种、产量，直接影响到老百姓吃的数量、质量、结构，影响到人们的营养和健康。

南通人聪明，虽说日子过得清贫，但是还是善于算计、精于管理、巧于安排。“吃不穷、穿不穷，算计不好一世穷”，是南通广为流传的俗语。老百姓用它来作为安排生产和当家理财的座右铭，也用它来教育子女后辈。在农事方面，他们在有限的土地上，普遍用套种、夹种的科学方法。例如在麦田里夹种蚕豆、豌豆，为了提前播种期，在麦田里套种棉花；在棉花田里夹种早玉米、早黄豆、香瓜、西瓜、花生等，在棉花田边上再种芝麻或者晚黄豆。就这样最大限度地利用了土地，而且增加了品种、提高了经济效益。南通人叫的“毛豆角子”，从五月的“端午景”一直可以吃到九十月份的“等西风”。当然现在有了大棚就不担心了。南通人可以在稻田里养鱼；在水沟边上种茨菇、种荸荠；在稻田边上留一小块种芋头，这样既不要专门灌溉，又可以获得高产，一举两得。还有的人家在收了稻以后，见缝插针再抢种一季大白菜，赶了在霜降以前收，一部分上市卖，留一部分腌咸菜。以前的南通人在冬前都有腌咸菜的习惯，除了平常吃的之外，更主要的是为了过年做馒头馅。另外，咸菜烧豆腐、雪里蕻咸菜肉丝汤、咸菜烧豆瓣，都是南通人喜欢吃的菜。启海人还要说得好呢，叫“三天不吃盐齑汤，脚髁郎里酥汪汪”。还有的人家在空田里抢种一熟荞麦。童谣“红梗子，绿叶子，开白花，结黑籽。第一年收了三担六斗，第二年收了十八笆斗”，“荞麦荞麦，一荞三熟”，就是唱的荞麦。荞麦粉又香又有营养，擀面、做烧饼、做团儿别有风味，人人欢喜。荞麦秆还是喂牛喂羊的上好草料呢！

南通地区种的水稻有籼稻、粳稻和糯稻三种，另外在旱田旁边还有一种不需要灌溉的旱稻，因为产量太低，大家很少种；但是用“旱稻米”煮的饭特别香，物以稀为贵，可惜现在已经很难吃到了。籼稻产量高，籼米煮饭是一粒一粒的，大家叫它“抛抛儿饭”。以前粮食计划供应的时候，上海人基本上是吃不到“粳米”的，粮站上卖的全是洋籼米。“粳米”，南通人大部分是念的白字，喊它“梗米”。不要以为字读半边不为错，粳是米字偏旁；梗是木字偏旁。“粳”字普通话念“京”，不过南通人大家习惯上还是叫它“晚米”或者“饭米”。晚米煮饭要比籼米软松，也好吃。“糯米”，南通人叫它“茶米”，是蒸糕、裹粽子、搓圆子、做浆糟才用的。茶米太黏，又不涨，一般不煮饭吃，碰到米差的时候，最多是和上点儿一起煮。过去，大多数农民一年到头是很难吃上几顿光米饭的。即便是家境比较好的人家平时也很省俭，总是把米和了䅟子或者糁儿一起煮。要是来了个城里的客人，有的人家是煮一半䅟子一半米的饭，米饭在锅底下，上面是䅟子饭，叫“鑲饭”。主人把米给客人吃，自己吃䅟子饭。要是煮粥，就把米用小的布袋子装好放进光䅟子的粥锅里，盛的时候才能看得见米；或者是用䅟子粥泡米饭来待客。但有一个风俗，就是等稻收上来以后，各家各户多少不等总要碾点儿米，一家老小大家欢欢喜喜吃上一顿新米饭，算是尝了个新鲜。新米饭软松、到嘴一嚼喷喷香，也算是对面朝黄土背朝天，辛苦了一年的人的一种补偿吧！一年之中能吃到白米饭的或许还有三十晚上和正月初一，其余的时间只能是“半年糠菜半年粮”了。在旧社会，启海一带人家是在大田里夹种玉米，所以他们的主食大部分是玉米屑。海启一带的人把玉米屑叫“大米粞”，把“籼子”叫“麦粞”。而如皋西乡的高沙土地区，因为不种水稻，平时吃的主食就是玉米、高粱、蕃芋，日子更加苦。

以上都是说的新中国成立前以及困难时期、物资匮乏年代人民生活的囧状。新中国成立后，特别是改革开放以来，情况有了翻天覆地的变化。大多数人早已不再为温饱而发愁，生活是越来越好，水平也越来越高。但即使生活水平再高，山珍海味也不能当饭，一日还得是三餐。随着养生理念的普及，人们又开始回归到粗茶淡饭的理性饮食习惯之中，面食也逐渐深入人心。

南通虽不像北方以面为主食，但也不失对面食的推崇，吃面还带有庆祝的意思，比如生日这天必定要吃面；即便是在饭店里庆祝，也必定要有一份炒面。含义不由分说，民俗约束力足见强大。下面介绍几样南通的传统面食以及它们的制作方法和相关的故事。

西亭脆饼

西亭脆饼，是用嫩酵调制水油面，包上干油糖酥，开酥成形后，撒上芝麻，用黄泥炉文火烤黄，脆酥异常，久负盛名。

白蒲茶干

白蒲五香茶干大约3厘米见方，薄如铜钱，每块用布包扎压干成形，加五香料卤制而成，鲜香软韧，单吃、佐酒、下饭咸宜。这些几百年前名点小吃的制作工艺，一直相沿至今。

小小茶干走向大世界登上国际食品金奖台

把“白蒲茶干”列入小吃是因为它和其他茶干不同，虽说也可以做菜，但它的主要功能是消闲食品。白蒲茶干只有大拇指头大小，比铅角子稍微厚点儿，10块一串，两串一拢，用关丝草扎成了小捆，质地细、味道鲜，古朴、土气，又小巧别致。即使把茶干对角摺起来，它也不断不裂，这是白蒲茶干最牛的一点。别看白蒲茶干小，它的声望却很大。

白蒲茶干始制于清朝康熙年间，最初是一个姓屠的湖州人，在白蒲北街上开了一爿豆腐干店，叫“三香斋”（又叫“屠三香”）。大家买了豆腐干就带进茶馆店作饮茶的配食品。因为豆腐干与茶的颜色相近，故叫它“茶干”。到康熙三十五年（1696），“三香斋”的茶干由于用料考究，加工工艺精细，茶干进嘴细软劲韧、美味可口，成为白蒲一绝。进贡给乾隆一尝，皇帝甚是喜悦，遂留下了“只此一家”的御笔。从此三香斋茶干的名声越来越大，生意也越做越兴隆，还想在南通城里开分店。据道光二十一年（1841）编纂的《蒲涛志》记述：“蒲镇菽乳干为绝品，通称茶干，言可佐茗饮也，四远知名。本斋固有不传之秘，亦与镇中水土合宜，尝分铺崇川所作终不及此地味美。”这段记载，说明了“三香斋”未能在南通开铺的原因。

屠氏在白蒲开设的“三香斋”，历来子承父业，独家经营，技术保守，秘不外传。百年之后，屠氏因人丁不旺，不得不陆续收徒。

白蒲茶干的传统工艺可概括为以下几个方面：选豆（只用白皮黄豆）、浸豆、糙皮（去皮）、磨豆、扯浆、煮浆、点浆、包、榨、剥、卤、扎等。每道工艺都有特殊的技术要求。就拿卤制茶干来说，其配料有白大川、丁香、茴香、桂皮、自制的“三伏”酱油等，卤制的温度、时间、下料次序等都有特定的要求。

1956年，白蒲的几家作坊曾并成“白蒲茶干商店”，1985年改称“白蒲三香斋茶干厂”。

白蒲茶干是南通地区有名的传统小吃，可消闲，可佐酒下饭；可做一般冷食，也可做成热菜，或与其他原料相配组合成菜，是久盛不衰的、大众喜爱的小吃。

“八珍糕”系明朝名医、南通人陈实功在家乡创制，是男女老幼皆宜的疗补食品。陈实功还将“八珍糕”的配制方法写入他的名著《外科正宗》，使这一具有疗补功效而又甜美可口的小吃，很快从南通流传到全国各地，现在许多地方还成批量生产销售，越来越受到中外食者的欢迎。

清末民初，南通地区轻纺工业、农业、交通、文化教育事业兴旺发达。清末状元张謇主张实业救国，在南通开办了纺织厂、电厂、面粉厂、火柴厂、冶铁厂，成立了大达内河轮船公司和大达轮步公司，开通了内河小轮经过扬州直达大中集（大丰）、江轮通达上海的定期航班。轻纺工业体系的逐步形成，带动了饮食业的发展，使南通小吃也得到了进一步发展，并形成了自身的风味特色。镇江、扬州、两淮名师以及北京、南京、天津、广东、山东、安徽、宁波、绍兴等地经营饮食之商贩蜂拥而至；俱乐部、平河亭、真月楼、聚宾楼、集贤楼、长兴馆、大华楼、万宜楼、可可居、中华园、新华园、江山餐室、品珍酒家、金门酒家、功德林等菜馆酒楼、小吃店，如雨后春笋般相继开张营业，经营各帮菜点、中西小吃。摆摊设点、提篮、挑担窜巷者遍布街头巷尾。他们各持专长，精工细作，讲究特色，互相竞争，争利于市。经营者都讲究烹饪技艺，创新品种像金钱萝卜饼、蟹黄养汤烧卖、虾仁鸡丝汤饺、花式糕馒等名贵品种相继上市，使南通小吃品种千呈，风味多样，日臻完美。据不完全统计，新中国成立初，仅从十字街到长桥的南大街一段，包括沿街巷弄，各种各样的饮食店、固定摊贩便多达82家，全市饮食业之规模和盛况可见一斑。所有这些，为南通小吃的发展和风味特色的形成起了不可忽视的推动作用。

自远古时期开始，中国各民族都喜欢把美食与节庆、礼仪活动结合在一起，而年节、生丧婚寿的祭典和宴请则是表现食俗文化风格最集中、最有特色、最富情趣的活动。在节日里，通过相应的食俗活动能加强亲族联系，调剂生活节律，表现人们的追求、企望等心理及文化需求和审美意识。例如元宵节要吃圆子，以示团圆；端午节要吃粽子，以寄托对屈原的深切怀念；乞巧节要向织女星乞求女工之巧，表现人们对勤劳、聪慧美德的崇尚；过年吃饺儿、年糕，中秋吃月饼等都表达了人们对合家团聚、亲人安康的美好祝愿。

汉族地区设宴一般讲究“逢喜成双，遇丧排单，婚庆求八，贺寿重九”，南通也不例外。而南通在吃方面的一些规矩受食俗礼仪的约束，倒也比较有趣。例如过春节、办喜酒、请收工酒等酒席上的鱼都是不能动筷儿，是要“余”的，还美其名曰留到元宵节“看灯”，其实是表示对主家的尊重。又如小孩子坐在桌子上不能先动筷儿，要等大人搛过了菜才能伸筷儿；搛菜的时候要浮上搛，不能兜底抄；不能饭不扒就连搛几筷子菜；更不能“隔河”搛菜，表示有家庭教养。不“隔河”搛菜是说，只能搛靠得近的、面前的，不能站起来、隔了“河”搛离得远的菜。这些关门过节、应知应会，在到别人家吃饭之前，爹娘总是要事先再三关照好的。虽说这是对小孩子下的规矩，但大人吃饭也不能丑相。当然，现在圆桌上用了转盘，也就不会出现这种情况了。还有吃喜酒、吃寿面、吃斋饭，凡是人家送的东西，主家一定要回一部分以表敬谢。如果违反了这些规矩，会让人家看不起，说你不懂道理，不懂规矩，这些规矩是约定俗成的，也是大家共同遵守的。还有一些是属于禁忌的，比如南通人喜欢吃鱼，冬春二季河鱼肚子里面的籽多，有人还专门喜欢吃鱼籽，不过大人是绝对不准小孩子吃的。按道理讲鱼籽是高蛋白，不太好消化，小伢儿吃多了容易肚子胀生病；奇怪的是大人对小孩子讲的可不是这个道理，而是说“吃了鱼籽伢儿上学要懵，学毛笔字要歪”。这样的哄骗在过去居然也就有用。等孩子长大了自己做了爷娘之后，居然还是用这套理论来哄骗他们的孩子，而且一代传一代成了风气。这些食俗礼仪约束，均是来自餐桌上的教养。现在的孩子大多数是独生子，人们的观念是：孩子最重要，最好的、最香的、最可口的得通通给孩子，这种错误观念潜移默化传递给了孩子，使有的孩子不顾忌场所和他人的感受，为所欲为，在餐桌上尽挑自己爱吃的还不算，甚至把别人面前的食品全盘端放在自己面前。其实，餐桌上的教养不可小视，培养孩子的良好习惯要从小从早抓起，由此也说明了优良的传统是多么值得继承。

南通民间认为有些东西是互相犯冲的，不能一起吃，弄得不好就要生病，甚至于送命。例如，生拌黄瓜和油煤仁子、河蟹和柿子不能一起吃等等。道理其实非常简单，黄瓜生冷，仁子油腻，同时吃难免引起肠胃不舒服，甚至肚子疼、泻肚子；而河蟹和柿子，一个冷性，一个性涩，河蟹中的钙质和柿子里的鞣酸结合成一种新的不易消化的鞣酸钙，能刺激肠胃并引起不适感，出现肚子痛、呕吐、恶心或腹泻等症状。怪只怪过去的人不懂卫生常识，只说是两样东西相冲相克。当然，禁忌这个东西，也绝对不能简单地看成是迷信，也应当历史地、全面地、客观地来进行分析。当中有的属于卫生习惯，有的属于品德教育或者行为规范，有的属于社会伦理和人际关系范畴，总而言之要区别对待。

以前南通人在吃饭的时候教育孩子也蛮有意思的。例如看见孩子一边吃饭一边说话，其实是生怕他把饭米屑呛到气管里，不过教育孩子的说法是"食不言、寝不语"，文乎文乎的。教育孩子吃饭的时候不准伸腰还有所谓"吃饭伸腰，讨饭背包"以及"吃饭息力，讨饭没力"的说法。另外，为了培养孩子从小养成良好习惯，南通人特别重视"吃相"，凡是吃饭的时候咂嘴、只叉菜不扒饭、饭米屑掉在桌子上、"隔河"叉菜、手不扶碗跪了在桌子上等等都属于吃相丑，是要挨骂的。假如饭碗扒不干净，大人要说你将来讨个麻子奶奶，或者嫁个麻子爹爹，吓得小孩子快点儿扒饭；要是小孩子不当心把饭米屑掉到地下，大人就要用"雷响菩萨要打头"来吓唬孩子，或者用"一粒米七斤四两水"这些俗语来进行爱惜粮食的教育。反正以前的孩子大部分是被吓大的。现在想想，尽管有的属于封建迷信，但是在小孩子的心里却留下了极其深刻的印象，老一辈人是终生难忘的。

南通人逢时过节吃的东西，除了应时之外，还富有吉祥、祈福、纪念、保平安的含意。年三十晚上万家团圆吃的是团圆饭，众多的家宴菜肴里一般都会有一只整鸡、一条整鱼，寓意完完整整、十全十美、连年有余。过年必备的冷菜里有以黄豆芽为主的炒素菜，因为黄豆芽又叫如意菜，预兆事事顺心，万事如意。元宵节和全国一样要吃圆子，圆满、团圆的意思不言而喻。打春吃春卷，预示着春天的来临，有迎春喜庆之吉兆。清明节到了，要吃青蒿团子、要摊杨柳青烧饼，以示春回大地，迎春祈福；除去可以吃名为祭祖实为自己享用的刀鱼、小黄鱼之外，还有黄花儿、枸杞头、香椿头、马兰头、野芹这些野菜可吃，尽情享受大自然的恩赐。立夏吃蛋，可以不疰夏。五月端午除了吃粽子，吃黄鱼，吃苋菜，还要吃有意义的"炒和菜"；吃雄黄酒还可以驱邪。七夕节要吃巧果。八月中秋吃月饼，期盼的还是天上月圆人间团圆；吃芋头，寓意辟邪消灾。九月九，闻着阵阵桂花香，喝上一杯桂花酒，合家甜甜蜜蜜，已成为节日一种美的享受。到了冬至，随着阴阳二气的自然转化，除去必定要吃圆子，也要补补身子好吃羊肉了！再说，要蒸发财发家的馒头，要蒸步步高、节节高的糕，既顺遂又吉利。

宴饮，又叫燕饮、会饮、酒宴、酒会、宴会、筵席等等。南通民间干脆按主题称其为"吃喜酒""吃寿面""吃斋饭""伢儿满'期'（音鸡）""谢师酒""吃年夜饭"……

南通的筵席主要以原料来分档次，有燕窝席、鱼翅席、熊掌席、鱼皮席、鱼肚席、鸡肚席，还有以单一原料为主的全席如"无刺刀鱼全席"等。菜数有几碗几碟的规格，最早是八大碗、十大碗，没有冷盘，全是大菜。既然是酒席，没有适合下酒的菜不行，后来才出现了八碗四（碟）、六碗六、八碗八，甚至八碗十、十二、十四、十六等。一般的八碗四、八碗六，碟子都是冷菜，八碗八的八碟，有的是四冷菜、四热炒，当然，也有八个全是冷菜的。八碗十至八碗十六碟，大抵是冷菜、热菜各半，但逢十便只好六冷四热，十四也是八冷六热。冷菜一定是偶数（双数），是不好用单数的。新中国成立以后，大部分酒席是"三个六"，即六冷盘、六热炒、六大菜，这种规格比较科学也相对合理，使用得也比较普遍。

南通的筵席是经过精选而组合起来的综合性整体，不仅各类菜点的配量要协调，而且每个具体的菜点也要从整体着眼，从互相之间的数量、质量，以致色泽、形态和口味的对比关系出发，精心配置。均衡、协调和多样化，是南通配置酒席菜肴的总特点。例如四热炒，规定的烹法是炒、烩、溜、炸，也就是第一个炒菜要求本味清炒；第二个热炒要稍有汤汁，如烩、蒸之类的烹法，因为从吃冷盘起还未有汤汁菜出现，是给客人润润口；第三个热炒用溜法烹制，主要是调剂口味，不能让客人一味地吃清淡的味道；第四个热炒之后就要上头菜，而头菜肯定是有汤汁的烩菜，所以第四个炒菜可用炸、煎、锅贴，甚至烧烤烹法。这是讲烹法与口味的协调、均衡。原料的协调均衡在大菜中尤为突出，头菜不管是什么，二菜一般是鸡、鸭；三菜是鱼；四菜是甜菜；五菜是叫座菜，一般是用猪肉，如红蹄、走油肉之类；六菜是汤菜。八大菜中还要安排一个蔬菜，一个南通的特产，如海底松、烙文蛤、炸烹狼山鸡块之类。现在，有些厨师根本不懂筵席的传统配置方法，烹调方法以及用料显得单调，甚至一席菜上出现了五六种鱼，不是红烧的就是清蒸的，使喜欢吃肉的客人吃不到肉；冷盘也是盘子大用料少，偌大个盘子只装五六片（块）。按规矩筵席（除整鸡、整鱼外）每份菜不得少于24块。以一桌12人计，可保证人均两大片、块食物。菜上摆放的花草既不卫生又庸俗。有些店自己不做冷菜，大部分是从熟食摊店买的。更有甚者，一桌只上一只大劗肉，让顾客自己夹碎了再吃。在讲文明讲礼节的筵席上，使人十分尴尬，这种做法都不符合礼俗的要求。

筵席是菜点组合艺术，即使是单一原料的全席，也要精心构思。菜的主料若是鱼，辅料就要用禽蛋、畜肉等，如做成鱼羊鲜、鲫鱼嵌斩肉、鸡火鱼皮（鲞）、蛋煎鱼等，可避免单调寡味，使人生厌。

茶是颇具中国特色的饮品。而被南通人叫“茶”的还远不止用茶叶泡出来的那一种饮品。有好多“茶”，里面根本没有茶叶，但也被叫作“茶”。譬如：用红糖冲水叫“糖茶”；用生姜红糖和起来冲，可以治风寒、肚子疼的叫“生姜糖茶”；还有一种民间的验方叫“麻油糖茶”，是用麻油加糖冲的，治肚子胀、便秘特别有效；用连翘、木冬、金银花等好儿味中药和起来泡的茶，大暑天吃了清凉败火的叫“凉茶”；用开水冲炒米的叫“炒米茶”；用银耳煮的叫“银耳茶”；用桂圆肉煮的叫“圆眼茶”；用红枣煮的叫“枣儿茶”……以上说的这种茶和一般概念上的茶不同，是民间的广义上的茶，所以外地人看见觉得蛮新鲜的，南通人自己却一点儿也不在意。更加有趣的是女人家养伢儿做产妇，要吃“馓子茶”；来看产妇

枣儿茶

的亲眷朋友不论大小，也是每人一碗。馓子是油面煤的，泡好了再一胀软松得很，不怎么要嚼，很容易消化；里头加红糖又能温热补血，是南通地区传统的产妇食品。馓子的谐音是产子、散子，也是多子多福的意思。主人和客人一起吃馓子茶，也是对主人家里人丁兴旺、子孙绵长的一种祝福。

其实，以上说的这种“茶”不光是南通有，在《红楼梦》书里就写了贾母吃“杏仁茶”和李纨吩咐人冲“面茶”的事，说明在江南一带普遍有把这种叫“茶”但又不是茶的“茶习俗”。看了《红楼梦》，除了晓得了吃杏仁茶和面茶之外，一定会看到贾府里还有个生活习惯，就是在饭后或者是吃过了点心之后是要用茶漱嘴的，有的时候是光漱不吃的。说到用茶漱嘴，苏东坡也是非常赞成的，他还写过一篇短文《论茶》：“除烦去腻，不可缺茶；然暗中损人不少。吾有一法，每食已，以浓茶漱口，烦腻既出，而脾胃不知；肉在齿间，消缩脱去，不烦挑刺，而齿性便若缘此坚密。率皆用中下茶，起上者亦不常有。数日一啜，不为害也。此大有理。”说实话，饭后用中下档的浓茶漱嘴，一可以解油去腻，嘴里头也清爽得多；二又能够把嵌在牙齿缝儿里头的屑子祛除掉，有利于牙齿的坚固。可以想象，苏东坡用了这个法子一定是得益不少，故才写了短文传给后人。而在《红楼梦》的贾府里，饭后用茶漱嘴也是有道理的，是有益的、卫生的。

男女婚嫁，以茶为礼。从前，南通民间的“订亲”是兴聘礼的，又叫“行茶礼”。聘礼不仅仅有茶，还有其他东西。老式订婚，男方送给女方的聘礼是一对鱼，一般是花鱼；一对火腿或者是鲜腿板；两式或者四式的首饰；外加四个礼包儿——长生果、糖、红枣和茶叶。男方向女方求婚叫“讨茶”；女方受聘叫“受茶”或者叫“吃茶”。民间还有“一家丫头不吃两家茶”的风俗。在《红楼梦》第25回里，王熙凤就有“你既吃了我们家的茶，怎么还不给我们家做媳妇儿”的话，这就说明茶在旧式婚姻中具有举足轻重和不可缺少的地位。大家重视茶叶是希望婚姻牢固，是把茶叶看成婚姻信仰的一种象征，还具有民俗学所特有的约束力。当然，民俗有继承也有变异。新中国成立之后都是自由恋爱，自主婚姻，婚姻又受到法律的保护，什么“父母之命，媒妁之言”也已经是老皇历了。虽说现在法律上不承认“订婚”，不过有不少地方新女婿上门还是要送“茶礼”。民间说法是吃了新娘子的茶会眼目清亮。另外，南通还有“谢媒”的风俗。男女婚姻成功之后，新婚夫妇或者家长一定要感谢媒人；而在谢媒的礼里，茶叶又是必不可少的东西。有人弄戏法儿说是因为媒人来来去去的淡话说了不少，所以送点儿茶叶给他解解渴，这是揶揄的话。其实，谢媒送茶叶是属于“茶礼”风俗的一种延伸，小夫妻感谢媒人做了桩天作之合的好事，是顺理而行，无可非议。

二、南通的时令食俗

据《海曲拾遗》《崇川咫闻录》和《通州志》记载：岁首迎新要食手巾糕、百果花糕；正月春卷、蛋饼、博饼、火饺等上市；清明采蒿叶作馅饼，踏青采柳芽作柳芽翠烙，食韭菜合子；立夏食五香茶叶蛋、大方糕、萝卜饼，采嫩玉米作珍珠笋；夏月食绿豆葛粉糕、藿香饺、西瓜、水果冻等清凉食品，消暑解渴，水酵馒头、蜂洞糕上市；中元日（农历七月半）包馄饨做扁食，状如束缚豚耳（即古白环饼），做十字饼、煎夹子；中秋采藕做蟹壳藕饼，采南瓜做饴饼，食玫瑰饼、桂花饼、月饼、椒盐油饼、髓饼、文蛤饼；九月蟹包、狼山鸡丝饺、重阳糕上市；十月烤山芋、烘年糕、蟹黄汤包、鸡丝汤包、蟹黄养汤烧卖应市；冬至食元宵、刀切面、五香螺；十一月售臭豆腐干；腊月供应水酵馒头、腊八粥、鸡丝粥、豆腐脑等。清乾隆五十四年状元、南通人胡长龄有“凝膏菽乳胜于酥”之诗句对南通豆腐脑大加赞美。据记载：“婚礼送鸳鸯果盒、堆花糕馒；牌吉礼送蟠桃果合；敬神祭祖要用几十种花色糕点和菜肴”，“入童蒙、入塾、婚嫁、告庙、除灵、迁居、诞辰、莫不以糕点为礼”。

“春有刀鲚夏有鲥鲥，秋有蟹鸭冬有野蔬”，说的是南通人一年四季都有好东西吃。

春 景

春是温暖，生机盎然，惠风和畅；春是萌动，江河海鲜，满目琳琅。

春季包括立春、雨水、惊蛰、春分、清明、谷雨六个节气。立春是一年中第一个节气，也是春的开始。按照南通民俗，立春那天要吃春饼，名为“咬春”。杜甫有诗：“春日春盘细生菜，忽忆两京梅发时。”春饼卷的青菜很多，来源于立春荐“五辛盘”之说。

《本草纲目》载："元旦立春以葱、蒜、韭、蓼、芥等辛嫩之菜，杂合食之，取迎新之意。"说是只要将辛嫩之菜随意夹入饼内，哪怕是吃只蛋饼、包一回春卷，也都是喜迎大地回春、祈盼幸福的意思。春饼和春卷是古人心目中春的象征，但它们之间是有区别的。春饼是用面烙成的薄饼，卷菜吃；春卷是薄面皮包菜油煠而成。

以前吃春卷是从春节开始到清明祭祖就结束了，现在是一年到头都有。您哪天想吃，那天就是"立春"，那是你心中的春天。

南通人立春还有吃萝卜的风俗，这是由"咬春"而导出的节日食俗。萝卜古代称芦菔，苏东坡有诗云："芦菔根尚含晓露，秋来霜雪满东园，芦菔生儿芥有孙。"旧时药典认为，萝卜的根和叶不仅能生吃，还能熟吃，当菜当饭吃都可以，有很大的药用价值。《燕京岁时记》说："是日，富家多食春饼，妇女等多买萝卜而食之，曰'咬春'。谓可以却春困也。"打春生吃萝卜，不但可解春困，还有助于软化血管，降血脂稳血压，可解酒、理气等，具有营养、健身、祛病之功效，可以预防口腔疾病。道理很简单，冬春之交，气候干，风沙多，春寒料峭，只要一受凉就会引发扁桃体炎、咽喉炎，南通人叫它"喉蛾"。而白萝卜正当时，既经济实惠，又清热破气、止咳化痰，是有一定科学道理的，大概也是古人提倡在立春时生吃萝卜的本来用意吧。如皋的"捏颈儿萝卜"又脆、又甜、水又多。如皋民谚"青岛苹果莱阳梨，抵不过如皋的萝卜皮"，就是对它的盛赞。

春季，正是香椿头、枸杞头、野芹菜、芥菜、蟛蜞螯（马兰头）、黄花儿等特色乡土菜上市时节。吃法看各人欢喜，要么用滚开水焯，再切碎了凉拌；要么急火快炒装盘子，假如加点儿肉丝、竹笋丝，味道就更加好。还有人不加热，先"爆腌"，用盐掿过后用佐料拌了吃，清香味更浓，心头的春意也更浓。

春天的水芹最嫩，也最适合食用，做个水芹炒茶干、水芹炒肉丝都是不错的选择。春天也是吃冷饤和焦麦屑的时候。

春季，南通的江鲜、海鲜可谓琳琅满目，刀鱼是春季最早的时鲜，鲥鱼、鮰鱼、鳗鱼、河鲀鱼也正值当时，江鲈、江鲢、江鲻品种齐全；带鱼、黄鱼、鳗鱼、鲳鳊、鳓鱼、马鲛鱼、管枪鱼、黄脯子鱼、梭子蟹，外加海蜇、紫菜等海产，加上滩涂上的蚌蛤、泥螺、竹蛏、牡蛎，数也数不清，吃的东西实在多。《崇川竹枝词》有诗云：

吹风燕子虎头鲨，
黄蟹青蛏又对虾；
本港海鲜鱼担满，
江刀不及海刀多。

一开春的梭子蟹最肥，因为它的蟹黄还没有变成籽，又满又硬，两个尖角上塞得结鼓鼓的，所以叫"黄蟹"，当地人叫它"姑娘蟹"，一般是蒸了蘸醋吃的。其他时节的梭子蟹可以用盐、酒、生姜末子炝了生吃，当然也可以蒸了吃、炒了吃。还有的人家把小的梭子蟹加盐捣碎了，放进小坛子做成蟹酱，又叫蟹鲊，当早、晚下饭的小菜，沿海一带的渔民，还用蟹鲊来烧豆腐、烧青菜，这个就是另外的一番风味了。

清明是一年中第五个节气，更是个节日。

刀鱼来踏青

“春潮迷雾出刀鱼。”刀鱼是春季最早的时鲜鱼，春节之前就有捕捞，能捕捞三个月，清明前后的一个月是盛产期。老百姓吃刀鱼不外乎红烧或者清蒸，红烧时里面一定要放脂油丁儿。也有少数人家是煨汤吃的。渔民还有一种特殊的吃法：把新鲜刀鱼洗干净后往锅盖上一钉，锅里面放水，下面烧火用水蒸气蒸，鱼蒸熟了以后鱼肉全部掉在了锅里，鱼骨头还完整地钉在锅盖上。刀鱼本身有油，据说从前捕刀鱼的船上是不用蜡烛的，是把刀鱼倒挂起来当灯点的。

河鲀来看灯

河鲀鱼，鲜美无比。从前吃河鲀鱼的规矩是不请客的，要吃鱼自己来，自己拿筷子，自己搬凳子。其实说的是不请客，还是请了客，你不说吃，人家怎么会知道呢？吃十回，有十回是大家在一起吃的，只是心照不宣，生怕万一吃出了事负不起责任。从前能请人吃河鲀鱼是很“牛”气的，敢来吃也是一种豪气。南通江边上的人家买鱼也容易，洗鱼也有经验，烧煮又有法子，后来又总结发明了“拼洗吃河鲀”，这是对的，是科学的。只要把有毒的鱼籽、内脏、卵巢、鱼血和鱼眼睛弄掉后，数清楚数目，再洗洗干净，多漂几回也就没有问题了，所以他们吃河鲀鱼是家常便饭，根本没有把它当回事。从前南通沿江的任港、姚港一带，几乎家家都会烧河鲀鱼。城里的人家一般是请渔民或者鱼贩子到家里来洗和煮，是绝对不敢也绝对不会自己动手的。

南通人口福不浅，河虾、江虾、海虾应有尽有，吃虾儿的名目不少，糖醋虾儿、葱爆虾儿……剥成虾仁以后有清炒虾仁、炒虾腰，炒虾碰（虾仁炒肉丝），还可以做虾腐、虾球、虾饼。

暮春的食物鲜嫩无比，清明虾儿可以说是这个时节的代表。清明前后，河里的老虾早已所剩无几，新虾经过了一春的成长，变得壳软肉实、滋味鲜美，虽然个头不大，但脑门子上那点红脂的确非常惹人欢喜。不管是河虾、江虾还是海虾都可以炝了吃，特别是白条虾，虾形大、虾壳软、虾肉嫩，而且很鲜。一只玻璃缸，活孑活跳的虾儿被酒、酱、麻油、胡椒粉、生姜末子调成的汁醉得东倒西歪，吃的时候可再浇点儿乳腐汁，配点儿香菜末子。当然，这种生炝的东西食品卫生部门是不准吃的。虽说卫生不卫生不能全用生熟来定，但既然有了规定就要遵守。

红毛虾壳软，肉嫩，口味鲜，一个人能吃好几斤，吃出来的壳子能堆得像个小

"山"。红毛虾还可以剥虾仁，剥出来的是真正的"鲜虾仁"。另外，红毛虾有籽，洗过虾的水底淀了一层虾籽，只要轻轻地捞出来，加大蒜头，在锅里烘干后就是原版正宗的虾籽，吃面的时候放点儿进去一拌，味道好极了！现在的饭店里，河虾和江虾用葱油爆炒，也蛮受欢迎。大点儿的金钩虾，放到加盐和花椒的滚水里头焯熟了，捞出来以后再晒干，做成的"烤虾"别有风味。

谚语云："放扬花，吃鲥鱼。"鲥鱼是珍稀鱼类，是举世闻名的溯河产卵的洄游性鱼种，产于长江下游的春夏之交，极为珍贵。因为它每年定时入江才得名叫鲥鱼。鲥鱼的鳞旺晶飒亮，鳞里面都是油，带鳞烧又肥、又鲜、又嫩，说句过分的话，世上好像没得比它再好吃的东西了。

蚌蛾（文蛤）生长在浅海的泥沙里，而南通的海边上有大面积的滩涂，加上现在又有了人工养殖，所以它既是南通的特产，又成为出口和内销的主要产品。因为蚌蛾含有多种氨基酸和琥珀酸成分，所以鲜味和其他的鲜不同。

清炒蚌蛾是把米葱、生姜、盐、料酒和蚌蛾肉先拌好，再往烧得冒烟的油锅里一倒，只要十三铲刀就出锅，吃到嘴里又鲜又嫩。南通的厨大师们还发明了像艺海拾贝、文蛤仙、清蒸文蛤、烙文蛤、文蛤虾球、元宝文蛤、芙蓉文蛤这些色、香、味、形齐全，独具特色的通派名菜，叫客人吃了终生难忘。蚌蛾不仅肉好吃，壳还可以贮一种冬天防皴、搽裂坼的蛤蜊油，南通人叫它"靥儿油"。

南通滩涂上蛤类品种有青蛤、花蛤、四角蛤、西施舌等，其中西施舌要算上品，也是南通海产八珍之一。

老话说"靠山吃山，靠海吃海"是有道理的。现在稀奇的东西，在过去并不一定稀奇；城里把它当宝，农村人当烧的草。以前的渔民们根本不会、也不可能做什么清炒蚌蛾、芙蓉蚌蛾，就是用水把蚌蛾一煮了事，最多放点儿盐。其实这才是吃的原汁原味呢！他们对蚌蛾是如此，但对待竹蛏就从来没有这样简单。在如东，招待客人最上档次的"八大碗"里，头菜必定是"烩蛏干"，当地人叫"蛏领头"。在煨之前，要把竹蛏涨发到腹去泥沙，还要用猪油加蚌蛾爆炒，再和荸荠片、青菜丝、肉丝、木耳、冬笋这些配料一起用文火煨，煨出来的汤就像奶一样颜色白，汁水浓。

潮糕是春分到端午节的季节食品。它是用粳米屑蒸成，又松又软，清清爽爽，又不粘牙齿，还带有桂花香味和甜味，是既合口又应时的大众食品。以前阴历二月初一，城里一些大茶食店的柜台上，就会摆上对径大约二尺，写有店号的红漆竹片的圆蒸笼，里面是潮糕，上面还盖了块湿纱布，显得气派十足。潮糕一向是切成一条条卖的。南通要数清雍正壬子年（1732）林梓费氏老万和的"林梓潮糕"最有名，它弹性如海绵，酥松不散，软不沾手，甜而不腻，柔润爽口，风味纯正。林梓潮糕的选料为当年产优质粳米，浸得用手指一碾即碎后，碓成米屑，拌和绵白糖、金桂花、松仁及红绿瓜丝，用荷叶垫底，制成直径1市尺，厚1寸5分的圆形糕坯，精工刀切，水蒸而成。从表面向下横切62道，再斜切16道，深6分至1寸，拢蒸而成。成品出笼，糕面上盖上6个红色圆戳。此时，荷叶的清香，桂花的馥郁，沁人心脾。趁刚出笼或者复蒸刚出锅，表面潮气未尽时食用，方显最佳口感，故名潮糕。

印糕也是南通地区群众喜欢的传统糕点。印糕，因其形状像官印而得名。远在一千多年前的唐代，南通天宁寺光孝塔落成时献祭的八式点心中就有印糕。

印糕也是春季的应时货，一般阴历三月初一开始上市。蒸印糕须用木框蒸笼，每次蒸16小方块，每块印着福禄寿喜、牡丹菊花之类的文字或图案。糕里是流质的洗沙（豆沙）糖，吃时需小心地咬一口，然后慢慢吮食豆沙；稍不注意，洗沙糖会流得满嘴皆是。

印糕制作工艺独特。制品软而不粘，松而不散；馅心是流的，但又不会溢出糕皮之外。因其营养丰富，容易消化吸收，被称作“长寿”食品。这也是南通作为“长寿之乡”的一个例证。

夏 景

夏是炎热，艳阳高照，滚滚麦浪；夏是孕育，小荷露尖，碧波荡漾。

夏季，包括立夏、小满、芒种、夏至、小暑、大暑六个节气。

“立夏吃蛋”是南通民间习俗。立夏这天，小孩子胸前挂的是五彩线或者绳儿结的蛋络里面放的是红壳熟鸡蛋，或者是青壳的鸭蛋，要么就是鹅蛋。中午家里吃的是炒蛋、涨蛋、炖蛋，

还有莙荙菜。莙荙菜又叫甜菜，和白菜样子差不多，矮而胖，叶厚，绿色，吃起来有甜味，以前农村里一般种在房前屋后。吃莙荙菜说是可以防止“疰夏”。“疰夏”，是民间的说法，症状是睡不好、肚子胀、不想吃东西、没有力气，尤其是小孩子居多。

立夏的蛋能当饭

南通还有一个习俗是立夏吃糕，应时的就是绿豆糕。一般人家是吃过年蒸的、浸在矾水里的大糕，也有的人家用晒的糕干加上腊月二十四送灶留下来的赤豆饭锅巴和米一起煮

成粥，用糖拌了吃，叫“赤豆锅巴糕干粥”。还说吃了它一不疰夏，二不腰疼，不知道可有这么灵？

五月初五是端午。端午节是个“吃”的节日。用小孩子的话来说，节日就是有得玩有得吃，吃比玩还要来劲。下面这首儿歌列数的都是端午时节各种各样的吃物。

端阳时节碌忙人，
剥粽蘸糖当早茶。
苋菜落油和片粉，
面筋捣蒜拌黄瓜。
一方白肉连皮啖，
两尾黄鱼带膘叉。
烧酒醉来何物解，
平桥脚下买枇杷。

端午吃粽子已经成为汉民族地区的一种习俗。

芦苇青青食粽时

南通人的裹粽子有穿粽和扎粽两种。穿粽，是等粽子裹成了型，先用奘而长的针戳过粽子，再把芦箬的尖头儿朝针尾洞里一穿，从另一面一拽，芦箬就穿过了粽子，再一收紧就好了。扎粽，以前是用关丝草扎的，现在关丝草少了有人家就用麻丝或者鞋绳线扎。现在有的人家用塑料绳来扎粽子，这是在没事找事，万万不能。塑料是有毒的。

全米的、没有和头的粽子叫“光米粽子”，也叫白粽子，空口吃没有味道，一般是蘸糖吃。儿歌里“打个五月五，洋糖粽子过端午”，就是说的这种粽子。加料的粽子要看你加的是什么料，加红枣的叫枣儿粽子，另外还有赤豆粽子、咸肉粽子、火腿粽子等等。煮粽子要先用大火煮开然后再小火焖，不等掀盖子就闻到了一股芦箬的清香。粽子又香又精韧，但是不好消化。有些手巧的妇女，还专门为小孩子包一些方的或者牛角形的小粽子，既好玩又不会给小孩子吃了“伤食”。

端午日子南通各家各户要吃炒和菜，吃大蒜头烧黄鱼，吃油煤河虾，烧红苋菜里面是一定要放大蒜头的。“炒和菜”花钱又不多，既能过酒又好下饭，真的是价廉味美。

小暑时节，江淮流域的梅雨马上要结束，盛夏即将开始并进入伏旱期。气温高，人热得嘴里没有味，不知道吃什么好？应对的办法是吃得稍微清淡些，多吃像冬瓜、白萝卜、番茄这类化湿通淤、有助于改善肠胃功能的食物，要多吃淡水鱼，少吃红烧肉。

民间有句口头禅叫“小暑的长鱼赛人参”。长鱼的吃法有好多种，北方有纯粹的长鱼宴。有一道最负盛名的淮扬菜叫“软兜长鱼”，又叫“软兜鳝鱼”。说的是在清光绪十年（1884），两江总督左宗棠视察云梯关淮河水患，驻在淮安府。淮安知府特地从阜宁请厨师做了一道“软兜长鱼”供左大人品尝。后来左宗棠又把它作为淮安府的贡品推荐晋京，恭贺慈禧太后六十大寿。“软兜长鱼”鲜嫩可口，别具一格，是淮安人最值得骄傲的菜，当然也上过国宴，也招待过外宾。

南通人一般总喜欢吃清炒长鱼丝。炒长鱼丝有生炒和熟炒两种，生炒长鱼丝最好自己买活长鱼回来宰杀、出骨，再切丝，然后加配头煸炒。若是从菜市场买加工好的长鱼丝，一定要看是不是用活长鱼现杀的。买回家后还要立即炒，因为时间长了，长鱼中的组氨酸变成了有毒的组胺，是不能吃的。若熟炒长鱼丝，可到菜市场买划好的、氽熟了的长鱼丝，再买些洋葱、辣椒做配料。到家里先把长鱼用水焯一下，再改刀把丝儿切短。先炒配料，再炒长鱼丝，最后把配料进锅一起翻炒。起锅以后撒点儿胡椒，吃起来清清爽爽。以前吉星饭店做的“炒鳝糊”最拿手。

小暑前后各家各户就要准备做酱了。做酱的原料就是面粉和豆。一般做酱用蚕豆，假如要做酱油就要用黄豆。豆和面粉是有一定比例的，黄豆加多了酱油汁厚；面粉加多了酱油的味道更甜。面粉当然是白面最好，不过以前一般人家都用粗面，也就是所谓“一条龙”的面，价钱要便宜得多。

制作的第一步是煮豆，要把豆煮熟、煮烂了为止。如果是蚕豆要先用水浸，把皮剥掉。第二步是把煮熟了的豆滗出水和面粉拌匀，做成不太潮、比较软的饼，放到锅子里不用油焖，目的是让它先蒸发一部分水分。接着，就要把这种熟的饼，撕成一小块、一小块放在芦豆帘子上，拣个潮湿、不通风的房子，上面再盖些稻草，让它发酵长白霉。一般人家是放在柴草房或者是灶屋的角落里。到白霉上足了的时候，裹在黄豆周围的一层面子就发了绿，连豆都是绿的了，南通人称上了“酱黄子”。上酱黄子最容易，少的五六天，多则七八天。酱黄子上足了以后就要拿出来放到太阳底下摊开来晒。要是碰到下雨天潮湿，酱黄子就要发黑，做出来的酱味道就不鲜，出的酱油也要少。

等酱黄子晒到干透了就可以下酱了。下酱，就是把酱黄子和到盐水缸里。这个缸里的盐和水也是有一定的比例。先把水烧开，等水冷了以后再加盐，让它暴晒几天以后，用一种土办法来测量浓度。只要拿一个鸡蛋放到盐水里，假如鸡蛋沉下去之后上面还露一指算是最好的；全部沉下去的是盐嫌少，要加盐；浮起来的是盐太多，要再加水，一直要调整到正好为止。等浓度调好了就开始下酱，也就是把酱黄子和入盐水缸里再放到天井去晒。酱黄子和盐水也要有一定的比例，不过这个关系不大，水即使多了，太阳晒晒可蒸发掉，水少了还可再加。

做酱和做酱油的方法差不多少，不同的是如果是单做酱，在下酱的时候水分就要少些，一般的是下在口大点儿的小牛头缸或者是大钵头里，上面用块纱布做个络子一盖，主要是不让苍蝇叮。白天搬出去晒，晚上再搬回家来，缸小好搬，还容易熟。如果酱黄子上得好又晒得干，下酱之后又碰到好的太阳，不消几天，颜色就要由黄绿变成了紫红，再上上下下彻底一搅一拌，底下和面子上的颜色就是一样的了，酱味也逐渐发甜，经过“三伏”，酱也就成熟了，大约个把月就好吃了。还有用纯面粉，不加黄豆的酱叫“甜面酱”，拌菜、炒菜，蒸了吃、炖了吃都可以。这种甜面酱，原先酱菜店里是有卖的，吃北京烤鸭蘸的正是这种甜面酱。

如果是做酱油，缸就要大些，盐水也要多放点。因为酱缸大不好搬进搬出，就用砖头搭个墩子，把缸放在墩子上。酱被苍蝇叮过以后滴出来的酱油里要长蛆的，所以酱缸上要做个纱布的络子盖上。刚刚下缸的酱，既要日晒又要夜露还要防阵雨，所以酱缸上还有个尖尖顶、像伞一样的缸盖，考究的是白铁皮做的，也有用竹篾子做的。为了让下面的料翻到上面来晒得均匀，所以每天早晨必做的功课是用一根棍子“翻酱缸”。大约到初秋，缸里的水就已经被晒成了酱油。你要是急着吃，就用篾子做的小篓子往缸里面一沉，舀取一点清酱油，这便是浓度很高的抽酱油。到八月里，太阳也不毒了，天气也渐渐凉快了，就把缸里的酱加水下锅煮，然后装进一只尖角的布袋子里，吊到廊檐下的边梁上，尖角下面放只小缸接酱油。尖角里头滴出来的就是头道酱油，袋子里面剩下的就是酱渣。自己家里做的酱和滴的酱油，甜味大，油分高，好吃。当然，现在大家住的是楼房，没有天井，也就不太好做了。再说，做酱也实在是太麻烦了。

夏天天气热，人出的汗多，所以吃的菜最好是汤汤水水的。冬瓜海带汤就是最常见的汤菜，它爽口开胃，又补充了人体因为流汗而失去的水分。当然要是烧个冬瓜火腿汤、冬瓜煨咸肉就更好了，就是待客，也不会很差。应时的扬花萝卜有了，把扬花萝卜洗净后用刀的侧面将它拍裂，浸泡在糖、醋、盐调好的汁中。吃的时候浇上麻油，既清淡又爽口。

用扬花萝卜煨蹄膀也是相当不错的。蹄膀不腻，萝卜又不寡，还能一菜两吃：萝卜放在汤里做汤菜；肉捞出来切成片子，用酱油、蒜泥蘸蘸就是“蒜泥白肉”，又好过酒，又能下饭。另外，炝的和糟的菜在夏天都很受欢迎，糟毛豆、糟凤爪、糟鱼这些菜都清新可口。

苦瓜清凉，很适合夏天吃。听人说，夏天多吃苦瓜不长痱子；可许多人觉得苦瓜苦，所以不大喜欢吃。假如按照笔者的做法，苦瓜不但可以不那么苦，菜也清清爽爽，而且还有一些特别的味道。

把苦瓜斜切成薄薄的小片，用盐拌匀放一会儿，稍许挤儿下挤出苦瓜汁，再用清水一漂，把水挤干。把锅烧热，放油，放些微辣的辣椒，快速翻炒几下，再倒入苦瓜接着炒。炒熟后熄火，加鸡精后起锅，装盘即可。假如放咸菜或者大头菜咸菜进去会更好，这道菜的特点是清爽。还有一桩事忘记了关照：刚挤出来的苦瓜汁千万不要倒掉，用它涂在身上长痱子和痒的地方，清凉得很，但万万不能涂在抓破了的地方，因为汁里有盐，会很刺激。另外，像苦瓜排骨汤、丝瓜蚌蛾汤，都是夏季的清凉汤，做起来又容易，大家可以试试。

把去年腊月里腌的咸鱼拿出来浸浸，再到街上买二斤五花肉，回来烧个“咸鱼烧肉”。鱼的干香和肉的酥烂二五一凑，应时不说，就是摆上几天也不会坏。当然不用鱼烧，用大头菜咸菜、用霉干菜烧肉都是一样好吃。大头菜咸菜烧肉也是家常菜，即使肉再肥，吃起来也不觉得腻，也能放个两三天。要是能弄到晒干的马齿苋与肉同烧，比大头菜咸菜烧肉还要好吃！

老话说“三天不吃青，两眼冒金星”，人不吃蔬菜不行。夏天上市的有冬瓜、黄瓜、丝瓜、番茄、茄子、苋菜等等。要是你没胃口，又没有工夫，就弄个最简单的番茄炒蛋，带点儿酸，也下饭。煮饭的时候，把茄子洗干净放在饭锅上一蒸，饭熟了，茄子也熟了。把茄子用手撕成条儿，用酱麻油、大蒜泥一拌，戳戳就好吃，又不费事。夏天的蔬菜里带叶子的不多，而黄瓜就是最好的替代品，生吃、凉拌、烧汤或者炒鸡蛋，要么就炒鸡丁、炒肉片，都很好。现在许多饭店里的冷盘，就是生黄瓜蘸甜面酱，非常简单，还说成是美容食品。另外，丝瓜也是夏秋之际常吃的蔬菜。丝瓜炒蛋、丝瓜炒蚌蛾、丝瓜烧豆腐、虾米丝瓜都不错，笔者再教你个简单的法子。早上买几根油条，中午回来做个丝瓜油条汤，一点儿油都不要放，既解渴又开胃，不信你试试。还有个菜名看上去蛮复杂的叫“翡翠蹄筋”，其实做起来也不复杂，就是丝瓜条烩蹄筋。当然夏天喝绿豆汤、喝绿豆粥，清凉解渴又防暑降温。到了晚上，三五好友一聚，五香螺一嘬，龙虾一剥，猪头肉一叉，连壳的盐水嫩长生果一搛，啤酒一喝，多么自在得意。

秋景

秋是凉爽，风清月朗，菊花怒放；秋是收获，瓜果累累，蟹肥橘黄。

秋季，包括立秋、处暑、白露、秋分、寒露、霜降六个节气。

立秋是农历二十四节气的第13个节气。古人把立秋当作夏秋之交的重要时刻，所以一直很重视。

照南通的风俗，立秋是要吃西瓜的，而且还有“吃西瓜烂猪毛”的说法。

从前科学知识不太普及，大家对人的消化功能认识不足，总以为平时吃猪肉，猪皮上头的猪毛、毛根没有法子消化，是粘了在胃和肠壁上，日子一长肠子要塞，就要生病；而立秋这天吃下去的西瓜能够把猪毛打去。这个说法明显没有科学根据，甚至还有点儿滑稽。不过仔细一想也是有原因的。一方面，立秋正好处在大暑和处暑中间，暑气还没有褪尽，白天还是很热。而每逢到换季的时候，人们往往容易生病，吃点儿西瓜驱驱暑湿、泻泻温热、通通大小便，有利于健康；另一方面大夏天已经过了，西瓜也已经快要罢市，如果再不吃就要来年再会了。所以以前的人家总要在立秋之前，预先买几个大西瓜存到家里。等立秋的这天，把瓜洗洗干净，先用小刀在西瓜上面开一个三角形的小口，要看得见瓜瓤，然后再灌几调羹白糖和几滴烧酒进去，把口还封好，让白糖溶化后渗到瓜瓤子里面，等吃过中饭再切开来大家吃。西瓜切开来是黑籽红瓤，因为加了砂糖，吃起来又甜又沙。

其实，城里人在立秋当天全家围着啃西瓜，就是一种叫"啃秋"的风俗。相比之下，农村人的啃秋则要豪放得多。他们在瓜棚里、树荫下，三五成群，席地而坐，抱着红瓤西瓜啃、抱着绿瓤香瓜啃。啃秋，抒发的是一种丰收的喜悦。

以往，立秋一过西瓜就要落市，即使有也不值钱了。当然，现在就不是这样了，大棚种植返季的蔬果，再加上发达的现代物流，一年到头都有西瓜卖，品种也是五花八门，什么时候想吃就什么时候有。

秋风一起，人们会觉得胃口大开，要开始增加营养来补充夏天的损失。有些人立秋这天要吃各种各样的肉，"以肉贴膘"即"贴秋膘"。最吸引人的要数红蹄、扣肉。食客们甚至还有"头伏火腿二伏鸡，三伏吃只元宝蹄"的说法。总体来说，初秋时节由于气候干燥，空气中缺乏水分的滋润，人们常会口鼻干燥、渴欲不止、皮肤干燥，甚至出现肺燥咳嗽，要常吃利水渗湿的食物，如鲫鱼、泥鳅、扁豆、冬瓜、蕹菜、绿豆芽，多吃些苦味食物，如苦瓜、草头、百合、马兰、莴笋、芦荟、慈姑、黄花菜等；要些吃酸味食物，如西红柿、柠檬、草莓、乌梅、葡萄、山楂、杨梅、猕猴桃。百合有润肺止咳，清心安神等功效。百合的食用方法很多，可当菜吃，如西芹炒百合、百合炒牛肉；也可煮粥吃，如百合与糯米制成百粥，放上一点冰糖，不仅可口，而且安神，有助于睡眠;还可以用百合、莲子和红枣共煮成羹，可补益安神。

秋季，菜瓜、藕大量上市，脆嫩清香，也成了人们餐桌上的美食。

农历七月半叫"中元节"。道教认为中元日是地官的生日，是地官大赦有罪之人的日子。按南通风俗要做"扁食"。

"扁食"就是干饺子，是用青菜剁碎了拌肉或者用豆沙糖做馅心，外面用干面皮子一裹，样子有点像猫的耳朵，民间便叫它"猫耳朵"。中午祭祖除了供扁食以外，还要供饭、供菜、供酒，焚香点烛，烧纸化钱，磕头礼拜。钱是烧给祖先"门中三亲"；房角、巷尾是烧给孤魂野鬼，南通叫它"祭孤"，而北方叫它"结鬼缘"，或者"斋鬼魂"。烧纸化钱给孤魂野鬼，省得他们危害家人，这些都是古人"敬鬼神而远之"的具体措施。

八月十五是中秋节，南通人就叫它"八月半"，这是一个不比寻常的民间节日。传说这天是土地菩萨福德星君的生日，是个祭祀土地菩萨、庆贺丰收的日子，但在大家的心目中却变成了一个祭祀月神的节日。南通有吃月饼、杀鸭子、蒸芋头和吃剪角的毛豆、吃团圆饭、祭月、请紫姑、演木偶戏等风俗。

中秋时节碌忙忙，
月饼掰掰当早茶。
蒸蟹煮鱼煨鸭子，
剥菱削藕切西瓜。
芋头豆荚连皮煮，
柿子梨儿带核尝。
乡下送来新米盾，
儿童还要做粑粑。

上述食俗民谣，足见中秋更像是一个食品荟萃之节。

月饼是中秋佳节的时令食品。古人用豆沙、枣泥、果仁做馅心，把月饼做成了满月的样子，是象征天上人间团圆，这也就是为什么中秋节的晚饭特别丰盛，大家要叫它"团圆饭"的缘故。过去，假如家里有人出外没有回来，还要专门为他留一份月饼，留一副碗筷，祈求亲人平平安安地到家。人们中秋之夜焚香，用月饼来祭月，是满怀团圆的喜悦和对美好生活的向往。南通人喜欢吃苏式的上素、五仁、洗沙、枣泥、椒盐、冬瓜、鲜肉、火腿等月饼，而且还要买现做新鲜的。

南通虽没有北京烤鸭、南京板鸭那样全国出名的特产，但物阜民丰，鸡鸭鱼肉倒是一样不缺，老百姓的日子过得安宁。过去，南通人买鸡吃一点也不稀奇，平常倒是不怎么吃鸭子的，但到了中秋节几乎家家都要吃鸭子，这似乎成了一条约定俗成的乡规民约。

桂花飘香鸭正肥

南通中秋节杀鸭子的风俗和月饼后面的那张小方纸片有关系，传说从元朝末年一直延续至今。苏北一带说这个主意是朱元璋的军师刘伯温想出来的。据笔者了解，月饼背后这张小纸的故事虽然版本不一，发生的地点不同，但都是说的元朝末年农民军起义推翻元朝的事情。元兵在南通犯的是不可饶恕的滔天大罪!

元灭了宋之后，一路往南进攻，南通沦陷了。元兵，历史上被叫作胡人，北方把他们叫作“鞑虏”，南通人叫他们“鞑子”，是一种蔑称。元兵是草原上的游牧民族，生性粗鲁，而今胜者为王，完全是一副占领者的姿态，居然兽性大发屠了通州城。据说，当时除了姓明的逃了出去，通州城里所有居民全部被杀光了。当时，南通城里好长一段时间除了蒙古人和姓明的以外，没有其他居民。明朝灭了元朝以后，南通城里的人还是太少，朝廷就实行“调藩实城”，命令每个家里要收容几个蒙古人，以表示朝廷的宽大。南通的老百姓不买账，他们没有忘记被屠城的血泪史，还是齐心相约在中秋节夜磨刀杀“鞑子”。再说，蒙古人看见家家户户在磨刀，就问在做什么?居民说在“杀鸭子”，其实意思是“杀鞑子”。所以南通人每逢中秋节家家都要吃鸭子，日子一长也就成了一种风俗。《崇川咫闻录》卷九载：“淳祐壬寅，通州受围急。守将杜霆弃城遁，火三日不绝。时淮安肇老，住常熟县福山一古刹，与通州对岸，目击此变。诗云：‘见说通州破，伤心不忍言。隔江三日火，故里几人存。哭透青霄裂，冤吞白昼昏。时逢过来者，愁是梦中魂。’”《白氏族谱》序言当中有一段记载：“元初屠城，城中仅存七姓，白为七姓之一。”元兵屠城是板上钉钉的事实。南通的地方史志，也就是因为这次屠城被烧掉了，只剩下明朝以后的，也是一桩永远的遗憾。

南通河多，沟多，农村里养鸭子的也特别多。中秋节的时候鸭子正肥，一般的人家总是喜欢买只鸭子回来吃。按照本地的风俗，大都喜欢吃红烧鸭子或者是白煨的“八宝鸭子”。八宝鸭子，就是鸭子拔毛洗干净以后不剖肚，仅仅在肚子底下横开一个小口，把内脏抠出来；用糯米、肉丁儿、鸭胗肝丁、火腿丁、虾米丁、竹笋丁、香菇丁和生姜、葱这些配料塞进鸭肚子里面，再用针线把切口缝起来；下锅之后加水用文火煨烂。吃到嘴里肉酥汤肥。现在的人总是说忙得很，其实说到底还是怕麻烦。到了中秋节，杀鸭子是来不及了，就上街买一只盐水鸭或者是酱鸭、烤鸭，虽说也是重温了一回杀“鞑子”的旧梦，可惜已经体会不到品尝“八宝鸭子”的那份口福。倒是有些吃客，他们是“宁吃天上四两，不吃地下一斤”，也不管什么野生动物保护法，钻蛇打洞地专门要去找野鸭子吃，这是个别的。再说，犯法的事坚决不能做。

中秋节，南通还有把芋头和剪了角的毛豆角子一起煮了吃的习惯，据说这种风俗也和“杀鞑子”有关系。老百姓把“鞑子”又叫“毛子”。说是当初汉人杀了毛子以后，要把毛子的头拿来祭月。后来没有毛子可杀了就改用毛豆和毛芋头来代替。其实，仲秋时节正好是各种农作物收获的季节，用芋头和毛豆来祭谢土神，也是沿袭的一种叫“秋报”的古礼。卖荸荠、菱角是旧时通城一道靓丽的风景；甜芦穄、蒸毛芋头、荸荠、菱角、藕，也成了当下的绿色食品。中秋时节正逢茭白、藕、菱角、荸荠上市。茭白炒肉片，或者是加些虾籽凉拌味道好得很。藕的吃法就多了，嫩藕可以加糖凉拌；老藕煮、蒸吃都可；将藕切成夹子片嵌劗肉，煠了做藕饼吃。嫩菱角水分多，生吃甜津津的。老菱角一般是煮熟了吃。现在，有些饭店在上菜之前要先上一盆熟的玉米、荸荠、菱角，还有个好听的名字叫“农家乐”。东西是乡土的，蛮受大家欢迎，吃了不够还要再加一盆。

从前中秋节的晚饭后，就要在天井里或者空场上，正对东方摆一张方桌，放上香炉、蜡烛台和神马，还有石榴、梨子、苹果、鲜藕、菱角、柿子、鸡头米和熟芋头、毛豆，清茶及素油月饼这些祭品，供奉月光娘娘。供品总有个吉祥、顺遂的说法：裂口子的熟石榴叫“开口笑”，预示家庭和睦；柿子的谐音是“世子”，意味代代有子；苹果、苹果，平安之果；藕就更加好说了，成语有藕断丝连，白藕是丝丝相连，象征永不分离；菱角肉子像“元宝”，象征“财源滚滚”，而月饼是又圆又满，象征圆满、团圆、甜蜜。祭祀月神既是祈祷全家美满幸福、平安吉祥，也有感谢神灵之意。

中秋节的最大特征是人们把美好的愿望寄托于天上。中秋节时正当农业丰收的季节，月饼和瓜果既是祭神的媒介，也是人们庆祝丰收美好心情的具体象征。中秋节是一个团圆活泼的大节，其传统内容虽然正在淡化，但娱乐、节日饮食等活动还相当活跃。中秋时节，人们在追求花好月圆美景的同时也加强了亲情关系，因此这一传统节日对建设和谐社会有重要的价值。

九月初九重阳节是一个古老的节日。有一首老歌，里面有一句“大雁飞过，菊花插满头”，说的就是重阳节的风俗。以前南通的重阳节有哪些风俗？有清道光年间南通人黄金魁的《渔湾竹枝词》为证：

糕上飘摇插纸旗，
黄花酿酒醉斜晖；
苏家堰里团脐蟹，
一到重阳分外肥。

诗里描述了旧时重阳节要吃重阳糕，要吃菊花酒，外加还要吃螃蟹的民情风俗。

据考证，重阳节吃糕的风俗是从汉代开始，一直沿袭至今。南朝梁宗懔《荆楚岁时记》载：“九月初九日宴会，未知起于何代，然自汉至宋未改。今北人亦重此节。佩茱萸、食饵，饮菊花酒，云令人长寿。”“食饵”就是指吃重阳糕。

重阳糕

以前的重阳节，点心店里都有重阳糕卖，而考究的就是重阳糕上插的那一把刻纸的小彩旗。南通还有“重阳日子卖大糕——为奇（旗）”的歇后语。与其说是小朋友欢喜重阳糕，还不如说是欢喜这面五颜六色的小旗。重阳糕上插旗的风俗最晚在宋代就已经形成，而南通地方文献上写的和民间流传的是明朝南通陈司寇（陈尧）和顾司马（顾养谦）两个人的事情。陈尧是嘉靖十四年（1535）的进士，做过刑部侍郎，大家叫他陈司寇；顾养谦是明嘉靖四十四年（1565）的进士，做过户部侍郎、蓟辽总督，大家叫他大司马。一天，他俩在天宁寺的一间房子里对文章，忽然有两只鸟儿衔了旗子插到了梁上，后来两个人都先后中了进士。在《崇川竹枝词》里，清道光年间的南通人李琪也有诗记录：

记取重阳酒一杯，
枣糕上插小旗回；
小儿拍手笑相问，
可是双鸦衔得来？

这首诗为重阳糕上插旗做了解释，好像觉得原产地是南通，所以一直到现在南通的重阳糕上都要插一面刻纸的小彩旗，只不过现在的旗子是越做越差，根本谈不上精雕细刻，纯粹成了应景之作。

重阳糕有米面或者麦面两种，糕是甜的，中间要夹大枣、核桃、栗子肉、红丝绿丝等等。古时候的重阳糕还要做九层，是取重九吉祥的意思；而把重阳糕上插旗的起源放在南通是经不起推敲的，是讲了个美好的故事。

因为重阳糕的形式花巧，所以又叫"花糕"，还有菊糕、发糕等美名。古人在重阳节还有吃菊花酒的习俗。菊是长寿之花，又称九花，是文人赞美的凌霜不屈的象征，所以人们爱它、赞它，常举办大型的菊展。菊展自然多在重阳举行。因为菊与重阳关系太深了，所以重阳又称菊花节，赏菊也就成了重阳节俗的组成部分。菊花可清湿去暑、明目解毒。它开在季秋，是在其他花谢的时候开的花，所以大家叫它长寿花、延龄客，也是有深刻含义的。至于说吃菊花酒可以延年益寿，不知道有没有科学根据，后来，吃菊花酒的习俗就慢慢变成了赏菊。

南通种菊花也有很长的历史。从前就有专门种菊花和培植菊花的菊艺人，他们从清明节就开始莳菊苗，重阳节时挑到花市上卖，清朝道光年间南通人李懿曾在《崇川竹枝词》里用诗记录了这通城一景：

东西寺外城南北，
记取清明莳菊苗；
待到重阳花市近，
一肩秋色担头挑。

好一个诗情画意的"一肩秋色担头挑"！诗中说，南通当时在东寺、西寺和城南、城北已有艺菊专业户，他们利用废宅隙地种菊，在重阳节前上市。是时，篮挑舟载，纷纷恐后，热闹非凡；茶肆酒垆，莫不争购以博众人清赏。水心楼（魁星楼，今之"少年之家"）成为卖花者云集的重阳花市，会出现"临溪争唤卖花船"的热闹情景，可见那时的菊花就深得家乡人们的喜爱。现在菊花已成为南通市的市花。

我国古代早以菊花嫩芽当菜，用洗净的花瓣拌蜜糖焙制糕点，口味清雅香甜。菊花还可以做菜。菊花粥、菊花火锅，是将鲜菊花瓣浸于温水中漂洗，捞起放入竹篮里滤净。暖锅里盛着原汁鸡汤或肉汤，桌上备有生鱼片或生鸡片。将鱼片或肉片投入锅时，须抓一些菊花瓣投入汤中，鱼片鸡汤加上菊花"三合一"所产生的清香和鲜美，特别奇特，令人胃口大开。菊花含有维生素、菊甙、氨基酸等成分，有除外感风寒、解毒清热、醒脑明目之功能。菊花酒还可治头风和头晕病。

介绍一种"菊花肉丝"的做法，大家不妨试试。

取瘦猪肉200克，菊花10克。将精猪肉切成细丝；干菊花泡开，备用。肉丝上浆，入热油锅内划熟，捞出，加入菊花，撒入盐、味精、花椒，拌匀即成。

民间有"秋后的萝卜赛人参"之说。萝卜不但营养丰富，而且性味甘、辛、平、微寒，具有吸气、消食、止咳、化痰、生津、除燥、散淤、解毒、利尿功效，有较高的食疗价值。

民谚说："北风响、蟹脚痒。"以前的蟹一定要等起了西北风之后蟹脚才硬，蟹肉也实。过去，暮秋的蟹要数陈家桥的最出名，价钱不贵，蟹也好吃。现在的螃蟹都是养殖的，国庆节前后就上市了。赶时髦的食客总喜欢尝个新鲜。但说句老实话，还没有到时候呢！

持螯赏菊正当时

冬景

冬是寒冷，雪花飞舞，素裹银装；冬是沉淀，蒸糕风鸡，羊肉飘香。

冬季，包括立冬、小雪、大雪、冬至、小寒、大寒六个节气。

立冬，是农历二十四节气的第19个节气。中国把立冬作为划分季节的起始，但民间则认为，冬至开始"数九"，这才进入了冬天。立冬不仅是收获祭祀与丰年宴会隆重举行的时间，也是寒风乍起的季节。有十月朔、秦岁首、寒衣节、丰收节等习俗活动。此时的北方已是"水结冰，地始冻"的孟冬之月，而在南方却是小阳春的天气。

南通人在立冬这天是必定要吃圆子的。按南通风俗，一年中的立冬、冬至、年初一、正月半这四个日子都要吃圆子，这是约定俗成的。

南通人的"四时八节"和其他地方有些不同，八个节序是元宵、清明、端午、七月半、中秋、重阳、大冬和春节。南通人把冬至叫“大冬”，又叫“过小年”。因为从周朝到秦朝还有一段时候是以十一月为正月，以冬至为岁首的，所以南通人说的“大冬小年”也不是空穴来风。冬至过节源于汉代，盛于唐宋，沿袭至今。《清嘉录》甚至有“冬至大如年”之说，这表明古人对冬至十分重视。

中医认为：“万物皆生于春，长于夏，收于秋，藏于冬，人也亦之。”也就是说冬天是一年四季中保养、积蓄的最佳时机。冬天人们食欲大增，脾胃运化转旺，此时进补吸收率高，更能发挥补身的作用，投资少，见效快。按中医理论，入冬即补并不是一个好的选择，反倒是到了冬至再补，才能有最佳效果。补冬的食物有猪、牛、羊、狗、兔、鸡、鸭、鹅、火鸡、鸽、鹌鹑等肉类，鳖、鳗等水产品，以及水鸭、鹧鸪、斑鸠等野味。羊是纯食草动物，所以羊肉较牛肉的肉质要细嫩，容易消化，高蛋白、低脂肪、含磷脂多，硒、钙的含量最多，较猪肉的脂肪含量都要少，优质胆固醇含量多，是冬季防寒温补的美味之一，可收到进补和防寒的双重效果。羊肉性温，冬季常吃羊肉，不仅可以增加人体热量，抵御寒冷，而且还能增加消化酶，保护胃壁，修复胃粘膜，帮助脾胃消化，起到抗衰老的作用。

南通自古以来就养羊，一般农民家里总要养上三四只，大小套养，品种是以山羊居多，因为当地人吃惯了山羊肉，觉在绵羊肉膻气太重。南通人吃羊肉讲究“三冬”，就是过了三个冬天的肥羊，当然是要连皮吃的。带皮的“三冬”羊肉又肥又嫩，味道鲜美，也补人。

从前，一到冬天，特别是到了“数九”以后，一些专门卖羊肉的店铺就在门口挂几只羊头做招牌，正模正式地挂的羊头卖的羊肉，最有名的要数南大街西牛肉巷口的“丛永记提汤羊肉”。店里冷切羊肉、红烧羊肉、羊肉粉丝、羊汤面、炒羊腰、炒羊肝……反正只要是羊身上的东西都有；白汤、红烧，都是连皮的，吃了浑身发暖。南通人自己家里煮羊肉的时候，总欢喜在锅里放些白萝卜一起煨，既抽肥气又去膻气；也有放当归煮的，叫“当归羊肉汤”。

小寒、大寒是24个节气中的最后两个，是最冷的季节，也进入了农历的腊月。

腊月初八，是我国汉族传统的腊八节。腊八节又叫腊日祭、腊八祭，是从先秦开始就有的欢庆丰收，感谢祖先、神灵的祭祀仪式和古傩驱鬼避疫的活动，后来慢慢演化成了纪念佛祖释迦牟尼成佛的宗教节日。传说腊月初八是佛祖释迦牟尼的生日，所有的庙里都要供“腊八粥”，后来民间也效仿，老百姓到了这天也一定要吃腊八粥。腊八粥是用五谷杂粮和了花生、栗子、红枣、莲子等熬成的一锅香甜美味的粥，有煮甜的，也有人家煮咸的。

《荆楚岁时记》有“十二月八日腊日”的记载，也就是说，从先秦开始，腊日已经成为年节；南北朝固定了腊日之后，腊月初八就成为节日；等佛教传到中国之后，说法又多了。

佛教说，腊月初八是佛祖释迦牟尼得道的日子，于是规定腊月初八各个寺庙要用香谷和果实煮粥供佛，之后再分给穷人吃，以示大慈大悲。据南宋吴自牧《梦粱录》记载："八日，寺院谓之腊八，大刹等寺俱设五味粥，名曰腊八粥。"到了明代，腊八粥的习俗已经渗透到了民间，而且一直传到了现在。关于腊月初八吃腊八粥，民间还有三种说法。

一说为了纪念民族英雄岳飞。说的是岳飞受奸臣秦桧陷害，被宋高宗十二道金牌召回时，已经没了粮饷，是老百姓自发地把粮食、菜蔬、瓜果和在一起烧粥供给的。这天正巧是阴历腊月初八。岳飞遇难之后，大家为了纪念这位精忠报国的民族英雄，年年腊月初八家家都要烧"百家饭"，也就是后来的腊八粥。

二说和明太祖朱元璋有关。朱元璋从小帮人家放牛，时常挨饿，饿得急时就捉老鼠吃。他看见老鼠洞里有好多杂七杂八的粮食，就把这些东西统统拿回来煮粥吃，觉得很香。其实是饿的！等他做了皇帝，想起了拿老鼠洞里的东西煮粥吃的滋味，就叫御厨也用五谷杂粮、瓜果掺和在一起烧粥，还赐了个名字叫"腊八粥"。

三说，古时候有个叫共工氏的女人，她养了七个不争气的儿子，死了之后都变了疫鬼，要害人。但是这个疫鬼最怕赤豆，所以腊月初八要煮赤豆粥来除瘟神。古时候腊月初八还要先举行个"打鬼"的仪式，把鬼赶跑了之后才能吃粥。

更有一则民间故事，说有个叫"腊八"的和尚，看见隔壁老财主家里的阴沟里流过来的洗锅脚子，全是些好东西。他就每天把这些下脚捞出来洗洗、漂漂、再晒干，在大灾之年煮成腊八粥救济穷人。

腊八粥里全是五谷杂粮，营养丰富，绿色健康。现在，南通的大庙也煮腊八粥。吃的人还真不少，煮了几大锅都没有剩。南通老百姓家里都欢喜煮赤豆饭，可能与上述之三说有关。腊祭的意义少了点儿，煮得好吃才是最主要的了。

过了腊八节，迎新春的"大戏"便拉开了序幕，市井乡野都会沉浸在浓浓的年味之中。

蒸　糕

蒸馒头

南通腊月里的第一个高潮就是蒸馒头、蒸糕。四乡八镇的农民家里总要晒糯稻、飏小麦、碓米屑、换面粉，准备开蒸。有一首古诗，就是写的那时的南通人过年之前忙忙碌碌、极其兴奋的情景：

村村都向磨坊跑，
米麦车推或担挑。

磨屑归来忙整夜，
麦蒸馒头米蒸糕。

蒸糕也是要有蒸锅的。不过，蒸锅上面放的是一个正方形的、木头做的笼，它不叫蒸笼叫“甑”，一个甑可以放四十多斤糯米粉。蒸糕之前先要把糯米粉和适当的水拌，拌好的混合物叫“手屑”，然后再把“手屑”分批、一层一层地撒到甑里。等蒸锅里的水烧开了，水蒸气穿透了，还要碰到上头用一块水巾布垫好了，用劲往下搋，搋实了之后，大概蒸三刻钟的样子，糕也就蒸熟了。

糕出甑后要分解成“方糕”“半糕”和“手巾糕”。等年糕彻底吹干了、硬结了，再把它浸到矾水或者是腊水（腊月里的雨水）里，就不会裂坼，也不容易上霉，也有的人家把它切成片，晒成糕干，蒸、煮、炒、煤，随便你怎么吃。

新中国成立前，城里的大户人家自己家里蒸；多数百姓是带了米屑、面粉、糖以及馅心请点心店代蒸。要是米屑够不上一甑，就和另一户拼甑，蒸好了再分。新中国成立后，有些单位还请师傅在单位食堂里蒸馒头、蒸糕，分发给职工。计划经济时代，粮站上有定量的蜜糕、果儿糕供应。

南通人家在年前，多少不等总要自己腌点儿咸肉，风几只鸡，风几条鱼，灌点儿香肠，好像已经形成了一种习惯。清朝南通人黄金魁在《渔湾竹枝词》里，就有“大家磨屑办年糕，腌肉风鸡置酒肴”的风俗描写。因为腊月里天气干冷，腌的东西可放得时间长。再说，自己腌的东西，吃起来心里放心！

腌咸肉最好的是猪坐臀，一般要稍微精点儿。买回来后用搌布把脏东西揩掉，不能用水洗；用炒好的花椒盐往肉上里里外外抹透；用手反复搓、搋，使肉表面“出汗”后放入缸中（拎桶也行，只要肉能贮得下），在肉上面加重东西（有用石头，有用磨子，有的索性就用装满了水的拎桶）压。作用就是让水分渗出来，咸味进去。大概腌五六天就要拿出来吹，要不然就嫌咸了。把腌好的肉放在屋檐头下面吹干，只要不给太阳晒，不给雨淋，五六天以后就能吃了。腌咸鱼也是用同样的法子，关键是千万不能碰到生水。

南通人还欢喜做风鸡和风鱼。风，就是风干的意思。风鱼，一般用花鱼，也有的用鲲子（草鱼，南通人喊问子），考究的用青鱼。鱼是不好用水洗的，只剖肚取肚肠。过去是不刮鳞的，现在好像大家总刮鳞。剖肚以后也只能用搌布揩去血水，用炒好了的花椒盐里外抹透，再用稻草包好、扎紧了，然后放在屋檐头下面风干。弄不到稻草的，用布包也是一样的。风鱼的盐味比咸鱼轻，有一种特殊的干腊味。风鸡和风鱼方法差不多，就是不要把鸡毛拔了。

南通人还一向考究吃自己灌的香肠。自己灌香肠要把精肉先顺丝切成肉片，再切成肉条，再切成小丁用淡盐水浸泡，要多搅拌几次。大约个把钟头之后把血盐水滗去，再用清盐水浸泡，直到洗干净，滤干。把切好的肥肉丁先用开水一焯，再用冷水洗，洗干净擦干后再与瘦肉丁混和，按自己的口味加进酒、酱、姜、盐、糖、味精等调料拌匀后稍许一腌。腌的时间稍微长些才能入味。把买来的肠衣先用盐拌，再用温水泡约15分钟，肠衣泡软了再内外翻洗一遍后，用清水浸泡备用。把肠衣套在灌肠机的漏斗口上，套到尾子上时打个结。然后把拌好的肉丁带灌带揿地往里塞，一边慢慢放肠衣，等把肠衣灌到合适的长度就打个死结一扎，再继续灌。香肠用手捏捏不明显变形就是灌好了。灌好香肠不能曝晒，要挂在通风的地方风干半个月，否则肥肉要嗓，肉色要深。

自己做并不省事，但辛苦中也有乐趣和成就感。即使在物资匮乏、收入低下的年代，老百姓也会平时省吃俭用，到年前多少腌点儿。过年的时候有人来客去，弄个手撕咸鱼、咸肉香肠切个冷盘，一点儿不掉架子。煨汤的时候放几片咸肉分外鲜美，还增加了腊香。现在家家都有冰箱，咸肉放在里面又不会嗓，甚至于还可以留到端午节裹咸肉粽子。

除了蒸馒头、蒸糕、腌咸肉、风鸡风鱼外，几乎家家户户还要浸板笋、做冻豆、炒野鸡丝，讲究点儿的还要泡海参、煠肉皮、发鱼肚、浸海蜇、做虾腐，这个就有得忙的了。从一样样买开始，回来洗呀、切呀、浸呀、炒呀、烧呀、蒸呀、煨呀、煮呀，一直要忙到年三十晚上，恨不得守岁的时候，炉子上还在炖板笋烧肉，都是为的一张嘴。以前没有煤气，一般的人家总是烧的土灶，后来用的是煤球炉子，火头不大，要快又不得快，真是急死人。

家里忙成了这样，菜馆、饭店里也是热气腾腾，一派繁忙。羊肉又肥又嫩、味道鲜美，提汤、红烧、冷切，任君挑选；牛肉缤纷于市，五香、红焖、酱爆、生炒，五花八门……

等送好了“灶”、守好了“岁”、贴好了门神、挂好了祖宗轴子、拜过了年，春天已悄悄来临了。

三、南通的人生履俗

礼仪是一种象征、一种认同，也“是一种交流的媒介”。人是社会中的人，群体与社会正是通过这种礼仪对新的成员予以接纳与承认。礼仪是一种世俗仪式，一般又称为“通过仪式”，也就是帮助个人通过种种生命过程中的“关口”，使之在自己的心理上以及与他人的关系上能顺利达成。而人生所经历的四大礼仪——诞生、成年、婚嫁、丧葬，莫不与作为人类社会生活重要组成部分的衣着装扮有着或多或少、或隐或显、或直接或间接的联系。

这里我们对南通地区的生日食俗、婚嫁礼俗、生育食俗、岁时酒俗、生育酒俗、寿诞酒俗、丧葬酒俗、其他酒俗、水上婚俗等九种民俗事象，以食俗为主要内容作一简述。供读者对个中许多习俗（也包括陈规陋习）及其产生的根源有一大概了解。

1、生日食俗

生日宴

人从娘肚子里出来的这天叫“生日”，对生日的雅称叫“诞辰”。诞辰的字面解释应该是诞生的时辰，所以生日和诞辰并不完全相等。

生日有大和小的区别，逢到十的叫“大生日”，平常的叫“小生日”。在大生日里，又因为年龄的不同，分成了做生日和做寿。《庄子》中记载，人上寿百岁，中寿八十，下寿六十。所以在民间一直把六十岁以下叫“生日”，六十岁以上（含六十岁）才能叫“做寿”。平常年份的生日，南通俗称“散生日”，一般的就是全家在一起吃顿面条，南通人叫“下面”，也就是意思意思而已。逢十的生日叫“整生日”，大家总比较重视。按照南通的风俗，婴儿周岁（满期，南通喊“满鸡”）和老人家的寿诞就要更加隆重些，总要举行各种寓意吉祥的庆祝活动，祈求伢儿平安成长和老人家健康长寿。

10岁幼学、20岁弱冠，属于一般的过生日，仅是家里人吃吃面，不举行任何仪式。即使现在，也不过是邀请三五个同学和知己朋友，弄个蛋糕，点上生日蜡烛，共唱一曲《生日快乐》，仅此而已，决不会大操大办。因为，民间认为过早“闹面”反而会折寿，认为是大忌。

南通有“三十不贺，四十不发”的民间谚语。这好像来源于孔夫子所说的“三十而立”。因为男人三十岁的时候，丈人家里要送面、火腿、鲤鱼、老酒，加双响的炮仗和“百子鞭”这些贺礼为女婿贺生。三十岁的生日民间不叫祝寿，只叫贺生。因为男人是一家之主，上有老，下有小，要担负养家糊口的重大任务；男人家也是老人的希望、老婆孩子的依托和家庭的顶梁柱。而男到三十，正好是施展才干、建功立业的大好时机，是人生的转折点。丈人丈母希望女婿大有出息，希望自己的女儿、外孙能够幸福，所以特别器重；相反，爹娘家对女儿的三十岁生日倒并不看重，也不送贺礼，一般的是等生日过了之后，再把她接回家去“补生”。这是旧社会重男轻女思想的又一种表现。

四十不惑，民间不仅不兴“闹面”，有的甚至还特地瞒着，一旦人家问起来就说“过过了”。这是因为南通话的“四”和“死”；“四十”和做斋事中的“施食”都是谐音，所以特别忌讳。南通还有句俗语：“在世不做四十，死后不做四七。”再看看现在，一些有钱的腕姐、款爷，以为自己有钱，孩子十岁、二十岁，自己三十岁、四十岁就大宴宾客，放焰火、点炮仗，经济上铺张浪费不说，反正是他自己的钱，问题是既不合民风民俗，还贻笑大方。

即便是到了五十岁，虽说已经是知天命的半百之年，但在民间还是属于“小庆”的范围，也只是吃吃面，不叫祝寿，否则会损寿。也就是古人所谓的“折煞我也”。至于《智取威虎山》里座山雕五十岁称“大寿”，要弄“百鸡宴”，也许是那个地方的风俗。

六十岁称“花甲”，生日为“甲子庆”。在南通，除去子女要办酒办菜、亲友要祝贺之外，还有老人家去狼山进香的风俗。老人家登山朝拜，一来是显示自己的脚力，觉得老而不衰；二来是祈求菩萨保佑，子女兴旺，合家安康。在过去，七十岁以上的祝寿活动，不仅要布置寿堂，张灯结彩，还要举行拜寿的礼仪，场面就更加隆重、热烈。

寿桃是祝寿专用的桃子，此“桃”非彼桃。寿桃一般是用米面或者麦面做成，如果正巧鲜桃上市，也有用鲜桃的，这是特殊情况。寿桃由自己家里置备或者是亲友馈赠。庆寿的时候，把九个桃子叠放成一盘，再三个盘子并排放在寿堂的几案上。寿桃之说起源很早。《神异经》中有“东方有树，高五十丈，名曰桃。其子径三尺二寸，和核美食之，令人益寿”的记载。神话传说中西天王母娘娘做寿是在瑶池开“蟠桃会”来宴请众仙，因而后世祝寿都要用桃子。所以在蒸做寿桃的时候，一定要把桃子的嘴染红了才像。另外寿桃的数目也十分讲究，一般六十大寿，要做八到二十个，寿星的年纪越大，做的寿桃也就越多；但是不管多少，寿桃的数目一定要成双，不能是单数。不过也有的人家寿桃只做九个，当中的一个象征“寿”，其余八个象征“八仙”，叫“八仙庆寿”。说法各异，反正解释权都在自己。

寿面也是祝寿礼品之一。相传寿面来源于彭祖。据汉代文学家东方朔记述，彭祖寿长，活了八百岁，是因为他的脸长。脸就是“面”，脸长就是“面长”。本来脸面的“面”和吃麵的“麵”意思不一样，写法也是两种，但读音是一样的，所以后世就用细长的“麵”来预示长寿，把祝寿的麵叫“寿麵”。汉字简化以后，“麵”简化成“面”，就更加没有问题了。寿日吃面，表示延年益寿。以前的寿面有三尺长，一束面要有一百多根，盘起来像个宝塔，上面还有红、绿纸做的拉花。作为寿礼敬献给寿星的面一定要双份，也是放在寿案上。开筵也是以吃寿面为主。

寿糕就是寿礼糕点，是用面粉或米屑为原料加糖和色素，放在刻有“寿”字的木模里倒扣出来再蒸熟的，形状有桃子、云卷、长条形等。

南通有句俗语叫“请吃喜酒�吃面”，就是说喝喜酒一定要请，而吃寿面则是不请自到。照南通的风俗，祝寿不是请客，除了个别特殊的对象，一般不发邀请。假如哪家老人要做寿闹面，至亲好友们老早就把日子打听好了，办好的贺礼也早早就送到了。一般的亲友，包括远亲近邻也是不请自到。“闹面”的这天宾客如云，高朋满座，大家喜气洋洋。作为主家来说，到底有多少客人来，他自己心上都没底，只有事先多买些鱼肉鸡蛋，反正是多多益善，防备措手不及。旧社会贫富不均，同样是过生日，达官显贵和乡绅名流是大操大办，贫穷的人家过生日却是“大人一顿饭，小孩子一个蛋”。家庭经济条件不好的人家没有钱闹面，甚至还采取“躲”的法子，或者是到已经出嫁的女儿家里，要么上城，要么就下乡，无论如何要避开这个日子。等到天黑之后才回家自己下碗面，还要连面带碗一起送给好友近邻，以示同贺，但绝不接受任何人的礼品。“躲生”是穷人的穷做法，里面饱含着辛酸和凄凉。

南通民间为八十岁以上的老人贺寿，还有抢碗、偷碗、要碗和送碗的习俗。每当寿宴结束，客人们临走的时候，总要明目张胆地“抢”走或“偷”走一只饭碗，带到家里给小孩子用，据说能给他们带来吉祥，福寿绵长。有的拿了寿碗还不算，还要拿碟子，当然这都是吃醉酒的人做的事。奇怪的是做寿的主家并不责怪，反而认为是“有福有寿”。有的主家为了迎合这种风习，还及早准备好了大量的小饭碗，给客人随便拿。碰到有人在寿筵之后再向主家讨要寿碗时，有的主家还要主动赠送寿碗一对，也让他沾沾老寿星的福，俗语说有“延年益寿”之兆。这种风俗一直延续到现在。不过现在的寿碗基本都是“数好了和尚蒸馒头”，是预先匡算好数量的。讲究的人家在碗上面还印好寿星的名字和吉祥如意的祝福语言。

庆寿闹面，作为当事者的老人，往往存在两种自相矛盾的心理：一方面不主张大闹，生怕让子女破费、打扰了大家，心中过意不去，于是嘴上总是说不要闹或者说瞒寿可以多活几年，要么就是说等再过十年闹面；另一方面却又希望子女孝顺，亲朋聚会，热热闹闹，老面子光彩。正因为如此，一般的情况总是子女亲友不止一次地劝说，寿星表面上好像是被逼上梁山，而实际上是顺水推舟，皆大欢喜。也有的老人家甚至是借这个来试探子女儿孙们孝心的真假。假如子女是虚情假意，冷落了老人，不但亲友邻居会在背后议论指责，老人家心里也会感到寂寞和失落。人到老毕竟是夕阳西斜、风烛残年，所谓“今日不知明日事”，何况还要再过十年才是又一个整生日呢！所以说，对老人家的生日千万不能疏忽大意，多一份关怀，多一份热情，就会让老人家的晚年过得更加幸福，更加充实。

1920年，状元张謇为他的哥哥张詧庆贺七十寿辰，在环境清幽的南公园小岛上造了一座古朴典雅的五开间的中式小楼。9月30号生日那天，邀请的20多位乡绅名流都是年逾古稀之人，主宾的年纪加起来大约有1500多岁，张謇把楼取名叫“千龄观”，里面还有一副长联：“南园此会，七十不稀，合坐相看诸叟健；东坡故事，重九可作，明朝况有小春来。”十分巧合的是，1958年时任国家主席刘少奇和夫人王光美来南通视察时住的也是“千龄观”，设宴招待的是一批战争年代对革命有功的老头儿、老太太。可见尊老、爱老是社会美德，更是一种社会公德。敬老、爱老更是人善性的本能，从古至今都是一样的。

徐潘学静百岁宴

2014年8月，凤凰卫视来南通“寻味”时，恰逢南通地区年龄最长的归侨徐潘学静女士百岁寿诞。导演希望为老人举办一场寿宴，将南通美食文化与长寿文化巧妙地融合，记录下南通独特的寿宴风俗、文化和极富特色的传统江海菜肴。笔者被邀为寿宴策划菜肴。

寿宴，既要表达祝福百岁老人的美好心愿，又要集中体现南通美食的文化特色。至于用哪些食材、取什么菜名，还真是颇费了一番斟酌。最后甄选出了以遵循南通家宴传统习俗、体现南通风味，围绕祝寿的主题，既不浪费又显得隆重的“四冷、四热、八个大菜、两道寿点”的寿宴菜谱。每个菜名都与祝寿有关，与文化紧密相连。现介绍如下。

四道冷盘：

增寿野绿（胡萝卜缨子），胡萝卜缨子是长寿之乡如皋的长寿食品。

高钙酥鱼（酥鲫鱼），此菜上过开国大典。鱼骨完全酥化，到口消炀，钙质丰富，是儿童、老人的最佳食品。

紫荷青莲（蘘荷毛豆），有着浓郁的地域特色的乡土菜。蘘荷辛香，形如荷花蓓蕾；毛豆清香，色若青莲子。

八仙上寿（佛手海蜇），海蜇是南通海鲜中的代表。“佛手”取名“八仙”。

四道炒菜：

长生遐龄（花生米炒虾仁），花生又名长生果，虾“仁”——仁者寿；二者是南通特产，喻“长生遐龄”。

海福松龄（炒蟹茸面），体现的是江海水产特色。“蟹”寓意“海福”，“面”寓“松龄”。

金山玉斧（文蛤炒蛋），取料来自“天下第一鲜”。文蛤肉白形同古代“月斧”，蛋黄寓“金山”。

赛参献礼（蝴蝶鳝片），民谚有“小暑鳝鱼赛人参”。此菜用养生滋补品献礼，祝福寿域无疆。

八道大菜：

头菜：期颐喜庆（鸡火鲜鱼皮）。

鲜鱼鲨鱼皮做菜为南通绝技，其他地方往往因求鲜品不得以及脱氨不易，而无法烹制鲜品。鲜鱼皮间质水饱和，胶原蛋白没有变性，故成菜鱼皮晶莹、柔滑而富有弹性，并保持了海鲜的原汁原味，腴美软润异常，味道特别鲜美。与鸡肉、火腿同烩，增加了香腊鲜味。取“鸡鱼”谐音“期（音：基）颐”，为百岁年轮，故名“期颐喜庆”。

二菜：福寿绵延（盐焐狼山鸡）。

狼山鸡为世界八大名禽之冠。盐焐鸡是南通古代盐民煮盐时创造的美味。

此菜烹法奇特，成菜鸡肉酥烂、肥嫩，鲜香浓郁，腴美绝伦。“鸡”喻“期颐”，百年大寿；“盐”喻“绵延”，有福有寿得以泽延，故名“福寿绵延”。

三菜：鹿鹤同春（蟹粉鹿头银肚）。

鹿鹤同春，又名六合同春。“六合”是指“天地四方”（天地和东西南北），亦泛指天下。“六合同春”便是天下皆春，万物欣欣向荣。民间运用谐音的手法，以“鹿”取“六”之音；以“鹤”取“合”之音。鹤象征长寿，鹿象征纯朴温顺。仙鹤、神鹿，寓意生命之树常青。

此菜名“鹿鹤同春”，实为“鹿头银肚”，是用鲜鮰鱼头（唇）和鲜鮰鱼鳔（肚）制成。鮰鱼头（唇）是全鱼中最腴美的部位，古称“鹿头”。鮰鱼肚又是鱼肚中之上品，美美相加，珍珍与共，是鱼中极品，成菜档次极高。一份菜需取用12条2斤以上的鮰鱼方能做成。用蟹粉白烧的鮰鱼头，围放在银肚周围，形似鹿头；鲜银肚用蟹粉烧制后，雪白如玉，汤汁如金，恰似鹤羽，象征着生命之树欣欣向荣、春光永驻，表达出祝寿者的美好愿望。

四菜：千岁上寿（黄焖甲鱼）。

龟鳖寿长，民间称之为“千岁”。用小甲鱼围边，中间坐正一个黄焖大甲鱼，是延年益寿的滋补、养生珍馐。美味佳肴用于祝寿，正切中主题。

五菜：麻姑献寿（山药寿桃）。

[晋]葛洪在《神仙传》中有麻姑以灵芝酿酒，于三月三日为西王母祝寿的神话故事；当今也有据此拍成的电视剧《麻姑献寿》；在寿星图中也有“麻姑献寿”的画面。

成菜系用山药泥包洗沙馅制成的寿桃，将祝寿菜点与民间传说结合，也是天、地、人三气巧妙的融合。正所谓：三星高照，福禄寿全。

六菜：松鹤延年（海底松炖银肺）。

海蜇头煮酥再涨发成松枝状，而名“海底松”，系猪肺灌洗后，抽去气管、支气管、血管，形如仙鹤，故名“松鹤延年”，寓意松龄鹤寿，寿长无疆。

“海底松炖银肺”是南通著名儒医金聘之为状元张謇设计的一道滋阳补肺的养

生菜肴，有补肺、补脾、止虚咳，开胃、滋肾生津，益气血、充精髓之能，尤适宜老者食用，为南通寿宴之特别菜肴。

七菜：洪福齐天（红蹄）。

颂扬老寿星福气极大，洪福齐天。

八菜：金玉寿缘（灌蟹鱼圆汤），为南通名媛董小宛之遗韵。

以“玉”包“金”之“圆”，赞美老寿星德行美好如玉，家庭和睦如金，五世同堂之美满幸福。

两道寿点：

鹤龄绵长（曹公面）。

脸即面，“彭祖脸长而寿长”，行祝寿礼需吃“长寿面”。曹顶是享有庙供的面点师，其面被赋予了仙灵之气。

瑶池仙桃（荞面寿桃），意指“蟠桃会”中众仙为王母祝寿之仙桃。

《寿宴》播出后，全国的反响很大，尤其是文化界和民俗研究学者们纷纷点赞其为“中国经典寿宴”“中华寿文化之杰作”。湖北名作家叶倾城在所著《寻觅被遗忘的南通滋味》一文中说：“这一期《寻味》南通真让我开了眼界。南通竟有这么多好吃的、有深厚文化底蕴的菜点，我却不了解。”“老人就像南通这座城市，沧桑而不掩灵秀，开阔也不稍减精致，果然是一方美食，养一方人。”

在南通民间众多的风俗之中，寿庆最能体现亲情。它是在老人健在的时候表达的一种感情。亲友之间团聚，共祝老人长寿，只要不过于铺张，笔者认为是应该肯定和值得提倡的。

2、婚嫁礼俗

古往今来，南通的婚嫁习俗大抵与苏北扬州、江南苏州相近，主要程序基本上是遵照《周礼》中所规定的“六礼”（纳彩、问名、纳吉、纳徵、请期、亲迎），演化成为南通地区的提亲、通草帖、穿红、大定、送日子、迎亲“六礼”。尽管不同地区、不同身份的人家在执行过程中或繁或简、或丰或俭，但“六礼”的基本框架大致未变。在执行每个程序时，不可或缺的是各种各样的“礼”中离不开吃的东西。

大红花轿穿彩妆，喜酒喜礼连成趟。喜煞高堂，醉倒红娘。春风得意今朝谁？新郎美意写脸上。含羞新娘，怒放心花。

提亲、通草贴，全凭媒婆的一副伶牙俐齿在两家之间鉴貌辨色，穿针引线，无须备大礼，仅是主家需给媒婆一些口舌银子。一旦进入“穿红”（即古代“纳吉”），男方要备办四式大礼：鲤鱼（南通俗称“花鱼”，取其多籽，象征吉庆有余，多子多福）一对；火腿两只；金银首饰两件（手镯一副、耳环一副）；礼包一双（红糖、茶叶，红枣、桂圆），由媒人陪同送至女家。女方接受“穿红”礼后，回赠糕粽（寓意“高中”），俗称“回盘”。从此，双方结为秦晋之好。

“大定”。“大”的南通土音读成“舵”。“大定”亦称“定礼”。婚约确定后男家需筹备礼品，女婿则由媒人陪同前往岳家下聘，叩拜对方父母并“改口”（改变称谓）。此后，女婿逢年过节（端午、中秋、春节）要给岳父母送“节礼”。礼品根据时节的特点而定，如端午送粽子、中秋送鸭子等，一般为四式或六式，取“事事如意”“六六大顺”口彩，每样双份，切忌逢单，女方除肉外其余各退一半。“大定”以后，双方亲家开始相互往来，如遇到一家有红白大事、砌房盖屋，均需登门送礼、交际应酬。婚约一旦确定，双方家庭便开始进入到筹办婚礼的阶段。女方主要是备办嫁妆，而男方则开始着手建造、装点新房和筹办喜宴。

“送日子”，古礼称“请日”。“大定”以后有的随即举行婚礼，也有的可能在几年内暂不迎亲，为的是等待双方长大成人或另有其他缘故。但不管迎娶迟早，当双方准备工作一切就绪后，要由男方择选吉日，并提前将迎娶日期写在“龙凤帖”上连同红包“水火礼”以及大鱼、火腿、糕点等礼品和女方提出索要的首饰、衣料等“彩礼”，一并送到女家。所谓“水火礼”是专门提供给女方置办妆奁的礼金。其含意为祝愿亲家之间的关系像江河之水长流不息，祝福小夫妻俩今后的生活似燃烧之火炎热炽烈。这种索要彩礼的陋俗，从表面上看似乎是男方对女家千辛万苦养育女儿的回报，而对女方来说，又好像是在为女儿争面子，但实质上却是旧式买卖婚姻的变相。

女方接到迎娶佳期后，抓紧置办嫁妆。妆奁的厚薄，一般视女家自己的经济状况和对方“水火礼”的轻重而定。有些家境富裕的女方，则早已将丰厚的陪嫁准备停当；而对于贫困人家来说，不免会捉襟见肘。故此，南通人在重男轻女的时代，都把女孩叫作“赔钱货”。

“迎亲”又称“亲迎”，是整个婚姻礼仪的中心和关键，最为烦琐也特别热烈隆重。大喜前一日，男家置办宴席款待大媒的叫“待媒酒”，菜式“六碗四”“五碗八”不等，一来是感谢媒人在议婚过程中穿梭往来、奔忙辛苦；二来是成亲之日有许许多多的麻烦事必须要由媒人从中美言周旋，以防万一考虑不周，节外生枝，好事多磨。

唢呐声声鞭炮响　花花轿儿娶新娘

南通风俗，新娘上轿前要吃一碗母亲亲手做的“蛋茶”（糖水孵蛋）。一般说法是让女儿快快“滚蛋”。女儿通常也是吃一半留一半，表示婚后还要经常回家省亲、看望父母。其实这是一种曲解。我国传统认为鸟（包括鸡）是多产的生灵，而蛋则是生命的起源。生蛋即意味着生育。母亲在女儿出嫁前让她吃蛋茶，是希望女儿将来生活甜蜜，多生子女，是一种良好的祝愿。

新郎吃罢中饭后，与其团队（必须成双）带上大礼，一般为双鱼、双火腿、四式礼包（红糖、红枣、茶食、茶叶），由媒人领衔去女方迎亲。

花轿迎亲，媒人先要向女方家主请教“喜神方位”，经指点后方可停轿。过去轻视劳动人民为下等之人，不允许他们进正屋。轿夫只能迎至厨房或偏房用餐，菜肴仅限六碗。然而也有一些人家与之相反，就餐时上菜甚至比招待亲友的还要丰盛“厚实”，另加四碗四盘，让其放开肚子饱餐一顿。而恭维的原因是生怕轿夫途中捣鬼，沿路颠轿，口出粗话，戏弄新娘。

喜房

进屋以后，迎亲人员不得就座，先要由媒人将四式大礼恭恭敬敬放至神柜之上，鱼头及火腿脚爪需朝外。神柜正中供奉家堂、和合二仙神马，燃点龙烛宝香。媒人及新郎等人站立于神柜前。此时，新娘的长辈们也一律到场。由娘舅当众“开盘”，即打开“礼金封儿”。这貌似是一种规矩，而实际上是对男方礼金的验收，看是否达到了事先约定的数额。民间认为这叫争“礼”，而不是在争“钱”。“开盘”以后，由媒人一一介绍女方的长辈，新郎依次行礼称呼，长辈则给要“叫钱”。介绍完毕，坐下吃“糕茶”。现时“开盘”仪式早已废除，但吃“糕茶”的风俗依然。一般为点心糖果四式，水果两式，另有枣儿莲子茶或小汤团，共祝新人甜蜜美满、早生贵子。随后，女家摆设酒席，专门款待新郎等一行。头菜上桌时，需听到鞭炮声响起方可食用。倘若不闻鞭炮声响，则表明翁家对女婿所送之“礼金”不满。此时需由媒人出面调停。如果不发生此类变故，新郎则高高兴兴掏出“坐席封”“攀鱼封”“厨司封”等红包，分发有关人员。

从前的婚礼不像现在由男女双方合办这么简单。以前的结婚当日，男女双方是要分别在自己家里张罗酒席、宴请宾朋。亲朋好友携带礼金、礼品前往祝贺，俗谓“吃喜酒”。凡新人长辈还需准备“觌礼”红包，作为给新娘（郎）的见面礼，俗称“叫钱”。旧时，南通娶亲不论家境贫富，都得男方放轿或放车迎接，新娘决计不会步行跑到夫家，否则会遭人笑骂一辈子。过去有些人家夫妻争吵，婆媳不和，姑嫂相骂，媳妇总会理直气壮地说，“我是你家放轿子接来的，不是自己跑来的”，就是这个道理。此俗相沿至今，只不过花轿早已由汽车代替，更不像现在有些阔佬（包括腐败官员），办喜酒动辄几十、上百桌，且呈愈演愈烈之势，这实际上是一种倒退。

俗话说：“无酒不成席。”在旧式婚姻中，所有程序的始末都是以“酒”来贯穿，“摆酒”成了其必不可少、极其重要的表现形式。经不完全统计，南通地区竟有几十种名目，有些甚至有“巧立名目”之嫌，看来醉翁之意也在“酒”。

相亲酒：经媒人提亲说合，男女双方同意议婚，经商定择日相亲。如果双方相中，则设“相亲酒宴”招待对方。也有的地方，男方托媒人求婚，女方同意回话议婚。届时，男女双方互送礼物，然后男青年到女家去，让女家亲戚相看。中午，女方设酒宴款待客人，叫“回话酒”。

订亲酒：经过合婚，属相、命相相符，则行订亲。订亲时，择吉日，由媒人及男方家人携订婚礼品前往女家，女家则设“订亲酒”或称“安心酒”宴请。至亲好友吃订亲或安心酒，公布婚约。

谢媒酒：婚日择定以后，男方由媒人转告女家，此时男女家都要设“谢媒酒”招待。这是专门招待媒人的酒，苏北一带叫“通信酒”。

花筵酒：女子结婚前，父母要将女儿婚嫁告于祠堂，拜辞祖先。酒三巡，礼成。然后女返室，请母及姐妹聚哭。堂上大召宾客会宴。一般人家，告祠堂、拜祖先等仪式省却，只设筵宴饮宾客。

花圆酒：有的地区，女子结婚前夕，亲手作酒饭，约请众姊妹、邻里女伴等团坐堂中，边饮酒，边唱酒歌，以示惜别，称作“花圆酒”。

迎新酒：当媒人、轿夫、鼓乐队以及有关执事到女家迎亲时，女家要设“迎新酒”招待男家来的迎新队伍。

发轿酒：喜日，新娘上轿前，女家要设“发轿酒”招待接亲人员和轿夫。女方父兄或伯叔酌酒以礼之。

迎门酒：有些地区，新娘接到男家大门口时，有两名妇女站在门口，一人捧盘举杯；一人执壶斟酒给新娘及送新人员，饮过“迎门酒”后方能进门。

拦门酒：有些地区，在女方送亲客要返回时，由男家人持酒杯或茶碗分列大门里面两侧，给每人敬酒三杯或茶三碗，叫“拦门酒”。送亲客中如有不胜酒力者，可由同来者代饮，饮完后宾主同集于门外，唱礼道谢。

交杯酒：新郎新娘拜堂进洞房后，夫妻双双饮交杯酒，也称“同心酒”。两酒盏以彩结相连，互饮，寓意新人婚后生活合体相亲。

敬新酒：新人互饮交杯酒后，洞房外即开喜席，新郎新娘入席陪客。有些地方在新人入席时，要饮十杯“敬新酒”，然后，新郎、新娘沿桌敬酒。

回门酒：婚后第三天，女家就派人到男家请女儿、女婿回门。是日，岳家置丰盛的“回门酒”招待新郎。席中主人殷勤举杯相劝，欲使新郎大醉方休。

请新酒：婚后的第一个春节，女婿、女儿到岳家拜新年时，岳家设酒筵款待并请至亲相陪，名谓“请新酒”。

银婚酒、金婚酒：西方称结婚25周年为“银婚”，结婚50周年为“金婚”，后此俗流入中国，民间兴起了饮“银婚酒”和“金婚酒”的风俗。是日，举行酒筵，宴请至亲好友及乡邻，以示庆贺，也有亲友送银婚礼或金婚礼的。

重行花烛酒：旧时，原配夫妻，子孙满堂结婚60周年的老人，有“重行花烛”的习俗。是日，老太太头戴凤冠，身穿花衫，从娘家坐花轿到达夫家，儿子、女婿出迎，老夫老妻拜天地、祖宗后，再行“坐席”。两老面向南，坐在两张八仙高椅上，椅上两边各设五个烛台，每台点双金烛，儿孙辈上堂叩拜。婚礼毕，吃“暖房酒”，最后由孙子、孙女婿把两老人送进洞房。翌日，再办酒宴，请四亲八眷和邻里欢饮。

五里不同风，十里不同俗。有的地区还有女儿酒、回马酒、羊背酒、离娘酒、谒岳酒、请装酒、请茶酒、腌菜酒、定亲盒酒、割襟换酒等名目繁多的酒俗。

3、生育食俗

南通的民情风俗十分重视子嗣，重视传宗接代，重视妇女怀孕和生育，重视子女们的健康成长。

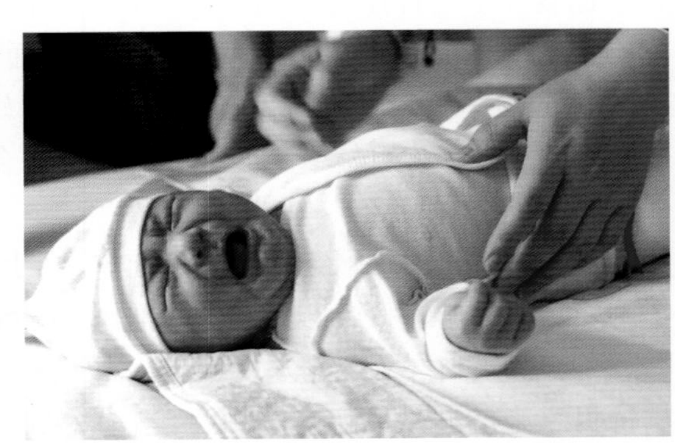

爱情结晶 传宗梦圆

旧时，结婚并非男女爱情的结果，而是生儿育女、传宗接代的需要，即所谓“不孝有三，无后为大”。所以，求生子嗣的欲望早在婚礼进行的过程中便已通过民俗的形式赤裸裸地暴露无遗。婚礼除了向社会公开表明婚姻的合法化而外，更多的是借助结婚仪式，借助超自然的“法”“兆”的暗示来祈求生子。当女儿出嫁上轿之前，母亲要让她吃一碗甜甜的糖水孵鸡蛋，祝福女儿婚后甜蜜，像母鸡产蛋那样多生多育；同时将一只亲手缝制的小红布袋，装上红枣、花生及顺治铜钱（双数），系在女儿的裤腰带上，叫“子孙袋”。嫁妆中也分别投放一些红枣和外壳染上红色的花生（南通方言称“长生果”），意为“早生贵子”“长命百岁”。

陪嫁的便桶（俗称“子孙桶”）中，除了放红枣、花生外，还要放置两把红色的筷子（方言“筷儿”，谐“快儿”“快子”，喻示生育过程顺利快速）。“子孙桶”还用南通特产的青蓝布做成围裙包裹好，送到男家后先搁至床顶（旧时老式床都有床顶板），等新房布置就绪后取下，用有“嘴儿”（象征男孩生殖器，谑称茶壶嘴儿、小麻雀儿）的器皿（如茶壶、酒壶）盛水浇入便桶，再让小男孩子向桶内小便。这一举措的目的性更为明确，为的是求生男孩。出于同样的目的，婆家铺设新床，要由多子多福的妇女代劳，切忌寡妇或无嗣者接触；洞房花烛之夜无论寒暑，都睡席子（南通方言读若“及子”），床沿和枕头下面都藏有红枣、花生、糖果，第二天一早由一位或几位五官端正、聪明伶俐、乖巧听话的男孩子进来摸找捡食，据说以后生下来的儿子同样聪明漂亮。

婴儿降生，无论是男是女都得向外公外婆报喜，共享嗣后之乐，俗称“传生”。女婿要亲自挑选十九枚染上红色的大鸭（鸡）蛋和三五斤重的猪肉一块，另有“喜钱”若干，一并送往岳家，告知外孙（女）出世、母子平安。送去的红蛋、猪肉等礼品要放在厨房间的水缸盖子上，表示婴儿将会像江河潮水一样猛“长”。这一风俗与南通滨江临海的地理环境有关，其他地方恐怕没有。

旧时，人们重男轻女，养了男孩子要向亲朋好友发红蛋，养了女孩子就不发。要是哪家养的是个男孩子，要染红蛋、煤馓子、灌肚肺、煨老母鸡……有得忙呢！现今社会风气和思想观念改变，人们无论生男生女一律分发喜蛋。发蛋的个数历来有严格限制：一般亲戚、朋友、邻居只发一枚，仅仅作为报喜同庆之意；而对至亲好友，则视关系远近和平时往来的交情深浅，发三枚至九枚不等。此俗沿革至今。但无论古今发蛋均为单数，绝不成双。相传送蛋成双，第二胎必然生女孩；或生育至此为止，将不再怀孕。

以前发蛋，以鸭蛋为主。这是因为南通地处水网地带，乡村民居十有八九临沟近河，饲养家鸭既不烦神费力，又能生蛋换钱，资补家用。所以市场的禽蛋，也以鸭蛋为多，但后来却演变成只送鸡蛋而不送鸭蛋。

南通风习，亲朋好友凡吃了三枚以上红蛋者，一律得备办丰品或红包上门探望，称"瞟产妇"（南通话"瞟伞富"）。农村里还有叫张产妇、看产妇、望产妇的，有的人家还有吃馓子茶、喝肚肺汤的讲究。也有少数没有得到喜蛋而主动带来礼品探望的，这时丈夫或公婆便会当即补上三枚或五枚红蛋，并表示歉意。

瞟产妇的礼，一般也是看收到红蛋的个数而定，有四样头、六样头、八样头，样数逢双不逢单，收蛋的个数越多，回礼也就越重，也有索性用红纸包儿包钱来代替。瞟产妇所送礼物的多少也是由各家的经济条件来决定，少的十几样，多的要几十样，瞟了头道产妇，还有瞟二道、三道的。南通人很图顺遂，瞟头道产妇的是送馓子、红糖、红枣、莲子、鸭子、蹄子、肚肺和红绿布这些有讲究的东西。枣儿的谐音是"找儿"，鸭子的谐音是"押子"，里面有找到儿子、保住儿子的意思；只要有了儿子就能香火不断，一代传一代。而北方有些地方就不兴送鸭子，认为鸭子的谐音是"压子"，不顺遂。谐音不同，风俗也就不一样。馓子谐音是"散子"，莲子的谐音是"连子"，两个都有多子多福的意思。送的红糖、枣儿之类的东西要包成下长方上长方、梯形的"块色儿"，和下圆上尖、圆锥体的"尖包儿"，包儿上还要裹层红纸。

在众多"瞟产妇"的亲友中要数产妇娘家的礼仪最为隆重、丰盛。娘家先后要"瞟"两次：第一次是产后的第三天，筹办的是红糖桂圆、莲子、藕粉、炒米、鸡蛋等滋补食品。凡从南货店里购买的食品都用大红纸包扎成宝塔状礼包。此外，还有婴儿的四季衣服、鞋帽棉袜等日用品，分装在两只大箩筐内送往女婿家中。隔十天半月第二次为"张（探）产妇"，备办蹄子、肚肺、腰子、油馓子、豇豆壳儿等。油馓子和豇豆壳儿都是用面粉制作，油炸而成。作为产妇的主食，这两种食品不仅价廉物美，而且油性较重，能润肠补胃，既耐饥，又容易消化，不会引起产妇便秘。更有一大优点，即可以随泡随食，简单方便。

主家也早有准备，堂屋里八仙桌子早就摆好，厨房里正在忙"八碗八"的大菜。丈人是"头碗菜"，自然要坐首席，其余的按辈分大小挨着坐。在正式开吃之前，每人还要先吃一碗馓子茶。"八碗八"的菜里头，当然也少不了蹄子、肚肺汤，这就把"闹蛋"

的特色显出来了。听老人家说，产妇吃馓子茶、喝肚肺汤，有利于消化，丰富奶水，滋养身体，至于招待来客也吃这个东西，则是要体现心肺相连、同喜同贺、情深谊长。所以闹蛋吃馓子茶、喝肚肺汤的习俗，至今还在农村流传。

媒人也在“瞟产妇”之列，因为他（她）享用的是九枚红蛋的待遇。媒人瞟产妇不必置办礼品，而以红包代礼。按旧俗媒人的贺礼是不能接收的，因为他们曾为促成婚事乃至生儿育女立下汗马功劳，不仅贺金要原封退还，而且就餐时要推上首席，以示酬谢恭敬。

新中国成立前没有医院，妇女生小孩，接生总是请的收生婆。收生婆要在婴儿养下来的第三天给婴儿洗身上，民间叫“洗三”，或叫“洗三朝”。“洗三”时，收生婆要把红蛋在婴儿的头上绕几下，这个蛋就叫“抛头蛋”。希望得子的妇女特别相信吃了这个蛋会养儿子，所以这个蛋就分外受欢迎，收生婆也就趁机多要几个，好让她送人，讨人家的欢喜。过去人家送喜蛋，一般总是在“洗三”之后，只有到产妇爷娘家去报喜是婴儿一生下来就要送的。

现在，南通城里人闹蛋发的都是鸡蛋，也不染了，就简单地贴上个小红纸圆儿，讲究的打上个生肖戳子；招待亲戚朋友就在饭店里弄一餐，也看不到馓子茶和肚肺汤了。

婴儿出生一个月叫“满月”。娘家要接女儿回家吃“满月饭”，女儿的饭碗必须由母亲亲自盛。按南通风俗，这碗饭要盛得满、揿得实，还要尖过碗口。吃饭时，母亲在一旁不断叮咛，吩咐女儿一定要多吃再多吃，否则会得“产后 ”（饥饿症）。旧时南通地处偏僻，交通阻塞，经济较为落后，人民生活贫困，终年难以温饱，尤其是乡村农民，日常生活大都以粗粮杂粮充饥，一年中难得有几餐大米饭吃。女儿产后，身虚体弱，满满一碗满月饭，装的不仅是白花花的大米，更是珍贵的亲情和爱心。有些生活富裕的外公外婆，借外孙满月之际，将女儿接回娘家小住半月一月，每天不离鲫鱼汤、黑鱼汤、肚肺汤、蹄子汤，既调养了女儿的身体又增加了奶水。即使家境贫寒者一般也要留住三五日或十天半个月，以示为娘的情意。

婴儿周岁民间叫“满期（音‘鸡’）”，南通有人写成“满鸡”。是日，外婆送来的“满期”礼，除衣服、帽子外，必不可少的是“虎头鞋”或“猫头鞋”、银手镯、银项锁等。传说，虎（猫）头鞋、银器有驱邪逐鬼的功效，婴儿穿戴后邪神恶鬼不敢接近。夫家在这一天要操办宴席。饭后举行“抓鸡（周）”仪式，即在小儿面前放上书本、笔墨、算盘、小榔头、泥土、针线等各式物品，让其任意抓取，以最先抓到之物来卜测此儿长大后的“出息”。此俗在《红楼梦》中有过详尽的描写。但在乡间与其说是一种预卜，还不如说是一种为大人们助兴的娱乐活动。

4、岁时酒俗

请客吃饭，说是吃饭，实为喝酒吃菜。中国人喜欢以酒来欢庆佳节、祭奠神祖、孝敬尊长、馈赠亲朋，酒也成为岁时礼俗中的重要内容。沧海桑田，岁序递进，久而久之，就形成了岁时酒俗。

春节酒俗始于先秦。是日，宫廷有祭祀、宴饮之仪，民间有喝春酒的风俗。据东汉崔实《四民月令》中记载：“正月之朔，是为正日，躬率妻孥，洁祀祖祢。及祀日，进酒降神毕，乃家室尊卑，无大无小，以次列于祖先之前，子妇曾孙，各上椒酒于家长，称觞举寿，欣欣如也。”“椒酒”又称椒柏酒。古人认为“椒”为玉衡星精，“柏”为仙药，用花椒籽和柏叶浸酒，服之令人长寿。子孙进椒酒，有敬祝尊长长生不老之意。宋以后多用普通酒代之。

春节饮酒，一是进酒祀神奠祖；二是饮年酒；三是吃春酒。

正月初一，合家老幼均衣冠整肃，顺次拜贺，围桌饮食、饮酒时，由年纪最小者先举杯，敬奉长者，待一起举杯后，又由年纪最小者先饮。《荆楚岁时记》中记有：“正月饮酒先小者，以小者得岁，先酒贺之；老者失岁，故后与酒。”

为联络感情，预祝新年万事如意，自先秦以来民间就有请春酒、吃春酒的习俗。宋施宿《嘉泰会稽志》载：“元旦男女夙兴，家主设酒果以奠，男女序拜，竣乃盛服，诣亲属贺，设酒食相款，曰岁假，凡五日而毕。”从正月初一起，亲友设宴相约，你此我彼，延请不断，有的至初五，有的至初十，有的至元宵，长者可达正月十八方止。

正月初二清晨，街市店铺有饮“元宝酒”的习俗。是日，店铺入门敞开，宰雄鸡为牲，祀元坛神（即元宝神、财神），店主与众店员盘点账目，欢宴饮元宝酒。

正月初五是传说中财神菩萨生日，民间有吃“财神酒”的习俗。店老板照例摆“五路酒宴”（意拜“五路财神”：东路招财神，西路进宝神，南路利市神，北路纳珍神，中路玄坛神）请全体伙计，认为这样可以生意兴隆，财源茂盛。酒席办得特别丰盛，要具三牲，菜肴中必备鱼头、芋艿。鱼头，谐音“余头”；芋艿，谐音“运来”。

元宵灯节，旧时有闹元宵之俗。正月十四，民间布置灯山、火树，预习龙灯、狮子。当预演结束后，即举行试灯宴，邻里、友朋相聚一起，设席饮酒，从天黑直至夜深。也有正月十五元宵前后，邻里相约，轮流设酒席欢聚畅饮。通常从初九“开灯”时始办“试灯宴”，一直延续到十六日。聚饮时家家室内厅堂挂灯。另外，还有宵夜各家各户张灯结彩，家人围坐一桌，饮酒欢笑相庆者。

闹元宵　沈启鹏/画

三月三又称“上巳节”，古时有宴宾饮酒之俗。《后汉书·礼仪志》上：“是月上巳，官民皆洁于东流水上，曰洗濯祓除，去宿垢病为大洁。”后增加临水宴宾和求子之俗。东晋永和九年三月三日，书法家王羲之与友人谢安、孙绰等名流及亲朋共42人聚会于兰亭，行修禊之礼，曲水流觞，饮酒赋诗，对后世影响颇大。南朝时，三月三日士民并出江渚池沼间，为曲水流觞之饮。

清明正交暮春三月，民间有扫墓祭祖和郊游踏青的习俗。唐·杜牧《清明》诗中写道："清明时节雨纷纷，路上行人欲断魂。借问酒家何处有，牧童遥指杏花村。"可见，酒与清明节的关系密切。

清明扫墓，以酒奠祖，扫毕郊游踏青，午饭时全家人围坐饮宴，抵暮而归。是日晚，则集聚于祠堂分食祭祖的酒菜，由族长赐饮"福酒"，象征祖先赐福给每个同族子孙。

五月，古时称"恶月""毒月"，民间认为该月毒虫滋生，瘟疫流行，易得病灾，因此五月初五端午节有饮将蒲根切细、晒干，拌上少许雄黄浸入白酒中的雄黄酒之习俗。午时饮少许，其余涂抹于儿童面颊耳鼻，并挥洒床间，用以避虫害。也有的地方单用菖蒲根泡酒，据说可以延年益寿。

五月五 洋糖粽子过端午

七月十五中元节，又称"鬼节"，原说是目莲救母日，旧时兴"盂兰盆会"，后演变为民间祭母日，家家追荐祖先，超度亡魂野鬼。是日，不仅要做丰盛的菜肴，而且要焚香备酒祭祀。

天上月圆 人间团圆

八月十五中秋节，民间俗称"团圆节"。是日合家团圆，各家各户设宴摆酒，团聚而食，或邀客畅饮。贫困无钱者，菜肴酌减，也要沽酒饮食，以庆佳节。南宋吴自牧《梦粱录·中秋》中记有："八月十五中秋节，……王孙公子，富家巨室，莫不登危楼，临轩玩月……至如铺席之家，也登小小月台，安排家宴，团圆子女，以酬佳节。虽陋巷贫窭之人，解衣市酒，勉强欢饮，不肯虚度。"另外，旧时的作坊、商店、客栈等，也于是日置酒犒劳佣工。

九月九日重阳节，时值农作物基本收获结束，民间有饮重阳酒的习俗。是日，家家户户备酒畅饮，庆祝丰收。古时，文人骚客于此日登高赋诗，以饮酒为乐。因九月菊花盛开，民间有采菊入酒的习俗，称"菊花酒"。相传饮之能延年益寿。唐诗人郭震《秋歌诗》中就有"辟恶茱萸囊，延年菊花酒"的诗句。

重阳节是旧时丰收之后祭飨天帝、祭祖的节日，至宋代，重阳习俗更为隆重，周密《武林旧事·卷三·重九》载："都人是月饮新酒，泛萸簪菊。"这里特别提到了重阳节"尝新酒"的习俗。《水浒传》更是生动展示了重阳节的风俗习惯，其中第七十一回写重阳节菊花会："宋江便叫宋清，安排大筵席，会众兄弟，同赏菊花，唤做菊花之会，……忠义堂上遍插菊花，各依此坐，分头把盏。堂前两边筛锣击鼓，大吹大擂，笑语喧哗，觥筹交错，众头领开怀痛饮。马麟品箫唱曲，燕青弹筝。不觉日暮。"梁山好汉虽处主流秩序之外，仍举行重阳节菊花会，可见对这一节日的重视。是日，各手工作坊、商店、客栈的东家也有置酒款肉、酬劳佣工的习俗，对是夜当班者尤以酒相劳。

畅饮新酿菊花酒　登高喜赋延年诗

腊月二十四是民间祭灶、送灶的日子。祭灶时，必须置酒，相传为防灶王爷升天乱揭人间的短处，供奉酒，使其酒醉不能言语。此俗始于唐代，《辇下岁时记》中还有用酒糟抹于灶门的记载：“都人至年夜，请僧道看经，备酒果送神。贴灶马于灶上，以酒糟抹于灶门之上，谓之‘醉司令’。”所以古时祭灶日又称“醉司令日”。

爆竹一声除旧　桃符万户更新

除夕是一年中的最后一天，俗事繁忙，要接灶、祭神祀祖，还要守岁。接灶神要奠酒；祭祀神祖要敬酒；守岁更是离不开酒，要吃“守岁酒”或“分岁酒”。南朝梁宗懔《荆楚岁时记》记述有：“每逢岁暮，家家具肴簌诣宿岁之守，以迎新年，相聚酣饮。”

除夕夜，祭祀神祖毕，一家长幼聚欢，或围坐筵桌，或于“元宝火”旁。一边畅饮分岁酒，一边叙述天伦乐，通宵达旦，也有至夜半而止。古时，民间守岁到午夜还有饮“屠苏酒”的习俗。

另外，在岁时酒俗中，还有冬至祭祖、扫墓，设酒宴贺节，饮敬师酒，饮“社酒”等礼俗。有的地区，秋季庄稼收割完毕，为敬谢大地，有设酒筵互邀庆贺，饮“封镰酒”的礼俗。

5、生育酒俗

生儿育女，繁衍后代，自古就是人生之大事，在生育礼俗中，以酒相贺亦为其重要内容。

报生酒：孕妇分娩后，丈夫要到岳家报喜。有的地方报喜时送红鸡蛋，以单双区别男女；有的地方则送酒一壶，以壶上的红绳、红绸区别男女；有的在酒壶（称报生壶）嘴上塞上红纸，或挂红头绳扎两个桂圆，以示生男，如无装饰则为生女。有的地方，婿家要岳家备酒一担，称“报生酒”。

红蛋酒：当岳家得知女儿分娩，即派人送礼品给女婿家，女婿家则需设酒宴款待。

因酒席开始，每人赠以涂上红颜色的鸡蛋，以示吉利，故称“红蛋酒”。

洗三酒：婴儿出生三日，要请接生婆来给婴儿洗浴，检视脐带伤痕，更换新衣，民间叫“洗三朝”。是日要举行酒筵宴请贺喜诸客，婴儿外婆家的至亲好友均要携礼赴宴，称作“洗三酒”。

满月酒：自古以来，婴儿满月都有设酒宴为婴儿做满月的礼俗。从周秦开始，就已有为孩子办满月酒的风俗。唐高宗纪龙朔二年七月，以子旭轮生满月，赐酺三日。酺，聚会饮酒之意。此俗一直沿袭至今。为婴儿做满月时。亲友多以钱物馈赠祝贺，主人则以酒席招待。

百禄酒：百禄也称“百福”或“百岁”，即小儿生下一百天，主家设百禄酒招待宾客，以此相庆。

满期酒：指小孩周岁生日，民间有“试儿”或称“试醉”的习俗，以醉来占卜未来。旧时，亲友们来祝贺，有送来童装、玩具者，有送红包或其他物品者，主家设试醉宴即“满期酒”招待贺客。

由于地区性的差异，在生育酒俗中，还有很多尚未提及。

6、寿诞酒俗

寿面

寿桃

以酒祝寿，由来已久。因酒与“久”谐音，寓祝人长寿之意，《史纪·项羽本纪》中就有“沛公奉卮酒为寿”的记载。宋·黄庭坚有诗曰：“愿将何物献寿酒，天上千秋桂一枝。”

在寿诞酒筵中，祝贺五十寿诞的酒宴民间称“知命酒”。

“手捋六十花甲子，循环落落如弄珠”的诗句开创了“花甲子”一词，后一直将“花甲子”代称六十岁。庆贺寿诞之宴称吃“甲子酒”。

“古稀”一词，来源于唐代大诗人杜甫的《曲江》诗句：“酒债寻常行处有，人生七十古来稀。”后来，人们将“古稀”作为了七十岁的代称。七十岁的酒宴也叫作“古稀酒”。

《礼记·曲礼》：“八十曰耄，九十曰耋。”《汉·曹操·对酒歌》：“人耄耋，皆得以寿终。恩泽广及草木昆虫。”人们将八十、九十岁高寿称作“耄耋”。民间一般把八十寿宴称“耄耋酒”，九十寿宴叫“大寿酒”。

寿堂

“期颐”来源于《礼记·曲礼》：“百年曰期颐。”宋大文学家苏轼《次韵子由三首》中就有“到处不妨闲卜筑，流年自可数期颐”的诗句。古人将百岁称作“期颐”，一百岁的寿宴叫“期颐酒”。

对于五十岁以上的寿诞，民间都有贺寿之俗。寿诞之日，合家老幼，亲朋故旧都要具礼品相贺。是日，寿星身着新装，坐寿堂，接受亲友、晚辈祝贺与叩拜，儿孙们举办盛宴，请贺寿者共饮“寿酒”，吃“寿面”。酒宴时，晚辈、亲朋先向寿星敬酒，然后欢饮。

有些地方在寿辰的前一天晚上要举办“暖寿宴”，为寿星预祝寿辰要喝“暖寿酒”。第二天寿诞之日再举行“寿宴”。

另外在寿诞中还有很多酒俗，如男子婚后第一次过生日，岳家为其置办礼物，于生日时送给女婿“开寿”，女婿要设酒宴款待，民间称作“开寿酒”等。

7、丧葬酒俗

桃花流水杳然去 明月清风何处游

丧葬礼俗，古为“凶礼”之一，是处理死者殓殡奠馔和拜诵哭泣的礼节与习俗，故丧葬酒俗多为用酒祭奠，除古稀、耄耋之丧称为“红喜丧”可以猜拳行令、欢乐不忌外，其余哀伤酒均不行乐助兴。此俗在乡间仍有少量延续。

送行酒：人死以后，要将尸体移于“冷铺”上，头前设烧纸盆，亲人不断向盆中化纸并向盆内倒酒，这是祭奠的一种形式，称“送行酒”。

升仙酒：灵棚搭好，于灵柩前设祭案，案上置猪头、猪蹄、猪尾，同时奠酒，此酒称“升仙酒”。

陈奠酒：从人死到下葬以前的丧祭称“陈奠”，即对死者早晚要设奠祭供，其供品中的酒称“陈奠酒”。

开丧酒：亲朋好友前来吊唁，丧家中午要举办酒席宴请，由于是为开始吊丧之日办的酒，故称“开丧酒”。

待殇夫酒：殇夫，即抬棺材的负重人员。出殡前夜，丧家设丰盛的酒席专门款待负重的殇夫。席间，死者家属向殇夫磕头安席，以示请之帮忙。

出殡酒：送葬、安葬毕，送葬者回到家门口，每人必须喝一口酒，然后在门前洗手、净手后入门，坐席，由长子给众人敬酒叩头，此酒谓“出殡酒”。

洗丧酒：丧事完毕，要设酒宴款待殇夫，感谢这些“肩被当路走者”以及众役人和诸执事，这种酒叫“洗丧酒”，有的地方叫作“回扛饭”。

祭七酒：人死后有“烧七”或“斋七”的礼俗，每隔七天为一祭，七七四十九天，其中以头七、三七、五七、七七为大祭，至时，丧家至亲都要来祭奠，丧家要设“祭七酒”款待。“六七”由女儿办祭，这是南通的风俗。

在祭七中，逢七祭祀时都要奠酒，特别是七七，也称“终七”，届时要设供案、焚香奠酒。

8、其他酒俗

中国酒俗源远流长，随着历史的发展，旧时的民间酒俗范围广、种类多、程序繁，除上述外还流行于生产、经商、交际、礼仪、欢庆、建房、乔迁以及水上等方面。

开张酒：旧时各店家过完节假后开市营业，店主设酒宴款待全体店员，称“开张酒”。

开蒙酒：儿童长到虚龄七至八岁，进入学龄阶段就必须要上私塾念书。上私塾前必须拜塾师，俗称开蒙。通常要选择吉日，举行入学仪式。仪式后，家长设盛宴款待蒙师，称“开蒙酒”。

上学酒：“上学酒”是对敬师酒席的称谓。旧时，家境中上等人家系延请塾师来家培育子弟，待学业结束，为感谢塾师一年教学的辛劳，特设酒宴，款待塾师。酒宴摆上，先祀先师孔子，主人行延师礼，入学弟子向塾师行叩头礼，然后杯盏相交，尽兴而终。一般一年两次，春季称“上学酒”，冬季谓“下学酒”。

上房酒：新屋落成后，酬谢诸位有功之臣而备。

乡饮酒：“乡饮酒”是古时举行的举贤荐能之酒。旧时的乡学，经三年学习，业成，经过考德艺，举荐贤能者升于君，由乡大夫做主人，为他们设宴送行，举行仪式，饮酒酬谢。

吃会酒：是指旧时由民间自发的信用互助组成的“打会”而时所办的酒席。打会一般由急需用钱者邀请一些亲朋加入，由十人或七人组成十指会或七指会。倡会者为“会头”，其余人为“会脚”，按规定，每人按期交一定数量的谷物或现金，以后每年秋季集会一次，头年“会头”得会，以后按摇骰子的点数最多者得会，直到轮完为止。这种形式在苏北地方叫“合会”。每次集会，由得会者拿出钱和倡办者合办酒席，此酒称“会酒”。

鸡血酒：旧时，民间在结拜异姓兄弟时，为表明决心，要杀一只雄鸡，在每碗酒里滴几滴鸡血后再对天盟誓，然后各人饮尽鸡血酒，表示亲如手足，有福共享，有难同当，歃血为盟。与此同性质的还有“拜把子酒”。民间一些基于命运和利益的人，仿三国时刘关张桃园三结义的举动，采用磕头换帖、同饮鸡血酒等仪式，以对天盟誓为信仰的形式，结成拜把兄弟。还有一种“换帖酒”，一些异姓结为兄弟，焚香、饮酒、起誓盟义，并交换写出生年月日、籍贯、家世等内容的柬帖。

结缇酒：该酒俗流行于沿海地区，是渔船头家宴请伙计的合同酒，一般于夏历八月，渔船出海捕鱼时举行。头家将他们第一次出海捕鱼用过的缇线放在一个盆里，带着黄鱼干、目鱼干和鸡等到海神庙烧香许愿，祈求海神保佑，获得丰收。许愿回来后，把绲线从盆里拿出，放进绲篮，然后摆设酒席，请这一季一起出海捕鱼的伙计喝酒。伙计喝了这顿酒，就算与头家订下了合同。

敬大王酒：该酒俗也流行于沿海一带。俗传大王为水神，在水中保佑船民化险为夷，平安无事，因此船民十分敬重大王。每次饮酒时，必须全体起立，面向大海，郑重举杯，虔诚地向海中撒半杯酒，然后一饮而尽，而后才开宴畅饮。每年七月十五，船民大祭大王，船头设香案，供、猪头、猪尾、猪蹄，焚香奠酒，全家跪拜。

喜庆酒：除婚姻、生育、寿诞等喜庆酒俗外，凡遇喜庆大事，均要举行酒宴，以示庆贺，如荣升、高中、发财、得福等。

待客酒：款待客人的酒宴，其中远道客人来了有“接风洗尘酒”，客人离去时有“送行酒”“践行酒”。中间还设有叙述友情酒。

团聚酒：客居外地的亲友回乡省亲，长期离别，偶尔聚会，内心格外高兴，必置酒相待，共叙离别之情。

壮行酒：旧时三军誓师远征，为壮行色，要设宴，饮壮行酒，预示马到成功。民间有人因事外出，也举行酒宴，以壮行色。

庆功酒：旧时，军旅凯旋，为了庆祝胜利总要举行庆功酒宴，饮庆功酒，论功行赏，后逐渐演变为民间宴俗叫庆功宴，吃的是庆功酒。

9、水上婚俗

南通里下河水上婚礼

南通海安的墩头、瓦甸、白甸属里下河地区，那里水网密布，通行的主要工具是船。在沿袭古俗的基础上，也产生了别具一格的水上婚礼习俗。

旧时的水上婚姻也和陆上一样，受封建礼教的束缚，仍然须遵守“父母之命，媒妁之言”，基本遵循古礼，但在择日、迎娶上较为简便。

择日：水上人家婚事择日不像陆上那么烦琐，一般选择传统节日，或者夏历双日。季节选择上多为夏日. 因为此时是渔民的捕捞旺季，这个时候结婚，象征兴旺发达，年年有旺季，年年有丰收。

喜船：陆上嫁娶用轿，水上嫁娶用船。船既是水上人家的住“房”，又是他们赖以生活的“生产田”，在男婚女嫁中又成为迎亲的水上之“轿”。因为是“喜船”，所以在喜日前必须装饰一番。

在喜船的船头上横架一杆，杆上并排悬挂红彩灯笼四盏，上书“新婚志喜”。在第一和第四盏灯笼的下方船头，挂两条又宽又长、绾有同心结的彩带，名谓“张灯结彩”。男家船头上放两只活公鸡和两条肥活的红鲤鱼。公鸡有红冠，象征“吉祥如意”；红鲤鱼寓意“日子大红，年年有余”。船上共有两个舱，前舱为正舱，置放男家备置的结婚用品；后舱为洞房，内放女家陪送的嫁妆。

喜日：是日，男方要请一位有地位的男宾作为迎亲客。迎亲客的身份、地位，直接代表男方，这是男方在女家面前炫耀自己地位的机会，同时还要请二到四名男女执事，负责接待和迎亲诸事。女方是日也要请“伴嫁姑娘”。另外，男女双方皆请鼓乐班子。喜日时，两船相距不太远，相互可以听到鼓乐声。

是日下午，一般在黄昏前，男方喜船在鼓乐声和鞭炮声中，徐徐驶向女方喜船。男方迎亲客及男方父母站在船头。此时女方父母也站在自己船头．当喜船相互接近时，女方喜船以鼓乐、鞭炮相迎。此时，男方父母及男方迎亲客和女方父母互相致拱手礼道喜。尔后，女方父母被迎上男方喜船，新郎拜见岳父母，行叩头礼。在男方父母的陪同和导引下，女方父母巡视喜船的前舱和后舱，请女方父母验看。

女方父母回船后，立即奏乐、燃鞭炮，并将船驶向男方喜船，两船并排系紧后，新娘在鼓乐鞭炮声中，在伴娘、亲友簇拥下走出船舱，走上船头。此时，女船乐停，男方鼓乐、鞭炮齐鸣。新娘在鼓乐声中，打开一瓶酒，手持酒盅，斟满后向迎亲客敬酒，每人两盅，被敬者必须一饮而尽。

敬酒后，新娘在伴娘的搀扶下，脱下鞋子，换上男家的新鞋后，通常由大哥或弟弟背到船舷上交亲。交亲时，男女双方都打着伞相迎送。俗信此举可以避邪保平安。伞顶上缠着红绸带，以示喜事大吉。

新娘过船后，首先叩拜公婆，公婆准备好喜钱，将红纸包放在新妇手上。接着新郎、新娘对拜（即拜堂），再绕喜船一周，意熟悉一下自己的新家。随后在伴娘的搀扶下，静坐船楼（后舱顶上）。这时，双方喜船鼓乐鞭炮齐鸣。女方在欢庆声中将陪嫁品搬进男方喜船的“洞房”中，然后双方父母站在各自的船头上拱手道别。于是男方喜船缓缓离开女家喜船。男家喜船离开后，女方奏乐忽停，只闻男家奏乐，这叫“欢欢喜喜迎新娘”；突然男方停乐，女方乐起，这叫“高高兴兴送嫁女”。待男家喜船停泊下来，双方鼓乐一起轰响，这叫“两家合欢”。双方鼓乐合欢后，各自设喜筵款待宾客。有的地方在男方喜船迎亲时，要带公鸡一只；女方喜船在送亲时，再回赠母鸡一只，这和陆上的“长命鸡”相同。在男方喜船离开女方喜船时，要撒米祭煞，以保平安。

四、南通的摊担市声

“摊担市声”其实就是吆喝，本意就是大声叫卖。最早是姜太公在肆里做屠夫时就“鼓刀扬声”；宋时开封街市上有“喝估衣”者、有“卖药及饮食者，吟叫百端”。明代的北京有吆喝着卖花的；清末民初以至新中国成立前后的一段岁月，老北京的吆喝就更绘声绘色了。传统相声《卖估衣》里有吆喝；现代京剧《红灯记》里的磨刀人也吆喝了一句：“磨剪子嘞……抢菜刀！”而十多年前有个小品中的吆喝“卖大米嘞……卖大米！”也着实火了一把。

这摊担市声也非京华仅有，各地都市的街头巷尾都有，而南通的吆喝也很有特色。

卖馓子把儿喊着：“馓子把儿才起锅的嘞！崩脆透酥的哟……”卖糖粥的是一头走一头嗨：“笃笃笃，卖糖粥，香而甜，先吃后给钱；甜而香，吃了过长江！”极富诱惑力。他煮的糖粥是用茶米慢慢煨的，火候煨到了家，米都煨化了。因为粥比较薄，所以不用筷儿扒就能喝下去。糖粥里的枣儿核子是预先去掉了，大人买给小孩子吃是笃定放心。卖茶叶蛋是把煮好的蛋放在拎桶里，上面盖块棉垫儿一焐，一般从下晚一直要卖到后半夜。最精彩的是卖蛋人的吆喝，街上人多的时候还不怎么觉得，到夜深人静之时，在昏暗的路灯下，再下着点儿毛毛雨，“五香——茶叶蛋——唉！”悠长的声音有起有伏，划破长空，能传得老远老远。在20世纪的五六十年代，茶叶蛋大概就要算是最好的夜宵了。卖熟玉米的一般总是在夏天下了昼之后。一身蓝印花布打扮的农村妇女，清清爽爽的，手上抳个拎桶，上面盖块水巾，边走边喊：“熟（读音‘素’）——玉米哎！”好听的是前头“素”的一声拖得很长，恰如在唱原生态民歌。“卖荸荠菱角咯！”卖荸荠、菱角的一般是小姑娘，细嫩清脆的喊声总能赢来不错的回头率。走街串巷卖五香烂豆的还特地要把叫卖的声音拖长些：“葱花——麻油——胡椒——五香——烂豆！”他特别强调的是“胡椒”，而结尾的“烂豆”二字，声音没有拖长，是在一拍之后戛然而止，显得抑扬顿挫。这也是特别有意思的通城一景。盲人走街串巷叫卖的“炒寒豆”（砂炒豆），更是情景交融，甚为动人。卖的人手上的一根拐棒由前面的小孩子握领着，另一只手拿个小堂铃边走边敲，嘴里还要喊“砂——炒豆”！声音也是拖长了的。买豆腐脑子的吆喝声伴随着扑鼻的香气传得很远：“三分——肉骨汤！”声音在“三分”之后还故意要拖长些，以突出豆腐脑一碗只卖三分钱。等他把肉骨头汤舀到盛脑子的碗里，再端到你面前，是热气腾腾，色彩纷呈，清香可人。

菱角一般总在初秋的时候上市。早上卖的一般是生菱角。下昼，南通城里的后街后巷里经常可以看见一些小女孩子，穿的蓝印花布小褂子，挖了只下河篮子，一边走一边用下河话发出那银铃般的声音“卖荸荠——菱角”，尾子上还要拖长一声“哦”！声音甜美极了。还有个炒白果的“爆眼儿”。一只小炉子，上面蹲只小锅子，手上拿把小铲刀，旁边还有一个小的草焐子，里面放的是炒熟了的白果。只见他一边用铲刀在锅子上有节奏地敲，一边用沙喉咙的上海话在喊：“香是香来糯是糯，一粒开花两粒大，两粒开花嘛大不过，走过路过勿要错过，要吃白果就来数，一角洋钱买十颗；小人吃了胖嘟嘟，大人吃了壮咕咕，老人吃了暖乎乎……”也就奇怪了，他炒的白果怎么就和他眼睛一样，个个都是爆开来的？以前平政桥上有一个卖白果的，不是说的上海话，是用南通话喊的：“白果白果，角钱十个，才起的锅，要吃就来数！”

崇川竹枝词里有句“绿杨深巷卖饧箫”，说的就是卖斫糖的人挑着斫糖担子在走街串巷叫卖的景象。他们通常是右手倒提着一个大的摇鼓儿，“卜咚、卜咚”地转动着敲；嘴上的一根竖吹的“呜里嗒”，有节奏地吹出基本一致的旋律。旧社会卖梨膏糖的人是三分卖糖，七分卖唱，主要是介绍梨膏糖所用草药的功效，唱词也是自编的：“一包冰屑吊梨膏，二用药味重香料；三（山）楂麦芽能消食，四君子打伢儿痨；五和肉桂都用到，六用人参三七草；七星炉内生炭火，八卦炉中吊梨膏；九制玫瑰均成品，十全大补共煎熬。”这要比现在做的广告来得真实，也更加有号召力。卖老鼠药的下河人更是编成了顺口溜，绘声绘色、极其风趣地在吆喝：“老鼠药真正好，老鼠它一吃就去消。你不买，我不拖，你家的老鼠实在多。墙上走来壁上梭，打翻了油瓶打坏了锅。你不买来我不怪，老鼠在你家啃锅盖。锅盖啃了一个洞，煮起饭来硬绷绷。老爹老太吃不动，小伢儿吃得屁烘烘。”热情的小贩不仅口沫横飞地说个不停，而且还会声情并茂地唱将起来，成为半个多世纪前的街头风情。卖素鸡的是头顶一个筛子，边走边唱，招摇过市：“五香素鸡卖勒嘿，五香素鸡卖勒嘿……”一听就晓得是上海人，高低起伏的声音还很动听。收旧货的也不示弱，肩挑一副竹担，抑扬顿挫地唱出：“哪有旧东西、旧球鞋、旧套鞋拿出来卖钱！”修棕绷的是启海人，喊出来的也是启海话：“哪有棕绷修哇！阿有藤绷修哇！”

旧时的街上有很多沿街叫卖的艺人，有卖竹板的，有卖摇鼓儿的，有卖“耍孩儿”的，最常见的就是拉着用癞巴皮绷的二胡在拉唱叫卖。这种二胡比京胡稍微大些，琴筒和琴身是竹子做的，装了两根丝弦，一把也只卖一两角钱。他的背上有个像京剧武生扎的“靠”一样的大布袋，袋子里放了一二十把二胡。神奇的是他随便拿出哪把来拉，都会发出同样好听的声音，引得路人在摊前驻足，真想也买一把。一天，有位大娘手拿昨天刚买的一把二胡来要求退还。卖艺的人问：“为什么要退？”大娘说：“响声难听，像在杀鸡！”卖艺的人接过了这把二胡。谁知，二胡到了卖艺人的手中，优美的乐曲声便从他的指间流淌出来，引来许多的围观者，就连大娘自己都好生疑惑。这时，在旁边看热闹的一位老爹开了腔：“姑娘，你只是买了把二胡，可是没有买到他的一双手呀！”大娘被说得很不好意思。因为技艺是拿钱买不到的。

南通人对挑滚篮（一种圆形、平底、直壁的竹篮）卖蔬菜、海鲜的小贩，统称为

“挑八根系的”（南通人把拴滚篮的绳子叫“系”，南通话念成“义”。一只滚篮有四根系，两只滚篮是八根系）。他们回荡在街头巷尾那不绝于耳的叫卖声，是以前“市声”中的主旋律。

卖蔬菜的大多数是妇女，叫的都是所卖品种的名称，如“粉嫩的二茬豌豆头卖啰！”“来买又香又嫩的春苗儿韭菜哟！”高中低音俱全，声音委婉悠扬。

卖江鲜海鲜的绝大部分是男性，喊声粗犷有力：“黄沙泥螺卖啦！”“蟛蜞要买菜花黄，肉满黄黑鲜又香啰！”简直就是有韵味的歌谣。新中国成立前，笔者在东门吴家庄一爿茶食店当学徒，“挑八根系的”各种海鲜的担子满街都是，不到一百米就有一个。1948年临近端午节，店里的柜台前来了一个卖黄鱼的，对街有个卖鳓鱼的。起初是各喊各的品种：“格勒金黄的大黄鱼咧！”“雪白旺亮的鲜鳓鱼！”见一买主欲买鳓鱼，卖黄鱼的便高喊：“端午节送礼送黄鱼，又好看，又便宜哟！”喊声把那买主引了过来。卖鳓鱼的见状也当仁不让，连忙喊：“端午节鳓鱼最适时，送鳓鱼恰如送鲥鱼，礼好面子足！”卖黄鱼的见状又喊：“黄鱼好，肉多骨头少，价钱巧！”卖鳓鱼的又喊：“鳓鱼贵重又应时，价格也便宜，味道胜黄鱼！”喊得那买主不知所措，干脆两不得罪，拜拜了。两个鱼贩子的斗志斗歌，仍记忆犹新。“挑八根系的”叫卖声，是南通“市声”中一道靓丽的风景。

这里所说的“市声”，是用语言和器具发布的商业广告声，是一种有韵律、有节奏的悦耳之声。如若归入“音乐”类，前面记叙的叫卖声，就是“声乐”演唱。

南通谚语云：“敲锣卖糖，各做各行。”形象地说明了在南通“市声”中，还有热闹而独特的“器乐”演奏。

南通卖糖的“器乐”演奏，当然不止敲锣这一种，有摇摇鼓儿（拨浪鼓）的，有吹箫的，有摇铃儿的，还有在竹筒里放一把竹签，上下抛颠发出声响的，还有胡琴伴奏、声乐演唱的……不同的糖果品种，就有不同的器乐演奏。

南通人对“市声”中的器乐演奏声还起了富有文化内涵、非常有趣、形象的“曲名”。现择几例，供赏析。

（1）南通俗语“铜匠担子，跑到哪里响到哪里”，比喻了三种人：① 喋喋不休的嚼蛆鬼；② 头脑简单，做的时候才想（响），不做的时候不想的人；③ 深谋远虑，勤于思想（响）的人。

“闹金街”，就是南通人根据铜匠担子的响声而给他取的名称，十分形象。随着铜匠担子的消失，现在恐怕没有几个人晓得了！

铜匠担子是用两个花篮式的竹篓做底座，竹篓两侧用毛竹片做成“篮提”，篮提从底到顶大概有1.5米，顶端用两根横竹杠收顶，两横杠的距离约30厘米。上杠中间挂着一把20厘米的大铜铲刀（用响铜做成的非卖品），两侧各挂一把小铜铲刀，外侧再各挂一把小铜勺，成了一副“闹金街”的组合敲击乐器。横下杠中间有个篾圈，作固定扁担之用。铜匠担子只要担上了肩，上横杠“闹金街”的组合“乐器”就会相互碰撞，自然而然地奏出了热闹的乐章，也是俗语“铜匠担子，跑到哪里响到哪里”形成的来源。

（2）“开银山”，也是南通“市声”中的敲击乐之一。“噔—— 噔噔—— 噔——噔”，有点沙哑的金属敲击声已从市声中彻底消失；即便再有此声，恐怕也没有人知道它是卖什么东西的“广告曲”了。原来，这是锡匠用他的两件工具——一把尺来长的方铁，叫“羊头”，一根“L”形的方铁叫“拐铁”，敲击出来的“开银山”的乐章。

（3）磨刀匠人（有时也兼修雨伞），手中握有十来块15×7厘米左右的长方形铁板，用麻线穿串在一起，类似曲艺快板中的小板。铁板抛出时，发出“呖呖呖呖呖——唰”之碰撞之音。“唰”是将铁板收拢手中之声，节奏感很强。南通人把此声称作“铁金龟”。“铁金龟”的姊妹篇叫“铜金龟”，它是算命先生（盲人）手中用小铜锤敲击小铜锣所发出的“哨——哨——哨——哨”之声，偶尔尚可听闻。过去还有牵着骆驼算命的，手里摇着的一个大铜铃，叫“撞金钟”；麻雀衔牌算命的手里摇的小铜铃叫“摇银铃”。“撞金钟”“摇银铃”与“铁金龟”的器乐声已成绝迹。

如今，忽地听见一蹬三轮者，电喇叭里发出的是录好音的诸如“收电视机、电冰箱！”“老酵馒头！”“收废品哦！”等索然无味之声，使人不禁想起过去那种从早到晚络绎不绝、抑扬顿挫、生动风趣，出自小商小贩之口的吆喝。那些沿街串巷的五行八作的贩夫走卒们，将贩卖货物用曲艺清唱或口技的形式吆喝出来，不愧为韵味十足的吆喝艺术家！

五、南通的饮食词汇

南通的饮食词汇是流行于民间和行业内部的日常口语，生动、活泼、隐喻、简练、形象、有趣，是江海儿女的智慧结晶，也是江海民情文化宝库中不可或缺的组成部分。

南通的饮食词汇极为丰富，是流行于民间和饮食行业中的特殊语言，包括烹饪术语、谚语、歇后语、艄语、谜语，皆为饮食俗语。如一个“吃”字就有二十几种称呼：顺、混、化、总、嗷、泻、搭、捣、挜、揪、噇、哰、掯、搋、吮、嘀、呶、啖、嗒、嘲、嚯、龁、鸽、鲎……现将有关词语分为饮食俚语、行业俗语、原料行话、餐具叫法、烹调术语、菜点别名六个类别选摘如下，以供赏闻。

饮食俚语

点卯——吃早饭或吃早点。“卯时”指上午7~9点。

早茶——早晨吃的茶点。流行于北三县。

昼饭——“昼”指白昼。南通人指午饭；启海人则称“吃点心”。

夜饭——晚饭。

斋饭——做斋事的主家所请之饭。

消闲——吃零食。

半夜饭——夜宵。

加撥子——早、午饭之间的加餐。

腰撥子——午、晚饭之间的加餐。又叫“腰餐”。

止止痳——南通话念“潮”，意指吃点东西止止饿。

打底子——吃些东西垫垫底。

买小菜——市郊人“买肉”的俗称。

打尖——旅途中吃饭。

挂单——和尚在旅途找庙住吃的别称。

打拼伙——民间聚餐的方式之一，指各自带原料，烹制后一同食用。

抬石头——民间聚餐的方式之一，指一齐就膳，费用平分。即AA制。

焖（回）锅——菜重新下锅，又叫回热。

行业俗语

开门作——指公开供应门市的饭菜馆。

关门作——指只供包办筵席，不供应门市散座的饭菜馆。也叫“包席馆”。

做外班——指专到人家家里烹制筵席的“刀包厨”，又叫“做外帮”。

外班挡手——指做外班的头儿。

开堂——开始营业。

收堂——即“打烊”。

响堂——饭菜馆传统的服务方式。服务员将顾客点好的菜，用高声念唱来通知厨房；餐毕结账时，仍旧是高声念唱将价款通知收款台，又叫“喊堂”或“鸣堂”。

重浇——面条中需多加些浇头。

宽汤——面条中的汤要多些。

半汤——面条中的汤扣一半。

小半汤——面条中的汤仅有1/4。

带青——面条中加放些绿叶蔬菜或葱、青蒜、香菜末。

小青——面条中少放些绿叶蔬菜或葱、青蒜、香菜末。

免青——面条中不放绿叶蔬菜或葱、青蒜、香菜末。

带奘——多放些猪油，或指面条的量要足一些。

奘点儿——指多放些面，也叫“厚实点”。

龙虎对——指一半面一半馄饨。

红案师傅——制作菜肴的厨师，简称“红案”，又分炉、案两种。

站炉子——烹调工种，也称当灶、灶上、当厨。

头炉——也叫主厨、头锅，俗称掌灶、掌勺或炒头灶，是炉子上的主要厨师；使用第一火眼或第一灶面，负责烹制筵席或技术难度较大的高档菜肴，或兼管全部红案工种，是整个厨房的领导人。此外，还有二炉、三炉（香港有一至十个炉级）。

站墩子——指案板上的切配工种。

头墩——也称案子头，是墩子上的首席厨师，由熟悉厨房的全部工序、经验丰富、技术水平较高的厨师担任。因其关系到厨房的成本核算、菜肴规格质量、筵席菜单的编制，对企业的经济效益和营销效果起决定性作用，故一般由厨师长兼任。案子上同样有二墩、三墩（香港有1~10个墩级）。

白案——①制作糕团面点的一个部门。白案分大、小案，大案指制作大宗点心店专业店，小案指饭馆里制作筵席点心的部门。②制作冷盘厨师的简称。

主案——指面点制作的主持人和负责人。此外还有副案、帮案、拌馅、蒸锅（成熟）等对不同工种的称谓。

原料行话

（1）水产

虎头鲨打牌——鱼肚。

虎头鲨上天——鱼翅，又叫“划水”。

虎头鲨生气——鱼脑。

虎头鲨过冬——腊鱼。

虎头鲨接吻——鱼唇，又叫“犁头”。

虎头鲨失水——鱼鲞。

虎头鲨减肥——明骨。

虎头鲨的外套——鱼皮，又叫“老脸厚”。

虎头鲨写家书——鱼信。

虎头鲨上法轮寺——鱼脆。（注：法轮寺为南通最早的火葬场）

一篙子打不到底——海参，也叫“虫儿”。

摆尾儿——鱼又有“戏水”之称。

灶家菩萨——黑鱼。

胡子——鲤鱼。

黑头——青鱼。

草雀儿——鲫鱼。

撅子——虾，又叫“弯腰儿”。

开阳——水晶虾晒制成的虾米。

怀儿——虾籽。

横行——蟹，又俗称“无肠公子”“八脚子”。

秃肺——青鱼的肝。

滑丝——“划水”的沪音。

秃卷——青鱼肠，又称卷菜。

田鸡扣——青蛙胃（色白，吃口爽脆，味鲜美）。

裙边——鳖甲边缘的软肉，又叫甲裙、鱼裙。

（2）畜肉

［猪］

元宝——猪头。

十里香——猪鼻嘴，俗称拱鼻。

二拱——猪嘴的鼻根部，又叫二刀头。
明珠——猪眼睛。
小辫子——猪尾巴，又叫节节香、皮打皮。
顺风——猪耳朵，又叫“皮靠皮”。
招财——猪脚爪，又叫“猪手”。
外边皮——猪皮，又叫“猪肤”。
大褂子——油炸猪皮。
榔头捶孤拐——排骨。
灵台——猪心。
赚头——猪舌。
连帖——猪胰。
肚仁——猪胃的连肠部位，肥厚，长9~10厘米，为猪肚的上品。
肚尖——将“肚仁”切下，片去外皮，取其内壁，也叫肚头。
粉肠——猪小肠。
活肉——大肠头，又称“铜头”。
猪脬——猪膀胱，又叫“尿泡”。
炬块肉——切成较大的五花肋条肉。
实膘——猪脊肉下的肥肉。
肋条——五花肉（腰窝、扁担肉与尾椎骨处）。
麻果儿——小肉圆。
［牛］
生丑——牛肉。
牛口条——牛舌，又称牛脷、牛赚头。
牛天花板——牛上颚一块搓板形的脆骨。
腰窝排——即牛排。在牛背脊下侧、肋骨上部。
牛柳——牛里脊。
腑肋——牛肋条。
牛腩——牛腹部近肋骨处的松软肌肉。
仔盖——牛臀尖下部黑籽盖下边的肉。
米龙——牛臀尖，又叫尾巴根、包头肉。
牛百叶——牛的瓣胃。
牛肚领——牛肚中较厚实的部位。
［羊］
麒麟顶——羊头，又叫羊脸。

玉珠——羊奶。
明开夜合——羊眼皮，又叫户皮。
千里风——羊耳，又叫双风翠、迎风扇。
龙角门——羊耳根。
采灵芝——羊鼻尖上的一块圆肉（带鼻孔）。
望峰坡——羊鼻梁骨上的一块肉。
腥唇——羊唇。
大三叉——羊臀尖，又叫三叉、一头沉。
后鸡心——羊臀尖下面一块形似元宝的肉，即元宝肉。
虎眼——即羊蹄，也叫羊脚、羊爪。
玉环锁——羊心肺之间连接的脆骨，因色白、环状，故名。
提炉顶——去掉心头后的羊心。
羊百页肚——羊的重瓣胃，也叫散丹、散旦、散袋。
犀牛眼——羊腰子。
羊肾蛋——公羊的睾丸，形如鸭蛋，也叫羊蛋。
［禽］
报晓——鸡，又叫得哥儿。
凤头——鸡头。
大转弯——鸡翅。
鸡锤——鸡小腿。
鸡柳——鸡里脊肉，又叫鸡签、鸡芽。
鸡四件——鸡杂，心、肾、肝、肫等，又叫时件。
扁嘴——鸭，又叫琵琶。
美人肝——鸭的胰脏。
荒地里开典当——野鸭。
高头——鹅。
飞龙脯——飞龙鸟的胸脯肉。
鹑芽——鹌鹑的里脊肉。
鸽脯——鸽子的胸脯肉。
滚滚儿——蛋，又叫滚头、滚轮子。
大花脸包扎头——变蛋（旦）。
［蔬菜］
如意菜——黄豆芽。
虾蟆青——青蚕豆。

路路通——水芹菜。

困不着——竹笋。

罗汉菜——胡萝卜缨子，又叫长寿菜。

金针木——木耳。

焉酸——苜蓿，又叫黄花儿、草头、秧草。

落苏——茄子，沪音“绿素”的通译，又叫吊菜子。

二娘娘——茨菇（茨菰）。

夜开花——瓠瓜，又叫净街棰。

羊角瓜——菜瓜。

清明草——荠菜，又叫血压草。

千张——百页。

一个爆仗两响——枇杷。

磨子跟水淌——石榴。

空心——葱，又叫和事草。

绳系——蒜头。

［调味品］

滑水——油，又叫滑头丝（沪音“滑豆水”）、四海云。

吼巴——盐。

格里洼——糖。

黑水——酱油。

大花脸——色水。

忌讳——醋。

三六子——酒。

师傅——味精。

秦琼——石碱。

［粮食］

八木——米，又叫松儿。

米粞子——碎米。

灰儿——面粉。

头面——精白面粉，又叫头箩面。

叫花子生孩子——花生。

餐具

莲花——碗，又叫“掀儿”。

篙子——筷子。

小家伙——指四件一套的筷子、调羹、3寸骨盘、酒杯，又称一副全、压桌、轧桌。

舢板——调羹。

平盘——圆盘。

汤盘——盆面中部深凹，用来盛有汤汁的菜，又叫富盘、汤窝。

锅盘——也称扒盘，用于盛整禽、蹄膀等大菜以及扒菜的大盘子。

和合盘——有盖子的深盘子，用于保温、防尘的餐具。

攒盘——俗称果盘，是筵席上装冷菜或糕点、糖果、炒货的隔盒，盒内分九格（中间一圆格，周围八格），有竹木、漆、瓷、玻璃制多种，又叫果盒、果盘。

品碗——即大汤碗，又叫海碗、汤海；小一点的叫顶碗。

一品锅——直帮、有盖的大瓷碗，盛单一原料的菜，如整禽、蹄膀等。

水墩——圆形、腹鼓、口稍小，有盖及双耳的大汤碗。

红花碗——分大锅形状的头红、中锅形状的中红和小锅形状的三红。

疋子碗——一种传统盛菜碗，高脚、喇叭形，碗沿翻边、平口。有三种规格：大的叫头疋、中号叫二疋、小的叫三疋。

烹调术语

开生——即“初加工”。指对烹制的各种原料进行拣、洗、宰、杀、涨发等预加工和做卤煮、油煤等初步熟处理。一般是“刀包厨”在到人家家里去烹制菜肴的前一天所做的一切准备工作。南通也有叫“出生”的。

切配——刀工和配菜的总称。切，指用各种刀法把主辅料切成成菜所需的各种形状；配，指将菜肴的主配料搭配组合好。

粥泡饭——指“菜”配多了，或叫“足饱山”。

度饥荒——指菜配少了，还需添（天）加。

皇帝的妈妈——切得太厚（太后）。

帐子布做短裤——切得太枵（薄）。

焯——也称出水，是一种初步成熟的方法。将菜素原料治净后，投入沸水或冷水或鸡汤中加热至一定的熟度，又叫飞水、泖、汆、烫、浸、冲等，需根据烹调原料的不同要求，采取不同的出水方法。

油滑——有划油、滑油、拉油、过油、走油、跑油、煤等，指根据不同油温、不同油量对食品进行油锅初步熟处理的方法。

火候——指烹调菜肴时用火时间的长短与火力的大小。

抢火——指用旺火热油（沸水）和时间极短的爆、炒、汆法。要注意油（水）温，把握时机及时投料，也叫“吃火头”。

顿火——在烹调中因火力大，需端锅离火，稍停后再回到火上继续烹调。也叫离火、欠锅、炖火、吊火。

嗄饭——南通方言，指吃饭所用的菜或吃粥的咸小菜，也称咸头。

内口——指原料腌制上浆后的咸味，过咸叫“内口大”，过淡叫“内口小”。

外口——指烹调时加入配料的咸味，过咸叫“外口大”，过淡叫“外口小”。

上气——指蒸制实物时，蒸笼缝隙开始冒水蒸气的时刻。一般作为蒸制时间计算的起点。

大气——指蒸笼缝隙冒出大量的水蒸气。

圆气——指蒸至大气后，笼内的水蒸气越来越多，直往上冲，一时扩散不了所形成的气柱。此时笼内的温度最高，压力最大，称圆气，也叫气圆。

熥熥（音吞）气——南通方言。指将冷了的食物用蒸汽稍加热，使之回暖的方法。

五滋六味——对饮食滋味的统称，意为味道多样而丰富。五滋指脆、糯、松、肥、浓，一般指触觉（口感）感受；六味指酸、甜、苦、辣、咸、鲜，是味觉（口味）感受。

麻辣味——麻，指花椒味刺激味蕾所形成的麻醉感；辣，指辣椒、胡椒、姜、葱、蒜、芥末等刺激性味道。味蕾有热觉、痛觉和基本味觉加混合的感觉。

鰳鰊味——南通方言，发音“翁冻儿味”。指食物变质的馊酸气味或腌菜少盐的“小脚儿味”。

黴璞气——南通方言，发音“霉白气”。指食物发霉变质后的陈腐之味。

馊味——南通方言。饭、粥腐败后的酸浆气味。

臭味——食物腐败所产生的秽恶气味。此类食物不供食用。但某些食品，如臭乳腐、臭咸蛋等，因其发酵彻底，蛋白质分解彻底，产生的氨基酸较多，味道尤其鲜美，故为一些人所喜爱。

氨味——主要见于鳐、魟、鲨等鱼类。其活体含尿素成分，死后分解而成如尿味样的刺鼻氨味，吸入严重者可致氨中毒，故需脱氨后才能食用。一般脱氨法是出水后用5%的醋溶液浸泡。

返油——多见于海产多脂鱼类。这类鱼如果暴露在空气中时间过长，会产生氧化作用而出现“油烧”的现象，会有一股特有的油腥味，严重的还会产生醛、酮、酸、醚等化合物，渐使鱼体黏度增加，异味更重，以致完全不能食用。返油，又称“痵”（音“蒿”）、“油烧味”。

痵味——也叫“哈喇味”。油脂和富含脂肪的食物，如火腿、香肠、核桃、花生米等，因保管不善，使油脂氧化形成酸败，产生酮、醛类物质，具体表现为有痵味，多吃导致中毒。

食品的异味（不良气味）很多，如腥味、臊味、膻味、涩味、土腥味、焦味等，只要在烹调时注意去除后，还是可食用的。

食品中的香味，是其本身以及调味品中所含的某些醇、脂等挥发性物质所产生，由人的嗅觉器官所感受到的气味。它可以兴奋食欲神经，引起摄食欲望。香味种类很多，各有特色，是菜肴丰富风味的组成部分之一。

菜点别名

（1）菜肴

兽中之王——南通人对“狮子头”称呼。

葵花大——劗肉。

皱纹肉——南通对“走油肉”的俗称，又叫跑油肉、虎皮肉、梳子肉。

洪福齐天——南通对“冰糖红蹄”的称呼，又叫元宝肉。

齐天同乐——南通对“蹄筒肉”的称呼，又叫扎蹄。

团团圆圆——即“鱼香肉圆”，乃用猪里脊肉做成白色肉丸，用水汆熟后用鱼香料烩制而成。

酥炸盐水蹄——乃南通名菜“香酥肴蹄”，竟被食品商改名为“德国咸蹄”。

猴儿头——臭乳腐拌花生米和猪耳朵，乃南通民间佐酒美肴。

烩大褂子——油发肉皮加鸡肉、火腿和菜头、熟笋、香菇烩制而成，又叫“鸡火肉肚”。

扎肝——南通传统卤菜。乃用猪大肠和猪肝做心，外包小肠，卤制而成。

猴儿滚钉板——南通人对“炒虾腰”的称呼，又叫驼子跌跟头。

猴儿爬旗杆——南通人对“虾仁炒肉丝”的俗称，又叫“炒虾碰”。

猴儿打伞——蘑菇虾仁。

金裹银——石港烩鱼，又叫“连年有余”。

财源滚滚——“元宝劗肉”。系用猪肉与蛤蜊肉做成的劗肉，装入蛤蜊壳内呈元宝状，故名。

虎头鲨纺纱——拔丝鱼片。

官大福大——猪肝炒大肠，也叫炒肝大。

招财进宝——菱角焖猪脚爪。

富抱金牛——干豆腐烧牛肉。

富禄常驻——豆腐干、大蒜炒大肠。

全家有福——三鲜。

龙凤呈祥——对鸡包翅、鸡包鱼肚、鸡火鱼鲞等菜的吉兆之称。

凤栖宝地——菱角烧鸡。

吉庆有余——红烧鲫鱼。

金银广进——银鱼炒蛋。

发财如意——发菜、黄豆芽黄鱼羹。

百年如意——黄豆芽炒百叶。

玉兜黄金——灌蟹鱼圆。

聚财致富——荠菜烧豆腐，又叫“财富齐天”。

和和美美——炒和菜。

甜美长生——南通的“多味花生米”。

金丝赤缕——野鸡丝，又称“金齑玉脍”。

金山藏玉斧——文蛤炒蛋。

如意万年——黄豆芽炒万年青。

金碧玉辉——翡翠文蛤饼。

长生有余——花生米煮鲫鱼。

聚宝盆——八宝饭。

喜洋洋——提汤羊肉。

金银珍宝如意盆——南通炒素，系用金针、银耳、冬笋、香菇、黄豆芽、大蒜等原料炒制。

八仙上寿——海味什锦炖，系用八种海味加鸡、蘑菇等原料烩制。

长寿菜——焯胡萝卜缨。

期颐喜庆——鸡火鲜鱼皮。

松鹤延年——海底松炖银肺。

鹿鹤同春——蟹粉鹿头银肚。

（2）面点

球儿——包子，又有玉米尖、厚皮馒头等称。

开花——烧卖，又有烧麦、鬼蓬头、纱帽、梢梅、寿迈等俗称。蟹粉养汤烧麦，敞口而含汤，为南通独有之绝技。

弯弯顺——饺子。南通把蒸饺叫“扁食”，七月半敬祖用。

耳朵——馄饨，又叫抄手、云吞、小饺、鹘突、包面、淮饺、半碟红、曲曲等。

水饺饵——南通方言，对水饺的俗称，又叫牢丸、粉角、匾食、角子、煮饺、煮包子、水包子、煮饽饽等。

火饺——南通对油煠饺俗称。

跳面——南通对杠子面、刀切面、杠面的俗称。

拔鱼——即面疙瘩，又叫剔尖、溜尖。

嫩浆糕——南通特有品种，系用米粉浆发酵、蒸制而成的米糕，松软可口。

缸爿——南通无馅菱形烧饼，如皋人称“斜角儿”。

连儿——南通无馅长方形烧饼。

草鞋底——南通有馅烧饼，呈圆形或椭圆形。

金钱涌进——金钱萝卜饼。

嫩嫩——即冷饤，如皋人称嫩嫩、冷嫩；启海人称麦蚕。

慎终追远，明德归厚。

老店名厨，

记叙江海烹饪之历史；

老店名厨，

永携南通味道之档箧；

老店名厨，

阐立继往开来之路标；

老店名厨，

缅怀传统德艺之祭坛。

第四章

忆通城名厨老店

通州自古民风淳厚，古人重名节，送古礼，市井中以茶馆、酒店、小吃点心居多，大型菜馆较少，大部分宴请筵席都是请刀包厨（专为居家办宴席的厨师）在家中承办。

明代中后期，人们开始追求奢华，讲究衣着美食，注重婚丧寿庆礼、起房置业、开张乔迁，以至晋升、迎来送往，应酬频繁，聚餐规格化、社交性的筵席逐步形成南通饮食脉络。

一、名厨世家

清代，南通的刀包厨有五大名班：城北的陆家班，城东的姚家班、陈家班，城西的张家班和港闸李家班。

过去的刀包厨是全能厨师，上至燕翅席、满汉全席，下至鸡肚席，各种菜点包括烧烤都能一手操办。他们名义上叫“班”，其实是一个人带上一两个助手，许多“高、大、难”的酒席都能操办、办好。现在有些大师、名师，看不起刀包厨，认为他们是一班“土八路”。其实，刀包厨是厨行中最值得尊重的精英，他们子承父业、传承有序，是真正的名厨世家。

陆家班

在南通北极阁对岸的濠河之滨，住着一户五世同堂的名厨世家——通城有名的陆家班。

陆家班的鼻祖陆长泰生于清朝，小名陆网。他自幼习厨，学到一手烧菜的好本领，便用围裙包一把菜刀，走出菜园子，以出入于官绅乡宦之家帮办酒席为生，成了一名刀包厨。起初，他空闲时还在家种种蔬菜，随着声誉鹊起，干脆弃农从厨。

陆锦元

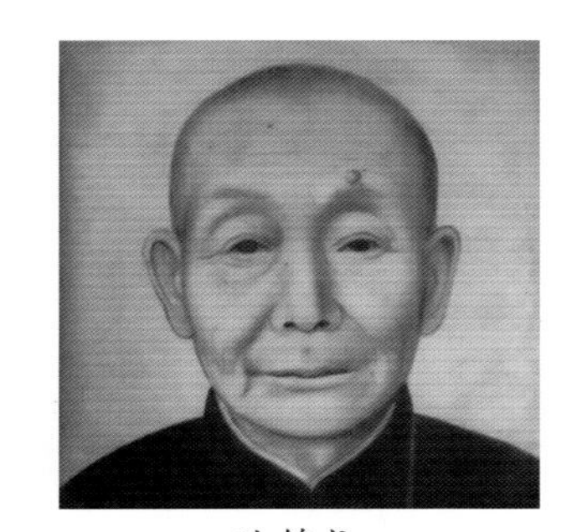
陆锦龙

陆长泰生有4个儿子，长子陆锦龙，次子陆兆金（陆小二），三子陆桂生（陆锦元），四子陆锦纹（陆小林）。四个儿子从小跟随父亲学艺，长到十三四岁时便成了父亲的帮手，真是“父子五搭档，腾飞添翅膀”。陆长泰也从一个“挟刀包”的变成了“用担挑”的行厨，服务区域不断扩展，服务门户也越来越广，成了闻名通城的陆家班。

陆长泰的厨艺传到孙子辈时，只剩下三子陆桂生的两个儿子陆鹤皋和陆鹤汉，其余的均另谋高就。陆桂生带着两个儿子成为继承陆家班厨艺的仅存。因陆家班盛名在外，请办酒席的有增无减，陆桂生便拉上女婿杨炳生来增援，还聘请了一个叫张二的人专职做叉烧烤鸭、烤方等，兼烧火打杂并帮助“出担”。他家中还砌了四个大灶，遇上成百桌的酒席，主家场地又不够时，便先在家中“开生”，将菜点加工成半成品。陆家班一直是南通业务最忙的行厨，一直至新中国成立。

左起：陆鹤皋 杨炳生 陆鹤汉

新中国成立后，陆桂生继续“挟刀包”，“大跃进”时期仍在南园居民食堂烧菜。大儿子陆鹤皋被分配到市轧钢厂（后并入钢丝绳厂）食堂从厨，直至退休。他的厨艺一直受到厂方的重视，厂方也引以为傲。二儿子陆鹤汉1956年到南通饭店工作，成为南通炉台（红锅）上的翘楚。1961年作为厨行精英被调至中华园；新华菜馆开业调他出任店主任；市二招（文峰饭店前身）组建时将他挖去当主炉，1981年任文峰饭店总厨师长，1989年升任饭店行政总厨。

1976年陆鹤汉被中国驻巴基斯坦大使、南通籍的陆维钊看中，遂调其任中国驻埃塞俄比亚大使馆做了五年主厨。1984年5月又被邀去中国驻肯尼亚大使馆执厨。在驻外使领馆司厨一般时间为二至三年。中国驻肯尼亚大使已经换过三任，新任大使卫永清于1984年12月到任，他就是不放陆鹤汉回国。为了留住陆鹤汉还破例将他的妻子张桂英也调去使馆做面点师。陆鹤汉在驻外使馆主厨十年，博得中外国家领导人的连连好评，还常被其他国家驻外使馆的大使夫人们请去教授中国菜点的制作技艺。1989年，中国驻新西兰大使馆连发6封信函，邀请刚回国不久的陆鹤汉去担任主厨，均被陆鹤汉婉言谢绝。

陆智林

陆智荣

如今，陆家班的通菜烹饪技艺由陆家的第五代、陆鹤皋的两个孙子薪火相传。大孙子陆智林和二孙子陆智荣，分别在中国银行南通分行和中国工商银行南通分行当厨。

“陆家班”是南通刀包厨的一个缩影。

姚家班

满清时代南通著名的刀包厨还有东门的“姚家班”——姚长泰和他的儿子姚士俊、孙子姚金龙和重孙姚顺林。姚金龙的小名叫姚洪，家住北街藕花池。姚顺林在1958年成立的南园食堂里做过厨师。姚顺林三个儿子都是厨师。他们家五代厨师，技艺代代相传，从未间断。

陈家班

南通东门还有一个“陈家班”，班主小名叫“陈狗子”。其子陈炳荣（外号小狗子），瘦高个，是东门相当闻名的刀包厨，新中国成立后曾在“和平食堂”做过厨师，20世纪80年代初担任过人民路盆菜店的负责人。

张家班

张家班是活跃在南通西门一带的刀包厨，班主有张七鬼儿、张鹏龄、张顺等。

李家班

南通十里坊的李金福是港闸和城西地区最负盛誉的刀包厨，是通帮名菜馆“李桂记”业主李桂元的父亲，对南通本土菜的传承、发展、弘扬贡献最大。

南通有名的其他刀包厨还有时纲等人。

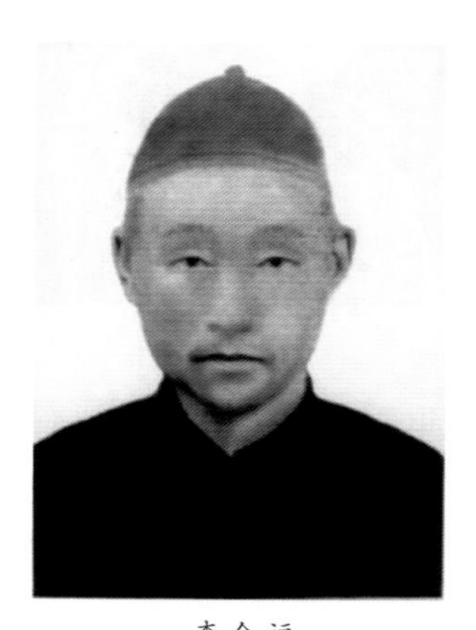

李金福

南通的刀包厨遍布乡镇村组，既有专业班组，更多的是业余“票友”。做刀包厨要会“三扣”“三烩”“一腐”，“三扣”即扣鸡、扣走油肉、扣肚；“三烩”即烩肌酥（小橄榄肉圆）、烩鱼（醋椒桂花鱼）、烩蛋（先炒或蒸后烩）；“一腐”即鱼圆（鱼腐)。这三扣、三烩、一腐各地版本不尽相同，解释权在当地。因旧时一家只有一灶，一般是两眼（锅），最多的三眼。“三扣”全是蒸菜，一只锅可蒸几十个甚至成百碗菜，“三烩”一锅可烩很多碗菜。“三扣三烩一腐”是灶具少的产物。现在时代不同了，刀包厨分成移动菜馆式与专业烧菜式两种。①移动菜馆式：办筵席方只要按档次规格付钱和提供场地与水电，从炊具、餐具、桌凳到做菜的主、辅、作料，全部材物用料，都由刀包厨带来。②专业烧菜式：刀包厨按主方要求开出菜单和所需原、辅料数量，均由主家采购，勤杂服务人员也由主家安排，刀包厨只做菜。

二、专业名厨

本篇只收录对南通烹饪事业做出贡献的已逝名厨。因为他们已经离我们远去，并将逐渐被人们遗忘。记述他们的生平和业绩，一是缅怀和纪念；二是为留住南通部分烹饪文化历史。

胡寿康

三朝厨老胡寿康

胡寿康，生于清同治九年（1883），本市城西城港人。1894—1898年为锦乐园菜馆学徒，1898—1904年为双福园菜馆厨师；1904—1927年为长兴馆厨师；1927—1951年为大华楼菜馆厨师；1951—1954年为大众食堂厨师；1954-1956年为南通机关合作社厨师；1956—1962年为南通饭店厨师。

胡寿康服务过的饭店都是当时南通的大菜馆、大饭店，经他的手配出来的大菜份份规格准、质量好，即使是酷暑季节也从未发生过一起食物变质事故。饭店也因此赢得了良好的声誉和口碑。南通名厨陆鹤汉是这样描述这位前辈厨师的：

胡寿康在南通饭店负责配大菜时，因已站立工作了60多年，一条患有静脉曲张的腿已经发炎溃烂（俗称老烂腿）。领导上特地给他做了一张高脚凳，让他坐着工作。但胡寿康工作时间从来不坐，而是找来一个石墩子，把病患的腿踩在上面坚持做切配。胡寿康除了做改切大菜的主辅料外，还负责红货，如红烧肉、红蹄、走油肉、粉蒸肉、猪肚等的改切以及配料。将各种原料改切后，按规格、重量，装入扣碗、扣钵。胡寿康“科料”一刀准，配菜一手准，大家说他的手就是“秤”。

当时没有电冰箱，大菜的案头单“水料钵”就有七八个，如改切好的鱼皮、海参、鱼肚、玉兰笋、香菇、木耳以及鱼圆、虾腐等都浸在水中。为防止食物变质，每天要换5次水；打烊后还要将水钵搬到天井里过夜；扣碗、扣钵有的要复蒸透。这些事本是徒工做的，胡寿康却像个“监督”，不时地提醒徒工“换水”“复笼”。当看到水料钵中的水已浑浊或是原料夜间被猫鼠偷吃，很心疼，一向不发脾气的他会用南通土话来怒斥，借以发泄心中的苦痛和愤恨。

胡寿康11岁到菜馆学徒，直到79岁退出烹饪界，厨龄长达68年，历经了清朝、民国，还为新中国服务了13年。他是南通市从厨年龄最小、退休年龄最大、厨龄最长的厨师；是历经三个朝代、矢志不渝的元老厨师；是站立工作了24820天的神功厨师；是经历了68个“三伏”和“三九”冷热炼狱的无畏厨师；是历经了“刀”与“火”的洗礼，横跨两个世纪的钢铁厨师；是烹制美食最多的状元厨师，足以载入吉尼斯纪录。

厨师泰斗刘明余

刘明余

老南通对“中华园菜馆”一定不会陌生，但对菜馆的创始人刘明余也许知之甚少。笔者与他共事八年，钦佩他高超的厨艺，景仰他高尚的人格。

清光绪二十六年（1900），刘明余生于扬州江都。幼时家境贫寒，加之父母双亡，不得不以替人家放牛为生，13岁时跟着做厨师的三叔刘元章到上海学厨，由于勤学苦练，烹饪技艺长进很快，不到20岁的他不仅能做一手淮扬菜点，还博采其他风味和西菜之精华，成为一位贯通中西、汇通中华多地风味的厨师。1920年，20岁的刘明余随叔叔到上海大生账房（金城银行）做厨师时被张謇看中，后于1924年被邀至南通俱乐部承包餐饮。此时的南通俱乐部因有梁启超、马相伯等巨擘名流的褒奖和推崇已名声在外，而有了刘明余的加盟更是如虎添翼。一个24岁的年轻人竟把餐饮搞得风生水起，特别是时任五省联军总司令的孙传芳吃了刘明余做的“华盛顿汤”后，赞不绝口，极力推崇。俱乐部遂蜚声海内外。

1928年刘明余在有斐馆西隔壁的模范路上开设了南通最大的“中华园菜馆”，经营京苏大菜、包办筵席，供应淮扬细点，聘请黄大夔、刘元喜、高元忠等主厨，生意异常兴隆。1938年又租赁崇海旅馆一楼及有斐大厅开设中华园分店。因菜点质量一流，生意红火，挤垮了由汉奸开设的新华园菜馆。分店后于1946年并入中华园总店，一直经营至1952年。1956年南通市组建了两家公私合营的饭店，刘明余被请进了其中一所——新南饭店。

在食物奇缺的1961年，南通市在人民路上开了一爿“中华园高价菜馆”。菜馆集中了全市最优秀的厨师，刘明余赫然在列。笔者那时初入行业，有幸被调进，方与他结识。初识时，见他保养得很好，只知道他是“中华园”的老板，心想他一定是个不能吃苦只会享受的人；但在此后相处的日子里，逐渐感受到他那完美极致的烹饪技巧和有口皆碑的人格魅力。

刘明余白白胖胖，慈眉善目，身材魁梧。他既不是组长（总厨师长），也不是部门负责人，但大小干部，包括共产党员、先进工作者和大厨名师们都对他非常尊重，唯“话”是从。他说：“红锅上少一个‘头炉’，邗江邵伯的奚锦才技术不错。”没过几天奚锦才就真的来报到了。整个厨房里没有硝烟，只有和谐，似乎形成了以刘明余为中心的格局，这在那个阶级斗争“天天讲”的年代里是多么难能可贵！

刘明余是中华园的“头墩”，除负责酒席和高档菜的切配外还负责冷盘间和红货。他每天早上7点上班晚上9点下班，除了午后休息2小时外，屁股从不沾凳，几乎没有一点空余时间。由于他人胖，经常大汗淋漓，不断地用抹布擦脸揩汗是他的习惯动作。笔者建议他另备一条毛巾，他却笑笑说："水不污人，人自污。"他工作时抹布从不离手，拎桶不离身，走到哪里揩到哪里，案板、搁凳、菜墩、板壁、窗台，都让他擦洗得一尘不染。他的抹布是边擦边搓，干净得甚至超过了脸布。他说，要做到"随手净"。出手不净的厨师绝对做不出来纯净的菜点！走进他的工作场所，那真叫一个绝对的干净，甚至可以与医院的手术室媲美。

刘明余做菜极其顶真，包括最普通的红烧肉。在改切前，他先要在炉火上把肉皮烧枯，再放入淘米水中刮洗白净；而他切出来的肉，每块都是方方正正，大小如一，整齐得就像是模子里刻出来的。肉送到炉子上红烧后，他还要按规定的分量一份份地盛入消过毒的扣钵里，再将扣钵整齐摆入蒸笼。一笼16钵，三四屉笼足有六七十斤重。刘明余还要将它搬送到三十多米开外的外蒸锅间，把肉蒸透。他这样做出的红烧肉，即使在炎热的夏天，放上十天八天都不会变质。其他的红货，如红蹄、走油肉、粉蒸肉、扣猪肚等，本来都有专职的厨师做，而刘明余从不让人插手。每当看到他将蒸笼搬进搬出时，都会担惊受怕。一个花甲老人，搬着汤汤水水、又大又沉的蒸笼，在油滑不平的地面上踉跄而行，随时都有跌倒的可能。是啊，对一个争分夺秒、超负荷工作十二个小时还不肯休息片刻的老人，谁看了不心疼？

刘明余负责的冷盆间，每个品种都有严格的制作标准，各种卤菜都有特殊的制作要求，容不得半点误差。他做肴蹄的卤汁，在每次卤制后都要用箩筛滤去杂屑，再烧沸，始终保持卤汁纯清如水。一旦卤汁浑浊，必要用老母鸡将卤汁吊至清澈见底。用这样的卤汁卤出来的肴蹄，肉红、皮白、卤汁透明，故称"水晶肴蹄"，有鲜香腴软之味，无与伦比之美。你若吃过刘明余做的肴蹄，再吃吃现在的肴蹄（包括名产），一定会认为前者是绝味！刘明余像保护自己的眼睛一样保护着他心爱的宝贝卤水，沉重的卤水锅搬来搬去也不容别人帮忙。他对菜肴的味质视如生命，就连一角钱一碗的肉末豆腐汤，每天都要尝味。发现口味不正，一定要重新再烧。

笔者这个刚进菜馆的外行对他的一举一动都觉得新奇。刘明余往往一市（午市或晚市）二个小时内要配几百个零点菜（是史无前例的畸形需求）给红锅厨师烹调，没有任何口头通知和语言交流，红锅师傅却能按要求烹调出各种不同口味、不同烹法、不同等份的几百种各不相同的菜肴，竟没有丝毫误差。经过仔细观察，笔者发现了等份大小是以配菜的"盘子"作为标识，而传递信息的秘密在于菜的主辅料上。一个菜，一般是一主料，二三配料，三四种食材在刘明余的手上竟能变幻出几百个各不相同的菜品。笔者不得不由衷地佩服。

一般厨师呕心沥血取得的技术成果是不肯轻易传人的，但刘明余却不然。他身教结合言教，给"中华园"的青年人"润物细无声"式的传授方法无时不在。他在配制油焖冬笋时会边做边说："冬笋的'劈材块'只能用刀根撬，不能用刀劈和切。撬出来的块刀面毛糙，结构松，不但容易入味，口感也好。"他会不厌其烦地说："笋，包括春笋焯水时一定要冷水下锅，热水下锅去不了涩味"；"笋干的涨发要因干制的方法而异。如干板笋就要反复煮，而玉兰笋就不能煮，也不能用热水泡，只能用冷水发后切成片，再用沸水烫两三遍，会越烫越脆。如若跑上来就用热水，硫磺味就去不掉了”。他切鱼片时会告诉青年艺徒：鱼要顺着纹路切，只有黄鱼和黑鱼可以顶纹切；黑鱼可以切成薄片，其他鱼却不能。鱼片划油，刚下锅时可以搅动，颜色变了就不能再搅了，否则鱼片就会散碎；而爆鱼却相反，刚下锅时不能搅动，待鱼炸起了壳才可以搅动。他还会讲到做爆鱼、油爆虾的油量要大，油温要高，还要重油（炸二遍）等技术关键。再如莲子、白果、花生仁子、核桃、栗子、松子，各有各的去皮方法。焯大蒜起锅后只能沥水，不能挤水，挤水则大蒜不脆……有人以为他说的仅是些做菜的小常识，但这些小常识在故纸堆里找不到，在现代烹饪教材中也没有。这是刘明余长期探索的实践经验总结和科学认识的结晶，也正是厨师不肯传人的秘诀和窍门。刘明余还不失时机地给艺徒们传授当时已经濒临失传的绝技，如吊清汤、菊花锅、盐焐鸡、叉烧鲥鱼等南通名菜。

其实早在1959年，南通地区商业局就举办过烹调培训班，也曾聘请了刘明余、秦进生、焦星山、李铭义、刘树森等南通名厨编写烹饪培训教材，为各县培训了三期骨干厨师。刘明余到“中华园”后，又续编了高级班的教材，为高级班讲课授艺，还亲自到尚未形成烹饪技艺的启东帮助开办饭店，直到正常运转。据业内人士回忆，他在“中华园”期间共培养了40多个艺徒，日后个个成为厨师中的中坚：张金泉、何国清是南通名厨，高元忠坐守镇江，邓有道则名扬扬州、南京，还有徒弟在黑龙江、芜湖等地开设了中华园菜馆，刘国权更是把“中华园菜馆”开到了美国、德国……

在烹调技术就是“金饭碗”的年代，刘明余为什么要把他的“金饭碗”如此轻易地送给别人？刘明余生有13个子女，没有一个做厨师。南通名厨秦进生告诉笔者：“刘明余在解放前就和他有过约定，我们俩的子女都不入厨行。”笔者问为什么？秦进生说：“解放前做厨师难，开菜馆更难。厨师受尽了屈辱，时时刻刻提心吊胆，生怕‘饭碗’被打碎了。”

刘明余属牛，这个从穷乡僻壤步入厨行的放牛娃，一直像牛一样耕耘着烹饪事业，其作甚勤，其献甚大，其取甚微，其功甚伟。

1968年南通烹饪泰斗、一代宗师刘明余驾鹤西去，享年69岁。刘明余是笔者的良师益友，和他在中华园共事八年。笔者在烹饪方面之所以能有一点建树，完全得益于刘明余的启蒙和帮扶。

焦星山

时代先锋焦星山

焦星山（1902—1970）虽出生在中国厨师之乡的扬州邗江，但他所学所做的都是南通菜，是通帮菜厨艺卓著的元老之一。

焦星山的父亲焦天如，晚清时期在南通做厨师。1918年，父亲从邗江农村把16岁的焦星山带到南通，安排在当时南通最大的饭店“集贤楼”学徒。集贤楼的老板、厨师和师兄弟如吉鹏龄等都是南通人，毋庸置疑，做的是正宗的南通菜。焦星山天性聪慧，又肯吃苦，师傅也愿意教他，于是很快便掌握了南通菜的各种技法。

1922年，焦星山在唐闸敬孺中学掌勺一年，1923年就被当时南通中国银行经理罗汉屏看中，选入该行掌勺达18年之久。1940年，为避战乱，焦星山随南通中国银行迁往上海，先后受聘于客居上海的青岛中国银行、安徽芜湖中华楼菜馆、南京信余银行。1947年回到南通。1948年，南通中国银行复业时又被聘用。1950年银行关闭，焦星山失业。1956年南通第一家公私合营南通饭店（后改为国营）建立，焦星山被聘为饭店“头墩”厨师（掌作厨师）。1961年，参加筹建中华园高价饭店，又被优选进中华园菜馆，直至1970年去世。

出于对职业的敬畏之心和对共产党的感恩之情，在中华园和南通饭店，焦星山把整个身心都扑在了工作上。从早晨7点上班，一直忙到晚上9点离店，只见他忙上忙下，忙进忙出，片刻也不会停歇；就连下午2个小时的休息时间仍在为“晚市”供应补充缺料，拣、洗、切、配样样都做，粗细轻重式式全来。冰天雪地的寒冬，他双手泡在水里洗涤动物内脏，猪脚爪被他掛现出本来面目；酷热难当的炎夏，熊熊的炉火旁有他涨发干料的身影。白天14个小时觉得不够用，他干脆把铺盖行李搬到了店内，深更半夜从井里吊清水，给成大缸的鳝鱼换水，还要把水料钵搬到天井里，盖上盖子，以防猫儿偷食。

1961年11月6日是个寒冷的早晨，天上下着毛毛细雨。焦星山俯身对身患宫颈癌晚期，已经不能吃喝的妻子焦田芝说：“我今天再去上一天班，顺便把明天的事情安排好，明天请假陪你。”说完就去中华园上班。中午，邻居朱大妈来探望。焦田芝用尽全身力气，断断续续地对她说：“我先走一步。”女儿焦舜霞见此情景，哭着喊着在雨中奔向了中华园。这时的焦星山刚刚端起饭碗。他看到女儿哭奔而来便知大事不好，随即放下饭碗，火速奔回了家。焦田芝见到焦星山，只说了一句“你回来了”，就闭上了双眼。时隔54年，今年已87岁高龄的焦舜霞与笔者谈起此事时仍恸哭不已，说：“我父亲把工作看得比任何事情都重要。”

在物资匮乏的年代，焦星山能把三角钱一客的客饭（一菜、一汤、一饭）中的主菜搞出十多个品种，有溜肉丁、炒猪肝、烩蹄筋、炒肉丝、炒大肠、炒精片、炒腰子、炒木樨（肉丝炒蛋）等等，让顾客吃一次客饭等于开了一次大荤。遇有三五个知己、八九位朋友拼伙而食时，大家便能同时吃到十来个不同品种的荤菜。有人开玩笑说：“聚个餐等于赴了一次全荤筵，啖了一顿猪全席！”无论是烹饪上档次的大菜，还是家常小炒，焦星山都一视同仁、一丝不苟。一角多钱一碗的肉片青菜、烩肉肚（皮）、肉末豆腐汤等经济实惠的菜品，他会做得有滋有味、鲜香可口，是名副其实的价廉物美。因而顾客云涌，生意红火，为饭店菜馆向大众化转型经营起到了示范作用。

焦星山带徒是从厨德、爱岗、勤奋、节俭等思想教育入手，以身教示范为手段，以促膝谈心、循循善诱为方法。他常说，浇花要浇根，帮人要帮心。这就是他培养艺徒的诀窍。事实胜于雄辩，焦星山的爱徒马树仁、陆鹤汉、吴道祥、唐裕宝个个出类拔萃，都成了当代杰出的大师级名厨，张金定还当了市饮食服务公司的总经理。年过七旬的吴道祥先生厨艺卓著。笔者与他谈起他的师傅焦星山时，他不无遗憾地赞叹："他批出来的腰臊（肾盂），上面竟没有半点腰子留存，纯净得全是白膜。这种炉火纯青的刀工，后继无人！"他说："我师傅的手艺真的叫出类拔萃。就拿切笋来说，在他的刀下不管是笋根、笋尖，都切成了最嫩的笋尖片状。"

共产党员焦星山从1958年起便是南通市"红勤巧俭"标兵，省、市级"六好职工"，当选过南通市第四届人大代表，获得过业务技术能手、红旗手、先进工作者等许多荣誉称号。焦星山曾与全国劳模马富齐名。当时群众中有"学马富，吃哑苦"的流行语；而饮食行业流行的是："学习焦星山，专挑重担担！"

谔谔求真刘树森

刘树森

刘树森（1913—1998），1913年农历三月初三出生于本市起凤桥旁一个贫寒的工人家庭。1919年母亲去世，6岁的刘树森便肩负起了带领弟妹、操持家务的艰难重担。

1926年，13岁的刘树森到天生港"项复兴菜馆"学徒，开始了他从厨的漫长生涯。学徒四年，满师后还要帮做二年。白做了六年后，老板每月仅给刘树森六元工钱。1932年，19岁的刘树森正式成为中公园菜馆的一名厨师。1934年结婚成家后，因中公园菜馆改组，他去了"金乐园菜馆"。一年后，到唐闸"隆兴楼"仅做了一年，终因生意清淡而失业。1936年，他和胞弟刘增昇在天生港租房开了一个经济饭店。二年后日寇在天生港上岸，兄弟俩弃店逃回了城里。待秩序稍平定后俩人去收拾残局。好在店小，虽有损失，只需另起炉灶，添置些简单的餐桌餐具，便又重新开张。但生意萧条，于1939年关店。此后，兄弟俩又到西门马家府开过包子铺，终因收入难以维持两个家庭的生活而歇铺。1941年，刘树森已经生有两男两女，为了六口之家的生计，他往返上海与南通之间，为南通的菜馆购买南货海鲜"跑单帮"。此间，他经历了新中国成立前夕物价飞涨、难以为继的困苦，惨淡经营，一直艰难地维持到新中国成立以后。1952年，他又生一女，七口之家的生活重担逼得他无路可走，这时他才到劳动局去登记失业。随即，刘树森就被介绍到人民银行做厨师。刚去时工资是37元，不久工资一改革便变成了21元。鉴于他家生活困难，银行每月还借给他15元。5个月后，已欠银行75元。诚实的刘树森想不能再借下去了，便向银行提出辞职。银行同意了他辞职的请求。令刘树森意想不到和万分感激的是，银行不但免除了他所借的75元，还发给他200元作为离职后的生产自救基金。辞职后的刘树森先做了一年鱼贩，因怀恋烹饪工作，便请了一个"会"（亲友之间不计息的融资），在十字街平政桥开了一家森记菜馆。此时，他的大儿子刘荣奎已有19岁。于是，父子俩做菜，13岁的大女儿刘银凤也被拉到店里做服务员，才算有了基本稳定的生活来源。1956年，南通市新建第一个公私合营南通饭店时，将附近的森记菜馆也纳入其中。于是，刘氏父子女三人便成了南通饭店的职员。

刘树森先后就职于南通饭店、中华园高价饭店、新华饭店。他烹调技术精湛全面，娴熟炉墩之道，他创制的“鸡火蜇皮”（赛鱼皮）、“油焐脆皮鸭”，与李铭义创制的“无刺刀鱼全席”“梭子蟹糜全席”等高档名菜、名筵，均被《中国名菜谱》《中国烹饪辞典》《中国烹饪大百科全书》收编。20世纪70年代后期，国家推广马面鲀（剥皮鱼），他创制了40多种以马面鲀为食材的冷盘、热菜、点心，被编成册，推广全国。

1973年，南通商校聘请他与李铭义担任烹饪实习指导老师，为烹饪教改、厨师快速成才做出了很大的贡献。此间，他还参与了《南通风味菜选》的编写工作，书中520个名菜的制作方法，绝大部分出自于他的口述。刘树森有着惊人的记忆力。他指导实习和示范操作，不管是主料、配料、调料的用量，连几分几厘都交代得清清楚楚。在他的菜谱里，绝对不会出现适量、少许、酌量等字眼。他报出的用量是绝对精确，对操作程序和每个环节，都不会有任何的错乱或遗漏。

刘树森个性爽直，待人诚恳，做事求真，实话实说，在人之诺诺中，突显其谔谔。笔者是在被他几次“将军”之后，才把他当成了良师益友。

第一次发生在20世纪70年代初。杭州市饮服公司的党委书记带领三位杭州德高望重的老厨师，来南通交流烹饪技术，并表演了三个杭州名菜——西湖醋鱼、龙眼鳝片（虾仁鳝片）和拔丝桔子。因为当时南通没有鲜桔子卖，所以就买了两个罐头的糖水桔子。谁知那位杭州师傅做的“拔丝桔子”竟没有拔出丝来。笔者在一旁连忙解围，说：“今天用的榴花砂（白粗砂糖）不适宜拔丝，另外南通的炉灶与杭州不同，火候不大好控制。”客人对笔者的话感谢万分。送走客人后，刘树森当了众多厨师的面，给笔者下不来台地说：“你知道粗花子糖不好拔丝，为什么还要给人家拔？”李铭义在一旁忙说：“巫老师说这话是为了给人家好下台阶呀！”刘树森冲着李铭义：“你说好拔，你就拔给大家看看？”李铭义碰壁后却毫不介意，反而跟他笑笑。意识到刘树森绝不会放过笔者了，就说：“我虽然没有亲手拔过丝，但今天可以用粗花子糖试试。不过拔丝非双手不可，我不方便，能不能让人帮我一下？”有个中年厨师自告奋勇地说：“我可以帮你，完全按你的吩咐来操作。”始料不及的是，在这位中年厨师的配合下，拔丝竟成功了。在场的几个年轻厨师还把拔出来的丝，从操作间一直拉到了天井里，十多米长的丝竟然不断。刘树森连忙向我赔不是，说：“我只以为你是有意使坏心，‘治治’那帮杭州厨师的，没想到你是好心，你是个好人啊！”

还有一次，江苏省《中国名菜谱》常务编委来南通开会，他当着常委们的面对笔者说：“你说三两海蜇皮可以炒一份‘芙蓉蜇皮’，你是受几个青年厨师的骗了！”笔者问他：“是受了哪个青年厨师的骗？”他回说：“三两海蜇皮不可能炒一份菜。”笔者将制作方法告诉了他，让他试试看。想不到爱较真的刘树森竟端来了一份炒海蜇给笔者和常委们看，还说：“这里用了一斤海蜇皮，一盘子还不太饱满呢！”此话既出，逼得笔者不得不当众称了3两海蜇皮，炒出来了满满一盘的“芙蓉蛰皮”。刘树森见状，知道自己错了，忙说：“对不起，是我没有能掌握你说的技术。以后我一定向你好好学习，不能老是把你当只会说不会做的外行。”

刘树森为人太耿直。笔者常与他同去其他饭店。只要他看到人家的操作不规范，也不管人家是头儿还是尾儿（主任或青工），他都会立即上去纠正，还要做示范给人家看。有一次，看到一个老师傅烧菜用勺子在舀盐。他毫不留情地说："你用勺子舀盐，勺子里面的盐你看得见多少？再说勺子是湿的，粘吸在勺子边上的盐，你看得见吗？我们应该给青年们树个好的榜样才是。"

笔者欣赏刘树森直爽、较真的性格，将他聘为商校的烹饪实习老师。饮服公司的领导不无担心地说："你请了遇事诺诺的李铭义，又把遇事谔谔的刘树森请了去，诺诺与谔谔摆在一块儿，能和谐共处吗？"笔者说："'诺诺'与世无争，'谔谔'也就没法与他相争了。"事实证明，他们两个人在教学上配合得相当默契。虽然刘树森对李铭义时有言语冒犯，李铭义却总是一笑了之。刘树森不得不承认，李铭义是他最好的老兄弟。这便是"有容乃大，柔能克刚"的生动例证！

通菜厨典李铭义

李铭义出生于南通名厨世家，熟谙南通本帮烹饪知识，精湛技艺无出其右；堪称南通烹饪才俊、通菜烹饪的"百科全书"，南通烹饪的一代宗师。

李铭义

李铭义（1923–2009），出生在本市港闸区十里坊一个贫寒的佃农家庭。祖父是烹饪技术卓越的"刀包厨"。父亲李金福继承祖业后，以"李家班"为名承接居家婚丧寿庆，享誉港闸以及城西地区。

李铭义8岁入十里坊小学。1936年，刚升入五年级的他因父亲李金福去世无奈辍学，跟随哥哥李桂元学做了4年的刀包厨。1941年，李桂元在西大街马家府开设李桂记菜馆，18岁的李铭义便成了菜馆的中坚厨师，直到1972年被调出。掐指算来，李铭义在李桂记做厨师达32年。

李桂记菜馆，老南通无人不知，无人不晓。"李桂记"虽不是李铭义所开，但李铭义与它的渊源深厚。新中国成立前后，菜馆曾几度遭遇困境，是李铭义三次出手才挽救了危机。

第一次发生在1944年。这年，其兄李桂元去世，其嫂秦红英委托李铭义经营管理"李桂记"八个月。李铭义临危受命，八个月中独当一面，使"李桂记"声誉鹊起，生意红火。为扩大经营，又将店搬入祭坛巷新址，使"李桂记"步入到南通知名大菜馆的行列之中。

第二次是1952年。当时，全市所有的大菜馆如万宜楼、大华楼、中华园等都先后倒闭，李桂记的营业也大大滑坡，职工们纷纷退职。此时，其嫂秦红英又请李铭义复出救店。李铭义拿出了400万元（旧币，相当于现在400元）作为股东，与留下来的职工生产自救，将店一直撑到了1956年公私合营。李铭义为保住"李桂记"这块老字号的招牌，不惜将自己由职工身份变成老板，是出于对共产党、对社会主义的信从，还是出于对南通菜的坚守？抑或是对其兄的感恩？不管他是什么出发点，对李铭义独一无二的自我牺牲精神，不能不点赞！

第三次是在1961年。当时物资奇缺，全市的饮食店一天只配10斤猪肉；说的是“瓜菜代”，其实根本没有瓜菜供应。面对这样的窘状，已经调入中华园高价菜馆的李铭义要求回“李桂记”。他回店后，用豆饼豆腐搞出了60多种豆腐菜，加上不要计划的水产品，竟恢复了筵席供应。这在当时南通的菜馆中独树一帜。

笔者与李铭义相识相知于1961年。时值中华园高价饭店开业，李铭义是从全市厨师中选拔出来的技术拔尖的“六老”之一，当时他也不过才39岁，笔者则是刚刚进入饮食业的一个外行。李铭义为人谦和热情，很容易接近，也很好相处。他曾对笔者说：“有困难找我！”话虽简短，但着实使人感到温暖。有一次，他从家里拿来一个燕窝，经涨发后想做“清汤燕窝”让大家品尝。想不到笔者竟也在被邀之列。不巧的是，被邀者中有一人出差，他就把燕窝放进了冰箱。等那人出差回来后，燕窝已经变质。他一边把燕窝倒进泔水桶，一边说：“明天照常请你们吃燕窝！”“你家里还有燕窝？”笔者问。他笑着和笔者耳语：“吃人造的！”只见他选了一把猪蹄筋，经油、碱、水、火之攻，历刀、镊、剪、针之治，用高级鸡清汤烹制后让大家品尝。立即得到了大家的一致赞许。有人惊叫：“完完全全和真的燕窝一模一样！”一位老厨师说：“无论从形状、色度、光泽上看，就是神仙也分不出真假来呀！”其他厨师也都给出了“神像”“真像”“做得太好了”等极高的评价。的确，李铭义的人造燕窝胜似燕窝，不仅逼真，还可乱真，让任何人都无法辨认，可谓登峰造极。李铭义却坦诚地说：“要辨别真假，可以蘸酱油，因为燕窝是不吸色的，而蹄筋能吸酱色。因此，它只能叫‘清汤赛燕’。改了个‘赛’字，点名了它不是燕窝，对内行还是外行都无欺。”他还把操作关键向同行们做了介绍。他说，燕窝和蹄筋都是白明胶（胶原蛋白的老名称），本质相同，关键是要掌握好蹄筋的涨发，不能让它“大发”。蹄筋“大发”了，就没有了弹性；但又不能“不发”。不发，弹性又太强，筋力太大。至于造型，只要你有“绣花”般的耐心，岂有不像之理？听此言，如醍醐灌顶，对李铭义的高尚人格和烹饪技艺，不得不由衷地敬佩。

20世纪70年代末，江苏省组织了一次烹饪比赛，规定各市要选一位老师傅，表演一个传统名菜。南通市推荐了李铭义。笔者建议他就做“清汤赛燕”。比赛结果可想而知，李铭义的展台被厨师们围得水泄不通。全国鼎级名厨胡长龄、杨继林都把李铭义这一绝技视为“观止”，并与李铭义结为厨门知己，经常向李铭义讨教和切磋。

李铭义在做“清汤赛燕”的同时，还制作了“淡菜皱纹肉”“凤戏牡丹”“烧三鲜”等南通本帮菜。每个菜都有其奥妙的技艺和故事。看李铭义做菜，听李铭义讲故事，能使人茅塞顿开。也就是从那时起，笔者开始阅读烹调，研究烹调。

每当笔者赞扬李铭义烹饪知识渊博时，他总是说“做厨师要做到老，学到老。烹饪的学问大着呢！花一辈子时间都学不完。山外青山楼外楼，还有高手在前头呀！”

由李铭义撰稿的“清烩鲈鱼片”，已于20世纪七八十年代先后被编入了《中国菜谱》《中国名菜谱》。

南通解放后，饮食业经过了历次政治运动，饮食业从业人员又受“治淮”“支工”“支农”“大炼钢铁”等的调遣，被弄得五离四散。所剩无几的厨师，又被以搞居民食堂的名义下放。对厨师后继无人、烹饪技术即将失传的现状，李铭义焦急万分。

1960年，南通专区商业局为一市六县办了一个烹调技术训练班，李铭义被邀担任教师。他与市内几个老师傅主动编写培训教材两册（初级、高级），使培训计划得以有序进行。培训班一共开办了六期，为市县培训了一批能担纲的厨师、点心师。然而好景不长，培训班只开了一年便停办，恰似一盆冷水浇灭了李铭义办班的热情。

1965年，南通市商业学校正式开张，招收了一个烹饪专业班，笔者担任教师，李铭义担任实习指导老师。李铭义欣喜的是“授之以渔”可以付诸实施，但又很担忧地说：“教师要有一桶水，才能给学生一杯水。你一个烹法能做几万个菜，我总共只能做近千个菜。我自己连一杯水还不足，怎么能教学生？”笔者对他说，你不是一杯水，而是一座矿。你放心，只要用上科学的方法，你就有一大缸、一大池的水。哪知，“文化大革命”开始了，红卫兵大串连，学生全跑光。李铭义无计可施，“授之以渔”的梦也落了空。

1973年，南通商校又从知青中招生，开设了一个烹调专业班，笔者负责编写教材。笔者一改传统菜谱式的编写方式，将烹饪分设成八门。在《烹调技术》一章中，有初步熟处理4种、热菜26种、冷盘4种，共34种烹法。笔者把方案告诉了李铭义，并说：“教改的成效与后期的实习课关系很大。实习时间为10个月，34种烹法每种排出10个菜来实习，共340个菜。学生对每个菜要操作15~20次，才能达到娴熟程度。实习课由你安排实施。”李铭义信心满满地说：“虽说是头一回，我和你一齐克难攻坚！”

学校借用了一个“市口”最好的中型饭店——利民饭店作为实习基地，聘请了李铭义、刘树森、马树仁做实习指导老师。李铭义把36个学生分成两组，先练两个月的基本功。一组上炉子炒菜，一组切配，一个月后再对调。经过两个月的强化训练，个个基本功扎实后才进入正式实习。

李铭义按照34种烹法，一星期开出90个菜单，一个月要实习360个菜。学生们每月对这360个菜要操作5~6次。经过6个月的轮流，每个学生可反复操作15~20次。实习结束后，李铭义要求每个学生在剩余的两个月时间里，对34种烹法，每个烹法要写3个菜的菜谱，共计102个，但不能与实习菜的品种相同。此举，是李铭义想检验一下学生究竟有没有“举一反三”“精益求精”的能力。结果只用了两个星期，36个学生全部交卷，共3672个菜谱。这4000多个（连同实习的360个菜）菜谱，经李铭义、刘树森和笔者反复筛选，从中选出520个菜（冷盘82个、热炒190个、大菜和美汤248个）编纂成《南通风味菜选集》初稿。

学生毕业时，江苏省旅游局前来商调学生，以充实省级大宾馆。校方只给了8人。这8个学生到南京后上岗不久，江苏省旅游局长黄少武便对笔者说：“你们校培养出了一批厨师的‘种子’，不仅知识面广、技术熟练，还用渊博的科学知识武装丰富了烹饪工艺，什么高难度的菜都能做好，从不失手。”几年之后，南通学生黄新成了东郊国宾馆的副总经理，周妙林做了南京旅游学校的校长，施继章荣任金陵饭店职业总经理，其他学生也分别成为南京饭店、胜利饭店的总厨、旅游学院的教师，被省委党校要去的两个人均晋升为处长；而留在南通的学生，有的成为市饮食服务公司的副总经理，有的当上了饭店总经理，有的成为烹饪学校的教师……笔者认为，这都离不开李铭义亲历而为的强化基本功训练和科学的实习方法，是“授之以渔”结出的成功之果。

味必惊人吉祥和

唐代诗圣杜甫说过“语不惊人死不休”，意为如果写不出惊人之语，那就至死也不肯罢休。蜚声通城的名厨吉祥和，正是一个如果不把菜做出惊人的味道，那就至死也不肯罢休的执着追求者。故文章的题目为“味不惊人死不休”。

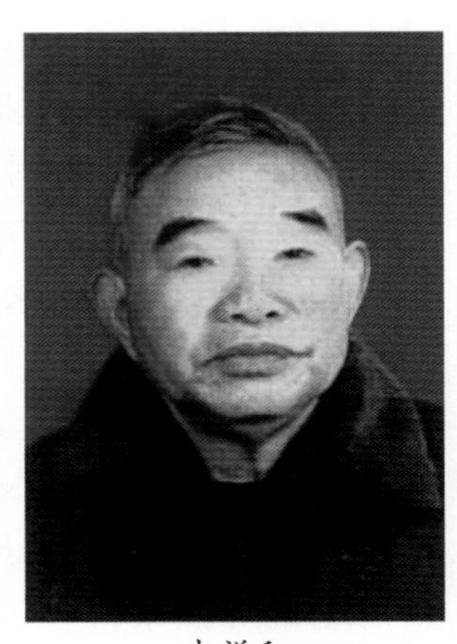
吉祥和

吉祥和（1924—2002），特级厨师，江苏省劳动模范，江苏省烹饪协会理事，南通市政协委员。

1936年，13岁的吉祥和从家乡如皋来南通，到叔父吉鹏龄（吉四）所开的大华楼菜馆学习厨艺。1952年，大华楼歇闭后工人组成了生产自救组。1956年建立公私合营南通饭店，大华楼工人生产自救组全部进入该店，吉祥和是南通饭店的主要厨师之一。1958年，地区招待所在南公园建立高干招待所，吉祥和被调入其中担任主厨，至1985年退休。退休后，他在青年中路开设了一家以自己的名字命名的“吉祥和菜馆”。2002年，吉祥和去世，饭店由其子吉建清继承。

吉祥和从叔父学习厨艺时便打下了深厚的技术基础，他精通红、白两案，是南通厨师中的多面手；他对烹调技术精益求精的刻意追求，堪为厨行之凤毛麟角。

“烹饪技术没有最好，只有更好”，一直是吉祥和梦寐的追求；而为了追梦，他用的是“站碎方砖，靠倒明柱”的吃苦耐劳精神。以他的拿手菜“海底松”为例。

南通名菜“海底松”，吉祥和是从20世纪30年代起做，经过了50多年的漫漫改进之路，才使它日臻完善。起初，他是按照前辈的经验，将海蜇头直接放入水锅煮酥松收缩后，放入清水中漂，洗净盐矾；再经过几小时的“饱水”，使海蜇恢复至原来的大小。这样做出来的海底松，口感虽酥而不烂、松而不脆，但经不起仔细品味，愈嚼“水”味愈重；尤其是“明月海底松汤”“海底松炖银肺”等汤菜，入口有味，一嚼即是“水”味。于是，吉祥和想办法先用布揿海蜇，挤去其中的部分水分。成菜后“水”味略有减轻，但还是经不起细嚼。后来他又在烧之前，将海蜇入沸水锅略氽一下。成菜虽含水量有所减少，但海底松收缩变小，口感又变得软而带韧。吉祥和通过对海底松的氽制时间、水量、温度的反复试验，加上烧烩火候的调整，使咀嚼后满嘴“水”味有所减轻，其他负面作用也有所减少，这是吉祥和经过漫长时间研制改善的一大成功。

传统观念认为“海蜇一煮，化为乌有”。可在20世纪80年代初，吉祥和发现了海蜇可以先洗净盐、矾后再煮。这一革命性的飞跃，对一直追求海蜇入味的吉祥和来说，无疑是个惊天喜讯。从此，他开始用各种鲜汤（鸡、肉、海鲜等）给煮缩了的海蜇“饱水”。“海底松”再也不会嚼出“水”味了。吉祥和卧薪尝胆50年，终于能如鱼得水地做出各种美味的“海底松”菜肴。从此，吉祥和的“海底松”誉满江苏、誉满神州，飘香世界。

吉祥和对南通“天下第一鲜”——文蛤的烹法，也是绞尽脑汁地研究了几十年。

南通人把炒文蛤叫“跳蚱蛾”，顾名思义要用猛火速炒。是把文蛤用配好的姜葱末、料酒、盐等作料拌匀，随即倒入热锅中，只炒十三铲刀即成。沿海居民则更为简单，不用铲刀，只是把文蛤倒入热锅中，用洗锅把儿搅转两下，文蛤即熟，口感更嫩。

“跳”出来的文蛤，个个肉质饱满，圆如葡萄，鲜嫩无比，是名副其实的“天下第一鲜”。如将文蛤炒瘪了，炒出了汤，不但老韧不嫩，鲜味也顿失大半。用“跳”法炒出来的文蛤肉虽然鲜嫩，但因温度没有达到杀菌消毒的要求，沿海居民倒食之无恙，外地宾客吃后则会引起腹痛、腹泻等“水土不服”的现象。这给“味不惊人死不休”的吉祥和带来了很大的尴尬。本地的资源竟不能充分显示其美质，令他寝食不安。他试用上浆、划油之法滑炒，谁知文蛤肉一碰到盐，体内的鲜汁立即渗出；后来，他将文蛤试拖轻糊油炸，成品外脆里嫩，取名为“脆皮文蛤”；他又试着将文蛤肉剁成茸与猪荸荠做成丸子油炸成了文蛤球。这些烹法通统不能与“跳”文蛤相比。

在“十年动乱”期间，上海红房子西餐馆与吉祥和交流了烙蛤蜊的西烹法。吉祥和正在为文蛤烹法“众里寻他千百度”，蛤蜊的西烹法给了他启发。经过他的借鉴、移植和改进，又鲜、又嫩、又安全的“烙文蛤”得以诞生。大家终于可以舒心大胆地品味天下至美了。

有一次，笔者请吉祥和、倪金泉（江苏厨门翘楚）在“桃李村”吃饭。席间，他们俩对一份原焖蟹粉斠肉是吃了又吃，看了又看。两年之后，倪金泉说：“吉师傅说你上次做的原焖斠肉，里面灌了汤，比豆腐还嫩。他研究了二年，却始终做不出你的那个质量和味道。”笔者连忙分辩说：“那是桃李村的师傅做的，不过配方是我开的。其实那次的斠肉并不像吉师傅说的那么好，仅不过嫩了点。吉师傅何苦要研究二年，打个电话不就解决了？”倪金泉说：“吉师傅的脾气就是这样，非要自己反复配制试验，直到成功为止。”这大概是自尊心在作怪。因见他们二人是“同谋”，于是就把配方和具体做法告诉了倪金泉。过了几天，吉师傅请笔者吃饭。好家伙，餐桌上除了有冰糖红蹄、盐水白蹄、四喜肉外，还有原焖斠肉。吉师傅要求笔者每道菜都要尝尝。笔者说：“今天的原焖斠肉做得非常成功。你做的肉菜都是肉菜中的极品，以后就叫‘吉氏肉品四极’吧！”倪金泉连忙附和：“这四个肉制品，不光是江苏极品，全国也许无人能达到这样的水平。”

吉祥和在烹饪上似乎没有什么惊天动地的创举，是在踏踏实实继承中国传统菜肴的基础上，不断改进创新。但凡吃过他做过的菜，谁都会终身不忘、永远怀念那绝佳的美味。

吉祥和所做的每一个菜点，都堪为极品，如酥鲫鱼、嫩浆糕、荠菜松、芙蓉藿香饺等等。20世纪80年代，笔者到省烹饪协会开常务理事会时，省烹饪协会名誉主席、原江苏省委书记江渭清说："江苏菜不止四大风味，还有一个江海风味——南通风味不能漏掉！我在南通南公园吃的蟹粉海底松和烙文蛤等海鲜菜，是我们江苏省最出色的菜。"是的，南公园招待所接待过包括国家主席刘少奇等党和国家领导人以及国内外贵宾，而吉祥和则以他的"极品"菜，给南通赢得了不少荣誉，给南通菜的弘扬、传播发挥了极大的作用。吉祥和为南通烹饪技术的继承和发展做出了重大的贡献。

味不惊人死不休，是吉祥和追求完美、不甘止步精神的生动体现，是他思想情怀的最高境界，也是厨师们学习、仿效的楷模。

一个被人记得住的厨师，便是成功的厨师。

厨中翘楚倪金泉

倪金泉（1929—2010）堪称厨中翘楚，特一级烹调师、江苏省烹饪协会理事。

倪金泉

倪金泉出生在本市芦泾港一个贫农家庭，受生活所迫，1945年时年16岁的他便到南通市三大（中华园、大华楼、万宜楼）菜馆之一的万宜楼做学徒，师从南通名厨朱跃庭。经过4年的刀火历练，倪金泉便成为市内小有名气的青年厨师。1951年万宜楼停业，倪金泉到南通地区机关合作社司厨。1953年被调入南通市地区机关食堂，因其工作出色，1957年被评为南通优秀共产党员；1959年当选为中共南通市第二届党代会代表。同年被调至南京，担任江苏省交际处所属东郊宾馆、南京饭店厨师长，以接待中央首长和外宾为主。1965年，作为技术名厨的倪金泉，参加了新疆维吾尔自治区成立10周年庆祝活动，在昆仑宾馆传授烹饪技艺；以江苏省烹饪代表团副团长身份，赴菲律宾进行厨艺交流。1986年调回南通，任市政府招待所（有斐饭店）、文峰饭店餐饮部主任、厨师总长等职。1988年退休后，受聘于南通大饭店等多家星级宾馆，担任经理、技术顾问等职。

倪金泉为人谦虚好学，对烹饪钟爱有加，不懈追求，尤其对技术菜点制作有很高的造诣，对江苏名菜的挖掘整理、继承发展，做出过较大的贡献。他制作的"香酥鸡"，功夫独到，无出其右者；他创制的"文峰双竹"，不仅誉满江苏及东南亚，还得到了其他地区外宾的青睐；他制作的"蟹粉珊瑚""天下第一鲜"等名菜，被编入《中国名菜谱》。倪金泉是江苏杰出的烹饪大师，在南通烹饪界享有深远的影响。他的徒弟不仅遍及南通、上海、南京等城市的各大饭店，还漂洋过海，远至国外。

诲人不倦马树仁

马树仁（1937—2009），出生于通州兴仁一个贫农家庭。1956年到南通饭店学徒，师从通城名厨焦星山、面点师陈三。俗话说"名师出高徒"。由于他手勤眼快，虚心好学，两年后就能独立操作红、白二案，能自配自烧高档的鱼皮菜筵席。马树仁既会动脑子，又能自己动手，是个不折不扣的创新能手。他曾利用废弃的原料下脚来创制菜点，如：把捏去虾仁的虾壳、虾脑，分离开的鸡蛋蛋清和蛋黄，竟烧出了“三色云头汤”等十几种经济小吃菜肴，深受顾客欢迎；他把手摇摇肉机改装成脚踏，大大减轻了劳动强度。所以，他在学徒期间就被评为南通市青年社会主义建设积极分子、市青年突击手等光荣称号。

马树仁

马树仁满师后，先后在南通饭店、市商业招待所、新华菜馆等地担纲主厨，1983年调南通市烹饪摄影美容技术学校担任烹饪专业实习指导老师。1983年获得全国首批特级厨师技术职称，1996年获国家烹调技师职称和江苏省烹饪名誉大师光荣称号。1985年被扬州商校烹饪系聘为兼职烹饪教师，被南通市教育局职业技术学会聘为中等职业类学校客座教师，并当选为江苏省烹饪协会理事。

精益求精是马树仁不懈追求的目标。在马树仁从厨的47年中，他致力于挖掘传统菜点，并在传统的基础上不断创新。他的创新菜基于传统，不囿于传统，又高于传统。如他创制的“鱼香肉圆”“蝴蝶鲳鱼”“金蟾窜桂枝”等，都成为大家仿效、推崇的中国名菜。“蛙式黄鱼”虽是传统菜，但经马树仁的反复构思、改制，不仅造型栩栩如生，给人以美的视觉享受，刀工以及烹法更为科学合理，质感和味道上有了新的超越，成了“仿古不复古”，名副其实的一款全新菜肴。

更为可贵的是，马树仁每当创新或改良菜品时，就要写一篇推广介绍的文章在《中国烹饪》《中国食品》《烹调知识》《美食》等全国知名的烹饪专业杂志上发表，为后人留下了珍贵的实践印迹。如《蛋松制作之初见》《创新吉祥菜四则》《竹荪三部曲》《新冷盘两款——三潭印月、冰雪企鹅》……不下二十多篇，五十多个菜品。马树仁在20世纪80年代以前创作的菜品均被收编进《中国名菜谱》《中国烹饪辞典》《中国烹饪百科全书》等国家级权威的烹饪典籍。马树仁不仅是烹饪界的革新闯将，也是烹饪文章的高产作者。他的创作丰富并发展了中国烹饪宝库的库藏。

马树仁在烹饪教学上的探索、担当、情怀是当代烹饪教学的终极坐标。他教授实习不单单是示范操作，还要把每个菜的质味标准、工艺流程、操作关键都事先讲清楚，对自己的示范作品总是“隐善扬恶”地来评讲，对每个细小环节的欠缺和不足，都会毫不留情地指出。如果稍有失误，他会反复剖析原因，提请大家注意如何在操作时避免，有时还要重做一份，进行成败的对照分析。最后，他要举一反三地告诉大家，这种烹法还可以做出哪些其他品种的菜来。真可谓语重心长、无微不至。对学生做的实习菜，他总是要认认真真、仔仔细细地反复观察后，再做出点评。方法是“扬善而不隐恶”。既褒扬学生技法之长、创意之佳，以供弘扬借鉴，又要对缺欠之处找出原因，以免重蹈覆辙。马树仁认为，培训的对象都是有基础、有实践、有潜力、爱烹调的厨师；而教学的成果则是要从提高技术能力、鉴别能力，能评判、能研究、能创新中体现出来。

马树仁在南通市烹饪摄影美容技术学校时，曾为全市、全省以至全国近万人次的厨师晋级上过课，他的示教法不仅在江苏省，在全国的影响也极其深远。听过马树仁示教课的学生无不敬佩他坦诚的心灵和高尚的情操，就连厨师中的大师、高级技师们都说："马树仁老师是中国烹饪技术实力最强的一代宗师！"

烹饪灵秀杨庆春

杨庆春（1961—2002），盐城阜宁人，1978年江苏省旅游学校首届烹饪专业毕业，1979年来南通实习半年后分配至南京双门楼宾馆做厨师。1984年调南通市文峰饭店任餐饮部副主任，后升任饭店副总经理，南通大饭店董事、三重天酒楼总经理。1995年任森大蒂集团酒店管理公司总经理。1997年调任南通市商业学校副校长。2002年因车祸去世，时年仅41岁。

杨庆春

杨庆春短暂的人生中充满了传奇的色彩。因为他在省旅游学校的老师是笔者的学生，所以他说是笔者正宗的徒孙，因此叫笔者"祖师爷"。1984年，因其女友在南通，他要求调到南通来工作。省旅游局不放人，他要笔者想想办法。笔者便到省旅游局，直接找局长黄少武"要人"。黄局长起初不肯，他说："杨庆春是个烹饪奇才，不仅技术好，他写的'省属宾馆厨房管理制度建议方案'，得到了局里的重视，现正准备试行呢！"笔者回敬他说："十年前，我们校给了你八个厨师'种子'，现在，'种子'已经开花结果，还我一个新'种子'你都不肯，太小气了！""不是小气，换一个人可以吗？"他连忙解释。笔者说："人家是奔女朋友去的。怎么个换法？"由于笔者的坚持，黄局长最后终于同意放人。

1984年5月，杨庆春到文峰饭店报到，工作一段时间后被提升为餐饮部副主任。一天，时任江苏省委书记韩培信与华东六省一市的党委第一把手偕夫人来南通，入住文峰饭店。这时，文峰饭店餐饮部主任正巧出差，市委接待处便把安排客人伙食的重任交给了杨庆春。当然，杨庆春也不是第一次接受这样的任务，但对一个初来乍到的人来说，也正是展示风采的绝佳时刻。他想了又想，菜谱早已成竹在胸。等一上菜，领导们都傻了眼，桌上摆的全是最土的家常菜，蚌蛾烧豆腐、韭菜炒螺儿、葵花大劖肉……甚至把咸菜、萝卜干儿都上了桌。作陪的南通市委书记也觉得很不像话，要接待处重新安排。杨庆春却很自信地说："菜中客人意，就是好东西。你先让首长吃吃看，再换也来得及！"想不到的是，客人们却纷纷称赞说：几十年都吃不到的东西，在南通吃到了。这回吃得最舒心了。夫人们还提出要和厨师见见面，当面道谢。当看到杨庆春是一个小青年时大家都十分惊讶。一位说，你年纪这么小，能烧出这种老式的乡土菜真不简单，真有出息！还鼓励他要好好干。正当客人们对杨庆春大加赞扬之时，餐饮部主任回来了。他一看菜单就说："这是搞的什么名堂？赶快撤换！"于是，鱼翅、大明虾纷纷上了餐桌。

"小青年怎么变了世？弄这些菜干什么？还是原来的土菜好！"一位夫人说。

"是恐怕首长吃厌了，换换口味的。"市委书记忙作解释。

"我们宁可吃菜粥、萝卜干！"一位夫人激动地说着，还颇有"罢宴"之势。

市委书记没想到会出现如此尴尬的局面，连忙把饭店领导找来。了解情况后，知道是餐饮部主任弄巧成拙，好心办了坏事。杨庆春也因此一炮走红。

2005年，已经离休的原省委书记发起编纂《中国江苏名菜大典》。笔者到南京参加编前会。会议休息时韩书记问我，文峰饭店那个小青年（指杨庆春）现在还在做厨师吗？笔者告诉他，前年因车祸去世了。韩书记一连说了两声"可惜，可惜"。回到会议室后，韩书记讲话时特别指出：江苏名菜是江苏广大人民创造的，其特点是追求本真、绿色清鲜，这说明了江苏名菜植根于"乡土菜、家常菜"，大家不能忘记这个根。老首长还念念不忘20多年前那可口舒心的乡土菜和做菜的小青年，可见杨庆春的"菜中客人意，就是好东西"的巨大能量和深远意义。

无独有偶，20世纪90年代初的一个傍晚，笔者在南大街遇到了时任市委书记一家人。由于天色已晚，又正是吃晚饭时候，我便邀请他们一家人就近吃顿便饭。还没等书记开腔，夫人便抢先说："跟你一齐吃饭，一定能吃到好小菜。走吧！"书记无奈，只好点头。于是，我们来到了杨庆春任总经理的三重天酒楼。笔者意想不到端上来的是红烧大肠、红焖猪脚爪、清蒸鲶鳙鱼和一些时蔬，最好的一只菜是"清炖野鸭"。那天，书记吃得很"猛"，说："今天的菜很好，大家'放开'吃吧！"我面带难色地说："今天差点儿，以后补数！"书记却认真地说："今天的菜再好不过了，这种菜平时在饭店里吃不到，家里又做不出来。"他见鲶鳙鱼没有人动筷子，就搛了一大块，边吃边说："不要看它样子丑，味道却很鲜美，肉子嫩，没有腥味，又富有营养，它浑身是宝，还有医用价值。如若拿到日本去，一条鲶鳙鱼可以换一台彩电呢！"

杨庆春对客人的心理揣摩得很透彻，什么人来配什么菜，灵活得很，所以顾客的满意率很高。他来南通还不到半年时间，就有宾馆里的资深老厨师对笔者说："你这个徒孙神气得很，来南通才几天？到处有朋友，找他吃饭的人要比我这个老南通多出了五六倍！"

杨庆春到三重天酒楼做总经理没几天，就推出了名为"八仙宴"的海鲜全席。他用"八仙"的故事来为各种菜肴命名，名称与内涵一致，形状和寓意相吻。如冷盘"八仙齐赴蟠桃会"，主盆以桃形点题，八个围菜是以八种海鲜做成的"暗八仙"（八仙的道具），形态逼真，惟妙惟肖。一般宴会为"八仙聚会八里桥"，即用八式海鲜做成桥式冷碟或主盘为桥式冷盘，其他八式做成馒头式冷碟，一目了然，栩栩如生。十个热菜中八位仙人每人占一道：⑴"仙姑巧摘海中花"，是以海蜇为原料的凤戏牡丹、海底松炖银肺、虾仁珊瑚、蟹粉海底松等菜肴，均以海底松做牡丹花，在牡丹花前冠以菜名，如配以母鸡称"凤戏牡丹"，配文蛤粥即"海鲜牡丹"，配蟹粉、虾仁、鸡粥……⑵"拐李敬献第一鲜"则是以文蛤为主料的烙文蛤、盐焗文蛤、跳文蛤等；⑶"湘子吹箫龙女舞"是以鳗鱼为主料的烤鳗、黄焖鳗、铁板大仙等；⑷"果老威震龟蛇怪"是以甲鱼、乌龟、蛇为原料制作而成；⑸"纯阳放生无尾螺"是以鲍鱼、螺儿为主料做成；⑹"国舅倒插孝顺竹"以竹蛏、竹笋为主料；⑺"采和空篮献百花"以蔬菜、菌菇为主料；⑻"钟离布施珍珠米”则是八宝饭(甜食);⑼“八仙点赞海中鲜”是用海鲜做馅的两道点心;⑽“八仙海上尝明月”是鸽蛋海底松汤。最后的水果盘名为“八仙荟萃鲜果林”。

“八仙宴”面世后,本地及中外宾客纷至沓来,筵席天天爆满,预订者连绵不断,这又是杨庆春“菜中客人意,就是好东西”的杰作。杨庆春去世后,启东玫瑰园大酒店为了一饱人们品尝海鲜的口福,特地引进了“八仙宴”。结果门庭若市,生意异常红火。

杨庆春烹调基本功扎实,做菜的速度快捷,如最见厨师刀工的冷盘,人家做一个,他三四个已做好;他不仅切得快,切后不用一片一片拼摆排列,也比别人拼摆的冷盘整齐美观。如遇脆性原料,他用“跳切法”。只听见快节奏的笃笃笃笃声,一组“刀面”在瞬间完成。切的时候他有意不切一边,让它形成“连刀”,这样切好的原料还粘连成整体。随后,他用刀切掉连刀的一边,再用刀一拍即成,而且片片之间距离相等,不仅减去了用手一片一片拼摆的时间,而且刀面整齐划一,是手工拼摆所达不到的。如遇韧性原料,他则切好一片就往后移一点,片子也就自然排列好了,既省去了用手拼摆的时间,“刀面”又整齐漂亮。其他厨师也想学他的样子做,但成功者寥寥无几。因为基本功不是一年半载就能够练就的!杨庆春还是食品雕刻的高手。任你花卉、鸟兽、人物,他只用一把水果刀,不要其他任何工具,食雕竟栩栩如生、富有意境,堪称艺术品。

杨庆春炉子功夫也是“火候”独到。如做蓉料菜,一般会出现两大问题:如刚起锅的炸虾球是滚圆滚壮,灿若明珠,但过了一会儿,“明珠”就瘪成了“柿饼”;鸡蓉蛋还未曾起锅就泄了气,瘪成了“腰圆饼”。还有的蓉料制品吃起来会“钻腮”,原本的“腐嫩”会变成碜嘴的砂子。杨庆春认为这两种现象都是因加热过度而致。有的师傅不信,让他做份鸡蓉蛋看看。只见他将调好蓉料,下到热锅的冷油中,再用小火将油温升到二三成热,鸡蓉蛋浮起即捞。他做的这份鸡蓉蛋,放了一夜,第二天还是个个饱满,竟没有一点泄气。他又将多下来的蓉料做了份芙蓉鸡片,成菜腐嫩而有弹性,并未出现“钻腮”的口感。自杨庆春制作以后,南通的虾球、鱼面、蟹绒、鸡芙蛋、芙蓉鸡、芙蓉鱼、芙蓉肉片等蓉料菜,再难出现“泄气”和“钻腮”的现象。

20世纪80年代末,上海房地产局与宜兴陶瓷公司合作在宜兴兴建“上海宾馆”,请杨庆春在三个月内为宾馆培训厨师、点心师、服务员、会计、出纳、收银等所有工种的工作人员。杨庆春将70多个从农村招来的青年带到南通,白天实践操作,晚上进行基础知识和科学理论知识的学习。经过三个月的强化训练,被培训的学员在上海宾馆开业之际个个顶岗上班。上海房地产局心有余悸,便特地从上海请来知名度很高的大饭店里的一批厨师,由厨师总长带领,拟帮带这批学员二个月,待运行正常后再行撤离。为了测试南通培训的学员的实际操作能力和水平,开业盛典第一天的宴会由上海师傅操办,第二天的筵席由南通培训学员独立操办。真是不比不知道,一比吓一跳,据各方面的反映,第二天的筵席竟比第一天要好得多。上海的大师们看到了学员们的实力。厨师总长说:“这批学员可以顶岗了!”第三天一早,上海方面的全部人马班师回朝。这在中国烹饪史上也堪称创举。

杨庆春在南通创新了颇多名菜、名宴,带动了南通烹饪技术的革新与发展;在营销理念、技术培训上均有建树。

杨庆春做菜的天赋与他的勤奋密不可分。1985年，他到南通的第二年就参加了市烹饪摄影美容技术学校的一级厨师进修班学习，当年便获得了一级厨师的职称；1986年他又参加了特技厨师班进修，并成功晋级。当时他才25岁，是全国当时最年轻的特级厨师。即使是后来担任了总经理之后，也从不放弃过厨师进修的机会，直至获得中国高级烹调技师职称和江苏省烹饪高级评审员的资质。1987年他参加了全市青工大比武，获得中式烹调第一名。同年参加江苏省百万青工精英赛，被共青团江苏省委授予“新长征突击手”荣誉称号。1994年参加全国第三届烹饪大赛，又获热菜银牌，冷菜铜牌。

杨庆春对文化学习从不松懈，1986—1989年，中国旅游学院上海分院函授班大专毕业；1995年又进中央党校江苏分院学习，获大学本科毕业证书，是读书让他无止境地获取了知识，从而插上了烹饪科技腾飞的翅膀。

1992年10月，杨庆春作为南通市的代表去英国西旺希市参加“国际鸟蛤节”，并做了海鲜菜表演，受到与会代表的赞赏。1996年5月，市里派他考察日本、新加坡、中国香港、中国澳门等国家和地区的餐饮市场，为南通市餐饮市场的大开放、大发展，提供决策依据。

2002年，杨庆春因车祸英年早逝，是南通烹饪界的一大损失。

万能点心师周汉民

周汉民

周汉民，1910年出生于南通市东郊秦灶的一个贫农家庭。因生活所迫，1921年年仅11岁的周汉民成为南通大生一厂的一名童工。不幸的是，右手大拇指在擦机器时被轧断，而遭辞退。1924年，周汉民到丁古角“义盛和点心店”当学徒，六年满师后，先后在聚兴菜馆、袁万兴、复盛园、四长春等菜馆、点心店做点心。1940年，30岁的周汉民自己开了一家周汉记点心店，1951年停业一年，1952年复业，1956年并入端平桥熟食商店担任生产主任；后在和平咖啡馆、中华园菜馆、工农饭店、桃李村等菜馆担任点心掌作师傅。

周汉民14岁到一家点心店做学徒时，老板看着他残疾的手，认为他不能做点心，便让他提着篮子上街去叫卖点心。周汉民很珍惜这份来之不易的工作。无论是三九严寒还是三伏酷暑，都要外出提篮小卖。特别是寒冬腊月，雨雪交加，他没有雨鞋，赤着脚，强忍着刺骨之痛在冰水里走街串巷。精诚所至，金石为开。他凭着自己坚强的毅力坚持了三年，终于感动了老板，获得了做学徒的机会。事实证明，残缺的手不仅能做点心，而且做得又快又好。周汉民在师傅家白做了6年的学徒，基本上学会了南通各种点心的制作，如：桶炉的缸爿、盘油烧饼、京江脐儿、菊花脐儿；油锅的油条、炸糕、麻团、火饺、虾脐儿；煎锅的生煎包儿、萝卜丝饼、油糍儿；蒸锅的包子、馒头、烧卖、蒸饺、水蜜糕、凉团儿；水锅的馄饨、面条、汤团，以及各种油酥制品，蛋货、混合酥货等，而且能独立操作。出师后，他又经过10年的寻师访友，到这家做一年，到那家做二年，等把别人家拿手的技术甚至看家的本领、秘诀都学到了手，就另换一家。1940年，技术已经稔熟的周汉民在西门南巷子开了一爿周汉记点心店。其时，西门端平桥附近已有张松寿、王汉文两家资本雄厚、技术过硬的点心店。周汉民把店址选在他们两家附近，不知是有挑战之意，还是利用自家住房，以减少房租的负担？果然，激烈的商战开幕了。周汉记点心店一开门营业，那两家做的点心都放大了尺寸，缸爿做了有一尺多长。周汉民也不示弱，只好不顾血本地把点心规格放得更大，缸爿做得更长。尤其是他家的水酵馒头，引来了众多的顾客。在这场激烈的竞争中，周汉民咬紧牙关，负债坚持，点心品种也越做越多，生意也越做越大。为博更多收益，还在店里增开了老虎灶。凭借自己的技术实力和诚信的服务，周汉民不仅还清了债务，还在南巷子建造了一座冬暖夏凉的住宅，彻底赢得了立身之地。

周汉民虽目不识丁，但对点心制作中的物理化学变化却能准确把握。就拿水酵馒头来说，从配置酵水到蒸熟共有52道工序，而这52道工序无一不是理化反应的过程。可他却能凭着视觉、听觉、嗅觉、味觉、触觉，靠经验来准确地把控各个流程中发生的变化。有一次，馒头蒸熟出笼时，一个个馒头呈凹瘪状。只见他拿一根竹签，迅速地在每个馒头上戳眼，一边戳还一边用手拍打。眼见着馒头一个个又鼓胀成了原形。他说："馒头落笼时'泄气'是个别情况，如若不懂解救之法，馒头就变成了蒸饼，损失会很大。"

制作"养汤烧卖"是南通的绝技，没有其他地方能做。因为烧卖是敞口的，"养汤烧卖"相当于一只盛满水的酒杯。要将薄薄的面皮做成柔软、不坍、不漏，加热又不溢汤的酒杯，绝非易事；而掌握这一绝技的在20世纪60年代只有南通周汉民。20世纪70年代，是周汉民将经过改进后使面皮更加柔软、养汤更多的制作技术，传授给了几个制作技术精良的点心师，才使南通这项宝贵的制作技艺得以延续，可谓功不可没。在周汉民传授"养汤烧卖"这一技艺时，笔者问他："南通还有什么点心现在没有人能做了？"他说："多着呢！比如春秋庙会期间的供点、结婚用的堆花蛋糕馒头。"他神秘地说："这些点心解放前南通也只有少许几家能做。过去做一个堆花糕馒头，收两斗大米，订做的人家从来不还价，还要送烟送酒给喜钱呢！"1984年7月，市商业局举办一市六县烹饪技术交流赛，笔者请他表演几个已经失传了的品种。周汉民果然出手不凡，不负众望，做了一组十二式的花色供点，记得做成小动物样式的有白象、白兔、白鹅、白猪、白鹤、鸳鸯；做成水果样式的有柿子、橘子、黄梨、枇杷、石榴、香蕉等。个个形象活泼、形态逼真，得到社会各界的赞许，也使南通的点心师大开了眼界。

20世纪50年代末，原来经营水果的十字街和平咖啡馆划归饮服公司。公司派周汉民去开发增加点心小吃的新业务。这期间，周汉民创制了鱼鳞酥、蛋黄酥等点心，增加了传统的油酥点心和加果仁、果酱的蛋糕，以及酒酿圆子、水蜜糕、洋糖拐儿、芝麻凉团、枣儿莲子羹、藕粉圆子等品种。随着业务的扩大，店面也得到了扩展，还新建了操作场地。1961年，为货币回笼，市里将和平咖啡馆改为高价店（利润是成本的3~3.5

倍)，笔者去帮助核定各个品种的规格和售价时，和周汉民曾有过一番对话。

“我做的西点如何？”周汉民想听听笔者的意见。

“这些品种很适合咖啡馆卖。你说是西点，那只能是‘中国姑娘学了西方的打扮’。”见他不解其意，笔者又说，“你做的点心表面上是‘西’，骨子里还是‘中’。你创造了中西合璧的点心，这样做很好。”

“你有没有去过上海？”他猜想笔者可能还没有见识过西点，试探着问。

“凭你1950年在上海蔡瞎子点心摊上做了三个月点心，你就了解西点啦？”笔者笑着对他说，“西点的品种不多，有的品种还不一定适合中国人的口味。点心好不好的标准是看销售量，销售量越大，说明顾客喜欢，需要这种点心。”接着笔者话锋一转，“咖啡馆是西方的饮品店，类似中国的茶馆。为什么非要卖西点不可呢？你是中国的点心名师，我还要向你学做中式点心呢！”

“你一只手还想做点心？”周汉民好像听出来了话音，便调侃了起来。

“你缺个大拇指能做，我为什么不能！我向你学的不仅是技术，更要学习你的毅力！”笔者的语气非常坚决。

“文化大革命”一开始，笔者就被下放到工农饭店劳动。虽说是逼迫的，但可以跟着周汉民学做点心，算是一桩幸事。在饭店里，笔者捏了一年多时间的包子，还学会了打烧卖皮子等技术。现在每当回想起和周汉民在一起的日子，心情就会轻松、愉悦。那时，周汉民想制服笔者的不知天高地厚，几乎天天要与笔者打赌，赌注是二斤黄酒。赌题由他来定。可问题是，他出的题目基本难不倒笔者，所以酒大多数还是他买。为了不能让周汉民次次输，笔者有时还故意答错。一次，他出了道实践题。在饮食行业中，蒸馒头有“弄酵”“对碱”的工序，“对碱”后要摘一小块酵（行话叫“碱圆儿”）蒸熟后，看碱色是否正常。碱多了行话叫“准碱”；碱少了叫“疲碱”；不多不少叫“正碱”。周汉民就在“碱圆儿”要上笼之前开始了发问：“你看今天的碱色如何？如答得不对，就买二斤酒大家吃。”其实，可能是怕输的缘故，笔者早就偷偷掌握了“闻碱”的技术。只要闻一闻对好碱的酵，有酸味的是“疲碱”，有碱味的是“准碱”，有面粉芳香味的就是“正碱”，而且是百闻百准。精明的周汉民不晓得笔者会“闻碱”，所以题目正中笔者下怀。等他想改赌题也来不及，买酒的当然又是他了。在与周汉民愉快的“赌酒”中，笔者学到了许多做点心的“绝技”，也成了笔者编著《点心制作》教材的资本。

周汉民矢志不渝，顽强拼搏，为南通点心发展倾注了毕生的心血，引领无数点心师成功成才。

以上记叙的德艺双馨的名厨，仅是南通千百个名厨的代表。

德艺双馨才是厨行高手。追求猎奇、哗众取宠的创新，不愿做普通菜，用料取少费多、暴殄天物的人，是厨门中的“绣花枕头——败絮其中”；能把普通菜做出不普通的珍味，善于博采时新、品种应时，用料因材施艺，极为注重物尽其用，将下脚变废为宝，做出席上名贵珍馔的人才是厨门才俊。

德艺双馨，德为先。一个好的厨师，应以德为贵，要为历史存正气，为世人弘美德，努力以高尚的职业操守、良好的社会形象、精湛的烹饪技艺，赢得人民的喜爱和欢迎。

德艺双馨，艺为根。一个好的厨师应对厨艺有虔诚的信念、真切的投入、勤奋的实践、努力的探究，以百姓为本，以生活为源，常接地气，心有良知，肩有责任和担当。

“德”是精神境界、职业操守，是安身立命之根；“艺”是才华、水准，是成就事业之本。作为厨师，有艺无德不立，有德无艺不行。艺德是什么？内化于心、外化于行，努力使自己成为品德高尚、技艺精湛的人，是厨师必备的自身修养。

我们忆名厨，就是要记住他们的高尚品德，继承他们的精湛厨艺。

三、百年老店

南通老城　千年古邑安福地 惊世崛起模范城

南通老前辈厨师胡寿康的履历表上填有“1894年在‘锦乐园’学徒，1898年在‘双福园’做厨师”，由此能大概认定南通较早的菜馆是建于清光绪十六年（1890）前的锦乐园和双福园。

“集贤楼”创建于1902年，位于市区西关帝庙东首。菜馆经营南通本帮菜点，承办筵席（包括出担上门服务）。时任主厨吉鹏龄，如皋人，可能是在家中排行第四，又名吉四。南通名厨焦星山曾是该店的学徒。

“常兴馆”位于市区平政桥南，坐东朝西，创建于1902年。南通名厨秦进生，1919年曾在该店学徒；南通老辈名厨胡寿康1904—1927年在该店司厨。

1902年开业的菜馆还有真月楼、聚宾楼、美味轩、锦凤园、平河亭等。真月楼、聚宾楼在北公园内，平河亭位于中公园。虽店址说法不一，但客观存在是不争的事实。

“大兴楼菜馆”开创于1908年，南通名厨秦进生1922—1927年曾在该菜馆司厨6年。

“览余小座”建于1912年，店址在西关帝庙。有史料记载：1912年在西武庙仪门的原址上，起了一座楼房，开设了一家酒菜馆，名“览余小座”，此楼现今仍在。“览余小座”其实并不小。“小座”是以做散席为主，相对于不举办大型宴会而言。在百年之前，“览余小座”堪为大中型菜馆。

有斐馆

“有斐馆”乃先贤张謇创办于1914年，店址在长桥西南堍的模范路（现濠南路）上，是集住宿、餐饮、会务于一体的多功能饭店。南通名厨刘明余、黄大美，均是该店的学徒，而后成为南通厨师中的翘楚。

以上南通的12家菜馆，为有资料可稽、百年历史以上的大中型老菜馆。

桃之华馆

桃之华馆，内设小剧场、舞厅，乃张謇于1919年创建于桃坞路上的一家集住宿、餐饮、娱乐、会务于一体的又一个多功能宾馆。最初派薛炳初经营管理，专门接待文艺界名流。梅兰芳、周信芳、欧阳予倩、尚小云、荀慧生等名旦、名角来南通献演，均在此食宿和排练。桃之华馆成为当时的文艺宫殿。1973年，桃之华馆因建南通专区商业局办公楼而被拆除。数年前，在军山东麓的民博园内也仿建了一座桃之华馆。笔者特地前往，想找回南通“艺术宫殿”曾经的遗痕，结果只落得难以言状的冷落与失落。

南通商业俱乐部

1921年，张謇集资在南通西公园建南通商业俱乐部。俱乐部内设高级客房、中西餐饮，是一家集商务、会务、娱乐、休闲为一体的等多功能宾馆，主要用于接待外来贵宾。1922年，中国科学社（中科院前身）第七届年会在南通召开，梁启超、马相伯、丁文江、竺可桢、陶行知等曾下榻于此。

张謇与杨杏佛、马相伯、梁启超、丁文江、竺可桢、陶行知等合影

俱乐部的建筑设计出自南通著名建筑设计师孙支夏之手，外形仿上海外滩德国俱乐部，为当时南通之冠，其功能被外国专家誉为世界之最。张謇从上海聘请名师刘明余承包经营中西大餐、高档筵席，得到中外名士的一致赞许。

俱乐部这座稀世珍贵的文化遗产，在2002年被拆除，改成了绿化带。具有讽刺意味的是，在原址还筑了一小墓塔，上书“南通俱乐部遗址”。

1921年，张謇在芦泾港江边创办“永朝夕宾馆”，并亲自撰写馆名悬于门楣。1922

年，张謇又写“以永今朝，以永今夕；可与晤语，可与晤言”一联，悬于客厅。

在天生港码头未开埠前，张謇往来于上海、江南以及上江南京、武汉等地，都是从芦泾港登船。而他车舟换转、休息，俱在江边的永朝夕宾馆。张謇不仅常用这里出产的长江鲥鱼、刀鱼、河鲀等珍贵江鲜，招待来往与大生企业的宾客以及上层人士，还在此地写下了多首与鱼有关的诗篇。可惜，永朝夕宾馆全毁于日寇侵占南通上岸时的一把大火。

1921年，崇海旅舍、海潮浴室竣工开业。

崇海旅舍是张謇在南通创办的第五个一流宾馆，匾牌是张謇的三哥张詧所题写。张謇是海门常乐人，崇海旅舍意为崇明、启海旅客的宿舍。

崇海旅舍建有楼房三幢，南北排列，中幢三层，南北均为两层，而后又建西楼（即南新市场，新中国成立后的长桥百货商场），并有过街楼与崇海东二楼相连接。“崇海旅舍”的楼上是客房，楼下是饭店和商场，并拥有用锅炉烧水的蒸汽浴室——海潮浴室。浴室的现代化的设施处于当时全国的领先地位。张謇不仅为海潮浴室题写招牌，还撰联一副：“海一滴水；潮千佛音。”

崇海旅舍内的设施虽为高档，却面向普通平民，大众房价只收一角。只有西楼设有高级客房，房价一元二角。旅舍由季竹轩经营管理。季竹轩又将客房分堂口承包给了茶房（服务员）。房金由茶房收取，账房按实际铺位向堂口茶房结算。堂口的家具、器皿、被褥等物如有散失，则由茶房赔偿。如入住不满或遇逃铺，费用概由堂口垫支。老板只供伙食，不给茶房工资，其收入全靠小费。

楼下的饭店、商铺也都租赁给私人经营。客源多，生意红火，要想承包承租的人除去要有关系，还要请保人、交押金。

崇海楼里饭店较多，现选4家有代表性的饭店作简单介绍。

中华园分店

1938年，中华园老板刘明余曾租赁崇海主楼，底层开设中华园菜馆崇海分店，因菜点质优味美，生意相当红火。分店招收艺徒就有20多人。这20多人后来成为南通厨师中的中坚。中华园崇海分店是八年抗战中南通繁荣时间最长的一家饭店，于1946年撤销后并入中华园总店。

中华园菜馆（分店）

品珍酒家

1945年开业。汉奸、资本家陈葆初，从日寇手中接受大生厂后，为了宴请拉关系方便，聘大生厂职员张伯咸为经理。经过二年的筹建，开设了南通历史上最豪华的品珍广式菜馆。开业仅5个月时间便关门大吉。在菜馆开业的5个月时间里，社会上的各式人物——政客、汉奸、宪兵、特务、土匪以及资本家纷纷粉墨登场，演绎了一出尔虞我诈、丑态百出的活报剧。张伯咸生前曾有叙述，发表于《南通文史资料选编》（省政协编）第14辑。其资料弥足珍贵，笔者将全文移录于后：

《南通广式菜馆——品珍酒家》

张伯咸

1938年，日本侵略者侵占南通后不久，张謇创办的大生实业被侵略者所霸占，划归为江北兴业公司，大生的职员、工人，政治上受到欺压，经济上受到剥削。面对南通军民奋勇、机智的反击，侵略者改换手法，推行了“以华制华”的方针，把大生厂给了汉奸、资本家陈葆初。资本家从日寇手里接过大生厂后，其实业得以回升。为适应大生实业的回升和设宴请客拉关系的需要，1945年元旦，南通广式菜馆——品珍酒家在大生公寓东边的南城门口（后长桥百货商场北头）应时开业，由张伯咸任经理。

品珍酒家的问世开业是经过一番筹划和斗争的。品珍酒家的前身是新华馆，它因菜肴敌不过中华园，营业日落，加之管理不善等原因而遭停业，以银35元转让给了张伯咸。张伯咸为了让头面人物撑撑门面，就通过大生公寓吴蓂阶、高德权的关系，得到“清乡”公署第一科科长、政工团团长孙永刚的赞许和支持，以及江栋华、尤勉斋、吴家梁、程士表等人的协助，开始筹办酒家。张伯咸采用请酒、聚赌的方式，聘请他们做品珍酒家的股东，每股银5元。同时，张伯咸还在上海找了一些朋友为品珍酒家集股。经张伯咸1943年至1944年在通沪间两年的奔走，筹集了股银200多元，对原店房进行了仿上海南华酒家外形的改建，由建筑工程师夏传经负责设计。在改建中，中统特务头目姜铁石敲竹杠。姜认为这种设计不符合他们的设计构造要求，被迫停建了七八个月。后是借用孙永刚的关系才得以继续施工。在筹建期间，特从上海东亚酒档聘请了广东籍厨师、男女招待员工20多人；订购置办了精致的银合金广式的各种餐具和陈设品物。店内的采光宫灯、桌椅、餐具、服务员服饰都很考究，菜肴、点心都按广东菜色、香、味的要求精料配制，还备有菜谱拣选。品珍酒家便成了南通独有的货真价实的广式菜馆。

在沦陷期间的乱世日子里，要把这爿新异的菜馆经营维持下去是很困难的，经常受到日伪军政多方的干扰。开始碰到难于解决的问题时，经理就去找靠山孙永刚进行招呼、交涉，后来孙永刚调去当了如皋县长。靠山走了，捣蛋的事情便常常发生。伪“清乡”大队长陈博九、周光等人到店调戏女招待员不成，恼羞成怒，把玻璃桌面、餐具等物件砸碎；梁某（广东人）被打耳光，还要经理登门赔不是；敌伪军政有关人员到店里，不管你招待服务态度多好，肴酒多美，往往只吃不给钱，搞所谓欠账；地方上的土匪部队到店吃酒经常寻衅闹事，有时调戏女服务员，有时吃鸡肉包子发现一点碎骨，就把精致的餐具打碎，闹得店里不得安宁，连经理都不敢宿店。这样也就吓得顾客不敢上门，营业一落千丈。拖欠的酒菜钱又收不到，店面难以维持下去。曾有好心肠的人劝说经理加入到青帮孙瑞堂名下，以此作为靠山；经理没有如法炮制。经于职工商量，虽采取加设夜市牛奶、咖啡、蛋糕、茶点、发行礼券的补救办法，但仍无济于事。加设夜市后，酒店逐渐变成了敌军政团体和我地下党各自的活动场所，这样相反增加了宪兵队的捣乱，麻烦之事不断发生。土匪部队头目褚松葆又凭借自己的恶势力要霸占这爿店房。褚松葆托徐同波向张伯咸转告："褚松葆已通过警察局长要抓你了，最好你离开南通。"张伯咸迫于这种情况，只得将酒家关闭，把店房让给了褚松葆。经过讨价还价，迫使褚松葆拿出了80担米，其中50担是作为20名广东籍职工回沪的费用；30担米强行作为偿还张的股金。褚松葆事前就排了他的舅子许某接受了全部物具和店房。就这样，一个好端端的品珍酒家，仅问世5个月就夭折了。

新华园菜馆

1945年，土匪头子、伪保安队长褚松葆，"买"下"品珍"后，联合日本翻译徐某、"崇海"包堂口的茶房居正镕以及施志霞，利用原品珍酒家的店房、设备，开了新华园菜馆。菜馆内设舞厅，并有乐队伴奏，是南通最热闹的短命菜馆。

平真菜馆

平真菜馆，是南通名厨秦进生和朋友陈海珊合股，于1945年租赁崇海西楼、老品珍店址开设的一个规模较大的菜馆。1948年，该店本属崇海的房产变成了"敌产"（可能与褚松葆有关），若不关店搬迁，连设备也一并没收。就这样，秦进生与陈海珊经营得很不错的一家菜馆，因此而夭折。

在张謇60岁生日寿宴上，张謇将崇海的产权赠予了季竹轩。新中国成立前夕因生意清淡，季竹轩借故不管，由工人自行维持营业，直至1956年改造成国营崇海饭店。

崇海饭店的变迁史，堪为南通老饭店的一个缩影。

1915年至1929年南通开设的菜馆还有：

"大生楼菜馆"开设于西牛肉巷东首。南通名厨秦进生1926—1927年在该店主厨。

"真宜楼菜馆"，店址不详。南通面点名师张益成1921—1929年在该店做点心师。

"春风得意楼"开设于北公园内，老板朱紫城是中华园老板刘明余的结义兄弟。

唐闸是张謇的轻工业基地，天生港是张謇大达轮船公司的长江码头，在20世纪20年代初，港闸地区兴起的菜馆有：

"项复兴菜馆"开设于天生港，经营通式菜点，生意红火。南通名厨刘树森1926—1932年在该店司厨。

"复兴园菜馆"位于唐闸大洋桥堍。南通名厨秦进生1929—1932年在该店司厨。

"川春园菜馆"开设于唐闸北川桥旁。南通名厨纪汉涛1930—1935年在该店司厨。

"张福记菜馆"开在唐闸杨家湾，20世纪30年代，南通名厨秦进生曾在该店主厨5年。

此外，唐闸的四逢春、金乐园、隆兴楼、复生楼，天生港的顺兴，姚港的聚兴都是

20世纪30年代在当地比较有名的老菜馆。

南通城区在20世纪30年代以后开张、比较有影响的菜馆有:

万盛园菜馆，开设于南大街靠近平政桥处。

聚源楼菜馆，位于长桥东北堍、现四宜糕团店位置。

通济林菜馆，位于长桥北堍、金门饭店北隔壁。

李润源菜馆，位于长桥北堍，乃李润源与其弟李润芝开设。1956年公私合营，聚源楼菜馆、爱国村点心店、通济林菜馆、李润源菜馆四家合并，改造成“国营新南饭店”。

西通济林菜馆，开设于桃坞路，现崇川区政府斜对面，业主金恩，人称“金恩麻雀儿”。

功德林素菜馆，开设于桃坞路，与“西通济林菜馆”一巷之隔。

金门酒家，位于长桥西北侧。主厨黄大善。业主胡永义见日本人开的“茶房南”，是用小姐做茶房且能招徕顾客，遂雇用小姐。早点供应别出心裁。餐馆不做肉包，只做五丁包、荠菜包、干菜包。供应牛奶、咖啡、清茶，显得中西结合。开中晚两市，承供酒席。因服务小姐态度和蔼、笑口常开，由此，“金门”一炮打响。金门酒家后来转手他人，易名为鸿记菜馆。

鸿记菜馆开设在南城门口，西边朝南。老板孙国鸿是上海人，原在戏院票房工作，兼卖些水果饮料，南通工业兴起，餐饮空前繁荣，他从上海来南通寻找商机，先开水果店，后盘下金门酒家。孙国鸿见多识广，人又聪明，自己做起了票友厨师，又聘请小姐做茶房，生意还算红火。就在通娶妻生子，成家立业。鸿记菜馆一直开到新中国成立后，1956年公私合营后孙国鸿仍在饭店做票友厨师。

竹林菜馆乃东台人沙涤泉所开，位于西吊桥（和平桥）东堍（后回民饭店处），以经营东台菜点为特色。

中公园菜馆位于中公园（现少年之家）内。南通名厨刘树森、黄大善，先后在该店掌厨。

协兴楼菜馆，1932—1935年，南通名厨秦进生在该店掌厨。

美齐菜馆位于西公园。南通名厨秦进生曾在该店掌厨。

江山饭店位于南城门口西，朝南。20世纪30年代之前，南城门口往西的路是不通的。要走，必须从长桥北堍往西，绕过淮海银行，走现在“濠阳小筑”门前（对着药王庙的路也叫濠阳路），转弯才能朝西。

全美楼菜馆在南大街，是赵全如、陈海珊二人合伙开设的饭菜馆。

正生菜馆在东门小石桥西堍，业主薛振声。南通名师张益成曾在该店做过点心。

景园菜馆在南城门口，坐西朝东。原市饮食服务公司经理张玉生曾在该店掌厨。

袁万兴菜馆位于端平桥。南通点心师周汉明曾在该店做过点心。

大华楼菜馆

1924年，吉鹏龄（吉四）离开集贤楼，在东牛肉巷开设“大华楼菜馆”，经营南通菜点和筵席。据老人记忆，该店的全家福、三鲜、素什锦、虾仁海底松、蟹粉狮子头、炒三件、鳝酥海参、脆长鱼、炒软兜、炒蟹粉、香酥鸡、八宝鸭、水晶肴蹄等菜肴，极负盛名，犹以面点、包儿最为出色。

"大华楼包儿"的制作工艺与众不同。它的酵面成流状，移动面团只能用挂勺（大铜勺）。搋酵做包儿时，手要不停地将酵面向上颠旋，稍有停顿或颠得慢一拍，酵面就会从指缝中流出。最不可思议的是，包儿做成后竟不摊不塌，犹如一只反磕的小碗，更像一朵含苞待放的雏菊。其馅心制作也是功夫独到。若做肉馅，则猪肉的肥瘦配比为6:4，肥瘦肉也是分开加工。用厨刀精劗肥切，精肉劗成糜状粗粒，肥肉切成7毫米的方粒，肥瘦相和后放入姜葱末、料酒、抽酱油、糖拌和，再加入皮汤糜而成。若做葱花包儿，则用猪五花肉丁，经作料腌渍后加入米葱末和少量皮汤拌和成馅。蒸出来的包儿，雪白粉嫩，皮松软若海绵，韧而富有弹性；馅心个个成团，松而含汤。入口松而不散，软而耐嚼，味道腴香，鲜美异常，是包儿中的绝品。

大华楼的早点还有盖浇面、烧卖、饺儿等等。每天吃早点的人排成长队，生意相当红火。

大华楼是南通解放前店史最长的菜馆。它从1924年到1952年，28年久兴不衰，其成功的关键是有一支稳定的、技艺精湛的厨师队伍。老板吉鹏龄，技艺全面而精湛，而掌厨、司厨的张子清（头墩）和徒弟吉祥和（吉鹏龄的侄儿）以及通菜元老胡寿康等，又都是南通顶级水平的烹饪名师，从而保证了菜点的高质量、好味道。菜馆的经营一直坚持面向大众。其消费对象为主的是平民百姓和工商界人士。广阔的消费市场和稳定的消费群体是它成功的另一个关键。

如今，有不少店家仍打着"大华楼包儿"的招牌招摇于市，但无论是做工、品相、吃口，均属欺世盗名、鱼目混珠，此包儿实非彼包儿也！它不仅忽悠了大众，还玷污了"大华楼"的美名。即使把大华楼包儿的面坯放到你手上，你也做不出那种包儿来！所以，没有了深厚基本功，没有了那炉火纯青的技术，再好的品种也只能落得绝迹的下场。

万宜楼菜馆

1925年，如皋人马锡九在西牛肉巷开了一家万宜楼菜馆，规模与经营范围和大华楼基本相同，儿子马国林，女儿马桂英协助老爸经营。两个如皋人在市中心的牛肉巷，就这样一东一西近距离地摆开了竞争的架势。

"万宜楼"初开张时，延请了菜点名师如南通元老厨师胡寿康等，红锅有朱耀庭师傅，冷盘是孙锁，江苏大名鼎鼎的厨师倪金泉那时就在万宜楼学徒。"万宜楼"的菜点质量可与"大华楼"媲美，尤其以各种盖浇面，如长鱼面、虾仁面、香菇肉丝面、肴肉面等，汤面更受市民的青睐。"大华楼的包儿，万宜楼的面"，曾是那时市民赞美南通早点的佳句。

新中国成立后，万宜楼生意渐淡。1950年，马锡九将店转给了他人，易名"大同楼”。一年后，大同楼关闭。

与此同时，南通还有一家“真宜楼菜馆”。南通元老厨师胡寿康曾在该馆司厨。因开设的时间不长，没有给人留下太多的印象。

可口西菜馆

1926年，原在美国军舰上做西菜的厨师、宁波人陈德有来南通，在长桥北堍、崇海旅舍对马路的地方，开设了一家以供应西点为主的“可可西菜馆”。店面虽不大，却是南通西菜馆之始。

中华园菜馆

1928年，刘明余离开了“俱乐部”，在有斐馆西侧（原模范路，现濠南路）开设了“中华园菜馆”。菜馆有大中餐厅6个，门口有招牌，右边是“京苏大菜”，左边为“包办筵席”。

老板刘明余出生于扬州邗江一名厨世家。他不仅精通淮扬菜点的制作，又以在上海从厨多年之经验，博采其他菜系之长，厨艺卓越，贯通中西。

“中华园”的厨师、点心师都是与老板兼亲搭故、技艺精湛的扬州邗江同乡，所收的艺徒，甚至连茶房（服务员）也大都是邗江人。如担任主厨20多年的黄大夔就是刘明余的亲戚。他新中国成立前夕去香港地区从厨，也是誉满香港地区的名厨。

“中华园”打出的“京苏大菜”，实为以淮扬菜为基调的中国多风味菜肴。擅长制作山珍海味，如冰糖燕窝、扒熊掌、烩猴头蘑、清汤蛤什蟆油、黄焖鱼翅、蟹粉鱼皮、鸡汁鲍鱼、虾子扒乌参等高档稀珍菜品。长江“四鲜”也是“中华园”的当家品种，如红烧鲥鱼、清蒸刀鱼、白汁鮰鱼、菊隐松江——菊花烩鲈鱼等。全年供应品种有蟹粉狮子头、拆烩鲢鱼头、三套鸭、黄焖狼山鸡、大煮干丝、烤方、烤乳猪、叉烧鸭、鸡粥菜心、全家福、虾仁珊瑚、海底松炖银肺等大菜。“中华园”的时令炒菜也独树一帜。

“中华园”还经营早点，面点都是传统的淮扬细点，如小笼包子、三丁包子、蟹黄包子、千层油糕、翡翠烧卖、水晶肴蹄、鳝鱼盖浇面等。

“中华园”在新中国成立前属于南通的高档菜馆，消费对象以上层人士居多，一般市民只能偶尔光顾，也仅是早点消费。

1938年，“中华园”又租赁有斐馆底楼和长桥北堍的崇海旅馆底层，开设了两个“中华园分店”。因其菜点质优味美，生意异常红火。到1945年，旅馆底层又开了一爿由居正镕与土匪头子褚松葆、日本翻译徐某合股，开张不久的“新华园菜馆”。但因有“中华园分店”在此立足，“新华园”即使有舞厅加乐队伴奏，还是因无人光顾而闭歇。

中华园两个分店于1946年撤店，仍并入濠南路总店。它经历过八年抗战，是那时南通生意兴隆的菜馆，也是南通首家淮扬菜系的高档菜馆。

“中华园”从1928年到1952年，历时24年，是南通烹饪技艺高耸着的一面标杆，是一场流派纷呈的烹饪技艺的群英会，对南通烹饪事业的传承发展做出过重要贡献。“中华园”为南通培养了何国清、张金候、顾乔生、单少泉、张汉林、任桂泉、邓有道、高元忠等50多位知名厨师，他们或已退休或已离世，但都是对南通烹饪作出过贡献的优秀代表人物。“中华园”的门徒有的在东北、湖北、江西等地开设餐馆，刘国全更是远涉重洋，把店开到了美国、德国，所有店的名字都叫作“中华园菜馆”。可见他们是多么深深地爱着这块热土！

“中华园”这块金字招牌，不仅是南通的骄傲，也是中国烹饪史上的骄傲。

李桂记菜馆

李桂记菜馆是十里坊刀包厨世家李桂元创办于1937年，店先开设在西大街马家府。初创时期是由李桂元与其14岁的弟弟李铭义两人掌厨，家庭其他成员为助。做了一年的通帮菜，因烹饪技艺精湛，口味适合广大市民，菜馆业务也越做越大，于是迁店至祭坛巷，逐渐成为南通规模较大的菜馆。

1945年李桂元去世后，店由李桂元原先委请的一陈姓人士管理，竟把一家蒸蒸日上的“李桂记”，搞得濒临倒闭。于是，李桂元之妻转请小叔子李铭义出山。李铭义接手后，延聘淮扬名厨王宗林出任主厨，加上其他通帮名厨的帮衬，使通菜风味重又香飘全城，成为南通首屈一指的通帮菜馆。

“李桂记”的代表菜品有：三鲜、杂素、鸡包翅、鲜奶鲜鱼唇、蟹粉鲜鱼皮、鸡粥鲍鱼、鳝酥海参、相思鱼肚、蟹粉海底松、元宝甏肉、清炖狼山鸡、金葱野鸡、鸡火鱼鲞、八珍鲴鱼、芙蓉刀鱼片、清烩鲈鱼片、生炒蝴蝶鳝、稣鲫鱼、灌蟹鱼圆、叉烧鳜鱼、叉烤酥方等。

“李桂记”的筵席特色是四季品种不同，各种类型不同，还有用单一原料的全席，如无刺刀鱼全席。海参席以下的鸡鸭肉全是炖焖成熟，鱼皮席以上全用烧烤成熟。筵席既可在店内承办，亦可出担上门包办。李桂记的烧烤十分讲究，让人意想不到的是，做烧烤的竟然不是厨师，而是一位“打杂”的挑水工管山。这位挑水工，如今已成为首都烧烤技术佼佼者的北京西郊宾馆厨师总长。他坦然地说，他的烹饪技术是在“李桂记”做挑水工时学来的。

1956年初，全国范围开展了对农业、手工业和资本主义工商业的社会主义改造，实现了全行业公私合营。当时南通城内有国营和大集体两种性质的饭店，虽说现已不复存在，但老百姓心中仍还留存着一份记忆。比较大的饭店有：南通饭店、中华园、新华饭店、和平咖啡馆、桃李村饭店、李桂记菜馆、工农饭店、和平食堂（回民饭店）、城东饭店（两宜饭店）、红卫饭店、城港饭店、如意园饭店、马房角饺面店、十字街饺面店、钟楼饮食店、四宜饺面店、雪园面店、食品商店、四季春点心店、和平桥饮食店、建设路饮食店以及前街后巷内的星罗棋布的烧饼店。

四、点心小吃店

点心、小吃两词，古代经常互用并沿袭至今。

北方与长江上游地区将食肆饭摊、边做边卖的早点、夜宵食品称之为小吃，将糕点厂的制品以及宴会上所用的精美糕点，则称之为点心。南方地区有的讲早点、夜宵用的米面制品都称作点心，而将肉类或炒或拌的制品称作小吃。有些地方则视点心和小吃为同义词，不加区分而混用。这里将供应早点、夜宵和卤菜、茶食，或席间的糕点及茶余饭后消闲遣兴的小型方便经济食品的老店归于一体，统称为点心小吃店。

南通的老菜馆，一般既供应菜肴，也卖点心，都把点心作为其不可分割的部分。通城专业的点心、小吃店一般规模不大，生产供应的点心门类也有局限性。有的店只做一个门类或一两个品种。

南通的点心、小吃分为蒸类（又叫蒸锅）、煮类（又叫面锅）、炸类（又叫油锅），还有烙类、烤类、煎炒类（又叫小油锅）、烘炕类（桶炉）等等。

1.老点心店

南通的老点心、小吃店遍布街头巷尾，星罗棋布，多得记不胜记，本节只收录了一些有名望、有特色的老店，更有百年历史以上的老店在列。

义顺和点心店

该店开设于城南三官殿巷口，经营的蒸锅类点心有各式水酵馒头、包子和汤包、烧卖和养汤烧卖、蒸饺；煎炸类的油酥点心有油条、麻团、火饺、生煎包子、锅贴等品种。南通点心技术全面的元老级点心师李桂春，1922年在该店学徒。

盛和点心店

该店开设于丁古角，经营蒸煮、煎炸类和米制品糕团等品种。南通点心技术翘楚周汉明，1924年曾在该店学徒。

爱国春点心店

该店开设于长桥北堍、河边朝西。该店原为清光绪二十三年（1897）无锡人王盛荣开的一个饭庄。民国元年（1912）南通人殷某某（殷汉堂的祖父）将饭庄买下，改名爱国春点心店，由其子殷长根经营，1954年又由其孙殷汉堂继承。“爱国春”主营包子、烧卖、饺面以及炸煎等品种，为南通有名的百年老店。1956年，爱国春点心店与聚源楼菜馆、通济林菜馆、李润源菜馆等三家菜馆合并，改造为公私合营新南饭店。

泉合记点心店

店址位于丁古角，经营蒸类、炸煎类和烘炕类食品。南通元老级点心师李桂春于1924年曾在该店做点心师。

陶家点心店

店址位于南大街仓巷口北首，门面朝西，主营淮扬细点、包子、烧卖、蒸饺和各种油酥点心，兼营馄饨面菜，为大陶、二陶兄弟合开。南通点心名师陈三，1938年曾任该店点心师。

淮扬点心店

20世纪20年代，随着南通轻纺工业的兴起，全国各地的面点师纷至沓来，尤以扬州点心师来南通开设以“春”为代表字号的淮扬点心店较为著名。

① 四方春点心店 店址位于东城门口北首，坐西朝东。店主孙珊镒。经营各式水酵馒头、包儿、饺儿、烧卖，犹以炉货的烧饼、缸爿深受市民青睐。原饮食服务公司副总经理孙根发是老板孙珊镒之侄，新中国成立前一直在该店做点心。

② 四季春点心店 店址位于东门外大街湾子头西山门巷口，坐南朝北。店主戴秉文。主营蒸锅包子、饺子、烧卖等。面锅由老板的父亲掌勺。老人服务周到，对顾客热情礼貌，深得食客赞许。“虾籽红汤面”颇具特色，是该店的一块招牌。早市吃面的食客往往要排队等候。

③ 四长春点心店 店址位于南城门口，坐东朝西。店主张啸荣。经营包子、饺子、烧卖等。油锅有煎锅贴、蛋饼、炸油条。南通名点心师周汉明1938年为该店点心掌作师傅。

④ 四合春点心店 该店位于西大街市桥西首，坐南朝北。以经营蒸锅、油锅和面锅为主。

⑤ 四和春点心店 店址位于长桥南堍，坐西朝东，以饺面为主，兼做蒸类、煎炸类品种。

李林记点心店

店址位于东牛肉巷口崔家桥西堍，坐西朝东。经营水酵馒头、包子、烧卖、饺子，炸煎类有油条、火饺、生煎包子、锅贴、蛋饼等，是南通比较有名的点心店。店主李桂春是南通元老点心师。

金复兴点心店

开设于五步桥，经营葱花、五仁、洗沙、干菜等馅的水酵馒头和包子，亦有粢饭、烧卖等。

周吉点心店

位于南大街仓巷口北，坐东朝西。经营蒸锅、面锅、油锅。

崔记饺面店

南大街菜市场对面，坐东朝西。主营饺面、葱花包儿、绿炸糕、炸团儿等。

周汉记点心店

位于西门外南巷子。店内的点心品种繁多，有包子、饺子、烧卖、养汤烧卖；有葱花、五仁、洗沙、干菜馅的水酵馒头；有油酥及炸煎类的各式点心；有水蜜糕，缸爿、草鞋底，还供应馄饨、面，是南通市点心门类最全的一家点心店。店主周汉明乃南通元老点心师。

张松寿点心店

该店开在西门端平桥，规模与周汉记相仿。该店与周汉记竞争激烈，缸爿曾做出过一尺多长。

王汉文点心店

该店开在河东街，规模与周汉记差不多。店主王汉文新中国成立后曾任孩儿巷饭店合作商店主任。

大块头汤圆店

该店位于海潮路南头向西的转弯处，主营水磨米屑汤圆。店主王光隆身高体胖，与店名极其吻合。该店的汤圆入口是软绵绵、嫩滑滑、肥嘟嘟、韧滋滋的一种特别的、绝好的感觉，其他店无法与其比肩。“大块头汤圆”是南通有名的汤圆佳品，也成了那一代人无法忘怀的记忆。

姚义盛蜜糕店

该店开设于东吊桥东北垅，店主姚才。该店只做蜜糕和水蜜糕，不做其他品种。制作均使用湿磨粉，制品柔润、软滑，口感特好，不仅供应门市还批发。乡人赐名“姚才蜜糕”。

唐三糕点店

该店专做锭子糕，位于南大街仓巷口北首，坐西朝东，有三间店面房，与“周吉点心店”紧邻。

锭子糕是一小块一小块在木模中单独成熟的，产量极低。锭子糕的式样有梅花形、五角星形、宝塔形和斜角形等多种。锭子糕没有馅心，料是预先和了糖拌好的，等糕从木模中倒出后或许再撒些“洋糖”。如若糕要叠放，则在上面要撒上薄薄的一层生米粉，以防粘连。最后还要在上面撒些红绿丝，有的还要放上一粒蜜枣。

孙炳记

南大街平政桥南、坐西朝东，有一家应时糕饼店，名“孙炳记”。店主孙炳的手艺乃祖上嫡传。

“孙炳记”春节前卖烘山芋、烘蜜糕，春节后卖春卷皮子、煤虾脐儿，春夏之交做蛋饼、油氽烧饼，秋冬之季做金钱萝卜饼。孙炳所卖的品种极为平常，但他能做出不平常的独特风味，吸引了市内、市郊的众多食客，尤其以“金钱萝卜饼”享誉最高。

任麒麟饼店

该店也开在十字街，店主任麒麟，淮安人。20世纪20年代南通餐饮兴起时到南通，以做大饼为生。仅一间小门面，上午供应芝麻大饼，下午做火烧。因其技艺精湛，做工地道，一丝不苟，故“任麒麟火烧”以其质优味美而飘香通城。

印小二卡饼店

该店位于南大街西牛肉巷口北首，坐西朝东。虽说他家做的卡饼具北方特色，但因夹在“孙炳”和“任麒麟”两家中间，生意就不大好做了。

黄炳记面店

在西大街彭家巷口西，有一家专营刀切面的“黄炳记面店”。店主黄炳生对刀切面的制作和下面的作料都非常考究，故此“彭家巷刀切面”的美名不胫而走，致食者云集。

刘建国天津水饺店

天津人刘建国，20世纪20年代南通餐饮繁荣之际来到南通，开设了一家经营天津水饺和素拉皮儿（凉片粉）的店。因南北口味有异，未能形成气候。

清真高庄馒头店

开设于南大街仓巷口，女店主名叫李雪林。

2.老小吃店

20世纪二三十年代，还有西吊桥东、西南营巷子口的刘国光面点馆，北街保国良点心店，东门顾学富点心店，西门马家府刘树森包子店等，都是具有一定规模的中型店。

南通还有不少历史悠久、富有特色的小吃店。笔者问过几位老者，大家一致首推“从永记”。

从永记

“从永记提汤羊肉店”是从氏兄弟俩——从老大、从老二所开的一个羊肉铺，起先开在崔家桥，后搬至南大街西牛肉巷口。

从老大过世得早，人们对从老二的印象是沉默寡言，老是拉长了一副本来就长的马脸，绷得紧紧的，几乎看不出一点笑容，即使遇到不能不打招呼的人，也不说话，只是嘴角一翘了之。从老二难得的微笑也很僵硬，脸上的肌肉没有变化，更谈不上露出牙齿，只能从他的眼神上看出有一点点笑意。丛老二虽然脸部的表情僵冷，但手脚尚算灵活，一刻不停地默默认真做菜，从不马虎。因此，他家的提汤羊肉和五香大排骨两个品种皆为通城知名的佳味。

首先，丛永记只做自家宰杀的羊肉。在选购时只买阉骟过的肥壮山羊，屠宰洗涤的要求也相当严格。屠体开片后分成的两爿，先要长时间放在清水里洗漂，再挂到通风处让其“风干”后，再分成大块，然后下“结口”〔一种在大锅子上沿粘接出一米多高的圆形无底木桶（甑），以扩大锅的容量〕，使水淹没羊肉，加生姜、葱、蒜、白萝卜、料酒等，大火烧沸，撇去浮沫后再小火焖烂。起锅拆骨，将羊肉分块装入料盆（低沿，约1.5厘米高、直径30厘米的圆陶盆），加少许原汤用重物压实，即为提汤羊肉。

提汤羊肉可做冷盘，可回锅红烧，可加原汤白烧，也可单食羊汤，皆成羊肉美肴。

丛永记的提汤羊肉因现宰现烧，做工考究，烹饪得法，技艺独到，羊肉、羊汤没有腥膻异味，只有鲜香美味，故广受食客青睐，香气四溢，誉满通城。

1956年，丛永记与其他几家店合并，改名“南联合作饮食店”，生意一度受挫。1961年，贯彻调整方针，又恢复了西关帝庙巷口的丛永记，食客竟蜂拥而至，可见“丛永记”的美誉度极高。

有一天，笔者到丛老二处吃夜宵，遇到时任副市长徐虎和夫人俞明二人在那里排队，等吃羊肉粉丝。徐副市长碰到笔者似乎有些尴尬，便自我解嘲地说：“开开羊荤，还是这里的东西好。”老人们怀恋的丛永记羊肉，已经在城区永远消失了！要吃，只有去兴仁曹氏四兄弟、观音山大头，北郊的猫儿胡子，尚能寻到一点点稍微逊色的提汤羊肉的遗香。

丛永记的五香大排骨，是用带脊骨的大块里脊肉，用刀背将肉捶松，放入用酒、姜葱、花椒、八角、桂皮等配置的卤子里浸渍入味后，再放入高温油锅炸至外表起壳后捞起；用剪刀沿里脊肉的四周，放射形剪成鸡冠状（剪口有血水渗出），再投入热油锅，炸出满屋香味；待排骨浮起后捞出，放入盘中，撒点五香粉、胡椒粉，再浇点上海梅林黄牌辣酱油，即可食用。

排骨是外酥内嫩，五香、干香、鲜香，微辛中略带酸甜，汇成一种难以言表的复合香味和极致的美味，使你的味觉得到一次绝美的享受。当你站在炉边看他的操作，会使你的视觉、听觉、嗅觉俱被其幻入美的梦境。难怪呀，老人们一想起丛永记的五香大排骨，至今仍会大渗口水呢！

笔者想寻回这一绝味，已历经六十多年。用笔者所了解的丛永记五香大排骨的烹调方法，请厨师们复制了十多次，自己也试做了几次，终究寻不回那六十年前的口感和口味，只有点似曾相识的滋味。由此可见，一种美食的产生不容易，但美食的传承更不容易！

1986年，全国医药供应会议在南通召开。代表们住宿在大宾馆，吃在桃李村。宾馆经理问市医药公司的季经理，为何食宿要分开来？季经理坦然地回答：“桃李村的菜做得好，比如今天中午的一份五香大排骨。”全国所有的代表都异口同声地赞美，有的说是生平第一次吃到这样好吃的排骨；有的说，这排骨做得太出色了。笔者想，若是丛老二再世，代表们还不知道要高兴成什么样子呢！

从永记后来还增加了一些小吃，如炒羊杂、炸火饺之类。但人们的记忆中赶不走的还是那梦寐以求的提汤羊肉和五香大排骨。

潘文记

潘文记小吃店开设于东牛肉巷东头，崔家桥西首，坐北朝南，店主潘宝明是个大胖子，肚子特别大，皮肤雪白粉嫩。也许胖子怕热，他夏天只穿一件似乎没有纽扣的竹制背心。

潘宝明为人和善，待人热情礼貌，笑口常开，简直就是一个活生生的弥陀佛。就因为他的这一尊容，市话剧团还请过他出演群众演员。

"潘文记"经营的品种较多，有各种煎炸点心和小等份的冷盘、热炒、提汤羊肉面、牛肉粉丝、饺面等等，不仅供应门市还送货上门，生意非常红火。20世纪50年代笔者在公安局工作，经常"开夜车"，"弥陀佛"家便成了大家吃夜宵的首选。有的吃羊肉面，有的吃牛肉粉丝；有的吃生煎包儿或锅贴、火饺，有的吃面或馄饨。喜欢吃羊肉的就来一份红烧羊肉加一碗羊汤光面，再点几小碟冷盘、热炒；更多的是点冷切羊肉、炒羊肚、炒羊肝。品种任选，花钱又不多，但吃得开心、随意。

吴冲熟食摊

在南大街西牛肉巷子口南、协成玉酒店门口，有一家"吴冲熟食摊"。店里专门卖篮花茶干、素鸡、素牛肉、素大肠、五香仁子、油爍豆瓣等一些供人下酒的菜。店面不大，却名气不小，南通城里可以说是远近闻名。

店主吴冲，长得五大三粗，鲲奘得很。夏天欢喜打赤膊儿，胸门口长满了一排胸毛，皮肤焌黑光亮。吴冲很有个性，第一，他卖东西从来不卖小秤，但也不欢喜人家看他的秤；第二，他卖的食品遇到生人来买时可以弄点儿尝尝，如果称好了以后还要添，他就要骂人了，而且一定是破口大骂，这也成了当时南大街上的一景。吴冲是他的正名，而大家总要在他的名字后面加个"侯"字，叫他吴冲侯。更有人还替他起了绰号，叫杀坯、一枝花蔡庆。

吴冲侯虽脾气暴戾，但做的食品却十分受人喜爱，尤其是他家的"篮花茶干"堪称通城佳作。

篮花茶干是用普通茶干切成四五倍大的篮花形状。刀工既要非常精准，还要有如绣花般的耐心和细心。要呈现篮花网眼状的茶干，需要两面都切，而且每面只能切2/3的深度，不能把茶干切断。更难的是切的角度要非常准确。正面是45度直切，反面只能直刀平切。正面切好后翻身朝里（近人体的一面）时，角度会发生变化，下刀的深度、距离更不能有一点误差。你想想，一个五大三粗、脾气暴躁的男人，每天要如此心细地切好几百块茶干，谈何容易？但这还仅仅是第一道工序：成型。篮花茶干滋味的形成还要经过绷晒、油爍、卤煮多道工序。

吴冲侯的篮花茶干，不仅篮花网格整齐一致犹如一件镂空的雕刻作品，制品也松软、精韧、富有弹性，与众不同的腴香、豆香、干香、五香味，复合兼容，鲜美异常，乃豆制品中的杰作。

吴冲侯的“五香仁子”咸香可口，百吃不厌。关键在于首先选料严格，仁子粒粒饱满如一，其次制作也相当精良。他是先用茴香、八角、桂皮、盐，加水烧成咸香卤子，再把仁子倒入沸腾的卤汁锅中氽烫、吸味后捞起，装入麻袋，撒上五香粉拌匀，闷盖一夜，第二天再将仁子晾干，用砂炒成熟。那时，南通茶食店也有五香仁子、挂霜仁子和香甜生果卖。吴冲侯的五香仁子与茶食店的做法相似，五香酥脆毫不逊色。

“挂霜仁子”是将仁子去衣，油爆后裹上白糖；“香甜生果”是将五香仁子去衣油炸后，拌上一层薄薄的猪油（做粘合剂），用白糖、五香粉、味精、盐、胡椒粉调匀后裹在仁子上。“香甜生果”是在原来五香仁子味型的基础上，又加进了甜、咸、鲜、香、微辣之复合味，是一道不可多得的美食。菜馆常用此作冷盘，深受食客欢迎。

吴冲侯的油炸豆瓣、酥炸豆瓣是佐酒消闲的一道美食，也曾独领风骚于市。

酥炸豆瓣是把豆瓣先煮酥，再油爆，豆瓣酥松可口。而在煮豆瓣时加入各种调味料，酥炸豆瓣便成了多种味型，如椒盐味、五香味、咸鲜味、甜辣味、甜香味、咖喱味以及用咖喱粉加糖、盐、味精调成的牛肉味等等。

吴冲侯做的篮花茶干、油爆豆瓣、五香仁子都味道独到，包括他做的咸鸭蛋，只只蛋黄流油，否则谁愿意向“杀坯”买东西？叫吴冲侯“杀坯”，不知是骂还是亲？叫他“一枝花蔡庆”更不妥。吴冲侯不是刽子手，他做生意诚信公道，从不斩客！

顺便告诉大家，吴冲侯还含辛茹苦地培养了一个好女儿呢！她就是20世纪80年代初，中国羽毛球世界冠军吴健秋。

茶房南

“茶房南小吃店”，是日本商人在日伪时期开设于南城门口西侧的一家小吃店，门面、店堂都装修成日本特色。店里供应的是牛奶、咖啡、蛋糕、面包等洋式点心，夏天有汽水、橘子汁、酸梅汤、冰淇淋（南通首次出现）等冷饮。随着日寇投降，此店也跟着撤走了。

卫生粥店

从前，在长桥西北堍（现陈实功塑像北），有一座朝南的二层小楼，叫“卫生粥店”。店里夏天卖凉的绿豆粥和用小碟子装的酱菜、咸蛋、油爆豆瓣等，为上层人士所喜爱。午后，楼上有小姐清唱，客人们可以一边欣赏，一边吃东西。店里有清茶、瓜子、雪花软糖、水果，还有用小盘子装的、上面用纱布盖好的清凉食品，如削了皮的荸荠、嫩藕片；饮料有甘蔗汁、正广和汽水、绿豆汤等。听唱可以点名、点曲，台前挂一牌子，上书“××先生点××小姐一打（12只）”。这可算是通城小吃与娱乐休闲结合的另一特色。

后来，由张生在海潮路南头向西的拐弯处，又开了一家“卫生粥店”，经营的品种也比较多，而且是常年供应，生意也不错。

五、卤菜摊店

南通经营卤菜的有摊、店两种。

所谓“摊”，又分固定和流动两种。固定摊点有固定的生产作坊，自制各种卤腊制品，以固定地点设摊，在午后和夜里销售，老南通人称其为“爊煲盘”。这个名称很恰切，就是用“结口”慢火烹制的熟食盘摊。老百姓把“爊煲盘”上卖的熟食则统称为“爊煲肉”。而流动摊贩一般是把批发来的熟“爊煲肉”，下午头顶着篩子沿街叫卖，不做夜市，老南通给他一个美称：“踩街爊煲肉”。

所谓“店”，是规模较大、有作坊、有店面，全天销售卤腊制品的店，叫卤菜店。

爊包盘市井摊

“爊煲盘”遍布市廛，无法一一介绍，只能挂一漏万。据史料记载，南通“爊煲盘”最有名的是西门“小胖子”和南大街“小麻子”。最近，笔者访问了“小胖子”的儿媳、今年90岁的陈莲英老人。

爊煲盘

陈莲英老人说：她的公老爹叫陈有遂，可能是人矮，又胖，人送外号“小胖子”。他的“爊煲盘”一个摆在西吊桥东南堍的河边上，一个摆在南大街大保家巷邓家酒店的门口，作坊在西南营90号（妇科医师喜仰之家对门）。十几间房子还不敷生产之需，天井里还起了房子做厨房。生产供应的品种相当多，有卤锅5种：① 白卤锅，卤制白斩鸡、硝水肉、风鸡、风鱼、香肠、猪脚爪等腌腊品种。② 红卤锅卤制酱水肉、酱鸭、烧鸡、牛肉和野鸡、野鸭、野兔、禽蛋等品种。③ 老汁锅，卤制猪头肉、蹄桶肉（猪头下颌卷成圆桶状，用绳子捆扎后卤制）、扎蹄（猪腿肉卷成圆桶状，用绳子捆扎后卤制）、猪肝、扎肝、卤大肠、卤肥肠、卤猪肚、卤连涤（猪脾脏）以及鸡杂、鸭杂、鸡鸭的肝、肫、脚、肠（又叫菊花肠，即子宫），以及野味等。④ 清卤锅，煮盐水鸭和畜禽至初步成熟。⑤ 现制卤锅，卤制豆制品如篮花茶干、素鸡、素牛肉等。豆制品的卤水因存放后容易酸败，所以只能卤制一次。豆制品也不能在上述前4种卤水中卤制。前三种卤水均系老卤，越陈越香，滋味越醇厚，风味也越佳。老汁锅是用两个大“结口” 爊焖，原料一齐下锅，锅底放牛肉、猪头、大肠、猪肚，中间放禽类，上层放猪肝、禽蛋等，最后有序出锅。每天单卤制猪头就有20个左右，还有牛肉、野味等。另外还有一只油锅用来煠子鱼、煠风浪头，煠爆鱼、油爆虾、煠花生米、煠兰花豆以及烧鸡、酱鸭、走油肉，和做豆制品的初加工。至于五香仁子等炒货还有专锅加工。

小胖子的全家，包括大小老婆、儿子、儿媳、女儿等7人都参加生产，另外还请了陆道、野侯等4个帮工，一共10多个人加工操作。最花工夫的是洗涤和挦毛。帮工只吃饭，不拿工钱。下午卤制品出了锅、拆骨后，每人批一筛子猪肉，顶在头上踩街叫卖，所得的批零差作为给帮工的酬劳。

"爊煲肉"除了供人过酒佐餐外，遇到市民家中来了人要配四到八个冷盘待客，包括有些饭店办酒席，也经常会在"爊煲盘"上配冷碟。

老南通"爊煲盘"的生产经营状况，大致与陈有遂相似，有的规模较小，制品也没有这样丰富。南大街上的王坤、王遂兄弟俩各有一个"爊煲盘"，在通城也相当有名，生产人员也都是全家出动，全力以赴。老大王坤，天天是头顶筛子踩街卖，下晚再到"爊煲盘"上站摊。

"爊煲肉"之所以深受人们的喜爱，第一是价格便宜，购买方便；第二是品种多，滋味可口。自己烹制，工艺复杂不说，也很难达到"爊煲盘"上的那种滋味。"爊煲盘"的老汁汤（老卤），有的已达百年以上。经反复烹调，各种原料中的氨基酸分解的各种呈味剂，都溶入"老汁汤"里；而这种醇厚的美味是任何调味品都调制不出来的！

"爊煲盘"爊焖食品的锅上有加了木甑的"结口"，能使投放量扩大数倍。木甑传热慢，散热也慢，是爊焖大块动物性原料最理想、最佳的炊具。它成熟快，成熟度均匀，制品酥而柔润，软嫩而又不柴。这种口感是任何金属锅煲不能够达到的；何况，制卤的配方各有特色，有的甚至视为"家传之秘"，以保持其独特风味；使产品久享盛名而不衰。但话又要说回来，你的配方再好，没有"老汁汤"和"结口"做炊具，"爊煲肉"的特殊美味和口感是无法形成的。

南通有名的老卤菜店有周万隆和唐裕泰两家。

周万隆卤菜店

周万隆卤菜店开在南大街东牛肉巷南口的第一家，店房有三层楼，是当时南通最高的民居楼。周万隆也是南通的殷实富户，利民坊东巷以西的房产全部归他所有。由此可见，周万隆卤菜店在当时是何等的兴旺！

"周万隆"自从被周福生继承后，有点"阴盛阳衰"。起先，是由周福生的姐姐帮他当家，谁知姐姐40岁就去世了。周福生的妻子也英年早逝。经人说媒，续顾氏三女儿为"填房"。但娶回来的却是顾氏三个女儿中的大姐，方才知道是被"调包"了。木已成舟，周福生只得顺受。婚后，那位顾氏大姐用各种手段制服了周福生，自己成了"周万隆"的当家老板。

新中国成立前，“周万隆”在南通人心目中是一家不错的卤菜店，生产的卤制品比陈有遂的“熝煲盘”更为丰富多彩，成为市民们购买卤菜的首选。1956年对私改造，“周万隆”先是并入南关帝庙的食品加工场，后又改为“利民卤菜加工场”。

唐裕泰腌腊店

唐裕泰腌腊店1920年创建于如皋。始创人唐正明为人勤谨，从小学得一手腌制腊味和做卤菜的手艺，便在如皋东大街开了一爿腌腊的小作坊，生产火腿、香肠、香肚、咸肉、肉松等腌制品，生意很好。搬迁至西大街后扩大生产，秋冬季生产腌制品，春夏闲空时酱卤制品，收购活猪自行宰杀加工。由于选料严格，制作技术独到，产品闻名遐迩，不仅在当地零售，还大宗批发远销上海、福建、新加坡、印尼和菲律宾等地，南通腌腊和酱卤制品大多数来自他的店。“唐裕泰”的产品知名度高，信誉颇佳，与南通的食品商店素有业务来往。新中国成立初期，“唐裕泰”为求更大的发展，将店迁至南通，在西大街寺街巷口东首开张营业。

“唐裕泰”迁来南通后，门面装修一新，所售食品风味纯正，深受顾客欢迎，遂在南通熟食业中异军突起，营业与声誉逐年上升，成为南通有名的腌腊酱卤“老店”。

“唐裕泰”是如皋腌腊业的鼻祖，是南通地区有名的百年老店。“唐裕泰”精湛的制作技艺，成就了如皋火腿、如皋香肠、如皋肉松等享誉大江南北的响亮品牌，也深深地影响了南通的腌卤业。

六、茶食老店

茶食这个名字最早出现在唐朝，《土风录》里把干点心就叫茶食。《大金国志·婚姻》载："婿纳币，皆先期拜门，亲属偕行，以酒馔往……次进蜜糕，人各一盘，曰茶食。"应该说茶食是包括茶在内的糕饼点心之类的统称。点心是指正餐之外以充饥的小食，顾名思义是点点心而已。在中国人的心目中，茶食往往是一个泛指的名称，现在和点心已经变成了一回事。另外，南方的茶食和北方的茶食也有不同，北方的是官礼茶食，而南方的是嘉湖细点。中国从明朝以后，政府虽说设了在北京，文化中心可一直在江南一带。江南一带的官绅富豪多，茶食这一类食品自然而然也就发达了起来。"嘉湖细点"本来是人家店里的招牌和茶馆店里仿单上茶食的统称，不过也正好说明了细点是起源于浙江的嘉兴和湖州。南通虽在江北，但与江南仅一江之隔，风俗习惯相近，茶食的品种也就基本差不多。新中国成立以后，曾经评定过京式、苏式、宁式、扬式、广式、湘式、川式、闽式、高桥等九大帮式为全国茶食糕点，其中江苏就占了三式，南通应该说是这个三种式样都有。

茶食不外乎是用面粉（或米粉）、油、糖三大类，另外配以芝麻、花生、核桃仁、瓜仁以及桂花、桔皮、薄荷等香料，通过油煤、烘烤、蒸、熬等方法做成；因为口味不同，形态各异，更随时可吃，所以一直是受市井百姓欢迎的大众食品。

南通的老茶食店，城中有稻香村、大隆、景福斋、大兴等字号。开设于清朝的有城东的鼎泰杂货店，店主许松甫是"嵌桃麻糕"的创始人。开设于民国时期的有永泰仁杂货店。专营茶食的是来自兴仁东边双楼子的陆氏兄弟所开，老大陆长卿的"协和"开在龙王桥北堍；老二陆桂森的"味香村"开在湾子头；老三陆桂荣的"品香村"开在东门吴家庄；老五陆桂香的"异香村"开在东门天主堂；陆氏兄弟的姐夫秦恩庆的"一品香"起先开在新桥，后来搬迁至儒学前西边的东大街上。城西端平桥有"鼎龙"，地步湾有家茶食店，店号好像叫"双福斋"。

茶食是馈赠礼品和休闲糕点的大宗食品。茶食的品种丰富多彩，据不完全统计，南通的茶食有300多种。经回忆大概如下：

糖货类有：寸金糖、交切糖、董糖、花生糖、黑切（黑芝麻糖）、白切（白芝麻糖）、鸡骨糖（炒米糖）、洋糖京枣、红糖京枣、黑砂或白砂薄荷糖、粽子糖、牛皮糖、雪花软糖、牛轧糖等；

糕团类有：麻糕、熏糕、印糕、潮糕、晒糕、凉团、椒盐糕、云片糕、桂花糕、桂片糕、松子糕、水蜜糕、重糖蜜糕、羊角糕、马蹄糕、桔红糕、绿豆糕、状元糕、奶儿糕、花色贡点（有8式、12式、16式）、摞粉屑圆子、藕粉圆子等；

酥货（混糖酥）类有：桃酥、麻切、月饼、酥饺、杏仁酥、冰雪酥、鸳鸯酥、宣化酥，以及糖酥皮类的广东饼、马蹄酥、广式月饼等；

炉货类有：脆饼、麻饼、麻梗、油酥饼（草鞋底）、京江脐儿、大芝麻饼等；

蒸货类有：五仁馒头、洗沙馒头、枣泥馒头、堆花馒头（梳头馒头，新娘出嫁用，有5、7、9层等）

油货类有：麻圆、羊角蜜、豇豆角儿、馓子把儿、小馓子、搅搅儿要子、玉兰片、雪枣等；

蛋货类有：鸡蛋卷以及各种蛋糕。

南通最有名的茶食有嵌桃麻糕、西亭脆饼、如皋董糖、林梓潮糕、石港印糕等。

嵌桃麻糕

嵌桃麻糕

传统的嵌桃麻糕制作工艺相当复杂。先要将芝麻粉、糖粉、炒米粉按1∶1∶0.5的比例拌和成干粉料，用筛子将干粉料筛一层于“烫子”（一种方形、直壁、隔水炖的锡器皿）内，揿实抹平后，上放四排核桃仁，再筛一层干粉料，揿实抹平；用薄刀在糕坯上平行地划三路，即成四条麻糕；将“烫子”放入水锅隔水炖，使糖粉溶解并与炒米粉、芝麻粉混为一体成麻糕坯；取出糕坯，用厚背薄刃、又大又重的方头刀，将每条糕坯切成50片，再将每片麻糕平摊在平底锅内，升火加热，上盖烧热了的锅盖（平锅反扣，锅底朝上，加上厚厚的草木灰保温），使麻糕上下两面均匀受热，烘焙至两面金黄色，取出用纸包装。一条50片左右，半斤重。售出时，将麻糕两条装入硬纸盒轧紧扎牢，防碎。

嵌桃麻糕以糖粉代水，嵌桃均匀（片片有核桃），香甜可口，松酥异常，干吃酥香，到口消炀；泡食麻香四溢，爽口不腻。

相传“嵌桃麻糕”是在一百多年前，南通东门许松甫开的“鼎泰”杂货店创制。“鼎泰”在外埠还有分店，也是以经营茶食糕点为主。后来许松甫捐得一官，常以上等茶食进贡，唯独嵌桃麻糕博得圣上喜欢，而被誉为“官礼茶食”。清代南通人金榜《海曲拾遗》有“芝麻糕出秦灶”的记载。秦灶地处城东北，证实传说不讹。南通图书馆馆藏《季自求日记》手稿中记有：麻糕深得鲁迅赞美。鲁迅在1914年11月15日日记中有“南通馆坐少顷，持麻糕一包而归”的记载。

抗日战争爆发后，“鼎泰”歇业。后由该店张某接手开设的“永泰仁”杂货号继承麻糕的制作继而稻香村、景福斋、味香村、品香村、一品香、大兴、大隆、鼎隆、协和等茶食店，先后竞相生产。麻糕的生意也越来越兴隆，名气也越来越大，成为馈赠亲友最好、最实惠的礼品。

现在，南通有些店做的“嵌桃麻糕”，酥松度和香味远远逊于传统麻糕。在配料上用“米粉”取代了“炒米粉”；用“糖浆”替代了“糖粉”，减少了芝麻粉的比例；更有甚者竟加水掺和。

南通“嵌桃麻糕”的味质，在1982年也曾出现过大滑坡。缘起于泰州食品厂厂长带队到南通食品二厂学习麻糕制作技术。他们认为，泰州历史上也有“麻糕”，而且还列入了泰州“三麻”（麻油、麻饼、麻糕）名品。因“麻糕”技术失传，故来南通学习。对方学成回到泰州后，因为手工切麻糕这项又难、又累、又慢的手艺，无人能适应，于是发明了一台“麻糕切片机”，并向南通师傅推荐，还把机器构造图送给了食品二厂。南通方面按图索骥，但制造出的“麻糕切片机”根本无法切酥松异常的麻糕坯。为了适应“机器切糕”的要求，于是就“削足适履”，在配料上改用米粉、糖粞、糖浆，来增加糕坯的粘硬度。可是这样做出来的麻糕，又硬、又僵、又无香味，购者寥寥无几。厂方千方百计改变配方和工艺，味质虽有一定的改善，但南通人很少问津，连最喜欢南通麻糕的上海消费者也几乎丧失殆尽。企业改制后，南通食品二厂撤闭。曾经的“茶食人”开始自谋出路，一个个“前店后作”的个体经营的茶食店，又陆陆续续现身于大街小巷。私人作坊不需要“麻糕切片机”，于是，又恢复了传统的手工切片，仅将烘焙改为了电烤箱。现在麻糕的味质虽有所改善，但与老麻糕尚有一定的差距。唯有东门“味香村”生产的“嵌桃麻糕”，尚能找回鲜活跳跃在记忆中的南通老麻糕的味质！

笔者之所以不厌其烦地叙述，其目的是想留住濒临失传的制作技艺，为“南通嵌桃麻糕制作技艺”申报“非遗”提供一点力所能及的资料。

西亭脆饼

“西亭脆饼十八层，层层酥甜香喷喷，上风吃来下风闻，味沁心脾馋煞人。”这首歌谣说的是南通名特产西亭脆饼。

西亭脆饼的传统制法是：用沸水烫面，冷却后投入酵种，使之发酵；掺入油成为“水油皮面”，包干糖油酥（用熟面粉、糖粉加油制成）后，手工擀制、反复折叠至18层；正面磕满去壳芝麻，贴入桶炉（黄泥锅箱作炉壁），烘烤成熟，铲出。成品一碰就碎，入口酥松香脆，干吃、泡食均宜。泡食时不糊方为上乘。

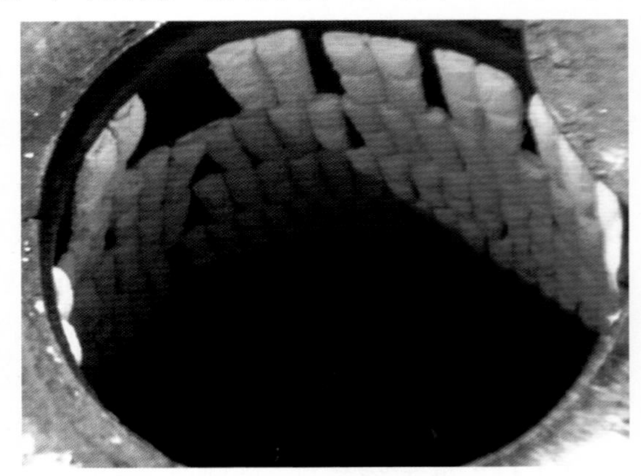

制作西亭脆饼的桶炉

西亭脆饼原名西亭白脆，为清光绪初年西亭西街冷纯溪所开设的“福隆茂”脆饼作坊所创。因配方、工艺独特，在当地同行中独树一帜。清末状元张謇少年时代曾在西亭宋氏学塾读书，常吃冷氏“福隆茂”做的脆饼。待张謇考中状元授翰林院修撰后，每年清明回西亭祭祖，都要买“福隆茂”的脆饼带回作贡品；有时还遣专使来西亭买脆饼回赠同仁、亲友。张謇还为福隆茂书写了店招，使西亭脆饼名扬中外。

如今，南通各食品厂、坊竞相生产西亭脆饼，品质参差不齐，除西亭脆饼厂还用黄泥锅箱的桶炉烤焙外，其他作坊多数采用电烤箱烤制，对沸水烫酵、熟面粉擦酥等技术关键又往往忽视，特别是熟面粉擦酥，现在几乎没有一家使用，故脆饼没有了那“一碰即碎”的酥脆度。只有原食品二厂厂长陆均才开设的“味香村茶食店”的脆饼，尚能让老顾客能重温一点老脆饼味道的旧梦。同样，抢救“西亭脆饼制作技艺”也到了刻不容缓的时候了！

如皋董糖

董糖，即芝麻酥糖，原名秦淮董糖、秦邮董糖，为“金陵八艳”之一的董小宛创制。

董糖，系用白糖饴糖煎熬成玻璃骨子（用筷儿蘸取糖液，将两筷儿略分开，糖液在两筷之间形成的一块半透明的薄片）后，剩热擀成薄片，上铺去壳炒芝麻粉、少量熟面粉和糖粉，折叠成27层后，卷成圆筒状，装入木模，切块，包纸而成。

如皋董糖

董糖酥松甜美，糖、粉相间，糖甜粉香，入口易化，食后留香，是一种颇具特色的上式糕点，在南通已流传了350余年，久盛不衰。

据清道光庚寅年南通人徐琳崑所著《崇川咫闻录》记载：“‘董糖’，系冒巢民(冒襄号)之妾董小宛所造。未归巢民时，以此糖自秦淮寄巢民，古至今号‘秦邮董糖’。”

董小宛名白，字青莲，又名宛君，金陵（现南京）人；生于明末天启四年（1624），殁于请顺治八年（1653）；原寓南京秦淮，曾寄居苏州半塘街。

冒辟疆（1611–1693），名襄，自号巢民，如皋才子，有明末“四公子”之雅称。

明崇祯十二年（1639）春，冒襄途径苏州时慕名亲访小宛数次，皆因小宛外出而未遇。待小宛归来，冒辟疆已离苏还乡。小宛甚为遗憾，返回南京秦淮后，终日思念，特亲自下厨，以白糖、饴糖、芝麻粉、熟面粉为料，制成一种酥糖，从秦淮托人转带给如皋辟疆，以寄深情厚谊。此后，两人企慕、相识、相知、热恋。明崇祯十五年（1642）十二月，小宛终于委身辟疆为妾，并与辟疆一同归隐如皋城东北冒家的私家宅院——水绘庵（后改为水绘园）。小宛制的酥糖，深受辟疆喜爱，故小宛常年制作，并以此糖飨客、馈赠亲友，天长日久，商贾仿作供市，称作“董糖”或“酥糖”。

林梓潮糕

南通有民谚点赞潮糕：“不管你是老还是少，百吃不厌的是‘潮糕’。”

潮糕是用新粳米浸泡涨软，用手指一碾即成粉屑后再磨碾成极细的粉末，与糖、桂花拌和成糕屑。将糕屑均匀松地撒入竹制的圆笼内，旺火足气蒸制而成。

林梓潮糕的制作和食用不受季节的限制，盛夏可以放置5天不馊，冬天加温后仍回软如常。热糕弹性如海绵，冷糕柔软不掉屑，松软异常，香气沁人，容易被人体消化吸收。婴儿缺奶，用开水泡而哺之；旅途无茶，冷食软香而不渴，遂成为有口皆碑的长寿、大众方便食品。2014年被评为江苏省十大当家名点之一。

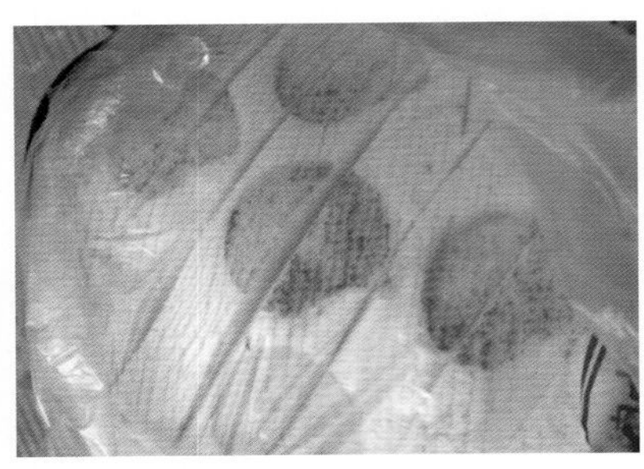

老万和潮糕

相传清雍正十年（1732），一个费姓业主在林梓镇上开了一爿“老万和茶食店”。该店创制的潮糕，深得远近群众的青睐。清嘉庆元年（1796），费氏第三代业主聘请了茶食名师耿忠怀进一步改进潮糕的配方与工艺，使之更适口宜人，因此“林梓潮糕”名声大振，行销四方，历久不衰。

石港印糕

印糕是南通地区群众喜欢的传统糕点，因其形状酷似古代的官印而得名。远在一千多年前的唐代，南通天宁寺光孝塔落成时献祭的八式点心中就有“印糕”。民国初年，石港德馨祥茶食店老板姚少庭虽未考取功名，却喜欢咬文嚼字，据说是他将“印糕”改名为“窨糕”后，其他茶食店也跟风，改“印”为“窨”。好在现在连石港人都不从“窨”了。

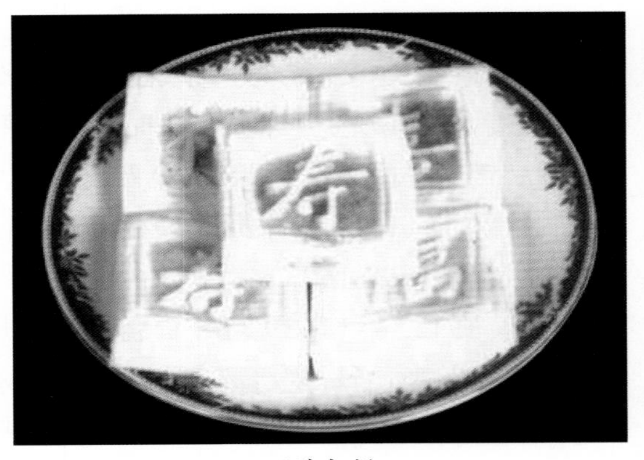

石港印糕

印糕，南通的各大茶食店、糕团店都做，而做得最好、最出名，群众、全行业一致公认的是石港德馨祥。印糕制作是用粳米粉筛入木模，加上枣泥、五仁、洗沙等馅心后，再筛一层米粉蒸制而成。制品软而不粘，松而不散，凉而不硬；兜心里流状，但又不会溢出糕皮之外，腴香甜美，实在是一道老少咸宜的春点。

德馨祥的印糕真是占尽了天时地利，其使用的粳米（南通叫饭米、晚米）是石港西北乡所产，产量很低但质量很高。用该米煮出来的饭，香喷喷、润滋滋、亮光光、白灿灿、软绵绵、滑溜溜。有民谣赞曰：“只要闻其香，口水往下淌；只要吃一口，打嘴都不放。吃饭不用菜，做糕不够卖。”德馨祥把这样的好粳米全部包购用来制作印糕，能不好吗？除此之外，德馨祥的印糕的馅心均呈稀流状，中间并有一块猪板油丁。吃时边嚼边嘬，享受到的是一种特殊的腴滑、香甜，滋味妙不可言，成为人们难忘的记忆。

制作印糕先要制粉。其方法是：先浸泡粳米，等米浸到用两手指能将米碾碎成粉，才放到石臼里碓粉（舂粉）。碓出来的粉屑细腻，蒸出来的糕更加软绵。

若论天时，石港的成陆比南通早，是古代南通的海湾。隋唐时期，石港卖鱼湾曾是南通最大的水产市场。南通的古籍诗词中记录了石港盛产的河海水产、应时佳蔬和月饼、印糕等茶食，是南通的最佳名品。石港和如皋是南通古代食品的发源地。天时地利加上德馨祥的人和，使石港印糕制作技艺一直流传至新中国成立初期。

以前，印糕每块零售4个铜板，随蒸随售。有人堂吃，更多的人是买回去全家享用，人们远行时常购作路粮。店家还将凉透的印糕用扁平竹篓两片，上下对合，衬以蒸煮过的江南大竹叶，上盖店牌招贴，用红绒线扎好，美观大方、清洁卫生。

主辅料：当年新粳米2斤、豆沙馅1斤、糖渍猪板油丁6两、绵白糖2两。

制法：粳米淘洗干净，放入木桶中，用清水浸泡10天左右（夏季用井水浸泡一周），中途每隔4小时换一次清水，捞出沥干水分碓成米粉待用。

取米粉加绵白糖拌匀，静置20分钟后过细筛，揉搓成糕粉待用。

取竹编糕板一块，板上铺上湿布，将印糕木模放在糕板上，然后将糕粉筛入铺平，再用开格板开出16个粉坑，先将特制的豆沙馅用调羹舀放在每个粉坑中，再逐个放入糖猪板油丁，用细筛均匀地筛一层糕粉，以盖住馅心为度。

用刻有福、禄、喜、寿字体的花板模按入糕粉一层，轻轻覆盖在糕面上敲击三次，使花板模上的糕粉落在糕面上。去花板模后，糕面上呈现出四个清楚字体，再用长刀模具直划成16块，去掉木框。上笼蒸用旺火蒸15分钟至熟，取出即可食用。

印糕香甜，粉细软韧，馅心流状，色白如雪，诱人食欲。

七、酱园旧号

老酱园

酱菜是汉族民间常见的佐饭小菜，一般配以稀饭食用。中国的酱菜可分为北味的与南味的两类。北味的以北京为代表。南味以扬州、镇江酱菜为代表，“三和”“四美”“恒顺”是其名牌。说到南通酱菜，不能不说说誉满中外的甜包瓜、萝卜鲞、新中乳腐。

甜包瓜是南通独特的传统酱菜，外形成长圆条状，表面有蜜枣纹，色泽橙黄、橘红，透明晶莹；上口脆嫩鲜甜，酱色浓郁，是解腻开胃、增进食欲的佐餐佳品，素来以卫生、美味、爽口、下饭，而受到人们的青睐，亦深受全国各大中城市以及香港、东南亚等地区和国家人们的欢迎，常常供不应求。1983年，曾荣获部、省优质产品证书，博得玲珑剔透、中华一绝的美誉。“甜包瓜制作技艺”，已被列入南通市第三批非物质文化遗产名录。

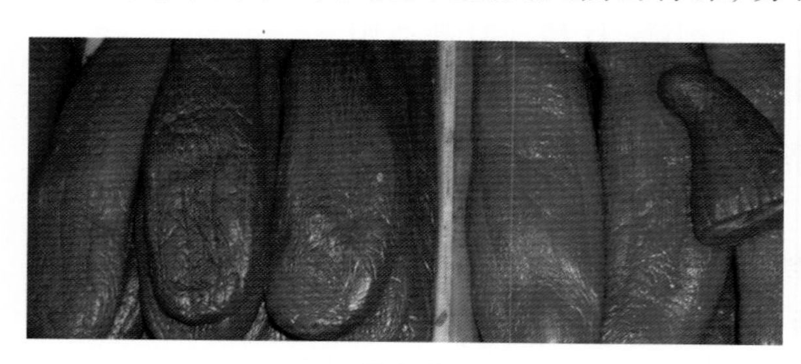
甜包瓜

制作甜包瓜的主要原料是鲜菜瓜。菜瓜的上市季节在夏季仅一个月的时间，甜包瓜生产也在此时。甜包瓜的工艺生产过程分为制曲、菜瓜处理、初腌脱水、投料、倒缸翻瓜、贮藏保管等。它与众不同的是将菜瓜、酱曲、食盐一并投料，分批分层下缸，历经三伏，最后达到瓜、酱共熟。

包瓜具有鲜（曲霉和细菌分泌蛋白酶，将原料中的蛋白质分解成各种氨基酸而形成）、甜（曲霉分泌的淀粉酶，将原料中的淀粉糖化而形成）、香（酵母菌发酵时所产生的酯类）的效果，故风味与其他酱菜迥然不同。

制作甜包瓜的技术要求高，成本大，周期长，资金周转慢。新中国成立前只有少数几家规模较大的酱园、作坊生产，小酱园、作坊只能批购转销。

南通生产甜包瓜的老酱园分别是“蒋德兴”“西福源”“刘万源”“马鼎和”“袁万盛”。

“蒋德兴”

蒋德兴酱园创于清代中叶，经营酱制品以及茶干、乳腐等。“蒋德兴”是经官方许可，挂有金字“官酱”（食盐由官方经营，用官盐制的酱方称“官酱”）牌的酱园，为南通市酱制品行业的老牌商号。

南通歇后语“蒋德兴的茶干——老过了火”，一是说蒋德兴的茶干好吃；二是说，这家店概不赊欠。据说，有邻人想买酱菜，因出门时没有带钱，便与店里协商先赊购，马上回家拿钱来还。不料，来还钱的时候柜台上的伙计却又拒不认账，还说：“我店从来不赊欠，你还的什么钱！”哎，宁肯受点损失，也不能坏了店里的规矩！由此可窥一斑。

官酱园

“蒋德兴”因家族内析产，后分为湾子头的“元记蒋德兴”和端平桥的“鸿记蒋德兴”，人称东、西“蒋德兴”。西门“蒋德兴”生产甜包瓜有100缸（每缸450斤）以上，主要销往香港。抗日战争爆发后，日寇飞机轰炸基督医院，炸弹也投到与医院毗邻的“鸿记蒋德兴”。甜包瓜被炸得四处横飞，有的吊挂在树上，损失惨重。甜包瓜的外销业务由此终止。

东门“蒋德兴”，继由后代蒋鼎芬经营，1956年公私合营并入市酱制品厂。

“西福源”

“西福源”是一家酱、糟坊，坊址位于西门外马家府东首。坊主侯燕玉是张謇的义女婿。该店不仅历史悠久，在酱制品业中也是个大户，年产甜包瓜100缸以上，主销上海，并在上海设有申庄。

南通有句“‘西福源’的酒，先交钱后吃”的俗语，是说，“西福源”牌子老，酒的质量好，要先付钱才打酒给你呢！

“刘万源”

“刘万源”也是百年以上的老酱园，兼带生产豆腐和乳腐，坊店位于南大街仓巷口。后来在长坝又增设一酱坊兼糟坊，门市设在平政桥，称“刘万源北号”；原店叫“刘万源南号”。

“刘万源”因受场地和资金的限制，生产甜包瓜仅数十缸，主销上海。

“马鼎和”

“马鼎和”酱园，业主马溪，在兄弟中排行第五，人称马老五。他原是经营花纱布和堆栈的商人，与西福源酱园老板是好朋友。有次，马家保姆从西福源买回来的酱菜，因不合马溪之意遂去退换，遭到西福源店员拒绝。店员的一句“要吃好的自己做”的话，让马溪十分恼火，同时也触动了马溪。当时，马溪在花纱布交易所赚了几万块钱，为了泄愤即在陈家小桥（原生化厂、发酵厂旧址）购买土地，办起了一个酱、糟（黄、白酒）、豆、乳腐、醋、碾的八坊联合企业。随后，他高薪招聘名师掌作生产，在全城遍设门市部13个，意图垄断；还在上海设申庄，搞外销。气势之大，震动了通城及邻县同行。建坊初期，“马鼎和”酱园十分重视产品质量，还延请镇江名师来通酿造香醋，美誉传遍大江南北，也为以后的生产打下了基础。光阴荏苒，1983年“南通香醋”经省检测，质量超过了“镇江香醋”，这和“马鼎和”当初的远见卓识不无关系。

“马鼎和”兴盛时生产甜包瓜200缸左右。后因机构庞大，管理不善，本人又不熟悉业务，加之不堪敌伪军特无休止的敲诈勒索甚至绑票，导致各坊及门市部陆续停闭，仅剩醋坊维持到新中国成立前夕关闭。“马鼎和”从兴盛到衰落，前后仅十余年。南通民间曾流传这样的歇后语：“马老五开八坊——先卖坛子后卖缸。”

“袁万盛”

袁万盛酱园，位于城南段家坝，系店主袁桂荣的祖上创业于清光绪年间。

“袁万盛”原是一爿小磨麻油的作坊。由于生产的麻油货真价实、品质优良、香味独特，加之奉行诚实经商、信誉至上、童叟无欺的经营之道，生意越做越大。通城居民买麻油甚至宁愿多跑路，也要到段家坝的“袁万盛”去买；通城的饭店、面馆、茶食作坊用的麻油也几乎都是“袁万盛”的。外地麻油很难渗入南通市场。段家坝袁万盛小磨麻油，一直到新中国成立后都是南通的著名土特产品。

20世纪30年代，“袁万盛”为了扩大经营，在段家坝原店址上建了一个规模较大的酱园，兼营酱油、酱菜并生产甜包瓜。1956年，全行业公私合营，“袁万盛”并入南通市酱制品厂。

跋

王宇明

我是竭尽全力鼓动和帮助巫老的力作《江海食脉》编纂出版的，理由有三：其一，南通地方文化中饱含着博大精深的饮食习俗。作为一个南通地方文化的研究者，自然而然地要去关注它、了解它，而关注和了解的过程更是一个学习的过程，而且受益匪浅。其二，巫老并不是厨师出身，家中也没有一个人做过厨师，他硬是凭着自己的刻苦钻研，丰富了理论知识，积累了实践经验，熟谙了烹饪技法，编著的《烹调技术》一书，居然在1973年就成为全国商校烹饪专业通用教材。随着声誉鹊起，他把众多的中国菜加以分类，把制作方法梳理成了28种烹调方法，还把操作程序、个性与共性的差异，结合烹调中物理、化学的变化，归纳成各种工艺进行施教。这让烹饪界的权威们感到振奋，他们赞赏巫老丰富和发展了我国的烹饪文化，初创了烹饪工艺的新规范，使中国烹饪有了更系统、更科学的理论。巫老曾担任过《中国烹饪研究》《美食》杂志的编撰、常务编委，还先后参加编写《中国烹饪辞典》《中国烹饪大百科全书》等，总纂《中国名菜谱》《中国小吃》（江苏风味），并结合工作研究和实践，撰写了大量的论文，其中不乏获全国及省级奖的作品。退休后，他被授予“江苏省烹饪理论杰出贡献奖”“全国餐饮特殊贡献奖”“中国餐饮30年功勋人物奖”等荣誉。我被他的个人魅力彻底折服。其三，巫老是中国有名的烹饪技术权威，如今年事已高,就是这样一位已经眼力不济的耄耋老人，仍然拿起手中的笔，把南通地方食材的种类、形态、习性以及菜肴的烹制方法作了详尽的介绍，实现了老人“良好的传统烹饪技艺是一笔不菲的财富，一定要传承下去”的夙愿，也让我们在感谢江海无私馈赠的同时，体味了一次在舌尖上穿越古今的南通味道。他为“通菜”在竞争激烈的餐饮市场中如何生存并自成一体、独具特色绞尽了脑汁，费尽了心机。我义不容辞地要为他“位卑未敢忘忧国”的无私精神高唱赞歌。

巫老经常说：“烹饪是科学，是文化，是艺术。对食材作加工处理，使食物更可口，更好看，更好闻。一个好的厨师，做出色香味形俱佳的菜肴，不但让人在食用时感到满足，而且能让食物的营养更容易被人体吸收。”

听巫老说话如醍醐灌顶，会让人茅塞顿开。从饮食为中医学之源到中医性味学说是世界上最古老、最实用，全面、科学、准确，以及从实践中产生的成熟的营养学；从寒鲫夏鲹到二茬豆苗最肥嫩；从南通甜包瓜腌制中自然产生的鲜、甜、香、脆的机理到西亭脆饼、南通麻糕的质量与传统技术失传的关系；从烹饪业随经济发展，到食、性与生命的关系；从世界烹饪三大流派，到盐焗鸡是否西餐做法；从菠菜含铁量的小数点错误，到当代中国食物结构的溯源与发展……旁征博引，句句珠玑，让人大长学问。巫老十分赞同古人“物无定性、食无定味、适者为珍”的饮食思想。他总结出的两句话是：菜以养为宗旨，以味为中心。有桩往事已经很久了。20世纪80年代，南通市“三胞”会议闭幕的宴会上，餐桌上出现的竟是扎肝、炝蛏鼻、煮花生、蒸芋头、煎藕饼、韭芽茶干炒肉丝、瘤儿咸菜烧鲻鱼、三鲜、荠菜手擀面、水酵馒头等乡土菜点，饮料是老白酒、热熟胚。浓浓的乡情、乡味，令宾客们欣喜若狂。时任江苏省省长的顾秀莲说，在南通吃到了梦寐以求的儿时饭菜。家乡的味道才是人生最美的味道，一辈子想念的味道。而这些菜的创意就是巫老。

30多年来，巫老“桃李遍天下”。全国其他城市的厨师出国，要通过外交部的考试，而南通市因为有巫老的鉴定能享受免试的特权。更为可贵的是，南通市的一批学校和单位是巫老在知天命之年以后白手起家创建的。他从1983年创建“南通市饮食服务职业技能培训中心”、1984年改名为“南通市烹饪摄影美容技术学校”开始，先后组建了“江苏省烹饪研究学会南通分会”“南通市烹饪协会”“南通市饮食服务职业技能考核站”（后改名为“南通市饮服专业国家职业技能鉴定所”，劳动部授牌为“国家职业技能鉴定所”）；组建、恢复了停办多年的“南通市商业学校”；创建了“南通市商业技工学校”，恢复、抢救了将被省教育厅吊销资格的“南通市职工中专学校”；帮助江苏省南通供销学校组建“旅游烹饪专业”；组建了“扬州大学旅游烹饪学院南通分部”……为培养烹饪技术人才起到了重要作用。

巫老对当前餐饮界传统流失的浮躁之气痛心疾首。他认为餐饮最讲究基本功，来不得半点虚假；菜肴归根结蒂在味道和质量；厨师完全要靠绝技来取胜。问题是现在居然有好多大厨甚至连简单的操作技能都不具备，还奢谈什么时尚？他说，南通菜属于淮扬菜系，但又不尽相同，有其自身的特色和优势。要想让“通菜”鲜遍天下，只有依靠优势的技术和食材资源，摒弃华而不实的修饰，在坚持自身特点的前提下兼收并蓄外地的烹饪技巧和方法，才能形成其独特的魅力。如果实在要说时尚，那就是要把流行的时尚变成经典的时尚。

巫老除了手残之外，还有严重的心血管等疾病。由于长期辛劳，他曾因突然发病而倒在讲台上；但他毫不退缩，仍然在中国烹饪教学这块沃土上坚守阵地，奋力耕耘。伤残没有瓦解巫乃宗倔强的意志；毅力支撑着他与烹饪结下终身因缘。

《江海食脉》的出版，得到南通市江海文化研究会、南通市饭店和餐饮业商会、南通超力彩色印刷有限公司等单位的鼎力支持，在此谨代表巫老一并表示衷心的感谢。

在《江海食脉》出版之际，让我们向巫老致敬！祝巫老康健长寿！

（作者系南通市民间文艺家协会名誉主席）

后 记

人是缘分，事是缘分。这本书是在师友的鼓励下动笔，又在师友的劝说下搁笔的。

有人说，如今中国每座城市高楼林立、大路朝天，看上去像兄弟姐妹，城市之间的差异几乎就靠弥漫在街市上空的气味和饮食习惯，方得以辨别。

在我看来，烹调，何止是当下城市特点的缩影，还是其时代变迁和文化渊源的印迹，是人类社会和世界文明形成发展的源头之一。

中华古哲"美食文明"的切身体验和技艺智慧，举世一绝。饮食的优劣与菜肴的美恶，无疑取决于当地的物产和经济水平，包括技艺能力和审美智慧。南通地理位置得天独厚，位居江海之会，海鱼、江鱼、河鱼天天有余，海鲜、江鲜、河鲜，餐餐入膳；土地肥沃，气候温和，旱涝保收，食材丰富天然优质，可谓"风景这边独好"；加之文化底蕴的渊源深厚，耕读传家的纯朴传统，烹调手艺的技、味双绝和代际传续，都为南通烹饪美食成为秀珍之地提供了全方位的有利条件。因为过去的南通地处偏僻，交通不便，她的许许多多特色和奇迹鲜为人知。水，滋润万物，默默奉献，造福人类，这也是南通人的精神圭臬，是南通烹饪文化的源头活水。南通人依江傍海而居，得上善之水、天灵之气。南通人用水一样的年华不断打造烹饪文化的丰碑，以"几于道"的水的品格与世不争。"夫唯不争，故天下莫能与之争"（老子语），所以千百年来，南通烹饪技艺虽硕果累累，却鲜见于文本书牍，为外界所忽略。

作为江海之子，我与烹饪结缘至今已50余年，不忍家乡烹饪的丰厚文化"芜没于深山"而失传。2012年我已年届七九，高血压极高危，肺癌刚切除，自知时间相当宝贵，如苏轼所说"隙中驹，石中火，梦中身"一样须臾即逝；但又不愿善罢甘休。大半辈子与烹饪结缘的我，深感家乡烹饪文化源远流长，堪称国宝。因元入侵时南通惨遭屠城，志书俱毁，烹饪文史鲜见于文本书牍，为外界所忽略，许多特色和奇迹美食也鲜为人知，加之厨师思想保守，眼看许多烹饪技艺即将淹没失传。壮心不已的我，估摸着、构思着，准备写一本能反映南通食之脉、烹之艺、味之韵、食之俗的书，尽量还原南通烹饪的真面目，描绘它的历史性——历时性的印迹与辉煌。这一想法，得到了朋友圈里的许多师友如王宇明、沈玉成、季茂之、陆鱼龙、李钊子、曹金凤等，省烹饪业界彭东升、周妙林、顾克敏、王镇、华永根，本市业界江卫东、张兰芳、钱汉清、王民进、褚盘英、李迎时、崔叶华、季中、季江林、沈文华、顾松华、陆鹤汉、吴道祥、邱志峰、徐斌、薛天岱、姚海林、邵祥才、何向荣、陈小林、支洪成、沈德明、戴建清、吉建清、殷红军、刘兆龙、成彬、陈海军、陆永明、耿志炎、戎兴、李玉廉、仇宝生、陈华、于泽民、陆迎节、刘建明等人的鼓励和支持。其中不少人还献计献策，为书稿做菜、拍照、搜集资料，南通电视台严军、如东广播电视台沈阳还热情地为本书提供了照片。

今年春节，正当我不知不觉写了七十多万字时，心梗发作，住进医院，娄家骏、李钊子、严金凤等不少朋友来看望我，劝我"见好就收，赶紧杀青"。

这本书之所以能最终成稿，全仗王宇明先生的鼎力帮扶。我视力不济，写十个八个字，就眼前模糊，看不清字；记忆力又差，每每伏案，一旦停笔，就思路全无。因此，就在这"模棱两可"的感觉下，暗中摸黑走笔。起初的书稿，我竟不以为是自己所写的字。加上提笔忘字，书稿中的错字与空格无字，也不时有之。王宇明先生却能识得我的"天书"。经他整理、删改、梳编，书稿有七十五万字。但他替我打印的文字却总在百万左右。书中的第三部分（"数家乡民风食俗"），我原本只写了行业习俗部分，其余文字全是由王宇明操刀。王先生是民俗专家，给我这部分补缺，可谓轻车熟路，易如反掌。我原稿中的不当或偏颇之词，他都一一为我调色。可以说，"无王公则难有'食脉'，有宇明才成此书"。在此我要向王宇明先生致以最崇高的敬礼！

我与王宇明先生是前年我在南通电视台"江风海韵"做《舌尖上的南通》系列节目顾问时有幸结识。他赠我一套他的大作《衣胞之地——我的南通州》，一部内容丰富精彩、有很高文史价值的著作。他挚爱家乡的深情，弘扬民间文化的激情，令我感动和敬佩，也给我带来了写这本书的信心。

书稿能顺利付梓，多亏钱红娟女士代我三次审校书稿；钱山花女士为书稿整理、荟集，拍摄了上千张的图片。二人耗费了大量时间与辛劳，使我铭感五中。

我还要感谢为我提供资料和对我多有帮助的苏子龙、赵鹏、钱健、王其银、吴锋、戴金宝、沈启鹏、娄家骏、徐源来、朱煜元、孙根发、张玉生、赵玉泉，张金定、丁福基、凌君珏、石斌、达少华、王友来、张选武、陈莲英、包正邦、陆均才、李玉华、叶荣生等先生，季珂珂、王晓媛、朱季等女士，以及我的亲戚和家人，恕我在此不一一列举。谢谢大家！

《江海食脉》引用文献资料浩瀚，文中基本交代了出处，故不再另列参考书目。在此向被本书引用的书刊的编者、作者深表谢意！

巫乃宗　2017年8月

写于南通富贵北园松风居